化学工业出版社"十四五"普通高等教育规划教材配套参考书

有机化学学习与考研指导

梁静 孙玥 等编著

化学工业出版社

·北京·

内容简介

本书是针对能源类、化工类专业编写的工科《有机化学》教材（ISBN：978-7-122-44823-1）的配套教学用书，全书共分为16章，每章设置6个板块：本章概要、结构与化学性质、重要反应一览、重点与难点、例题解析及综合练习题参考答案。本章概要以思维导图的形式，对知识点进行提纲挈领式的总结，使学生更好地掌握本章知识架构；了解有机物结构与化学性质之间的关系既是掌握化学反应的重要途径，也是进行有机合成与设计的重要基础；此外本书将每一章涉及的重要反应整理成表格，并进行分类，一目了然，便于学习；重点与难点部分讲解了本章的主要知识点，结合后续的例题解析，引导学生应用所学知识分析问题、解决问题，进一步巩固对本章重点内容的理解。除综合练习题参考答案外，书中还配套期中及期末考试模拟试卷，供学生自我评估，查缺补漏，以便获得更好的学习效果。

本书是《有机化学》的配套用书，可供化学工程与工艺、应用化学、能源化工、矿物加工、环境工程、材料类等专业的师生参考。既可以与《有机化学》教材配套使用，也可以单独选择，作为有机化学学习的辅助用书和考研指导书。

图书在版编目（CIP）数据

有机化学学习与考研指导 / 梁静等编著. -- 北京 ：化学工业出版社，2024. 10（2025.8重印）. -- ISBN 978 -7-122-46274-9

Ⅰ. O62

中国国家版本馆CIP数据核字第2024GG8940号

责任编辑：于　水
责任校对：赵懿桐
装帧设计：韩　飞

出版发行：化学工业出版社
　　　　　（北京市东城区青年湖南街 13 号　邮政编码 100011）
印　　装：北京天宇星印刷厂
787mm×1092mm　1/16　印张 19³/₄　字数 477 千字
2025 年 8 月北京第 1 版第 2 次印刷

购书咨询：010-64518888　　　　售后服务：010-64518899
网　　址：http://www.cip.com.cn

定　　价：59.00元　　　　　　　版权所有　违者必究

有机化学内容繁杂，变幻多端，许多学生学起来困难重重。但实际上，有机化学是一门极富逻辑性与规律性的学科，每个有机反应的发生都与反应物的"**内在结构**"和"**外部条件**"有关，结构是**因**，性质是**果**，只有牢牢抓住"**结构–性质**"这条主线，在充分理解**机理**的基础上记忆反应，在记忆的基础上灵活运用反应，才能避免落入"死记硬背"和"题海战术"的深坑，达到举一反三、触类旁通的目的，体会"豁然开朗"的学习乐趣。

本书包括16章内容，每章内容包括六大板块：

1. 本章概要：以思维导图的形式对章节内容进行高度概括，使学生对每一章的框架结构、知识脉络更为清晰；

2. 结构与化学性质：以精简的文字提纲挈领地阐述结构–性质关系，并根据有机物结构给出反应位点图，将每一类有机物的反应类型与反应位点紧密联系，使学生充分理解：①在哪里发生反应？②发生什么反应？③为什么会在这个位置发生反应？

3. 重要反应一览：是结构–化学性质的进一步具象化，详述了每一类化合物涉及的重要反应，并讲述每一类反应的要点，进一步加深学生对有机反应的认识；

4. 重点与难点：重点是从教师的视角强调有机化学结构理论以及有机化学基本理论，只有掌握了基本理论，学生才具备一定的自学基础与知识拓展的能力，对基本理论的透彻理解，也往往能够启迪创新思维。**难点**则是从学生视角反馈每一章中较难理解、较难掌握的知识，本书引导学生从本质认识反应，从与教材不同的视角解释，带领学生突破难点。

5. 例题解析：对有机反应的理解与记忆非常重要，但学生不仅要知道"是什么"，清楚"为什么"，更要知晓"怎么用"，例题解析中给出和重点与难点相关的综合性较强的习题（其中多数是历年考研真题，可能用到后续章节知识），并提供详细的分析解题过程，引导学生学会运用所学的知识分析问题、解决问题，进一步巩固、深化对有机反应的理解，同时提高思维的灵活性和敏捷性。

6. 综合练习题参考答案：本书是教材的配套用书，每章最后提供了教材中综合练习题的参考答案，对部分较难的习题，提供"点睛"的解析过程。

本书共16章。中国矿业大学梁静制订了本书的编写大纲，编写了第十一章、第十二章、第十三章和第十五章，并负责全书的统稿和定稿工作；中国矿业大学（北京）王启宝编写了第一章和第十章；安徽工业大学张贺新编写了第二章；山东科技大学王鹏编写了第三章和第五章；黑龙江科技大学宋微娜编写了第四章、第七章、第八章；太原理工大学孙玥编写了第六章、第九章、第十四章和第十六章。书成之际，衷心感谢各位老师的辛勤付出。

本书在策划和编写过程中，得到了中国矿业大学高庆宇教授、西安科技大学张亚婷教授、黑龙江科技大学熊楚安教授的支持和指导，在此表示感谢。

本书在编写过程中，参考了很多国内外优秀的有机化学教材、专业书籍和科技文献，同时参考了多所院校的考研试题，在此，向原作者表示衷心感谢。

同时，衷心感谢中国矿业大学一流专业建设经费对该书出版的支持。

限于水平，书中疏漏之处，敬请指正！

编者

2024年5月

▶▶ 目录

第一章　绪论 // 001

一、本章概要 // 001

二、结构与化学性质 // 002

三、重要基本概念与理论一览 // 002

四、重点与难点 // 005

五、例题解析 // 008

第一章　综合练习题（参考答案） // 009

第二章　烷烃和环烷烃 // 011

一、本章概要 // 011

二、结构与化学性质 // 012

三、重要反应一览 // 012

四、重点与难点 // 013

五、例题解析 // 014

第二章　综合练习题（参考答案） // 017

第三章　烯烃 // 023

一、本章概要 // 023

二、结构与化学性质 // 024

三、重要反应一览 // 024

四、重点与难点　　　　　　　　　　　　　// 028

五、例题解析　　　　　　　　　　　　　// 030

第三章　综合练习题（参考答案）　　　　// 033

第四章　炔烃　逆合成分析法　　　　// 041

一、本章概要　　　　　　　　　　　　　// 041

二、结构与化学性质　　　　　　　　　　// 042

三、重要反应一览　　　　　　　　　　　// 042

四、重点与难点　　　　　　　　　　　　// 045

五、例题解析　　　　　　　　　　　　　// 048

第四章　综合练习题（参考答案）　　　　// 053

第五章　二烯烃　周环反应　　　　　// 058

一、本章概要　　　　　　　　　　　　　// 058

二、结构与化学性质　　　　　　　　　　// 059

三、重要反应一览　　　　　　　　　　　// 059

四、重点与难点　　　　　　　　　　　　// 060

五、例题解析　　　　　　　　　　　　　// 065

第五章　综合练习题（参考答案）　　　　// 069

第六章　立体化学　　　　　　　　　// 077

一、本章概要　　　　　　　　　　　　　// 077

二、重点与难点　　　　　　　　　　　　// 078

三、例题解析　　　　　　　　　　　　　// 079

第六章　综合练习题（参考答案）　　　　// 081

第七章　单环芳烃、非苯芳烃　// 085

一、本章概要　// 085

二、结构与化学性质　// 086

三、重要反应一览　// 086

四、重点与难点　// 089

五、例题解析　// 092

第七章　综合练习题（参考答案）　// 099

第八章　多环芳烃、杂环化合物　// 109

一、木章概要　// 109

二、结构与化学性质　// 110

三、重要反应一览　// 111

四、重点与难点　// 117

五、例题解析　// 121

第八章　综合练习题（参考答案）　// 126

第九章　卤代烃、烃基卤硅烷　// 133

一、本章概要　// 133

二、结构与化学性质　// 134

三、重要反应一览　// 134

四、重点与难点　// 136

五、例题解析　// 137

第九章　综合练习题（参考答案）　// 140

第十章　醇和醚 // 150

一、本章概要 // 150

二、结构与化学性质 // 151

三、重要反应一览 // 152

四、重点与难点 // 158

五、例题解析 // 161

第十章　综合练习题（参考答案） // 167

第十一章　酚和醌 // 179

一、本章概要 // 179

二、结构与化学性质 // 180

三、重要反应一览 // 181

四、重点与难点 // 185

五、例题解析 // 186

第十一章　综合练习题（参考答案） // 190

第十二章　醛和酮 // 200

一、本章概要 // 200

二、结构与化学性质 // 201

三、重要反应一览 // 201

四、重点与难点 // 207

五、例题解析 // 209

第十二章　综合练习题（参考答案） // 214

第十三章　羧酸及其衍生物 // 224

一、本章概要 // 224

二、结构与化学性质 // 226

三、重要反应一览 // 227

四、重点与难点 // 233

五、例题解析 // 235

第十三章 综合练习题（参考答案） // 240

第十四章 含氮有机化合物 // 252

一、本章概要 // 252

二、结构与化学性质 // 253

三、重要反应一览 // 253

四、重点与难点 // 258

五、例题解析 // 259

第十四章 综合练习题（参考答案） // 264

第十五章 生物分子 // 274

一、本章概要 // 274

二、结构与化学性质 // 275

三、重要反应一览 // 276

四、重点与难点 // 278

五、例题解析 // 280

第十五章 综合练习题（参考答案） // 283

第十六章 红外光谱、核磁共振氢谱 // 287

一、本章概要 // 287

二、重点与难点 // 287

三、例题解析 // 290

第十六章 综合练习题（参考答案） // 292

《有机化学》期中模拟试卷　　// 297

《有机化学》期中模拟试卷参考答案　　// 300

《有机化学》期末模拟试卷　　// 302

《有机化学》期末模拟试卷参考答案　　// 305

第一章

绪论

一、本章概要

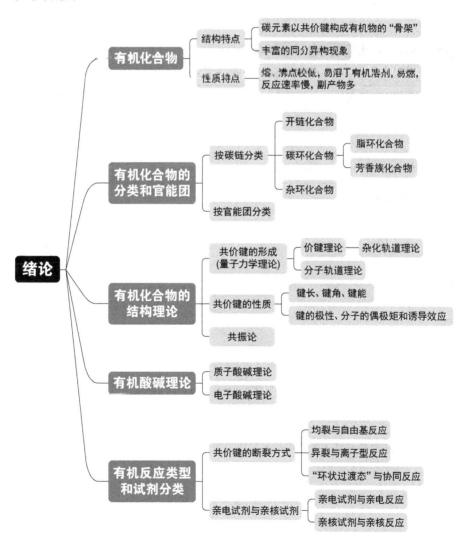

二、结构与化学性质

　　碳是构成有机化合物（以下简称"有机物"）骨架的基本元素，碳原子间相互结合能力很强，可以单键、双键、三键彼此结合，并形成不同碳数的碳链和碳环。有机物都含有碳原子，绝大多数有机物还含有氢，因此，有机化学就是研究碳氢化合物及其衍生物的化学。

　　有机物与典型无机物性质不同：大多数有机物可以燃烧；熔点较低；难溶于极性大的水，易溶于非极性或极性小的有机溶剂；有机物的反应速率较慢，往往需要加热、光照或催化剂，副产物也较多。

　　有机物种类众多。按照有机化学"结构决定性质，性质决定功能"的"内核"，根据结构和官能团的类型进行科学严谨的分类，可以使复杂的化合物系统化，从而掌握有机化学的结构理论以及基本的有机化学理论，为学习和研究有机化学创造有利条件。

三、重要基本概念与理论一览

	基本概念与理论	要点
有机物的分类	**按碳骨架分类** 开链化合物： $CH_3(CH_2)_4CH_3$　$CH_2{=}CHCHCH_3$（CH_3）　$\underset{\text{（COOH）}}{}$	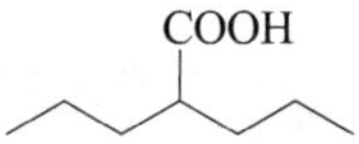 ✓ 分子中碳-碳原子间连接成链状而不闭合； ✓ 也称为脂肪族化合物。
	碳环化合物： （1）脂环化合物 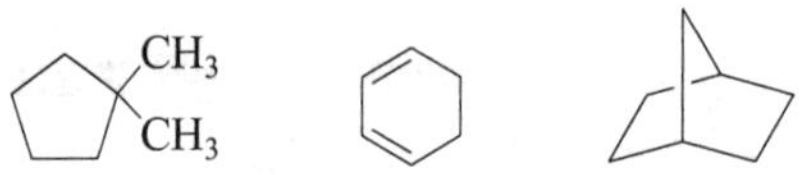 （2）芳香族化合物 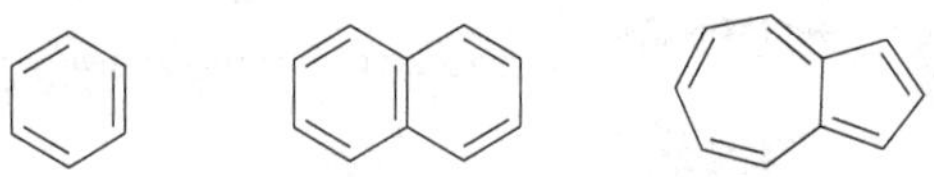	✓ 脂环化合物：碳原子彼此首尾相连形成碳环，其化学性质与开链化合物相似； ✓ 芳香化合物的结构特征是多数含有苯环。
	杂环化合物： 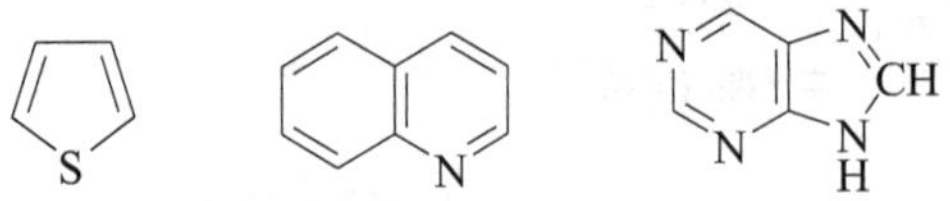	✓ 由碳原子和其他杂原子（如氧、硫、氮等）共同组成环，称为杂环； ✓ 某些杂环化合物具有芳香性。
	按官能团分类 官能团指有机物分子中决定其主要化学性质的原子或原子团。例如： （1）原子，如卤素原子； （2）原子团，如羧基（—COOH）、磺酸基（—SO₃H）、羟基（—OH）等； （3）某些特征化学键结构，如碳碳双键C=C、碳碳三键C≡C等。	✓ 含有相同官能团的有机物往往能发生相似的化学反应； ✓ 在多官能团化合物中官能团优先级最靠前的叫主体基团，系统命名时作为后缀，表示类别，排序在后的则作为取代基。

		基本概念与理论	要点
有机物的结构理论	共价键的形成	成键时两个或多个原子间通过共用电子对实现各原子（氢除外）外层呈现八电子的稳定结构，即"八隅体规则"。例如： 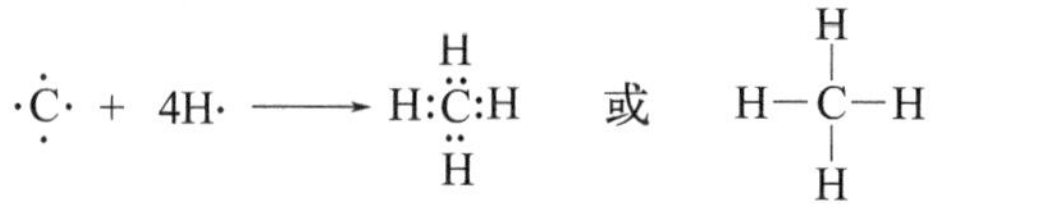 $\cdot\ddot{C}\cdot$ + 4H· ⟶ 路易斯结构式 凯库勒结构式	✓ 按成键电子对数目不同，可分为单键、双键和三键； ✓ 路易斯电子结构式中电子用"点"表示，2个原子共用一对电子（一对点）构成一个共价键； ✓ 凯库勒结构式是用一根短线代表一个共价键。
	碳原子的杂化	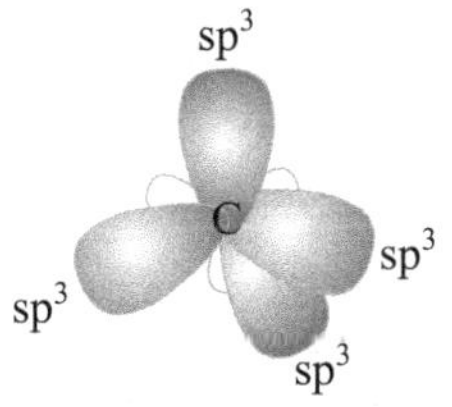 碳的4个sp³杂化轨道及空间排布 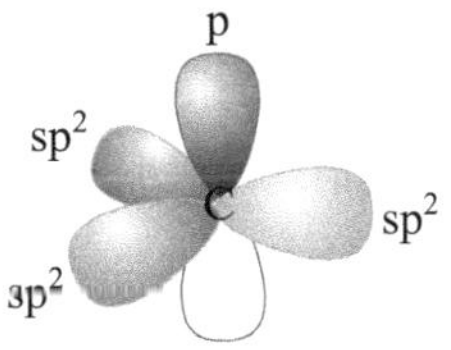 碳的3个sp²杂化轨道、1个p轨道及空间排布 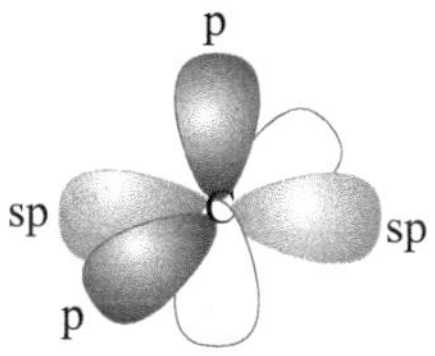 碳的2个sp杂化轨道、2个p轨道及空间排布	✓ 参与杂化的原子轨道能量相近，重组后杂化轨道总数等于参与杂化的原子轨道数； ✓ 杂化轨道成键时，要满足化学键间最小排斥原理； ✓ 4个sp³杂化轨道成键时键角为109°28′（正四面体形）；3个sp²杂化轨道成键时键角为120°（平面三角形）；2个sp杂化轨道成键时键角为180°（直线形）； ✓ 杂化轨道中s成分越多，电负性越大，即电负性：$C_{sp} > C_{sp^2} > C_{sp^3}$。
	价键理论	共价键是两个原子彼此靠近时，原子间共用两个自旋相反的电子，能量降低而成键。 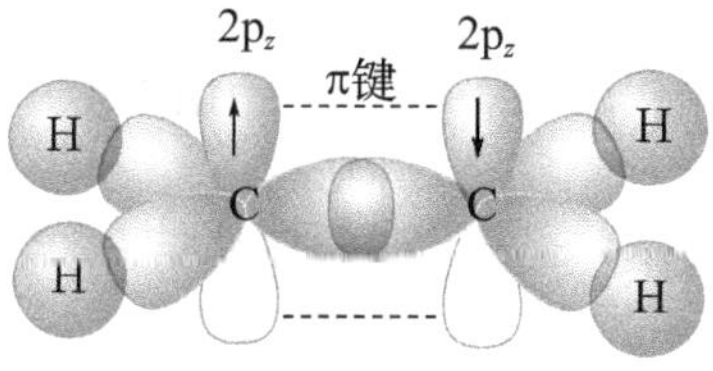 乙烯的5个σ键和一个π键 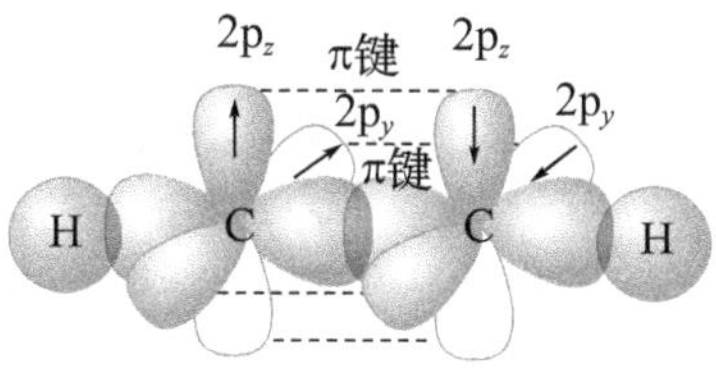 乙炔的3个σ键和2个π键	✓ 共价键具有饱和性和方向性（最大重叠原理）； ✓ 分子形成的共价键越多，体系的能量越低，分子越稳定； ✓ 两个原子轨道采取"头碰头"的方式重叠形成的共价键称为σ键，采取"肩并肩"的方式重叠（侧面交盖）形成的键叫π键； ✓ σ键的成键电子云对键轴呈圆柱形对称，围绕键轴任意旋转不影响σ键电子云的分布； ✓ π键的稳定性不如σ键，它没有轴对称性，不能自由旋转。

		基本概念与理论	要点
有机物的结构理论	分子轨道理论	分子轨道理论从整体性讨论分子结构，认为原子形成分子后，电子不再属于单个原子轨道，而是属于整个分子的分子轨道； 原子轨道要有效组合成分子轨道，必须遵从能量相近、对称性一致（匹配）和最大重叠原则。	✓ 一个分子形成的分子轨道数与参与组成的原子轨道数相等； ✓ 在分子中电子填充分子轨道的原则也服从能量最低原理、泡利不相容原理和洪特规则。
	共价键的性质	共价键的参数包括：键长、键角、键能、键的极性等，这些参数决定了分子的结构特点和物理、化学性质； 电负性不同的原子形成共价键时，共用电子对的偏移使共价键产生极性。共价键的极性大小可用偶极矩来表示。	✓ 解离能是指特定共价键均裂所需的能量，即键能； ✓ 元素的电负性相差越大，共价键的极性也越大； ✓ 偶极矩为零的分子叫非极性分子，反之为极性分子。
	共振论	当一个分子、离子或自由基的真实结构不能用一种经典结构式正确地描述时，可以用若干经典结构式经过共振（叠加）组成的"共振杂化体"来表达其化学结构。这些经典结构式互称为共振结构式。 稳定的共振结构式对共振杂化体的贡献较大。	✓ 所有共振式必须符合价键理论，共振式之间只允许键和电子的移动，不允许原子核位置的改变； ✓ 所有的共振结构式必须具有相同数目的未成对电子。
酸碱理论	质子酸碱理论	质子酸碱理论又称布朗斯特（Brönsted）酸碱理论，酸是质子给予体，碱是质子接受体。例如，质子酸碱反应： $$HA + H_2O \rightleftharpoons H_3O^+ + A^-$$ 酸　　碱　　　　共轭酸　共轭碱	✓ 酸性越强，其共轭碱的碱性就越弱，反之亦然； ✓ 酸（碱）性强弱取决于其失（得）质子后生成的负（正）离子的稳定性，负（正）离子越稳定，酸（碱）性就越强。
	电子酸碱理论	电子酸碱理论又称路易斯（Lewis）酸碱理论。酸是电子对接受体，碱是电子对给予体。例如，电子酸碱反应： $$BF_3 + :NH_3 \longrightarrow F_3B{-}NH_3$$ 酸　　碱　　　　　加合物	✓ 正离子以及缺电子的分子（如BF_3、BH_3等）、原子团都属于路易斯酸； ✓ 路易斯碱是含有未共用电子对的负离子或分子。
有机反应类型及试剂分类	自由基反应	共价键断裂时，成键电子对平均分配给两个原子，即两个原子各保留一个电子的断裂方式叫均裂。 $$A{:}B \xrightarrow{hv} A\cdot + B\cdot$$ 均裂的结果产生自由基。有自由基参与的反应叫作自由基反应。	✓ 产生均裂的条件是光照、高温、辐射或自由基引发剂等； ✓ 均裂产生的自由基中间体性质非常活泼，可以引起自由基链式反应。

续表

	基本概念与理论	要 点
离子型反应	共价键断裂时，两原子间的共用电子对完全转移到其中一个原子上的断裂方式叫异裂。 $$A:B \longrightarrow A^+ + B^-$$ 异裂的结果是产生正、负离子。共价键异裂产生正负离子的反应，叫离子型反应。	✓ 离子型反应一般在酸、碱或催化剂或极性溶剂下进行。
协同反应	一些有机反应没有明显的共价键均裂或异裂的分步过程，而是通过一个渐变的环状过渡态，旧键的断裂和新键的生成同步完成得到产物，这种反应叫作协同反应。例如： 环状过渡态	✓ 协同反应不受溶剂或酸、碱的影响，只需在加热或光照的条件下进行。
亲电试剂	路易斯酸能接受外来电子对，具有亲电性，在反应时有亲近另一分子的负电荷中心的倾向，因此又叫亲电试剂。 亲电加成： $RCH=CH_2 + H^+ \longrightarrow CH_3\overset{+}{C}HCH_3$ 亲电试剂 亲电取代： + Cl^+ —— Cl 亲电试剂	✓ 亲电试剂是缺电子试剂，本质是路易斯酸； ✓ 由亲电试剂进攻而发生的加成反应称为亲电加成反应； ✓ 由亲电试剂进攻发生的取代反应称为亲电取代反应。
亲核试剂	路易斯碱能给予电子对，具有亲核性。在反应时有亲近另一分子的正电荷中心的倾向，因此又叫亲核试剂。 亲核加成： $\overset{\delta^+}{C}=\overset{\delta^-}{O} + Nu^- \longrightarrow -\overset{O^-}{\underset{Nu}{C}}-$ 亲核试剂 亲核取代： $OH^- + RCl \longrightarrow ROH + Cl^-$ 亲核试剂	✓ 亲核试剂是富电子试剂，本质是路易斯碱； ✓ 由亲核试剂进攻发生的加成反应称为亲核加成反应； ✓ 由亲核试剂进攻发生的取代反应称为亲核取代反应。

有机反应类型及试剂分类

四、重点与难点

重点1：有机物的结构与同分异构现象

有机物的结构通常包括原子在分子中相互连接的顺序和方式（构造），以及各原子在空间的相对位置（构型和构象）。分子式相同但结构相异，因而性质也各异的不同化合物，称为同分异构体。

同分异构体是有机化学中一种非常重要的现象，分为构造异构体、立体异构体。

分子中各原子间相互连接的次序和方式不同引起的异构，是由构造不同导致的异构，称为构造异构。

构造异构 $\begin{cases} \text{碳架异构} & CH_3(CH_2)_3CH_3、(CH_3)_2CHCH_2CH_3和C(CH_3)_4 \\ \text{位置异构} & CH_3CH_2CH_2OH和CH_3\overset{OH}{\underset{}{C}}HCH_3 \\ \text{官能团异构} & CH_3\overset{}{\underset{O}{C}}CH_3和CH_3CH_2CHO \end{cases}$

分子的构造相同，但分子中的原子在空间的排列方式不同导致的异构，称为立体异构。

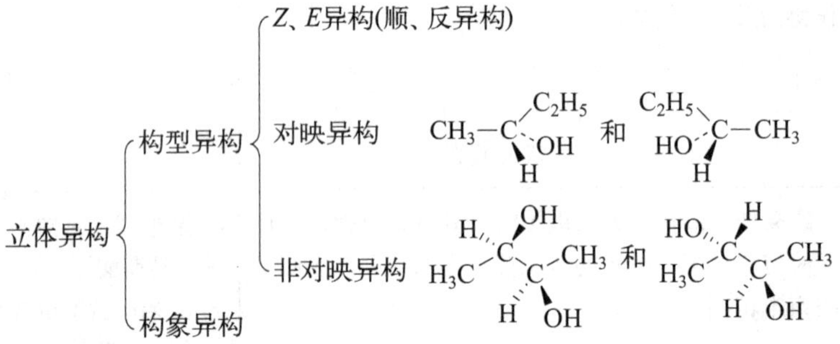

立体异构 $\begin{cases} \text{构型异构} \begin{cases} Z、E异构(顺、反异构) \\ \text{对映异构} \\ \text{非对映异构} \end{cases} \\ \text{构象异构} \end{cases}$

重点2：有机官能团及优先级

官能团是指有机物分子中决定其主要化学性质的原子或原子团。在多官能团化合物的系统命名中，官能团（除卤素、硝基和亚硝基外）在教材表1.2中排序最靠前的称为主体基团，在命名时作为有机物的"母体"（系统命名时作为后缀，表示类别），排序在后的则作为取代基。主要官能团的优先顺序是：

—COOH（羧基）＞—SO$_3$H（磺酸基）＞—COOR（酯基）＞—COX（卤羰基）＞—CONH$_2$（氨基羰基）＞—CN（氰基）＞—CHO（醛基）＞—CO—（酮基）＞—OH（醇羟基）＞—OH（酚羟基）＞—SH（巯基）＞—NH$_2$（氨基）＞—O—（醚键）等。

重点3：原子轨道的杂化与成键

杂化轨道理论是Pauling为解释有机物中的碳为什么是四价提出的理论，是价键理论的补充与发展。碳原子的杂化轨道有sp^3、sp^2、sp三种类型，杂原子也有相应的杂化轨道。形

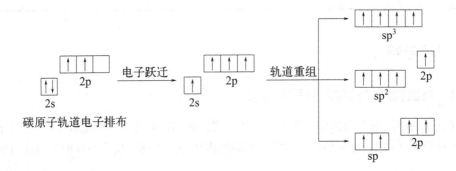

成的杂化轨道两瓣不等，大的一瓣指向外部，更有利于轨道之间的重叠成键。

值得注意的是，杂化轨道只用于形成σ键或容纳未参与成键的孤对电子，未参与杂化的p轨道则一般用于构建π键。例如乙烯、乙炔中的σ键和π键。

重点4：有机基本反应类型

有机反应主要分为自由基反应、离子型反应和协同反应这三种基本反应类型：

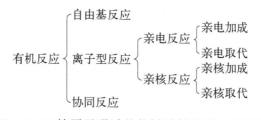

有机物一般由C、H、O、N等原子通过共价键连接形成。有机反应类型与共价键如何断裂息息相关：均裂产生自由基中间体，进行自由基反应；异裂产生带正电或负电的离子型活性中间体，进行离子型反应；协同反应没有明显的共价键均裂或异裂的分步过程，而是通过一个渐变的环状过渡态，旧键的断裂和新键的生成一步完成。

难点1：共振结构式及其稳定性

书写共振结构式注意：所有共振式必须符合价键理论（符合路易斯结构式）；共振式之间只允许键和电子的移动，不允许原子核位置的改变；所有的共振结构式必须具有相同数目的未成对电子。

共振结构式稳定性的判定依次考虑：①满足八隅体规则的原子越多，共振式越稳定；②具有不同电荷分布的共振结构式，符合元素电负性规律的稳定；③电中性共振结构较电荷分离的稳定；④共振式中相邻原子成键比不相邻原子成键的稳定，相邻原子带有相同电荷的不稳定。

稳定的共振结构式也是共振杂化体的主要贡献者。共振杂化体比任何一个单独的共振式都更加稳定。研究共振结构式的稳定性对于理解分子结构和性质、推测化学反应机理等具有重要意义。

难点2：分子的极性及诱导效应

电负性不同的原子形成的共价键具有极性。

由于取代基（原子或原子团）电负性的影响，整个分子中的成键电子云向某一方向偏移，使分子发生极化的效应，称为诱导效应。

以氢原子作为标准，凡电负性比氢原子大的原子或基团称为吸电子基，具有吸电子诱导效应，用$-I$表示，强弱次序：$-N^+R_3 > -NH_3^+ > -NO_2 > -SO_2R > -CN > -COOH > -X（卤素）> -OAr > -COOR > -OR > -COR > -SH > -SR > -OH > -C{\equiv}CR > -C_6H_5 > -CH{=}CH_2 > H$。

电负性比氢原子小的，称为供电子基，具有给电子的诱导效应，用$+I$表示，强弱次序：$-O^- > -COO^- > -C(CH_3)_3 > -CH(CH_3)_2 > -CH_2CH_3 > -CH_3 > H$。

诱导效应是一种短程力，在传递中随着链的增长迅速减弱。

诱导效应可以影响分子的化学性质和反应行为，有助于更好地理解有机化学反应的本质和规律，为有机合成和结构设计提供重要的理论基础。

五、例题解析

1. 下列化合物哪些互为同分异构体？并指出它们属于何种类型的同分异构体？

(1) CH₃CH₂CH₂CHO　　(2) CH₃CHCH₃ (带OH)　　(3) $\overset{H_3C}{\underset{H}{>}}C=C\overset{Cl}{\underset{CH_3}{<}}$　　(4) 甲基环己烷

(5) CH₃CH₂CH₂OH　　(6) 二甲基环戊烷　　(7) CH₃CCH₂CH₃ (带O)　　(8) $\overset{Cl}{\underset{H_3C}{>}}C=C\overset{H}{\underset{CH_3}{<}}$

分析：（1）和（7），官能团异构；（2）和（5），位置异构；（3）和（8），顺反异构；（4）和（6），碳架异构。

2. 写出下列化合物的路易斯结构式，化合物中的C、N、O是否符合"八隅体规则"？

(1) H—C—C—OH　　(2) H—C—O—C—H　　(3) CH₂=CHCN　　(4) CH₃COOH

分析：路易斯结构式是由一对电子的"点"来表示共价键的结构式。解答如下：

（1）H:C̈:C̈:Ö:H　　（2）H:C̈:Ö:C̈:H　　（3）H:C::C:C:::N:　　（4）H:C̈:C̈:Ö:H

从上述路易斯结构式中，很容易发现四种化合物中的C、N、O均符合"八隅体规则"。

3. 指出下列化合物中的官能团，这几种化合物分别属于哪一类？按碳链划分，各化合物属于哪一族？

(1) CH₃CCH₂CH₂CHO (带O)　　(2) CH₃CHCOOH (带OH)　　(3) 芳环带NO₂、COOC₂H₅、OCH₃　　(4) 呋喃环—CH₂OH

分析：辨认各化合物中的官能团，按官能团优先级确定"主体基团"，并进行分类：

（1）中官能团有—CO—（酮基）和—CHO（醛基），该化合物属于"醛"类；

（2）中官能团有—OH（醇羟基）和—COOH（羧基），该化合物属于"羧酸"类；

（3）中官能团有—NO₂（硝基）、—O—（醚键）和—COO—（酯基），该化合物属于"酯"类；

（4）中官能团有—O—（醚键）和—OH（醇羟基），该化合物属于"醇"类。

按碳链划分：（1）和（2）属于开链（脂肪族）化合物；（3）属于芳香族化合物；（4）属于杂环化合物。

4. 下列各组结构式，哪些是共振结构式？在各组共振结构式中，哪种是较稳定的结构？

(1) H—C—CH₃ (带O) 和 H—C=CH₂ (带OH)　　(2) H—C—CH₂ (带O) 和 H—C=CH₂ (带O⁻)

（3）$H_2\overset{+}{C}-O-CH_3$ 和 $H_2C=\overset{+}{O}-CH_3$　　（4）$H_2C=CH-CH=O$ 和 $H_2C=CH-\overset{+}{C}H\overset{-}{O}$

分析：（1）原子的位置发生了移动，故不属于共振结构式；（2）属于共振结构式，右边的结构式中负电荷在氧上，符合电负性规律，为较稳定的结构；（3）属于共振结构式，右边结构式中C和O均符合八隅体规则（左边结构中带正电荷的C不符合八隅体规则），故为较稳定的结构；（4）属于共振结构式，左边结构中的C和O均符合八隅体规则（右边结构中带正电荷的C不符合八隅体规则），且没有电荷分离，为较稳定的结构。

5. 下列化合物哪些是极性分子？哪些分子的偶极矩为零？

（1）HBr　　　（2）CH_2Cl_2　　　（3）CBr_4　　　（4）CH_3COCH_3　　　（5）
$$\underset{H}{\overset{Br}{}}C=C\underset{Br}{\overset{H}{}}$$

分析：在两原子分子中，键的极性就是分子的极性，键的偶极矩就是分子的偶极矩；在多原子分子中，分子的偶极矩是分子中各个键偶极矩的矢量和。故极性分子有（1）、（2）、（4）；偶极矩为零即为非极性分子的有（3）和（5）。

第一章　综合练习题（参考答案）

1. 参考本章奎宁、青蒿素和可的松的结构式，写出奎宁的分子式，指出青蒿素和可的松中含有的官能团。

参考答案：奎宁分子式$C_{20}H_{24}N_2O_2$；青蒿素中的官能团有：酯基（—COO—）、过氧基（—OO—）和醚键（—O—）；可的松中的官能团有：酮基（—CO—），羟基（—OH）和碳碳双键（—C=C—）。

2. 天然香料香兰素（
$$\underset{HO}{\overset{H_3CO}{}}—CHO$$
）和香豆素（
）均已实现了人工合成。请指出它们各自的含氧官能团，并按照官能团优先级判断它们各属于哪类化合物？

参考答案：香兰素中的含氧官能团有：醛基（—CHO）、羟基（—OH）和醚键（—O—），由于醛基的优先级最高，为主体官能团，故香兰素为醛类化合物；香豆素中的含氧官能团为酯基（—COO—），故属于酯类化合物。

3. 写出下列化合物的路易斯结构式。

（1）$CH≡CH$　　　（2）CH_3OCH_3　　　（3）HCHO　　　（4）H_3N-BH_3

参考答案：

（1）H∶C⋮⋮C∶H；　　　（2）
$$\begin{matrix} H & H \\ H∶\ddot{C}∶O∶\ddot{C}∶H \\ H & H \end{matrix}$$
　　　（3）
$$\begin{matrix} :\ddot{O}: \\ H∶\ddot{C}∶H \end{matrix}$$
　　　（4）
$$\begin{matrix} H & H \\ H∶N∶B∶H \\ H & H \end{matrix}$$

4. 指出乙烯基乙炔$CH_2=CHC≡CH$结构式中所有碳的杂化形式。该化合物含有几个σ键？几个π键？并描述π键的成键方式。

参考答案：四个碳原子的杂化形式依次为：sp^2、sp^2、sp和sp杂化；共计7个σ键，3个π键。碳碳双键上的π键是由这两个碳上各有一个未参与杂化的p轨道"肩并肩"侧面重叠形成。而碳碳三键上有2个π键，分别由这两个碳原子上未参加杂化的p_y和p_z轨道分别沿y轴和z轴"肩并肩"重叠而成。

5. 使用"δ^+"和"δ^-"表示下列键的键极性。

（1）$H_3C{-}OH$　　　　（2）$CH_3O{-}H$　　　　（3）$H_3C{-}NH_2$　　　　（4）$H_3C{-}Br$

（5）$CH_3{-}MgBr$　　　（6）$HO{-}Cl$　　　　（7）$CH_3\overset{\overset{\displaystyle O}{\|}}{C}CH_3$ 中的 C=O键

参考答案：

（1）$\overset{\delta^+}{H_3C}{-}\overset{\delta^-}{OH}$　　　（2）$CH_3\overset{\delta^-}{O}{-}\overset{\delta^+}{H}$　　　（3）$\overset{\delta^+}{H_3C}{-}\overset{\delta^-}{NH_2}$　　　（4）$\overset{\delta^+}{H_3C}{-}\overset{\delta^-}{Br}$

（5）$\overset{\delta^-}{CH_3}{-}\overset{\delta^+}{MgBr}$　　　（6）$\overset{\delta^-}{HO}{-}\overset{\delta^+}{Cl}$　　　（7）$CH_3\overset{\overset{\displaystyle O^{\delta^-}}{\|}}{\underset{\delta^+}{C}}CH_3$

6. 下列两组分别是苯胺、甲苯与亲电试剂 E^+ 发生邻位取代中间体的共振式。各组共振式中哪个最稳定（能量低），为什么？提示：考虑八隅体结构和诱导效应。

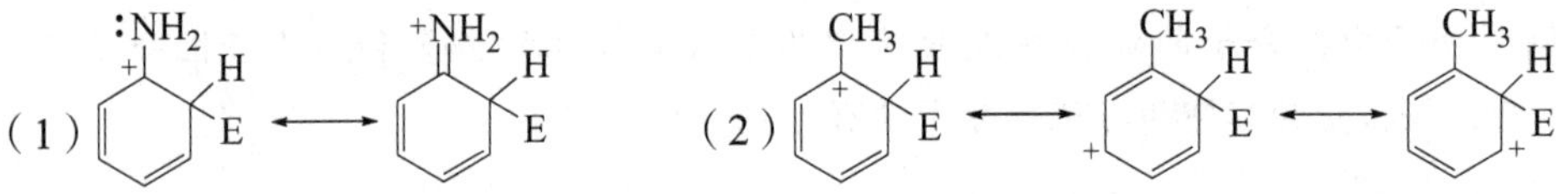

参考答案：（1）第一组的两个共振结构式中，第二个稳定，因为其所有的 C、N 原子都是八隅体结构；（2）第二组中第一个共振式稳定（叔碳正离子），带正电荷的碳原子采取 sp^2 杂化，电负性比甲基碳（sp^3 杂化）高，因此甲基具有供电子的诱导效应，可以分散碳上的正电荷使之稳定，而第二个、第三个共振式中的碳正离子为仲碳正离子，且未和甲基直接相连，稳定性较第一个共振式弱。

7. 吡啶共轭酸的 $pK_a=5.25$，苯胺共轭酸的 $pK_a=4.60$。吡啶和苯胺的 pK_b 分别是多少？哪个碱性强？

参考答案： 因为 pK_b 与其共轭酸的 pK_a 数值之和为 14，故吡啶和苯胺的 pK_b 分别为 8.75 和 9.40；吡啶的碱性强于苯胺。

8. 下面两种制备环氧乙烷的方法，请算出各自反应的原子经济性。并结合绿色化学的十二条原则，对两条合成路线进行简要的评价。

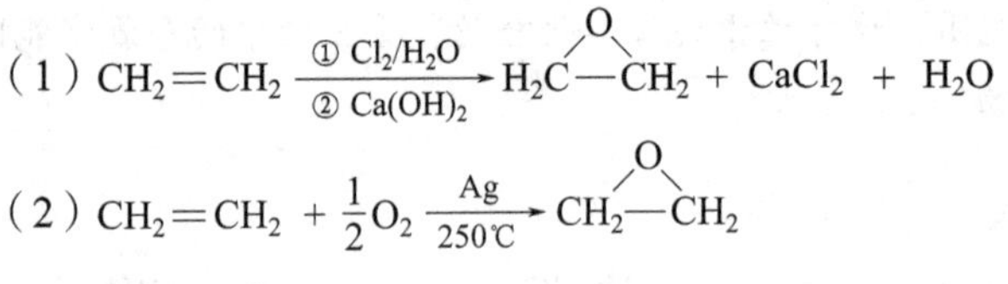

（1）$CH_2{=}CH_2 \xrightarrow[\text{② Ca(OH)}_2]{\text{① Cl}_2/\text{H}_2\text{O}} H_2C\overset{\displaystyle O}{\triangle}CH_2 + CaCl_2 + H_2O$

（2）$CH_2{=}CH_2 + \dfrac{1}{2}O_2 \xrightarrow[250℃]{Ag} CH_2\overset{\displaystyle O}{\triangle}CH_2$

参考答案：

（1）$CH_2{=}CH_2 \xrightarrow[\text{② Ca(OH)}_2]{\text{① Cl}_2/\text{H}_2\text{O}} H_2C\overset{\displaystyle O}{\triangle}CH_2 + CaCl_2 + H_2O$

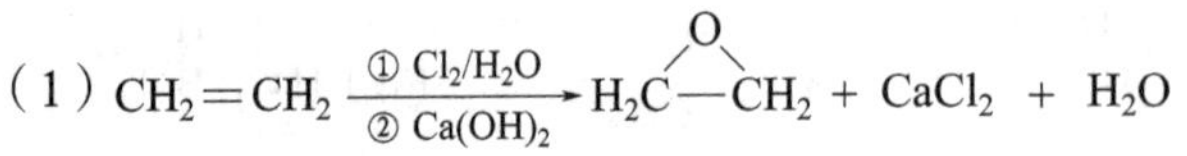

分子量　　　　　　　　　　44　　　111　　　18

$$\text{原子经济性} = \frac{44}{44+111+18} \times 100\% = 25.43\%$$

（2）原子经济性 100%。

评价：从原子经济性上来讲，第一个反应的原子经济性为 25.43%，产生了 $CaCl_2$ 和水等废弃物；第二个反应的原子经济性为 100%，无副产物。第二个反应用银作为催化剂，可以循环使用和再生。故第二条合成路线符合绿色化学的原理。

▶▶ # 第二章

烷烃和环烷烃

一、本章概要

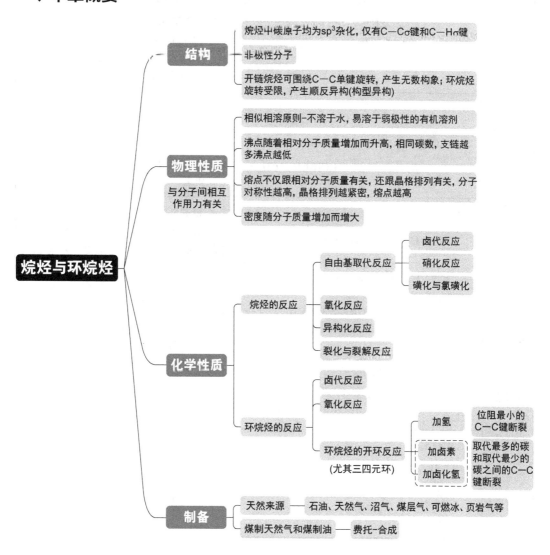

二、结构与化学性质

烷烃仅由碳和氢两种元素组成，分子中只存在C—Cσ键（键能：约347.3 kJ/mol）和C—Hσ键（键能：约414.2 kJ/mol），键能大，且C—C键和C—H键均为非极性共价键，烷烃是非极性分子，极化度很小。因此，烷烃具有较高的化学稳定性，不易与酸、碱、氧化剂、还原剂等反应，但在适当的温度、压力、光照或催化剂作用下，可以发生C—H键或C—C键均裂反应，引起自由基历程的反应。

三、重要反应一览

		反应	反应要点
烷烃的反应	卤代反应	自由基历程的取代反应： $CH_4 \xrightarrow[h\nu或加热]{X_2} CH_3X \xrightarrow[h\nu或加热]{X_2} CH_2X_2 \xrightarrow[h\nu或加热]{X_2}$ $CHX_3 \xrightarrow[h\nu或加热]{X_2} CX_4$ （X：卤素）	✓ 反应条件为光照、高温、自由基引发剂，X—X均裂产生X·； ✓ X·与烷烃碰撞夺取H，生成R·，R·与X_2碰撞生成RX和新的X·； ✓ RH活性顺序：$3°H>2°H>1°H$； ✓ 反应活性：$Cl_2>Br_2$； ✓ 反应选择性：$Br_2>Cl_2$。
	裂化与裂解	$CH_3CH_2CH_2CH_3 \xrightarrow{500℃}$ $\begin{cases} CH_3CH=CH_2 + CH_4 \\ CH_2=CH_2 + CH_3CH_3 \\ CH_3CH_2CH=CH_2 + H_2 \end{cases}$	✓ 高温下，烷烃中的C—C键与C—H键断裂； ✓ 自由基历程； ✓ 通过裂化重整，可提高汽油的产量和质量。
环烷烃的反应	加成反应	加氢： $\triangle + H_2 \xrightarrow[80℃]{Ni} CH_3CH_2CH_3$ $\triangleright—CH_3 + H_2 \xrightarrow[80℃]{Ni} (CH_3)_2CHCH_3$ $\square + H_2 \xrightarrow[200℃]{Ni} CH_3CH_2CH_2CH_3$	✓ 需要催化剂； ✓ 有支链的环烷烃，位阻小的一侧吸附在催化剂上，发生加氢开环反应，形成更稳定的支链化合物； ✓ 环越大越难开环，所需温度更高，催化剂活性更强。
		加卤素： $\triangle + Br_2 \xrightarrow[室温]{CCl_4} BrCH_2CH_2CH_2Br$ $\square + Br_2 \xrightarrow{\triangle} BrCH_2CH_2CH_2CH_2Br$	✓ 三元环与溴可直接反应，与氯需要催化剂； ✓ 环越大越难开环，四元环需要加热。
		加卤化氢：	✓ 三元环的破裂发生在含氢最多和最少的两个碳原子之间； ✓ 氢加到含氢较多的碳原子上，卤素加到含氢较少的碳原子上。

		反应	反应要点
环烷烃的反应	卤代反应	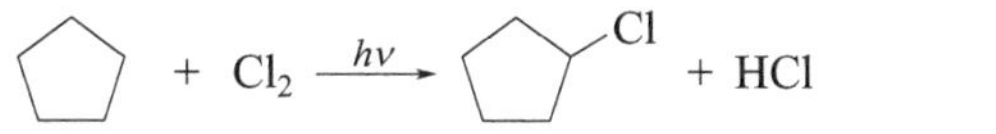 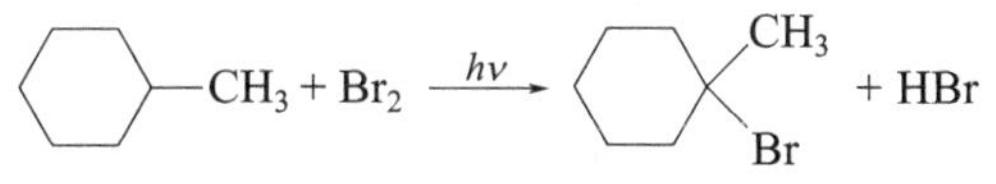	✓ 此反应同烷烃的卤代，反应条件是光照或高温； ✓ 卤代的活性：3°H＞2°H＞1°H。

四、重点与难点

重点1：无官能团化合物的命名——烷烃与环烷烃的命名

《有机化合物命名原则》（2017）所做的较大改动包括：①取代基按英文字母顺序排列；②官能团位次紧挨官能团；③所有间隔符使用英文字符；④选主链时不必优先考虑重键。

对于烷烃，命名遵循"三步"原则：①选主链：选择最长的碳链作为主链，等长的碳链则以取代基多的碳链为主链，根据主链碳数命名为"X烷"；②定编号：按最低位次原则给主链上的碳原子逐一编号，尽可能使取代基编号较小；③写全名：把取代基位次和名称写在母体"X烷"名称前，相同取代基合并，位次之间用"，"隔开，取代基前用大写数字标明取代基个数。如下例题：

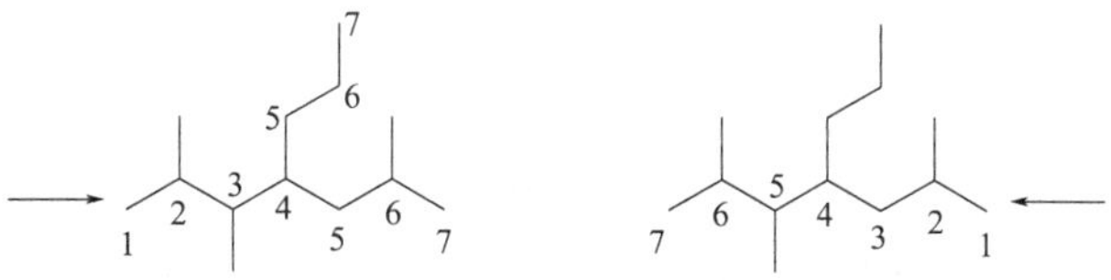

分析：①首先寻找最长碳链，有两条7个碳原子的碳键，水平走向的碳链有4个取代基，弯曲的碳链有3个取代基，因此，选择水平走向的碳链为主链，母体为庚烷；②接着对主链上的碳原子依次编号，按照最低（小）位次原则，应该从左向右进行编号，2、3、6号碳上有甲基，4号碳上有丙基；③最后进行取代基排序，一共含有三个甲基（methyl），一个丙基（propyl），由于代表取代基数目的tri词缀不参与排序，甲基在前，丙基在后，名称为2,3,6-三甲基-4-丙基庚烷。

对于桥环烃，命名也遵循"三步"原则：①选母体：按环上总碳数命名为X环[ ]X烷，[ ]内放入两个桥头碳之间碳桥上的碳原子数，**先大后小**，数字间用"."隔开；②定编号：编号从一个桥头碳开始，经**最长碳桥**到达第二个桥头碳，经**次长碳桥**回到第一个桥头碳，依次编**更短**的碳桥，编号时依然遵循最低位次原则；③写全名：把取代基位次和名称写在母体名称前。如下例题：

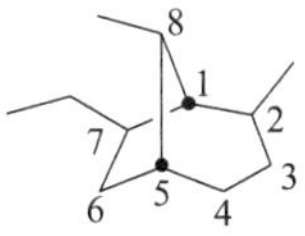

7-乙基-2,8-二甲基二环[3.2.1]辛烷

分析：化合物环上共有8个碳原子，母体为**二环[　]辛烷**，两个桥头碳间有3条碳桥，3条碳桥所经历的碳原子数从长到短依次为3个、2个、1个，因此括号内数字为[3.2.1]；编号从一个桥头碳开始，根据最低位次原则，尽量使取代基具有较小的编号；2、8位有甲基（methyl），7位有乙基（ethyl），乙基在前，甲基在后，名称为7-乙基-2,8-二甲基二环[3.2.1]辛烷。

两环共用一个碳原子称为螺环化合物，命名也遵循"三步"原则：①选母体：按环上碳原子数称为螺[　]X烷，螺字后[　]内放入螺原子所夹碳原子数，先小后大，数字间用"."隔开；②定编号：从螺原子邻位（小环）碳开始编号，尽可能使取代基位次小，经螺原子绕到大环上；③写全名：把取代基位次和名称写在母体名称前。如下例题：

7-乙基-2-甲基螺[4.5]癸烷

分析：化合物按此规则，母体为螺[4.5]癸烷，2位有甲基（methyl），7位有乙基（ethyl），乙基在前，甲基在后，名称为7-乙基-2-甲基螺[4.5]癸烷。

重点2：自由基取代反应

自由基链式反应分为三个阶段：链引发、链传递（链增长）、链终止。

（1）链引发　$Cl—Cl \longrightarrow Cl\cdot + Cl\cdot$ 　　　　　　　$\Delta H = +242.7 \ kJ/mol$

（2）链传递 $\begin{cases} CH_3—H + Cl\cdot \longrightarrow \cdot CH_3 + H—Cl & \Delta H = +7.5 \ kJ/mol \\ \cdot CH_3 + Cl—Cl \longrightarrow CH_3—Cl + Cl\cdot & \Delta H = -112.9 \ kJ/mol \end{cases}$

（3）链终止 $\begin{cases} Cl\cdot + Cl\cdot \longrightarrow Cl—Cl \\ H_3C\cdot + \cdot CH_3 \longrightarrow H_3C—CH_3 \\ H_3C\cdot + \cdot Cl \longrightarrow H_3C—Cl \end{cases}$

氢原子的反应活性主要取决于其种类，在室温下，烷烃中3°H（叔氢）、2°H（仲氢）、1°H（伯氢）氯代反应的相对活性为5∶4∶1，溴代反应的相对活性为1600∶82∶1。卤化反应时卤素的活泼性顺序为：$F_2 > Cl_2 > Br_2 > I_2$。

重点3：环烷烃的加成反应

环丙烷的烷基衍生物与HX加成，环的破裂发生在含氢最多和含氢最少的两个碳原子之间，氢加到含氢较多的碳原子上，卤素加到含氢较少的碳原子上。

五、例题解析

1. 命名与结构

（1）命名：　　　　　　　　　　　　　　　　　　　　　　　　（2022年真题）

分析：①该化合物最长的碳链有9个碳，母体为壬烷；②编号时遵循最低位次原则，从右往左，3、4位有甲基，5位有异丙基；③按照字母顺序，将取代基排序，名称为：**3,4-二甲基-5-(1-甲基乙基)壬烷**。

（2）命名：  （2021年真题）

分析：①该化合物无取代基，两环共用两个碳原子（桥头碳），因此为桥环烃，环上一共有4个碳原子，因此母体名称为二环[ ]丁烷；②从一个桥头碳到另一个桥头碳，碳桥上的碳原子数分别为1、1、0，故其命名为：**二环[1.1.0]丁烷**。

（3）命名： （2022年真题）

分析：①该化合物为螺环化合物，环上一共有8个碳原子，除螺原子外，两环上的碳数分别为3、4，因此母体为螺[3.4]辛烷；②编号从螺原子邻位的小环碳开始，因此两个甲基分别位于1、5位，故其命名为：**1,5-二甲基螺[3.4]辛烷**。

（4）7,7-Dimethylbicyclo[2.2.1]heptane （2021年真题）

分析：首先进行中文翻译，Di为二，是代表取代基数目的词缀，methyl为甲基，bicyclo为二环，heptane为庚烷，故其中文名称为：**7,7-二甲基二环[2.2.1]庚烷**。结构为：

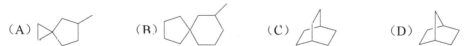

2. 填空/选择题

（1）CH₃CH₂CHCHCHCHCH₃的系统命名正确的是（   ）。 （2022年真题）

（A）3,5,6-三甲基-4-丙基庚烷　　　　（B）2,3-二甲基-4-仲丁基庚烷
（C）4-仲丁基-5,6-二甲基庚烷　　　　（D）2,3,5-三甲基-4-丙基庚烷

分析：首先选择最长的碳链，有两条7个碳原子的碳链；再次比较两条碳链上的取代基数目，选择取代基多的碳链作为主链，以纸面上直的碳链作为主链有4个取代基，相应的名称为2,3,5-三甲基-4-丙基庚烷，答案为D。

（2）下列化合物中与名称7-甲基螺[4.5]癸烷相符的是（   ）。 （2021年真题）

（A）　　　　　（B）　　　　　（C）　　　　　（D）

分析：螺[4.5]表示该化合物为螺环烃，有1个共用的螺碳原子，排除C、D选项；（A）为螺[2.4]辛烷，也排除，故本题答案为B。

（3）下列化合物中哪一个沸点最高？（   ）。 （2017年真题）

（A）正丁烷　　　（B）正戊烷　　　（C）异戊烷　　　（D）新戊烷

分析：直链烷烃的沸点随着分子量的增加而增高（正丁烷＜正戊烷），支链烷烃的沸点比同碳数直链烷烃的沸点低，支链越多沸点越低（新戊烷＜异戊烷＜正戊烷），这是因为支链的位阻作用，使之不如直链烷烃排列紧密，分子间相互作用力减弱。因此，本题答案为B。

（4）下列二取代环烷烃的各种构象式中，属于反式异构体且为优势构象的是（　　）。

（A）H₃C⌇CH₃　　（B）⌇CH₃ CH₃　　（C）⌇CH₃ ⌇CH₃　　（D）⌇CH₃ ⌇CH₃

（2020年真题）

分析：根据反式异构体的要求，首先排除B、D两个选项。A、C均为反式结构，A椅式构象中两个取代基均处于 e 键（平伏键），C中两个取代基均处于 a 键（直立键）。因此，本题答案为A。

（5）丁烷与氯气在光照下的一取代产物有1-氯丁烷和2-氯丁烷，相应的比例为（　　）。

（A）1：4　　　　（B）6：4　　　　（C）3：8　　　　（D）4：1

分析：① 1-氯丁烷和2-氯丁烷分别为 $1°H$（伯氢）和 $2°H$（仲氢）被取代的产物；

② 丁烷分子中共有6个 $1°H$（伯氢）和4个 $2°H$（仲氢）；

③ 在室温下，烷烃 $2°H$（仲氢）、$1°H$（伯氢）氯代反应的相对活性为 $4：1$；

故1-氯丁烷和2-氯丁烷比例计算公式为：$(6×1)：(4×4)=3：8$，答案为C。

（6）甲基环戊烷在光照下催化溴化的主产物是哪个？（　　）　　（2021年真题）

（A）⌇—CH₂Br　　（B）⌇CH₃ Br　　（C）⌇Br CH₃　　（D）⌇Br CH₃

分析：氢原子的反应活性主要取决于其种类，三种氢的自由基溴代相对活性为：$3°H：2°H：1°H=1600：82：1$，即溴代反应更容易发生在叔碳上。因此，本题答案为B。

（7）下列自由基最稳定的是（　　）　　　　　　　　（2021年真题）

（A）⌇·　　　　（B）⌇·　　　　（C）—·　　　　（D）(⌇)₃C·

分析：自由基稳定性顺序为：叔＞仲＞伯，A、D均为叔碳自由基，D中叔碳自由基与三个苯环相连，尽管由于位阻效应，三个苯环不能共平面，但减弱的 p-π 共轭效应仍使D最稳定。因此：本题答案为D。

3. 反应题

（1）▷◁ $\xrightarrow[\text{H}_2]{\text{Pd/Ni}}$?　　　　　　　　　　　　（2022年真题）

分析：该反应为环丙烷加氢开环反应，加氢反应首先催化剂吸附底物，位阻较小的一侧吸附在催化剂上，因此加氢反应也在位阻较小的C—C键上发生，产物为：

$$▷◁ \xrightarrow[\text{H}_2]{\text{Pd/Ni}} \vee\!\wedge$$

（2）▷✕ + HBr ⟶ ?　　　　　　　　　　　　　　（2022年真题）

分析：环丙烷衍生物与HX加成，环的破裂发生在含氢最多和最少的两个碳原子之间，氢加到含氢较多的碳原子上，卤素加到含氢较少的碳原子上，产物为：

（3） ＋ Br₂ ⟶ ?

分析：本题中环丙烷衍生物与X₂加成，键的断裂并非在含氢最多和最少的两个碳原子之间，而是在两个桥头碳之间，因为这样可以同时解除三元环和四元环的张力，产物为：

＋ Br₂ ⟶ ，而不是

4. 机理题

叔丁基过氧化物可以作为烷烃自由基反应的引发剂，在叔丁基过氧化物的存在下，将2-甲基丙烷和四氯化碳混合，并加热至130～140℃，得到2-甲基-2-氯丙烷和三氯甲烷，试写出产物的形成机理。

（2022真题）

分析：叔丁基过氧化物中有较弱的O—O键（196.6 kJ/mol），在加热下均裂，产生叔丁氧自由基，从CCl₄中夺取Cl，生成·CCl₃，引发自由基链反应。·CCl₃夺取2-甲基丙烷中的3°H，生成三氯甲烷及叔碳自由基·C(CH₃)₃，·C(CH₃)₃与CCl₄碰撞，生成2-甲基-2-氯丙烷，同时·CCl₃再生。

链引发 {
$$H_3C-\underset{\underset{CH_3}{|}}{\overset{\overset{CH_3}{|}}{C}}-O-O-\underset{\underset{CH_3}{|}}{\overset{\overset{CH_3}{|}}{C}}-CH_3 \xrightarrow{130\sim140\,℃} 2\,H_3C-\underset{\underset{CH_3}{|}}{\overset{\overset{CH_3}{|}}{C}}-O\cdot$$

$$H_3C-\underset{\underset{CH_3}{|}}{\overset{\overset{CH_3}{|}}{C}}-O\cdot + CCl_4 \longrightarrow H_3C-\underset{\underset{CH_3}{|}}{\overset{\overset{CH_3}{|}}{C}}-O-Cl + CCl_3\cdot$$
}

链增长 {
$$\cdot CCl_3 + H_3C-\underset{\underset{H}{|}}{\overset{\overset{CH_3}{|}}{C}}-CH_3 \longrightarrow H_3C-\underset{\underset{\cdot}{}}{\overset{\overset{CH_3}{|}}{C}}-CH_3 + CHCl_3$$

$$H_3C-\underset{}{\overset{\overset{CH_3}{|}}{C}}-CH_3 + CCl_4 \longrightarrow H_3C-\underset{\underset{Cl}{|}}{\overset{\overset{CH_3}{|}}{C}}-CH_3 + CCl_3\cdot$$
}

链终止（略）

第二章 综合练习题（参考答案）

1. 写出或用系统命名法命名下列化合物的结构式：

（1） （2） （3）

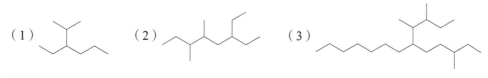

（4）4-异丙基庚烷 （5）2-环丙基-3-甲基戊烷 （6）2-甲基联二环己烷

（7）略　　（8）略　　（9）略

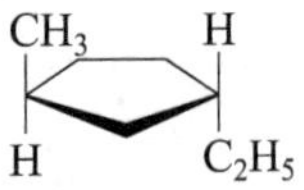

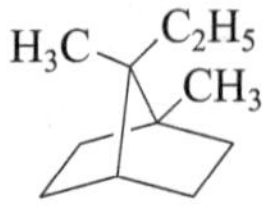

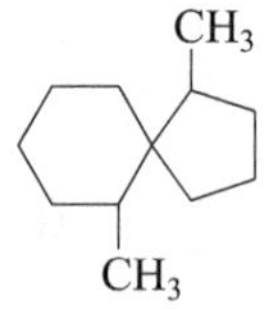

参考答案：

（1）3-乙基-2甲基己烷；　　　　　　（2）6-乙基-3,4-二甲基辛烷

（3）6-（1,2-二甲基丁基）-3-甲基十三烷或3-甲基-6-(3-甲基戊-2-基)十三烷

（4）　　　　　　　（5）

（6）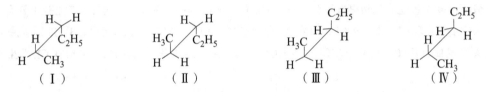　　　　　　　（7）反-1-乙基-3-甲基环戊烷

（8）7-乙基-1,7-二甲基二环[2.2.1]庚烷　　（9）1,6-二甲基螺[4.5]癸烷

2. 将正戊烷下列锯架式结构改为Newman投影式，并进行稳定性排序。

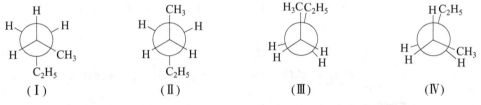

参考答案：

题中（Ⅰ）到（Ⅳ）的Newman投影式对应如下：

因（Ⅱ）为对位交叉式，两个大基团甲基和乙基距离最远，稳定性最高；（Ⅰ）为邻位交叉式，稳定性次于（Ⅱ）；（Ⅲ）为全重叠式，两个大基团甲基和乙基距离最近，斥力最大，最不稳定；（Ⅳ）为部分重叠式，稳定性比（Ⅲ）高，但比（Ⅰ）低。正戊烷这四种构象的稳定性由大到小的排序为：

$$（Ⅱ）>（Ⅰ）>（Ⅳ）>（Ⅲ）$$

3. 已知环烷烃的分子式均为C_5H_{10}，根据一氯代产物异构体（不考虑立体异构）种类的不同，试推测下列符合条件的各环烷烃的构造式。

（1）只有一种产物　　（2）有三种构造异构体　　（3）有四种构造异构体

参考答案：

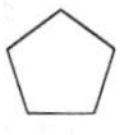

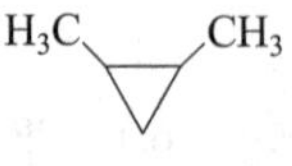

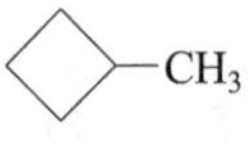

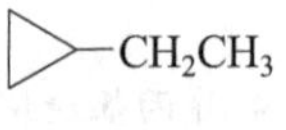

4.将下列自由基按稳定性由大到小排序。

（1）　　　　　　　（2）　　　—ĊH₃　　　　　（3）　　　—ĊH₂　　　　　（4）·CH₃

参考答案：

（2）为叔自由基，最稳定；（1）为仲自由基，稳定性次之；甲基自由基最不稳定。故四种自由基的稳定性排序为：

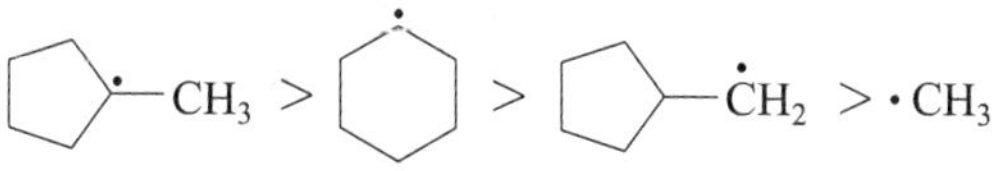

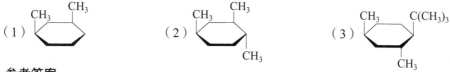

5.常温光照下，2-甲基丁烷与氯气发生一元氯代反应生成4种化合物（不考虑立体异构），请写出这4种化合物的结构式，并预测这4种一氯代物的百分比。

参考答案：

（1）四种一氯代物的结构式：

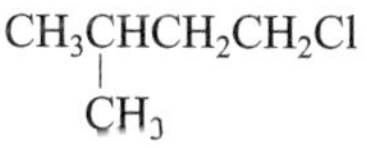

$$CH_3CHCH_2CH_2Cl \quad\quad CH_3CHCH_2CH_3 \quad\quad CH_3CHCHCH_3 \quad\quad CH_3CCH_2CH_3$$

$$\underset{CH_3}{\quad} \quad\quad\quad \underset{CH_2Cl}{\quad} \quad\quad\quad \overset{Cl}{\underset{CH_3}{\quad}} \quad\quad\quad \overset{Cl}{\underset{CH_3}{\quad}}$$

（Ⅰ） 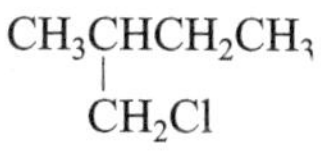　　　　　　　（Ⅱ） 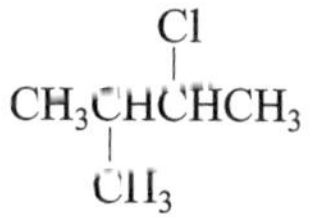　　　　　　　（Ⅲ） 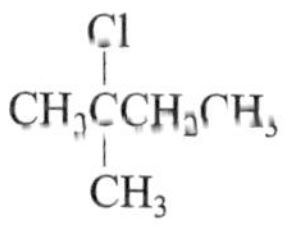　　　　　　　（Ⅳ）

（2）① 先计算某种异构体的相对数量

$$相对数量 = 同等卤代位H的个数 \times 该H的反应活性$$

与（Ⅰ）取代的等价氢有3个，属于伯氢，设其活性为1，则该异构体的相对数量为3×1=3；

与（Ⅱ）取代的等价氢有6个，也是伯氢，活性为1，则该异构体的相对数量为6×1=6；

与（Ⅲ）取代的等价氢有2个，是仲氢，活性为4，则该异构体的相对数量为2×4=8；

与（Ⅳ）取代的等价氢只有1个，叔氢，活性为5，则其异构体的相对数量为1×5=5。

$$某异构体的比例（\%）= \frac{该异构体的相对数量}{所有异构体的相对数量之和} \times 100\%$$

② 按上式计算：

（Ⅰ）结构氯代烃的比例：3÷（3+6+8+5）×100%=13.64%

（Ⅱ）结构氯代烃的比例：6÷（3+6+8+5）×100%=27.27%

（Ⅲ）结构氯代烃的比例：8÷（3+6+8+5）×100%=36.36%

（Ⅳ）结构氯代烃的比例：5÷（3+6+8+5）×100%=22.73%

6.写出下列环己烷衍生物最稳定的椅型构象。

（1）　　　　　　　　　　（2）　　　　　　　　　　（3）

参考答案：

（1） 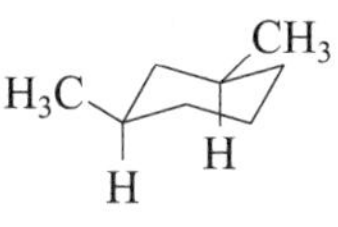　　　　　　　　　（2） 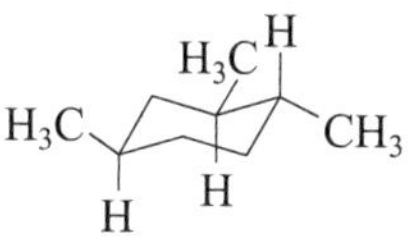　　　　　　　　　（3）

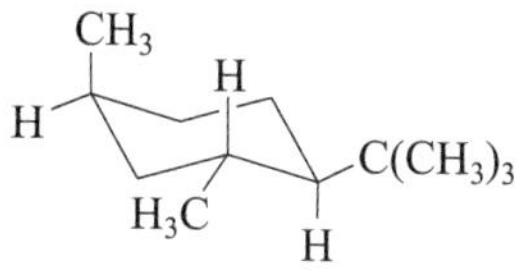

7.按要求对下列各组化合物的性质进行排序。

（1）将环戊烷、叔戊烷、异戊烷和正戊烷按沸点从高到低排序；

（2）根据下列化合物结构，判断下列化合物摩尔燃烧热顺序。

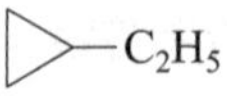

参考答案：（1）由于环烷烃分子中单键旋转受到一定限制，分子运动幅度较小，因此，环烷烃的沸点和相对密度都比同碳数直链烷烃高；而异戊烷和叔戊烷含有支链，支链烷烃的沸点比同碳数直链烷烃的低，支链越多沸点越低，这是因为支链的位阻作用，使之不如直链烷烃排列紧密，分子间作用力减弱。故这四种化合物的沸点由高到低的次序为：环戊烷＞正戊烷＞异戊烷＞叔戊烷

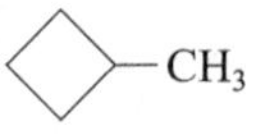

（2）摩尔燃烧热数据可以表示分子内能的相对大小，摩尔燃烧热越高，物质的内能越高，稳定性越差。上述四种化合物均为5个碳原子的烷烃或环烷烃，其中④有张力较大的三元环，容易开环，最不稳定，故燃烧热最高；其次是含四元环的③；环戊烷①虽然环张力较小，但与无环张力的正戊烷②相比，摩尔燃烧热要高些。故摩尔燃烧热从大到小的次序为：④＞③＞①＞②

8.写出乙基环丙烷在下列反应条件下的主要产物。

（1）燃烧 （2）HI （3）Br$_2$，室温 （4）Cl$_2$，FeCl$_3$ （5）Br$_2$，hv （6）H$_2$/Ni

参考答案：

（1）$CO_2 + H_2O$

（2）$\underset{\underset{\text{I}}{|}}{CH_3CH_2CHCH_2CH_3}$

（3）$\underset{\underset{\text{Br}}{|}}{BrCH_2CH_2CHCH_2CH_3}$

（4）$\underset{\underset{\text{Cl}}{|}}{ClCH_2CH_2CHCH_2CH_3}$

（5）◁⟨C$_2$H$_5$，Br

（6）$\underset{\underset{\text{CH}_3}{|}}{CH_3CHCH_2CH_3}$

9.完成下列反应，写出主要反应条件或产物。

（1）利用合成气为原料合成两种重要化工原料：

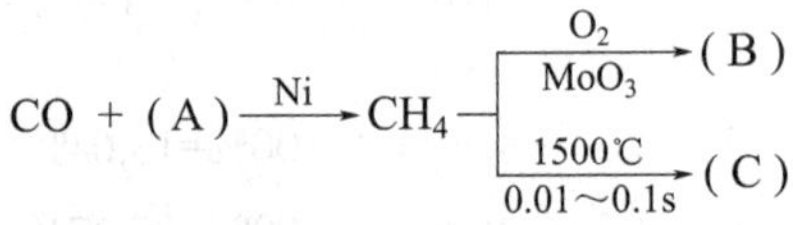

$$CO + (A) \xrightarrow{Ni} CH_4 \begin{cases} \xrightarrow[MoO_3]{O_2} (B) \\ \xrightarrow[0.01\sim0.1s]{1500℃} (C) \end{cases}$$

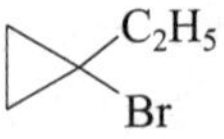

（2）以苯为原料制备环己酮和己二酸：

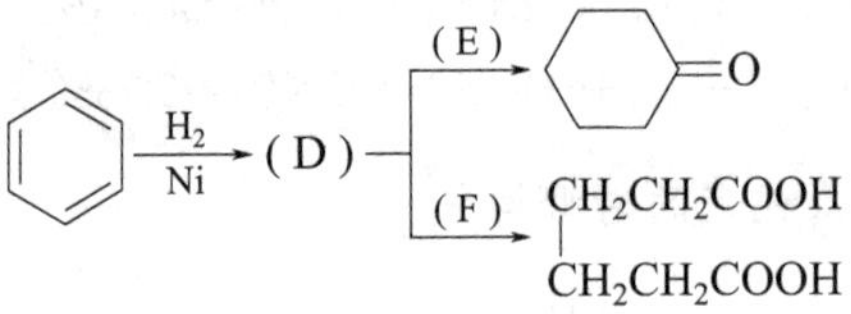

苯 $\xrightarrow[Ni]{H_2}$ (D) $\begin{cases} \xrightarrow{(E)} \text{环己酮}=O \\ \xrightarrow{(F)} \underset{CH_2CH_2COOH}{CH_2CH_2COOH} \end{cases}$

参考答案：

A：H_2　　B：HCHO　　C：$CH\equiv CH$　　D：六元环　　E：O_2/Co　　F：HNO_3，△

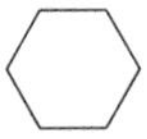

10.关于甲烷的氯化反应机理以及链的传递反应，某同学提出了以下反应历程：

$$CH_4 + Cl\cdot \longrightarrow CH_3Cl + H\cdot$$
$$H\cdot + Cl:Cl \longrightarrow HCl + Cl\cdot$$

请结合该历程速率控制步骤的反应热，判断该同学提出的反应历程与书中所述的历程，哪个更合理，为什么？

参考答案： 该同学提出的反应历程不合理。原因如下。

在一个多步骤化学反应中，活化能最高的那步反应速率最小，这一步将决定总反应速率，因此，把这一步称为速率控制步骤。

该同学提出的反应历程，其速率控制步骤（因为第二步为放热反应）根据书中例题提供的解离能数据，计算反应热为：

$$CH_3-H + Cl\cdot \longrightarrow CH_3-Cl + \cdot H \qquad \Delta H = +83.7 \text{ kJ/mol}$$
$$439.3 \qquad\qquad 355.6$$

根据解离能计算结果，即在链的传递步骤中，甲烷与氯自由基发生反应生成氯甲烷和氢自由基时需要吸收热量83.7kJ/mol，这意味着该步骤的活化能要高于83.7kJ/mol；而书中给出的反应历程，其速率控制步骤的反应热是7.5kJ/mol：

$$CH_3-H + Cl\cdot \longrightarrow \cdot CH_3 + H-Cl \qquad \Delta H = +7.5 \text{ kJ/mol}$$
$$439.3 \qquad\qquad 431.8$$

实际该反应所需活化能为16.7 kJ/mol（高于该反应的反应热），远低于该同学提出的反应历程控制步骤所需的活化能，故实际反应是按书中反应历程进行的。

11. 十氢化萘主要用作油、油脂、树脂、橡胶等的溶剂，也可用作除漆剂和润滑剂。

（1）用系统命名法命名十氢化萘；

（2）写出萘合成十氢化萘的反应式；

（3）十氢化萘有顺式和反式两种构型（如图），请判断哪种结构稳定，为什么？

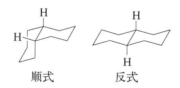

顺式　　　　反式

参考答案：（1）系统命名法：二环[4.4.0]癸烷。

（2）反应方程式：

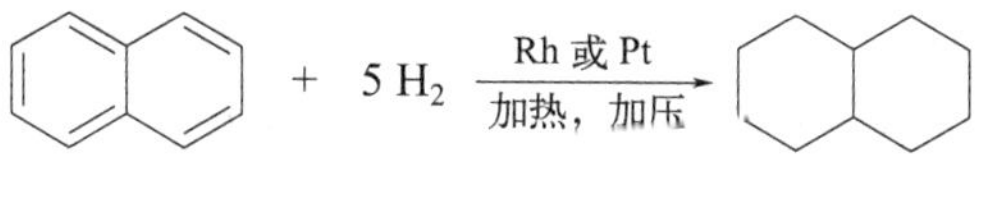

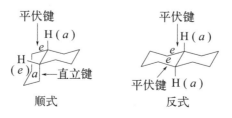

（3）从顺反结构的构象（下图）来看，可以把左边的环看成右边椅式环己烷的取代基，那么，顺式结构的十氢化萘两个大基团一个处于 e 键，一个处于 a 键上，而反式结构的十氢化萘，两个大基团均处于 e 键，故反式比顺式稳定。

另外，顺式结构环下方4个a键上的氢原子相互靠拢（如下图），范德华斥力较大，也是不稳定因素，故分子能量较高。

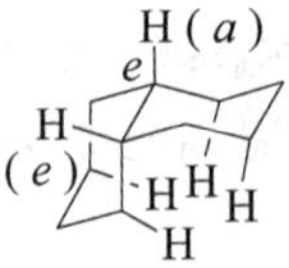

12. 某合成洗涤剂厂利用煤制油公司生产的馏程为220～320℃的直链烷烃（C14～C18，平均碳数为16）为原料，用氯磺化法生产烷基磺酸钠。

（1）写出煤制油用合成气经费托合成制备长直链烷烃的反应通式。

（2）以正十六烷为代表化合物，写出该制备烷基磺酸钠的各步反应式。

（3）烷烃氯磺化反应是按自由基取代机理进行的，与烷烃的氯化反应相似。请写出烷烃（用$C_{16}H_{34}$表示）氯磺化的反应机理。已知链的引发是光照下$SO_2Cl_2 \longrightarrow SO_2 + 2Cl\cdot$。

（4）深度氯磺化反应会增加烷基多磺酰氯的比例而不利于目的产物单磺酰氯的生产。为保证单磺酰氯产品的高占比，可采取哪些措施？

参考答案：（1）合成气经费托合成制备长直链烷烃的反应通式：

$$n\,CO + (2n+1)H_2 \xrightarrow[\triangle]{Co} C_nH_{2n+2} + n\,H_2O$$

（2）由烷烃制备烷基磺酸钠的各步反应为：

$$C_{16}H_{34} + SO_2Cl_2 \xrightarrow{hv} C_{16}H_{33}SO_2Cl + HCl$$

$$C_{16}H_{33}SO_2Cl \xrightarrow[H_2O]{NaOH} C_{16}H_{33}SO_3Na$$

（3）烷基氯磺化的反应机理：

① 链引发　　$SO_2Cl_2 \xrightarrow{hv} SO_2 + 2Cl\cdot$

② 链传递　　$C_{16}H_{34} + Cl\cdot \longrightarrow C_{16}H_{33}\cdot + HCl$

　　　　　　$C_{16}H_{33}\cdot + SO_2Cl_2 \longrightarrow C_{16}H_{33}SO_2Cl + Cl\cdot$

③ 链终止　　$C_{16}H_{33}\cdot + C_{16}H_{33}\cdot \longrightarrow C_{32}H_{66}$

　　　　　　$C_{16}H_{33}\cdot + Cl\cdot \longrightarrow C_{16}H_{33}Cl$

　　　　　　$Cl\cdot + Cl\cdot \longrightarrow Cl_2$

（4）有两种方法可以提高烷基单磺酰氯的比例：①加大烷烃的投料比；②缩短反应时间，将生成的单烷基磺酰氯快速转移出去，避免深度氯磺化。

▶▶ 第三章

烯烃

一、本章概要

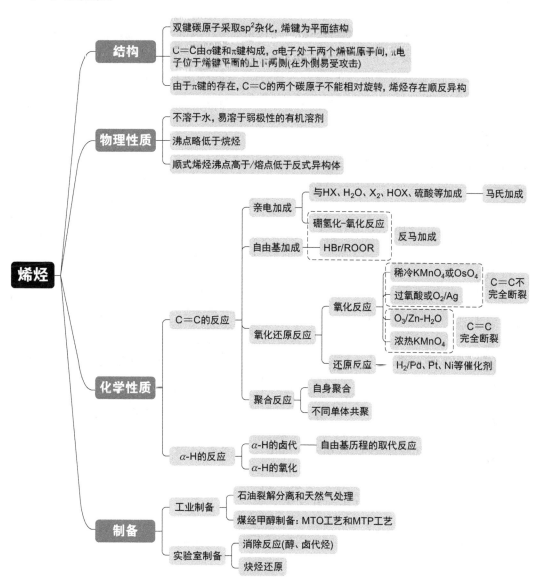

二、结构与化学性质

氧化反应 {双键完全断裂氧化（制备醛、酮、羧酸等）
双键不完全断裂氧化（制备邻二醇、环氧乙烷衍生物等）

$$\begin{array}{c}C=C\end{array}$$ α-H反应（自由基取代、氧化）
CH_2R

加成反应（催化加氢、亲电加成、自由基加成、加成聚合）

　　碳碳双键是富电子的非极性不饱和键，π电子云分布于烯键平面的两侧，易受亲电试剂的进攻，发生亲电加成反应，其中与亲电试剂的结合是关键步骤，卤化氢、卤素、水、硫酸、次卤酸的加成均符合马氏规则，需要注意的是：硼氢化-氧化反应和过氧化物存在下的溴化氢加成反应（自由基历程）得到反马氏规则的加成产物。

　　富电子的烯键容易被氧化，根据氧化剂的不同得到不完全断键（只断裂π键）的产物，如环氧化物或邻二醇，以及完全断键的产物——醛、酮或羧酸。

　　碳碳双键还可以被还原得到烷烃，过程中放出的氢化热可以作为烯烃稳定性的判据。

　　碳碳双键还可以发生自身聚合或共聚反应，是高分子化学的基础。

　　由于α-H与碳碳双键之间存在σ-π超共轭效应，烯键的α-H被活化，容易发生α-H的卤代和氧化反应，这一过程中存在"烯丙基重排"的可能性。

三、重要反应一览

		反应	反应要点
亲电加成	符合马氏规则的亲电加成	与卤化氢的加成反应： $CH_3-CH=CH_2 \xrightarrow[AlCl_3]{HCl} CH_3-CH-CH_3$ $\qquad\qquad\qquad\qquad\quad\overset{\|}{Cl}$	✓ 活性顺序：HI＞HBr＞HCl，与氢卤酸酸性顺序一致； ✓ 反应中间体为碳正离子，稳定性：叔碳正离子＞仲碳正离子＞伯碳正离子＞甲基正离子； ✓ 氢加在含氢多的碳原子上，产物符合马氏规则； ✓ 存在重排的可能性，尤其是异丙基或叔丁基取代的烯烃。
		与卤素的加成反应： $CH_3-CH=CH_2 \xrightarrow{Br_2} CH_3-\overset{\overset{\textstyle Br}{\|}}{CH}-\overset{\overset{\textstyle }{\underset{\underset{\textstyle Br}{\|}}{CH_2}}}$ $CH_3-CH=CH_2 \xrightarrow[NaCl水溶液]{Br_2} CH_3-\overset{\overset{\textstyle Br}{\|}}{CH}-\underset{\underset{\textstyle Br}{\|}}{CH_2}$ $CH_3-\overset{\overset{\textstyle Br}{\|}}{CH}-\underset{\underset{\textstyle Cl}{\|}}{CH_2} + CH_3-\overset{\overset{\textstyle Br}{\|}}{CH}-\underset{\underset{\textstyle OH}{\|}}{CH_2}$	✓ 活性顺序：$F_2＞Cl_2＞Br_2＞I_2$，氟剧烈放热，易断裂碳碳键，碘活性低； ✓ 考虑溴原子的体积，溴加成的反应中间体为环状溴鎓离子，产物存在立体异构； ✓ 反式加成，分步反应； ✓ 溴的褪色用于鉴别烯烃。

反应			反应要点
亲电加成	符合马氏规则的亲电加成	与水的加成反应——直接水合法： $CH_3-CH=CH_2 \xrightarrow[H_3PO_4]{H_2O} CH_3-CH-CH_3$ 其中含OH	✓ 磷酸等酸性催化剂催化； ✓ 直接水合法； ✓ 氢加在含氢多的碳原子上，产物符合马氏规则。
		与硫酸的加成反应——间接水合法： $CH_3-CH=CH_2 \xrightarrow{H_2SO_4} CH_3-CH-CH_3$ 其中含OSO_3H $\xrightarrow[\triangle]{H_2O} CH_3-CH-CH_3$ 其中含OH	✓ 加成得到硫酸氢烷酯，水解得到醇； ✓ 间接水合法； ✓ 氢加在含氢多的碳原子上，产物符合马氏规则； ✓ 可利用硫酸除烯烃杂质。
		与次卤酸的加成反应： $CH_3-CH=CH_2 \xrightarrow{X_2,\,H_2O} CH_3-CH-CH_2$ 其中含X和OH	✓ 卤素正离子是亲电试剂； ✓ 次溴酸加成中间体为三元环溴镓离子； ✓ 反式加成，符合马氏规则。
	反马氏规则的加成	硼氢化-氧化反应： $CH_3-CH=CH_2 \xrightarrow{BH_3} CH_3-CH-CH_2$ 其中含H和BH_2 ⎫硼氢化 $2CH_3-CH=CH_2 (CH_3CH_2CH_2)_3B$ $\xrightarrow[OH^-]{H_2O_2} CH_3CH_2CH_2OH + B(OH)_3$ 氧化	✓ 硼为亲电部分，硼氢化反应符合马氏规则； ✓ 氧化将正电性硼转变为负电性羟基，导致反马氏醇的产生； ✓ 顺式加成、产物反马氏规则、不重排。
		与HBr的自由基加成反应： $H_3C-CH=CH_2 \xrightarrow[过氧化物]{HBr} CH_3-CH_2-CH_2Br$	✓ 只有溴化氢存在过氧化物效应，过氧化物促使$Br\cdot$的产生； ✓ $Br\cdot$对双键发生自由基加成（决速步骤）反应，先加溴后加氢； ✓ 反应中间体为碳自由基，稳定性顺序与碳正离子相同。
氧化还原反应	氧化反应	浓热高锰酸钾反应： $CH_3-CH=CH_2 \xrightarrow[浓热]{KMnO_4} CH_3COOH + CO_2 + H_2O$	✓ 双键完全氧化断裂； ✓ 生成酮或羧酸，羧酸为碳酸时分解为二氧化碳和水。
		稀冷高锰酸钾反应： $CH_3-CH=CH_2 \xrightarrow[稀冷]{KMnO_4} H_3C-CH-CH_2$ 其中含OH和OH	✓ 双键不完全氧化断裂（只断π键，σ键保留）； ✓ 生成顺式邻二醇，易进一步氧化； ✓ 可用OsO_4/H_2O_2代替$KMnO_4$； ✓ 可用于鉴别烯烃和炔烃。

		反应	反应要点
氧化还原反应	氧化反应	过氧酸作氧化剂： $H_3C-CH=CH_2 \xrightarrow{过氧酸} CH_3-CH-CH_2$ （环氧, O 桥连）	✓ 双键不完全氧化断裂； ✓ 生成构型保持的环氧化合物，水解得到反式邻二醇； ✓ 过氧酸由羧酸与双氧水制备，现制现用，防止分解。
		氧气作氧化剂： $H_2C=CH_2 \xrightarrow[银,250℃]{氧气} H_2C-CH_2$ （环氧）	✓ 双键不完全氧化断裂； ✓ 工业制备方法，合成环氧乙烷和环氧丙烷； ✓ 催化氧化，Ag或AgO作催化剂。
		臭氧化-还原反应： $CH_3-CH=CH_2 \xrightarrow{O_3}$ 臭氧化物 $\xrightarrow[H_2O]{Zn} CH_3CHO + HCHO$	✓ 氧化断键； ✓ 臭氧与烯烃发生[3+2]偶极环加成反应，生成臭氧化物； ✓ 臭氧化物加水分解为酮或醛； ✓ 锌粉或硫醚等还原剂分解臭氧化物的同时，避免醛进一步氧化。
		$H_3C-CH=CH_2 + O_2 \xrightarrow[120℃]{PdCl_2-CuCl_2} CH_3-C=CH_2$ （烯醇式，OH） $\underset{互变异构}{\rightleftarrows}$ （酮式，O）	✓ 瓦克（Wacker）氧化法； ✓ 烯烃先氧化成烯醇，经酮-烯醇互变异构成醛或酮； ✓ 工业合成乙醛和丙酮的方法。
	还原反应	催化加氢反应： $H_3C-CH=CH_2 \xrightarrow{H_2}{Ni} CH_3-CH-CH_2$ （H H）	✓ Pd、Pt、Ni等过渡金属为催化剂； ✓ 同侧加氢，顺式加成； ✓ 放热反应（氢化热），氢化热越低烯烃越稳定。
α-H 的反应	α-H 的卤代	α-H卤代反应： $CH_3-CH=CH_2 \xrightarrow{Cl_2}{500℃} CH_2-CH=CH_2 + HCl$ （Cl） $CH_3-CH=CH_2 \xrightarrow{NBS}{CCl_4-BPO} CH_2-CH=CH_2 + HBr$ （Br）	✓ 条件：高温、光照或NXS（X=Cl或Br，可降低温度）； ✓ 自由基取代反应，p-π共轭稳定了α-碳自由基； ✓ NBS-CCl$_4$/引发剂，是温和的α-H溴代的通用性条件。

		反应	反应要点
α-H 的反应	α-H 的氧化	α-H氧化反应： $CH_3-CH=CH_2 \xrightarrow[Cu_2O]{O_2} CHO-CH=CH_2$	✓ 工业催化氧化，可制备丙烯醛、丙烯酸、丙烯腈； ✓ 丙烯、氨、氧气合成丙烯腈的反应称为氨氧化反应； ✓ 不同催化体系得到不同产物。
聚合反应	均聚反应	加成聚合反应： $n\,CH_3CH=CH_2 \xrightarrow[\text{或引发剂}]{\text{催化剂}} \left[\!\begin{array}{c}CH-CH_2\\ \mid \\ CH_3\end{array}\!\right]_n$ 聚丙烯	✓ 加成聚合简称加聚，只有一种单体的聚合为均聚； ✓ 聚合机理包括阳离子聚合、阴离子聚合或自由基聚合，取决于催化剂或引发剂； ✓ 因齐格勒-纳塔催化剂，二人共获诺贝尔奖。
	共聚反应	共聚反应： $n\,CH_2=CH_2 + m\,\begin{array}{c}CH=CH_2\\ \mid \\ CH_3\end{array} \xrightarrow{\text{聚合}}$ $\left[CH_2-CH_2\right]_n\!\left[\!\begin{array}{c}CH-CH_2\\ \mid \\ CH_3\end{array}\!\right]_m$ 乙丙橡胶	✓ 不同单体的聚合为共聚，取决于单体种类，有二元、三元共聚等方式； ✓ 聚合机理取决于催化剂或引发剂。
烯烃的制备			
工业制备	甲醇制烯烃	MTO工艺： $2\,CH_3OH \longrightarrow CH_2=CH_2 + 2\,H_2O$ $3\,CH_3OH \longrightarrow CH_3CH=CH_2 + 3\,H_2O$ MTP工艺： $3\,CH_3OH \longrightarrow CH_3CH=CH_2 + 3\,H_2O$	✓ 甲醇催化制乙烯和丙烯； ✓ C1化学的工艺路线； ✓ 聚丙烯工业的基础。
实验室制备	消除反应	醇脱水： $CH_3CH_2OH \xrightarrow[\text{或}Al_2O_3,360℃]{\text{浓}H_2SO_4,170℃} CH_2=CH_2 + H_2O$	✓ 实验室中最廉价制备方式； ✓ 控制较高温度是关键； ✓ 酸催化下可能有重排； ✓ 符合查依采夫规则。
		卤代烃脱卤化氢： （结构式） $\xrightarrow[\text{乙醇}]{KOH}$ （结构式）$+ KBr + H_2O$	✓ 碱-醇体系； ✓ 符合查依采夫规则。
		邻二卤代烃脱卤素： （结构式） $\xrightarrow[\text{乙醇}]{Zn}$ （结构式）$+ ZnBr_2$	✓ 锌粉-乙酸或锌粉-乙醇体系； ✓ 注意与碱-醇体系脱两分子卤化氢生成炔烃的差别。

续表

		反应	反应要点
实验室制备	炔烃还原	催化还原：$$C_3H_7C{\equiv}CC_2H_5 \xrightarrow[\text{H}_2, 25℃]{\text{Lindlar催化剂}} \begin{array}{c} H \quad\quad H \\ \diagdown \quad / \\ C{=}C \\ / \quad\quad \diagdown \\ C_3H_7 \quad C_2H_5 \end{array}$$	✓ 炔烃不完全加氢； ✓ 催化剂是关键，采用Lindlar催化剂或 Ni_2B、P-2催化剂； ✓ 产物为顺式烯烃。
		溶解金属还原：$$C_4H_9C{\equiv}CC_2H_5 \xrightarrow[-78℃]{\text{Na-NH}_3(液)} \begin{array}{c} H \quad\quad C_2H_5 \\ \diagdown \quad / \\ C{=}C \\ / \quad\quad \diagdown \\ C_4H_9 \quad H \end{array}$$	✓ 金属钠-液氨体系； ✓ 产物为反式烯烃。

四、重点与难点

本章中碳碳双键的反应本质是π电子的反应，重点是亲电加成反应，烯烃提供π电子与亲电试剂（如H^+、Br^+等）生成σ键，产生碳正离子中间体，再与亲核试剂结合。烯烃的催化还原反应是烯烃以π电子与金属催化剂形成π-金属配位键，烯键被活化，与吸附于催化剂上的氢结合，完成加氢还原；有机反应中将加氧、脱氢、失电子等均归为氧化反应，在失去π电子的同时，烯烃被氧化为一系列含氧有机物（如醇、醛、酮、羧酸等）。

本章将碳正离子的稳定性与反应的区域选择性现象关联，用反应中间体结构的稳定性解释不对称烯烃的加成结果。将烷基作为供电子基团考虑，稳定性：叔碳正离子＞仲碳正离子＞伯碳正离子＞甲基碳正离子。

重点1：亲电加成反应

$$\begin{array}{c} \diagup \quad\quad \diagdown \\ C{=}C \\ \diagdown \quad\quad \diagup \\ \text{sp}^2\text{杂化} \end{array} \xrightarrow[\text{慢反应}]{\text{E—Nu}} \begin{array}{c} E \quad\quad \text{sp}^3\text{杂化} \\ | \quad\quad | \\ -C{-}C{-} \\ | \quad\quad \oplus | \\ \quad\quad \text{sp}^2\text{杂化} \end{array} \xrightarrow[\text{Nu}^-]{\text{快反应}} \begin{array}{c} E \\ | \\ -C{-}C{-} \\ | \quad\quad | \\ \quad\quad Nu \end{array}$$

烯烃能够与缺电子的亲电试剂发生加成，其中烯烃与亲电试剂的结合是慢步骤（决速步骤），故称亲电加成反应。亲电试剂越活泼（缺电子）、烯键电子云密度越高，亲电加成越容易。大多数E^+都经历碳正离子历程，溴原子体积大，经历三元环溴鎓离子历程，氯原子体积适中，氯鎓离子历程和碳正离子历程共存。不论是碳正离子历程，还是卤鎓离子历程，反应中间体均为缺电子的中间体，供电子基团越多则中间体越稳定，即中间体的稳定性决定了亲电试剂加成时的区域选择性，这是产物符合马氏规则的本质。

卤化氢与烯烃的加成活性顺序与酸性顺序一致（HI＞HBr＞HCl），卤素与烯烃的加成活性顺序与卤素活泼性一致（F_2＞Cl_2＞Br_2＞I_2），但一般不使用氟和碘单质，原因是氟过于活泼，碘活性不足。

重点2：氧化反应

烯烃的氧化反应可分为两类：工业上的催化氧化和实验室的氧化剂氧化。其中实验室常用的氧化剂主要有三种：过氧酸、高锰酸钾和臭氧。

过氧酸氧化能够得到环氧化物（只断裂 π 键），水解得到反式二醇，其它的反应产物取决于反应介质酸碱性（见《有机化学》教材P250）；高锰酸钾氧化取决于浓度和温度，稀冷条件生成顺式二醇（只断裂 π 键），浓热条件为酸或酮（双键完全断裂）；臭氧化得到臭氧化物，水/锌粉条件下得到醛或酮（双键完全断裂）。

可利用浓热高锰酸钾和臭氧化-还原的产物结构反推烯烃的结构。

重点3：α-H的卤代反应

烯烃 α 位的 C—H 键与邻位的 π 键形成 σ-π 超共轭，C—H σ 键的电子离域到 π 轨道上，增加了 π 键的电子密度，但削弱了 C—H σ 键，使得烯烃的 α-H 容易被卤素取代，也容易被氧化。

烯烃的 α-H 卤代属于自由基历程的取代反应，与苯环侧链的 α-H 卤代相同，需注意与醛酮和羧酸的 α-H 卤代历程相区分。

难点1：马氏规则及本质

卤化氢与烯烃的加成符合马氏规则，其本质是质子加在含氢多的烯碳原子上生成的碳正离子更稳定。扩展到其它亲电试剂，正电性基团加成在含氢多的烯碳原子上，会生成更稳定的碳正离子，就是马氏规则的本质。

违反马氏规则的两个特例，$BH_3/OH^- $-$H_2O_2$，第一步是更亲电的硼加在含氢多的烯碳上，第二步双氧水氧化将正电性的硼原子转化为负电性的羟基；HBr/ROOR 为自由基加成，产生的 Br· 首先加在含氢多的烯碳上，生成较稳定的碳自由基再与 H 结合，顺序与亲电加成顺序相反。

难点2：竞争反应——自由基加成还是自由基取代?

有 α-H 的烯烃与卤素单质反应时，发生亲电加成还是自由基卤代取决于反应条件：光照、高温或使用 NBS/ROOR 等试剂，这些条件有利于卤原子的产生，卤原子既可以发生自由基取代（先夺取由于 σ-π 超共轭效应被活化的 α-H，生成稳定的烯丙型自由基，再与卤素碰撞，即发生 α-卤代），也可以发生自由基加成（卤原子加在含氢多的烯碳上，生成仲自由基，再与卤素碰撞，即发生加成）。由于自由基取代涉及 C—H 键的断裂，所需活化能更高，但生成的烯丙型自由基更稳定，因此高温下以 α-卤代为主。

在 Br_2/CCl_4 溶液中，Br_2 在烯烃的影响下极化、异裂，反应按离子型反应路径进行（亲电加成），机理截然不同。

难点3：碳正离子的重排

亲电加成反应经历碳正离子历程，伯碳或仲碳正离子可能发生重排生成更稳定的碳正离子。例如邻位有异丙基或叔丁基的碳碳双键在酸性条件下容易发生重排，重排的动力是生成更稳定的碳正离子，温度高，重排的概率大。

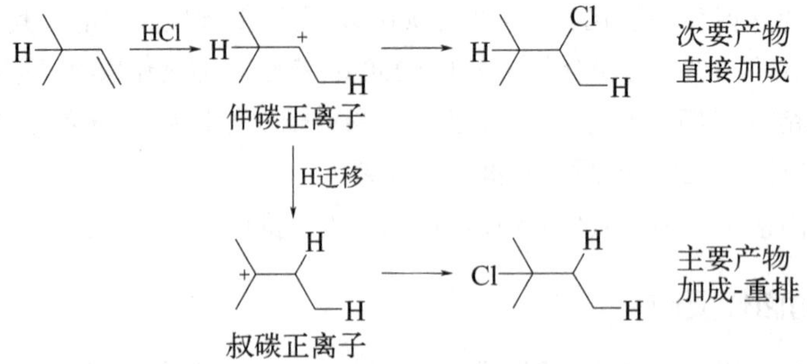

除了硼氢化等特殊的反应外，重排是常见的反应现象。若产物中出现重排产物，则可反推反应中间体为碳正离子。

难点4：硼氢化－氧化反应

硼氢化-氧化反应是一种间接水合法，此反应具有顺式加成和不重排的特点。

B处于第二周期ⅢA族，常见的化合价为三价。BH_3缺电子，容易二聚，生成的乙硼烷中B－H－B之间构成三中心两电子键，B属于缺电子中心（电负性2.0），氢为富电子中心（电负性2.2）。B－H键不易极化、断裂，加成时硼与氢从双键同侧加成，B加在含氢多的碳上，H加在另一烯碳上，形成四元环过渡态，最终生成顺式加成的三烷基硼。

这一过程中正电荷中心硼的加成符合马氏规则，最终的反马氏规则产物源自双氧水将硼氧化为羟基。

五、例题解析

1. 命名题

（1） 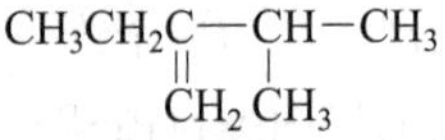
$$CH_3CH_2\overset{\displaystyle ||}{\underset{\displaystyle CH_2CH_3}{C}}—CH—CH_3$$
（2022年真题）

分析：2017新版命名中，烯烃的命名有较大的改动，优先选择最长的碳链作为母体（最长的碳链可能包含也可能不包含烯键），本例中最长的碳链为5个碳原子，母体为戊烷，编号时遵循最低位次原则，从靠近取代基的一侧编号，从右往左编号，因此名称为2-甲基-3-甲亚基戊烷。

（2） 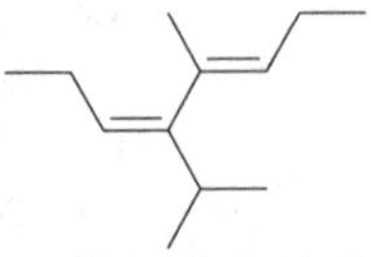
（2022年真题）

分析：最长的碳链有8个碳原子，包含2个双键，母体为辛二烯；无论从哪一侧编号，取代基的位次都是4,5-位，异丙基为isopropyl，甲基为methyl，按字母顺序，异丙基在前，甲基在后，因此编号应从左往右；3号的双键为Z型，5号的双键为E型，名称为：

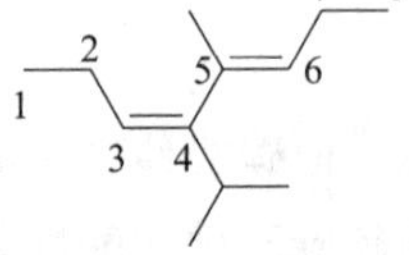

(3Z, 5E)-4-异丙基-5-甲基辛-3, 5-二烯

2. 反应题（如有立体构型请标注）

（1）$Cl_3C \diagup\kern-0.6em\diagdown$ $\xrightarrow{\text{HX}}$?　　　　　　　　　　　　　　　　　　（2023年真题）

分析：马氏规则中H加在含氢多的碳上，其本质是生成更稳定的碳正离子。当双键连接吸电子基团，不能机械地采用马氏规则判断产物，应以反应中间体的稳定性作为判断标准。三氯甲基是吸电子基团，连接在碳碳双键上时，会导致质子加在2号碳上形成的伯碳正离子更稳定，最终产物是1号碳被卤代（反马加成）。

$$Cl_3C \overset{2}{\underset{1}{\diagup\kern-0.6em\diagdown}} \xrightarrow{\text{HX}} \begin{cases} Cl_3C\overset{+}{-}\kern-0.3em\diagdown H & \text{碳正离子与吸电子基直接相} \\ & \text{连，电荷更集中，不稳定} \\ Cl_3C\overset{H}{\underset{+}{-}} \longrightarrow Cl_3C\overset{H}{-}\kern-0.3em\diagdown Cl \end{cases}$$

碳正离子远离吸
电子基，更稳定

（2）? $\xleftarrow[1:1]{\text{RCO}_3\text{H}}$ $\diagimage$ $\xrightarrow[1:1]{\text{Br}_2}$?

分析：双键的平面结构使得取代基的位阻效应对双键的影响不大，反应主要受电子效应影响。溴单质的亲电加成和过氧酸的氧化都属于亲电加成，电子密度较高的双键优先反应，烷基作为供电子基团，双键的烷基越多电子云密度越大，当控制反应物的摩尔比为1∶1时，反应优先发生在四取代的双键上。反应产物分别为（不考虑立体化学）：

考虑立体化学时，则需注意环氧化物是顺式结构，二溴代物为反式。

（3）$\diagdown\kern-0.6em\triangle$ $\xrightarrow[\text{② H}_2\text{O}_2,\ \text{OH}^-]{\text{① B}_2\text{H}_6}$?　　　　　　　　　　　　　（2023年真题）

分析：该题考察烯烃硼氢化反应的立体选择性问题。发生硼氢化反应时，硼原子从双键位阻较小的一侧与烯碳原子结合，即硼烷从四元环异侧接近双键少取代的碳原子，硼和氢从双键同侧对双键加成，因此硼与—CH₃呈反式，双氧水氧化后，即—OH与—CH₃呈反式，反应为：

$$\diagdown\kern-0.6em\triangle \xrightarrow[\text{② H}_2\text{O}_2,\ \text{OH}^-]{\text{① B}_2\text{H}_6} \text{（产物，带 }^{\cdots}\text{OH）}$$

（4）$HC\equiv C-CH=CH_2$ $\xrightarrow{\text{HCl}}$?　　　　　　　　　　　　（2017年真题）

分析：该题考察亲电加成中碳碳双键与碳碳三键的活性问题。虽然三键有两对π电子，但三键碳为sp杂化，碳原子的s轨道成分越高，碳的电负性就越大，对π电子的束缚更强，不易接受亲电试剂进攻，且三键与氢离子加成生成的烯碳正离子能量较高，不稳定，因此炔烃不如烯烃易发生亲电加成反应，最终产物为：$HC\equiv C-\overset{Cl}{\underset{H}{C}}-CH_3$。

（5）$\diagdown\kern-0.6em\bigcirc$ $\xrightarrow{\text{Br}_2,\ h\nu}$? $\xrightarrow[\triangle]{\text{NaOH}}$?　　　　　　　　　（2013年真题）

分析：该题考察光照条件下烯烃与卤素的反应，光照条件下是自由基取代反应，Br取代烯丙位氢原子，生成烯丙基溴，在碱/加热条件下卤代烃发生消除反应，生成共轭二烯烃，反应为：

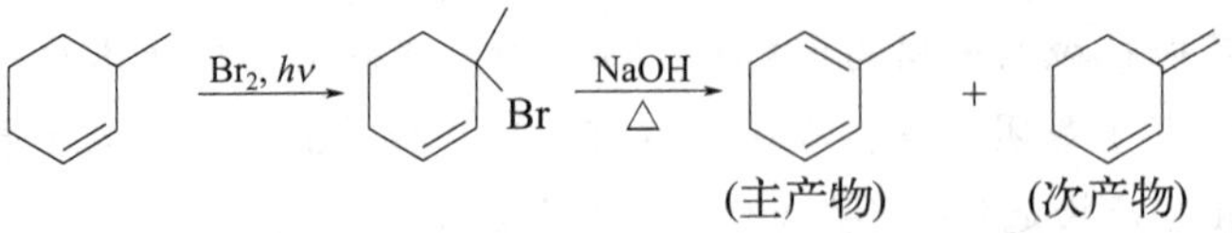

3. 写出下列机理

（1）

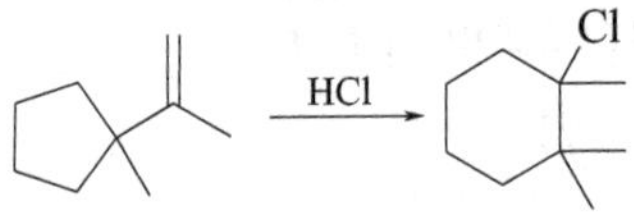

分析：反应物为环外烯烃，产物为环上的卤代物，反应物为五元环，产物为六元环，推测经历扩环重排，考虑碳正离子历程。

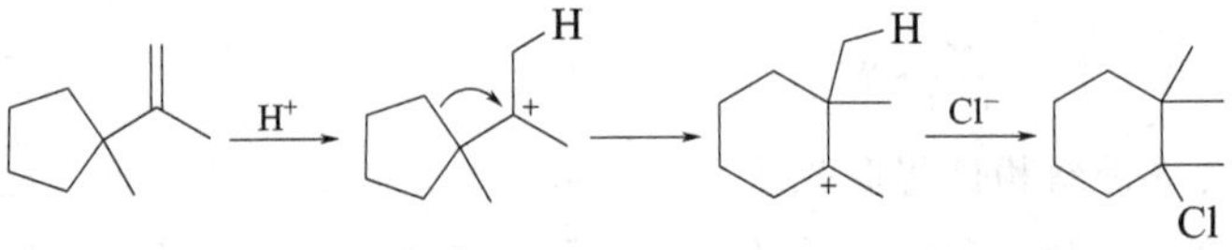

（2）$CH_2=CHCH_2CH_2CH_2OH \xrightarrow{Br_2}$

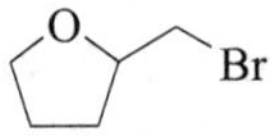

分析：溴单质对碳碳双键发生亲电加成，生成三元环溴鎓离子，另一侧的羟基从三元环背后亲核进攻（分子内反应比分子间反应更快），三元环打开，脱质子后生成环醚。

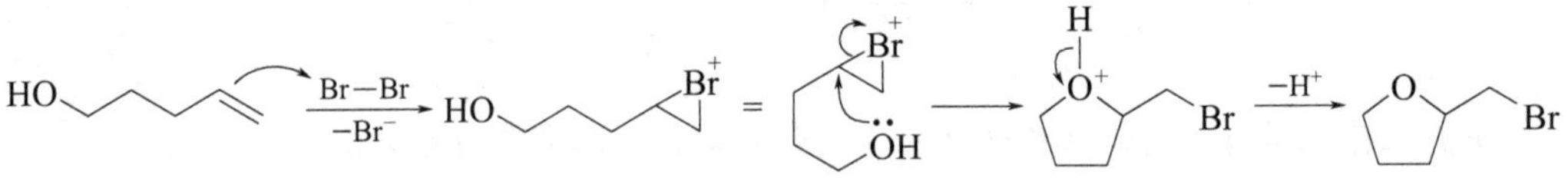

（3）

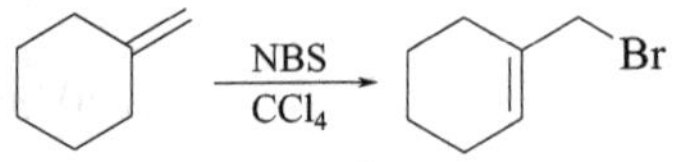

分析：NBS是自由基取代历程，反应后从环外双键变为环内双键，考虑自由基历程的烯丙位"重排"。

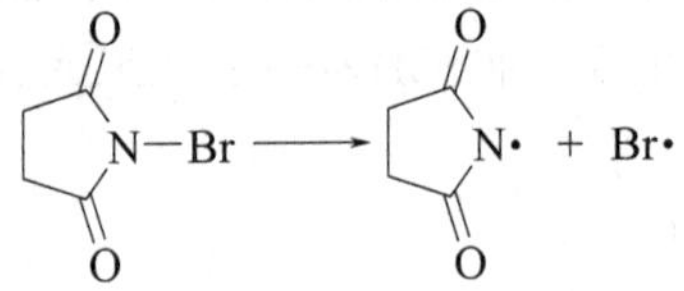

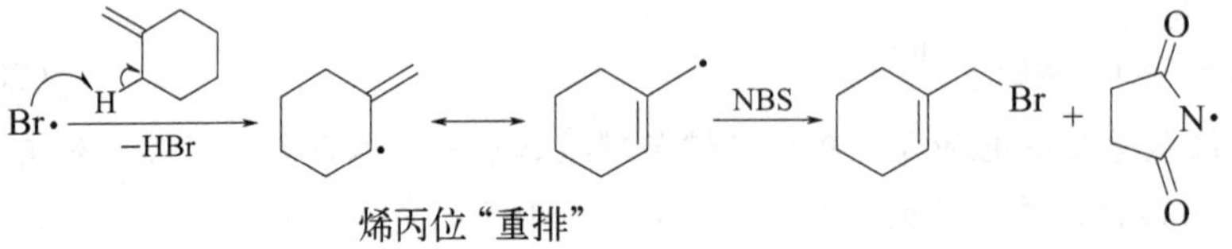

烯丙位"重排"

注意：烯丙基化合物发生反应时，经常会遇到此类双键移位的现象。烯丙位重排并非真正的重排（无基团迁移），而是由于形成p-π共轭体系，自由基可以不同共振式表达。

4. 合成题

（1）由甲基环己烷制备6-羰基庚酸

分析：目标产物中有羰基和羧酸，考虑由双键的氧化断键制备，1-甲基环己烯可由1-

溴 -1- 甲基环己烷消除一分子HBr得到，1- 溴 -1- 甲基环己烷又由1- 甲基环己烷溴代得到：

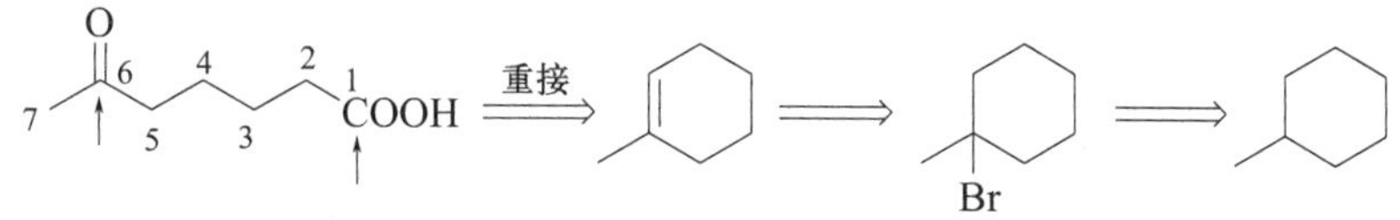

合成路线为：

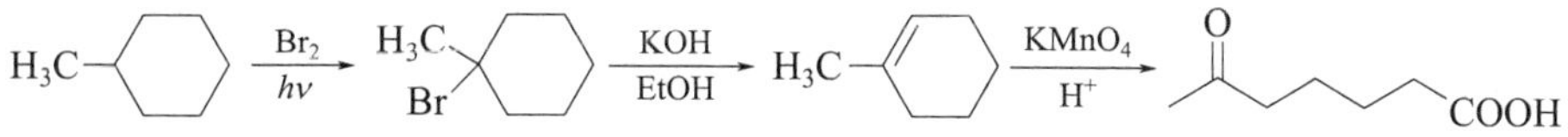

（2）由异丁烯和必要试剂合成 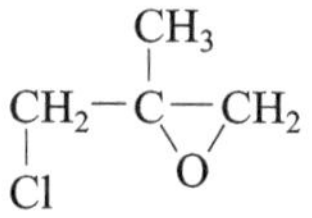 （2024年真题）

分析：目标产物与原料相比，发生了双键环氧化和α-H卤代。应当先利用碳碳双键对α-H的致活作用，先发生α-H卤代（控制Cl_2用量和条件），然后再进行环氧化：

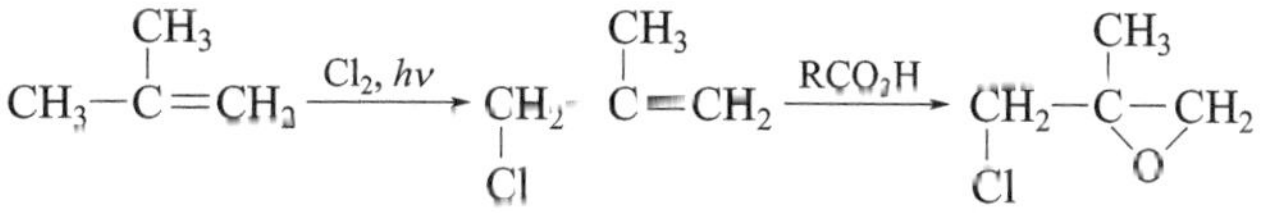

第三章 综合练习题（参考答案）

1. 用系统命名法命名或写出下列化合物的结构式。

（1） 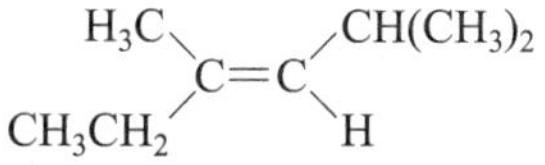 （2） 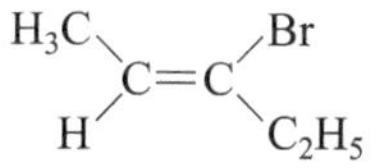 （3）

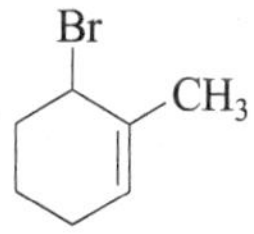

（4） 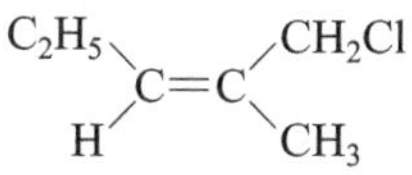 （5） 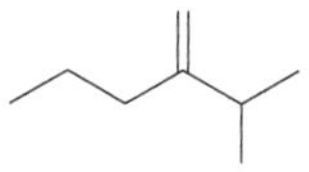 （6）

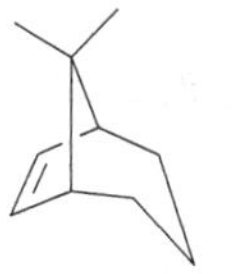

（7）(Z)-3- 甲基己 -2- 烯

（8）(2Z,4Z)-3- 溴己 -2,4- 二烯

（9）1- 甲基 -2- 苯基环戊 -1- 烯

参考答案：

（1）(E)-2,4- 二甲基己 -3- 烯 （2）(Z)-3- 溴戊 -2- 烯

（3）6 溴 -1- 甲基环己烯 （4）(Z)-1- 氯 -2- 甲基戊 -2- 烯

（5）2- 甲基 -3- 甲亚基己烷 （6）8,8- 二甲基二环 [3.2.1] 辛 -6- 烯

（7） 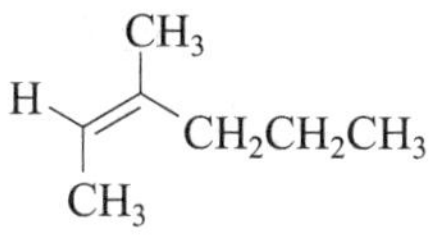 （8）

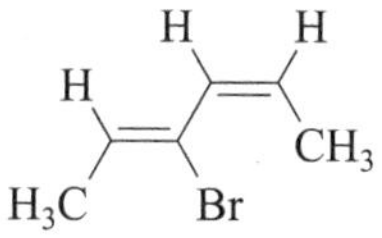

（9）

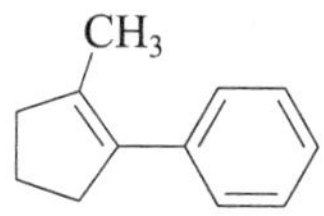

2. 根据下列聚合物的英文缩写，写出该高分子材料对应的名称、单体及聚合物的结构式。

（1）PE   （2）PP   （3）PVC   （4）PS   （5）EPR

参考答案：

（1）PE：聚乙烯；单体为 $CH_2=CH_2$；聚合物结构式： $+CH_2-CH_2+_n$。

（2）PP：聚丙烯；单体为 $CH_2=CHCH_3$；聚合物结构式： $\begin{array}{c}+CH-CH_2+_n\\ |\\ CH_3\end{array}$。

（3）PVC：聚氯乙烯；单体：$CH_2=CHCl$；聚合物结构式： $\begin{array}{c}+CH-CH_2+_n\\ |\\ Cl\end{array}$。

（4）PS：聚苯乙烯；单体： $C_6H_5CH=CH_2$ ；聚合物结构式： $+CH-CH_2+_n$（苯基取代）。

（5）EPR：乙丙橡胶；单体：$CH_2=CH_2$ 与 $CH_2=CHCH_3$；聚合物结构式：

$$\begin{array}{c}+CH_2-CH_2+_n+CH-CH_2+_m\\ |\\ CH_3\end{array}$$

3. 将下列各组碳正离子的稳定性由大到小排列。

（1）A：$CH_3CH_2\overset{+}{C}H_2$ B：$CH_3CH_2\overset{+}{C}HCH_3$ C：$(CH_3)_3\overset{+}{C}$

（2）A：（环戊基）$\overset{+}{C}H_2CH_3$ B：（环戊基）$\overset{+}{C}HCH_3$ C：（环戊基）$CH_2\overset{+}{C}H_2$

参考答案：（1）C＞B＞A；   （2）A＞B＞C

4. 不查表比较下列烯烃的氢化热大小，并按稳定性从高到低排序。

（1）戊-1-烯   （2）2-甲基丁-2-烯   （3）顺-戊-2-烯   （4）反-戊-2-烯

参考答案：氢化热由大到小顺序为（1）＞（3）＞（4）＞（2），稳定性从高到低顺序为（2）＞（4）＞（3）＞（1）。

理由：烯烃的稳定性与双键的取代程度有关，由于烷基与烯烃有σ-π超共轭效应，可以稳定烯烃，因此四取代烯烃＞三取代烯烃＞二取代烯烃＞单取代烯烃，对于二取代烯烃，由于两个大基团在同侧有较大的范德华斥力，因此反式异构体较顺式异构体稳定。

5. 用简单的化学方法鉴别下列化合物。

（1）（环丙基）$-C_2H_5$ （2）（环己烯基-CH_3）   （3）（环戊基）$-CH_3$

参考答案：各取三种化合物少许，分别加入高锰酸钾溶液，能使之褪色的为甲基环己烯（2），其它两种化合物无褪色现象；再取剩下的两种化合物，分别加入溴的四氯化碳溶液，能使之褪色的是乙基环丙烷（1），不能使之褪色的是甲基环戊烷（3）。

理由：高锰酸钾溶液遇到双键会褪色；溴的四氯化碳溶液遇到双键或环丙烷类化合物会褪色。环戊烷比较稳定。

6. 用反应式表示异丁烯与下列试剂的反应。

（1）H_2/Ni　　（2）Br_2/CCl_4　　（3）Br_2/H_2O　　　　（4）浓H_2SO_4，水解

（5）HBr　　（6）HBr/ROOR　　（7）稀冷$KMnO_4/H_2O$　　（8）$KMnO_4/H^+$

参考答案：

（1）$\begin{array}{c}H_3C\\\\H_3C\end{array}C{=}CH_2 \xrightarrow{\ H_2\ }_{Ni} \begin{array}{c}H_3C\\\\H_3C\end{array}CH{-}CH_3$　　　　（2）$\begin{array}{c}H_3C\\\\H_3C\end{array}C{=}CH_2 \xrightarrow{\ Br_2\ }_{CCl_4} H_3C{-}\overset{\overset{\displaystyle CH_3}{|}}{\underset{\underset{\displaystyle Br}{|}}{C}}{-}CH_2Br$

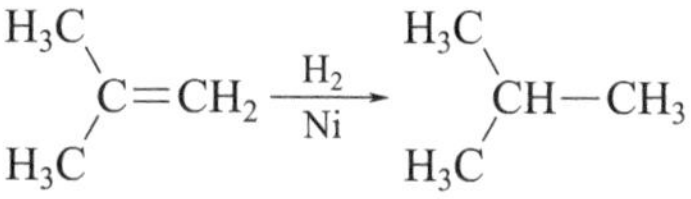

（3）$\begin{array}{c}H_3C\\\\H_3C\end{array}C{=}CH_2 \xrightarrow{\ Br_2\ }_{H_2O} H_3C{-}\overset{\overset{\displaystyle CH_3}{|}}{\underset{\underset{\displaystyle OH}{|}}{C}}{-}CH_2Br \ + \ H_3C{-}\overset{\overset{\displaystyle CH_3}{|}}{\underset{\underset{\displaystyle Br}{|}}{C}}{-}CH_2Br$ （可不写二溴产物）

（4）$\begin{array}{c}H_3C\\\\H_3C\end{array}C{=}CH_2 \xrightarrow[②\ 水解]{①\ 浓硫酸} H_3C{-}\overset{\overset{\displaystyle CH_3}{|}}{\underset{\underset{\displaystyle OH}{|}}{C}}{-}CH_3$　　（5）$\begin{array}{c}H_3C\\\\H_3C\end{array}C{=}CH_2 \xrightarrow{\ HBr\ } H_3C{-}\overset{\overset{\displaystyle CH_3}{|}}{\underset{\underset{\displaystyle Br}{|}}{C}}{-}CH_3$

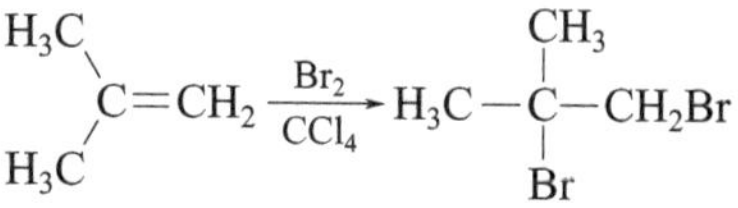

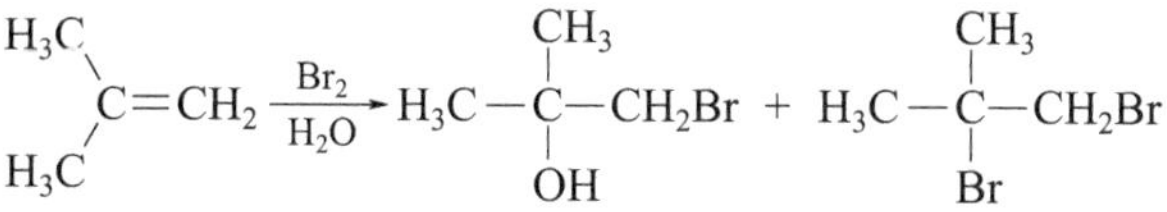

（6）$\begin{array}{c}H_3C\\\\H_3C\end{array}C{=}CH_2 \xrightarrow{\ HBr\ }_{ROOR} H_3C{-}\overset{\overset{\displaystyle CH_3}{|}}{\underset{\underset{\displaystyle H}{|}}{C}}{-}CH_2Br$　　（7）$\begin{array}{c}H_3C\\\\H_3C\end{array}C{=}CH_2 \xrightarrow{\ KMnO_4\ }_{稀冷} H_3C{-}\overset{\overset{\displaystyle CH_3}{|}}{\underset{\underset{\displaystyle OH}{|}}{C}}{-}CH_2OH$

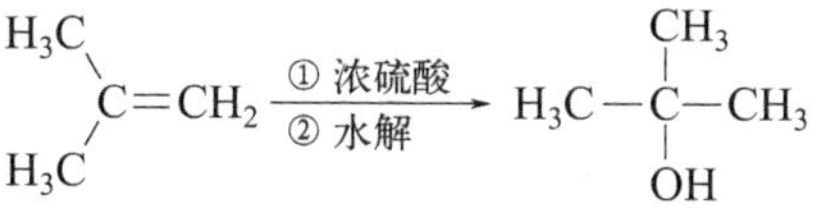

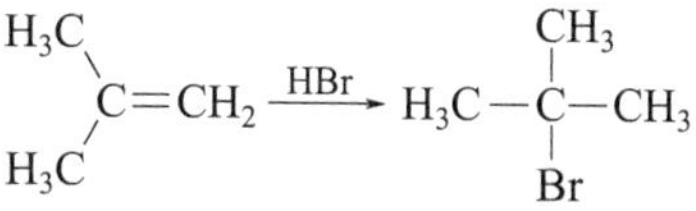

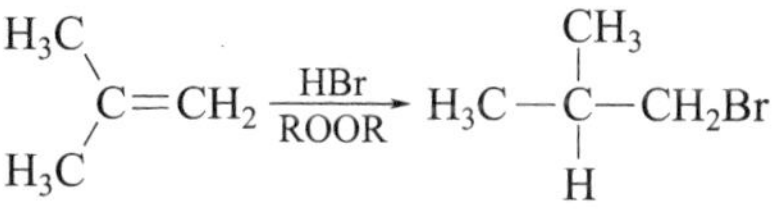

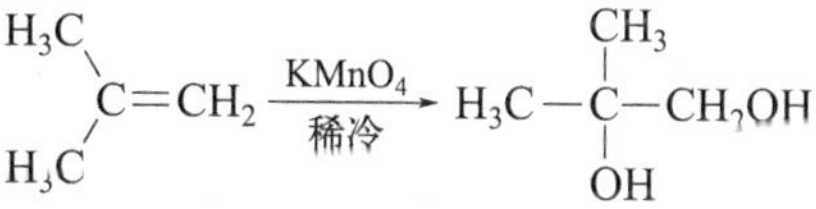

（8）$\begin{array}{c}H_3C\\\\H_3C\end{array}C{=}CH_2 \xrightarrow{\ KMnO_4\ }_{H^+} \overset{\overset{\displaystyle O}{\|}}{H_3C{-}C{-}CH_3} \ + \ CO_2 + H_2O$

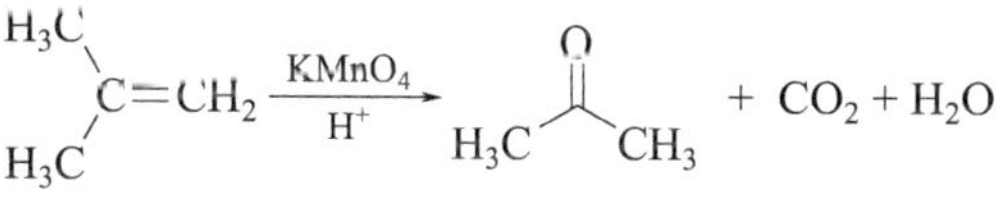

7. 完成下列反应，写出各步主要有机产物（立体结构只考虑顺反异构）或反应条件。

（1）$(CH_3)_2CHCH{=}CH_2 \xrightarrow{\ HCl\ }$ (A)

（2）[环己烯甲基] $\xrightarrow{\underset{}{\overset{O}{PhCOOH}}}$ (A) $\xrightarrow{H_3O^+}$ (B)
　　　$\xrightarrow[\triangle]{KMnO_4/H^+}$ (C)
　　　$\xrightarrow[低温]{KMnO_4/H_2O} \xrightarrow{H_2O}$ (D)

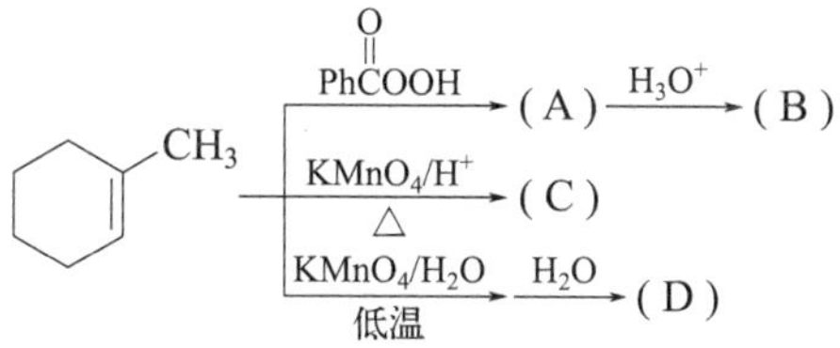

（3）[甲基环己烷] $\xrightarrow{(A)}$ [1-溴-1-甲基环己烷] $\xrightarrow[C_2H_5OH,\ \triangle]{NaOH}$ (B) $\Bigg\{ \begin{array}{l}\xrightarrow{HBr}_{过氧化物} (C)\\[4pt]\xrightarrow[②\ (CH_3)_2S]{①\ O_3} (D)\end{array}$

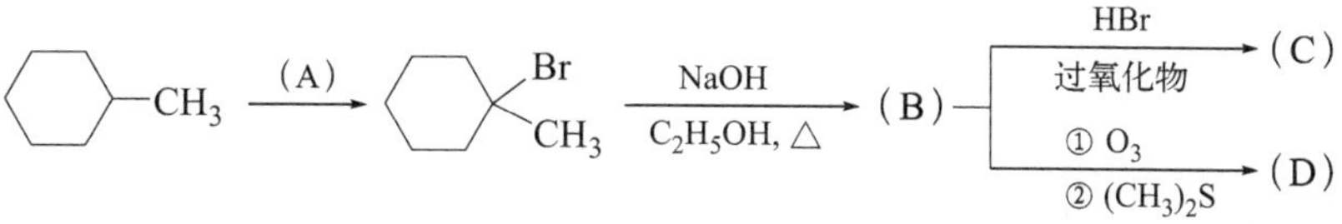

（4）[环己烷] $\xrightarrow[光照]{Br_2}$ (A) $\xrightarrow[\triangle]{KOH/C_2H_5OH}$ (B) $\xrightarrow{Cl_2}_{H_2O}$ (C)

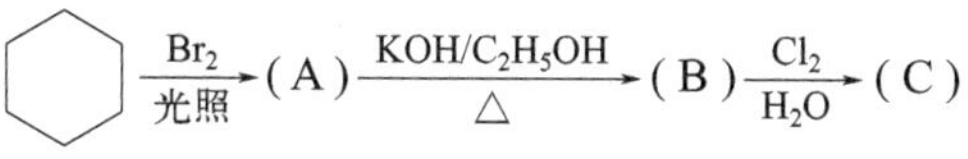

（5）$3\ CH_3CH_2CH{=}CH_2 \xrightarrow{B_2H_6}_{THF}$ (A) $\xrightarrow{H_2O_2}_{OH^-}$ (B)

（6）[苯基-CH(OH)CH_3] $\xrightarrow{(A)}$ [苯基-CH=CH_2] $\xrightarrow[②\ H_2O_2/OH^-]{①\ B_2H_6}$ (B)

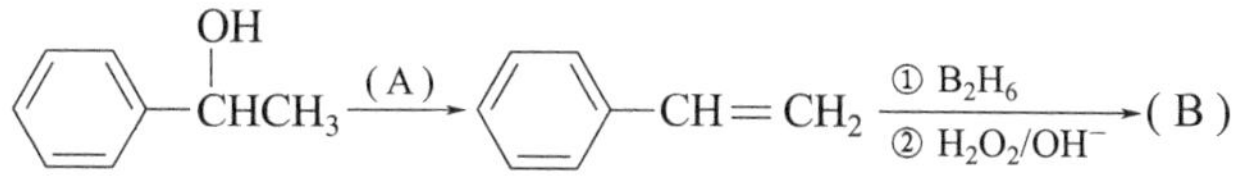

参考答案：

（1）A: $(CH_3)_2CHCHCH_3$ 下标 $\underset{Cl}{}$

（2）A: [环氧甲基环己烷顺反两种立体结构]　　　B: [二羟基甲基环己烷两种立体结构]

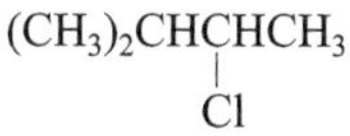

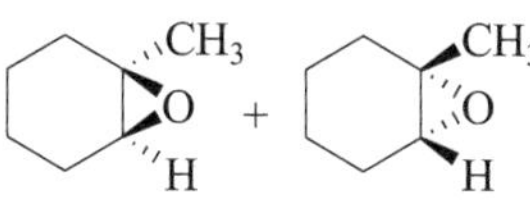

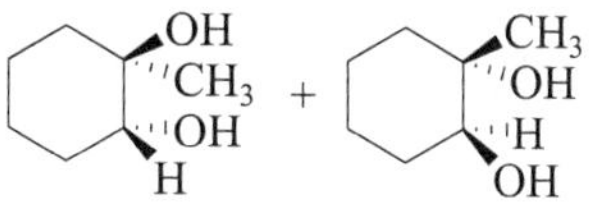

C:
D:

（本题A，B，D需明确顺反关系，任写其一即可）

（3）A: Br$_2$/光照或高温　　　　B:

C:
D:

（4）A: 　　B: 　　C: （可不写二氯产物）

（5）A: (CH$_3$CH$_2$CH$_2$CH$_2$)$_3$B　　　　B: CH$_3$CH$_2$CH$_2$CH$_2$OH

（6）A: 浓 H$_2$SO$_4$/加热 或 Al$_2$O$_3$/高温　　　　B: —CH$_2$CH$_2$OH

8. 按指定要求合成下列有机物，反应中涉及的无机试剂、有机溶剂和催化剂可任选。

（1）以乙烯为原料分别合成环氧乙烷和乙醛

（2）以丙烯为原料分别合成丙酮、丙烯酸和丙烯醛

（3）以丙烯为原料分别合成异丙醇 $\left(\begin{array}{c}OH\\|\\CH_3CHCH_3\end{array}\right)$ 和正丙醇 (CH$_3$CH$_2$CH$_2$OH)

（4）以丙烯为原料合成环氧氯丙烷 $\left(\begin{array}{c}CH_2{-}CHCH_2Cl\\ \backslash O /\end{array}\right)$

（5）以苯乙烯为原料分别合成 和

（6）以 为起始物合成

参考答案：

（1）环氧乙烷：CH$_2$=CH$_2$ + $\frac{1}{2}$O$_2$ $\xrightarrow[250℃]{Ag}$

乙醛：CH$_2$=CH$_2$ + $\frac{1}{2}$O$_2$ $\xrightarrow[100\sim125℃]{PdCl_2\text{-}CuCl}$ H$_3$C—CHO

（2）丙酮：CH$_3$—CH=CH$_2$ + $\frac{1}{2}$O$_2$ $\xrightarrow[120℃]{PdCl_2\text{-}CuCl}$

丙烯酸：CH$_2$=CHCH$_3$ + $\frac{3}{2}$O$_2$ $\xrightarrow[280\sim360℃, 0.2\sim0.3MPa]{MoO_3}$ CH$_2$=CHCOOH + H$_2$O

丙烯醛：CH$_2$=CHCH$_3$ + O$_2$ $\xrightarrow[350℃, 0.25MPa]{Cu_2O}$ CH$_2$=CHCHO + H$_2$O

（3）异丙醇：CH$_3$CH=CH$_2$ + H$_2$O $\xrightarrow[2MPa, 195℃]{H_3PO_4}$ CH$_3$CHCH$_3$ (OH)

正丙醇：CH$_3$CH=CH$_2$ $\xrightarrow[THF]{BH_3}$ (CH$_3$CH$_2$CH$_2$)$_3$B $\xrightarrow[OH^-]{H_2O_2}$ CH$_3$CH$_2$CH$_2$OH

（4）环氧氯丙烷：$CH_3CH=CH_2 \xrightarrow{Cl_2, 500℃} Cl-CH_2CH-CH_2 \xrightarrow{CH_3COOH} H_2C-CH-CH_2Cl$

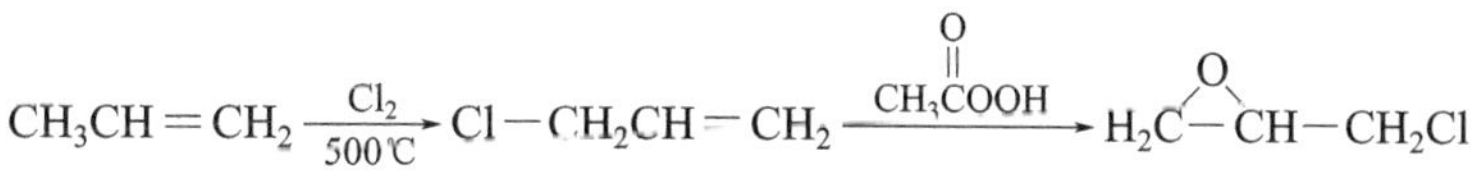

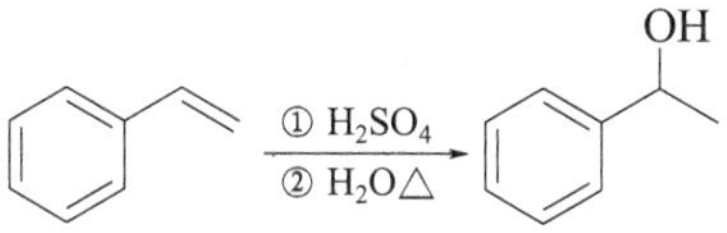

（5）1-苯乙醇：

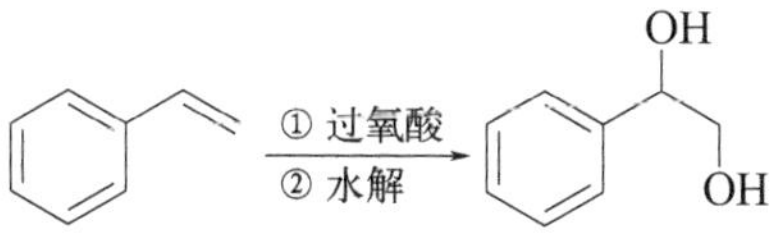

（6）（2-溴乙基）苯：

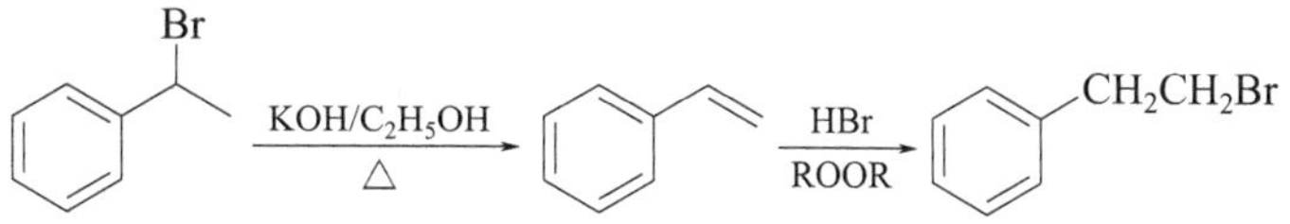

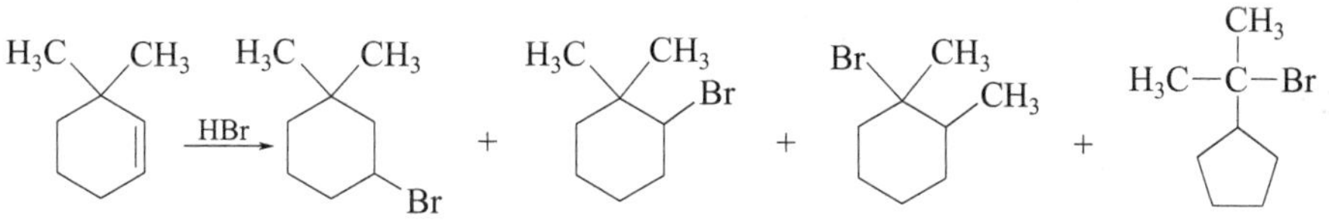

9. 写出下列转化的反应机理，并简要说明理由。

（1）$CH_3C=CH_2 + HOBr \longrightarrow CH_3C-CH_2Br$
$\quad\quad CH_3 \quad\quad\quad\quad\quad\quad\quad\quad CH_3$

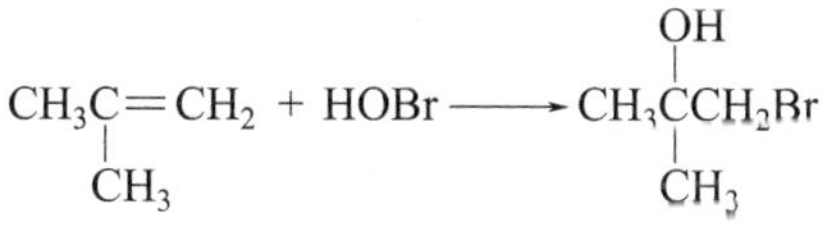

（2）

参考答案：

（1）机理如下：

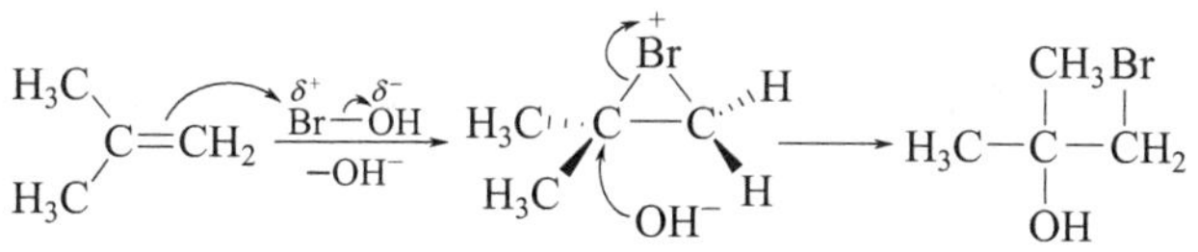

烯烃与次溴酸加成时，反应的第一步是烯烃与次溴酸中正电性的溴结合，形成较稳定的三元环溴鎓离子中间体。第二步，OH^-亲核进攻三元环中取代基多的碳原子，它容纳的正电荷更多，更易接受亲核试剂的进攻（电性因素主导），三元环开环，最终生成物符合马氏规则（带正电性的溴加到含氢较多的烯碳原子上）。

（2）机理如下：

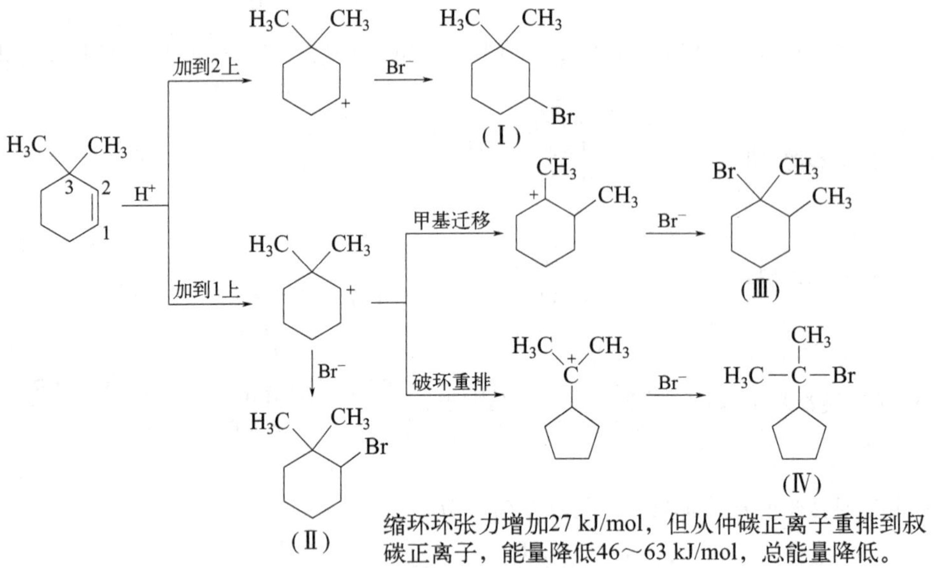
加到2上
Br⁻
(Ⅰ)
H⁺
甲基迁移
Br⁻
(Ⅲ)
加到1上
Br⁻
破环重排
Br⁻
(Ⅳ)
(Ⅱ)
缩环环张力增加27 kJ/mol，但从仲碳正离子重排到叔碳正离子，能量降低46～63 kJ/mol，总能量降低。

10. 1-溴-3-氯丙烷是多种药物的中间体，可用于炎痛静、盐酸多塞平、泰尔登等药物的合成。请以丙烯为原料合成该中间体，并写出相关反应式。

参考答案：1-溴-3-氯丙烷是卤代烷，可以考虑先合成3-氯丙烯，然后再与溴化氢在过氧化物存在下进行反马加成。反应式为：

$$CH_3CH{=}CH_2 \xrightarrow[500℃]{Cl_2} Cl{-}CH_2CH{=}CH_2 \xrightarrow[ROOR]{HBr} Cl{-}CH_2CH_2CH_2{-}Br$$

11. 环己烯在溴的甲醇溶液中反应得到76%的反式卤代醚（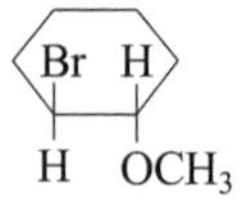）。请参考烯烃与溴的反应，写出该反应的机理，并据此分析，除此之外，该反应还有可能存在哪种副产物。

参考答案：

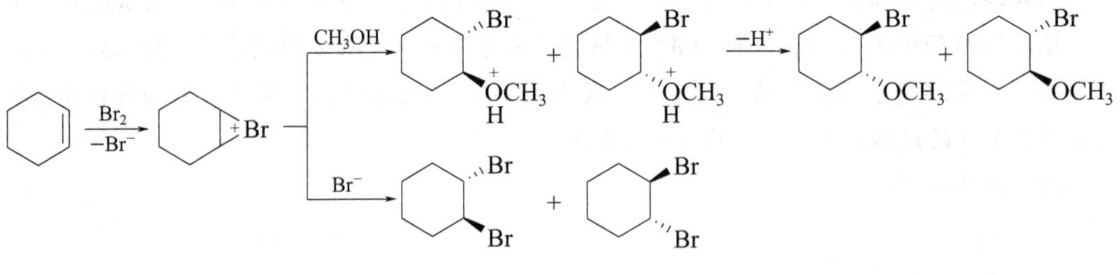
CH₃OH
Br₂
−Br⁻
Br⁻
−H⁺

反应的第一步是烯烃与溴单质形成三元环溴鎓离子中间体。甲醇作为亲核试剂从背面进攻三元环溴鎓离子，开环后脱质子生成反式卤代醚（按本章要求写出其中一种即可）。

除甲醇能发生第二步反应外，溴单质反应后解离的溴负离子也可以亲核进攻三元环，生成反式二溴环己烷（按本章要求写出其中一种即可）。

12. 根据下列烯烃或取代烯烃与溴加成反应速率的实验数据，对这种反应速率的排序给予合理的解释。

化合物	相对速率	化合物	相对速率
$CH_2{=}CHBr$	0.04	$CH_2{=}C(CH_3)_2$	5.53
$CH_2{=}CH_2$	1.0	$CH_3CH{=}C(CH_3)_2$	10.4
$CH_2{=}CHCH_3$	2.03	$(CH_3)_2C{=}C(CH_3)_2$	14.0

参考答案：从反应速率的排序看，双键上烷基取代基越多反应越快，卤代则会降低反应速率。

烯烃与溴的加成属于亲电加成反应历程，反应的决速步骤是溴鎓离子的产生。双键的电子密度越高，生成的溴鎓离子越稳定（供电子基团有利于正电荷的分散），反应速率就越快。

烷基具有供电子诱导效应，烷基的C—H键与C=C间也有σ-π超共轭效应，这两种效应均增加了双键的电子密度，因此双键所连烷基越多，电子密度就越高，反应速率越快。

而溴具有吸电子诱导效应和给电子的共轭效应，前者强于后者，因此溴乙烯的双键电子密度降低，导致其加成反应比乙烯要慢得多。

13. 我国率先实现甲醇制烯烃核心技术及工业应用"零"的突破，对发展清洁煤化工产业具有里程碑式意义。

（1）我国煤制烯烃主要有MTO和MTP两种工艺路线，它们在主要产品上有何异同？

（2）某能源集团拟筹建乙丙橡胶分厂，采用哪种配套煤制烯烃装置能实现原料的自给？写出乙丙橡胶共聚反应的方程式；

（3）请充分利用该厂的煤制烯烃产品，设计一条生产"人造羊毛"（聚丙烯腈）的合成路线。写出有关反应式。

参考答案：（1）MTO是煤制烯烃技术，以乙烯和丙烯为主，MTP是煤制丙烯技术，以丙烯为主。

（2）乙丙橡胶是乙烯与丙烯的共聚产物，需要几乎等量的乙烯和丙烯单体，采用MTO工艺路线能够同时生产乙烯和丙烯。共聚反应的方程式为：

$$n\,CH_2{=}CH_2 + m\,\underset{CH_3}{CH{-}CH_2} \xrightarrow{聚合} {+}CH_2{-}CH_2{]}_n{[}\underset{CH_3}{CH{-}CH_2}{]}_m$$
乙丙橡胶

（3）聚丙烯腈需要以丙烯腈为原料进行聚合反应，该厂的煤制烯烃产品中丙烯的氨氧化反应能够合成丙烯腈，通过自由基聚合反应能够合成人造羊毛。丙烯腈和聚丙烯腈合成的反应式为：

$$CH_2{=}CHCH_3 + NH_3 + \tfrac{3}{2}O_2 \xrightarrow[470℃]{磷钼酸铋} CH_2{=}CHCN + 3H_2O$$

$$n\ \underset{\underset{CN}{|}}{CH} = CH_2 \xrightarrow[\text{NaSCN溶液}]{\text{过氧化物}} \underset{\underset{CN}{|}}{\left[CH - CH_2 \right]}_n$$

14. 香叶烯（　　　　）天然存在于肉桂油等植物油中，具有清淡的香脂香气，并有驱蚊效果，可用于古龙香水和消臭剂。
   （1）请用系统命名法命名香叶烯；
   （2）写出所有香叶烯经臭氧化-还原反应的产物；
   （3）由香叶烯的同分异构体经臭氧化-还原反应得到（2）中相同的产物，写出所有符合条件的香叶烯同分异构体的结构简式。

   参考答案：（1）香叶烯名称：7-甲基-3-甲亚基辛-1,6-二烯；
   （2）经臭氧化-还原反应的产物：甲醛、丙酮、2-氧亚基戊二醛（HCHO、CH₃COCH₃、

   $$\underset{OHCCCH_2CH_2CHO}{\overset{O}{\parallel}}$$ ）；

   （3）香叶烯的分子式为 $C_{10}H_{16}$，其同分异构体有：　　　　　和　　　　　。

15. 直链 α-烯烃（C≥4）是一种重要的高端有机原料，煤炭间接液化产生的轻质烃类含有丰富的优质 α-烯烃。
   （1）十二个碳的 α-烯烃均聚得到的合成油具有良好的黏温性能和低温流动性，是配制高档、专用润滑油较为理想的基础油。写出该聚合反应的反应式；
   （2）己-1-烯用作乙烯的共聚单体生产高性能、高密度聚乙烯（HDPE），以提高其抗撕裂和拉伸强度。写出该共聚反应的反应式；
   （3）仲辛醇（辛-2-醇）是常用的一种细粒煤泥浮选起泡剂，请以辛-1-烯为原料合成之。

   参考答案：
   （1）α-烯烃意味着其为十二碳-1-烯，聚合反应为：

   $$n\ \underset{\underset{(CH_2)_9CH_3}{|}}{CH} = CH_2 \xrightarrow[\text{催化剂}]{\text{齐格勒-纳塔}} \underset{\underset{(CH_2)_9CH_3}{|}}{\left[CH - CH_2 \right]}_n$$

   （2）乙烯与己-1-烯的共聚反应为：

   $$n\ CH_2 = CH_2 + m\ \underset{\underset{(CH_2)_3CH_3}{|}}{CH} = CH_2 \xrightarrow{\text{聚合}} \left[CH_2 - CH_2 \right]_n \underset{\underset{(CH_2)_3CH_3}{|}}{\left[CH - CH_2 \right]}_m$$

   （3）辛-1-烯与辛-2-醇的关系符合烯烃的直接水合反应，符合马氏规则，反应式为：

   $$CH_3(CH_2)_5CH = CH_2 \xrightarrow[H^+]{H_2O} CH_3(CH_2)_5\underset{\underset{OH}{|}}{CH}CH_3$$

▶▶ # 第四章

炔烃　逆合成分析法

一、本章概要

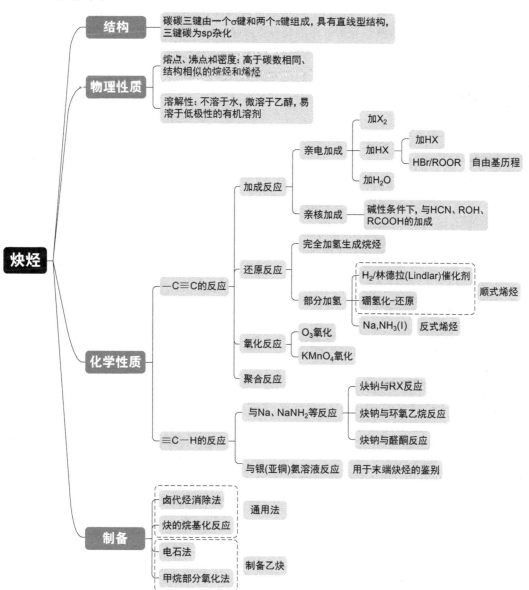

二、结构与化学性质

碳负离子: 亲核加成、亲核取代

$$R-C\equiv\overset{\delta^-}{C}\overset{\delta^+}{-}H \longleftarrow 酸性$$

氧化、还原、加成、聚合

　　碳碳三键中有两个π键，易接受亲电试剂的进攻，π键断裂，发生亲电加成反应，并具有"分步加成"的特点，反应过程中注意控制条件，可使加成停留在生成取代烯烃的阶段。但三键碳是sp杂化，电负性较大，对π电子的束缚较强，因此炔烃的亲电加成较烯烃困难。三键也可以加氢还原或被氧化剂氧化。

　　若碳碳三键位于链端，则≡C—H较活泼，有弱酸性，与强碱作用生成金属炔化物，相应的炔基碳负离子为强碱，可作为亲核试剂与卤代烃、醛酮等发生反应，实现碳链增长；≡C—H还可以与银氨溶液或亚铜氨溶液反应生成炔化银或炔化亚铜沉淀，用于末端炔烃的鉴别。

三、重要反应一览

		反应	反应要点
加成反应	亲电加成	与卤素加成: $CH\equiv CH \xrightarrow[FeCl_3或SnCl_2]{Cl_2}$ $\underset{H}{\overset{Cl}{\diagup}}C=C\underset{Cl}{\overset{H}{\diagdown}}$ $\xrightarrow{Cl_2}{FeCl_3}$ $Cl_2CH-CHCl_2$	✓ "分步"加成，第二步比第一步困难； ✓ 路易斯酸作催化剂，促使卤素异裂生成X^+亲电试剂； ✓ X^+先进攻π键，生成环状镓离子，X^-再从背面进攻，产物以反式加成为主； ✓ 利用溴的四氯化碳溶液"褪色"现象，可检验炔烃。
		与氢卤酸加成: $CH_3C\equiv CH \xrightarrow{HCl} CH_3-\overset{Cl}{\underset{}{C}}=CH_2$ $\xrightarrow{HCl} CH_3-\overset{Cl}{\underset{Cl}{C}}-CH_3$	✓ "分步"加成，第二步比第一步困难； ✓ 加成遵守马氏规则； ✓ 控制反应条件，可停留在一分子加成阶段。
		与水加成: $C\equiv CH \xrightarrow[H_2SO_4, HgSO_4]{H_2O}$ (91%)	✓ 酸与汞盐共催化，加成反应遵守马氏规则； ✓ 生成的烯醇式结构通过互变异构生成更稳定的酮； ✓ 末端炔烃水合可制备甲基酮。

续表

		反应	反应要点
加成反应	自由基加成	与溴化氢的自由基加成： $n\text{-}C_4H_9C\equiv CH + HBr \xrightarrow[\text{或光照}]{\text{过氧化物}} n\text{-}C_4H_9CH=CHBr$ $\xrightarrow[\text{或光照}]{\text{过氧化物}} n\text{-}C_4H_9\underset{\underset{Br}{\vert}}{C}HCH_2Br$	✓ 在过氧化物或光照条件下，产生 $Br\cdot$； ✓ $Br\cdot$ 进攻 π 键，发生自由基加成反应，产物以反马氏加成为主； ✓ 只有 HBr 有过氧化物效应，发生自由基加成。
	亲核加成	亲核试剂对炔烃加成： $HC\equiv CH$ $\xrightarrow[\text{KOH, }150\sim180℃]{C_2H_5OH} CH_2=CHOC_2H_5$ 乙基乙烯基醚 $\xrightarrow[\text{NH}_4\text{Cl-CuCl}]{HCN} CH_2=CHCN$ 丙烯腈 $\xrightarrow[\text{Zn(OAc)}_2,\ 170\sim210℃]{CH_3COOH} CH_2=CHOCOCH_3$ 乙酸乙烯酯	✓ 有活泼氢的化合物经解离形成负离子型亲核试剂； ✓ 亲核试剂进攻位阻较小、电子密度相对较低的炔碳，发生亲核加成； ✓ 由乙炔制备乙烯基化合物的重要反应。
	聚合反应	CuCl催化乙炔二聚或三聚： $2\ CH\equiv CH \xrightarrow[\text{NH}_4\text{Cl}]{CuCl} CH_2=CHC\equiv CH$ 乙烯基乙炔 $\xrightarrow[\text{CuCl}+\text{NH}_4\text{Cl}]{CH\equiv CH} CH_2=CHC\equiv CCH=CH_2$ 二乙烯基乙炔	✓ 乙炔二聚或三聚； ✓ 依据催化剂和反应条件不同，可得到链状或环状聚合物。
氧化还原	加氢反应	Pt，Pd，Ni催化加氢制烷烃： $CH_3CH_2C\equiv CCH_3 \xrightarrow[\text{Pt或Pd或Ni}]{H_2} CH_3CH_2CH_2CH_2CH_3$	✓ Pt、Pd和Ni都是高活性加氢催化剂； ✓ 由炔烃制备烷烃。
		Lindlar或Ni₂B催化加氢制烯烃： $C_2H_5-C\equiv C-C_2H_5 + H_2 \xrightarrow[\text{或Ni}_2\text{B}]{\text{Pd-BaSO}_4/\text{喹啉}}$ $\underset{H}{\overset{H_5C_2}{>}}C=C\underset{H}{\overset{C_2H_5}{<}}$ (Z)-己-3-烯	✓ Lindlar和Ni₂B是活性稍低的加氢催化剂； ✓ 由炔烃制备顺式（Z型）烯烃。
		碱金属/液氨还原制烯烃： $C_2H_5-C\equiv C-C_2H_5 \xrightarrow[\text{液氨}]{Na} \underset{H}{\overset{H_5C_2}{>}}C=C\underset{C_2H_5}{\overset{H}{<}}$ (E)-己-3-烯	✓ 碱金属（Li、Na、K）/液氨是供电子试剂； ✓ 由炔烃制备反式（E型）烯烃。

		反应	反应要点
氧化还原	加氢反应	硼氢化-还原制烯烃： $6\ CH_3C\equiv CCH_3 \xrightarrow{B_2H_6} 2\left(\begin{matrix} H_3C \\ \diagdown \\ H \end{matrix} C=C \begin{matrix} CH_3 \\ \diagup \\ \diagdown H \end{matrix}\right)_3 B$ $\xrightarrow[0℃]{CH_3COOH} 6\ \begin{matrix} H_3C \\ \diagdown \\ H \end{matrix} C=C \begin{matrix} CH_3 \\ \diagup \\ \diagdown H \end{matrix}$	✓ 硼氢化先得到烯基硼烷，再与乙酸反应，硼被氢取代生成烯烃； ✓ 顺式加成，制备Z型烯烃。
	氧化反应	硼氢化-氧化制酮/醛： $RC\equiv CR' \xrightarrow{B_2H_6} \xrightarrow[OH^-]{H_2O_2} RCH_2\overset{\overset{O}{\|}}{C}R' + RC\overset{\overset{O}{\|}}{C}CH_2R'$	✓ 碱性/过氧化氢条件； ✓ 先生成烯醇式结构，经过酮-烯醇互变异构制得酮； ✓ 末端炔烃经硼氢化-氧化制得醛，中间炔烃经硼氢化-氧化制得酮。
		高锰酸钾氧化： $RC\equiv CH \xrightarrow{KMnO_4} RCOOH + CO_2 + H_2O$	✓ 高锰酸钾为强氧化剂； ✓ 产物为羧酸； ✓ ≡CH氧化产物为碳酸，分解为CO_2和H_2O； ✓ 利用高锰酸钾溶液"褪色"现象，可检验炔烃。
		臭氧氧化： $CH_3(CH_2)_3C\equiv CH \xrightarrow[②\ H_2O]{①\ O_3} CH_3(CH_2)_3COOH + HCOOH$	✓ 产物为羧酸； ✓ ≡CH氧化产物为甲酸； ✓ 利用产物的结构可反推碳碳三键在碳链中的位置。
末端炔烃的酸性	取代反应	被Na、Li取代： $HC\equiv CH \xrightarrow{Na} HC\equiv CNa \xrightarrow{Na} NaC\equiv CNa$	✓ ≡C—H仅有弱酸性，需在强碱性条件下，如Na、Li、$NaNH_2$(液氨)，发生反应； ✓ 制备炔碳负离子的有效方法。
		被Ag、Cu取代： $CH_3C\equiv CH + Ag(NH_3)_2NO_3 \longrightarrow CH_3C\equiv CAg\downarrow +$ 白色沉淀 $NH_4NO_3 + NH_3$ $CH\equiv CH + 2\ Cu(NH_3)_2Cl \longrightarrow CuC\equiv CCu\downarrow +$ 红色沉淀 $2\ NH_4Cl + 2\ NH_3$	✓ 末端炔烃的定性检验； ✓ 炔化银（铜）干燥状态下，撞击或震动易发生爆炸，加酸可使之分解。

续表

反应		反应要点
末端炔烃的酸性	**亲核加成反应** 炔的烷基化反应： $\bigcirc$—C≡CH $\xrightarrow[\text{② } C_2H_5Br]{\text{① } NaNH_2}$ $\bigcirc$—C≡CC$_2$H$_5$ (70%)	✓ 炔基碳负离子进攻伯卤烷，发生S_N2亲核取代，制备碳链增长的炔烃； ✓ 只能与伯卤烷进行此类反应。
	炔与环氧乙烷的反应： HC≡CH $\xrightarrow[\text{液氨}]{LiNH_2}$ HC≡CLi $\xrightarrow[\text{② } H_2O]{\text{① }\triangle\!O}$ HC≡CCH$_2$CH$_2$OH 丁-3-炔-1-醇	✓ 制备β-炔基醇； ✓ 若环氧乙烷有取代基，炔基负离子进攻位阻小的碳原子。
	炔与醛/酮的反应： CH$_2$=CHC≡CH + $\underset{R}{\overset{O}{\underset{}{\|}}}\!\!-\!\!R'$ $\xrightarrow{KOH}$ $CH_2=CHC≡C-\underset{\underset{R'}{\|}}{\overset{\overset{OH}{\|}}{C}}-R$	✓ 碱性条件； ✓ 炔基碳负离子进攻羰基碳，经水解后，制备α-炔基醇。
炔烃的制备		
卤代烷消除	(CH$_3$)$_3$C—CH—CH$_2$ $\xrightarrow[\triangle]{\text{叔丁醇钾}}$ (CH$_3$)$_3$C—C≡CH BrBr	✓ 反应需要NaOH、KOH的醇溶液或者叔丁醇钾等强碱性溶液及加热条件； ✓ 产物结构在可能的条件下，倾向于生成末端炔烃。
炔的烷基化	RC≡C$^-$ + R'CH$_2$—X $\longrightarrow$ RC≡C—CH$_2$R' + X$^-$ 亲核试剂伯卤烷	✓ 利用末端炔烃的酸性生成碳负离子，与伯卤代烷亲核取代制备碳链增长的炔烃； ✓ 只能是伯卤代烷，仲或叔卤代烷易发生消除。
电石法	3 C + CaO $\xrightarrow{2000℃}$ CaC$_2$ + CO CaC$_2$ + H$_2$O $\longrightarrow$ CH≡CH + Ca(OH)$_2$	✓ 耗电量大； ✓ 乙炔气体现用现制。

四、重点与难点

重点：亲电加成

亲电试剂首先进攻三键，生成烯基碳正离子中间体，较烯烃亲电加成生成的烷基碳正离子不稳定，较难生成。因此，炔烃较烯烃的亲电加成反应慢，加成产物符合马氏规则。

烯基碳正离子中间体再与亲核试剂结合生成烯烃，完成第一步加成。在亲电试剂浓度较高、温度较高以及反应时间较长的条件下，烯烃可以继续进行亲电加成，经历碳正离子中间体后生成"两分子"加成产物，产物也符合马氏规则。

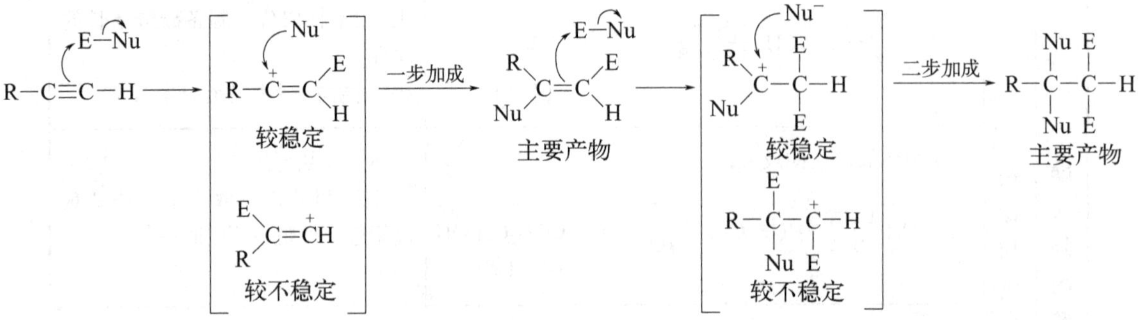

当调整反应底物和亲电试剂物料比为1∶1时，在较低温度下，炔烃的亲电加成反应可停留在一分子加成。

一般情况下，三键的亲电加成反应活性不如双键，非共轭烯炔的亲电加成反应优先发生在双键。但就催化加氢反应而言，由于三键比双键空间位阻小，更易吸附在催化剂表面，使π键被削弱，因此炔烃比烯烃容易发生加氢反应，控制氢气用量，使用选择性催化剂（Lindlar催化剂或Ni₂B），可使炔烃的还原停留在烯烃阶段。

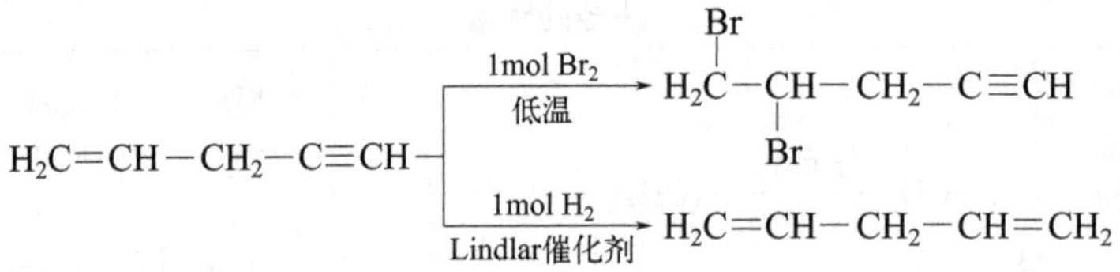

利用共轭烯炔的选择性加氢可以设计合成共轭二烯，共轭二烯是利用D-A反应制备环己烯（烷）衍生物的重要原料。

难点1：炔烃与水的加成（酮-烯醇互变异构）

炔烃与水发生亲电加成反应，需要在汞盐及酸性条件下才能进行，具体过程如下：

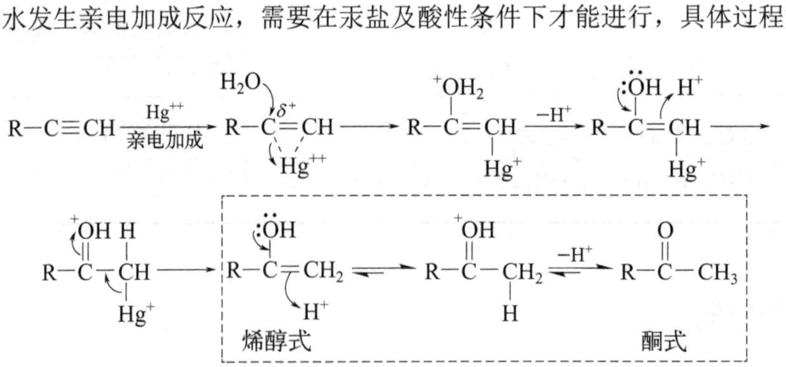

末端炔烃与水的亲电加成依然遵守马氏规则，氢加在含氢多的端基碳原子上，羟基加在相邻炔碳上得到烯醇式结构，再经过酮-烯醇互变异构得到产物。通过以下三个反应式可以观察到，乙炔与水亲电加成可以制得乙醛，末端炔烃与水加成可以制得甲基酮，这是利

用酮-烯醇互变异构在合成设计中得到甲基酮的重要反应。若二键在链中，与水的加成则得到两种酮的混合物，对称的中间炔烃水合只有一种产物。

$$HC{\equiv}CH \xrightarrow[H_2SO_4]{H_2O,HgSO_4} H-\overset{\overset{\displaystyle O}{\|}}{C}-CH_3$$

$$R-C{\equiv}CH \xrightarrow[H^+]{H_2O,Hg^{++}} R-\overset{\overset{\displaystyle O}{\|}}{C}-CH_3$$

$$R-C{\equiv}C-R \xrightarrow[H^+]{H_2O,Hg^{++}} R-\overset{\overset{\displaystyle O}{\|}}{C}-CH_2-R$$

难点2：炔烃的顺式还原和反式还原

由炔烃通过顺式加成或者反式加成制备烯烃可实现顺反异构体的设计，这在药物结构设计中具有重要应用。

（1）碱金属/液氨对炔烃选择性反式加氢，具体过程如下：

$$R-C{\equiv}C-R \xrightarrow[\text{液氨，} -78℃]{Na或Li} \overset{R}{\underset{H}{}}C{=}C\overset{H}{\underset{R}{}}$$

还原机理：

$$Na + NH_3 \longrightarrow Na^+ + e^-(NH_3)$$

碱金属Na、Li、K作为电子供体，液氨作为质子供体，三键分步加氢得到反式烯烃。

（2）Lindlar催化剂由钯催化剂加少量抑制剂（降低Pd的催化活性）制成，分为Pd-CaCO$_3$-PbO/Pb(OAc)$_2$和Pd-BaSO$_4$喹啉两种，可催化三键选择性顺式加氢，并停留在烯烃阶段。Ni$_2$B亦是针对三键顺式加成的催化剂。

$$H_3C-C{\equiv}C-CH_3 \xrightarrow[\text{Lindlar催化剂}]{H_2} \overset{CH_3}{\underset{CH_3}{}}C{=}C$$

此外，硼氢化-还原反应在低温下也可以对炔烃进行选择性顺式加氢制烯烃。

难点3：炔基碳负离子作为亲核试剂的反应

利用末端炔氢的酸性与强碱反应可制备炔基碳负离子，既是强碱，也是强的亲核试剂，可与卤代烃、醛、酮等具有正电性的基团发生亲核取代或亲核加成反应，实现碳链增长的同时引入特征官能团。例如，炔基碳负离子与伯卤烷通过亲核取代制备高级炔烃，与环氧乙烷亲核取代制备β-炔基醇，若环氧乙烷有支链，炔基碳负离子进攻位阻小的碳原子。炔基碳负离子还可以与醛或酮通过亲核加成制备α-炔基醇。

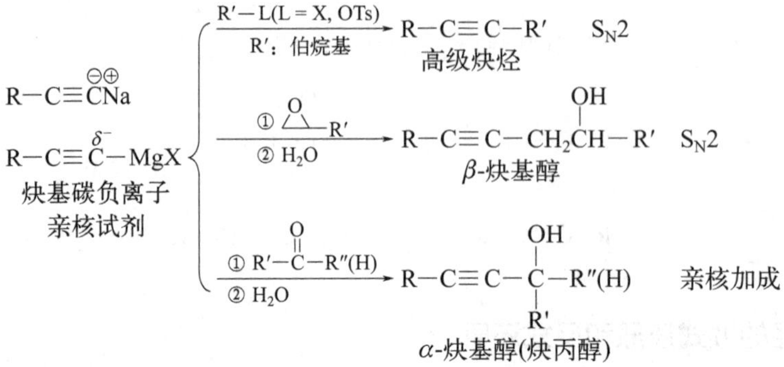

正因为炔基碳负离子是强碱和强亲核试剂，在应用中还要注意观察炔基自身的结构，如果炔基自身含有酸性氢，则碱需要过量；如果炔烃中还含有其它亲电性基团，则需要恰当的保护措施，避免原料分子内（间）反应的发生。

五、例题解析

1. 按系统命名法写出下列化合物名称 （2022年真题）

（1） 　（2） 　（3）

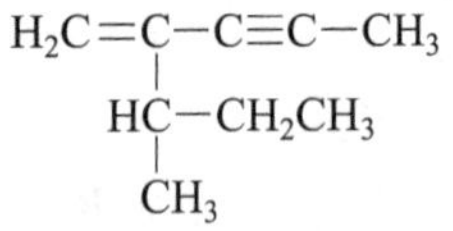

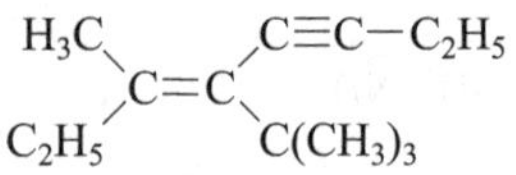

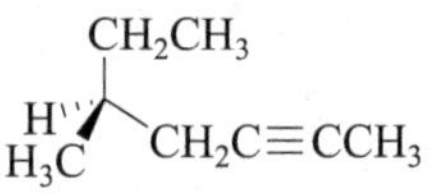

分析：第一个化合物最长的碳链为含三键在内的七碳链（母体名称为庚炔），CH_2=只能作为取代基，称为甲亚基，编号时从靠近三键的一端开始，名称为5-甲基-4-甲亚基庚-2-炔。第二个化合物最长的碳链为包含双键和三键在内的八碳链（母体名称为辛烯炔），编号时从靠近双键或三键的一侧开始，发现从任一侧编号烯键和炔键的位次均为3位或5位，这时，让烯键具有较小的编号，因此名称为(*E*)-4-叔丁基-3-甲基辛-3-烯-5-炔，需要标注双键的构型。第三个化合物最长的碳链为含三键在内的七碳链，名称为：(*S*)-5-甲基庚-2-炔，须注明手性碳构型。

2. 下列反应不能发生的是（　　） （2023年真题）

（A）$R-\equiv-H \xrightarrow{NaNH_2} R-\equiv-Na$　　（B）$R-\equiv-H \xrightarrow{NaOR} R-\equiv-Na$

（C）$R-\equiv-Na \xrightarrow{H_2O} R-\equiv-H$　　（D）$H-\equiv-H \xrightarrow{Ag(NH_3)_2NO_3} Ag-\equiv-Ag$

分析：（A）末端炔烃具有弱酸性，可与强碱氨基钠反应制备炔化钠。

（B）末端炔烃具有弱酸性，只能与强碱反应，而醇钠碱性不足，因此反应不能发生。

（C）炔化钠具有强碱性，可获得水中的氢，转变为末端炔烃。因此，有炔基碳负离子存在时，反应底物以及溶剂中不能有酸性氢。

（D）乙炔有两个酸性氢，可与硝酸银的氨溶液反应制得乙炔银白色沉淀，这是鉴别末端炔烃的有效方法。

答案选 B。

3. 完成下列反应

（1）$CH_3CH_2-\!\!\!=\!\!\!-H \xrightarrow{CH_3CH_2MgBr} (A) \xrightarrow[H_3^+O]{\underset{\triangle}{\overset{O}{\triangle}}CH_3} (B)$ （2021年真题）

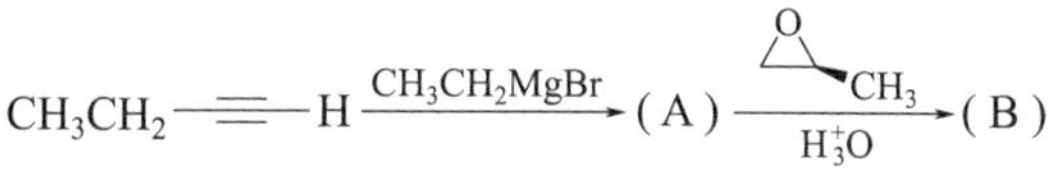

分析：① 丁-1-炔为末端炔烃，具有酸性H，乙基溴化镁作为碱夺取氢，制得丁炔溴化镁。

② 丁炔溴化镁解离出 $CH_3CH_2C\equiv C^-$，进攻环氧丙烷左侧位阻较小的碳，开环并水解成羟基，得到产物庚-4-炔-2-醇。答案为：

（A）$CH_3CH_2-\!\!\!=\!\!\!-MgBr$；

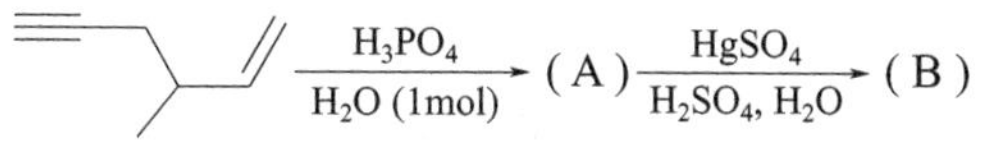

（B）$CH_3CH_2-\!\!\!=\!\!\!-\overset{OH}{\underset{CH_3}{\overset{|}{C}}}H$

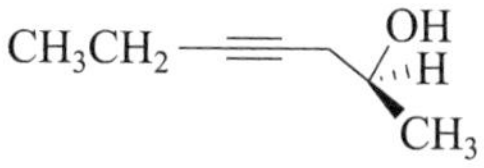

（2）$-\!\!\!=\!\!\!-\diagdown\!\!\diagup\!\!=\!\! \xrightarrow[H_2O(1mol)]{H_3PO_4} (A) \xrightarrow[H_2SO_4,\ H_2O]{HgSO_4} (B)$ （2021年真题）

分析：① 第一步反应是在磷酸催化下的水合。化合物含有非共轭的双键和三键，双键较三键亲电加成活性更高，加成遵守马氏规则，得到3-甲基己-5-炔-2-醇。

② 第二步在 $HgSO_4$ 和 H_2SO_4 共同催化下，水与二键发生亲电加成，也遵守马氏规则，主产物为5-羟基-4-甲基己-2-酮。

③ 若化合物结构中含有共轭的双键和三键，则三键更容易优先打开一个π键发生亲电加成，原因是得到的产物依然可以保持较稳定的共轭结构。答案为：

（A）

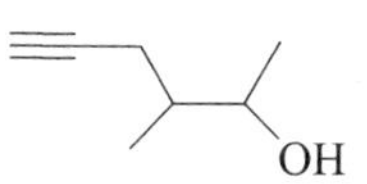

（B）

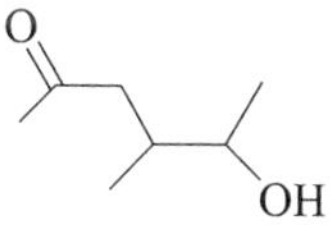

（3） 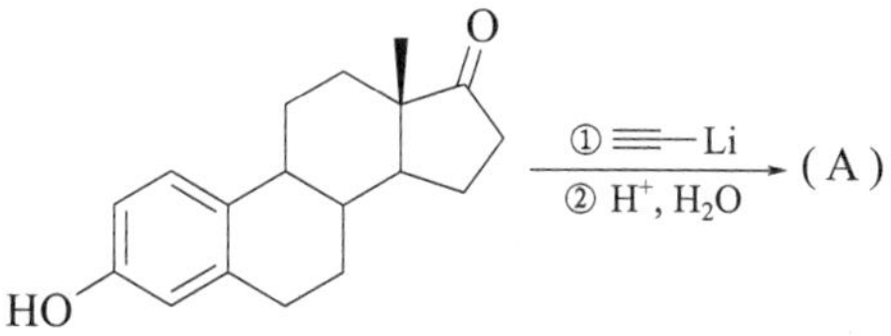 $\xrightarrow[②\ H^+,\ H_2O]{①\ \equiv\!\!-Li} (A)$ （2023年真题）

分析：① 乙炔锂既可作碱，又可作亲核试剂，甾族底物中既有含活泼氢的酚羟基，也有作为亲核底物的羰基碳。因此乙炔基碳负离子首先作为碱攫取酚羟基的氢（消耗1 mol），然后作为亲核试剂进攻羰基，碳氧π键异裂成氧负离子；

② 第二步，在酸性条件下，中间体氧负离子与质子结合成羟基，生成相应的甾醇。

答案为：

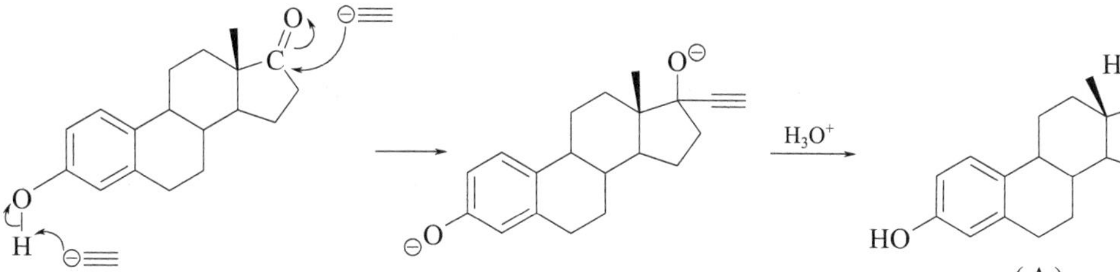

（A）

4. 机理题

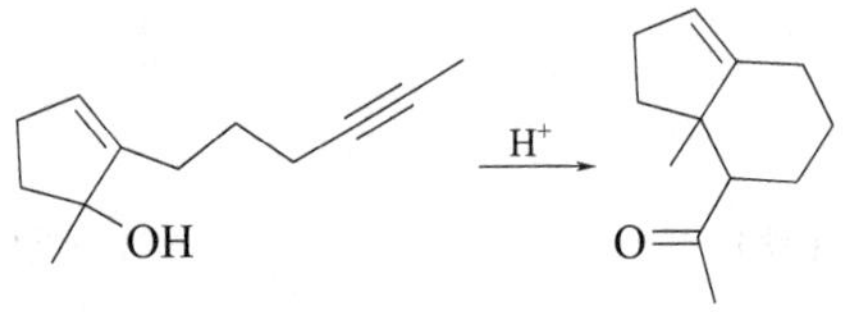

（2020年真题）

分析： ① 反应在酸催化下进行，应为碳正离子历程；

② 反应物中有—OH、双键和三键，都可以发生质子化反应；

③ 产物与原料相比羟基消失，并新增一个六元环（关环处在原—OH位置），还有一个环外甲基酮结构，因此可推断—OH首先质子化形成水离去，生成叔碳正离子，亲电进攻侧链上的三键（进攻3号碳生成六元环，进攻2号碳生成七元环，成环趋势：六元环＞七元环），关环，2号碳形成烯基碳正离子，与水分子反应后脱H^+转变成烯醇，再经酮-烯醇互变异构得到甲基酮；

④ 该反应在酸催化下进行，考察了羟基质子化、碳正离子作为亲电试剂与三键的亲电加成、烯基碳正离子与水的加成以及酮-烯醇互变异构。

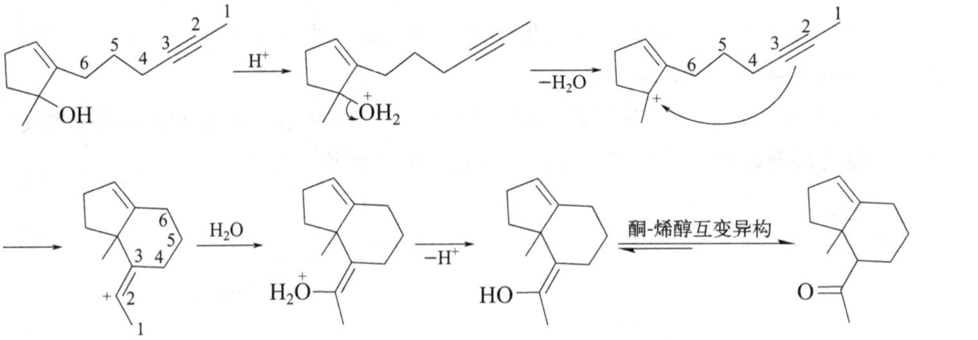

5. 合成题

（1）由乙炔和丙烯合成

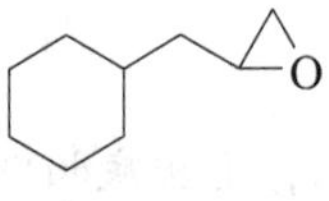

（2020年真题）

分析： ① 本题可采用逆合成分析法。目标产物中的环氧乙烷可通过官能团转换为双键，双键再转换为三键，在三键和邻碳之间切断则得到乙炔和环己基溴甲烷。

② 环己基溴甲烷继续进行两次官能团转换为环己烷甲醛，并在甲酰基对位添加双键，然后利用D-A双烯合成进一步切断为丁二烯和丙烯醛；

③ 丁二烯官能团转换为乙烯基乙炔，为乙炔二聚的产物；

④ 丙烯醛可由丙烯的烯丙位氧化得到，转换成原料丙烯；

⑤ 上述逆合成分析各步骤并不是唯一的，例如也可以通过乙炔聚合制苯，苯加氢得环己烷，环己烷经过卤代与丙烯制备的格氏试剂偶联，再发生双键环氧化实现目标产物的结构设计。设计初衷尽可能选择成本低、步骤少、反应条件温和、产率高、副反应少、污染小的合成路线。

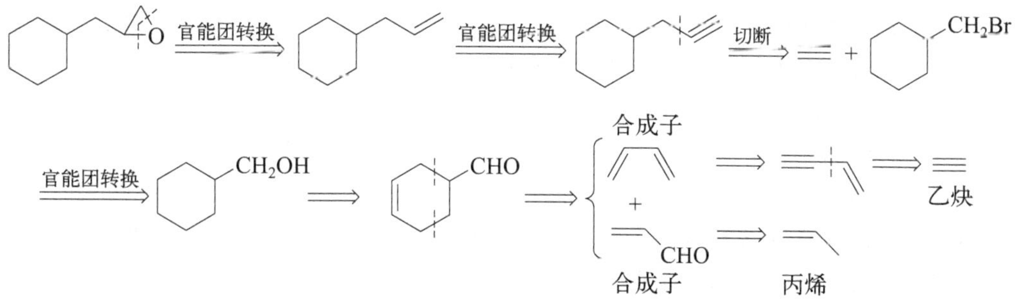

通过逆合成分析，以乙炔和丙烯为原料，具体的合成路线如下：

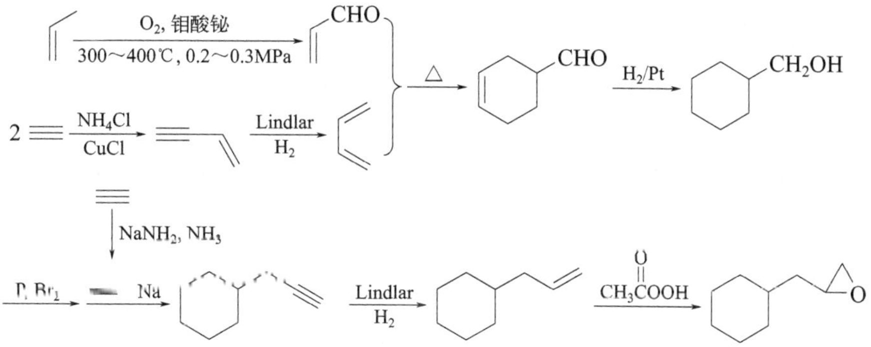

（2）由乙炔作为唯一原料合成

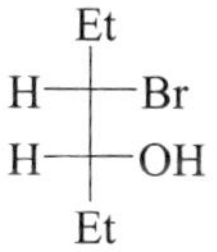

（2023年真题）

分析：① 目标产物为6个碳，且有对称的两个乙基。原料乙炔为2个碳，可采用乙炔二钠盐连接乙基增长碳链的策略；

② 通过逆合成分析，β-卤代醇可通过次卤酸与双键的亲电加成制得，因次卤酸对烯烃的亲电加成为反式加成，因此β-卤代醇经官能团转换为反式烯烃，再官能团转换为三键，得到己-3-炔；

③ 切断三键邻位的σ键，可得到乙炔二钠盐和溴乙烷。

④ 溴乙烷官能团转换为乙烯，再进一步转换为乙炔。

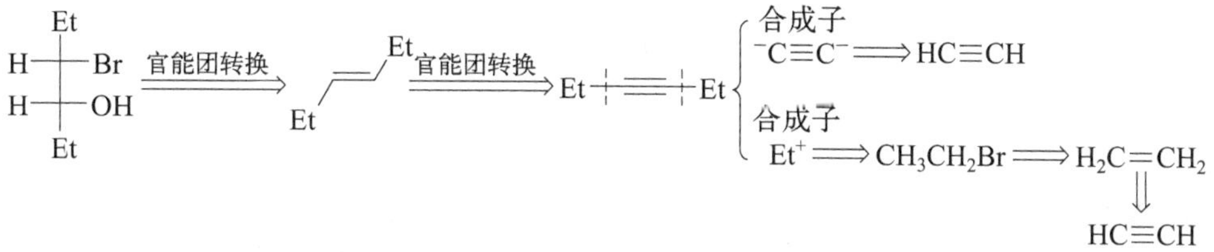

以乙炔为原料合成4-溴己-3-醇，具体的合成路线如下：

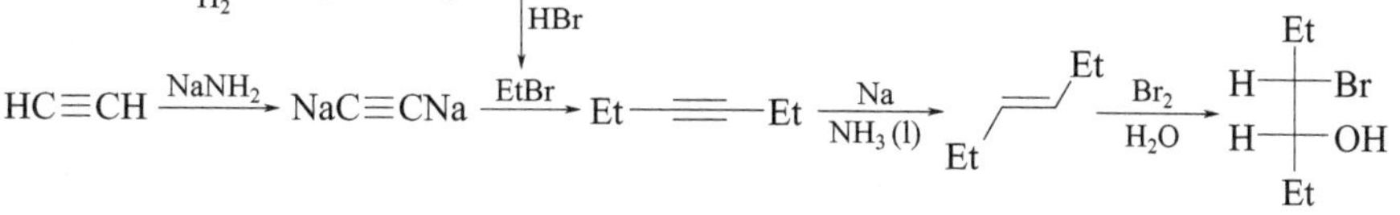

（3）以丙烯为原料（无机试剂任选）合成 ／／＼＼／　　　　（2023年真题）

分析：① 目标产物为己-1,4-二烯，两个双键不共轭，一个双键在链端，另一个双键居于链中，且呈顺式构型，可以由三键顺式加氢制得；

② 原料为丙烯，产物的碳数为原料的2倍，推测通过3+3增长碳链，所以在三键邻位σ键切断，前体为丙炔钠和烯丙基溴；

③ 烯丙基溴可由丙烯的α-卤代制得，而丙炔可由1,2-二溴丙烷脱2分子HBr制得，1,2-二溴丙烷又可由丙烯与Br_2亲电加成制备。

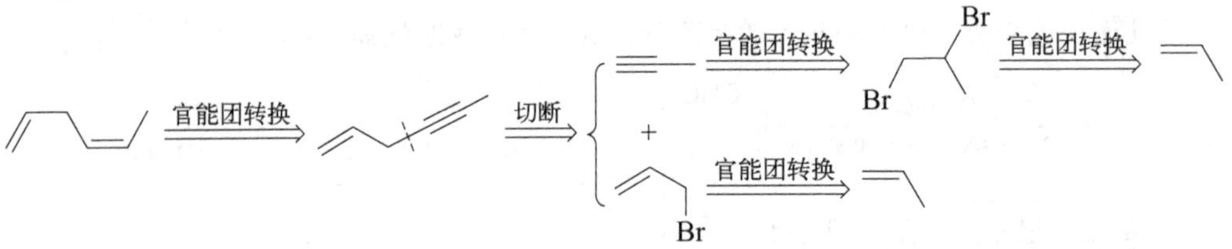

根据逆合成分析，以丙烯为原料合成己-1,4-二烯，具体的合成路线如下：

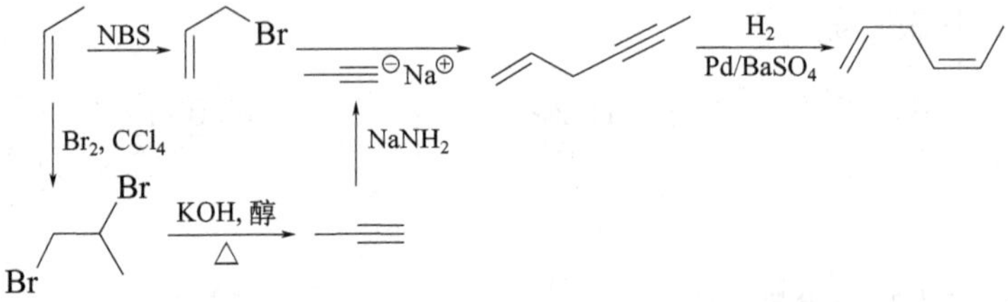

（4）用乙炔和环己酮合成 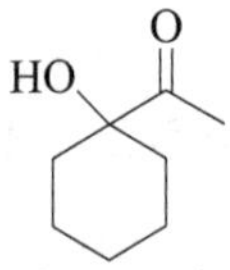 　　　　（2023年真题）

分析：① 目标产物中有羟基及甲基酮，甲基酮可通过端基三键水合，再经酮-烯醇互变异构来获得，羟基则可以利用炔基负离子与环己酮的亲核加成-水解制备；

② 具体步骤为原料乙炔与$NaNH_2$反应制备乙炔钠，乙炔钠与环己酮亲核加成，然后在酸性条件下获得质子，制备乙炔基环己醇。然后在汞盐和硫酸共催化下，水与三键发生亲电加成，先生成烯醇式结构，再经过酮-烯醇互变异构得到目标产物。

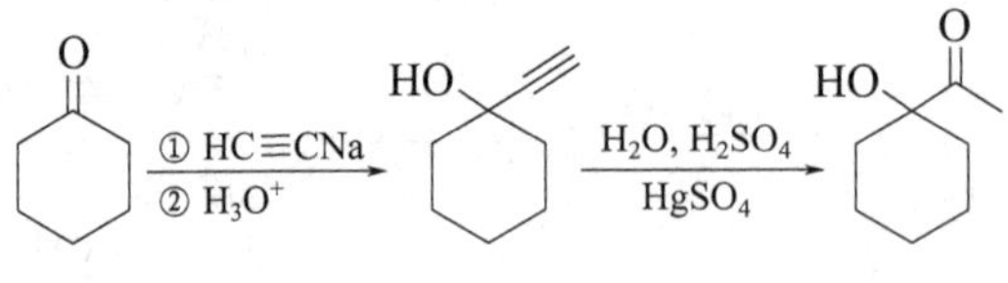

6. 推断题

分子式为C_7H_{10}的某开链烃A，可发生下列反应：A经催化加氢可生成3-乙基戊烷；A与硝酸银氨溶液反应可产生白色沉淀；A在Pd/$BaSO_4$催化下吸收1mol氢生成化合物B，B能与顺丁烯二酸酐反应生成化合物C。试写出A、B和C的结构式。　　　　（2023年真题）

分析：① A为开链烃，通过计算可知，A化合物的不饱和度$\Omega=(7_C\times2+2-10_H)/2=3$，可能存在1个双键和1个三键，或者3个双键的组合；

② A加氢生成3-乙基戊烷，说明A的碳骨架与3-乙基戊烷相同；硝酸银氨溶液与A反

应产生白色沉淀，说明A结构中有末端炔基，可以确定A结构为1个双键和1个三键的组合，且三键在链端；

③ Pd/BaSO₄催化剂主要使三键限制加氢制备烯烃，得到的B应该具有二烯结构。B可与顺丁烯二酸酐反应，说明B中两个双键构成了共轭结构（A中双键与三键也是共轭关系），B与顺丁烯二酸酐发生D-A环合制得环己烯C。

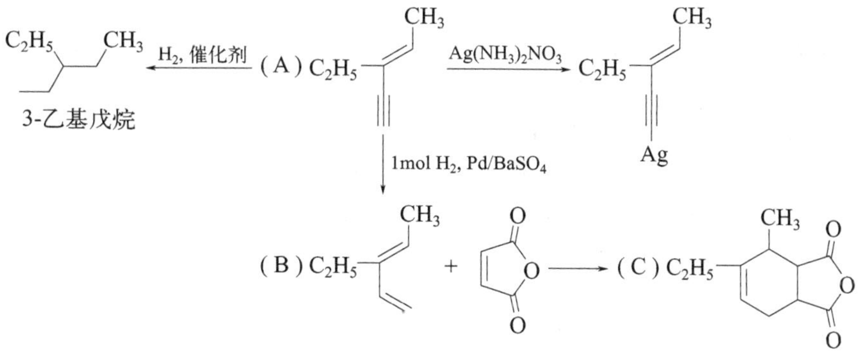

综合以上分析，可判断A、B和C的结构式如下：

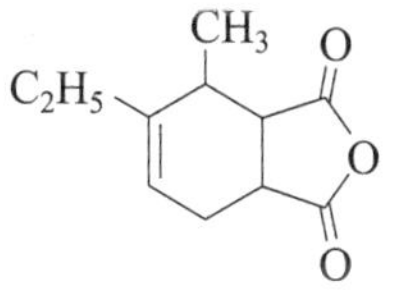

第四章 综合练习题（参考答案）

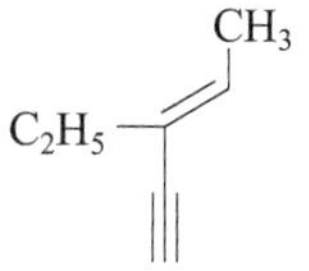

1.用系统命名法命名或写出下列化合物的结构式。

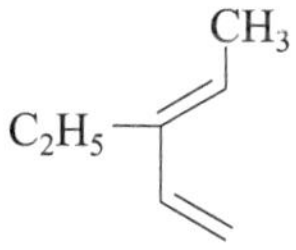

（1） 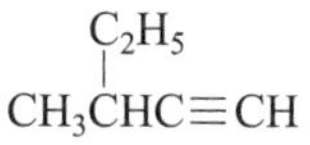
$$CH_3CHC\equiv CH$$
（上标 C_2H_5）

（2）$CH_2=CHCH_2C\equiv CH$

（3）

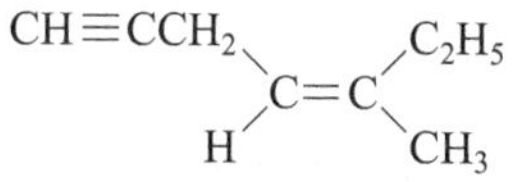

（4）环戊基乙炔　　（5）4-苯基戊-2-炔

（6）(E)-4-乙炔基-5-甲基庚-2-烯

参考答案：

（1）3-甲基戊-1-炔　　（2）戊-1-烯-4-炔　　（3）(Z)-5-甲基庚-4-烯-1-炔

（4） 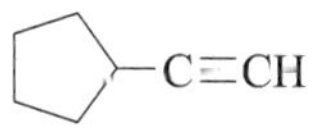 —C≡CH

（5） 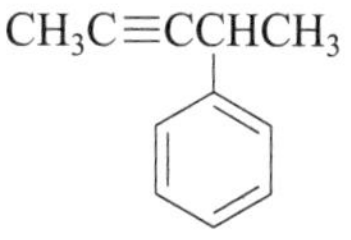
$$CH_3C\equiv CCHCH_3$$

（6）

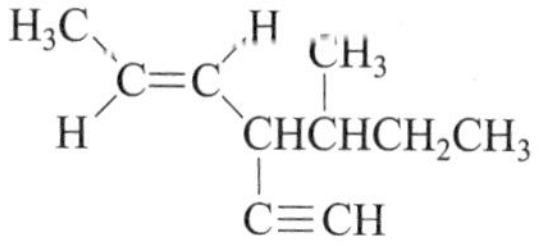

2.关于下列化合物性质叙述正确的是（　　）。

（1）丙炔不溶于水，而溶于乙醚；

（2）丙炔的pK_a大于水，故丙炔的酸性比水强；

（3）丙炔经硼氢化-还原的产物是Z构型；

（4）实验生成的丙炔亚铜不再使用时应立即加酸予以处理；

（5）乙酸乙烯酯的水解产物是乙酸和乙醛。

参考答案：（1）正确。（2）错误。丙炔的pK_a大于水，故丙炔的酸性比水弱。（3）错误。末端炔烃反应生成的末端烯烃中的端基碳有两个H，无Z、E构型。（4）正确。（5）正确。乙酸乙烯酯的水解产物是乙酸和乙烯醇，但乙烯醇结构不稳定，经互变异构得到乙醛。

3.用简单的化学方法鉴别下列各组化合物。

（1）丙烯、丙炔和环丙烷　　　　　　（2）环己烷、己-1-炔和己-2-炔

参考答案：（1）取三种化合物各少许，分别加入硝酸银或者氯化亚铜的氨溶液，能生成白色沉淀或者红色沉淀的是丙炔，其它两种化合物无此现象；再取剩下的两种化合物各少许，分别加入高锰酸钾溶液，能使之褪色的是丙烯，不能使之褪色的是环丙烷。

（2）取三种化合物各少许，分别加入硝酸银或者氯化亚铜的氨溶液，能生成白色沉淀或者红色沉淀的是己-1-炔，其它两种化合物无此现象；再取剩下的两种化合物各少许，分别加入高锰酸钾溶液，能使之褪色的是己-2-炔，不能使之褪色的是环己烷。

4.采取适当的化学方法实现下列转化。

参考答案：利用烯烃与溴的亲电加成制得卤代烃；通过卤代烃在强碱下的消除反应制得炔烃；再利用炔烃与碱金属/液氨溶液进行反式加氢的特点，得到反式烯烃产物。

5.写出下列反应各步的主要有机产物或反应条件。

（6） $\xrightarrow[\text{CCl}_4]{\text{Br}_2（足量）}$ （A） $\xrightarrow[\text{液氨}]{\text{NaNH}_2}$ $\xrightarrow{\text{H}_2\text{O}}$ （B）

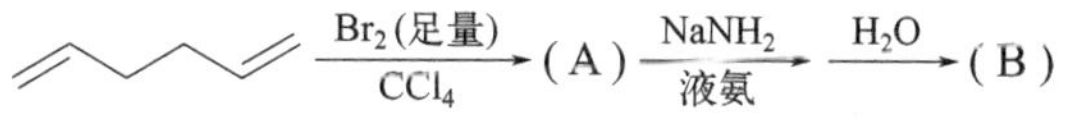

参考答案：

（1）A： 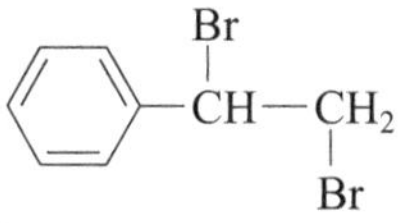
B：

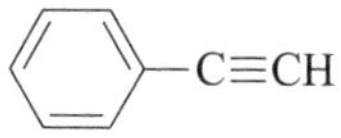

（2）A：NaNH$_2$ B：CH≡C—C$_2$H$_5$ C：H$_3$C—CO—C$_2$H$_5$ D：HC(=O)—CH$_2$C$_2$H$_5$

（3）A：CH$_2$=CHCH$_2$Cl   B：NaC≡CCH$_3$ C：CH$_2$-CHCH$_2$C≡CCH$_3$（带Br取代）

（4）A：CH≡CNa
B：

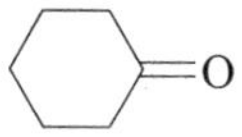

C： 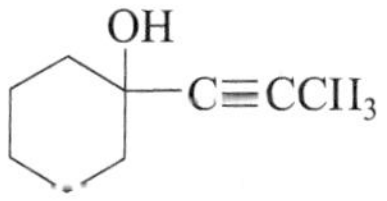
D：

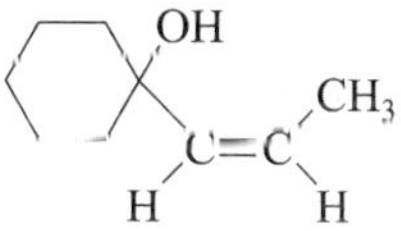

（5）A： 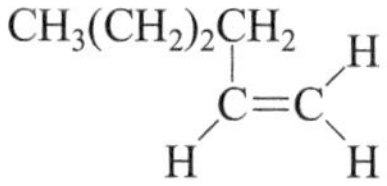   B：CH$_3$(CH$_2$)$_3$CH=CHBr   C：CH$_3$(CH$_2$)$_3$CHBr—CHBr$_2$

（6）A：BrCH$_2$CHCH$_2$CH$_2$CHCH$_2$Br（带两个Br取代）   B：CH≡CCH$_2$CH$_2$C≡CH

6.按指定条件合成下列化合物（无机试剂、溶剂、催化剂任选）。
（1）以乙炔为原料合成氯丁橡胶的单体2-氯丁-1,3-二烯；
（2）以乙炔和甲醇为原料合成乙烯基甲基醚（CH$_2$=CHOCH$_3$）；
（3）以电石为原料合成"人造羊毛"聚丙烯腈；
（4）以丙烯为原料合成1,3,5-三甲基苯。

参考答案：

（1）HC≡CH $\xrightarrow[\text{NH}_4\text{Cl}]{\text{CuCl}}$ H$_2$C=CH—C≡CH $\xrightarrow[\text{CuCl, NH}_4\text{Cl}]{\text{HCl}}$ H$_2$C=CH—C(Cl)=CH$_2$

（2）HC≡CH $\xrightarrow[\text{KOH, 加热加压}]{\text{CH}_3\text{OH}}$ CH$_2$=CHOCH$_3$

（3）HC≡CH $\xrightarrow[\text{CuCl, NH}_4\text{Cl}]{\text{HCN}}$ CH$_2$=CH—CN $\xrightarrow{\text{聚合}}$ [CH$_2$-CH(CN)]$_n$

（4）CH$_2$=CHCH$_3$ $\xrightarrow[\text{② NaOH/C}_2\text{H}_5\text{OH, }\triangle]{\text{① Br}_2}$ HC≡C—CH$_3$

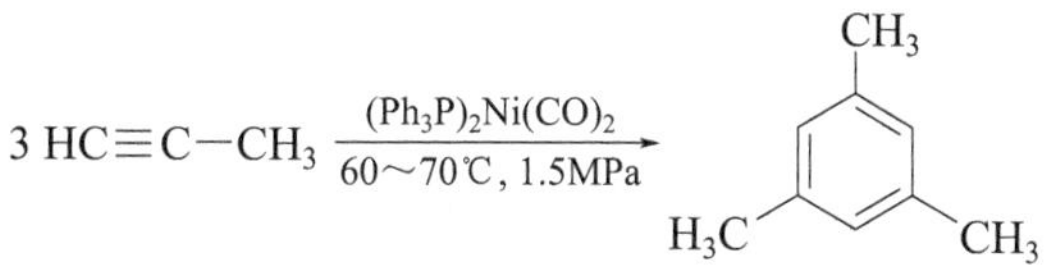

3 HC≡C—CH$_3$ $\xrightarrow[\text{60～70℃, 1.5MPa}]{\text{(Ph}_3\text{P)}_2\text{Ni(CO)}_2}$

7. 末端炔烃与溴水反应，生成了一种如下的溴代酮化合物，请写出该产物生成的反应机理。提示：参考烯烃与溴水反应的机理。

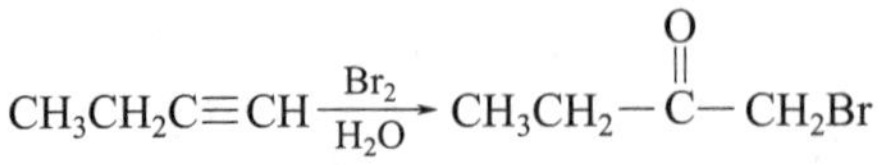

$$CH_3CH_2C\equiv CH \xrightarrow[H_2O]{Br_2} CH_3CH_2-\overset{\overset{O}{\|}}{C}-CH_2Br$$

参考答案：末端炔烃与溴水发生亲电加成，溴与π键形成正电性的环状溴鎓离子，水作为亲核试剂从三元环背面进攻取代基多的碳原子，该碳原子可容纳较多的正电荷（电性因素控制），脱质子后形成烯醇，烯醇不稳定，通过互变异构生成羰基化合物，即溴代酮。

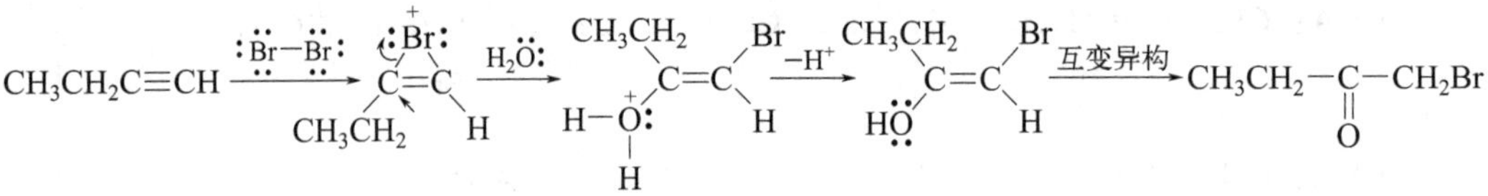

8. 3-羟基-3-甲基丁-2-酮（结构见右图）可作为紫外光固化涂料中的光引发剂，也是有机合成中应用广泛的合成子，可作为具有生物活性的天然产物和医药中间体。

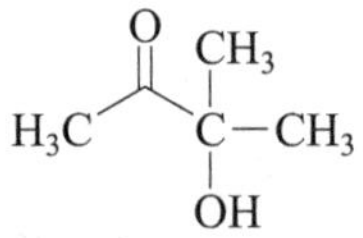

（1）请用逆合成分析法，设计一条以乙炔和一个碳的有机物为原料合成该化合物的路线。

（2）如果起始原料不做限制，请选择一条更经济可行的合成路线。简要说明理由。

参考答案：（1）按照逆合成分析，甲基酮可通过乙炔基与水的加成及互变异构获得，然后切断炔碳和羟基碳之间的σ键得到两个合成子——乙炔负离子及2-丙醇基正离子，后者由丙酮转换而来。根据题干要求，丙酮可由丙炔水合而来（甲基酮转变成乙炔基），继续切断丙炔，得到甲基正离子和乙炔负离子。因此，可通过乙炔钠和溴甲烷的亲核取代先制得丙炔，再经水合制得丙酮。

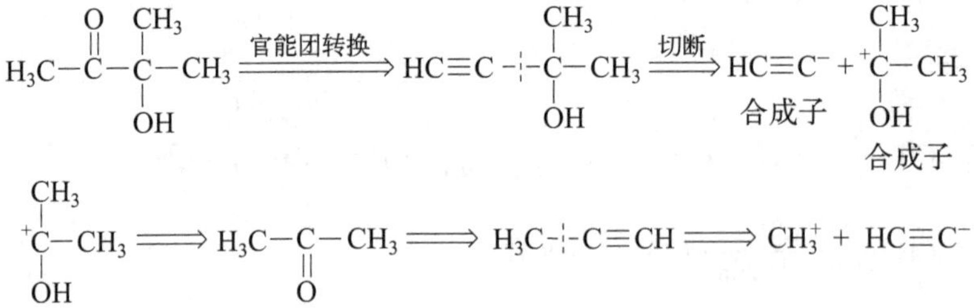

通过逆合成分析，确定由基础原料乙炔和一碳的溴甲烷合成3-羟基-3-甲基丁-2-酮的路线如下：

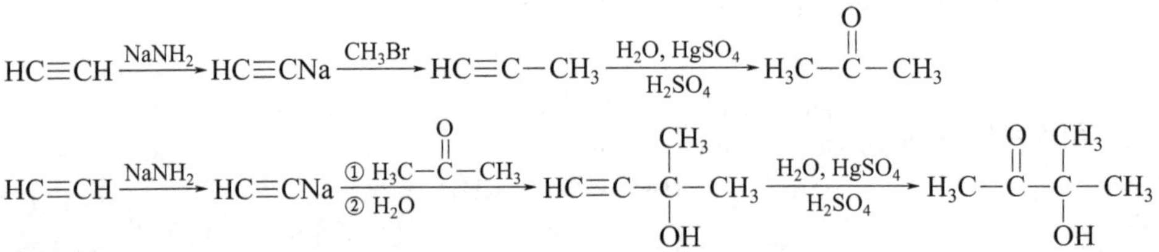

（2）如果原料不做限制，国内乙炔和丙酮作为原料经济成本低，可经以下步骤得到目标产物：

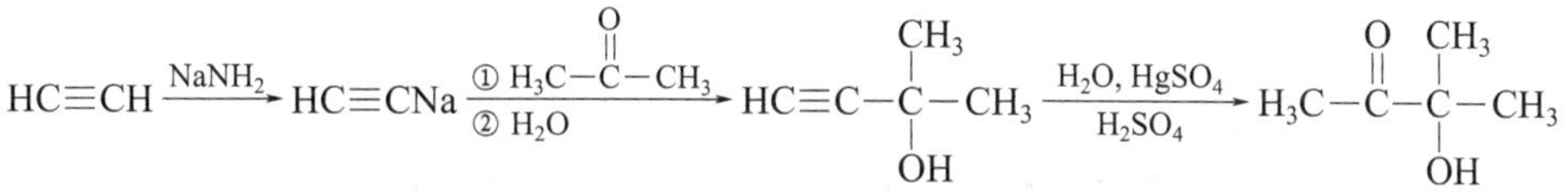

$$HC \equiv CH \xrightarrow{NaNH_2} HC \equiv CNa \xrightarrow[\text{② } H_2O]{\text{① } H_3C-\overset{O}{\overset{\|}{C}}-CH_3} HC \equiv C-\overset{CH_3}{\underset{OH}{\overset{|}{\underset{|}{C}}}}-CH_3 \xrightarrow[H_2SO_4]{H_2O, HgSO_4} H_3C-\overset{O}{\overset{\|}{C}}-\overset{CH_3}{\underset{OH}{\overset{|}{\underset{|}{C}}}}-CH_3$$

9. 很多药物通过引入含炔基的取代基加以修饰，这样的化合物通常很容易被人体吸收，而且低毒，比相应的烯烃或烷烃化合物更具活性。如 3- 甲基戊 -1- 炔 -3- 醇（结构见右图）可作为非处方的安眠药，请以乙炔为原料合成该化合物。写出各步反应式。

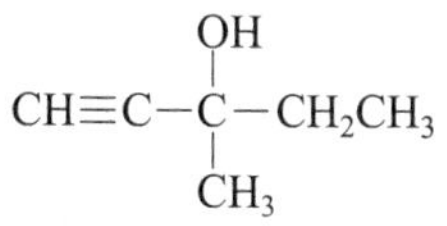

$$CH \equiv C-\overset{OH}{\underset{CH_3}{\overset{|}{\underset{|}{C}}}}-CH_2CH_3$$

参考答案：

（1）$HC \equiv CH \xrightarrow[\text{Lindlar}]{H_2} H_2C=CH_2 \xrightarrow{HBr} CH_3CH_2Br$

（2）$HC \equiv CH \xrightarrow{NaNH_2} HC \equiv CNa \xrightarrow{CH_3CH_2Br} HC \equiv CCH_2CH_3$

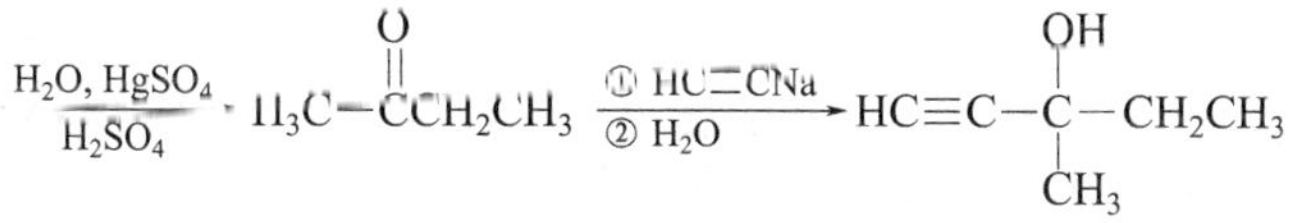

$$\xrightarrow[H_2SO_4]{H_2O, HgSO_4} H_3C-\overset{O}{\overset{\|}{C}}-CH_2CH_3 \xrightarrow[\text{② } H_2O]{\text{① } HC \equiv CNa} HC \equiv C-\overset{OH}{\underset{CH_3}{\overset{|}{\underset{|}{C}}}}-CH_2CH_3$$

10. 异戊二烯（$\overset{CH_2=CHC=CH_2}{\underset{CH_3}{\overset{}{\underset{|}{}}}}$）主要用于生产聚异戊二烯橡胶，也是丁基橡胶的第二单体，还用于制造农药、医药、香料及黏结剂等。工业上制备异戊二烯的一种方法是以乙炔和丙酮为原料制备。写出该方法的各步反应式。

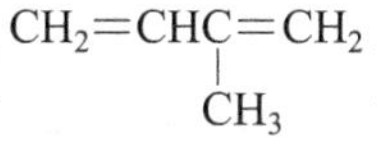

参考答案：乙炔钠和丙酮经过亲核加成制得炔醇，再利用 Lindlar 催化剂还原、氧化铝脱水制得目标产品。

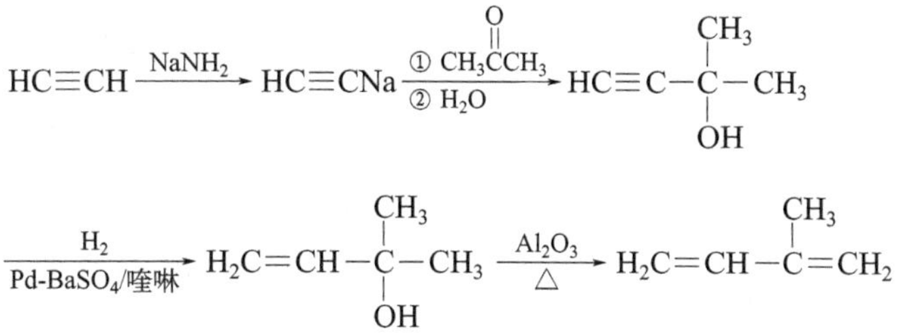

$$HC \equiv CH \xrightarrow{NaNH_2} HC \equiv CNa \xrightarrow[\text{② } H_2O]{\text{① } CH_3CCH_3}^{O} HC \equiv C-\overset{CH_3}{\underset{OH}{\overset{|}{\underset{|}{C}}}}-CH_3$$

$$\xrightarrow[\text{Pd-BaSO}_4/\text{喹啉}]{H_2} H_2C=CH-\overset{CH_3}{\underset{OH}{\overset{|}{\underset{|}{C}}}}-CH_3 \xrightarrow[\triangle]{Al_2O_3} H_2C=CH-\overset{CH_3}{\overset{|}{C}}=CH_2$$

▶▶ 第五章

二烯烃 周环反应

一、本章概要

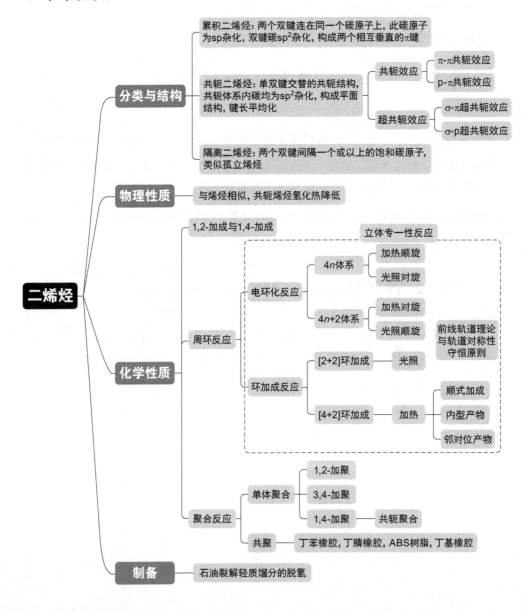

二、结构与化学性质

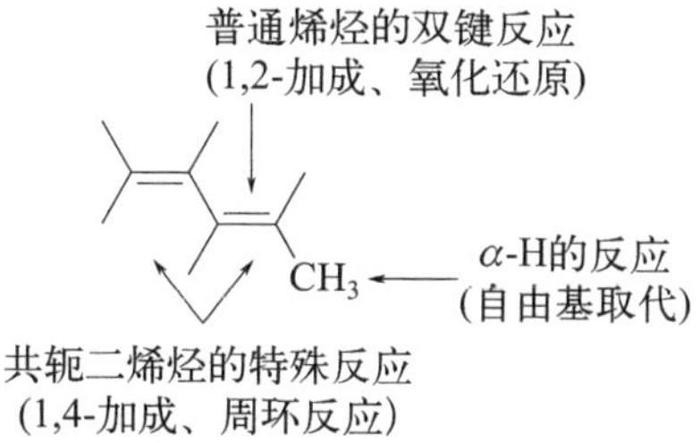

普通烯烃的双键反应
(1,2-加成、氧化还原)

α-H的反应
(自由基取代)

共轭二烯烃的特殊反应
(1,4-加成、周环反应)

共轭二烯烃中两个碳碳双键通过单键相连构成π-π共轭体系，氢化热较孤立二烯烃降低，表明分子内能降低，体系更稳定。在发生亲电加成时，亲电试剂进攻共轭二烯烃，形成烯丙型碳正离子中间体，更稳定，因此：①亲电加成反应活性比孤立二烯烃，更高。②烯丙型碳正离子正电荷分散在2、4号碳原子上，$CH_3-\overset{\delta^+}{\underset{1}{CH}}=\underset{2}{CH}=\overset{\delta^+}{\underset{4}{CH_2}}$，既能发生1,2-加成，又能发生1,4-加成（共轭加成）。③可以发生周环反应，包括电环化反应和环加成反应（如Diels-Alder反应），该类反应经历环状过渡态，旧键的断裂与新键的形成同步进行，无中间体，产物具有立体专一性，如电环化反应中$4n$体系加热顺旋、光照对旋，$4n+2$体系则相反（加热对旋、光照顺旋）；[2+2]环加成光照允许，[4+2]环加成加热允许，这些现象须利用分子轨道理论的轨道对称性守恒原则进行解释。

共轭二烯烃的聚合中，1,4-加聚是形成含不饱和键的高分子材料的关键，天然橡胶是顺-1,4-聚异戊二烯，其中的双键是橡胶具有高弹性的关键，也是硫化交联时反应的基团。共轭二烯烃也能发生氧化还原等反应，但这些反应与孤立烯烃相似，并不具有特殊性。

三、重要反应一览

		反应	反应要点
亲电加成	1,2与1,4亲电加成	与卤化氢的加成反应： 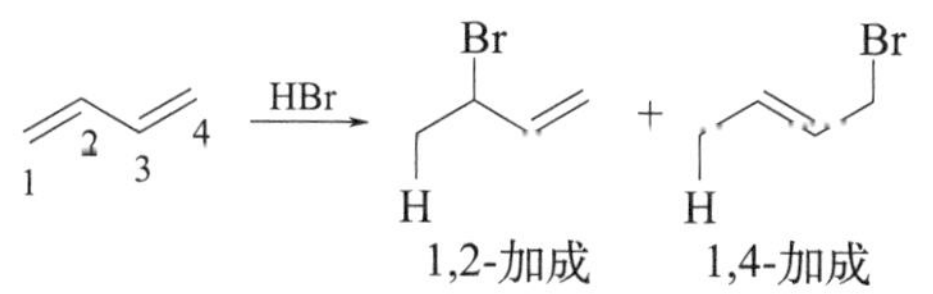 	✓ 反应活性高于孤立烯烃； ✓ 两个双键中电子密度高的优先与氢离子加成； ✓ 形成烯丙型碳正离子中间体，导致1,2-加成和1,4-加成。
		与卤素的加成反应：  	✓ Br^+首先加成在电子密度高的双键上，生成环状溴鎓离子中间体； ✓ 1,2-加成为动力学控制反应，低温、非极性溶剂中比例高；1,4-加成为热力学控制反应，高温、极性溶剂中比例高。

续表

		反应	反应要点
还原反应	催化氢化	与氢气的反应： 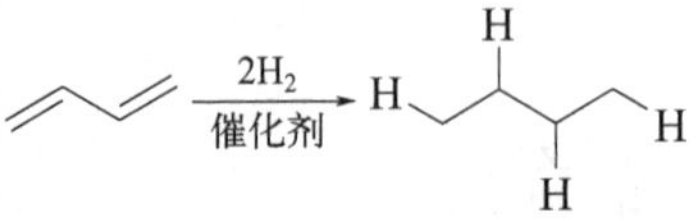 	✓ 催化剂为Pt、Pd、Ni（与还原孤立烯烃相同）； ✓ 氢化热：累积二烯烃＞孤立二烯烃＞共轭二烯烃，氢化热越低，二烯烃越稳定； ✓ 氢化热是共轭效应的直接证据。
周环反应	电环化反应	4n体系： 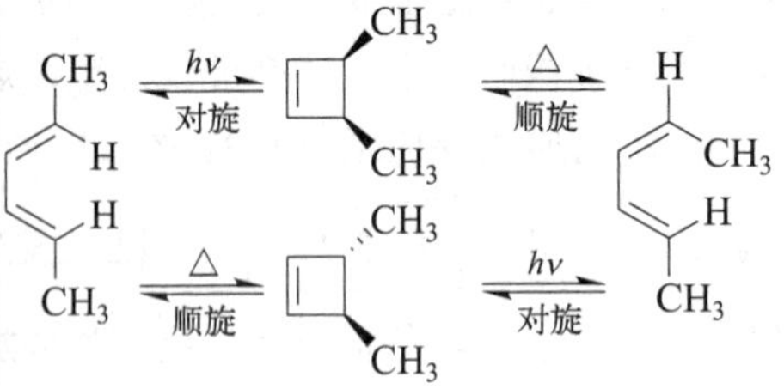 	✓ 反应经历环状过渡态，不形成离子或自由基中间体； ✓ 酸、碱、催化剂、自由基引发剂等不影响反应，仅受光照或加热的影响； ✓ 在形成σ键的同时，π键位置移动； ✓ 光照对旋，加热顺旋，具有高度立体专一性； ✓ 反应为可逆历程。
		4n+2体系： 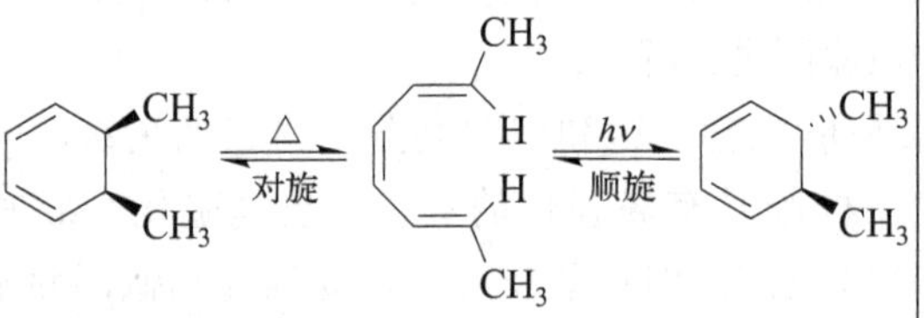 	✓ 与4n体系现象相反，机理相同； ✓ 反应加热对旋，光照顺旋，具有高度立体专一性； ✓ 反应为可逆历程。
	环加成反应	Diels-Alder反应： 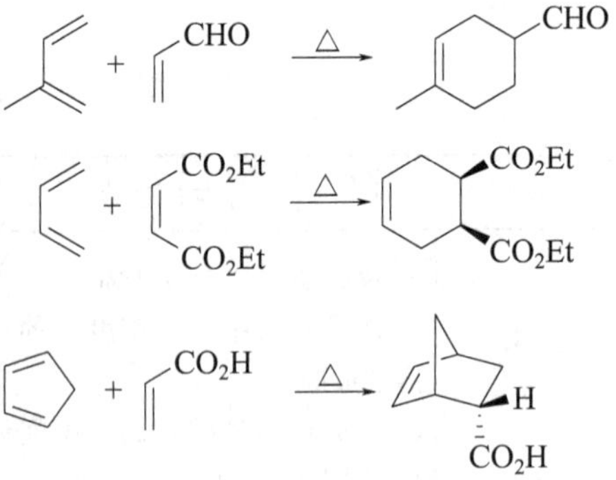 	✓ [4+2] 环加成反应； ✓ 双烯体HOMO轨道与亲双烯体LUMO轨道交盖成键； ✓ 双烯体有供电子基团，亲双烯体有吸电子基团，有利于反应； ✓ 顺式加成，反应物中双烯体、亲双烯体的立体构型在产物中保留； ✓ 产物以邻对位、内型为主。

四、重点与难点

本章的核心在于 π-π 共轭效应带来的电子流动，体现在亲电加成反应中的1,2-加成与1,4-加成共存，以及周环反应中的电环化反应和环加成反应。其中，周环反应属于协同反应，是有机化学中为数不多的使用分子轨道理论解释产物立体构型的反应。电环化反应中产物构型仅与能量提供方式（加热或光照）有关，而环加成反应如 [2+2] 环加成反应只在光照条件下进行，[4+2]环加成（Diels-Alder）反应只在加热条件下进行。

重点1：亲电加成反应中的1,2-加成与1,4-加成（共轭加成）

共轭二烯与卤化氢、卤素的加成也是亲电加成历程，反应活性高于孤立二烯烃。亲电试剂首先加在电子云密度较高的双键上，产生烯丙型碳正离子中间体，正电荷通过p-π共轭分散在C_2和C_4上。C_2与亲核试剂结合，产生1,2-加成产物，该反应属于动力学控制，低温和弱极性条件有利；C_4与亲核试剂结合，产生更稳定的1,4-加成产物，该反应属于热力学控制，高温和强极性条件有利。

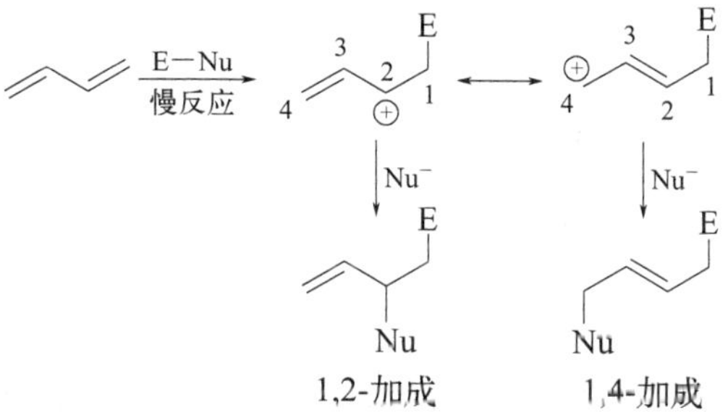

当双键与氰基、羰基共轭时，双键的极性发生改变，由"富电子"转变为"缺电子"，主要接受亲核试剂的进攻，发生亲核加成。

重点2：诱导效应与共轭效应

有机化学中的电子效应包括诱导效应、共轭效应、场效应和极化效应等，其中诱导效应和共轭效应是最主要的两个电子效应。诱导效应是基于定域键基础上的短程电子效应，而共轭效应则是基于离域键基础上的远程电子效应。

诱导效应（inductive effect）：

因分子中直接相连的两个原子或者基团的电负性不等，引起成键电子云沿原子链向某一方向移动的效应称为诱导效应，用I表示。也就是说，取代基的给电子诱导效应或吸电子诱导效应可以沿碳链传递，但随着距离的增长，影响迅速降低，一般传递3～4个σ键后影响忽略不计。

如下例：氯取代丁酸的α-H，由于氯和碳的电负性不等造成电子对偏向电负性更大的氯，这种电子对的偏移沿碳链传递，导致羧基O—H键电子对更偏向氧，氢更易解离，羧基酸性增强。但随着氯与羧基距离的增大，氯对酸性的影响迅速降低。

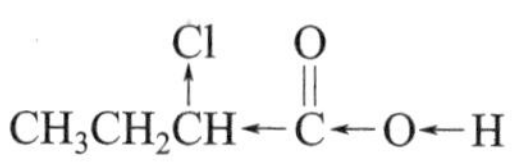

	$\overset{Cl}{\underset{|}{CH_3CH_2CHCOOH}}$	$\overset{Cl}{\underset{|}{CH_3CHCH_2COOH}}$	$\overset{Cl}{\underset{|}{CH_2CH_2CH_2COOH}}$	$CH_3CH_2CH_2COOH$
pK_a	2.86	4.05	4.52	4.82

诱导效应分为给电子诱导效应（$+I$）和吸电子诱导效应（$-I$）。

共轭效应（conjugated effect）：

在共轭体系内传递，属于长程电子效应。即由于"轨道共轭"（共轭体系内每一个原子都有相互平行的p轨道参与共轭），造成电子离域，电子的离域会降低体系的能量，降低的能量称为离域能，共轭体系越大，离域能越大。

共轭体系分为π-π共轭体系和p-π共轭体系，π-π共轭体系指像共轭多烯那样单双键交替出现的体系，p-π共轭体系则是指双键（或芳香体系）与杂原子或碳正离子（或碳负离子、自由基）相邻的体系。

π-π共轭体系：$CH_2\!=\!CH\!-\!CH\!=\!CH_2$　　$CH_2\!=\!CH\!-\!CH\!=\!O$

p-π共轭体系：$CH_2\!=\!CH\!-\!Cl$　　　　$CH_2\!=\!CH\!-\!\overset{+}{C}H_2$

共轭体系内，对于等电子体系，电子向电负性大的原子偏移：

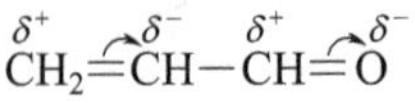

$$\overset{\delta^+}{C}H_2\!\!\rightharpoonup\!\!\overset{\delta^-}{C}H\!-\!\overset{\delta^+}{C}H\!\!\rightharpoonup\!\!\overset{\delta^-}{O}\qquad \pi_4^4 \qquad\qquad \pi_8^8$$

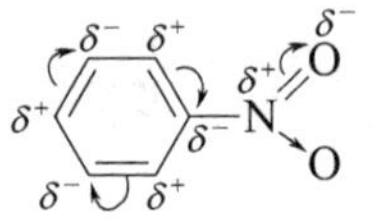

富（缺）电子体系，电子由高密度流向低密度：

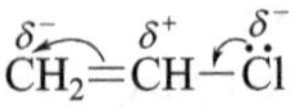

$$\overset{\delta^-}{C}H_2\!\!\rightharpoonup\!\!\overset{\delta^+}{C}H\!\!\rightharpoonup\!\!\overset{\delta^-}{C}l \qquad \overset{\delta^+}{C}H_2\!\!\rightharpoonup\!\!\overset{\delta^-}{C}H\!\!\rightharpoonup\!\!\overset{\delta^+}{C}H_2 \qquad \overset{\delta^-}{O}H$$
$$\pi_3^4 \qquad\qquad\qquad \pi_3^2 \qquad\qquad\qquad \pi_7^8$$

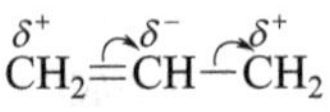

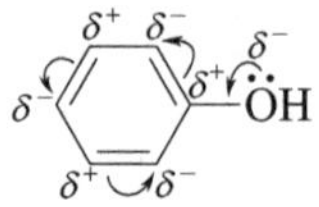

共轭效应分为吸电子共轭效应（$-C$）和给电子共轭效应（$+C$）。由上文可见，等电子共轭体系中（一般是π-π共轭体系），极性不饱和键（如$-CHO$、$-CN$、$-COOEt$、$-NO_2$等）具有吸电子共轭效应；p-π共轭体系中，杂原子的p轨道提供一对电子，具有给电子共轭效应，若杂原子的p轨道提供1个电子且杂原子电负性大于碳，则杂原子具有吸电子共轭效应（杂环化合物中吡咯氮与吡啶氮的区别）；碳正离子的p轨道提供0个电子，碳正离子具有吸电子共轭效应。

共轭效应的特征是：①只能在共轭体系中传递；②共轭体系内，正负电荷交替出现；③无论共轭体系有多大，共轭效应贯穿整个共轭体系中。

在共轭体系中，诱导效应往往和共轭效应共存，如氯乙烯中，Cl原子既有吸电子诱导效应，又有给电子共轭效应；硝基苯中$-NO_2$具有吸电子诱导效应和吸电子共轭效应；在饱和体系中，一般只存在诱导效应，如氯乙烷、硝基烷烃等。

超共轭效应（hyperconjugated effect）：

指由于σ键（通常是$C\!-\!H\sigma$键）与相邻的p轨道或π轨道部分重叠，导致的σ电子离域现象。超共轭体系包括σ-p体系和σ-π体系，常用于解释碳正离子（或碳自由基）的稳定性和烯烃的稳定性。

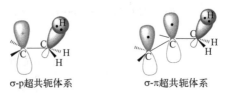

σ-p超共轭体系　　　　σ-π超共轭体系

产生超共轭效应的原因是：①$C\!-\!H\sigma$键中H原子半径很小，对σ电子的屏蔽效应很小；②几个$C\!-\!H\sigma$键成键电子对间有斥力，如果相邻的p轨道（碳正离子或碳自由基）或π轨道可以容纳电子，这时$C\!-\!H\sigma$键电子就会离域到p轨道或π轨道，使体系稳定。

由于C—Hσ键与p轨道或π轨道并非完全平行，它们之间只是部分重叠，因此超共轭效应比共轭效应小得多。

难点1：周环反应——电环化反应

电环化反应的难点在于产物构型的判断，需注意：①共轭体系的π电子数；②加热或光照条件。根据前线轨道理论，对有机反应而言，有机分子的HOMO轨道和LUMO轨道是发生反应的关键，根据HOMO轨道和LUMO轨道的对称性可推测反应发生的条件和方式。

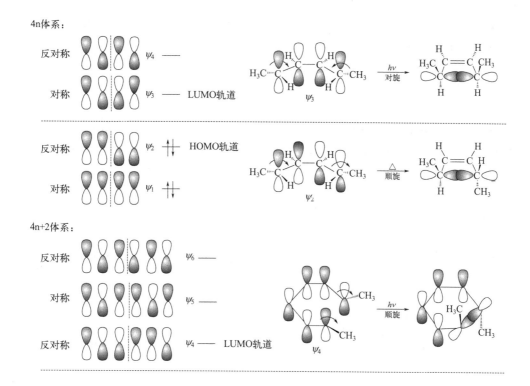

电环化反应为分子内反应，加热为基态反应，光照为激发态反应。而分子轨道的排布非常有规律，奇数对称，偶数反对称。基态时共轭多烯$4n$体系的HOMO轨道（ψ_2、ψ_4等）为反对称，而$4n+2$体系（ψ_3、ψ_5等）则是对称的；激发态时HOMO轨道上的电子吸收光量子能量，跃迁到原先的LUMO轨道上，对称性反转，$4n$体系的LUMO轨道是对称的，而$4n+2$体系则是反对称的。

形成共价键时需要满足对称性匹配原则，即轨道位相相同的一瓣相互重叠才能有效成键。因此发生电环化反应时，基态下（加热），$4n$体系HOMO轨道反对称，则顺旋关环，$4n+2$体系对称，则对旋关环；激发态时（光照），$4n$体系LUMO轨道对称，则对旋关环，$4n+2$体系反对称，则顺旋关环，形成特定构型的环烯烃。

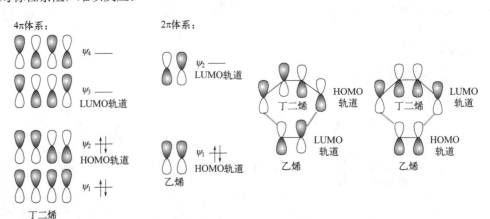

对称　　ψ_3 ⇅　HOMO轨道

反对称　　ψ_2 ⇅

对称　　ψ_1 ⇅

ψ_3　　$\xrightarrow[\text{对旋}]{\triangle}$

结论：电环化反应究竟是采取顺旋还是对旋方式成键，取决于前线轨道（HOMO轨道或LUMO轨道）的对称性。

电环化反应是可逆的，判断环烯烃开环的旋转方式也需要根据共轭多烯的π电子数进行。如环丁烯按开链结构属于$4n$体系，加热下顺旋开环：

$$\xrightarrow{175\text{℃}}$$

难点2：周环反应——Diels-Alder反应

环加成是分子间反应，涉及一个分子的HOMO轨道与另一个分子的LUMO轨道的相互作用。根据两个成环分子的π电子数，环加成反应主要为［2+2］、［4+2］两类（［2+1］、［3+2］本书未涉及），其中［4+2］环加成又称为Diels-Alder反应或双烯合成，是4π电子的双烯体与2π电子的亲双烯体的反应，实质上是双烯体的共轭加成反应。

注意：必须是s-顺式的共轭二烯烃方能发生Diels-Alder反应，无法形成顺式构象的共轭二烯烃不能发生此反应。除碳碳双键外，碳碳三键等也能发生类似反应。

$$+ \quad \xrightarrow{\triangle}$$

基态下，双烯体的HOMO轨道与亲双烯体的LUMO轨道或双烯体的LUMO轨道与亲双烯体的HOMO轨道都可以同相重叠，对称性允许，因此D-A反应的条件为加热。光照下则对称性禁阻，难以反应。

4π体系：

ψ_4 ——

ψ_3 ——　LUMO轨道

ψ_2 ⇅　HOMO轨道

ψ_1 ⇅

丁二烯

2π体系：

ψ_2 ——　LUMO轨道

ψ_1 ⇅　HOMO轨道

乙烯

丁二烯　HOMO轨道

乙烯　LUMO轨道

丁二烯　LUMO轨道

乙烯　HOMO轨道

Ditls-Alder反应广泛用于合成环己烯骨架，如取代环己烯和降冰片基结构的化合物，是由开链化合物合成环状化合物非常重要的反应。

Diels-Alder反应的特点有①顺式加成：烯烃、二烯烃的构型在产物中保留；②内型产物为主：内型产物为动力学控制产物，外型产物为热力学控制产物，内型产物加热或久置会转化为外型产物；③邻对位产物为主。

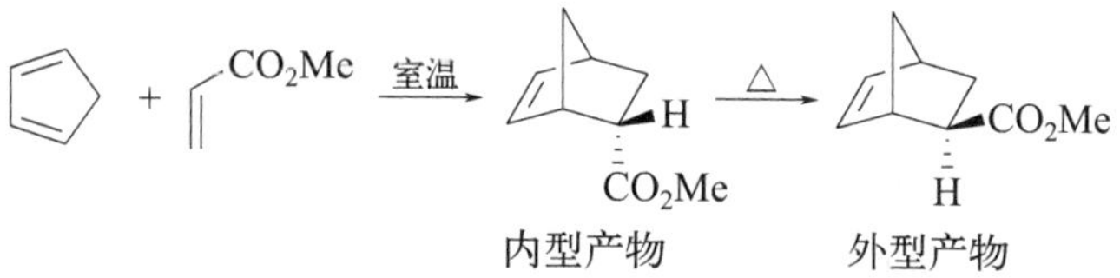

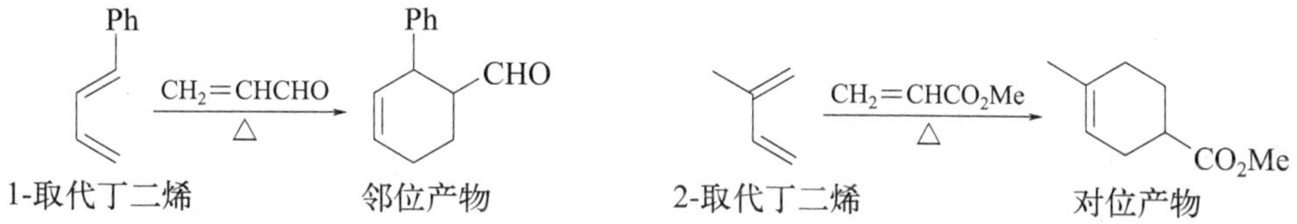

1-取代丁二烯　　　邻位产物　　　　　2-取代丁二烯　　　　对位产物

五、例题解析

1. 选择/填空题

（1）下列化合物中不能与丙烯醛发生Diels-Alder反应的是（　　　）

(A)  　　　(B) 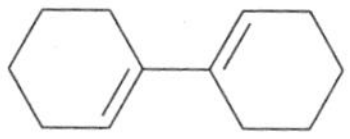 　　　(C)

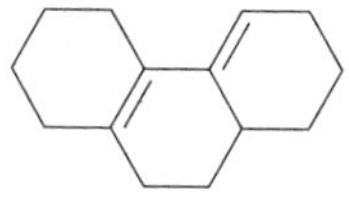

分析：Diels-Alder反应属于[4+2]环加成反应，只有s-顺式的二烯烃才能作为双烯体反应。化合物A本身就是顺式二烯烃，化合物B可以通过单键旋转得到s-顺式构型，但化合物C受限于稠环骨架，无法旋转，不能得到s-顺式构型。因此，答案选C。

（2）与丁烯二酸酐发生双烯合成反应时的活性顺序（　　　）　　　（2002年真题）

(A) 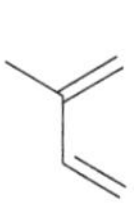 　　(B) 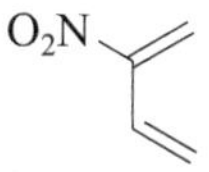 　　(C) 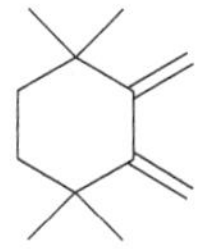 　　(D)

分析：亲双烯体为丁烯二酸酐，双烯体的电子云密度越大反应越容易。双键上连接烃基越多，电子密度越高，因此C＞A＞D，B中双键连接强吸电子基硝基，电子密度显著降低。因此四个化合物发生反应的活性顺序为：C＞A＞D＞B。

2. 反应题

（1）

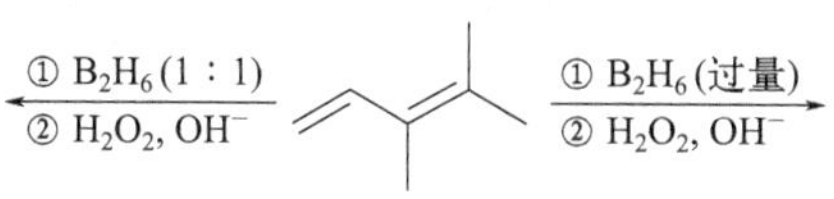

分析：共轭二烯烃发生硼氢化反应时一般不会发生1,4-加成，原因是硼氢化反应为协同反应，反应经历四元环过渡态，无正离子或自由基等中间体生成。

该题目的难点在于甲基取代的双键发生硼氢化反应时的位置选择。一般来说电子云密度高的双键优先反应，但硼氢化反应受位阻影响较大，不足量时硼原子优先与位阻小的双键加成：

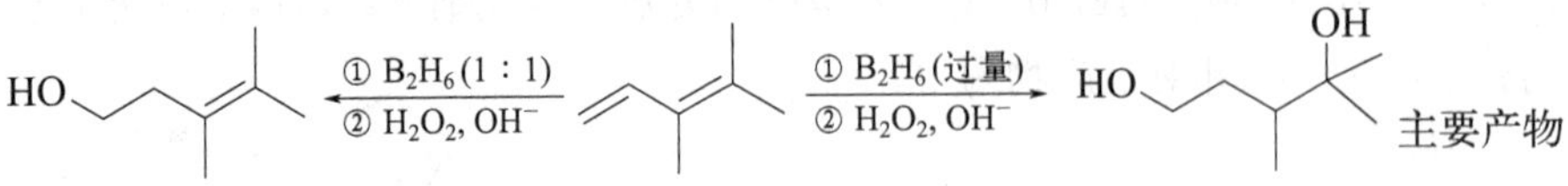

（2） 
（2019年真题）

分析： 该题重点考察自由基的共轭加成。因溴化氢存在过氧化物效应，在ROOR存在下产生Br·，Br·首先加成在带有甲基的双键上（C_1），生成更稳定的叔碳自由基（C_2·），通过p-π共轭，C_4也具有部分自由基性质，C_4·夺取HBr中的H原子，完成自由基的共轭加成。

第二步是CN^-对烯丙基溴的S_N2亲核取代，第三步是—CN的还原，$LiAlH_4$只还原氰基，不还原双键，整体反应为：

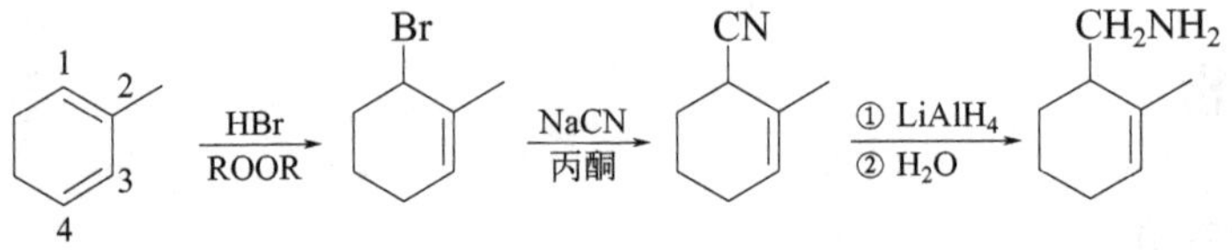

（3）A：

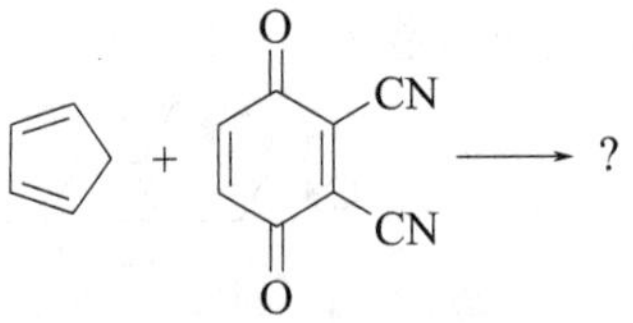

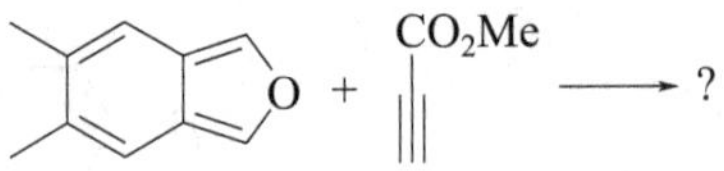

分析： 正常的Diels-Alder反应中，双烯体越富电子，亲双烯体越缺电子，反应越容易。A反应，醌中连接两个—CN的双键电子密度更低，优先与环戊二烯反应；B反应中呋喃环由于形成π_5^6，呋喃环上的双烯体电子密度更高，优先与丙炔酸甲酯反应。

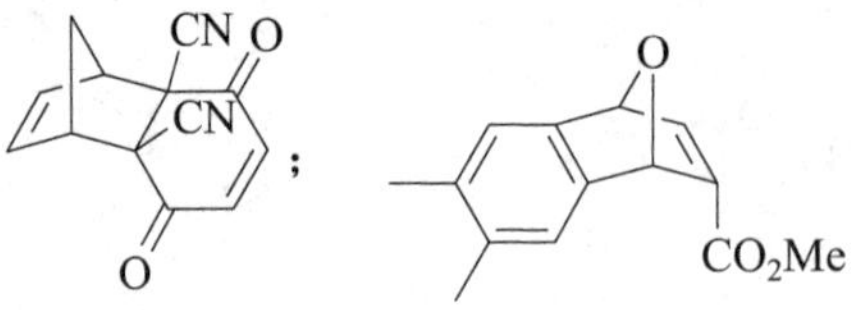

（4）A：
（2022年真题）

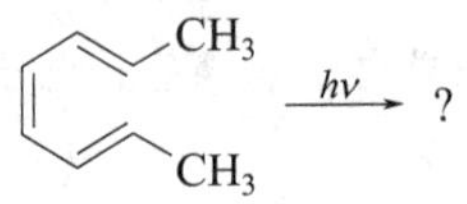

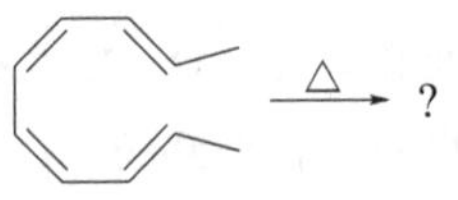

分析： 该题考察共轭多烯的电环化反应，A反应物6个π电子，属于$4n+2$体系，光照下（激发态，LUMO轨道反对称）顺旋关环；B反应物8个π电子，属于$4n$体系，加热（基态，HOMO轨道反对称）顺旋关环。产物分别为：

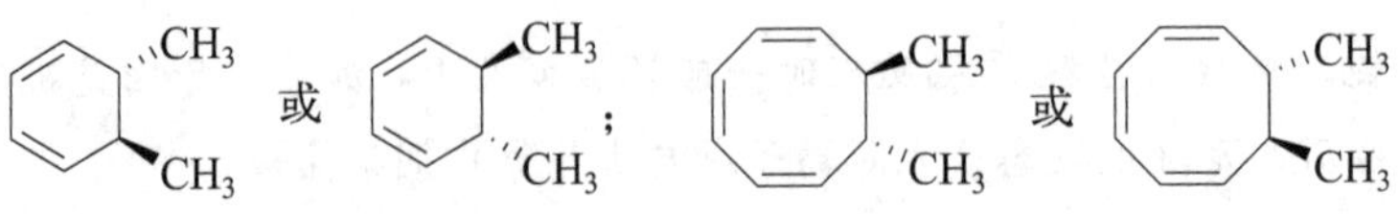

3. 问答题

（1）3-甲基戊-1,3-二烯与1mol溴单质反应时，不考虑顺反和手性，会得到什么产物？

分析： 该反应存在两个问题：①区域选择性：哪个双键反应？②1,2-加成与1,4-加成的竞争：如何加成？该反应属于亲电加成，第一步 Br^+ 加在左侧电子云密度较高的双键上，生成环状溴鎓离子；根据共振论，溴鎓离子的正电荷可以通过双键分散到 C_4 上，不考虑顺反问题和手性问题，溴鎓离子和 C_4^+ 均会与溴负离子结合，得到1,2-加成以及1,4-加成产物。

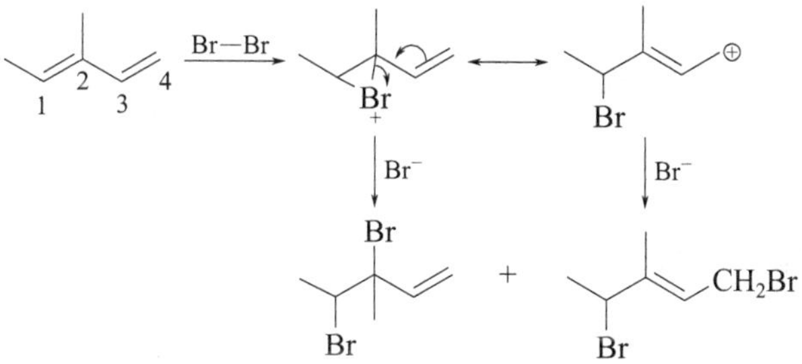

（2）硼氢化试剂9-BBN可通过环辛-1,5-二烯与硼烷反应制备，请解释该反应。

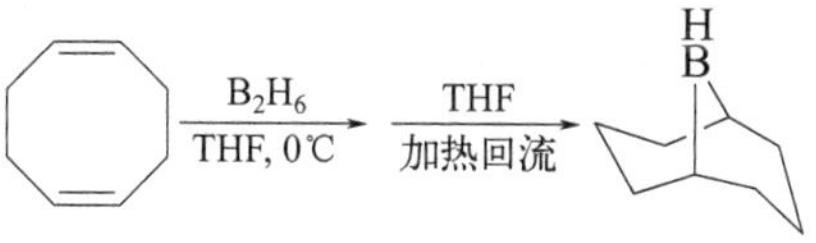

分析： 该反应是对称的隔离二烯烃的硼氢化反应，第一步是一个双键的硼氢化反应，第二步分子内含有双键和—BH_2 基团，进一步发生分子内硼氢化反应。分子内硼氢化反应有区域选择性，—BH_2 加在 C_1 上，生成的双环化合物为对称结构，含有两个六元环；—BH_2 加在 C_2 上，形成的双环化合物包含五元环和七元环，尽管5～7元环都易形成，但成环趋势6＞5＞7，因此优先生成环张力较小的硼氢化物，生成9-BBN。

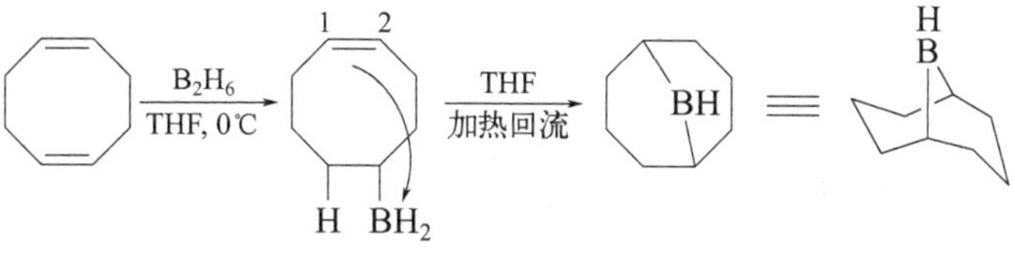

同理，共轭二烯与硼烷反应常常会生成含硼的五元环，如：

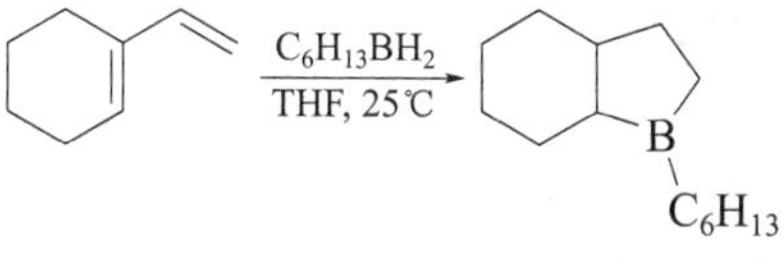

4. 合成题

（1）以五个碳及以下的化合物合成

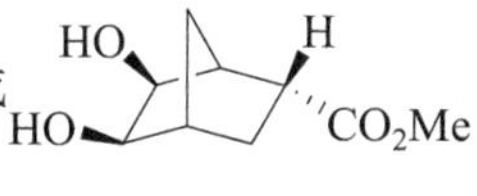

分析： 目标物中有特殊的二环结构，其中邻二羟基呈顺式构型，且与酯基处于环平面

异侧。顺式邻二醇可由双键经稀冷高锰酸钾或四氧化锇氧化而来，出现的环己烯结构可由 Diels-Alder 反应制备，切断后，原料为环戊二烯和丙烯酸甲酯。逆合成分析为：

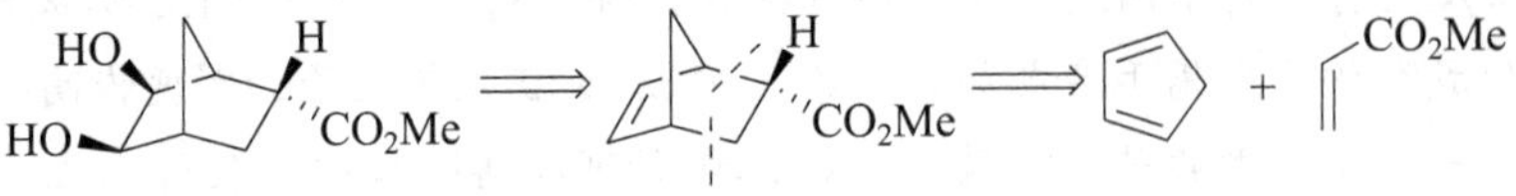

合成路线：

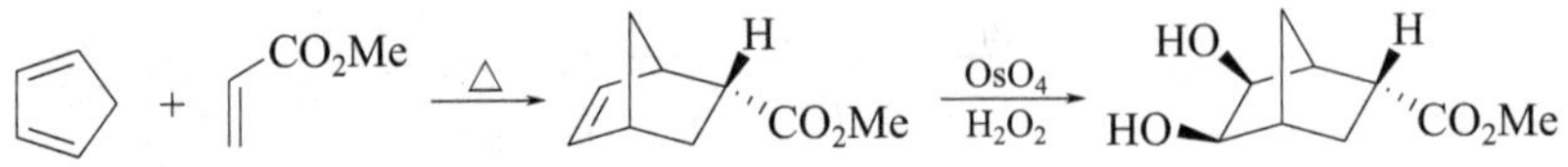

（2）由小于5个碳的有机原料合成 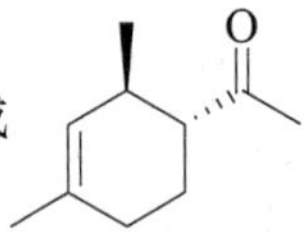 （2020年真题）

分析：该化合物为环己烯结构，且乙酰基位于烯键对位、甲基邻位，符合D-A反应的结构特征。将环己烯切断为2-甲基戊-1,3-二烯（双烯体）与丁-3-烯-2-酮（亲双烯体）。双烯体超过5个碳原子，需进行合成。将其中一个双键转化为醇，另一个顺式结构的双键转化为三键，可以利用丙酮与丙炔钠的亲核加成合成这个中间体。逆合成分析为：

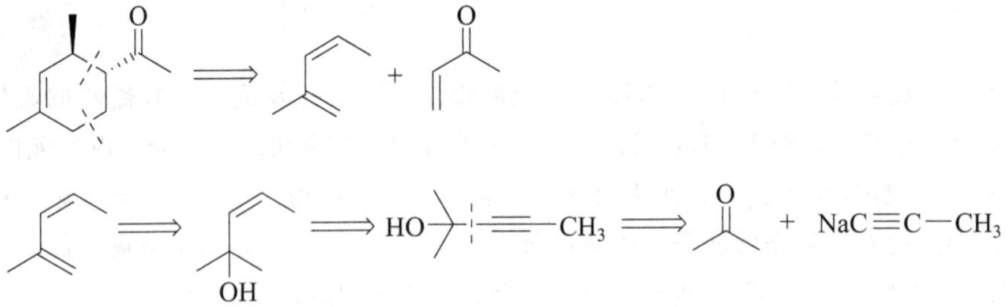

合成路线：

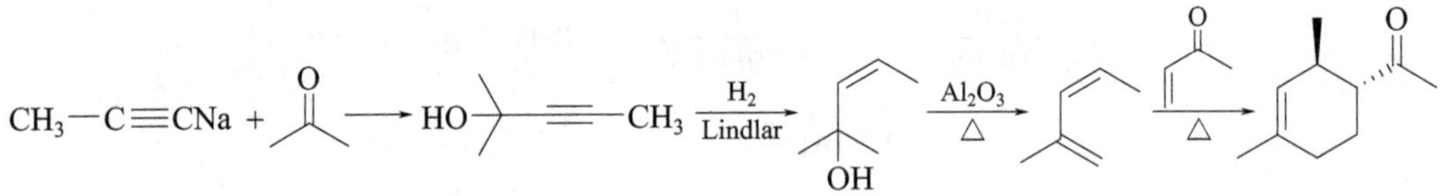

（3）由乙炔为唯一有机物合成 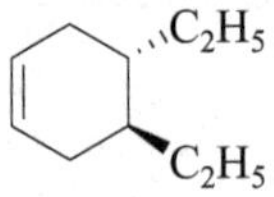 （2021年真题）

分析：该化合物为环己烯结构，可由D-A反应制备，环己烯切断为丁二烯和(E)-己-3-烯，由于乙炔是唯一有机原料，因此丁二烯可由乙炔二聚生成乙烯基乙炔，再控制加氢得到。(E)-己-3-烯由乙炔烃化、Na-NH$_3$(l) 还原得到。

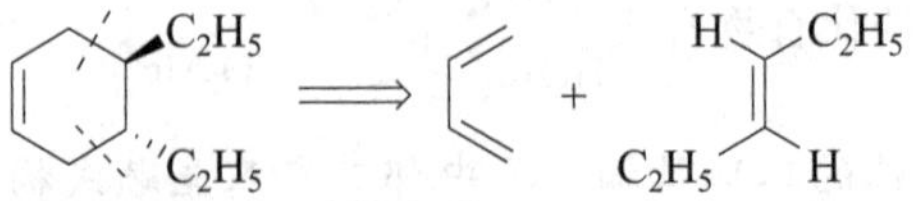

合成路线：

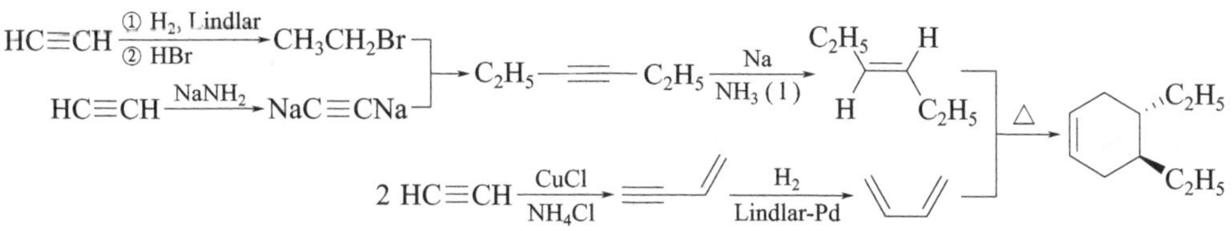

第五章　综合练习题（参考答案）

1.用系统命名法命名或写出下列化合物的结构。

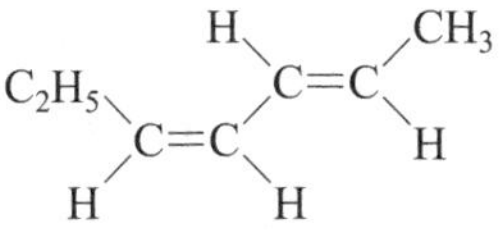

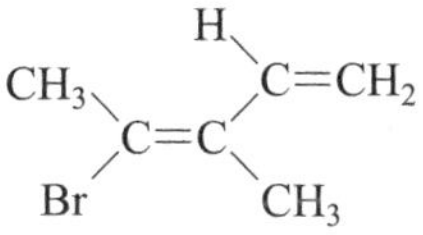

（7）(1Z,3Z)-1,4-二溴丁-1,3-二烯

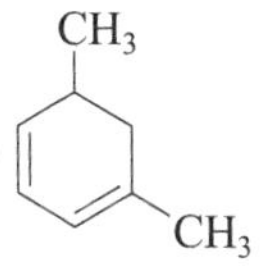

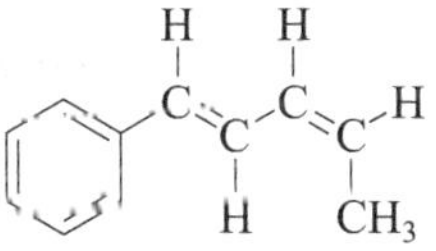

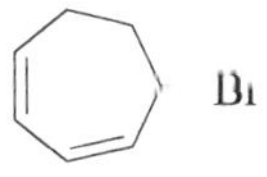

（8）反-环己-4-烯-1,2-二羧酸二甲酯

参考答案：

（1）(2E,4Z)-庚-2,4-二烯

（2）(3E)-4-溴-3-甲基戊-1,3-二烯

（3）1,5-二甲基环己-1,3-二烯

（4）(1E,3Z)-1-苯基戊-1,3-二烯

（5）5-溴环庚-1,3-二烯

（6）

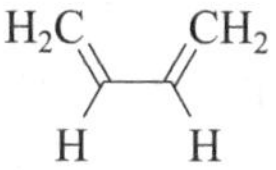

（7）

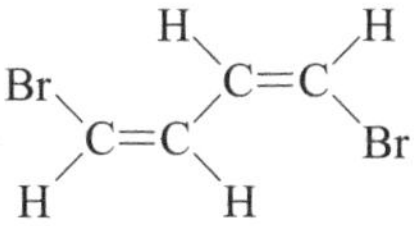

（8）

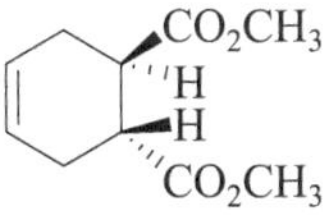

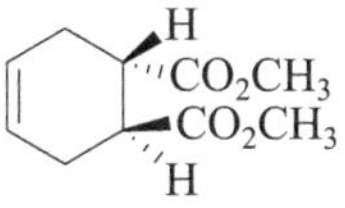

（对映异构体，任写其一即可）

2.写出下列简称对应的高分子材料的名称以及单体的结构式。

（1）BR　　　（2）SBR　　　（3）NBR　　　（4）CR　　　（5）ABS　　　（6）IIR

参考答案：

（1）BR顺丁橡胶，单体：$CH_2=CH-CH=CH_2$

（2）SBR丁苯橡胶，二元共聚物，单体：$CH_2=CH-CH=CH_2$ + $CH=CH_2$

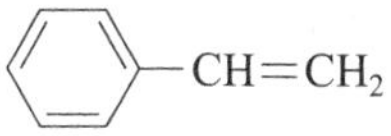

（3）NBR丁腈橡胶，二元共聚物，单体：$CH_2=CH-CH=CH_2$ + $CH_2=CH-CN$

（4）CR氯丁橡胶，单体：

（5）ABS，ABS树脂，三元共聚物，单体：

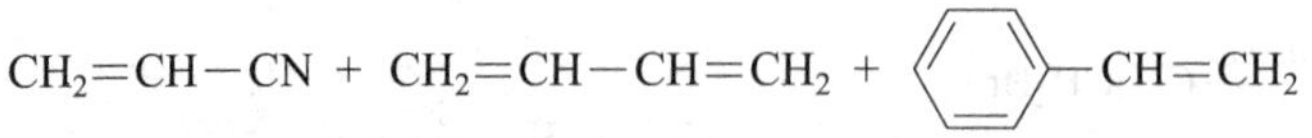

$$CH_2=CH-CN + CH_2=CH-CH=CH_2 + \phi-CH=CH_2$$

（6）ⅡR丁基橡胶，二元共聚物，单体：

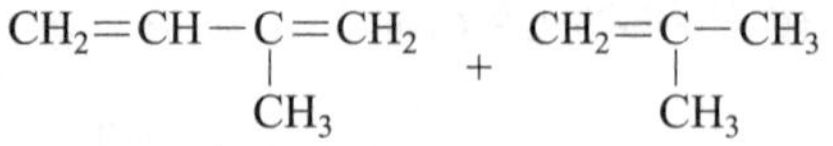

$$CH_2=CH-\underset{\underset{CH_3}{|}}{C}=CH_2 \quad + \quad CH_2=\underset{\underset{CH_3}{|}}{C}-CH_3$$

3. 试推断2-甲基丁-1,3-二烯与溴化氢进行加成反应时，在低温和高温下的主要产物。请写出机理，并从中间体稳定性分析，给予合理的解释。

参考答案：低温下的主要产物是1,2-加成的3-溴-3-甲基丁-1-烯，高温下的主要产物是1,4加成的1-溴-3-甲基丁-2-烯，机理如下：

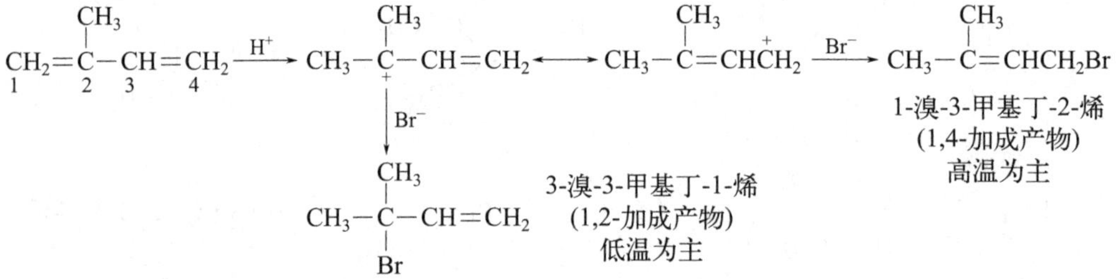

第一步反应是氢离子与双键的加成，从双键的电子云密度来看，带有甲基的双键电子云密度高，更容易反应；从中间体的稳定性角度，H^+若加到C_4位置，生成的是C_3仲碳正离子，而加到C_1位置，生成的是C_2叔碳正离子，且与双键共轭，比较稳定，是主要的加成方向。

由共振论可知，正电荷分散在共轭体系两端的C_2和C_4上。C_2是叔碳正离子，比较稳定，低温时，第二步反应溴负离子加到C_2上，产物以1,2-加成为主（受动力学控制）。由于σ-π超共轭效应的影响，1,4-加成产物有8个C—Hσ键与碳碳双键产生σ-π超共轭，更稳定。高温时，溴负离子加到C_4上，主要产物是1,4-加成产物。

4. 环戊-1,3-二烯与氯化氢进行加成反应时，主要生成3-氯环戊烯，很少有4-氯环戊烯，请结合反应历程给予合理的解释。

参考答案：

中间体Ⅰ存在碳正离子的空p轨道与邻位双键的p-π共轭，更稳定，该反应过程的加成产物是主产物。

中间体Ⅱ为仲碳正离子，稳定性相对较弱，该反应过程的加成产物是次要产物。

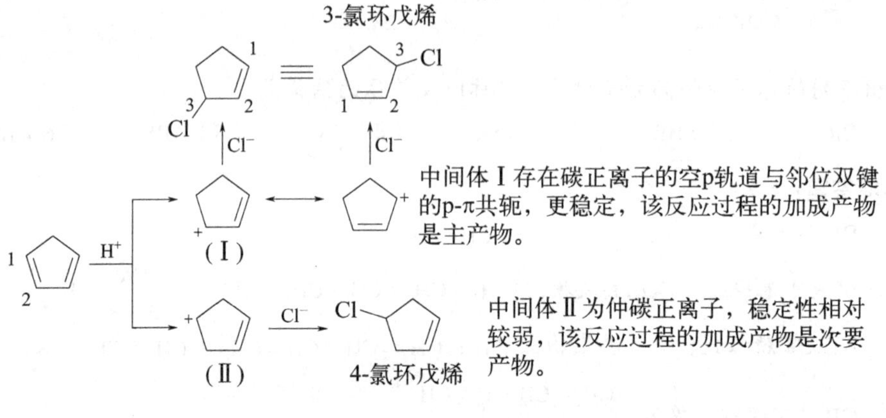

5. 下列关于化合物性质的说法正确的是（　　）

（1） 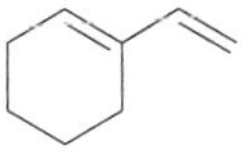 和 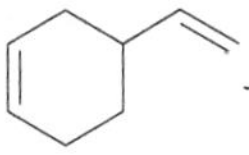 与足量氢气进行氢化时，前者放出的热量较多；

（2）烯丙基正离子比乙烯基正离子稳定；

（3）与丁-1,3-二烯发生Diels-Alder反应时，丙烯腈的活性比丙烯高；

（4） 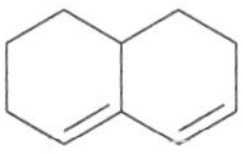 不能作为双烯体进行双烯合成反应。

参考答案：说法正确的是：（2）、（3）、（4）。（1）错误的原因：前者是共轭二烯烃，而后者是孤立二烯烃，前者更稳定，故氢化热低。

6. 完成下列反应，写出各步反应的主要产物。

（1）$CH_2=CHC(CH_3)=CH_2 \xrightarrow[\text{浓热}]{\text{KMnO}_4}$（A）

（2）$CH_2=CHCH=CHCF_3 \xrightarrow[1:1]{\text{HBr}}$（A）+（B）主产物

（3）$CH_3CH_2CH(Cl)CH_2CH=CH_2 \xrightarrow[\triangle]{\text{NaOH/乙醇}}$（A）$\xrightarrow[\triangle]{CH_2=CHCHO}$（B）

（4）$CH_2=CHCH_3 \xrightarrow[\text{磷钼酸铋}]{O_2+NH_3}$（A）$\xrightarrow[\triangle]{CH_2=CHC(CH_3)=CH_2}$（B）

（5）

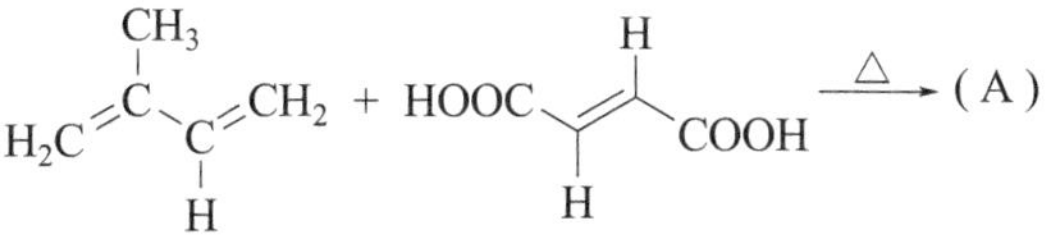

（6）

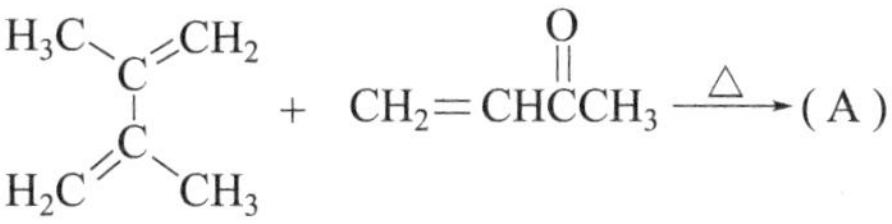

（7） 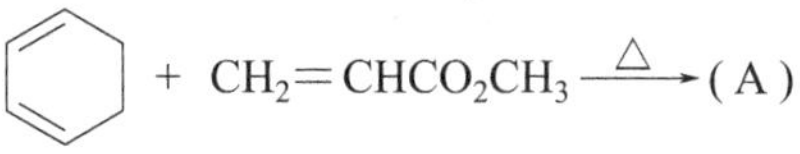 + $CH_2=CHCO_2CH_3 \xrightarrow{\triangle}$（A）

（8）

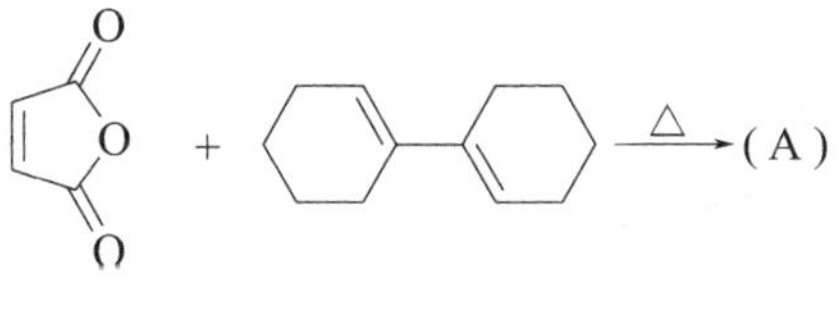

参考答案：

（1）A：$H_3C-CO-COOH$ + $2CO_2$ 丙酮酸

（2）A：$CH_3-CH(Br)-CH=CH-CF_3$　　B：$CH_3-CH=CH-CH(Br)-CF_3$

理由： 三氟甲基为强吸电子基，靠近三氟甲基的双键电子云密度较低，第一步氢离子的加成主要发生在无三氟甲基取代的双键上。加成产生的两个碳正离子中，更稳定的是符合马氏规则的碳正离子（C_2 碳正离子）。由共振论可知，C_2 上的正电荷通过共轭体系分布在另一端的 C_4 上，由于 C_4 与 CF_3 相连，相应的共振式不稳定，共振杂化体中的正电荷主要在 C_2 上。因此与溴负离子结合，1,2 加成即 A 产物为主要产物，1,4 加成即 B 产物为次要产物。

（3）A：$CH_3CH_2CH\!=\!CHCH\!=\!CH_2$（有共轭结构的消除产物是主要产物，符合查依采夫规则）

　　B：（邻位为主要产物，间位为次要产物）

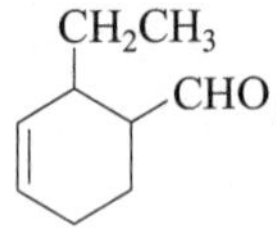

（4）A：$CH_2\!=\!CHCN$　　　B：（对位为主要产物，间位为次要产物）

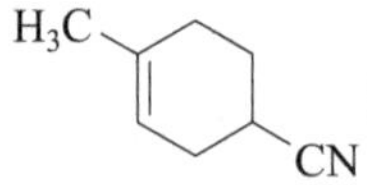

（5）A： 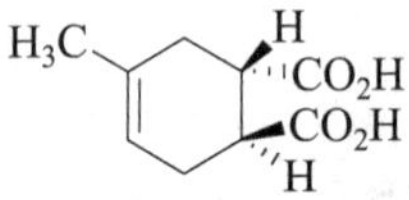 或 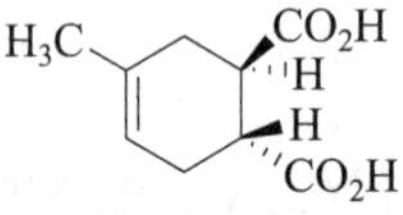 （双烯体可由 s-反式转换为 s-顺式后发生反应，亲双烯体反式构型得以保持，产物写其一即可）

（6）A：（双烯体可由 s-反式转换为 s-顺式后发生反应）

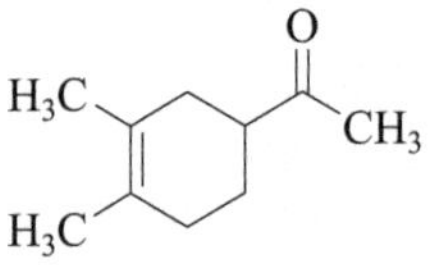

（7）A：

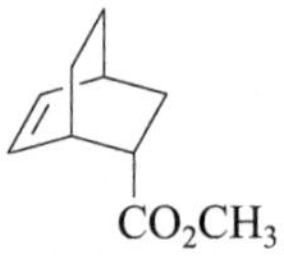

（8）A：（该反应中的亲双烯体不是固定的 S-反式，可反应）

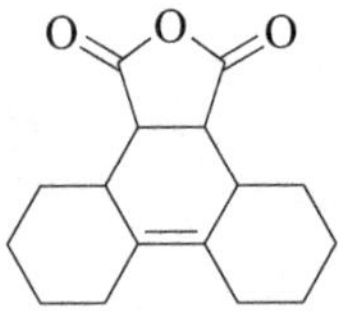

7. 按指定要求合成下列有机物，反应中涉及的无机试剂、有机溶剂和催化剂可任选。

（1）由四个碳原子及以下的烃为原料合成

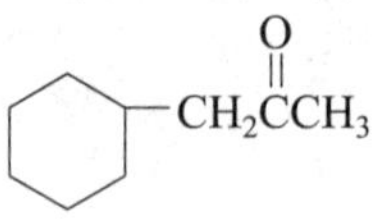

（2）以丁-1,3-二烯和丙烯为原料合成

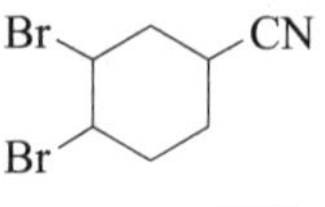

（3）以五个碳原子及以下的烃为原料合成

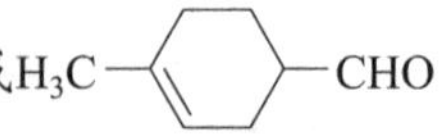

（4）以五个碳原子及以下的烃为原料合成

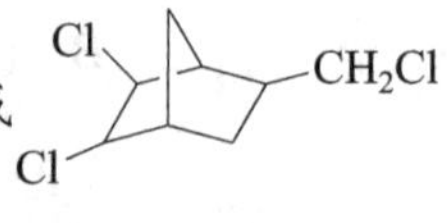

参考答案：

（1）$CH{\equiv}CH \xrightarrow{Na} CH{\equiv}CNa$

$CH_2{=}CHCH_3 \xrightarrow{O_2 \atop Cu_2O} CH_2{=}CHCHO + HCl$

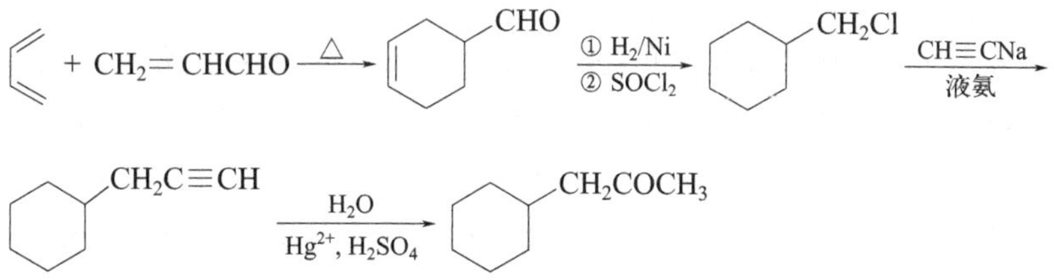

（2）$CH_3CH{=}CH_2 + NH_3 + \frac{3}{2}O_2 \xrightarrow[470℃]{磷钼酸铋} CH_2{=}CHCN + 3H_2O$

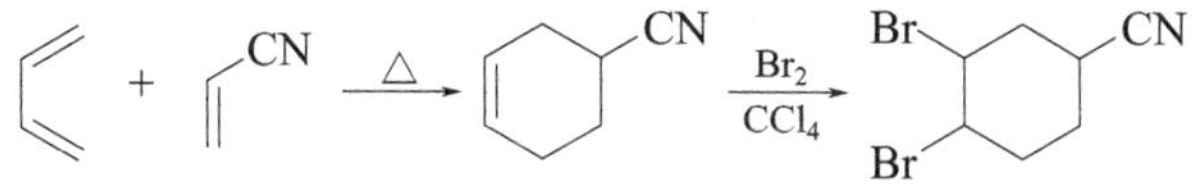

（3）$CH_2{=}CHCH_1 \xrightarrow{O_2 \atop Cu_2O} CH_2{=}CHCHO \xrightarrow{\underset{\triangle}{CH_2{=}CHCH-CH_3 \atop CH_3}}$

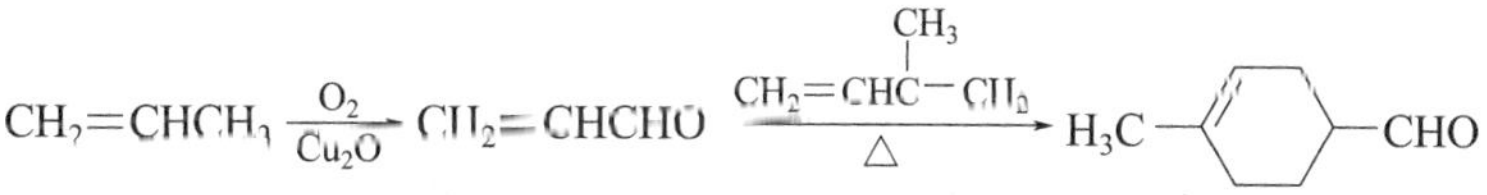

（4）$CH_2{=}CHCH_3 + O_2 \xrightarrow{O_2 \atop Cu_2O} CH_2{=}CHCHO$

8. 下列化合物均能与丙烯腈发生双烯合成反应，请将它们按反应速率由大到小排序，写出主要产物。

（1）丁-1,3-二烯　　　（2）2-氯丁-1,3-二烯　　　（3）2-甲氧基丁-1,3-二烯

参考答案：正常的双烯合成电子由双烯体流向亲双烯体，双烯体连有给电子基团、亲双烯体连有吸电子基团时，反应容易发生。本题亲双烯体为丙烯腈，双烯体的给电子程度越高越利于反应，甲氧基供电子能力强，氯原子则具有较高的电负性，吸电子诱导效应强于给电子的共轭效应，故反应速率：（3）＞（1）＞（2）。产物以对位为主，主要产物为：

（1） 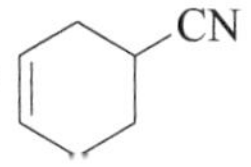　　　　　（2） 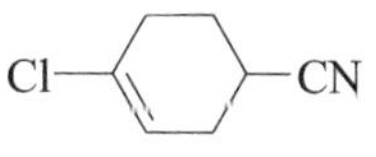　　　　　（3）

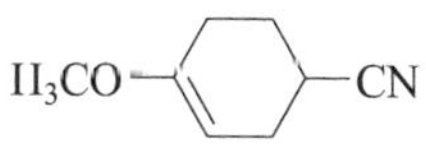

9. 丁-1,3-二烯与下列化合物发生双烯合成反应，请将它们按反应速率由易到难排序。

（1）$CH_2{=}CHCHO$　　　　（2）$CH_3C{\equiv}CCH_3$　　　　（3）

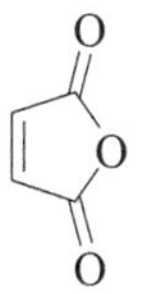

参考答案：本题同上题。但固定双烯体为丁-1,3-二烯，亲双烯体的电子云密度越低反应越快。丁烯二酸酐有两个吸电子的羰基，电子云密度低于丙烯醛，丁-2-炔无吸电子基团，电

子云密度高于丙烯醛，故反应速率：（3）＞（1）＞（2）。

10. 杜仲胶为反式结构，与常规天然橡胶均为由异戊二烯组成的高分子化合物。杜仲胶
是我国特有的一种野生天然高分子资源，是具有橡塑二重性的优异高分子材料。

   （1）分别写出杜仲胶与常规天然橡胶的结构式；

   （2）杜仲胶与氯丁橡胶共混胶具有良好的吸声性能和隔音性能，某化工企业有丰富
       的电石资源，请仅以此为有机原料来源，设计一条合成氯丁橡胶的合成路线；

   （3）萜烯类化合物是由若干异戊二烯结构单元组成的碳氢化合物，α-萜品烯存在于
       多年生草本植物墨角兰的精油中，是一种可防止细胞氧化损伤和老化的抗氧

   化剂，经臭氧氧化分解为 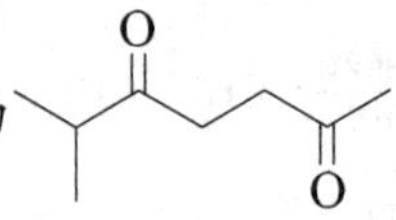 和 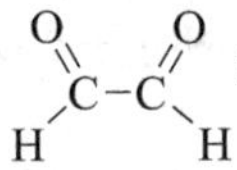 两种化合物，试确定

   α-萜品烯的结构。

参考答案：

（1）杜仲胶和天然橡胶的结构如下：

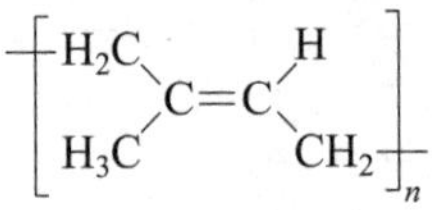

反-1,4-聚合产物　　　　顺-1,4-聚合产物
（杜仲胶）　　　　　　（天然橡胶）

（2）由电石合成氯丁橡胶的路线如下：

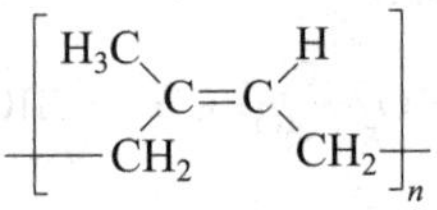

① $CaC_2 + 2H_2O \longrightarrow HC\equiv CH + Ca(OH)_2$

② $2\,CH\equiv CH \xrightarrow[NH_4Cl]{CuCl} CH_2=CHC\equiv CH$
　　　　　　　　　　　　　乙烯基乙炔

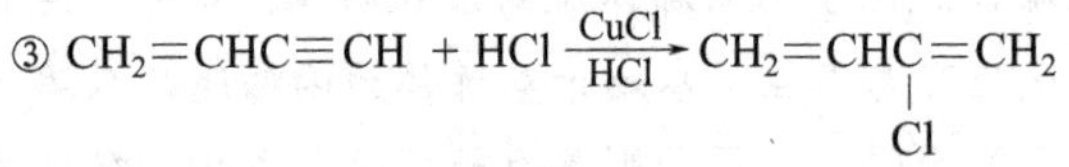

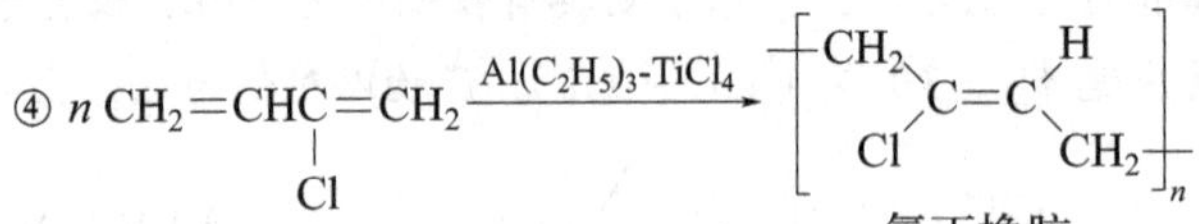

③ $CH_2=CHC\equiv CH + HCl \xrightarrow[HCl]{CuCl} CH_2=CHC=CH_2$
　　　　　　　　　　　　　　　　　　　　　　｜
　　　　　　　　　　　　　　　　　　　　　Cl

④

氯丁橡胶

（3）α-萜品烯的结构为：

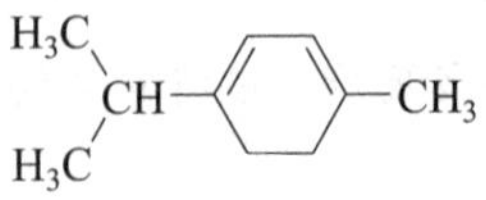

11. 工业上环戊二烯主要来源于煤焦油的轻苯馏分以及烃类裂解制乙烯时副产的C5
馏分。环戊二烯为主要原料合成并经双键异构化所得的5-亚乙基-2-降冰片烯

（ 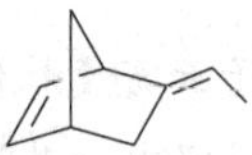 ），具有耐臭氧、耐酸碱等性能，可用作橡胶制品和耐冲击性塑料的改

性材料。

（1）请设计一个简单易行的合成路线，以环戊二烯为主要原料制备5-亚乙基-2-降冰片烯，写出各步反应式；

（2）5-亚乙基-2-降冰片烯也可由环戊二烯与3-氯丁-1-烯反应，再经转化而得，写出该制备过程的各步反应式；

（3）计算上述两种合成方法的原子利用率，哪种方法更符合绿色化学理念？

（4*）降冰片烯二酸酐可用作橡胶硫化调节剂、树脂增塑剂等。可由环戊二烯与顺丁烯二酸酐通过双烯合成来制备，写出该制备过程的反应式。

参考答案：

（1）制备5-亚乙基-2-降冰片烯的反应式如下：

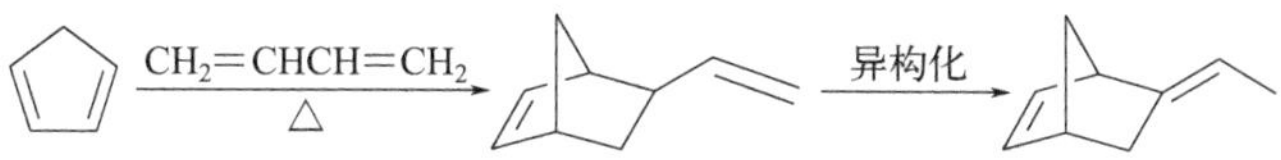

（2）制备5-亚乙基-2-降冰片烯的反应式如下：

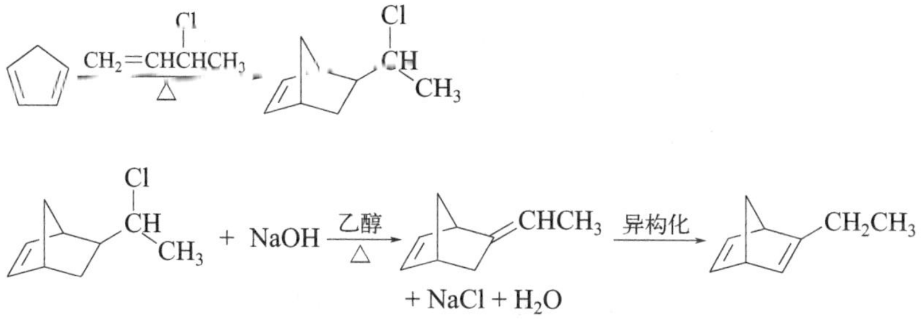

（3）原子利用率＝（目标产物分子量/全部生成物分子量之和）×100%，使用氯丁烯的原子利用率为120/(120+58.5+18)×100%=61.07%，因为需要消除HCl，所以原子利用率低；异构化原子利用率100%，异构化方法更符合绿色化学理念。

（4*）制备过程的反应式：

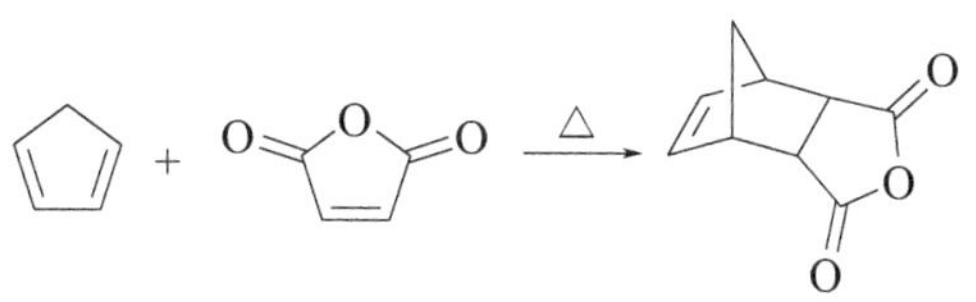

顺丁烯二酸酐　　　　　　降冰片烯二酸酐

12. 柠檬烯（）广泛存在于天然的植物精油中，复方柠檬烯用于利胆、溶石、促进消化液分泌和排除肠内积气。其催化加氢可得对蓋烷（一种优良的溶剂），在铂催化下脱氢芳构化可生成对伞花烃（分子式 $C_{10}H_{14}$，一种祛痰、止咳、平喘药物）。

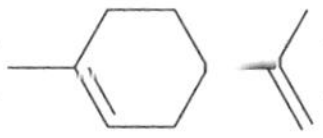

（1）请以催化裂化汽油过程中产生的一种C5馏分为原料合成柠檬烯，写出反应式；

（2）写出对蓋烷和对伞花烃的结构式；

（3）柠檬烯在酸催化下与水反应可得萜品二醇（分子式 $C_{10}H_{20}O_2$），是一种祛痰药，写出该转化的反应式；

（4）松油醇有多种异构体，是紫丁香型香精的主剂，可由萜品二醇在酸催化下脱一
分子水而得。写出该转化可能生成的几种异构体的结构式。

参考答案：

（1）根据柠檬烯的结构及分子式 $C_{10}H_{16}$ 可以推测使用的为 C_5H_8 对称结构，符合的试剂为

异戊二烯，反应式：

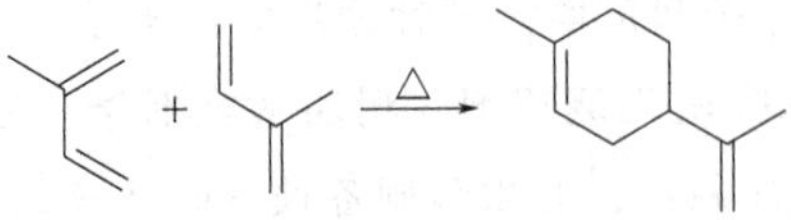

（2）对蓋烷为柠檬烯加氢后的环烷烃，芳构化显示有芳烃的存在，根据不饱和度判断其

为对甲基异丙苯。对蓋烷的结构式： 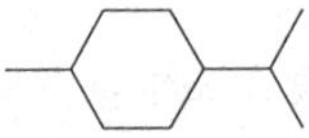　　　　　　；对伞花烃的结构式：

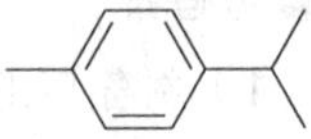

（3）烯烃酸性条件下水合能得到醇，对应于题目的描述，两个双键均应发生水合反应，

且符合马氏规则，反应式：

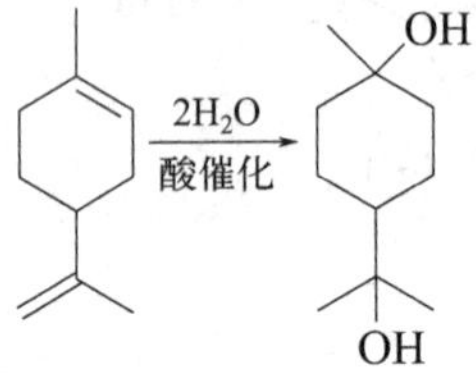

（4）萜品二醇的脱水可能发生在环内，也可能发生在环外，根据上一步的结构，脱一分
子水后可能的异构体有以下几种：

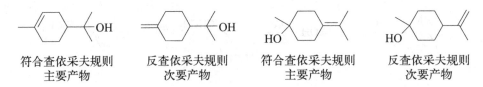

符合查依采夫规则　　　反查依采夫规则　　　符合查依采夫规则　　　反查依采夫规则
主要产物　　　　　　　次要产物　　　　　　　主要产物　　　　　　　次要产物

第六章

立体化学

一、本章概要

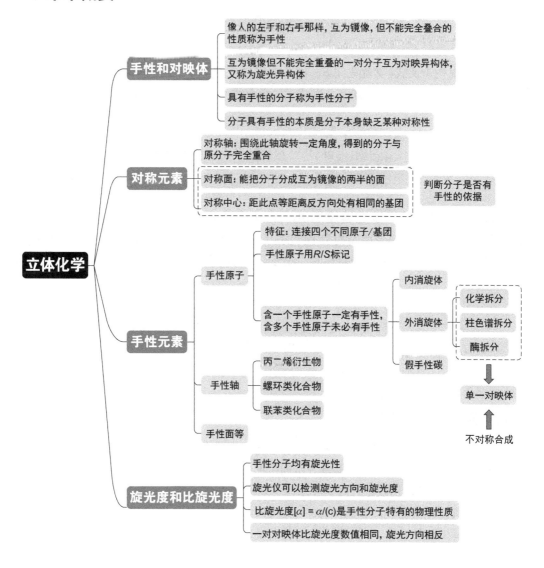

二、重点与难点

重点1：手性化合物的命名

手性化合物的手性中心用 R/S 标记法命名。取代基的优先次序如下：

① 原子序数大的优先：$I > Br > Cl > F > O > N > C > D > H > :$（孤电子对）；

② 第一个原子相同时，需向外延伸，逐层比较，如：

$$NH_2CH_2 - > (CH_3)_3C - > (CH_3)_2CH - > CH_3CH_2 - > CH_3 -$$

$$-\overset{N}{\underset{H}{C}}{-}H \quad > \quad -\overset{C}{\underset{C}{C}}{-}C \quad > \quad -\overset{C}{\underset{H}{C}}{-}C \quad > \quad -\overset{C}{\underset{H}{C}}{-}H \quad > \quad -\overset{H}{\underset{H}{C}}{-}H$$

③ 取代基为不饱和键时，可将不饱和键视为多个单键，如：

$$-COOH > -C \equiv N > -C \equiv CH$$

$$-\overset{O}{\underset{O}{C}}{-}O \quad > \quad -\overset{N}{\underset{N}{C}}{-}N \quad > \quad -\overset{C}{\underset{C}{C}}{-}C$$

④ 顺式优先于反式，Z 优先于 E，如 4- 溴庚 -2,5- 二烯中，C_4 为手性碳，连接 H、Br 以及两个构造相同、构型不同的烯基，顺式优先于反式，所以手性碳的构型为 S；

$(S,2Z,5E)$- 4-溴庚-2,5-二烯

⑤ R 优先于 S，如 2,3,4- 三溴戊烷中，C_2、C_3、C_4 均为手性碳，C_2 为 R 型，C_4 为 S 型，对 C_3 而言，连接 H、Br 以及两个构型不同的 $-CH(CH_3)Br$ 基团，因为 R 优先于 S，所以 C_3 为 R 型，又因为经过 C_3、H、Br 有一对称面，此分子为内消旋体，无手性，因此 C_3 为假手性碳，标记为 r。

$(2R,3r,4S)$-2,3,4-三溴戊烷

重点2：费歇尔投影式的表示

将手性碳原子置于交叉点，习惯上将主碳链放在纵向，由化合物命名规则确定的最小编号的碳放在上方，交叉点两个横键表示向纸面前方伸出的键，两个竖键表示向纸面背后伸出的键。在使用费歇尔投影式时要注意以下几点：

① 不能离开纸面翻转，若翻转 180°，则变成其对映体；

② 在纸面上旋转 180°，其构型不变，但若旋转 90° 或 270° 时，变成其对映体；

③ 保持一个基团固定，而把其它三个基团顺时针或逆时针旋转调换位置，构型不变；

④ 任意两个基团调换偶数次，构型不变；调换奇数次，构型改变，变成其对映体。

难点1：化学反应中的立体化学

① 烯烃或炔烃的不饱和键催化加氢、硼氢化反应、稀冷高锰酸钾氧化、环氧化反应均属于顺式加成；

② 烯烃/炔烃加卤素、次卤酸是反式加成；

③ 烯烃/炔烃加卤化氢经历碳正离子中间体（平面结构），得到的产物理论上是外消旋体。

难点2：判断化合物是否具有手性

判断化合物是否具有手性要看化合物能否与它的镜像分子完全叠合，如果能完全叠合，说明化合物与镜像分子是同种物质，不具有手性，反之则具有手性。

化合物具有手性的根本原因是分子缺乏某种对称性，对称性往往用对称元素来描述，如对称轴、对称面、对称中心、反轴等；若化合物缺乏对称面或对称中心，则分子具有手性。对称轴不是判断分子是否有手性的依据。

三、例题解析

1. 写出下列化合物的费歇尔投影式，并用系统命名法命名。

（1）

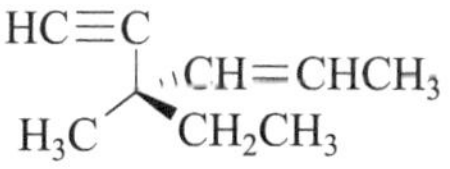

（2）

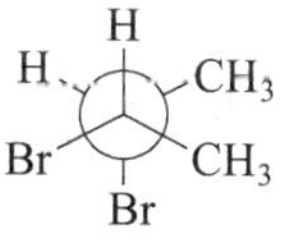

（3）

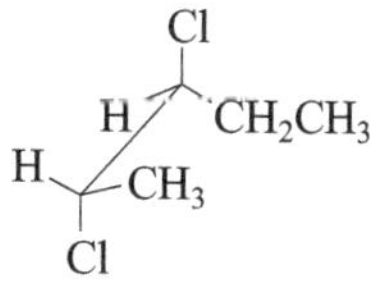

（4）

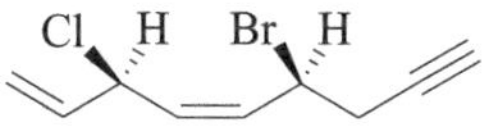

（5）

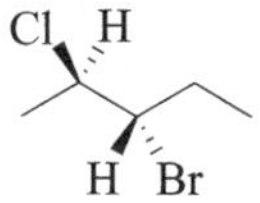

分析：（1）

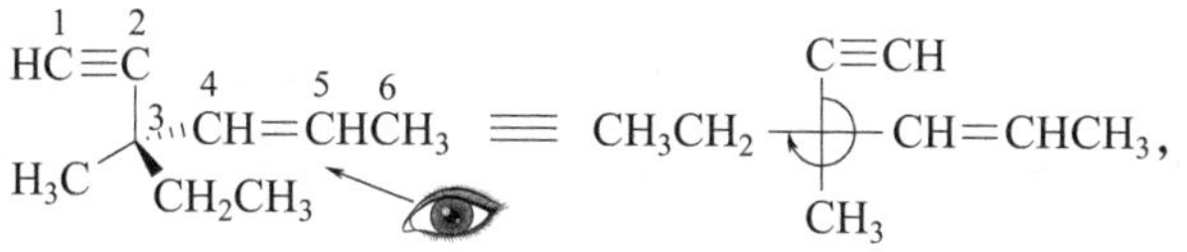

，最小基团CH_3在竖直键，朝向后方，基团由①→②→③为顺时针方向，因此手性碳构型为(R)。名称为：(R)-3-乙基-3-甲基己-4-烯-1-炔。

（2）

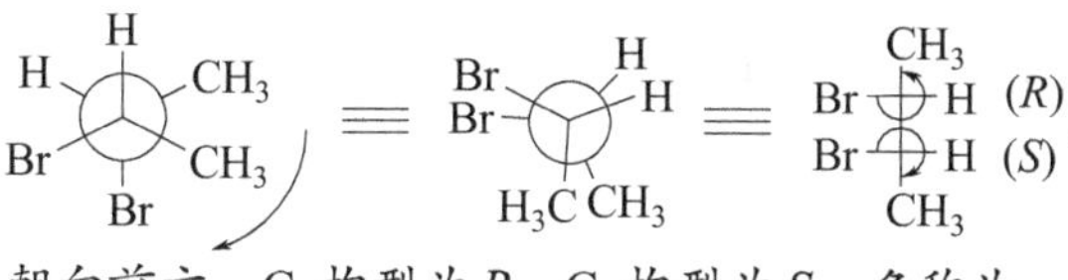

，首先改写成费歇尔投影式，H在水平键，朝向前方，C_2构型为R，C_3构型为S，名称为：$(2R,3S)$-2,3-二溴丁烷。

（3）

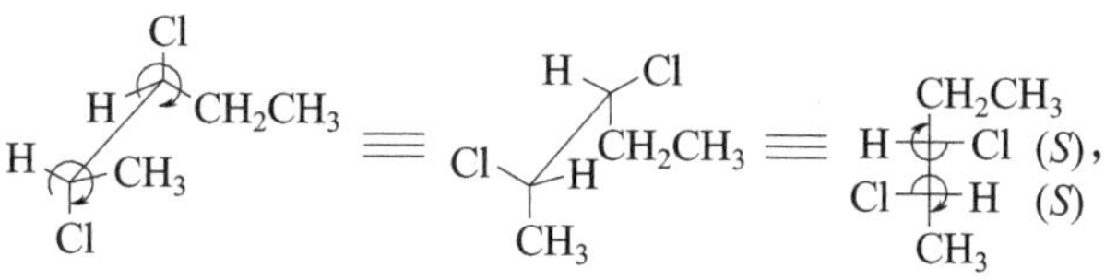

，首先改写成费歇尔投影式，

C_2 构型为 S，C_3 构型为 S，名称为：(2S,3S)-2,3-二氯戊烷。

（4）

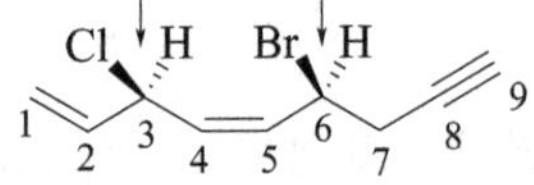

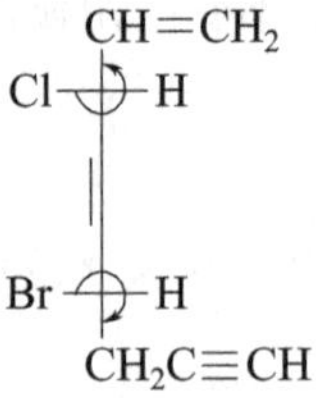

名称为：(3R,4Z,6S)-6-溴-3-氯壬-1,4-二烯-8-炔。

（5），从上方观察化合物时，可以很容易写出2号碳的费歇尔投影式

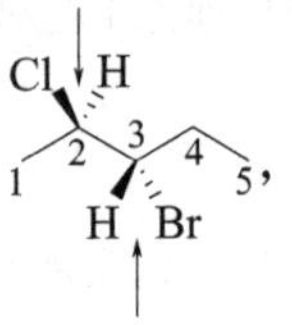

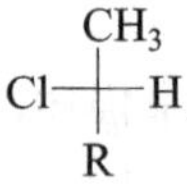

，C_2 构型为 R；从下方观察，3号碳的费歇尔投影式 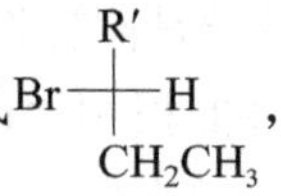 ，C_3 构型为 S，该化

合物的费歇尔投影式为： 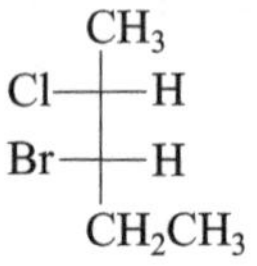 （C_3 旋转180°），名称为：(2R,3S)-3-溴-2-氯戊烷。

2. 选择题

（1）下列化合物中，具有手性的是（   ）。 （2021,2022年真题组合）

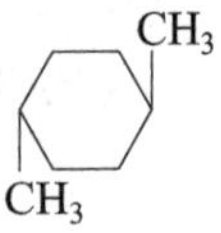

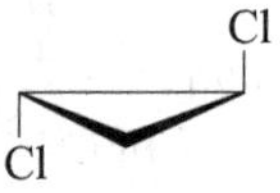

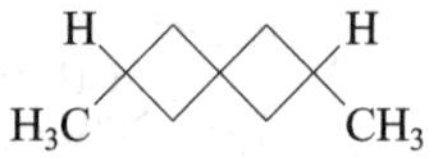

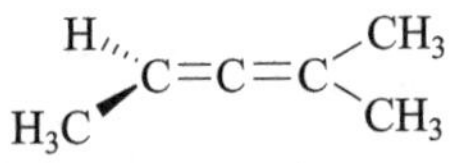

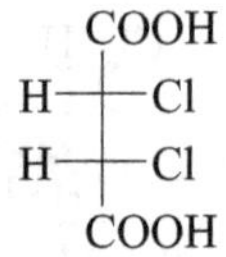

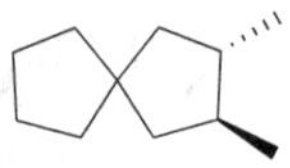

分析： 化合物A和E有对称面，无手性，D通过H和CH₃的面也是一个对称面。化合物 B、F均为邻位反式取代的环状化合物，无对称面、对称中心，有手性。C有手性轴，有手性。因此答案选B、C、F。

（2）下列化合物没有旋光性的是（   ）。 （2021,2022年真题组合）

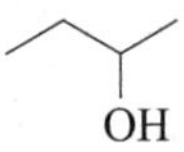

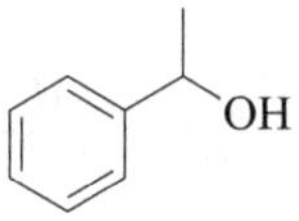

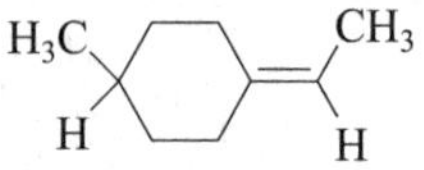

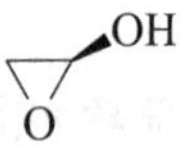

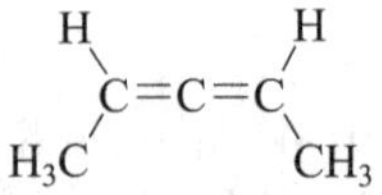

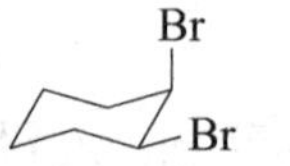

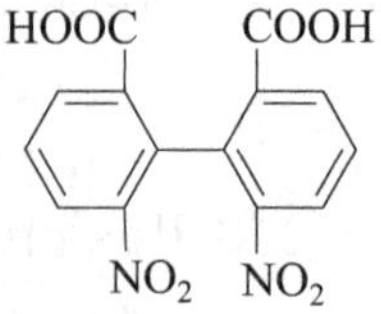

分析：化合物A、C、E均有一个手性碳，有旋光性。化合物D、F、H有手性轴，也有旋光性。化合物B有对称面，无旋光性，G中将环视为平面，邻位顺式取代，有对称面，无旋光性。因此答案选B、G。

3. 写出甲基环己醇的可能异构体。

分析：甲基环己醇有4种位置异构体，即1-甲基环己醇、2-甲基环己醇、3-甲基环己醇和4-甲基环己醇，需分别讨论。1-甲基环己醇是非手性化合物，2-甲基环己醇中，有2个手性碳，即有4个异构体。

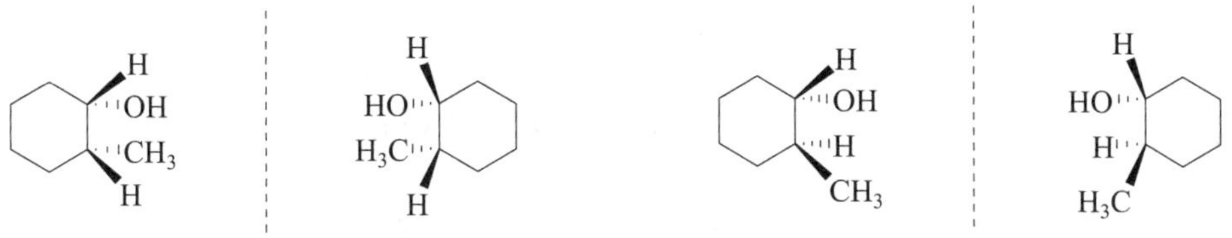

顺式   反式

在3-甲基环己醇中，也有2个手性碳和4个异构体。

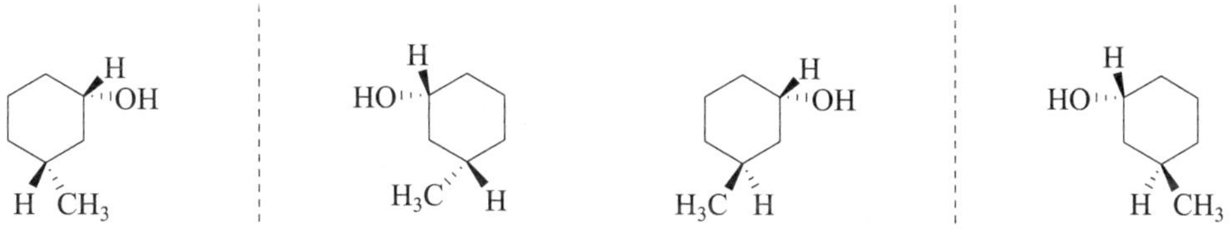

顺式   反式

在4-甲基环己醇中，顺式和反式都有一个对称面，均无手性。

顺式   反式

4. 已知(R)-$(-)$-2-溴辛烷的比旋光度是$-36°$，某2-溴辛烷对映体混合物的旋光度为$+18°$，请计算该混合物中R和S构型的百分含量。 （2018年真题）

分析：假设R构型的含量为x，则S构型的含量为$(1-x)$。因此$x(-36°)+(1-x)(+36°)=+18°$，$x=0.25$。即混合物中R构型占25%，S构型占75%。

第六章 综合练习题（参考答案）

1. 指出下列分子是否有对称面和对称中心。

（1） 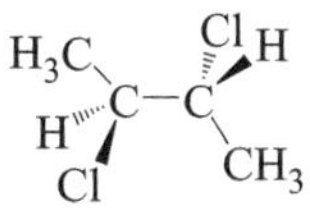　　　（2） 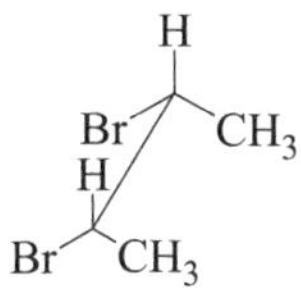　　　（3）

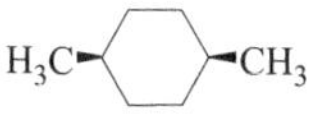

参考答案: (1) 有一个对称中心; (2) 有一个对称面; (3) 有两个对称面。

2. 用 *R/S* 标出下列化合物的构型。

(1) 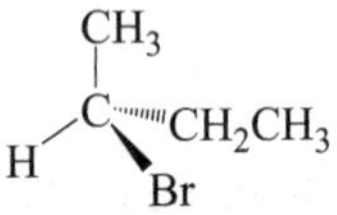 　(2) 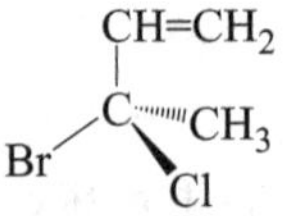 　(3)

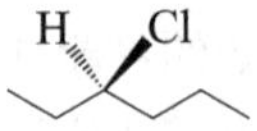

(4) 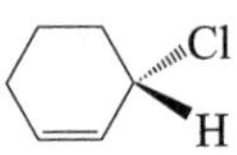 　(5) 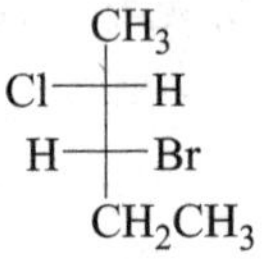 　(6)

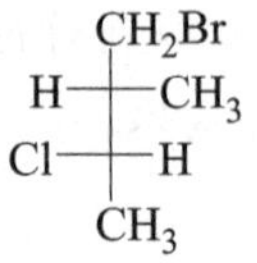

参考答案: (1) (*S*)-; (2) (*S*)-; (3) (*R*)-; (4) (*S*)-; (5) (2*R*,3*R*)-; (6) (2*R*,3*S*)-。

3. 判断下列各组结构式之间的相互关系（等同、对映体、非对映体和内消旋体）。

(1) 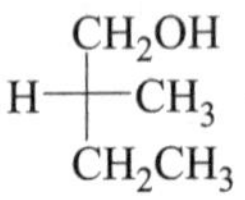 与 　　(2) 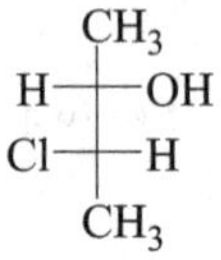 与

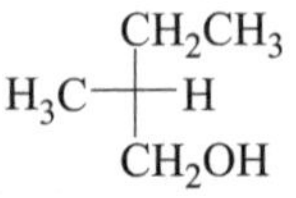

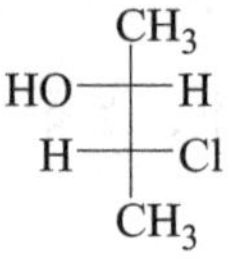

(3) 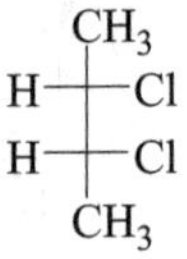 与 　　(4) 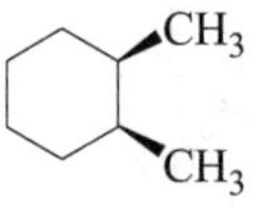 与

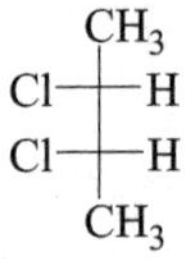

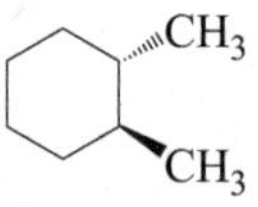

(5) 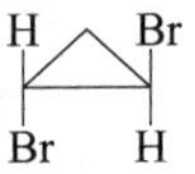 与 　　(6) 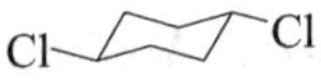 与

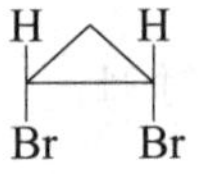

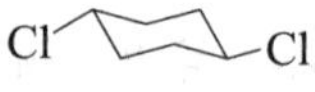

参考答案:

(1) 等同，纸面上旋转180°;　　(2) 对映体;　　(3) 等同，内消旋体;

(4) 非对映体;　　(5) 非对映体;　　(6) 等同。

4. 用费歇尔投影式表示下列化合物对映体的结构。

(1) (*R*)-2-氯丁烷　　　　　　　　(2) (2*S*, 3*R*)-2-溴-3-氯丁烷

(3) (*R*)-3-甲基戊-1-炔　　　　　　(4) (2*R*, 4*S*)-2-溴-4-甲基己烷

参考答案:

(1) 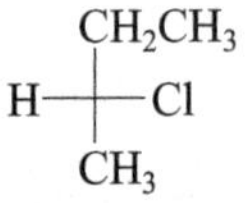 　(2) 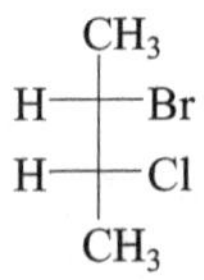 　(3) 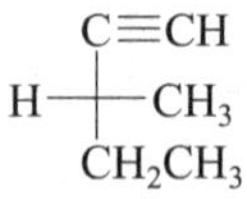 　(4)

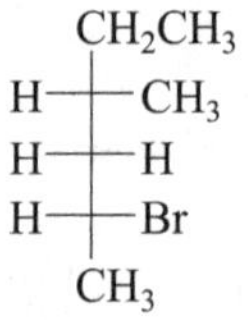

5. 2-氯-3-羟基丁二酸的四种立体异构体的部分物理性质如下。请将下表缺失的数据补充完整，并回答下列问题。

序号	构型	熔点/℃	[α]
I	2R,3R	173	
II			+31.3（乙酸乙酯）
III	2S,3R		
IV		167	+9.4（水）

不用画出结构，由表中信息推断，下列说法不正确的是（   ）。

（1）I 和 III 或 IV 为非对映体；

（2）II 和 III 或 IV 为差向异构体；

（3）I 和 II 等量混合，III 和 IV 等量混合，均为外消旋体；

（4）I 和 II 等量混合，III 和 IV 等量混合，熔点分别为 173℃和 167℃。

参考答案：

序号	构型	熔点/℃	[α]
I	2R, 3R	173	−31.3（乙酸乙酯）
II	2S, 3S	173	+31.3（乙酸乙酯）
III	2S, 3R	167	9.4（水）
IV	2R, 3S	167	+9.1（水）

说法不正确的是（4）。

6.顺-丁-2-烯与 Br_2 加成得到 2 种立体产物，而反-丁-2-烯与溴加成只得到一种内消旋体。

（1）请写出这两个反应的机理；

（2）用费歇尔投影式表示这两个反应产物的构型，并用 R/S 标记所有手性碳原子的构型。

参考答案：

（1）烯烃与 Br_2 的亲电加成经历三元环溴鎓离子中间体：

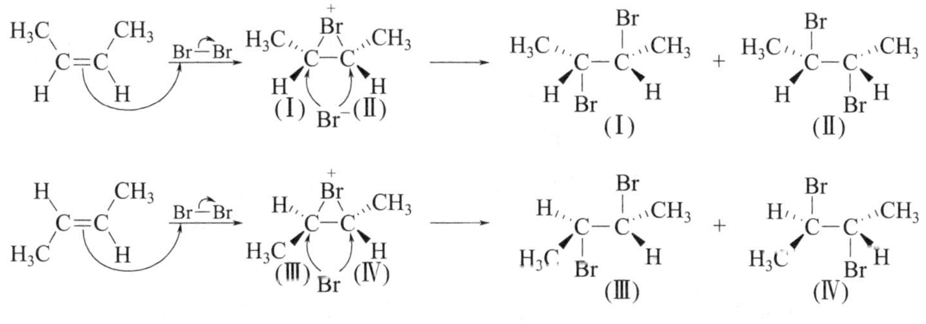

（2）（I）和（II）为一对对映异构体，（III）和（IV）为同一化合物，为内消旋体。

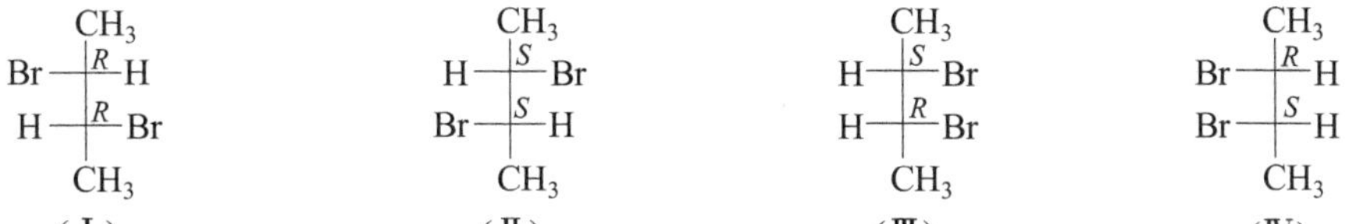

7.为什么 1-甲基环己烯与 HBr 的加成产物没有手性？若在光照条件下，产物有几个光

学异构体？彼此之间是否有对映关系？用 R/S 标记此反应中所有手性碳原子的构型。

参考答案：1-甲基环己烯与HBr反应得到1-溴-1-甲基环己烷，有对称面，因此没有手性。过氧化物存在下，发生反马氏加成，产物为1-溴-2甲基环己烷，有4个光学异构体，其中（Ⅰ）和（Ⅱ），（Ⅲ）和（Ⅳ）为对映体。

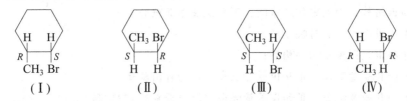

8. 薄荷醇可用于香水、牙膏、饮料和糖果的赋香剂，有清凉止痒作用。其结构式如下：
   （1）用*标出所有的手性碳原子。
   （2）理论上薄荷醇有几个旋光异构体？
   （3）天然薄荷油中，(−)-薄荷醇（$[\alpha]_D = -51$）和(+)-新薄荷醇（$[\alpha]_D = +21$）为主要成分。测得天然薄荷油混合样品的 $[\alpha]_D = -33$，假设样品只含这两种异构体，请计算它们在混合物中各自的百分含量。

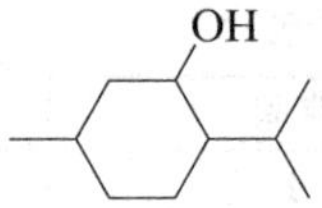

参考答案：

（1）

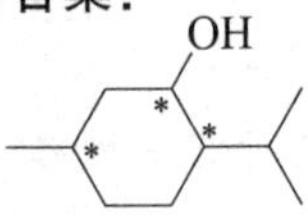

（2）因薄荷醇无任何对称因素，理论上有 $2^3 = 8$ 个旋光异构体。

（3）假设(−)-薄荷醇的摩尔分数为 a，则(+)-新薄荷醇的摩尔分数为 $1-a$。代入公式：$(-51)a + 21(1-a) = -33$，得到 $a = 0.75$。因此(−)-薄荷醇和(+)-新薄荷醇分别占75%和25%。

9. 天然肾上腺素（结构见右图），$[\alpha]_D^{25} = -50$，用于治疗心脏停搏和突发的严重过敏性反应，其对映体则无药用价值，甚至是有毒的。某课题组利用生物不对称合成方法制备出一批手性肾上腺素，将含有1 g样品的20 mL液体，放入一个盛液管为10 cm的旋光仪中，测得数据为−2.45°。

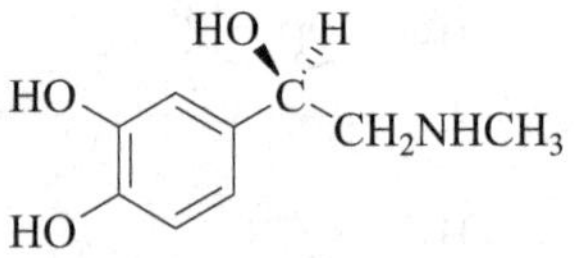

天然肾上腺素

（1）请用 R/S 标记天然肾上腺素的构型；
（2）在该合成反应中天然肾上腺素产物的ee值和光学纯度是多少？产品纯度是多少？

参考答案：（1）天然肾上腺素的构型为 (R)-型。

（2）$[\alpha] = \dfrac{-2.45°}{1\,\mathrm{dm} \times \dfrac{1\,\mathrm{g}}{20\,\mathrm{mL}}} = -49$，$\dfrac{-49}{-50} \times 100\% = 98\%$

由于 $\mathrm{ee} = \dfrac{R-S}{R+S} \times 100\%$

所以ee值和光学纯度均是98%，纯度为99%。

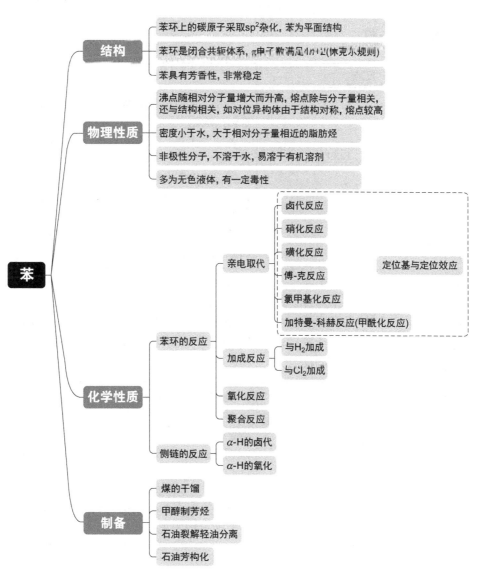

> **第七章**
>
> **单环芳烃、非苯芳烃**

一、本章概要

二、结构与化学性质

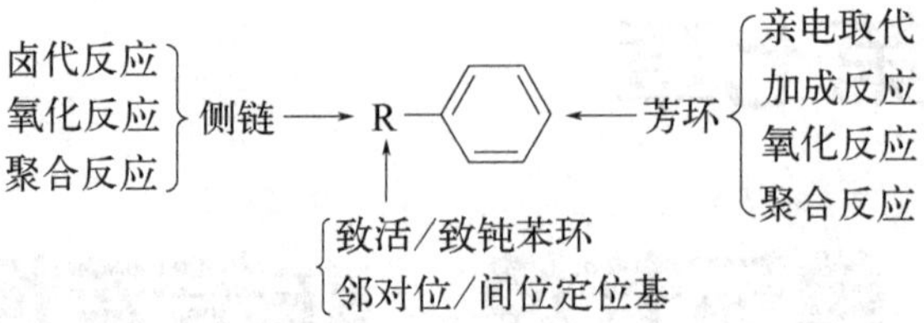

苯环上的碳原子为 sp^2 杂化，6个碳原子和6个氢原子共处于同一平面，构成电子云密度平均化的离域大 π 键。苯环具有特殊的稳定性，表现出不易加成和氧化、而易被取代的化学性质。当具有先在基团的苯衍生物发生亲电取代反应时，先在基团会起到活化苯环或者钝化苯环的作用，并对亲电试剂的取代反应表现出邻、对位或者间位的定位作用。

如果苯环有侧链并具有 α-H，由于 σ-π 超共轭效应活化了 α-H，容易发生侧链 α-H 的卤代或者氧化反应（类似烯键 α-H 的卤代或者氧化）。

三、重要反应一览

		反应	反应要点
苯环的反应	亲电取代	卤代： 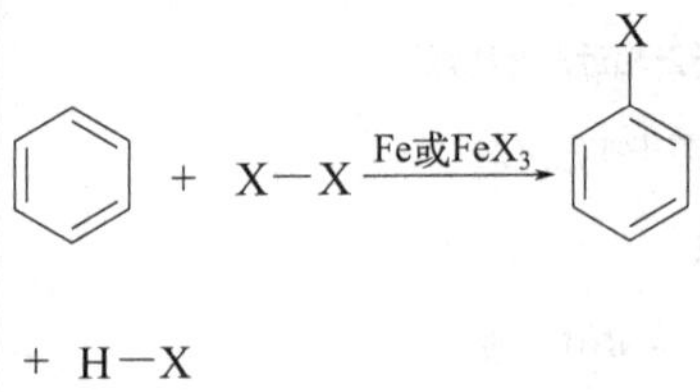 + H—X	✓ FeX_3、$AlCl_3$ 等路易斯酸作催化剂，促进X—X的极化、异裂； ✓ X^+ 进攻苯环，形成 σ 络合物，消除 H^+ 后，得到取代产物； ✓ 增强反应条件，可以发生二卤代； ✓ 反应活性 $F_2>Cl_2>Br_2>I_2$，Cl_2 和 Br_2 常用； ✓ X作为先在基团，既有吸电子诱导效应，又有给电子共轭效应，前者强于后者，弱钝化苯环，是邻、对位定位基。
		硝化： 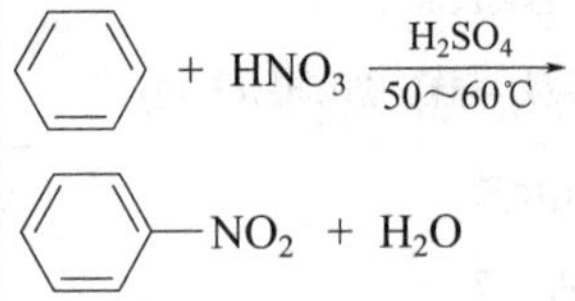 —NO_2 + H_2O	✓ 浓硝酸和浓硫酸混酸条件，生成硝酰正离子作为亲电试剂； ✓ 硝基作为先在基团，有吸电子诱导效应和吸电子共轭效应，强钝化苯环，是间位定位基。
		磺化： 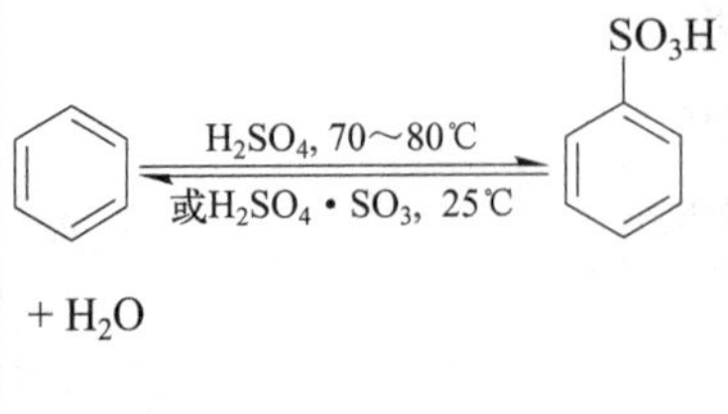 + H_2O	✓ 98%的浓硫酸或发烟硫酸，SO_3 作为亲电试剂； ✓ 磺化反应具有可逆性，在稀酸和加热条件下可脱磺酸基； ✓ 利用磺化反应及其逆反应，磺酸基可作芳环某一位置的"占位基"； ✓ 磺化反应受位阻影响较大； ✓ 磺酸基作为先在基团，具有吸电子性，钝化苯环，是间位定位基。

反应		反应要点
苯环的反应	亲电取代	傅-克烷基化： 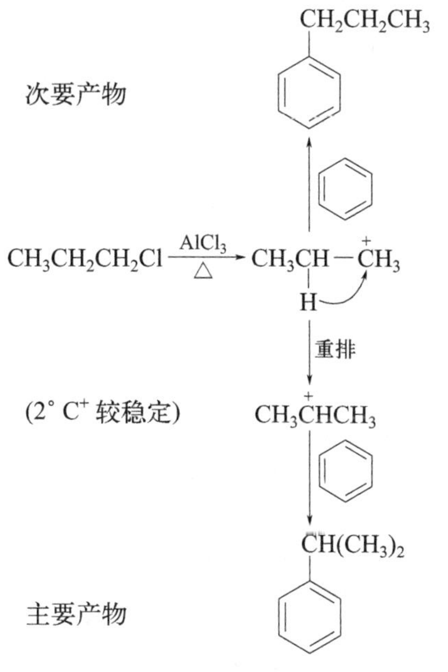 次要产物 CH₂CH₂CH₃（苯环） $CH_3CH_2CH_2Cl \xrightarrow[\triangle]{AlCl_3} CH_3CH-\overset{+}{C}H_3$（H） 重排 (2° C⁺ 较稳定) $CH_3\overset{+}{C}HCH_3$（苯环） 主要产物 CH(CH₃)₂（苯环）	✓ 路易斯酸作催化剂，促使C—X键异裂成碳正离子作为亲电试剂； ✓ 卤代烃的反应活性与卤素电负性顺序一致：RF＞RCl＞RBr＞RI； ✓ 碳正离子可通过氢迁移或烷基迁移形成更稳定的碳正离子，因此F—C烷基化易有重排产物，不易制得直链烷基苯； ✓ 易发生多烷基化反应； ✓ 烷基是邻、对位定位基。
		傅-克酰基化： 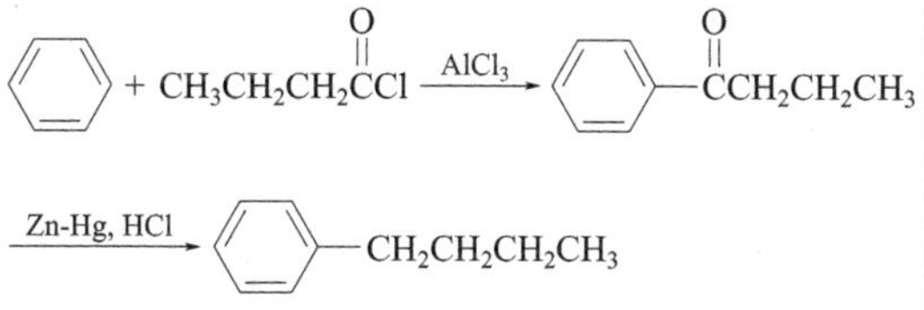 （苯）$+ CH_3CH_2CH_2\overset{O}{\overset{\|}{C}}Cl \xrightarrow{AlCl_3}$ （苯）$-\overset{O}{\overset{\|}{C}}CH_2CH_2CH_3$ $\xrightarrow{Zn-Hg, HCl}$ （苯）$-CH_2CH_2CH_2CH_3$	✓ 无水路易斯酸作催化剂，酰氯/酸酐生成酰基碳正离子进攻芳环； ✓ 不发生重排，也不发生多取代； ✓ 在芳环上引入羰基，C=O具有吸电子诱导和吸电子共轭效应，钝化芳环，是间位定位基； ✓ 将羰基还原为亚甲基，可制备直链烷基苯。
		氯甲基化： 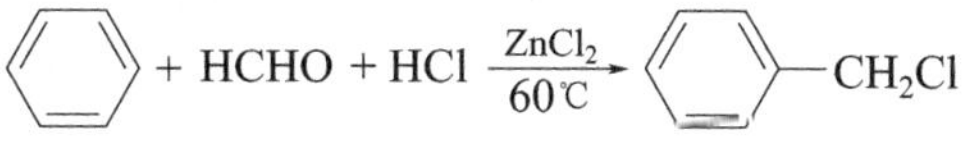 （苯）$+ HCHO + HCl \xrightarrow[60℃]{ZnCl_2}$ （苯）$-CH_2Cl$	✓ 无水ZnCl₂条件下，HCl中H⁺加在甲醛的羰基氧上，产生碳正离子作为亲电试剂； ✓ 产物苄氯在路易斯酸催化下，可制得苄基碳正离子，是重要的有机合成中间体； ✓ 氯甲基为弱致钝基团，是邻、对位定位基。

		反应	反应要点
苯环的反应	亲电取代	加特曼-科赫反应： 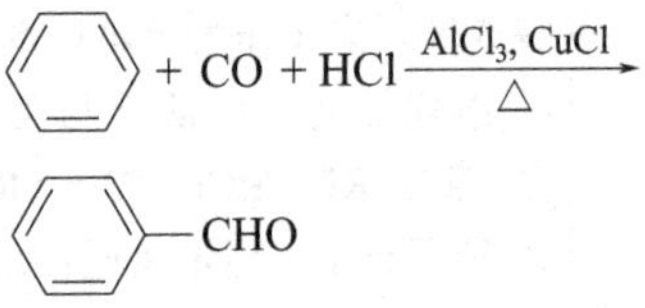 	✓ CuCl和路易斯酸共同作用下，获得[HC$^+$=O]AlCl$_4^-$作为亲电试剂； ✓ 制备苯甲醛的有效方法； ✓ 醛基通过吸电子诱导和吸电子共轭效应钝化苯环，是间位定位基。
	加成反应	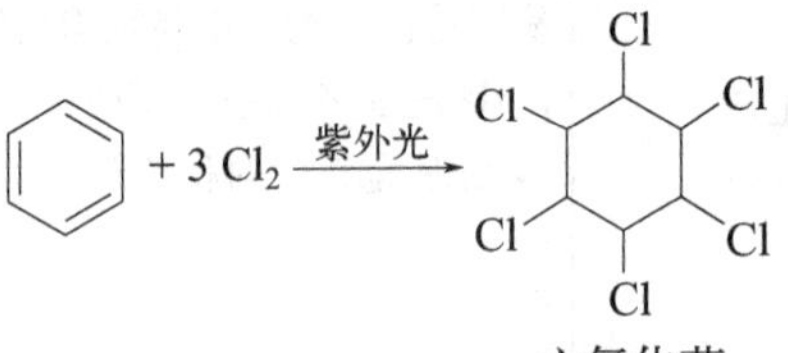 六氯化苯	✓ 需要催化剂、高温、高压、光照等强烈的反应条件； ✓ 自由基历程的加成反应。
	氧化反应	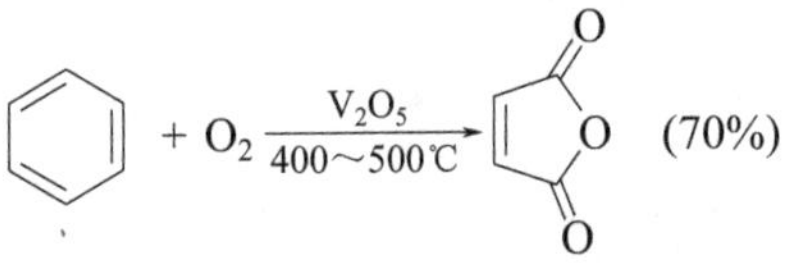	✓ V$_2$O$_5$作催化剂，空气或氧气为氧化剂，高温条件； ✓ 产物顺丁烯二酸酐（俗名：马来酸酐）是重要的化工原料。
	聚合反应	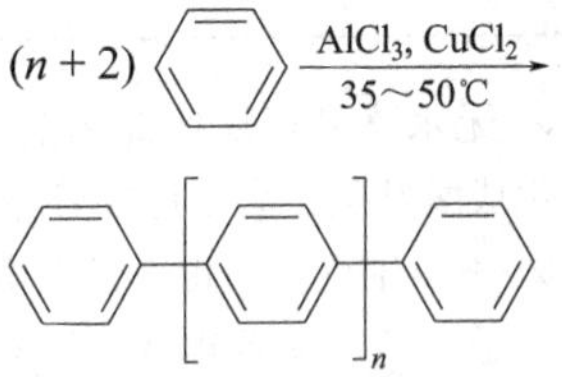	✓ 无水AlCl$_3$和CuCl$_2$作催化剂； ✓ 聚苯是一种功能材料。
苯侧链的反应	卤代反应	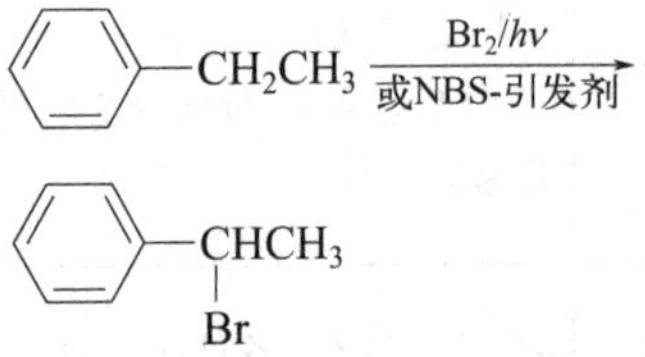	✓ 光照或高温下，芳环侧链α-H被卤代（同烯丙位卤代）； ✓ 自由基历程的取代，因为α位C—H键与芳环存在σ-π超共轭效应，α-H反应活性增强； ✓ 活性中间体苄基自由基与芳环存在p-π共轭效应，更稳定，利于反应进行。
	氧化反应	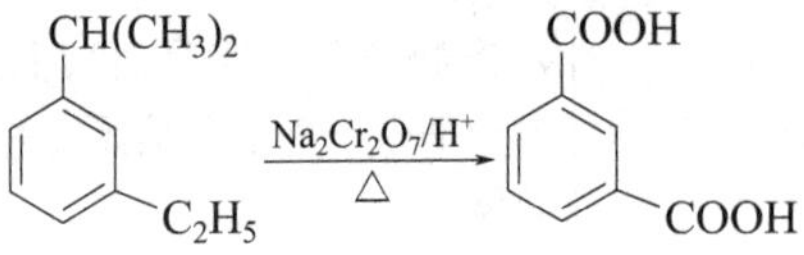	✓ 高锰酸钾、重铬酸钾、稀硝酸可作氧化剂； ✓ 苯环侧链必须含α-H，无论侧链长短，一律被氧化成羧基，若侧链无α-H，则芳环被氧化。
	聚合反应	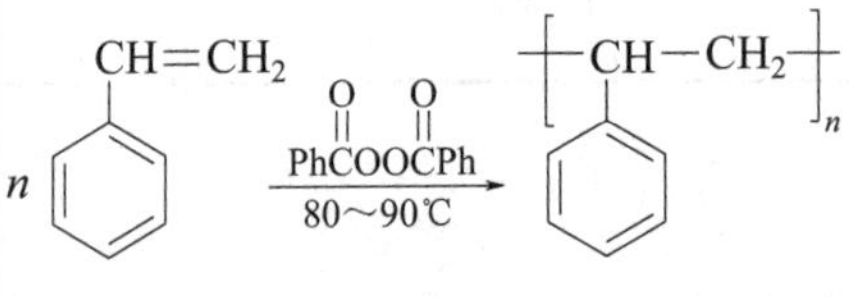	✓ 苯环侧链具有双键或三键，重键发生聚合反应； ✓ 聚合反应催化剂不同，反应历程不同（自由基聚合，离子型聚合）。

续表

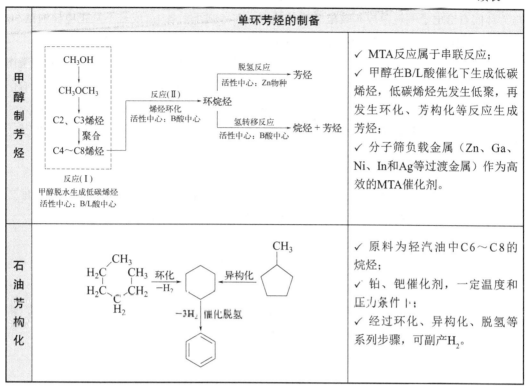

单环芳烃的制备	
甲醇制芳烃	✓ MTA反应属于串联反应； ✓ 甲醇在B/L酸催化下生成低碳烯烃，低碳烯烃先发生低聚，再发生环化、芳构化等反应生成芳烃； ✓ 分子筛负载金属（Zn、Ga、Ni、In和Ag等过渡金属）作为高效的MTA催化剂。
石油芳构化	✓ 原料为轻汽油中C6～C8的烷烃； ✓ 铂、钯催化剂，一定温度和压力条件下； ✓ 经过环化、异构化、脱氢等系列步骤，可副产H₂。

四、重点与难点

重点1：亲电取代

苯（芳环）的亲电取代反应，亲电试剂包括 X_2、HNO_3、H_2SO_4、$R-X$、$RCOX$、$HCHO$、CO 等，通过路易斯酸催化形成 E^+，进攻苯环形成 σ 络合物。这一过程中苯环的 π_6^6 需给出一对电子与 E^+ 形成 σ 键，与 E^+ 相连的碳原子由 sp^2 杂化转变成 sp^3 杂化，破坏了苯环的闭合共轭体系。从该碳上消除 H^+ 使碳原子又恢复 sp^2 杂化，闭合共轭体系恢复，完成取代。

重点2：苯环上亲电取代的反应速率和定位规律

苯（芳）环亲电取代的反应活性取决于芳环的电子云密度，芳环的电子云密度越高，芳环上的亲电取代反应就越快。

凡是增大芳环电子云密度，使芳环亲电取代反应速率加快的取代基称为致活基，其作为苯环上的先在基团，对于后续基团进入苯环，起到邻、对位的定位作用。这类基团与芳环直接相连的原子或是具有孤对电子的杂原子（如—NH_2、—OH、—$NHCOCH_3$、—OR），与芳环间有给电子共轭效应和吸电子诱导效应（前者强于后者）；或是不呈正电性的饱和/不饱和碳原子（—CH_3、—CH＝CH_2、—Ph），其与芳环间有给电子的超共轭/共轭效应。

凡是降低芳环电子云密度，使芳环亲电取代反应速率变慢的取代基称为致钝基，致钝基作为苯环上的先在基团，使后续基团进入间位。这类基团与芳环直接相连的原子具有明确或潜在的正电性（如—NO_2、—CF_3等），与芳环间具有强吸电子诱导效应和/或强吸电子共轭效应。

此外还有第三类定位基，例如卤素和CH_2Cl，属于弱致钝基团，也是邻、对位定位基。

难点1：磺化及其逆反应的应用

在设计具有显著不对称结构的多取代苯时，可以利用磺化反应的可逆性，优先占据某一位置，从而使后续基团进入目标位置。例如以甲苯为原料合成1-氯-2-甲苯。

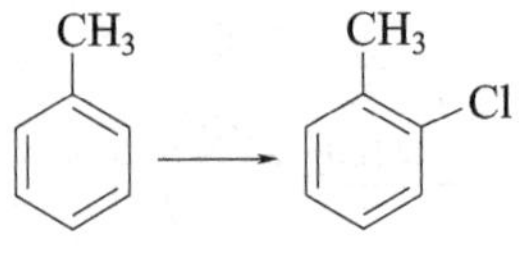

目标产物为邻位取代，若是直接卤代，由于甲基是弱致活基，是邻、对位定位基，将得到几乎等量的邻氯甲苯和对氯甲苯的混合物，合成效率较低。

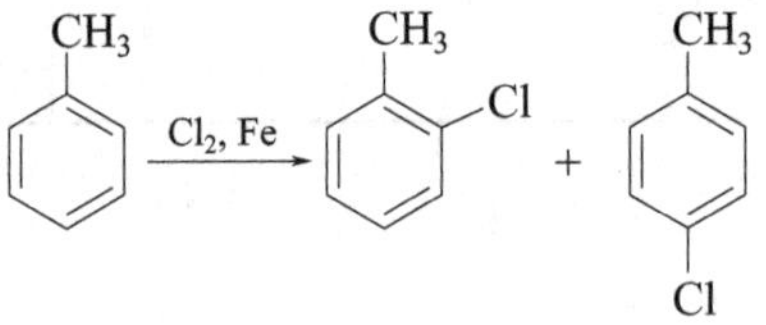

为了让卤素进入邻位，以甲苯为原料，可先进行磺化反应，以—SO_3H占据甲基对位（磺酸基体积较大，不易取代甲基邻位氢），再进行氯代，此时氯只能取代甲基的邻位氢，最后在过热水蒸气作用下水解脱磺酸基，得到目标产物。该法步骤较多，但可以得到较纯的目标物。

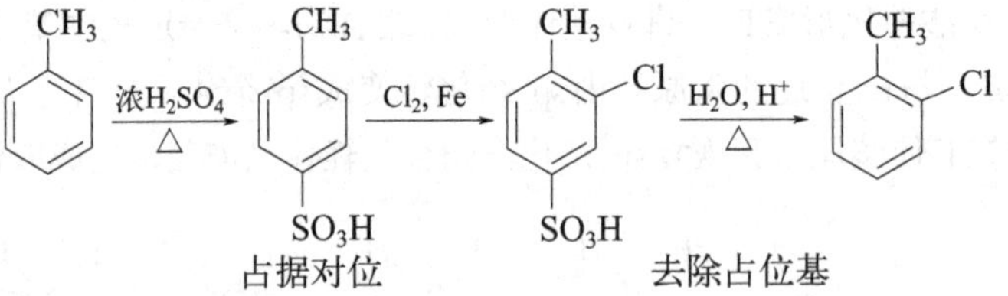

又如从苯胺制备2-硝基苯胺，不能对苯胺直接硝化。因为混酸条件下硝酸具有强氧化性，芳胺，尤其是芳伯胺极易被氧化，会产生一系列复杂的氧化产物。

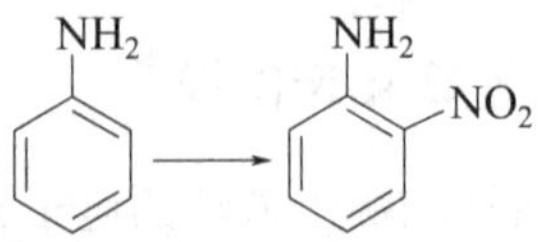

较合理的设计方案是：首先进行氨基的乙酰化来"保护氨基"（乙酰苯胺不易被氧化），接下来进行磺化反应占据对位，然后再进行硝化，乙酰氨基作为致活的邻、对位定位基团，对位被占，硝基只能取代邻位氢，最后水解可同时解离磺酸基和乙酰基，得到目标产物2-硝基苯胺。

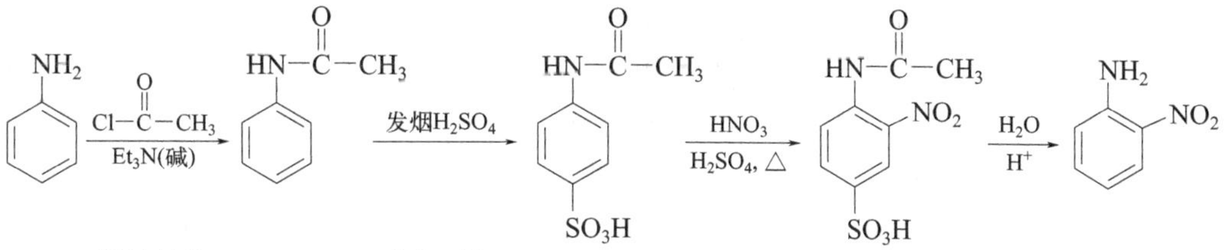

保护氨基　　　　　　占据对位　　　　　　　　　　　　去除保护基和占位基

难点2：苯环亲电取代反应的位阻效应

具有先在基团的芳环进行亲电取代反应时，常常需要考虑位阻效应，即原子团相互靠近时，由于电子间的斥力而产生空间阻碍，需要提高条件使反应顺利进行，或者得到空间位阻相对较小的取代产物。

例如1,3-二甲苯的磺化反应，由于C_2存在较大位阻，磺酸基只能在位阻较小的C_4位上进行取代。由于亲电试剂SO_3体积较大，芳环的磺化反应尤其需要考虑位阻效应。

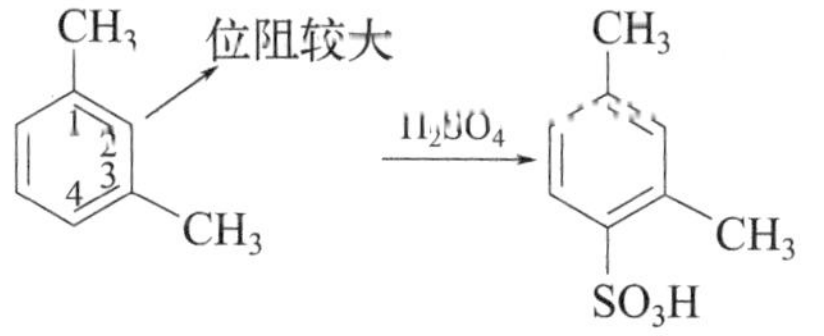

又如3-甲基乙酰苯胺的硝化反应，C_2的位阻最大，其次是C_6，因此硝酰正离子主要进攻C_4：

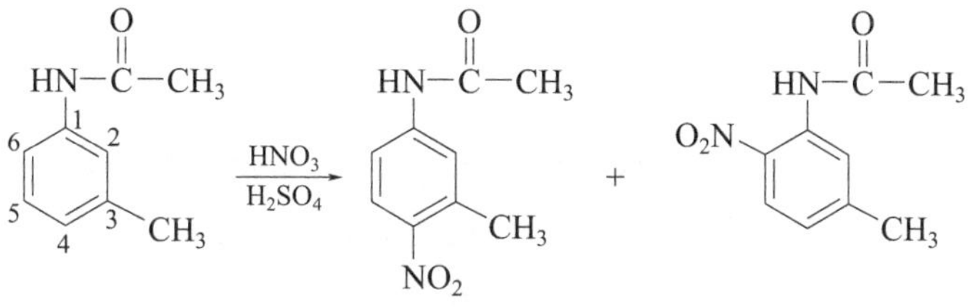

难点3：傅瑞德尔-克拉夫茨反应的应用

芳环的傅-克烷基化反应和傅-克酰基化反应均利用路易斯酸，生成烃基正离子或者酰基正离子，对芳环亲电取代，是在芳环引入烷基或酰基的有效方法。因为烷基化反应涉及碳正离子的生成，因此傅-克烷基化可能涉及重排，又因烷基会活化苯环，反应容易发生多取代。

例如以苯为原料制备4-正丙基苯丙酮：

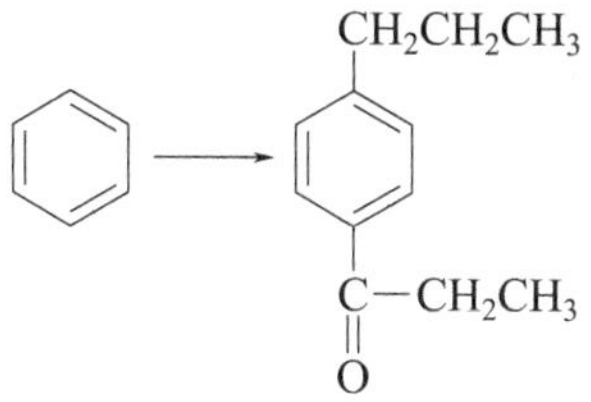

可通过路线一，利用1-氯丙烷生成伯碳正离子，与苯环发生亲电取代先制得正丙基苯，

再利用丙酰氯与正丙基苯发生傅-克酰基化反应，正丙基是邻、对位定位基，指引丙酰基进入对位，得到目标化合物。但实际上1-氯丙烷生成的伯碳正离子不稳定，重排得到更稳定的仲碳正离子，经路线二与苯环发生傅-克烷基化，得到异丙基苯。因此，由1-氯丙烷与苯进行烷基化只能得到正丙基苯和异丙基苯酰化的混合物。

CH3CH2CH2—X
AlCl3
CH3CH2CH2
路线一
CH2CH2CH3
Cl—CCH2CH3
AlCl3
CH2CH2CH3
C—CH2CH3
O
CH3CH—CH2
H
H重排
路线二
CH3CHCH3
CH3CHCH3
Cl—CCH2CH3
AlCl3

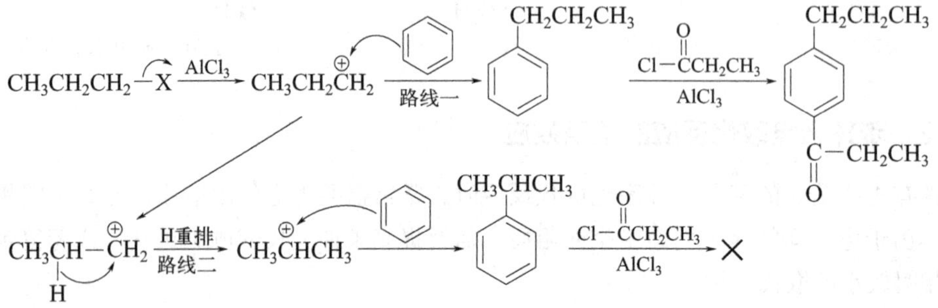

如何得到未重排的直链烷基苯？可以利用傅-克酰基化制备苯丙酮，酰基正离子不会发生重排，酰基化后苯环电子云密度降低，也不会发生多取代，接下来可利用羰基的还原制备正丙基苯，再进行傅-克酰基化反应。由于先在基团丙基的位阻作用，丙酰基主要取代丙基对位上的氢，即可制备4-正丙基苯丙酮。

Cl—CCH2CH3
AlCl3
C—CH2CH3
NH2NH2/NaOH
或Zn(Hg)/HCl
CH2CH2CH3
Cl—CCH2CH3
AlCl3
CH2CH2CH3
C—CH2CH3

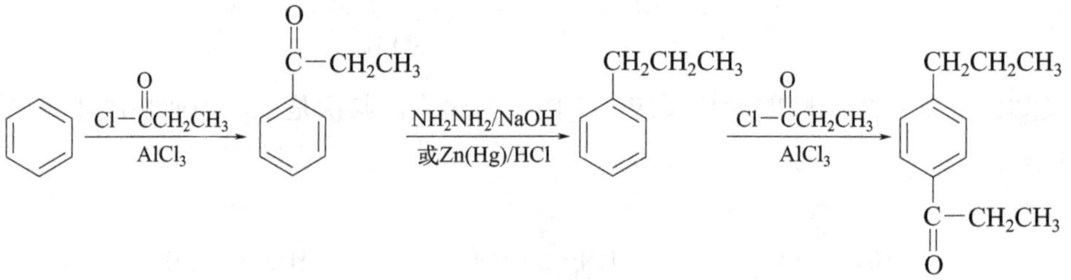

在苯（芳香族化合物）的傅-克烷基化反应设计中，常常需要警惕碳正离子的重排，以下碳正离子均可通过氢迁移或者甲基迁移转变成结构更稳定的碳正离子，得到重排产物。

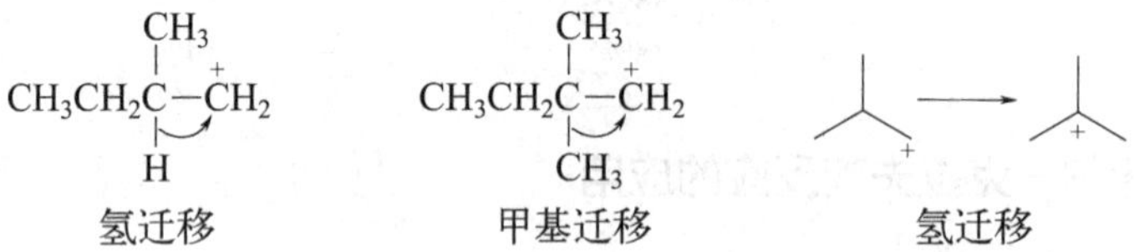

CH3
CH3CH2C—CH2
H
氢迁移
CH3
CH3CH2C—CH2
CH3
甲基迁移
氢迁移

五、例题解析

1. 填空/选择题

（1）请将下列碳正离子中间体的稳定性按照从大到小的顺序排列。（2020年真题）

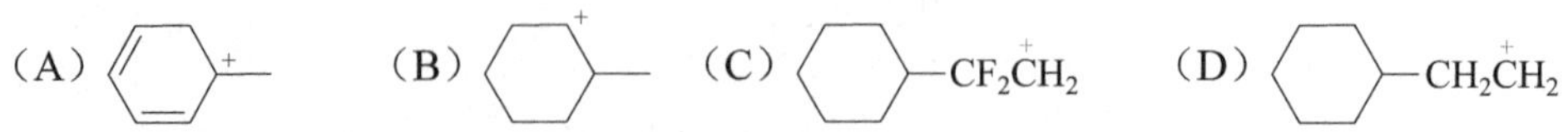

（A）
（B）
（C）
CF2CH2
（D）
CH2CH2

分析：① 碳正离子的碳采取sp^2杂化，三个sp^2杂化轨道共处同一平面，还有一个未参加杂化的空p轨道垂直于该平面。

② 若碳正离子的中心碳连接烷基，则烷基可通过σ-p超共轭效应和推电子的诱导效应缓解碳正离子空p轨道的缺电子性，连接烷基越多越稳定，因此叔碳正离子＞仲碳正离子＞伯碳正离子＞甲基碳正离子；若碳正离子与烯键或苯环相连，也可以通过p-π共轭效应分散正电荷，这两种情况都可以使碳正离子更稳定，共轭效应比超共轭效应稳定碳正离子的能力更强。

A既是叔碳正离子，又可以通过共轭体系分散正电荷；B是仲碳正离子；C是伯碳正离子，且与—CF_2—吸电子基相连，进一步增加了伯碳正离子的缺电子性，更不稳定；D也是伯碳正离子，存在两个C—H键的σ-p超共轭效应。

综上分析，碳正离子中间体的稳定性从大到小排序为：A＞B＞D＞C。

（2）比较下列化合物与NaOH溶液发生S_N1反应的活性大小，按从大到小的顺序排序。（2023年真题）

分析：上述化合物发生S_N1亲核取代，首先要经过C—Cl键的异裂形成苄基碳正离子，苄基碳正离子越稳定，发生S_N1反应的活性越大。苄基碳正离子与苯环形成p-π共轭体系，苯环上存在供电子基团有利于正电荷进一步分散，碳正离子更稳定；吸电子基则不利。

A中芳环连接—OCH_3，是供电子基；B中Cl是弱致钝基；C中甲基是弱供电子基；D中硝基是强吸电子基。因此发生S_N1反应的活性从大到小排序为：A＞C＞B＞D。

（3）下列化合物硝化反应速率最快的是（　　），最慢的是（　　）。

（2023年真题）

分析：硝化反应属于芳香环的亲电取代，苯环电子云密度越大，亲电取代速率越快。A为联苯，苯环弱致活；B中氯为弱致钝基团；C中O^-是比—OH更强的给电子基团；D中—NH_3^+是强吸电子基团，显著降低苯环的电子云密度。

因此硝化反应速率最快的是（C）苯基氧负离子，最慢的是（D）苯基氨基阳离子。

2. 完成下列反应

（1）$\xrightarrow[\text{AlCl}_3]{\text{CH}_3\text{CH}_2\text{Cl}}$（A）$\xrightarrow[hv]{\text{Cl}_2}$（B）　（2019年真题）

分析：① 第一步反应，氯乙烷在三氯化铝催化作用下形成乙基碳正离子，进攻苯环发生亲电取代反应；

② 叔丁基作为苯环上的先在基团，是邻、对位定位基，叔丁基自身的大位阻使乙基主要进攻对位；

③ 第二步反应，在光照条件下，Cl—Cl均裂成Cl·，将发生苄位（类似烯丙位）的自

由基卤代，只有乙基有苄氢，可以被卤代。

答案：（A） 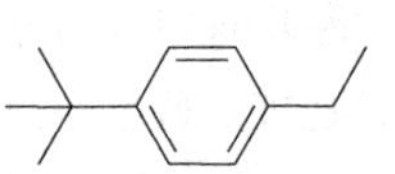　　　（B）

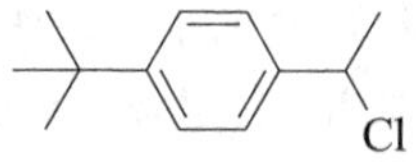

（2） 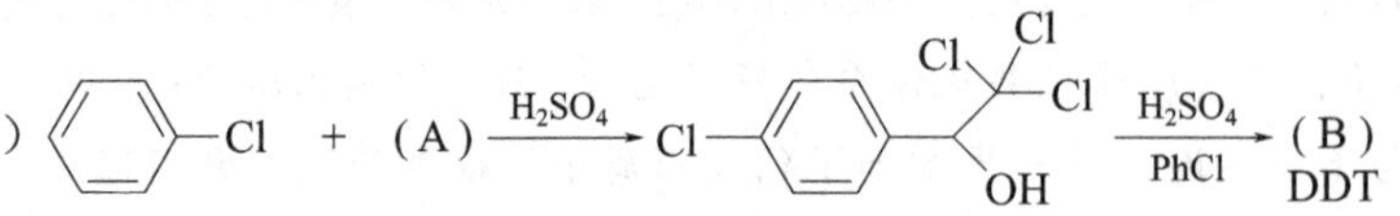　（2020年真题）

分析： ① 第一步反应在酸性条件下，氯苯与（A）反应，在对位上引入2,2,2-三氯乙-1-醇结构，切断苯环与羟基碳之间的σ键，得到原料（A）为三氯乙醛；

② 第二步反应在酸性条件下，羟基质子化形成H_2O离去，苄基仲碳正离子作为亲电试剂进攻氯苯的对位得到最终产物DDT。

答案：（A） 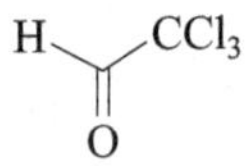　　　（B）

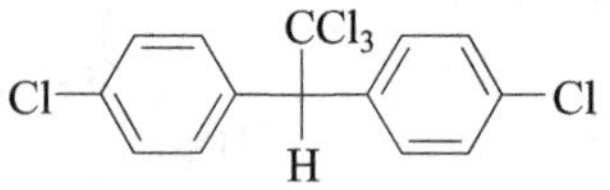

（3） 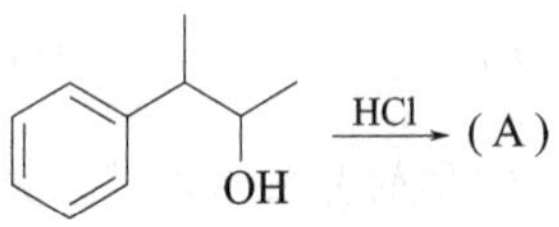　（2023年真题）

分析： ① 原料3-苯基丁-2-醇中有一个仲羟基，在酸性条件下质子化形成H_2O离去，形成仲碳正离子；

② 仲碳正离子左侧氢迁移，重排成结构更稳定的苄基叔碳正离子，与Cl^-结合。

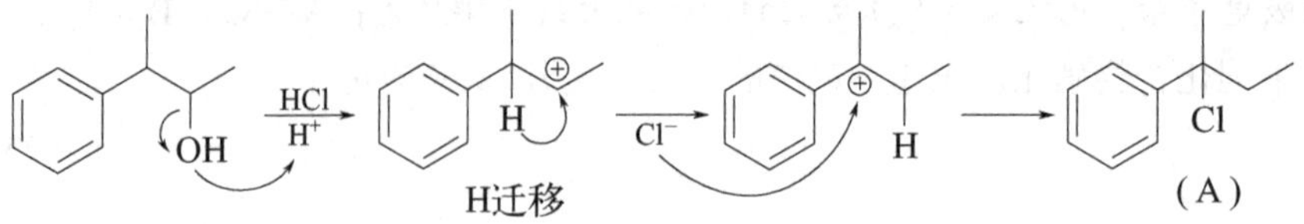

（4） 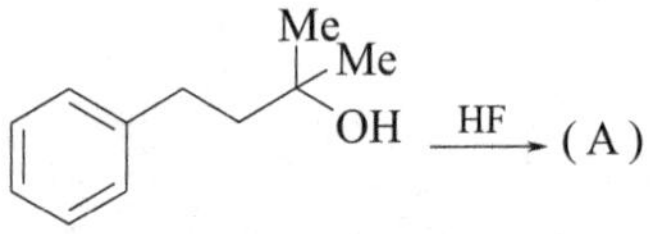　（2023年真题）

分析： ① 羟基在酸性条件下质子化形成H_2O离去，形成叔碳正离子；

② 叔碳正离子可作为亲电试剂，进攻苯环的C_2位（R是邻对位定位基），发生分子内亲电取代，关环。

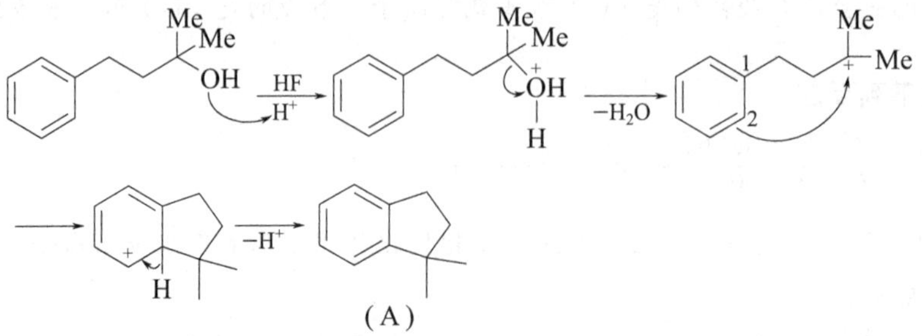

（5） 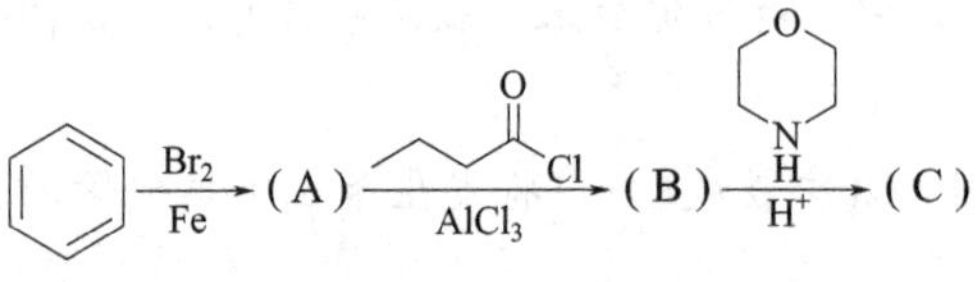　（2024年真题）

分析：① 第一步反应为苯环的溴代，得到溴苯；

② 溴作为先在基团，是邻、对位定位基，由于溴的位阻较大，第二步傅-克酰基化反应中丁酰基主要进入溴的对位；

③ 第三步反应是具有 α-H 的酮与仲胺缩合生成烯胺；

④ 该历程中生成的苄基叔碳正离子结构稳定，N 与碳正离子共享孤对电子形成了"八隅体"结构的共振式，从而使苄基叔碳正离子特别稳定，反应可以顺利进行。

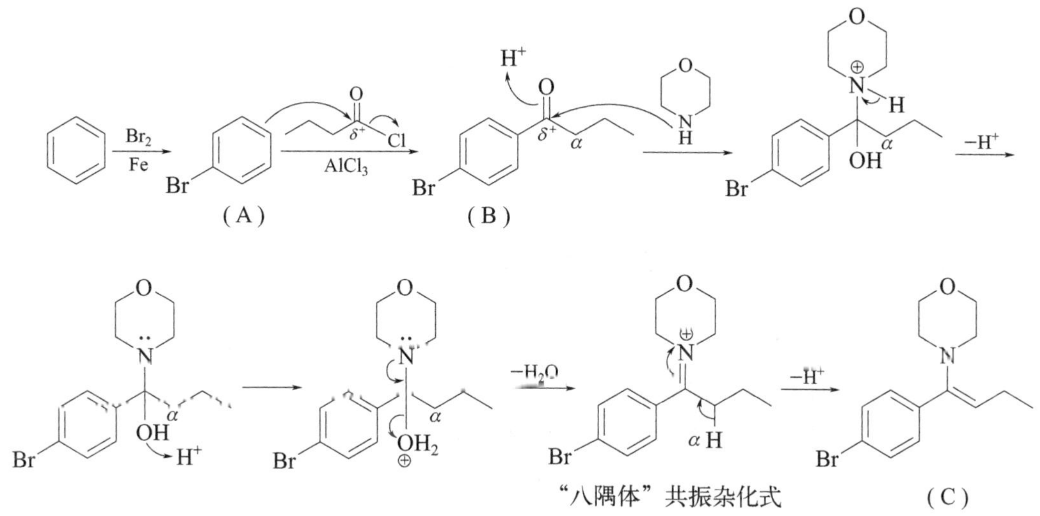

答案：（A） 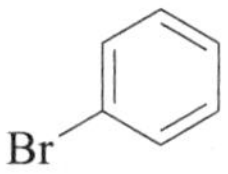　（B） 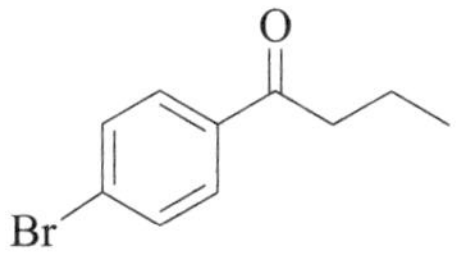　（C）

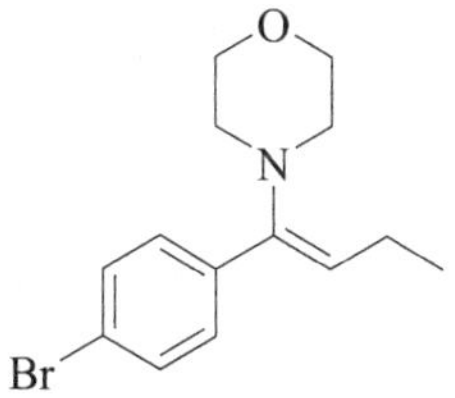

（6） 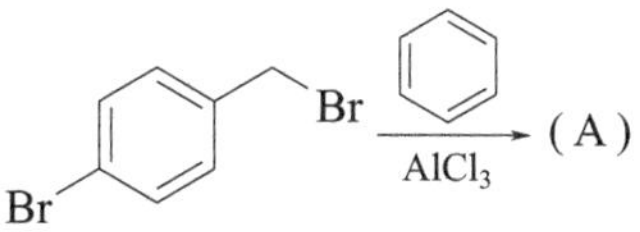　（2023 年真题）

分析：① 苯环中有两类 Br 原子，Br 与芳环直接相连有 p-π 共轭效应，C—Br 键具有部分双键性质，Br 非常不活泼；相比之下，苄溴更活泼，在 AlCl₃ 催化下，发生 C—Br 键的异裂生成苄基碳正离子；

② 苄基碳正离子与苯发生亲电取代反应，生成产物（A）。

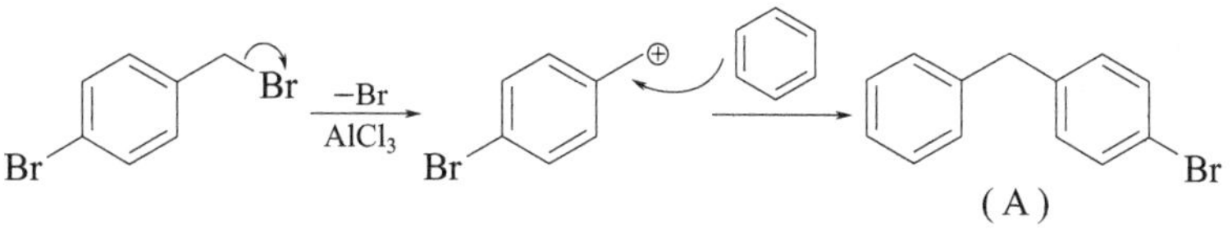

3. 以苯为原料，合成下列目标化合物

（1） 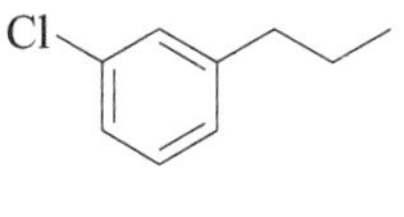　（2023 年真题）

分析： ① 目标化合物为间氯苯丙烷，两个邻、对位定位基却互处间位，需要将其中一个基团转变为间位定位基；

② 可将丙基转换为丙酰基，可以利用 F—C 酰化反应引入；

③ 合成过程：以苯为原料，首先用丙酰氯作为亲电试剂得到苯丙酮，利用丙酰基的间位定位作用再进行氯代，最后将羰基还原为亚甲基，制得目标化合物间氯苯丙烷。

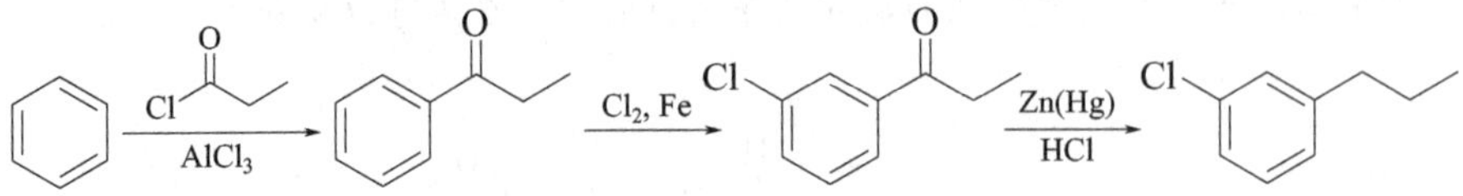

（2） 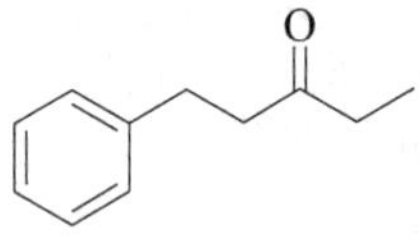 　　　　　　　　　　　　　　　　　（2023 年真题）

分析： ① 目标化合物为 1-苯基戊-3-酮，羰基在链中，可利用官能团转换形成羟基；

② 切断 C_2 和 C_3 间的 σ 键，可得到苯乙基格氏试剂及丙醛；

③ 苯乙基格氏试剂可由 2-溴乙苯转化而来，进一步官能团转换则得到苯乙醇，在苯环和侧链间切断可得到苯与环氧乙烷；

④ 也可在 C_3 和 C_4 之间切断，可自行尝试其它合成路线。

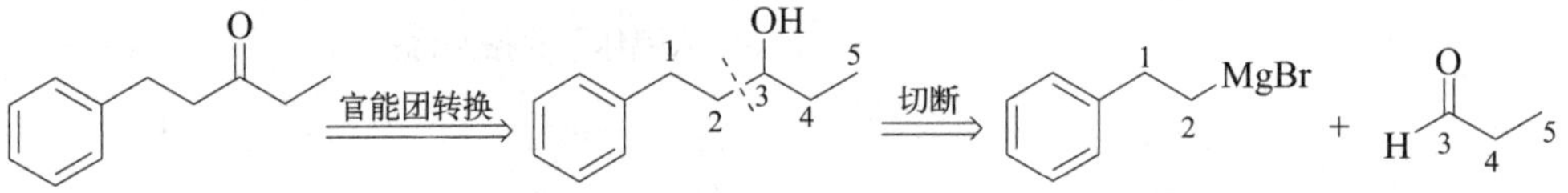

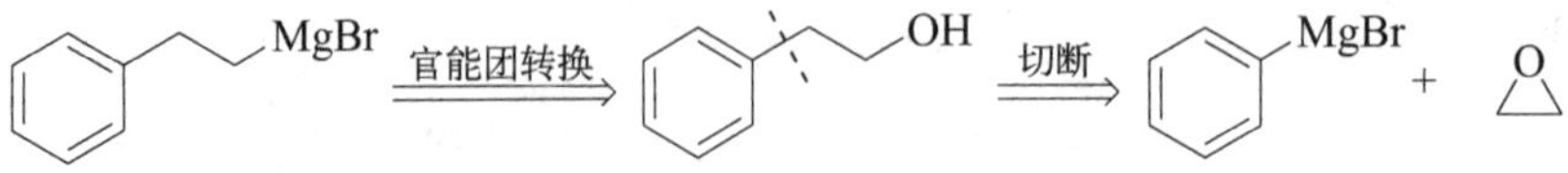

依据逆合成分析，1-苯基戊-3-酮的设计路线如下：

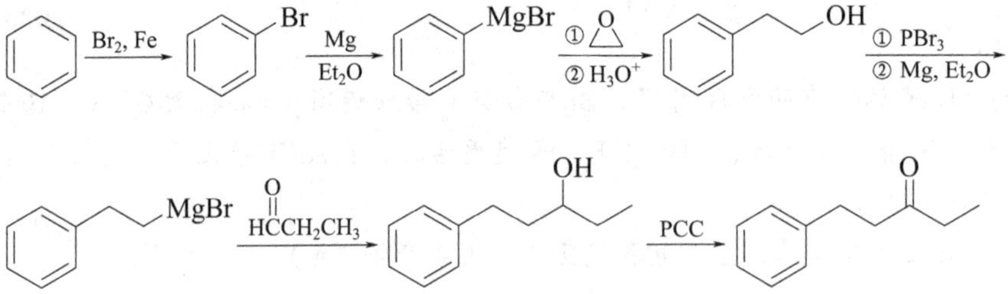

（3） 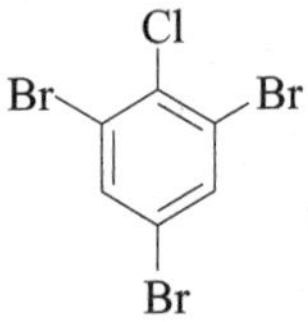 　　　　　　　　　　　　　　　　　（2023 年真题）

分析： ① 目标化合物中苯环上 3 个溴位于氯的邻、对位，尽管氯是邻、对位定位基，但氯是弱致钝基团，很难在邻、对位引入 3 个溴原子。可将氯转化为强致活基团——氨基或羟基，由于氨基可以通过重氮化、森德迈尔反应（CuCl）转变为 Cl，但酚羟基很难转变为Cl，因此苯胺是合适的前体。

② 该反应以苯为原料，首先进行硝化反应，然后将硝基还原，制得苯胺，利用氨基的强致活性，在氨基邻、对位引入3个溴，随后氨基重氮化，和CuCl反应得到目标化合物。

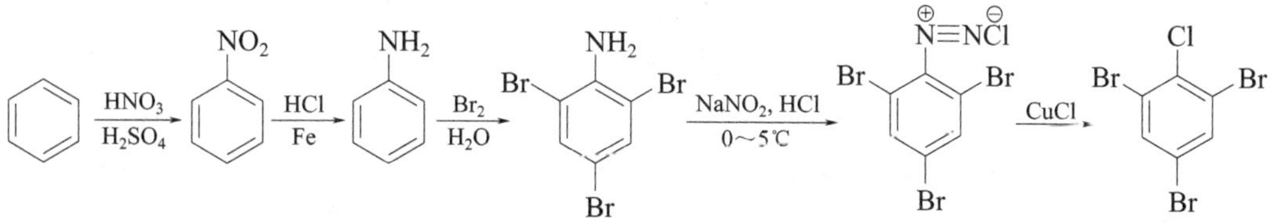

4. 以苯乙烯和不超过3个碳原子的原料合成下列有机物。 （2023年真题）

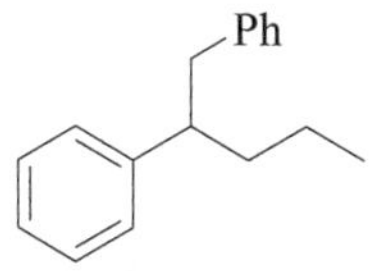

分析： ① 目标化合物为1,2-二苯基戊烷，通过逆合成分析首先在C_2（支点处）上添加—OH，然后切断C_1与C_2间的σ键，得到苄基格氏试剂和苯丁酮。

② 苯丁酮通过官能团转换为仲醇，依据题意原料不超过3个碳，因此切断C_1和C_2间的σ键，得到苯甲醛和丙基格氏试剂。丙基格氏试剂前体为1-溴丙烷。

③ 苯甲醛可通过原料苯乙烯的氧化断键制得。

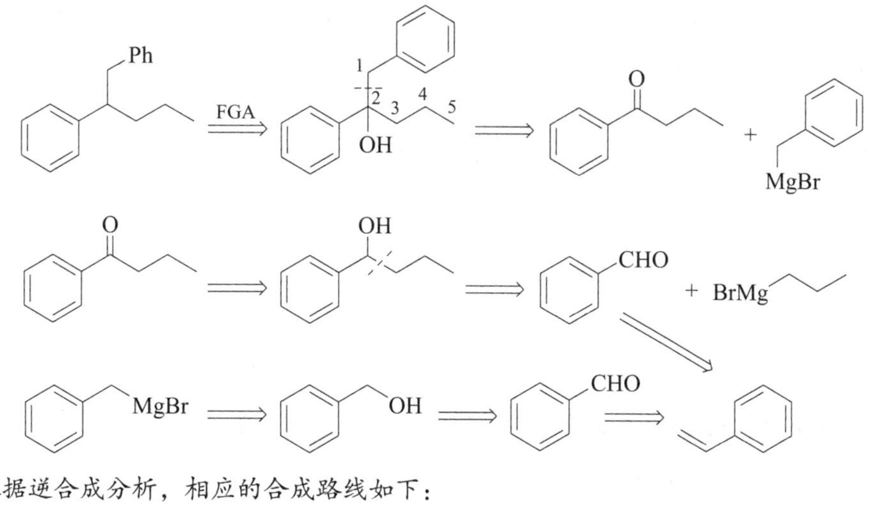

根据逆合成分析，相应的合成路线如下：

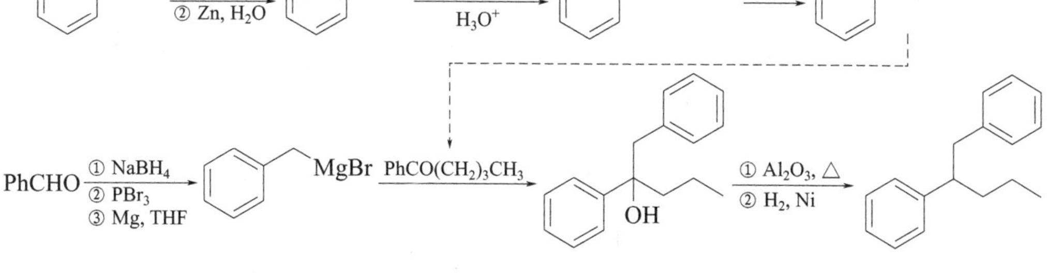

5. 推断题

某稳定的不饱和烃A的化学组成为C_9H_8，它与氯化亚铜的氨溶液反应生成红色沉淀。化合物A催化加氢得到B（C_9H_{12}）。将化合物B用酸性重铬酸钾氧化后得到酸性化合物C（$C_8H_6O_4$）。将化合物C加热得到化合物D（$C_8H_4O_3$）。若将化合物A和丁二烯作用则得到另一个不饱和化合物E。将化合物E催化脱氢得到2-甲基联苯。写出A、B、C、D和E的化学构造式和反应方程。

（2023年真题）

分析：① 依据不饱和烃A的化学组成为C_9H_8，可通过碳数和氢数计算化合物的不饱和度$\Omega=(9_C \times 2+2-8_H)/2 = 6$，再结合"稳定的不饱和烃"来分析，化合物结构中可能存在1个苯环和1个三键的组合，但不能确定处于侧链的3个碳原子的组合方式；

② A与氯化亚铜的氨溶液反应生成红色沉淀，说明三键在链端；

③ A催化加氢得到B（C_9H_{12}），不饱和度为4，进一步证明有苯环和三键的存在，苯环共轭结构稳定，不易加氢；

④ B（C_9H_{12}）用酸性重铬酸钾氧化后得到酸性化合物C（$C_8H_6O_4$），经氧化后，C较B少了1个碳（C≡CH断裂）；增加了4个氧（来自2个羧基），说明处于侧链上的3个碳原子的组合方式应当是1个甲基和1个乙炔基，但不能确定甲基与乙炔基的相对位置；

⑤ 将化合物C加热得到化合物D（$C_8H_4O_3$），脱掉了一分子水，这是羧酸脱水制备酸酐的特征反应，说明C中两个羧基处于邻位，即A中甲基与乙炔基也处于邻位；

⑥ 化合物A和丁二烯作用得到另一个不饱和化合物E，应该是乙炔基与丁二烯通过D-A反应形成了环己烯结构，E应该是1-邻甲基苯基环己-1,4-二烯；

⑦ 化合物E经催化脱氢得到2-甲基联苯，即环己二烯脱氢芳构化，进一步证明上述化合物的结构推测是合理的。

经过上述分析，A、B、C、D和E系列化合物的构造式分别为：

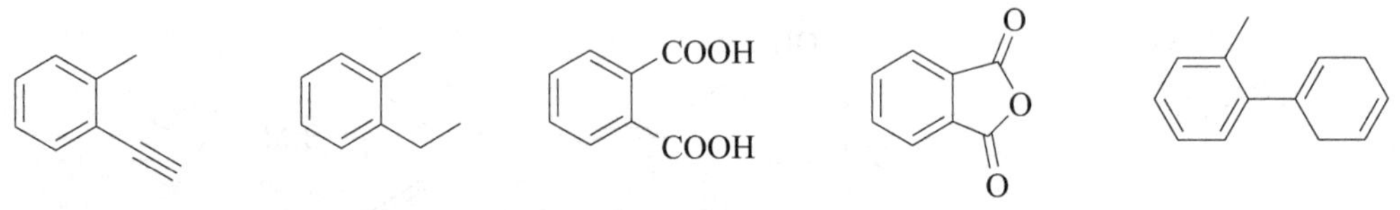

（A）　　　　（B）　　　　（C）　　　　（D）　　　　（E）

化合物A是具有稳定π-π共轭结构的邻乙炔基甲苯，经题意表述的化学反应方程式如下：

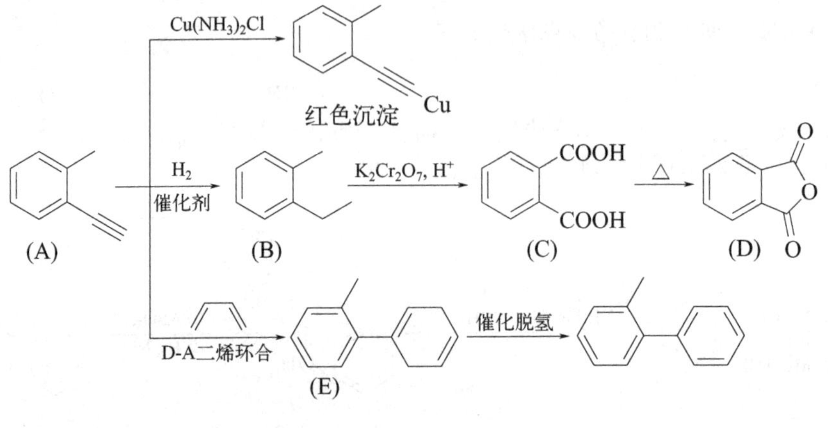

第七章 综合练习题（参考答案）

1. 命名或写出下列化合物的结构。

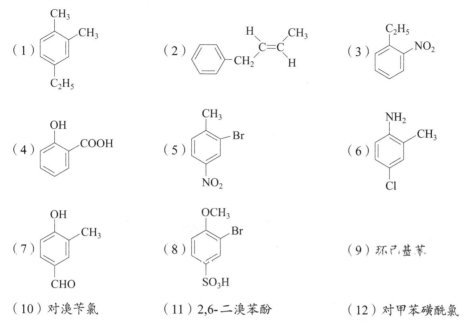

（10）对溴苄氯 （11）2,6-二溴苯酚 （12）对甲苯磺酰氯

参考答案：

（1）4-乙基-1,2-二甲基苯 （2）(E)-1-苯基丁-2-烯或反-1-苯基丁-2-烯

（3）1-乙基-2-硝基苯或2-硝基乙(基)苯 （4）2-羟基苯甲酸或邻羟基苯甲酸

（5）2-溴-1-甲基-4-硝基苯 （6）4-氯-2-甲基苯胺

（7）4-羟基-3-甲基苯甲醛 （8）3-溴-4-甲氧基苯磺酸

2. 写出下列化合物硝化反应的主要产物。

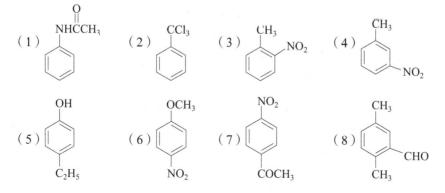

参考答案：

（1）对位 NHCOCH₃、对位 NO₂ 的苯环结构

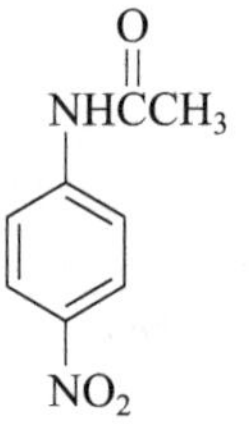

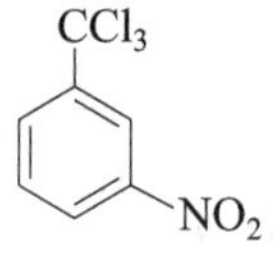

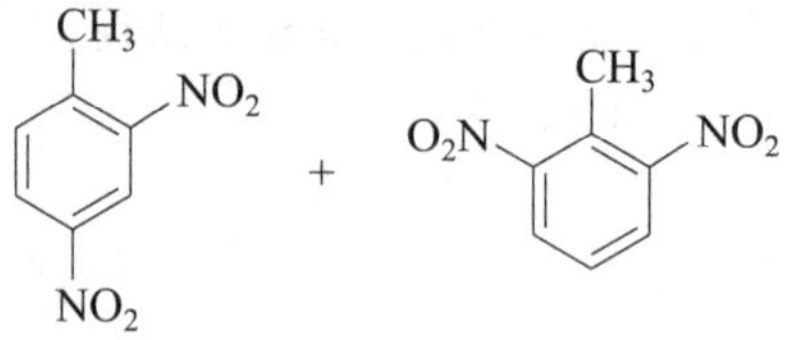

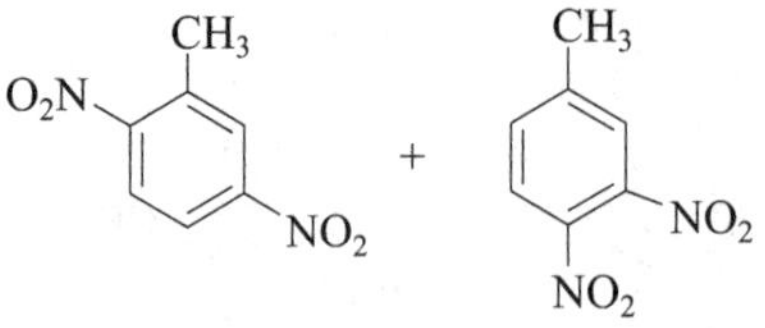

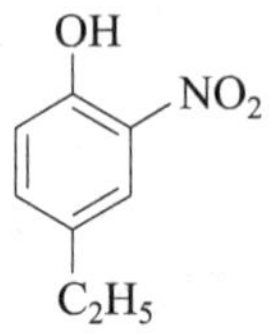

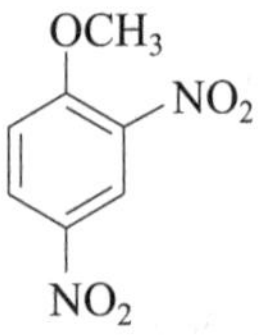

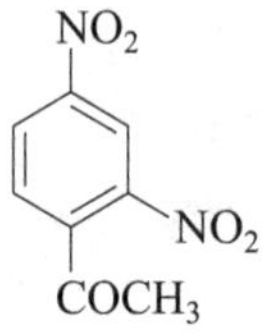

（2）间位 CCl₃、NO₂ 的苯环结构

（3）CH₃、2-NO₂、4-NO₂ 的苯环结构 ＋ CH₃、2,6-二 NO₂ 的苯环结构

（4）CH₃、2-NO₂、4-NO₂ 的苯环结构 ＋ CH₃、3-NO₂、4-NO₂ 的苯环结构

（5）OH、2-NO₂、4-C₂H₅ 的苯环结构

（6）OCH₃、2-NO₂、4-NO₂ 的苯环结构

（7）NO₂、COCH₃、NO₂ 的苯环结构

（8）CH₃、O₂N、CHO、CH₃ 的苯环结构

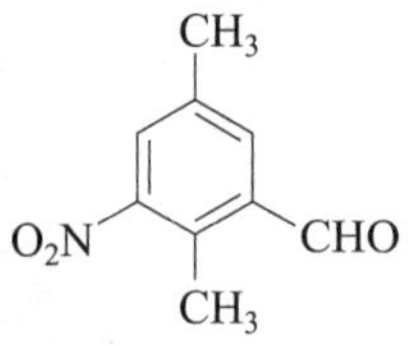

3. 将下列各组化合物按进行硝化反应由难到易排序。

（1）甲苯、对硝基甲苯、4-甲氧基苯酚；

（2）C_6H_5Br、C_6H_5CHO 和 $C_6H_5NHCOCH_3$。

参考答案：（1）硝化反应由难到易依次为：对硝基甲苯、甲苯、4-甲氧基苯酚；

（2）硝化反应由难到易依次为：C_6H_5CHO、C_6H_5Br、$C_6H_5NHCOCH_3$。

4. 将下列各组化合物按一元氯代反应的相对速率，由快到慢排序。

（1）苯、氯苯、甲苯、硝基苯、苯甲醛；

（2）苯甲酸、对二甲苯、对苯二甲酸、对甲氧基苯甲酸。

参考答案：（1）由快到慢依次为：甲苯、苯、氯苯、苯甲醛、硝基苯；

（2）由快到慢依次为：对二甲苯、对甲氧基苯甲酸、苯甲酸、对苯二甲酸。

5. 关于下列化合物的性质说法正确的是（ ）。

（1）环丙烯正离子的 π 电子数符合 $4n+2$ 规则，故其有芳香性；

（2）[10] 轮烯的 π 电子数符合 $4n+2$ 规则，故其有芳香性；

（3）环庚三烯的 π 电子数与苯相同，故其有芳香性；

（4）环戊二烯比环庚三烯的酸性强。

参考答案：（1）和（4）正确。因为环戊二烯失去质子（显酸性）后生成的环戊二烯负离子具有芳香性，稳定，所以环戊二烯具有较强的酸性。（2）和（3）错误。因为（2）是非平面分子，（3）不是闭合的共轭体系。

6. 用简单的化学方法区别下列各组化合物。

（1）苯、甲苯和环己-1,4-二烯；

（2）乙苯、苯乙烯和苯乙炔。

参考答案：（1）取三种化合物各少许，分别加入 Br_2/CCl_4 溶液，能使之褪色的是环己-1,4-二烯，其他两种化合物无此现象；再取剩下的两种化合物各少许，分别加入酸性高锰酸钾溶液，能使之褪色的是甲苯，不能使之褪色的是苯。

（2）取三种化合物各少许，分别加入硝酸银的氨溶液（或氯化亚铜的氨溶液），有白色（或红色）沉淀产生的是苯乙炔，其它两种化合物无此现象；再取剩下的两种化合物各少许，分别加入 Br_2/CCl_4 溶液，能使之褪色的是苯乙烯，不能使之褪色的是乙苯。

7. 完成下列反应，写出各步反应的主要反应条件或有机产物。

（1）

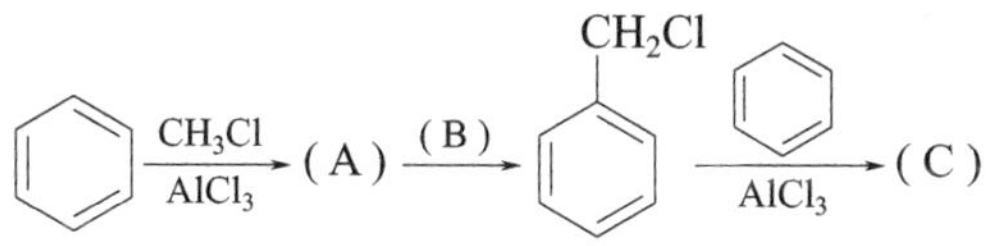

（2）

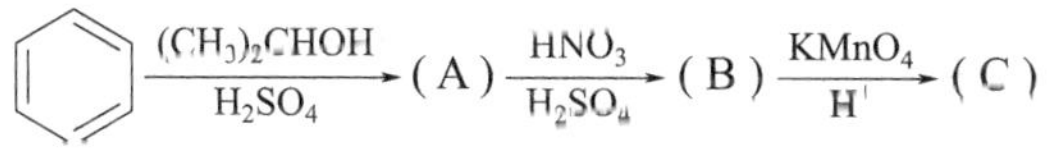

（3）

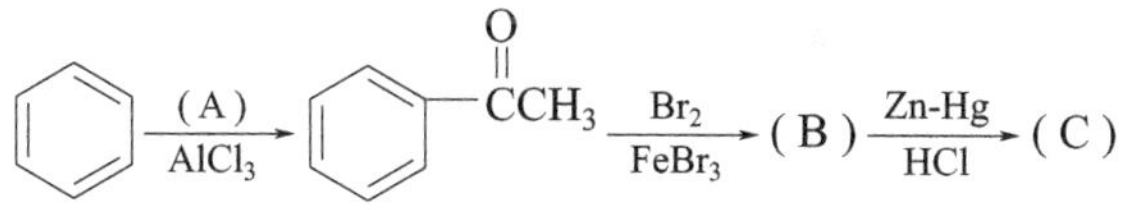

（4）

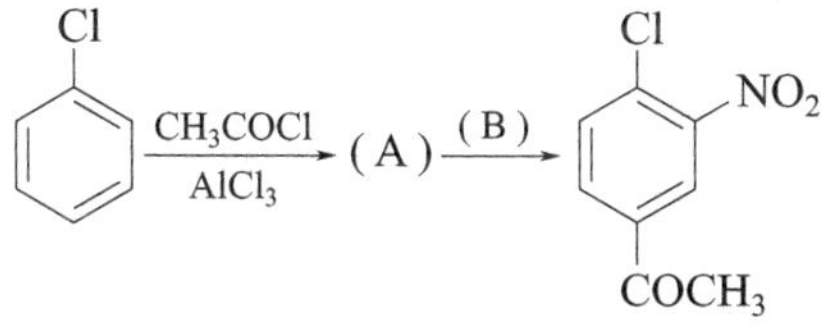

（5）

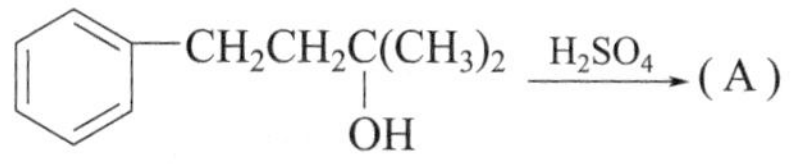

（6）

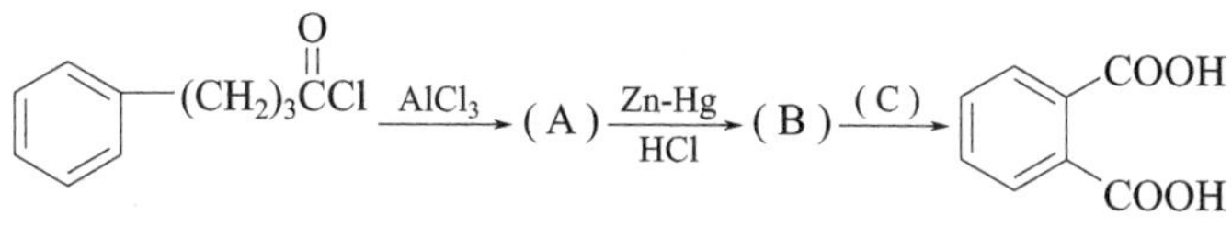

（7）

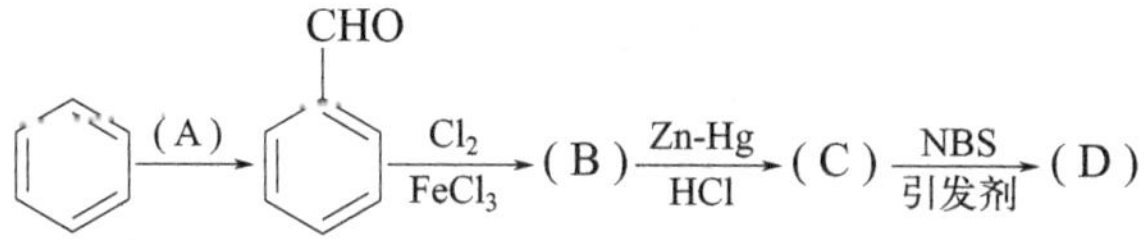

（8）

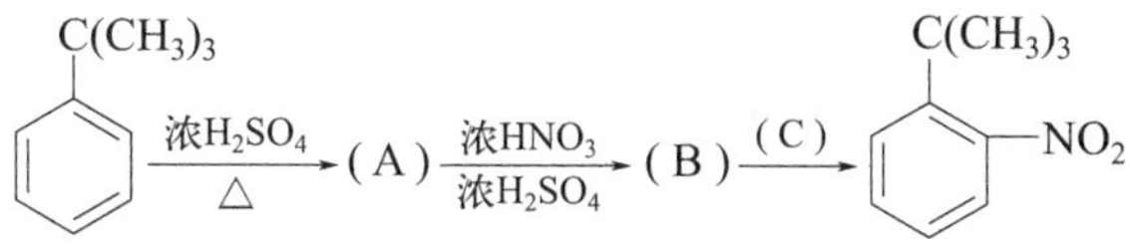

（9）

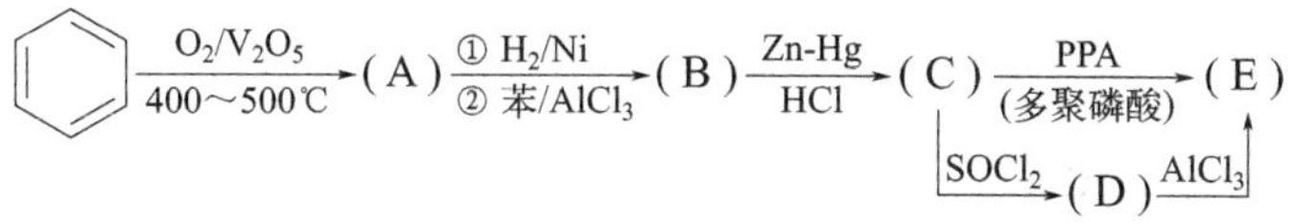

（10）

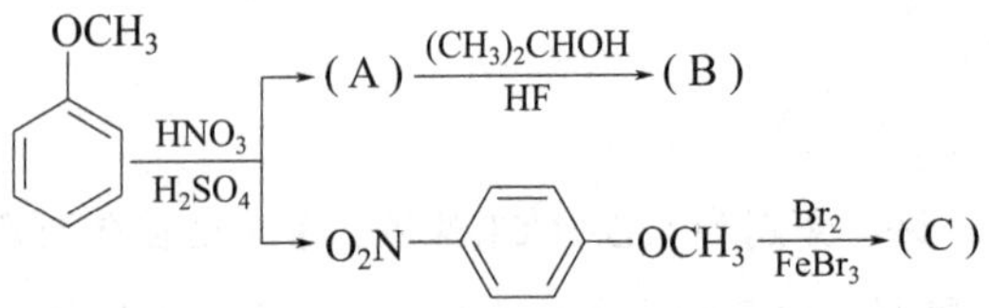

参考答案：

（1）A:

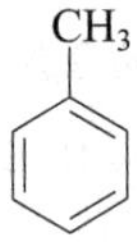

B: Cl$_2$/光照

C:

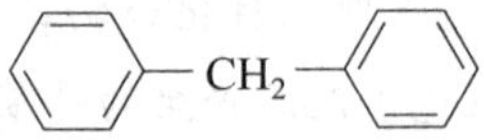

（2）A:

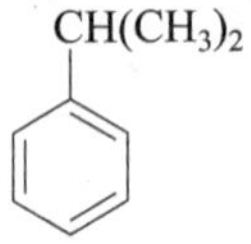

B:

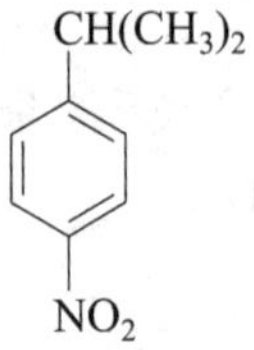

C:

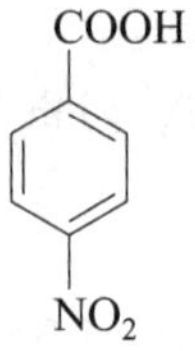

（3）A: CH$_3$COCl 或 (CH$_3$CO)$_2$O

B:

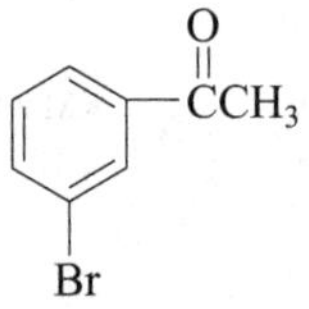

C:

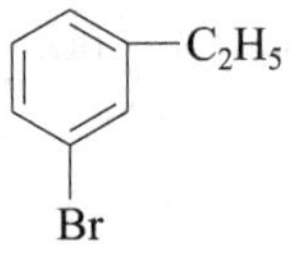

（4）A:

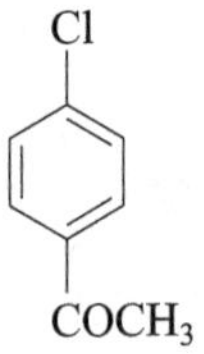

B: 浓 HNO$_3$/H$_2$SO$_4$

（5）A:

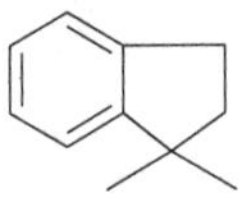

（6）A:

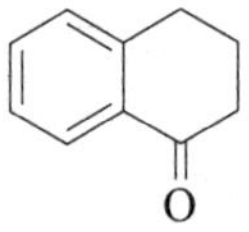

B:

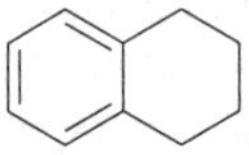

C: KMnO$_4$/H$^+$

（7）A: CO+HCl/AlCl$_3$，CuCl

B:

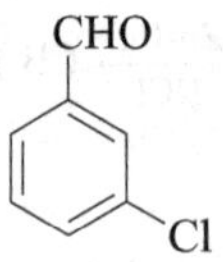

C:

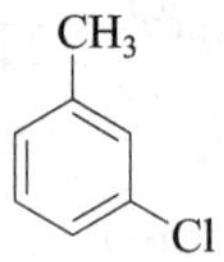

D:

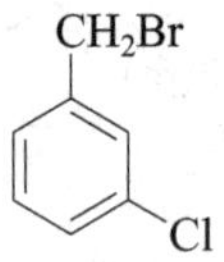

（8）A:

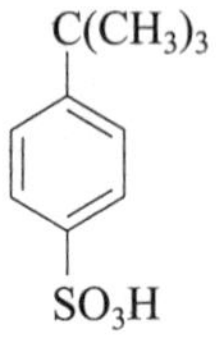

B:

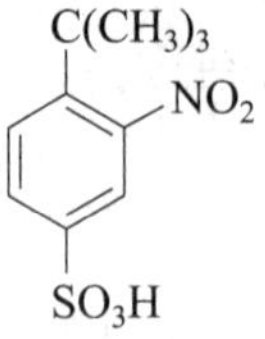

C: H$_3$O$^+$，加热

（9）A:

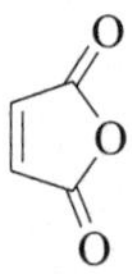

B:

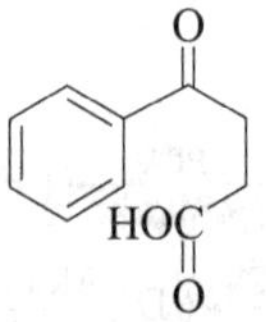

C:

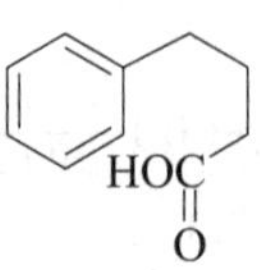

D:

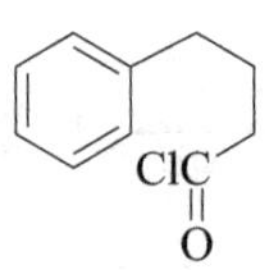

E:

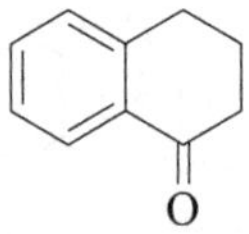

（10）A: 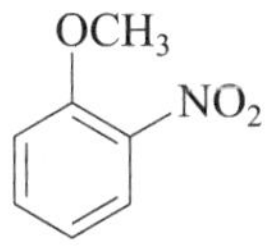 　　B: 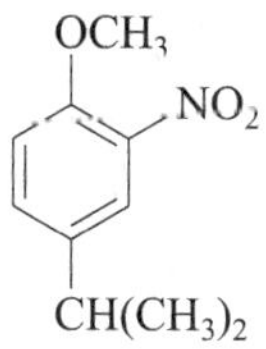 　　C:

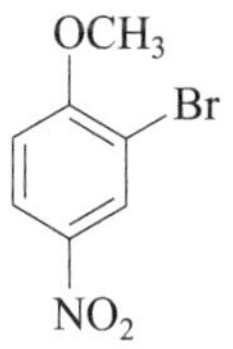

8. 写出下列各反应的机理。

（1）

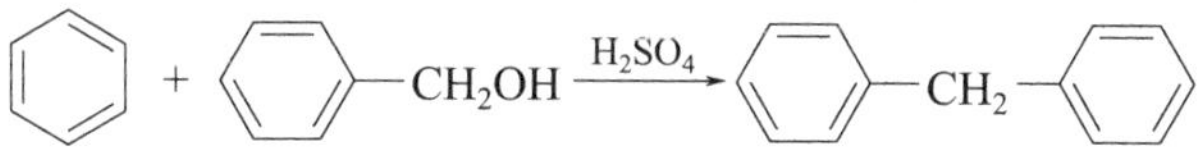

（2）

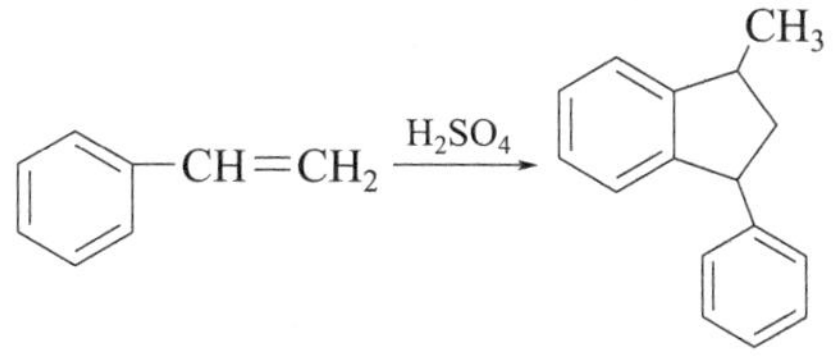

参考答案：

（1）

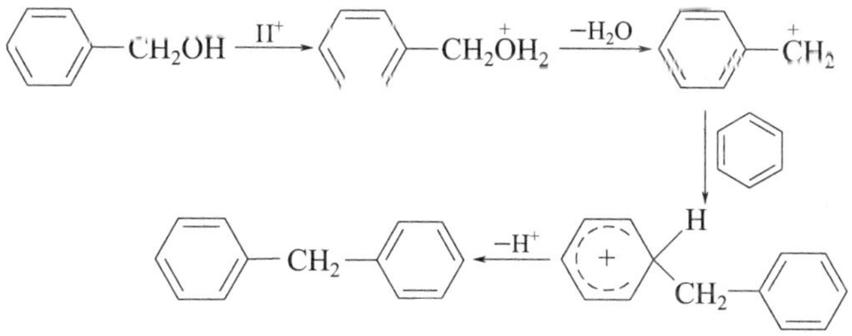

（2）

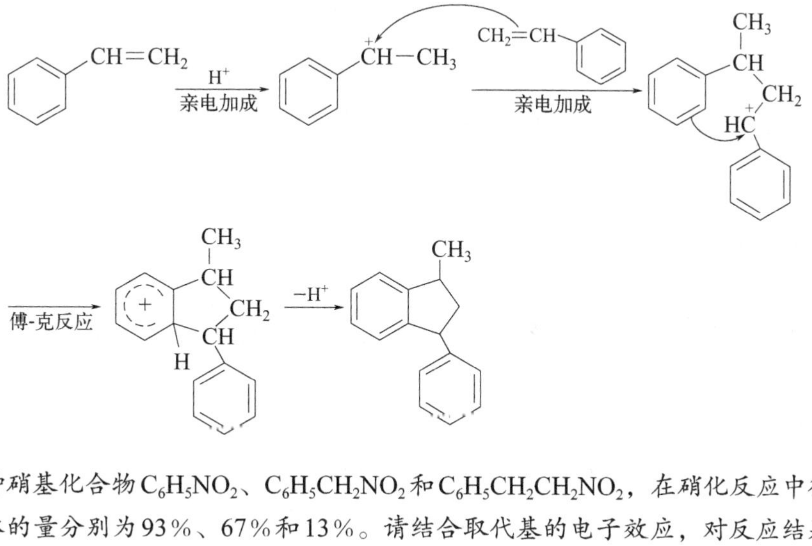

9. 三种硝基化合物 $C_6H_5NO_2$、$C_6H_5CH_2NO_2$ 和 $C_6H_5CH_2CH_2NO_2$，在硝化反应中得间位异构体的量分别为93％、67％和13％。请结合取代基的电子效应，对反应结果给出一个合理的解释。

参考答案：$C_6H_5NO_2$ 分子中，硝基表现出强烈的吸电子诱导和吸电子共轭效应，是最典型的强致钝基团，是间位定位基，所以间位产物占绝大多数。

$C_6H_5CH_2NO_2$ 和 $C_6H_5CH_2CH_2NO_2$ 分子中，硝基通过吸电子诱导效应使苯环电子密度降低，碳链越长，对苯环的影响越小，因此—CH_2NO_2 是致钝的间位定位基，产物以间位为主；而

—CH₂CH₂NO₂是致活的邻、对位定位基，间位取代产物很少。

10. 某芳香化合物的实验式为CH，分子量为208，其在酸性高锰酸钾下的氧化产物只有对苯二甲酸一种，试推测该烃的可能结构。

参考答案： 由实验式及分子量可知，208/13=16，该烃的分子式为 $C_{16}H_{16}$，从已知的结果高锰酸钾氧化产物只有对苯二甲酸一种，可见该芳香烃应具有碳碳双键的对称结构，故该芳香化合物的结构为：

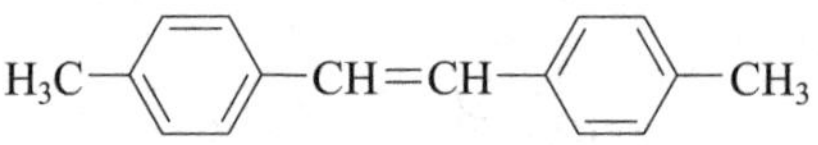

$$H_3C—\text{〇}—CH=CH—\text{〇}—CH_3$$

11. 用指定原料合成下列各化合物，催化剂、溶剂及无机试剂任选。

（1）以甲苯为原料同时合成 $O_2N—\text{〇}—COOH$ 和 （邻硝基苯甲酸）

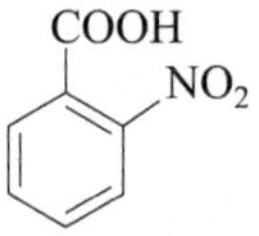

（2）以甲苯为原料同时合成 （2-溴-4-硝基苯甲酸） 和 （4-溴-3-硝基苯甲酸）

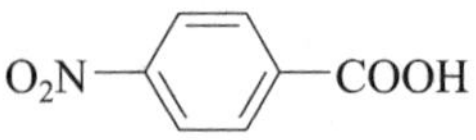

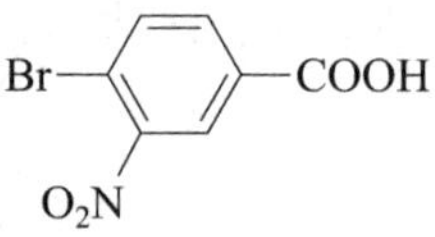

（3）以苯甲醚为原料合成 （2,6-二溴-4-硝基苯甲醚）

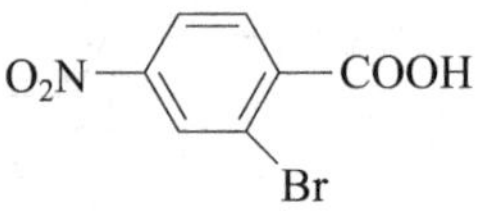

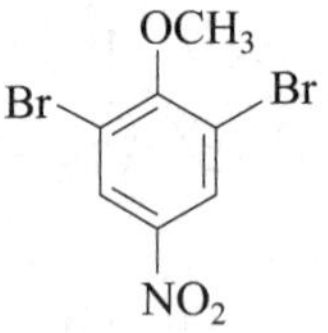

（4）以苯及一个碳原子的有机物为原料合成 （2-溴-6-硝基苯甲酸）

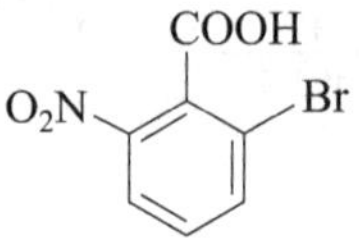

（5）以苯及三个碳原子的有机物为原料合成 $\text{〇}—CH=CHCH_3$

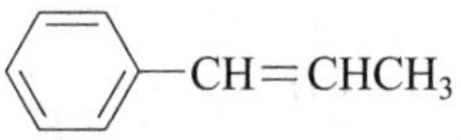

（6）以苯及两个碳原子的有机物为原料合成 （4-溴-3-硝基苯乙酮）

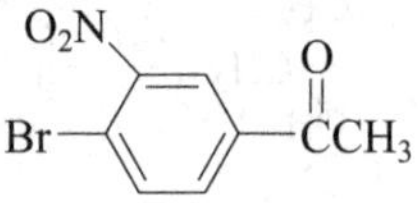

参考答案：

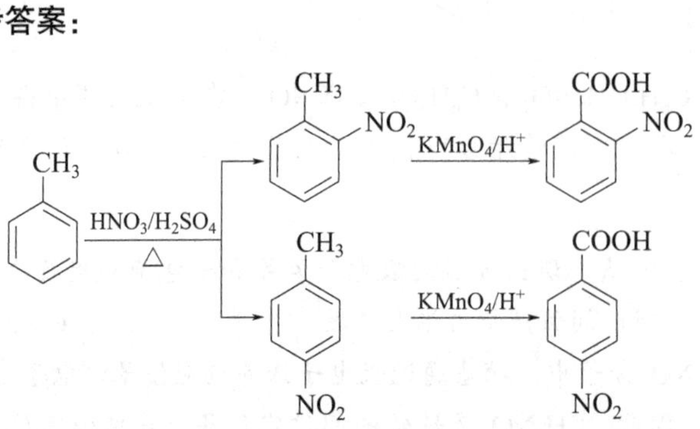

（2）

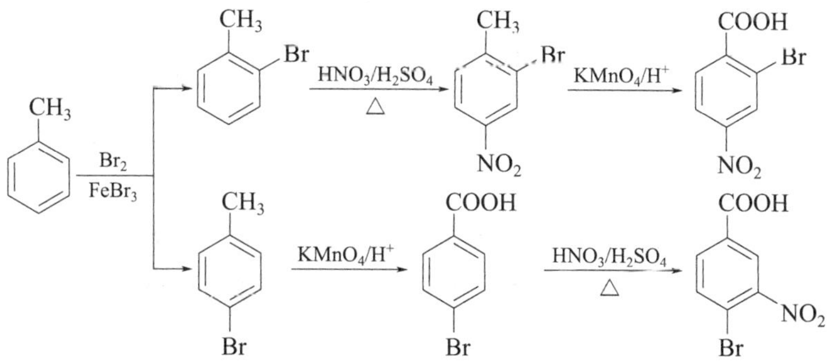

（3）

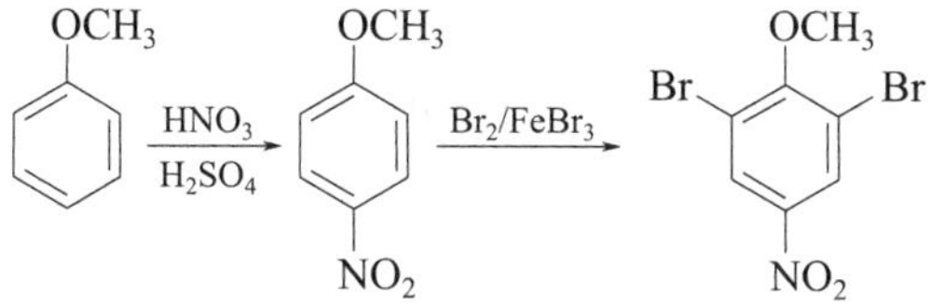

（4）

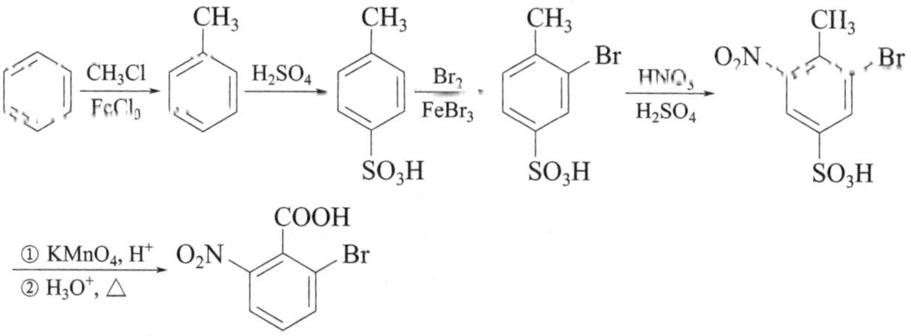

（5）方法1：

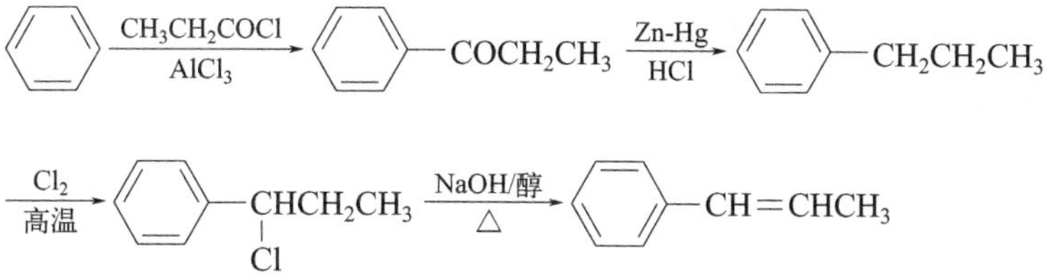

方法2：

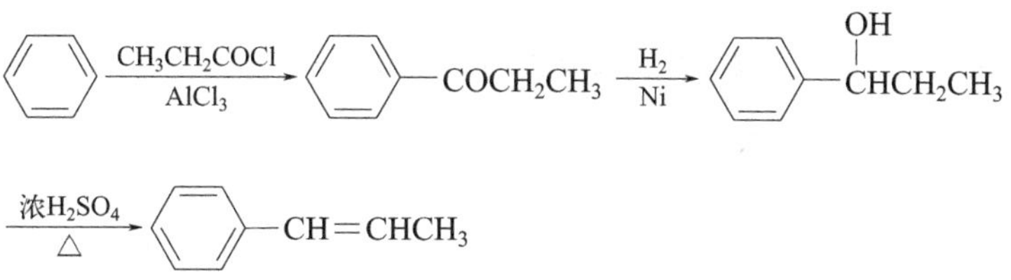

（6）

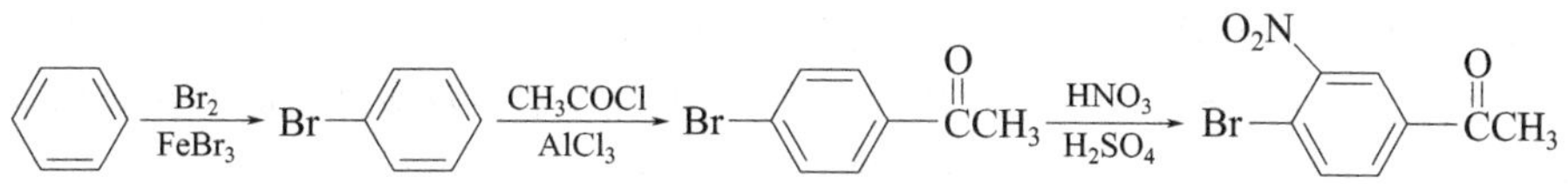

12. 马拉沙嗪是溃疡性结肠炎的治疗药，而2-氯-5-硝基苯甲酸是制备马拉沙嗪的重要中间体化合物。请以甲苯为原料，设计一个合理的路线合成该中间体。写出有关反应式。

参考答案：

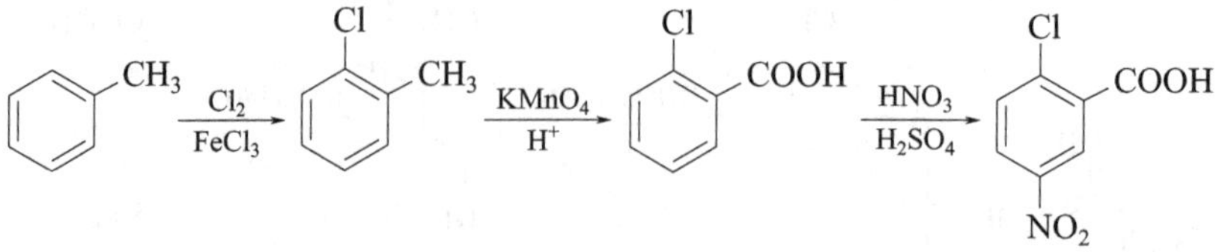

13. 煤焦油经分离提纯可得苯、甲苯和二甲苯等基本有机化工原料。苯和甲苯可制备紫外线吸收剂，以间二甲苯为主要原料可制备酮麝香。两种化合物合成路线如下：

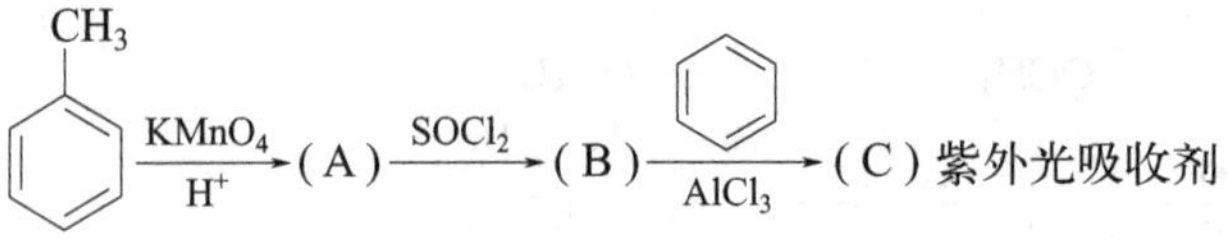

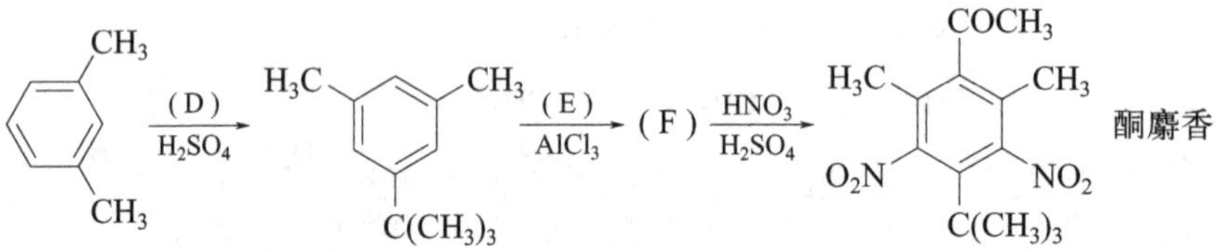

（1）写出化合物 A 的结构式；

（2）写出由化合物 B 与苯制备该紫外线吸收剂的反应式；

（3）能实现该转化的化合物 D 有哪些？请查阅资料，哪种原料成本上有优势？

（4）1-叔丁基-3,5-二甲基苯是热力学控制的产物还是动力学控制的产物？为什么？

（5）写出化合物 E、F 的结构式。

参考答案：

（1）化合物 A 的结构式：

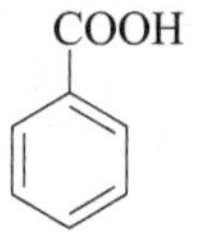

（2）化合物 B 与苯制备该紫外光吸收剂的反应式：

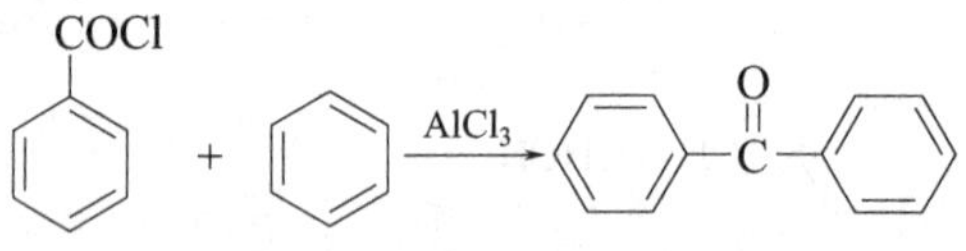

（3）能实现该转化的化合物 D 主要有异丁烯和叔丁醇：$CH_2=C(CH_3)_2$ 或 $(CH_3)_3COH$

其它符合条件的还有叔丁基卤以及异丁基卤和异丁醇（后两者在反应中需重排到叔丁基正离子中间体），从原料来源看，异丁烯和叔丁醇相对易得，而异丁烯与硫酸反应后水解也是工业上制备叔丁醇的一种方法，故在成本上，采用异丁烯更有优势。

（4）1-叔丁基-3,5-二甲基苯是热力学控制的产物。因为该化合物的 3 个烷基取代基处于间位，位阻小，相对比较稳定。

（5）化合物 E 可以是 CH₃COCl 或者 (CH₃CO)₂O；F 的结构式为

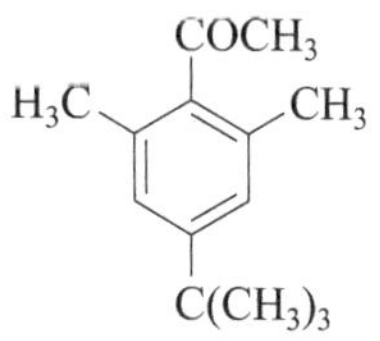

14. 万山麝香为人工合成香料，有强烈而细腻的龙涎香和麝香的香气。以乙苯、丙酮和乙炔为主要原料合成万山麝香的路线如下：

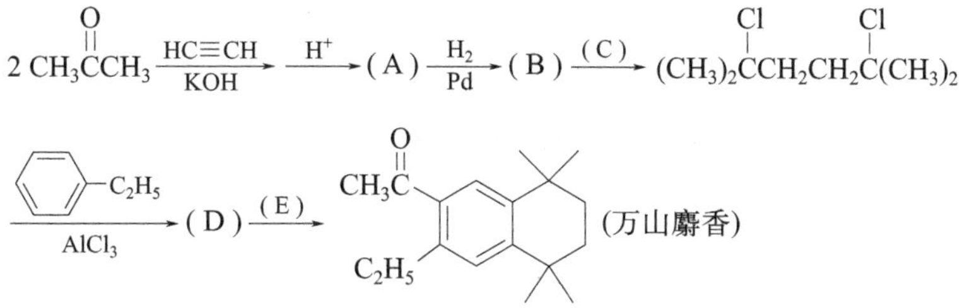

（1）请推断化合物 A、B 的结构式；

（2）写出满足上述转化的反应条件 C；

（3）写出 2,5-二氯-2,5-二甲基己烷与乙苯合成化合物 D 的反应式；

（4）写出由化合物 D 合成万山麝香的反应方程式。

参考答案：

（1）化合物 A 的结构式为：

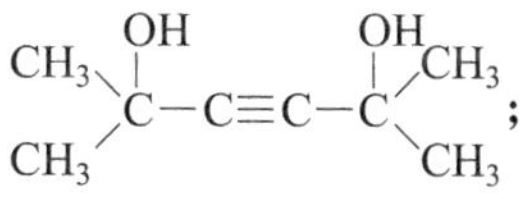

；B 为：

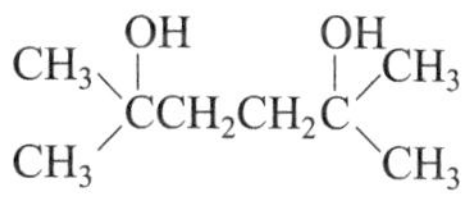

（2）反应条件 C 可以是 SOCl₂ 或 HCl

（3）反应式：

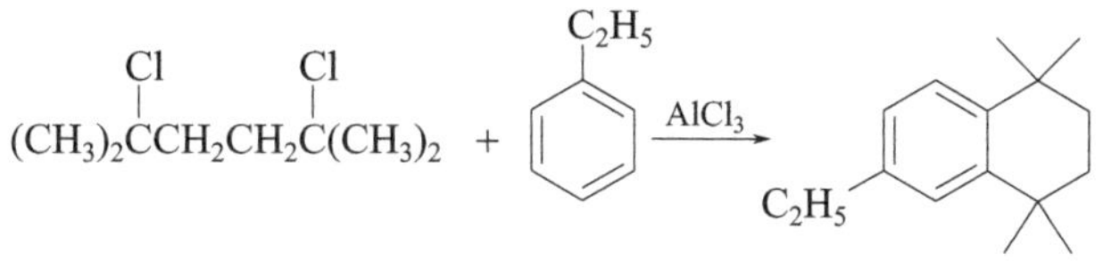

（4）合成万山麝香的反应式（也可用乙酸酐作酰化剂）：

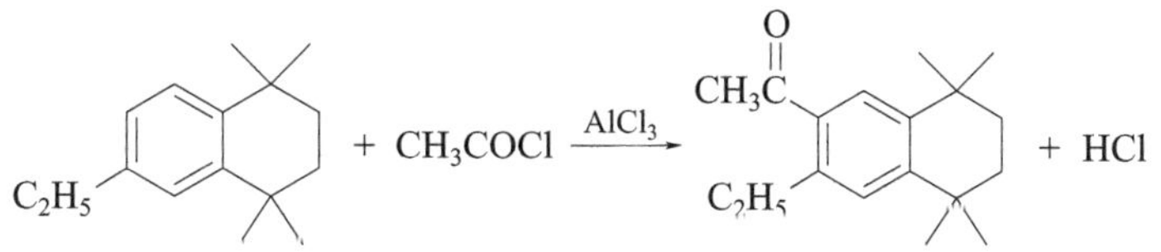

15. 聚乙烯基二茂铁可作高分子氧化还原试剂，同时其氧化态和还原态颜色不同，因此可以作为氧化还原指示剂。其以环戊二烯为主要原料的合成路线如下：

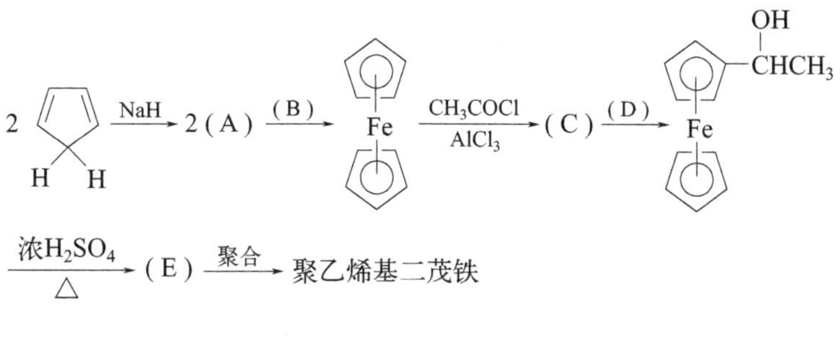

（1）写出化合物A的结构式和反应试剂B和D；

（2）写出二茂铁与乙酰氯合成化合物C的反应式；

（3）写出化合物E聚合生成聚乙烯基二茂铁的反应式。

参考答案：

（1）化合物A的结构式： 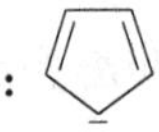 或 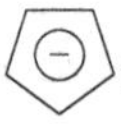 ；反应试剂B为：$FeCl_2$；反应试剂D为：H_2/Ni。

（2）二茂铁与乙酰氯合成化合物C的反应式：

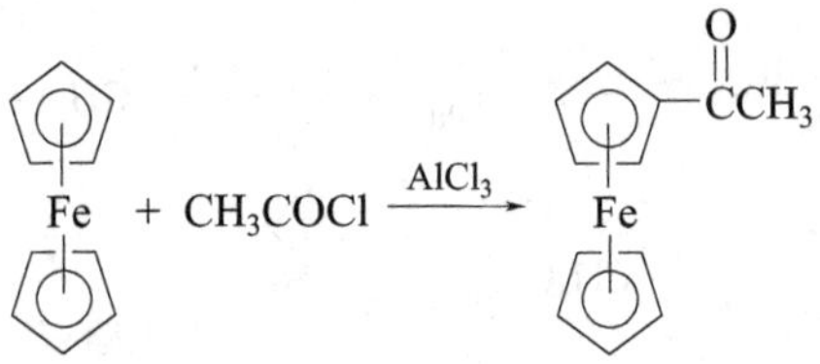

（3）化合物E聚合生成聚乙烯基二茂铁的反应式：

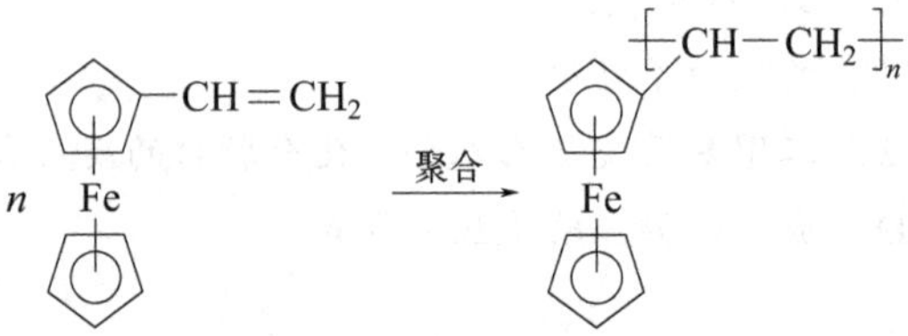

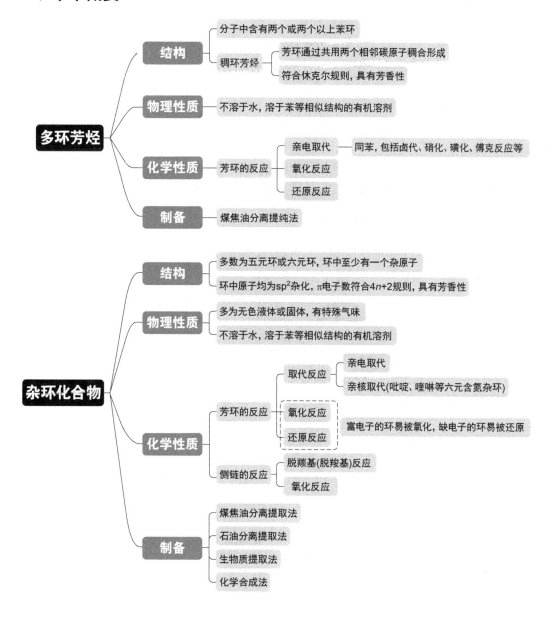

▶ 第八章

多环芳烃、杂环化合物

一、本章概要

二、结构与化学性质

多环芳烃分子结构中含有两个或者两个以上苯环，按照苯环连接方式的不同，又分为多核芳烃和稠环芳烃。这类化合物都含有苯环，因此主要发生亲电取代反应。若苯环侧链有 α 氢，可以发生侧链氧化，但需注意稠环往往比侧链更易氧化，例如不能用侧链氧化法制萘甲酸。

多核芳烃：

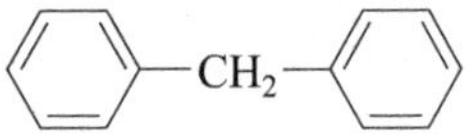

二苯甲烷 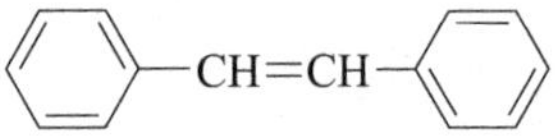　　　　1,2-二苯乙烯 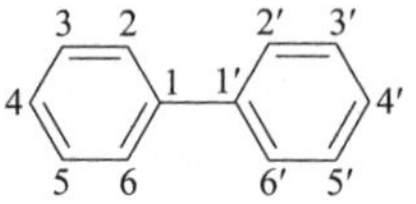　　　　联苯 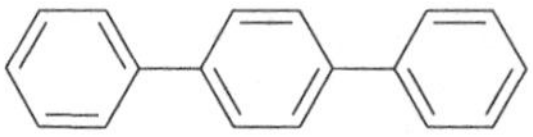　　　　对联三苯

稠环芳烃：

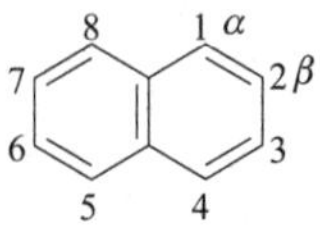

萘 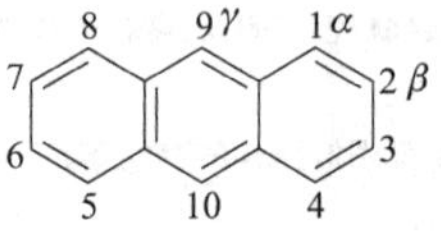　　　　蒽 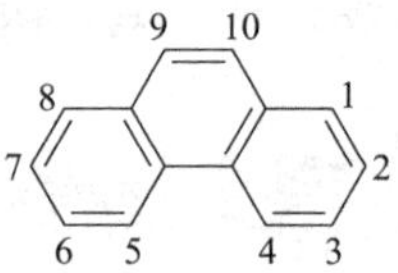　　　　菲 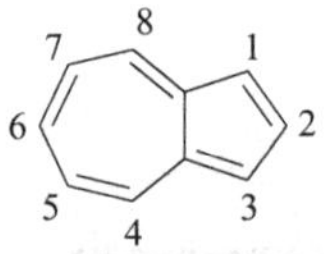　　　　薁

由至少一个杂原子（氧、硫、氮等）构成的环称为杂环化合物，可分为单杂环和稠杂环。有芳香性的杂环化合物表现出与苯类似的化学性质，亲电取代反应发生在电子云密度较大的环以及电子云密度较大的碳上。

五元单杂环：

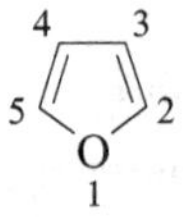

呋喃　　　　噻吩　　　　吡咯　　　　噻唑　　　　咪唑
(furan)　　(thiophene)　(pyrrole)　(thiazole)　(imidazole)

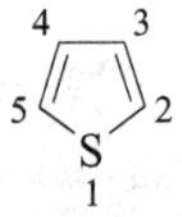

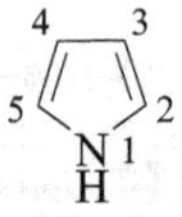

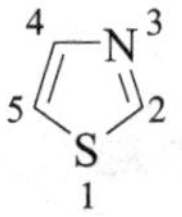

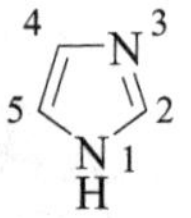

六元单杂环：

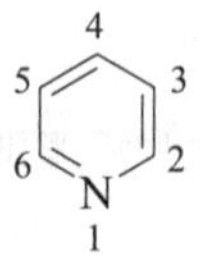

吡啶　　　　哒嗪　　　　嘧啶　　　　吡嗪
(pyridine)　(pyridazine)　(pyrimidine)　(pyrazine)

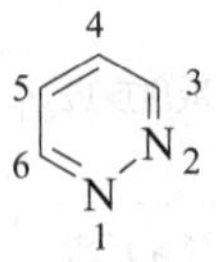

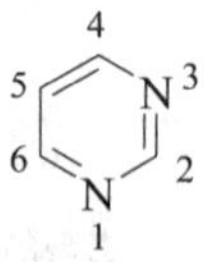

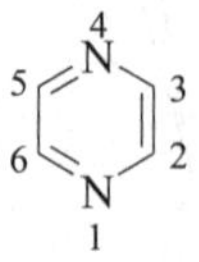

稠杂环：

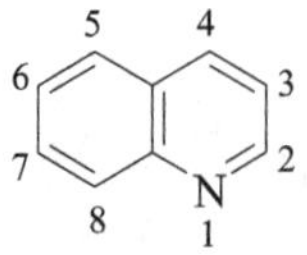

喹啉　　　　异喹啉　　　苯并呋喃(古马隆)　　吲哚　　　　嘌呤
(quinoline)　(isoquinoline)　(benzofuran)　(indole)　(purine)

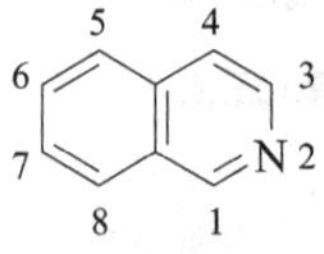

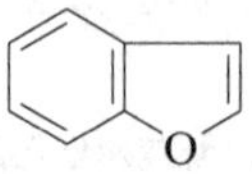

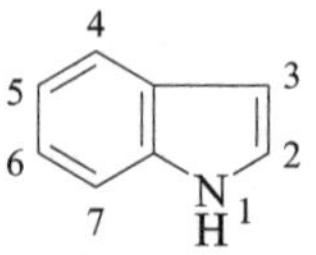

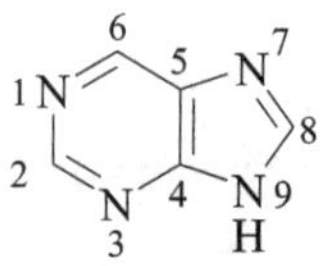

三、重要反应一览

反应		反应要点
联苯	硝化： 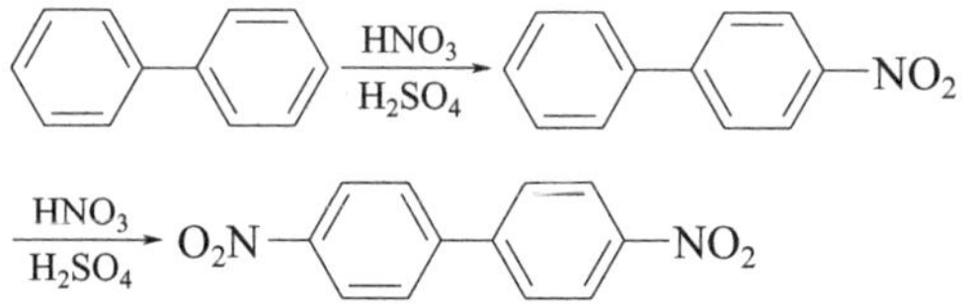 4,4′-二硝基联苯(主要产物)	✓ 苯基是弱致活基团，邻、对位定位基； ✓ 由于位阻效应，亲电取代主要发生在联苯的C_4位； ✓ 如果联苯上有其它先存基团，活化基发生同环取代，钝化基则发生异环取代。
亲电取代 萘	卤代： 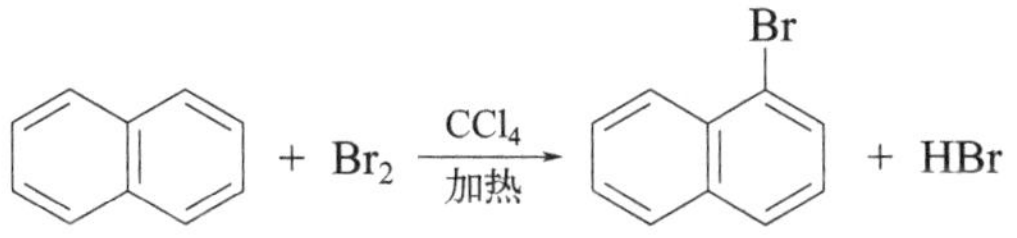 α-溴萘	✓ 萘环电子云密度比苯高，亲电取代比苯容易； ✓ 萘的α-位电子云密度比β-位高，萘的亲电取代主要发生在α-位； ✓ 萘的卤代无需催化剂。
	硝化： α-硝基萘(79%)	✓ 萘的硝化比苯快，混酸条件室温或者稍加热即可进行硝化； ✓ 主要得到α-硝化产物。
	磺化： (96%)　(85%)	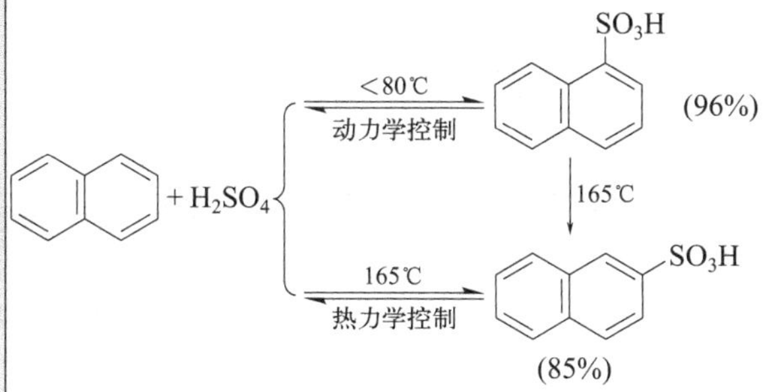 ✓ 萘的磺化是可逆反应； ✓ 反应温度低于80 ℃时，主要得到α-萘磺酸，属于动力学控制； ✓ α-SO_3H与异环的α-H之间位阻较大，不稳定； ✓ 反应温度较高时（165 ℃），主要得到结构稳定的β-萘磺酸，属于热力学控制； ✓ β-萘磺酸是制备β-萘酚和β-萘胺的重要中间体。
	酰基化： 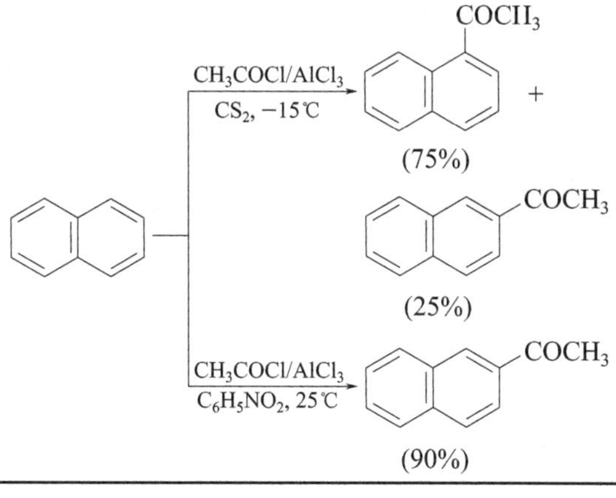 (75%)　(25%)　(90%)	✓ 在低温和非极性溶剂（CS_2、CCl_4等）中主要生成α-酰基化产物； ✓ 在较高温度和极性溶剂（如硝基苯）中主要生成β-酰基化产物。

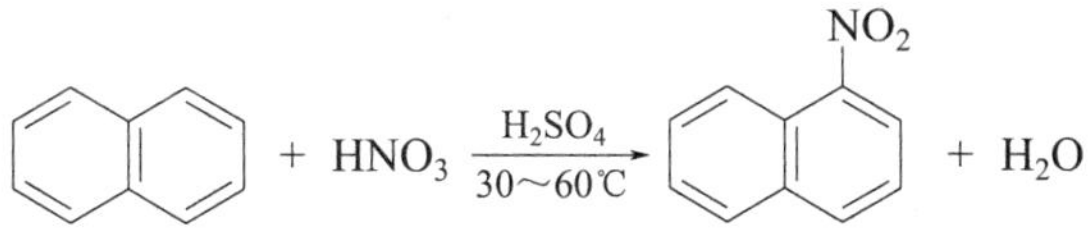

续表

		反应	反应要点
亲电取代	蒽	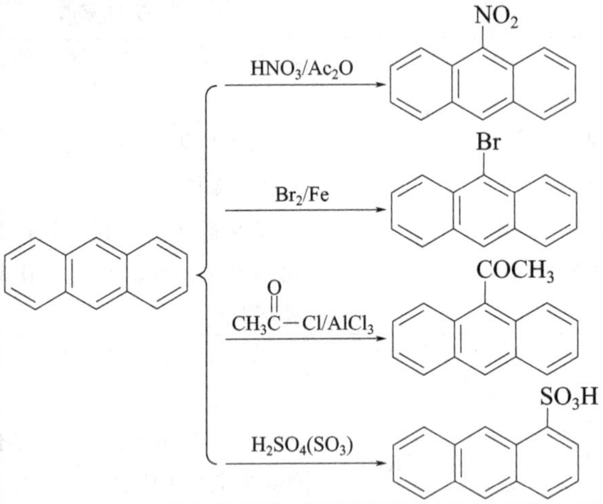	✓ 蒽主要发生γ-位亲电取代，因为形成的σ络合物可保留两个完整苯环； ✓ 蒽可以进行硝化、卤代、酰基化、磺化等亲电取代； ✓ 受位阻效应的影响，磺化主要发生在α-位； ✓ 蒽易发生亲电取代，但常常得到混合物。
	菲	卤代： 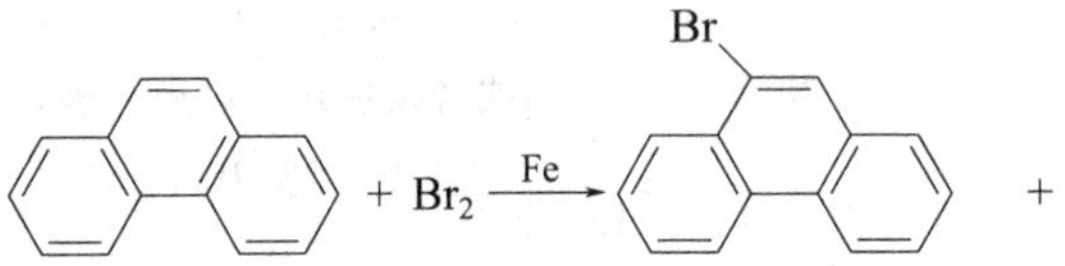 9-溴菲(取代产物) 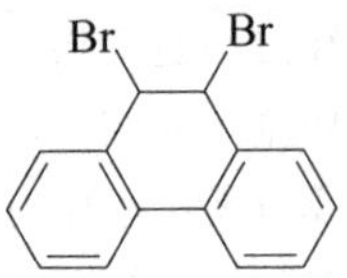 9,10-二溴菲(加成产物)	✓ 菲的亲电取代通常发生在C_9和C_{10}位； ✓ 菲在催化剂作用下，才能发生溴代； ✓ 菲的取代常常得到混合物，合成意义不大。
	薁	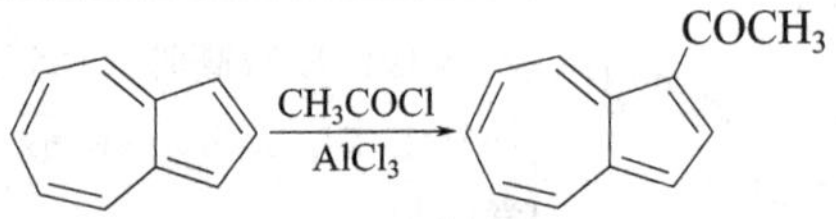	✓ 薁可视为环庚三烯正离子和环戊二烯负离子骈合的稠环； ✓ 薁的小环电子云密度更大，易发生亲电取代； ✓ 薁可以发生溴代、硝化、酰基化等亲电取代。
	五元杂环	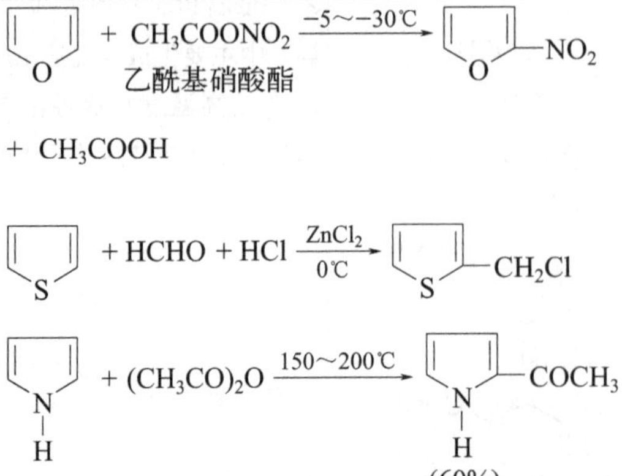	✓ 呋喃、吡咯、噻吩亲电取代反应比苯容易，主要发生在α-位； ✓ 亲电取代反应活性：吡咯＞呋喃＞噻吩； ✓ 可以发生卤代、硝化、磺化、氯甲基化、傅-克反应等。

续表

		反应	反应要点
亲电取代	六元杂环	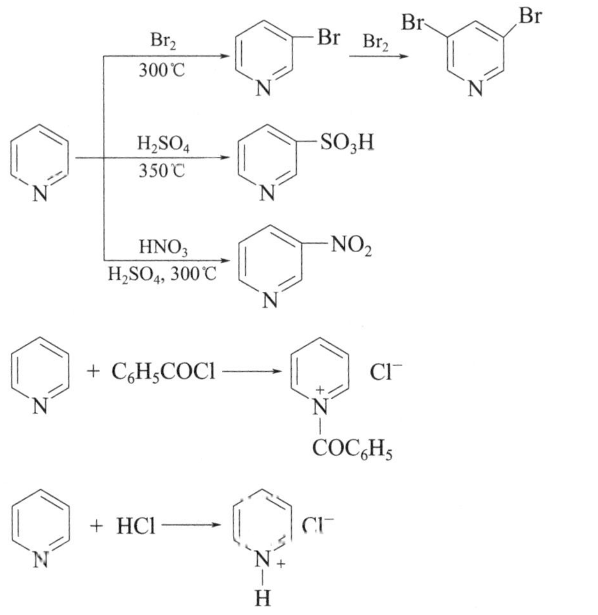	✓ 吡啶类似硝基苯，亲电取代反应活性比苯低； ✓ 亲电取代主要发生在β-位； ✓ 可以发生卤代、硝化、磺化反应，不能进行傅-克反应； ✓ 与酰氯的反应发生在吡啶氮原子上（氮的sp²杂化轨道上有一对孤对电子，具有弱碱性与亲核性）； ✓ 吡啶的氮原子还能与布朗斯特酸反应生成盐，与路易斯酸生成酸碱加合物。
	稠杂环	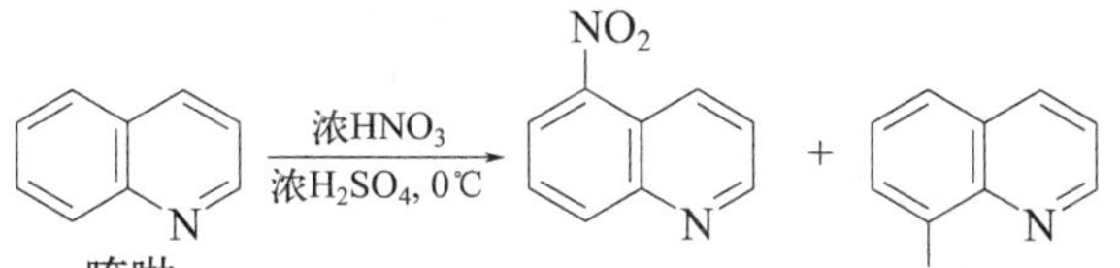	✓ 喹啉可视为苯环（富电子）和吡啶（缺电子）骈合的稠环，亲电取代主要发生在苯环的α-位； ✓ 异喹啉的亲电取代主要发生在C_5位。
亲核取代	吡啶	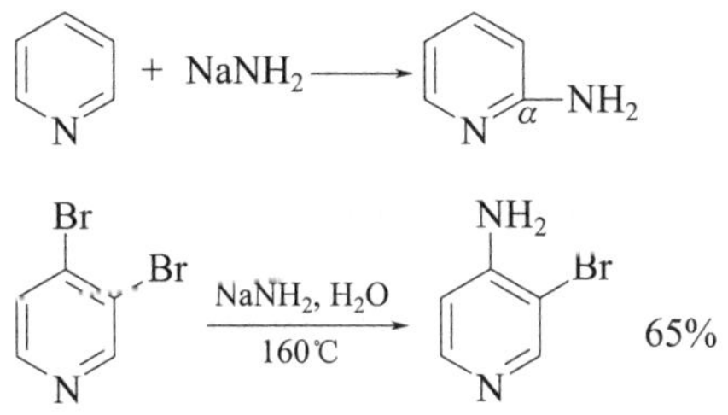	✓ 吡啶环的α-碳和γ-碳的电子云密度较低，可被强亲核试剂进攻； ✓ 若α-碳或γ-碳连接了易离去的基团，可与氨（胺）、RO^-、OH^-等发生亲核取代反应。
	喹啉	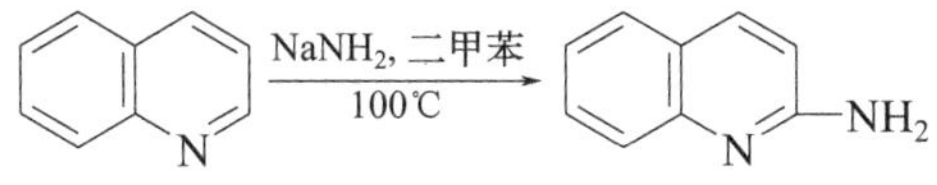	✓ 与吡啶类似，α-位和γ-位电子密度较低； ✓ 易发生吡啶环α-位亲核取代。

		反应	反应要点
加成反应	蒽	**1,4-加成：** 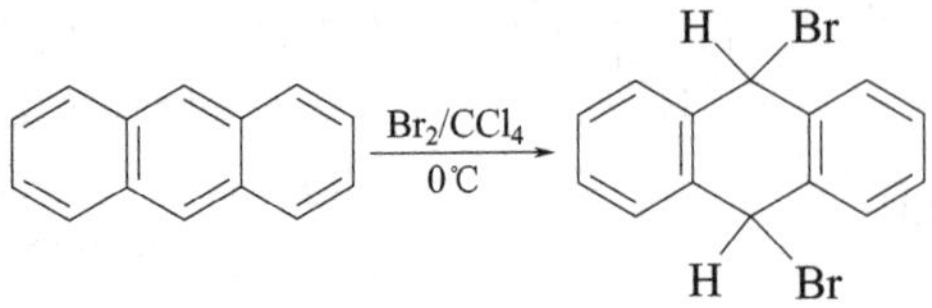 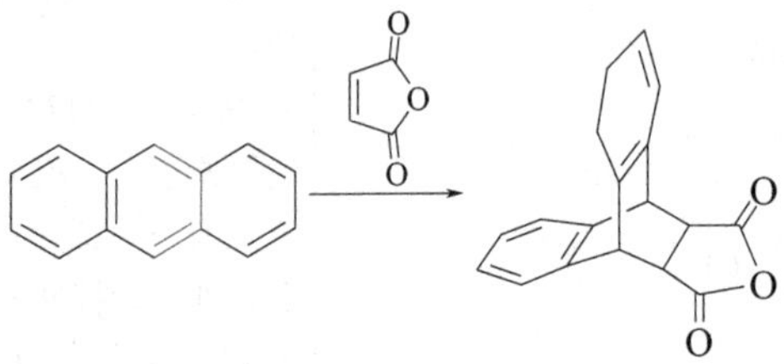 	✓ 蒽的芳香性减弱，表现出共轭多烯的特性，中间环可视为丁二烯结构单元； ✓ 蒽的中间环可发生1,4-加成，也可与亲双烯体进行D-A反应。
	菲	**1,2-加成：** 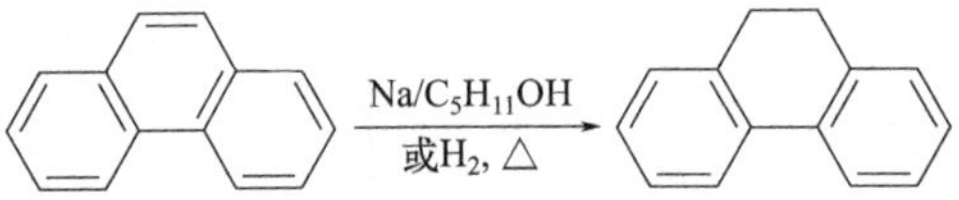 	✓ 菲的芳香性弱，也表现出共轭多烯的特性，C_9、C_{10}可进行1,2-加成。
氧化还原	萘的氧化	**CrO_3-CH_3COOH的氧化：** 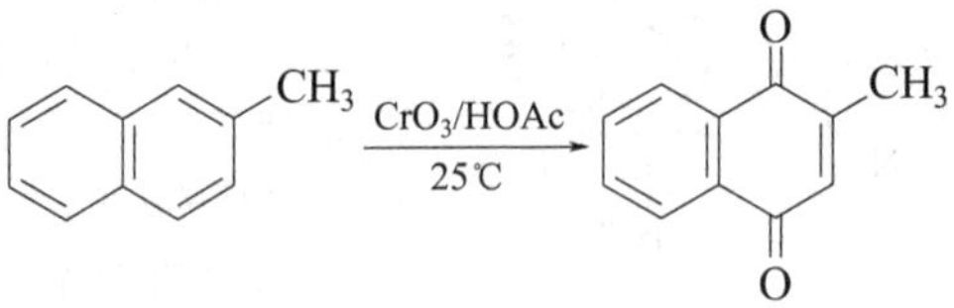 	✓ 萘环比苯容易氧化，室温下即可被弱氧化剂CrO_3-乙酸氧化为萘醌； ✓ 萘环的氧化比侧链的氧化更易进行，因此不能用侧链氧化法制备萘甲酸。
		O_2-V_2O_5催化氧化： 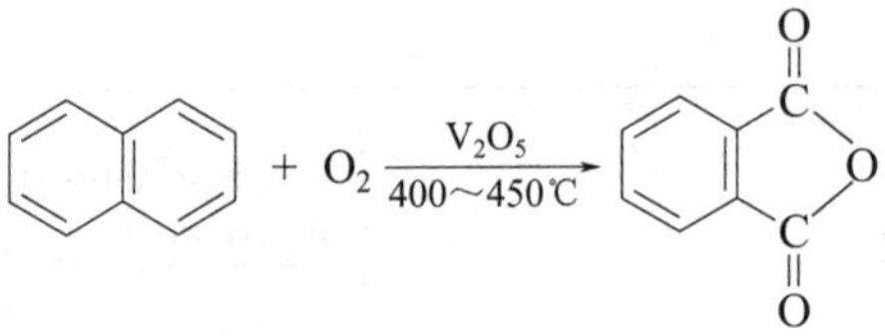 	✓ V_2O_5作为催化剂，空气为氧化剂，高温下可将萘氧化为邻苯二甲酸酐； ✓ 邻苯二甲酸酐是一种重要的有机化工原料。
		强氧化剂的氧化： 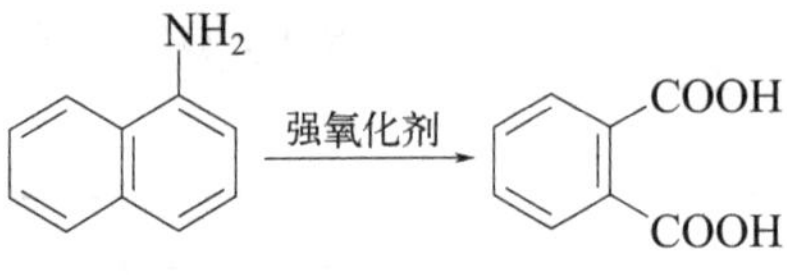 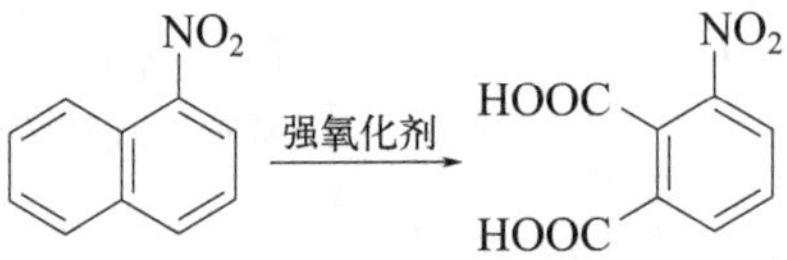 	✓ 氧化的本质是失电子，电子密度高的环更易发生氧化； ✓ 萘环上有致活基团时，发生同环氧化，得到邻苯二甲酸； ✓ 萘环上有致钝基团时，发生异环氧化，得到取代的邻苯二甲酸。

		反应	反应要点
氧化还原	萘的还原	催化加氢： 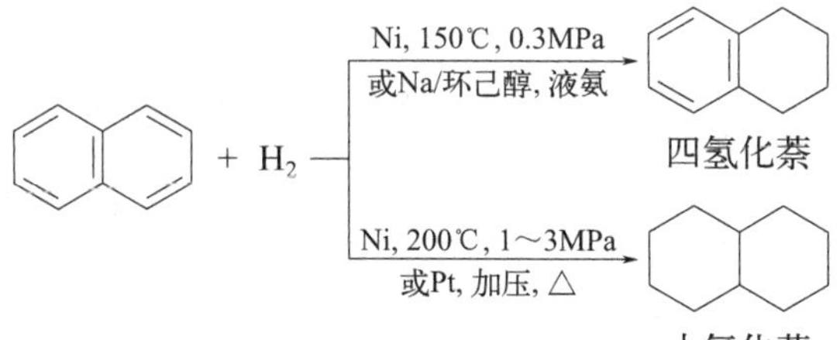 四氢化萘 十氢化萘	✓ 萘部分加氢得到四氢萘（俗名萘满），完全加氢得到十氢萘； ✓ 温度、压力等条件决定还原的程度。
	蒽菲的氧化	CrO₃氧化： 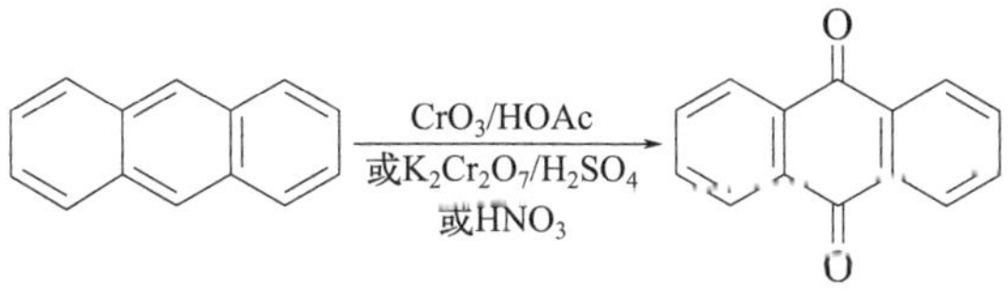 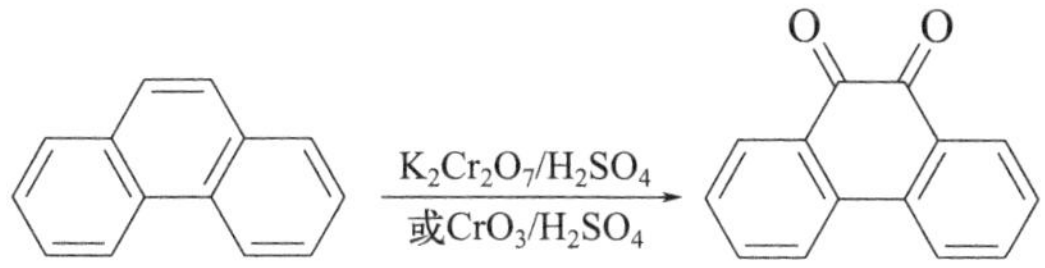 	✓ 蒽、菲C₉和C₁₀位较活泼，易被氧化生成9,10-蒽醌或9,10-菲醌。
	吡啶的氧化还原	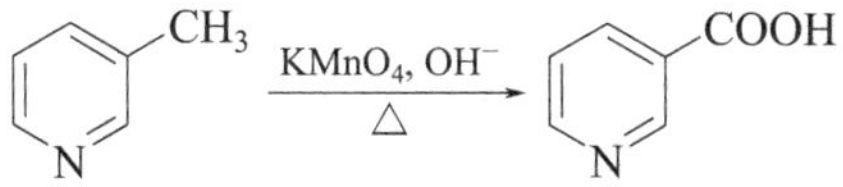 3-吡啶甲酸(烟酸) 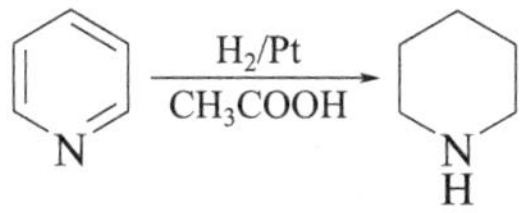	✓ 吡啶环电子云密度比苯低，不易发生环的氧化反应； ✓ 如有侧链，总是侧链被氧化； ✓ 吡啶环缺电子，易被还原，产物为六氢吡啶（哌啶）； ✓ 可以采用催化加氢或钠/乙醇还原。
	喹啉的氧化还原	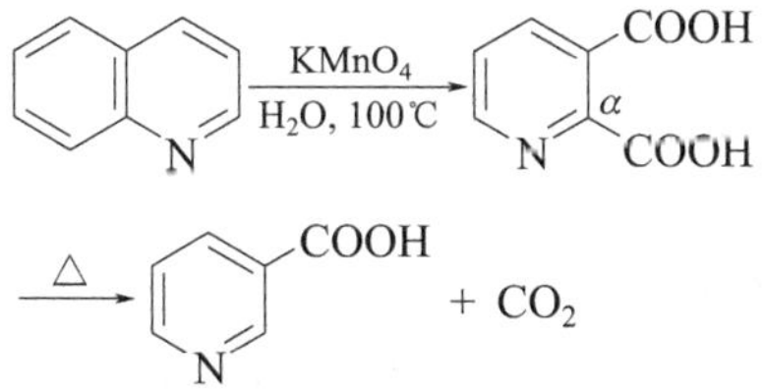 烟酸 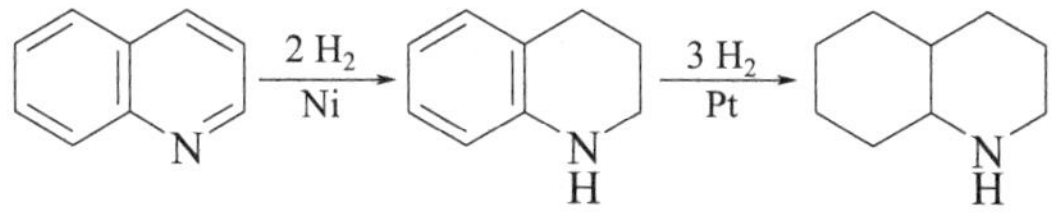 1,2,3,4-四氢喹啉　十氢喹啉	✓ 喹啉或者异喹啉可视为苯环（富电子）骈合嘧啶环（缺电子）； ✓ 富电子的苯环易被氧化，缺电子的吡啶环易被还原； ✓ 吡啶二甲酸中α-位的羧基容易脱羧。

		反应	反应要点
芳环取代基的官能团转换	硝基的转换	硝基转换为氨基： 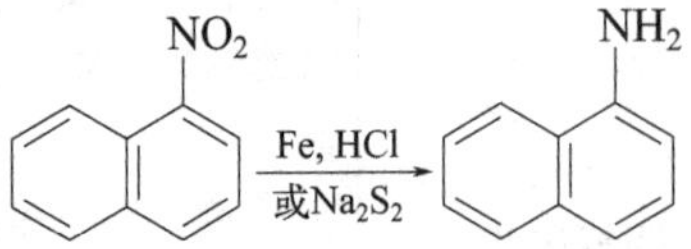	✓ 铁粉（锌粉）/浓盐酸或者过硫化钠作还原剂，可将硝基还原为氨基； ✓ 芳环上的硝基可被还原为氨基，但氨基不能被氧化为硝基； ✓ 氨基可进一步转化为重氮盐，在芳环上引入卤素、氰基、羟基等基团。
	磺酸基的转换	磺酸基转换为羟基： 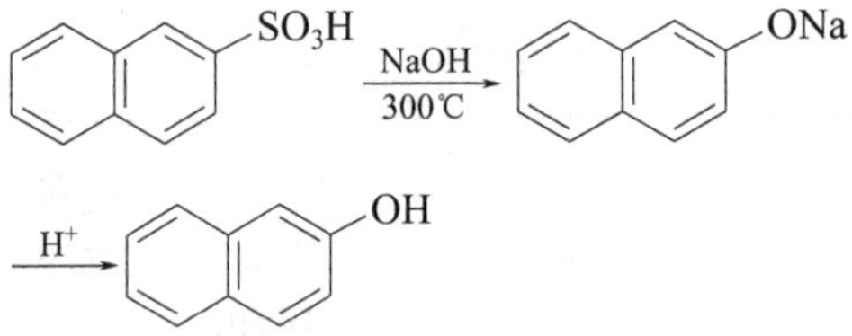	✓ 萘磺酸经过强碱（NaOH）熔融，转换为萘酚钠； ✓ 萘酚钠酸化，得到萘酚。
	羟基与氨基的互换	羟基与氨基的相互转换（布赫雷尔反应）： 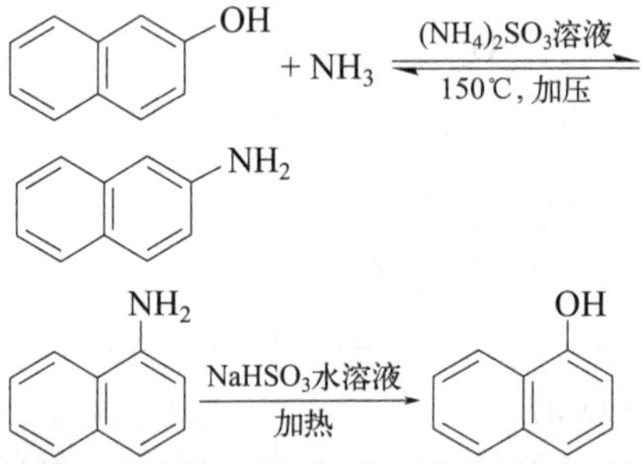 	✓ 萘酚与氨水和亚硫酸铵溶液作用，—OH转化为—NH₂； ✓ 萘胺在亚硫酸盐（NaHSO₃）水溶液中，—NH₂转化为—OH； ✓ 反应可逆。
多核芳烃		**多环化合物的制备**	
	联苯	苯缩聚法： 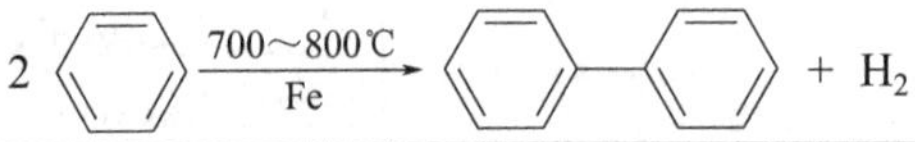 	✓ 苯蒸气通过红热的铁管脱氢偶联； ✓ 联苯的工业制法。
	联苯胺		✓ 碱性条件下，硝基苯还原生成氢化偶氮苯； ✓ 氢化偶氮苯在酸性条件下重排为联苯胺。
侧链脱羰脱羧		**杂环化合物的制备**	
		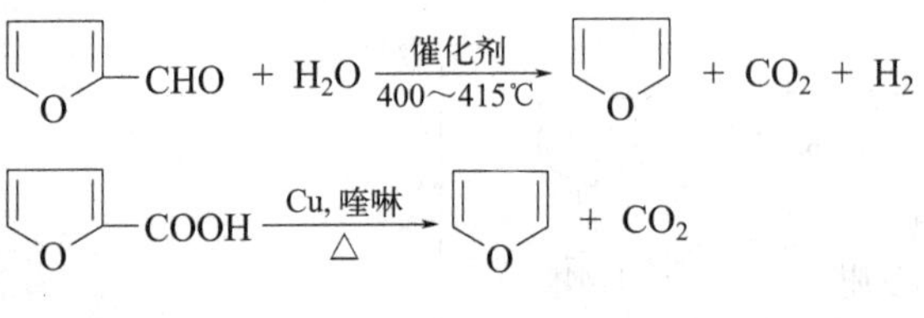	✓ 呋喃的工业制法； ✓ 原料中已具备杂环母核结构，利用侧链脱羰、脱羧，除去侧链。

续表

反应		反应要点
生物质转化	$(C_5H_8O_4)_n \xrightarrow[H_2SO_4, \triangle]{n\ H_2O} n$ 戊聚糖　　　　戊醛糖 $\xrightarrow[\triangle]{-3n\ H_2O} n$ 糠醛	✓ 以生物质玉米芯、米糠、花生壳等作为原料； ✓ 经稀酸加热蒸煮水解为戊醛糖； ✓ 戊醛糖在酸性条件下脱三分子水，得到糠醛。
乙炔转化法	$2\ HC\equiv CH + S \xrightarrow{300℃}$（噻吩） $2\ HC\equiv CH + H_2S \xrightarrow[400℃]{Al_2O_3}$（噻吩）$+ H_2$ $2\ CH\equiv CH + NH_3 \xrightarrow{\triangle}$（吡咯）$+ H_2$	✓ 工业制法； ✓ 以乙炔为原料和硫（硫化氢）或氨在高温条件下反应。
帕尔诺尔合成法	$\xrightarrow[170℃]{P_2S_5}$（2,5-二甲基噻吩） $\xrightarrow[甲苯]{TsOH,\ \triangle}$（2,5-二甲基呋喃） $\xrightarrow[甲苯]{NH_3,\ \triangle}$（2,5-二甲基吡咯）	✓ 4+1合成法； ✓ 以1,4-二酮为原料； ✓ 反应在酸性催化剂或高温下进行。

四、重点与难点

重点1：亲电取代

　　多环芳烃和杂环芳烃的亲电取代是一类重要的化学反应，反应的难易程度主要取决于芳环的电子云密度。若芳环电子云密度比苯大，与亲电试剂加成后生成的σ络合物中间体更稳定，则亲电取代反应比苯容易。

　　多环芳烃，特别是稠环芳烃（萘、蒽、菲等），随着共轭体系的增大，电子的离域化程度提高，芳环的电子云密度增大，这类化合物的亲电取代反应比苯容易进行。稠环芳烃中，π电子的离域不像苯环那样完全平均化，亲电取代一般发生在稠环芳烃中电子云密度最大的碳上（萘的α-位，蒽、菲的9,10位）。当位阻效应较大时，可能生成热力学控制产物。

　　五元杂芳环以呋喃、噻吩、吡咯为代表，杂原子氧、硫、氮采取sp^{2}杂化，与碳或氢形成

σ键后，未参加杂化的p轨道均提供一对孤对电子参与芳香π体系形成，使五元杂环具有6个π电子（π_5^6），电子密度比苯大，亲电取代反应比苯容易，通常发生α-取代。进一步综合考虑氧、硫、氮原子的电负性和原子半径等因素，吸电子诱导效应：O＞N＞S，给电子共轭效应：N＞O＞S，因此杂芳环电子密度：吡咯＞呋喃＞噻吩，亲电取代活性：吡咯＞呋喃＞噻吩。

重点2：芳香性

针对芳香性的研究，休克尔（Hückel E）提出如果一个单环化合物具有共平面的离域体系，π电子总数符合4n+2（n＝0、1、2、3等）规则，此时成键轨道（和非键轨道）全满，反键轨道全空，化合物最稳定，具有芳香性，这就是Hückel规则。

因此，判断芳香性，除了π电子数满足4n+2，还需要注意具有芳香性的化合物在结构上表现为具有平面闭合共轭体系，即①必须是环状体系；②必须是平面结构；③成环的所有碳或杂原子必须是sp^2或sp杂化，这样每个成环原子都有相互平行的p轨道，构成闭合共轭体系，电子高度离域，体系能量低，较稳定。

有芳香性的化合物在化学性质上表现出不易加成，不易氧化，而容易发生亲电取代的反应特性。在^{1}H-NMR谱中，有芳香性的化合物在外加磁场作用下，产生抗磁环电流，环内氢位于屏蔽区，化学位移较小，环外氢处于去屏蔽区，化学位移较大。

难点1：吡咯与吡啶的区别

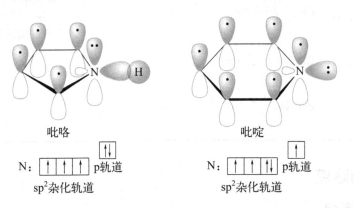

注意：五元环吡咯和六元环吡啶中"氮原子"的电子排布有差异，杂原子氮都采取sp^2杂化，轨道中的电子排布见上图。吡咯中未参加杂化的p轨道有一对电子，而吡啶的p轨道仅有一个电子，因此，吡咯环和吡啶环π电子数都是6，符合4n+2规则，具有芳香性。但是，吡咯环5个原子共享6个电子，是富电子的芳杂环；而吡啶6个原子共享6个电子，且由于氮原子的电负性大于碳原子，环上的π电子流向氮，降低了吡啶环的电子密度，表现为缺电子的芳杂环，亲电取代反应比苯难进行，与硝基苯类似，亲电取代常常发生在β位（间位），不易发生傅-克反应。吡啶中氮原子的sp^2杂化轨道上有一对孤对电子，既有弱碱性，可与H^+结合，也有亲核性，可与卤代烃、酰氯等进行亲核取代。而吡咯的孤对电子参与芳香共轭体系的形成，因此碱性、亲核性极弱。

难点2：萘环的亲电取代反应

萘环比苯环易发生亲电取代，当萘环上有先在基团时，亲电试剂进入萘环的位置受先在基团的性质、位置以及反应条件的影响。

先在基团为"致活基"时，会使同环电子云密度增大，主要发生同环取代。先在基团在 α 位时，亲电试剂取代先在基团的对位（α 位）氢，若先在基团在 β 位，亲电试剂取代先在基团的邻位（α 位）氢。

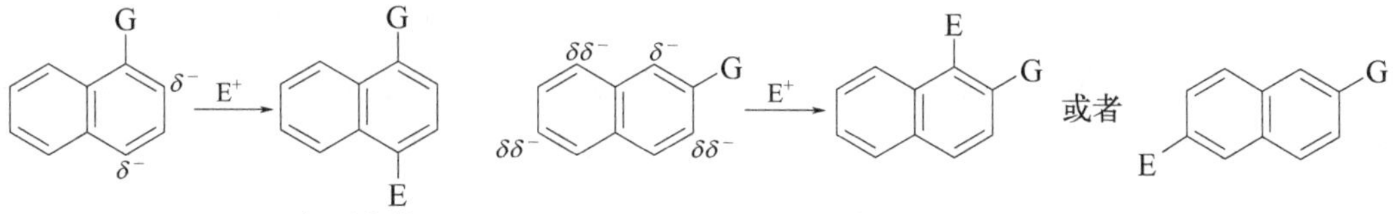

| 主要产物 | 动力学控制 | 热力学控制 |

但是当亲电试剂较大时，如磺化反应，受位阻影响（特别是高温下），亲电试剂取代 C_6 的氢。例如 β-甲基萘的磺化反应，主要产物是6-甲基萘-2-磺酸。

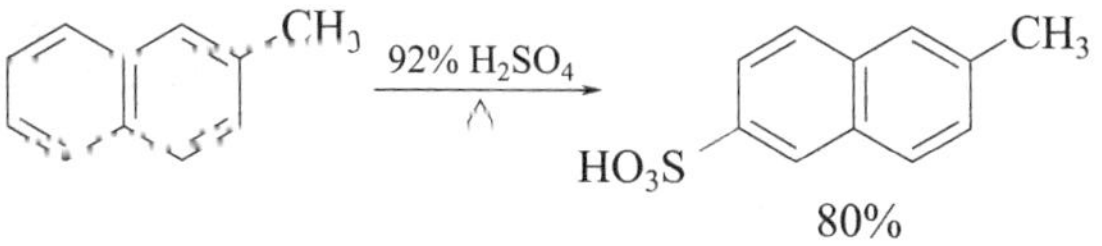

萘环上的先在基团为"致钝基"时，会显著降低同环的电子云密度，无论"致钝基"在 α 位还是 β 位，主要发生异环 α 位的亲电取代。

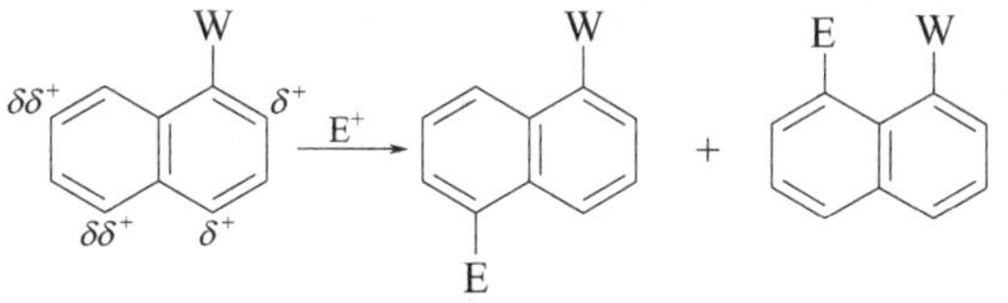

主要产物　　　　次要产物

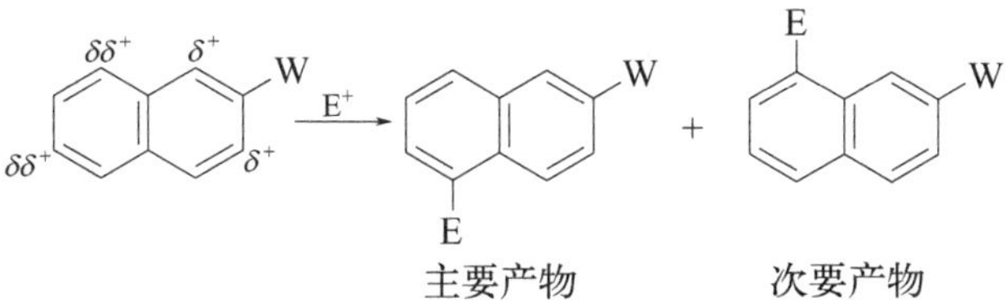

主要产物　　　　次要产物

难点3：稠环化合物的设计合成

稠环化合物是两个或两个以上的芳环，通过共用相邻两个碳原子稠合而成的芳烃。如果以苯为原料，设计合成稠环化合物，可以利用苯和丁二酸酐的傅-克酰基化反应引入4个碳的侧链，再经历还原、分子内傅-克酰基化关环、还原、脱氢芳构化实现目标设计。

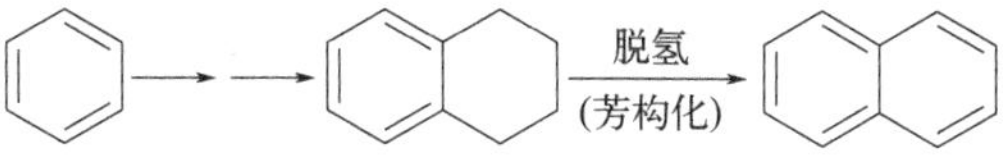

具体反应如下：

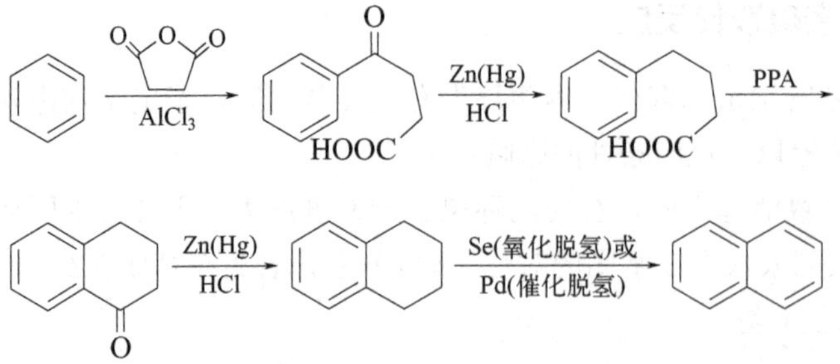

此外，制备 α-取代萘和 β-取代萘的方法不同。以 α-甲基萘的合成为例，如果原料为萘，直接进行傅-克烷基化在 α-位引入—CH₃；如果原料为苯，可利用前述反应成环后获得的"α-羰基"与格氏试剂发生亲核加成在 α 位引入甲基，经历脱水、脱氢芳构化后制备 α-甲基萘。

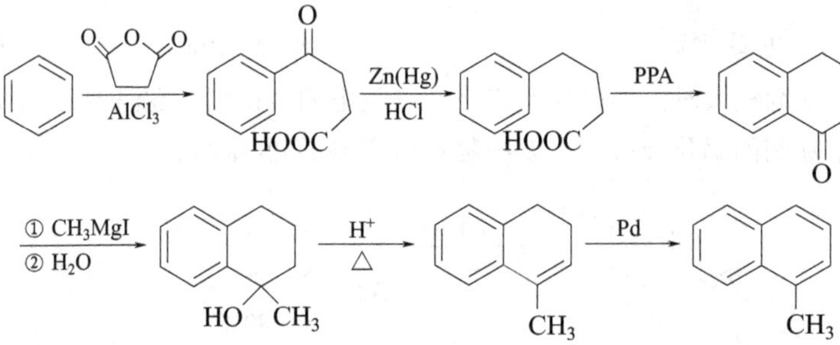

关于 β-取代萘的设计合成，以苯为原料，可先将苯烷基化制备甲苯，再与丁二酸酐进行傅-克酰基化。由于甲基的邻、对位定位作用以及丁二酸酐的位阻效应，傅-克酰基化主要发生在甲基的对位，将羰基还原后，PPA（多聚磷酸）使羧基质子化，形成的酰基正离子经历分子内傅-克酰基化关环，再次还原、脱氢获得萘环结构，此时甲基位于 β 位。

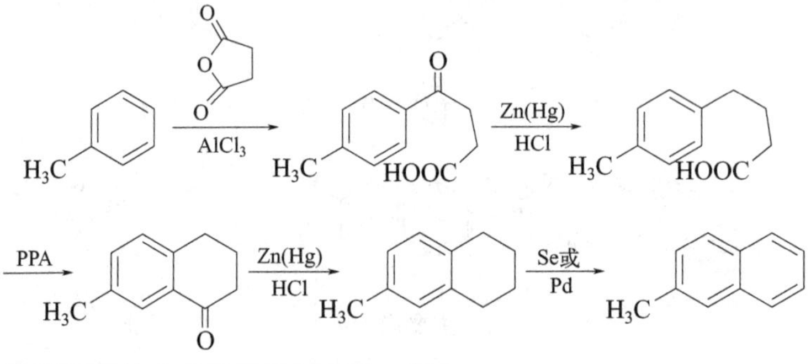

稠环化合物蒽和菲的合成采用类似方法。例如：

方法1：

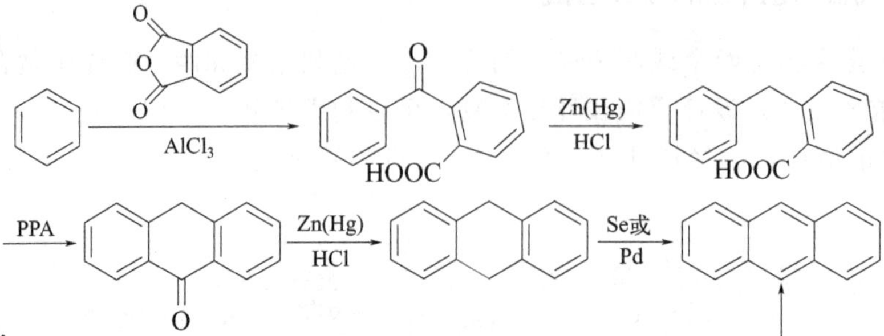

方法2：

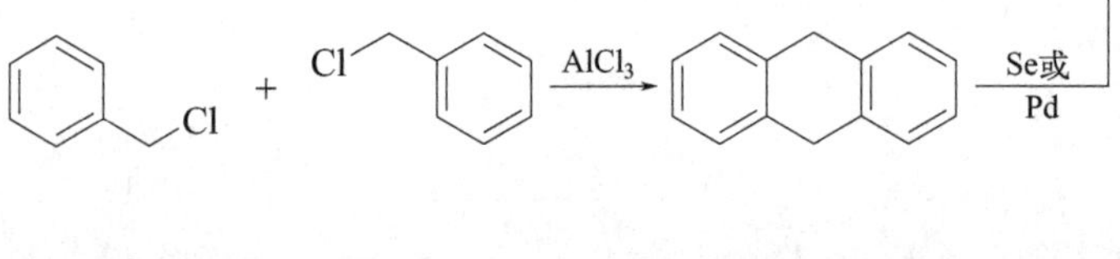

方法2通过苄氯分子间的相互烷基化，也可以构筑三环结构，设计中考虑了氯甲基的邻、对位定位效应以及3+3成环的因素。

菲的合成设计可以利用萘α位的活性，通过与丁二酸酐的傅-克酰基化反应将4碳侧链引入α位，2+4环合后形成的3个环并非连成一条直线，经过还原、脱氢芳构化可制得菲。

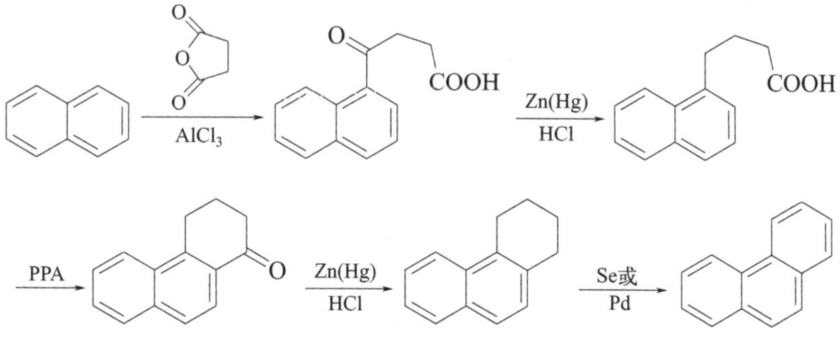

五、例题解析

1.命名题

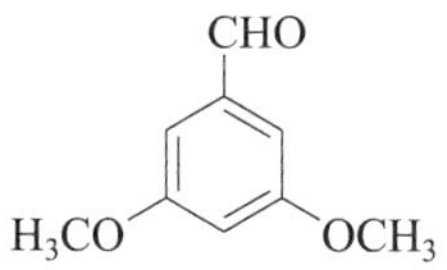

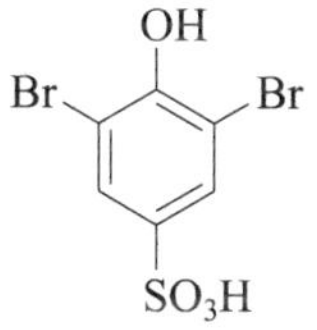

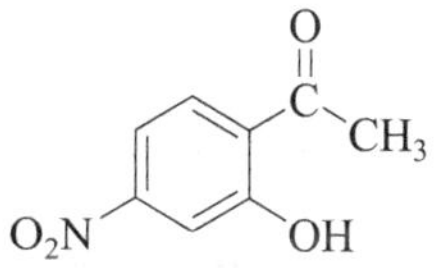

分析：多官能团化合物的命名，首先比较官能团的优先级，以排序靠前的官能团作为主体基团，其它官能团作为取代基，从靠近主体基团的一侧开始编号。官能团的优先次序基本按氧化级排序，首先是氧化级最高的—COOH（—SO₃H）及各类羧酸衍生物，然后是醛、酮，之后是—OH（醇羟基、酚羟基、巯基等）、—NH₂，排在H之后的是—OR、—X（卤素）、—NO₂。

因此第一个化合物的主体基团是—CHO，连接—CHO的碳原子编号为1，名称为3,5-二甲氧基苯甲醛；第二个化合物的主体基团是—SO₃H，名称为3,5-二溴-4-羟基苯磺酸；第三个化合物酮基是主体基团，名称为1-(2-羟基-4-硝基苯基)乙-1-酮。

2.下列化合物具有芳香性的是（　　　）

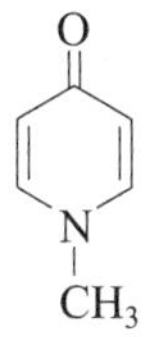

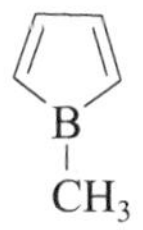

（2023年真题组合）

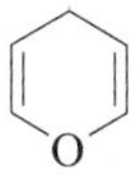

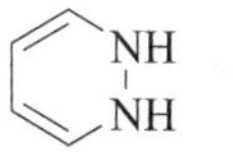

分析：根据休克尔规则，当一个平面闭合共轭体系的π电子数满足4n+2，即具有芳香性。

A为平面闭合共轭体系，氮提供2个电子，羰基视为电荷分离的形式，碳端带正电荷，提供0个电子，π电子数合计为6，符合4n+2规则，有芳香性；

B有两个sp³杂化的碳原子，不能形成闭合共轭结构，没有芳香性；

C具有闭合共轭结构，硼的p轨道电子为0，环上π电子数总计为4，不符合4n+2规则，没有芳香性；

D有一个sp³杂化的碳，不能形成闭合共轭体系，没有芳香性；

E为二氢哒嗪，未构成闭合共轭体系，没有芳香性；

F具有闭合共轭结构，其中饱和氮的p轨道提供2个电子，双键氮的p轨道提供1个电子，π电子数合计为6，符合4n+2规则，有芳香性。

上述六个化合物具有芳香性的是A、F。

（2）A. ⬡ B. ⬡ C. 奥 D. ⬚ E. ⬠ F. ⬡

（2023年真题组合）

分析： A六元环中两个碳是sp³杂化，不能形成闭合共轭体系，没有芳香性；

B是[10]-轮烯，π电子数为10，符合4n+2规则，但是中间两个碳的C—H键均指向环内，C—H键电子对间的斥力，使环上的碳原子不能完全共平面，没有芳香性；

C为奥，闭合共轭体系，共有10个π电子，符合4n+2规则，具有芳香性；

D为环丁二烯，π电子数为4，不符合4n+2规则，故没有芳香性；

E的π电子数为8，不符合4n+2规则，没有芳香性；

F其中一种共振式可视为两个闭合的环状共轭结构，即环丙烯正离子（2个π电子）以及环庚三烯负离子（8个π电子，不符合），不具有芳香性。

上述六个化合物具有芳香性的是C。

3. 下列化合物不具有芳香性的是（　　　　）。

（1）A. 吡唑 B. 二氧杂环 C. 环戊二烯亚甲基环丙烷 D. 环庚三烯酮 E. ▷⁺ F. 呋喃

（2020年真题组合）

分析： A为五元含氮杂环，具有闭合共轭结构，两个氮原子均采取sp²杂化，饱和氮的p轨道提供2个电子，双键氮的p轨道提供1个电子，共轭体系π电子总数为6，符合4n+2规则，有芳香性；

B为环状闭合共轭结构，每个氧的p轨道提供一对电子，π电子数为8，不符合4n+2规则，不具有芳香性；

C可视为具有两个闭合的环状共轭结构，即环戊二烯负离子（6个π电子）以及环丙烯正离子（2π电子），化合物C具有芳香性；

D为环庚三烯酮，其中电荷分离的共振式为环庚三烯正离子，具有6个π电子，符合4n+2规则，故有芳香性；

E为环丙烯正离子，闭合共轭结构，π电子数为2，符合4n+2规则，有芳香性；

F是呋喃，氧的p轨道提供一对电子，π电子数为6，符合4n+2规则，故有芳香性。

上述六个化合物不具有芳香性的是B。

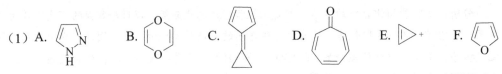

（2）A. ⬡⁺ B. ⬠⁻ C. 茚 D. 环癸五烯 E. 奥 F. Ph-环丙烯正离子-Ph

（2023年真题）

分析：A～F均为闭合共轭体系，A为环庚三烯碳正离子，π电子数为6，符合4n+2规则，有芳香性；

B为环戊二烯正离子，π电子数为4，不符合4n+2规则，没有芳香性；

C为茚基负离子，π电子数为10，符合4n+2规则，有芳香性；

D为[12]-轮烯，π电子数为12，不符合4n+2规则，同时由于环内氢的斥力，成环原子不能共平面，故没有芳香性；

E为薁，π电子数为10，符合4n+2规则，故有芳香性；

F为三苯基环丙烯正离子，π电子数为2，符合4n+2规则，故有芳香性。

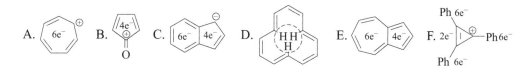

因此，上述六个化合物不具有芳香性的是B和D。

4. 完成题意要求

（1）下列化合物中，不能发生Friedel-Crafts酰基化反应的是（　　　）。（2021年真题）

A. 呋喃　　　　B. 噻吩　　　　C. 甲苯　　　　D. 吡啶　　　　E. 吲哚

分析： 当芳环的电子云密度较低时，傅-克酰基化反应不能顺利进行。如硝基苯由于硝基对苯环的强钝化作用，不能发生酰基化反应，常常作为这类反应的溶剂。

A. 呋喃　　　　B. 噻吩　　　　C. 甲苯　　　　D. 吡啶　　　　E. 吲哚

呋喃、噻吩都具有π$_5^6$键，吲哚可视为苯并吡咯，与呋喃、噻吩具有相似结构，属于富电子的芳环，可以发生傅-克酰基化反应。

甲苯由于甲基与芳环的σ-π超共轭效应，弱活化苯环，也可以发生傅-克酰基化反应。

吡啶是缺电子的芳环，反应活性与硝基苯相似，不能发生傅-克酰基化反应。

综上分析，不能发生Friedel-Crafts酰基化反应的是D。

（2）下列化合物发生亲电取代反应的活性顺序为（　　　）。（2019年真题）

分析： 芳环亲电取代的反应活性取决于芳环电子云密度，电子云密度越大，亲电取代反应的活性就越大。

噻吩、呋喃、吡咯均有π$_5^6$键，属于富电子芳环，比苯电子密度高。但杂原子不同，环上电子密度有差异。S、O、N既有给电子共轭效应（N＞O＞S），又有吸电子诱导效应（O＞N＞S），芳环电子密度：吡咯＞呋喃＞噻吩。

综合上述因素，亲电取代反应的活性由大到小顺序为：D＞C＞B＞A。

5. 完成下列反应

（1） 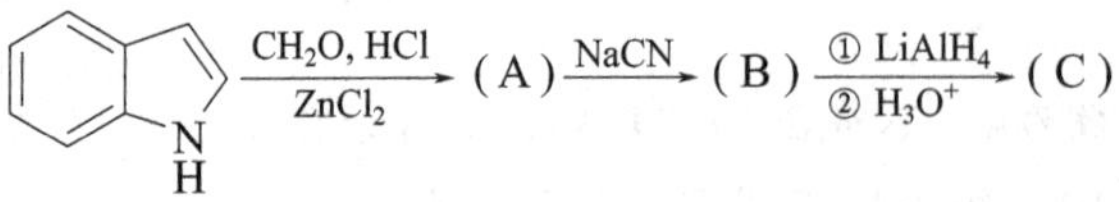 （2023年真题）

分析：① 第一步反应是氯甲基化反应，吲哚中电子密度最高的位置是吡咯环的 β 位，在 β-位引入氯甲基；

② 第二步反应是 CN^- 对卤代烃的 S_N2 亲核取代；

③ 第三步反应在四氢铝锂的作用下，氰基还原为 $-CH_2NH_2$。

答案为：（A） （B） 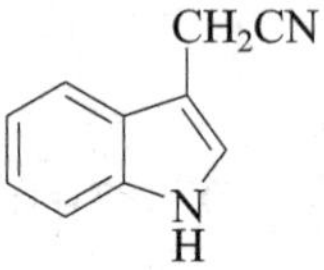 （C）

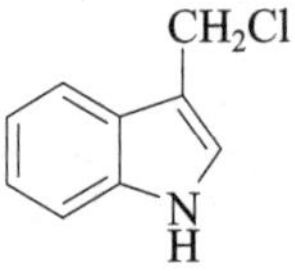

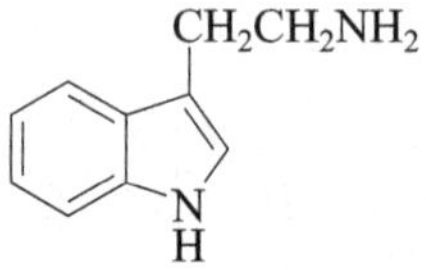

（2） 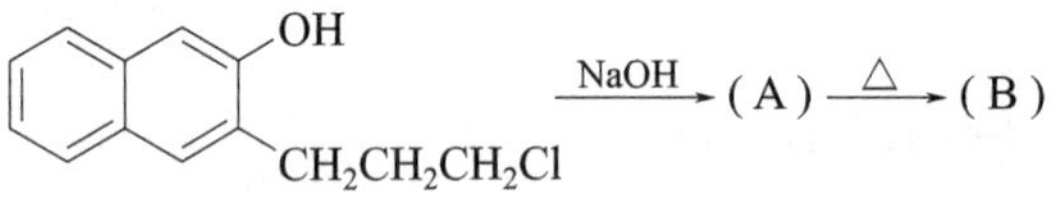 （2023年真题）

分析：① β-萘酚具有一定的酸性，与 NaOH 反应生成萘酚钠，这个酸碱反应不可逆，较 OH^- 对卤代烃的亲核取代更易发生；

② 第二步在加热条件下，萘氧负离子作为亲核试剂进攻氯丙基，发生分子内 S_N2 亲核取代形成六元环醚。

答案为：（A） （B）

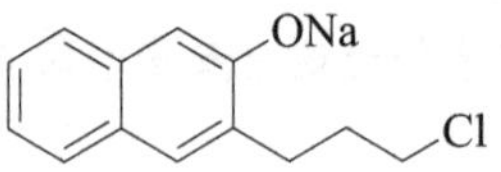

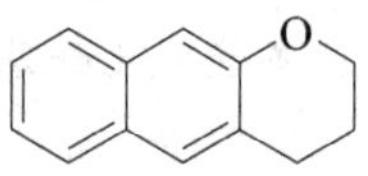

（3） 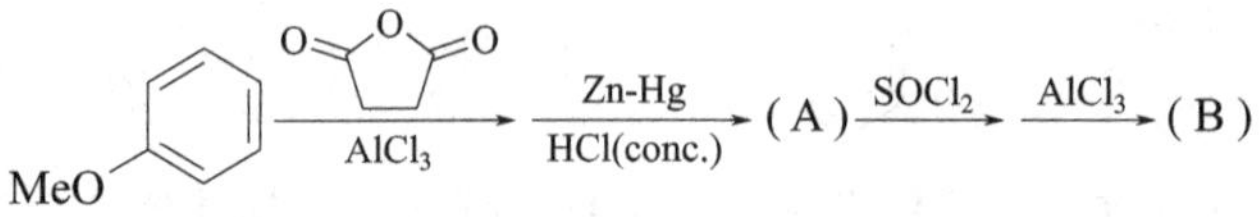 （2023年真题）

分析：第一步是傅-克酰基化反应，丁二酸酐在 $AlCl_3$ 作用下形成的酰基正离子进攻甲氧基的对位，然后在锌汞齐的作用下羰基被还原，得到4-甲氧基苯基丁酸；经亚硫酰氯作用，羧基转变为酰氯，在 $AlCl_3$ 作用下，发生分子内傅-克酰基化，关环得到萘满酮类化合物。

答案为：（A） （B）

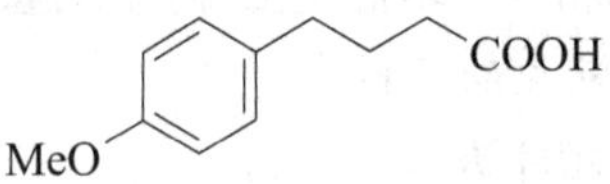

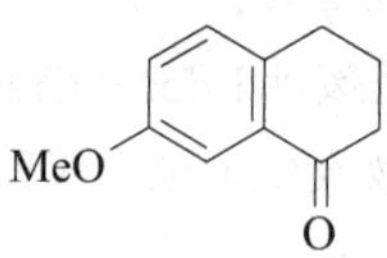

（4） 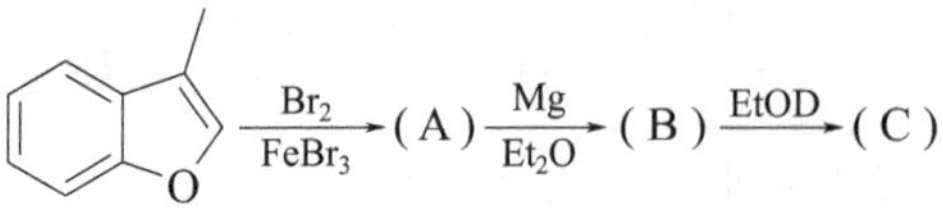 （2020年真题）

分析：① 3-甲基氧茚由苯环和呋喃环稠合而成，与苯环相比，呋喃环的电子密度更大，更易发生亲电取代反应。因此，在三溴化铁的作用下，$Br—Br$ 极化异裂形成的 Br^+ 进攻呋喃环 C_2 位（α-位），得到2-溴-3-甲基氧茚；

② 在无水无氧乙醚为溶剂条件下，卤代烃与镁作用生成格氏试剂；

③ 格氏试剂作为强碱夺取氘代乙醇中弱酸性的氘，生成化合物C。

答案为：（A）　（B） 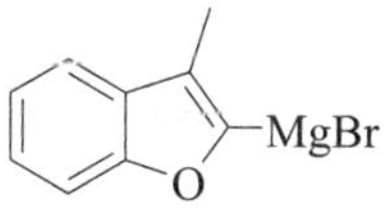　（C）

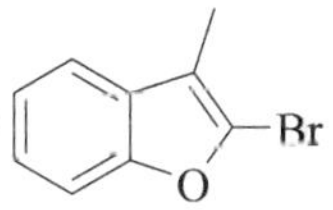

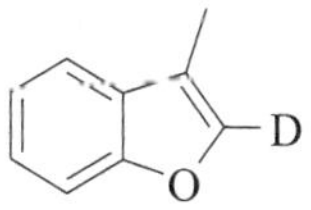

（5） 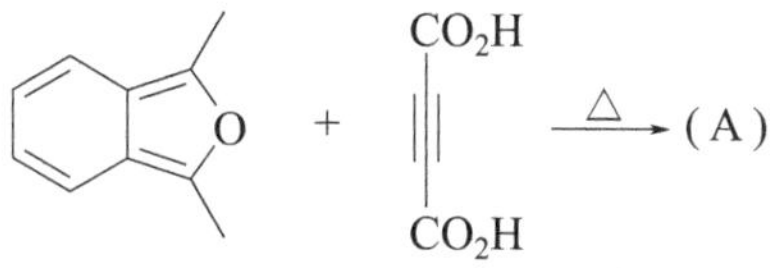　　（2023 年真题）

分析：① 反应原料苯并呋喃中苯环更稳定，呋喃环具有丁二烯结构单元，可作为富电子的二烯体；

② 丁炔二酸可作为缺电子的亲二烯体，与呋喃环进行 Diels-Alder 反应；

③ 加热条件下可进一步发生二酸的脱水，从而得到化合物 A。

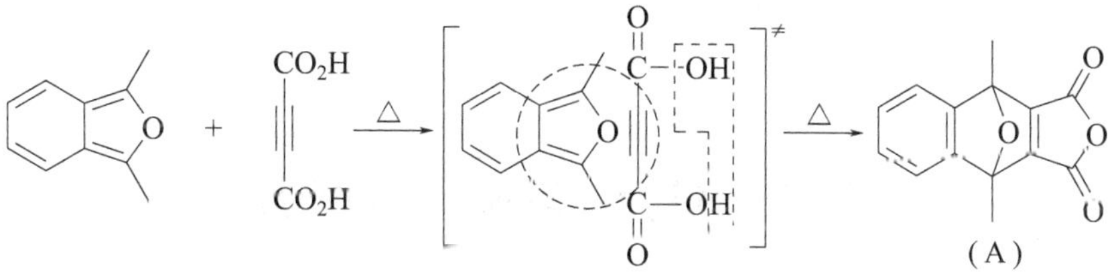

6. 试写出下列反应可能的机理

（1） 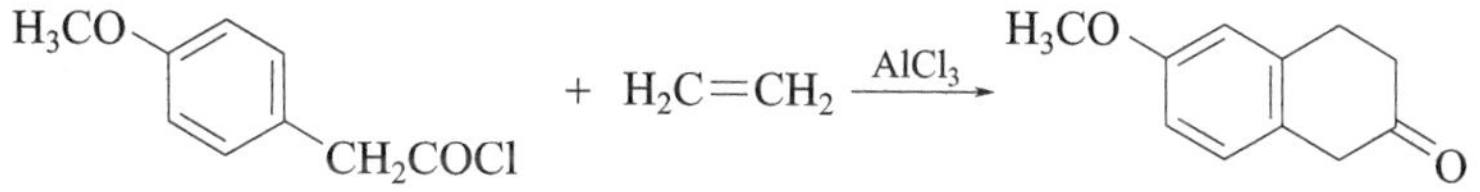　　（2023 年真题）

分析：① 反应物中有甲氧基、苯环和酰氯，在 $AlCl_3$ 作用下，酰氯的 C—Cl 键异裂形成酰基正离子；

② 酰基正离子作为亲电试剂进攻乙烯，π 键被打开，发生亲电加成，乙烯另一端形成伯碳正离子；

③ 伯碳正离子作为亲电试剂进攻芳环，发生分子内傅-克烷基化反应关环，脱质子后得到目标产物。

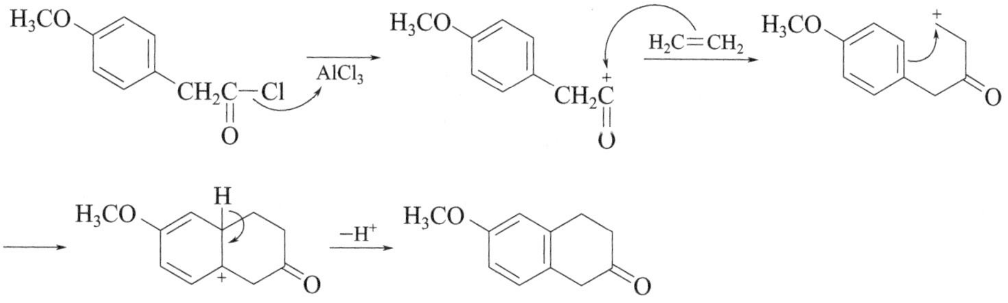

（2） 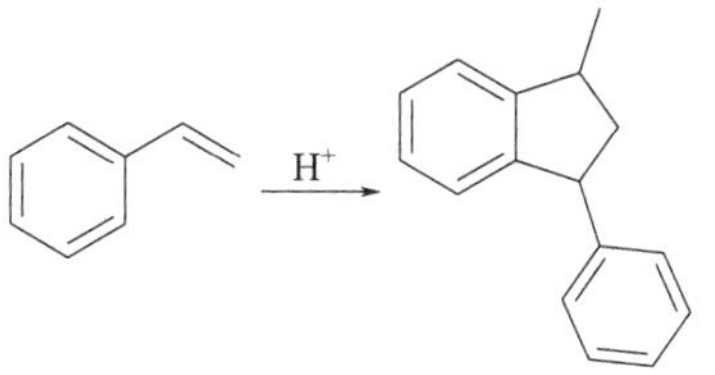　　（2022 年真题）

分析： ① 苯乙烯中双键在酸催化下质子化，生成碳正离子；

② 碳正离子作为亲电试剂进攻另一分子苯乙烯，发生亲电加成，并形成仲碳正离子；

③ 仲碳正离子作为亲电试剂进攻苯环，发生傅-克烷基化反应关环，脱质子后生成目标产物。

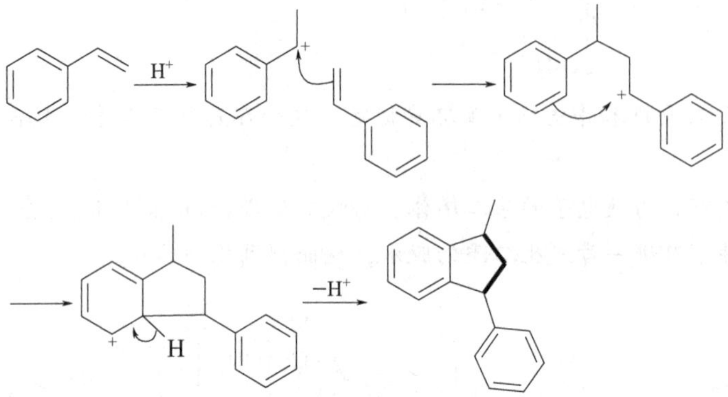

第八章　综合练习题（参考答案）

1.命名或者写出下列化合物的结构。

（1）(C₆H₅)₃CH

（2）

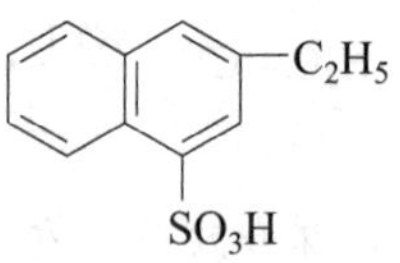

（3）

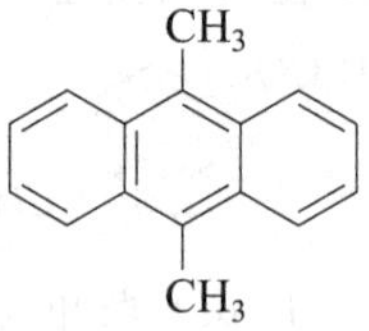

（4）

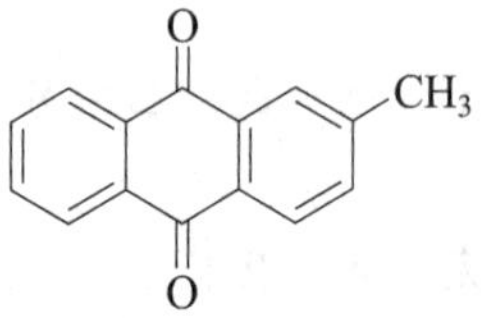

（5）

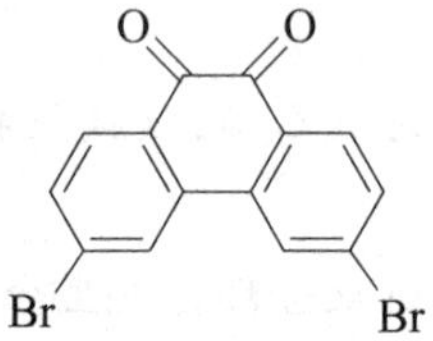

（6）4-溴联苯

（7）5-硝基萘-2-磺酸

（8）1,4-二氢萘

（9） 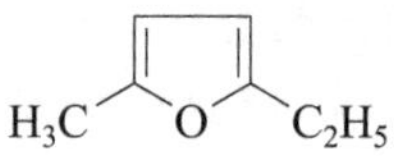 H₃C　O　C₂H₅

（10）

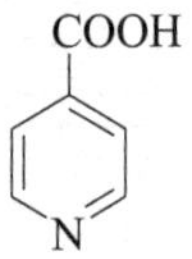

（11）

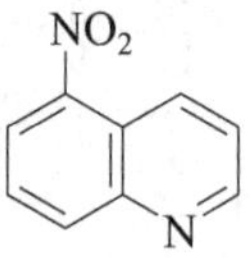

（12）

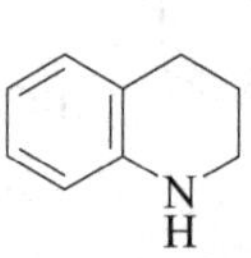

（13）5-溴噻唑　　（14）糠醛　　（15）四碘吡咯　　（16）3-甲基异喹啉

参考答案：

（1）三苯甲烷　　　　（2）3-乙基萘-1-磺酸　　（3）9,10-二甲基蒽

（4）2-甲基-9,10-蒽醌　（5）3,6-二溴-9,10-菲醌　（6）

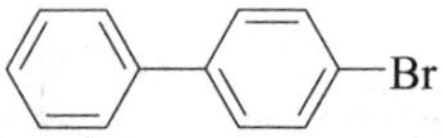

（7） 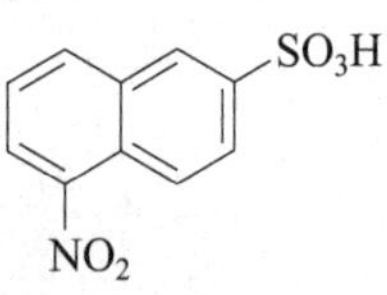　　（8）

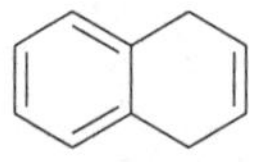

（9）2-乙基-5-甲基呋喃（α-乙基-α'-甲基呋喃）

（10）吡啶-4-甲酸（γ-吡啶甲酸）　　　（11）5-硝基喹啉

（12）1,2,3,4-四氢喹啉　　（13） 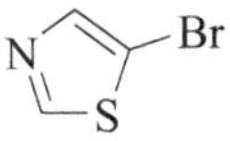　　（14）

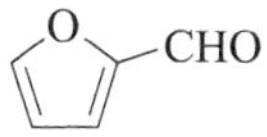

（15） 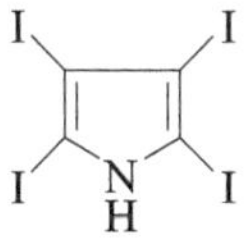　　（16）

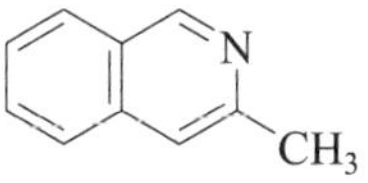

2.指出下列化合物发生一元硝化后可能得到的主要产物，写出其结构式。

（1） 　（2） 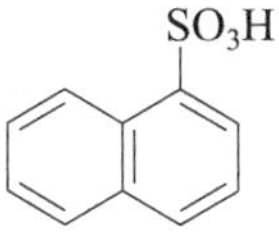　（3） 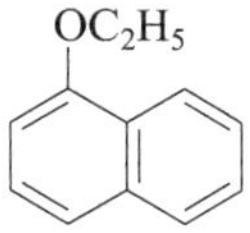　（4）

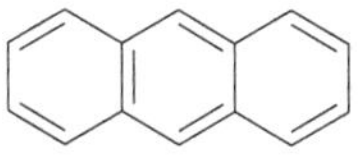

参考答案：

（1）

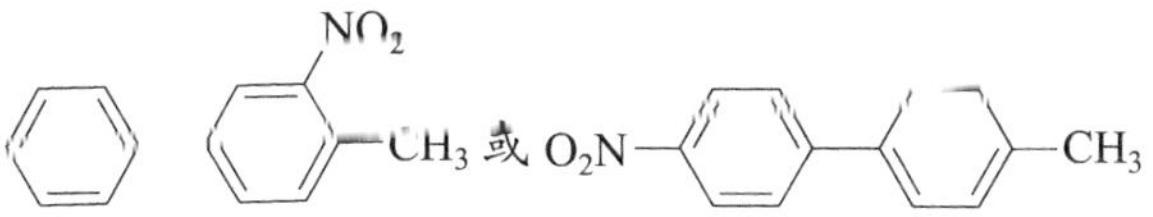

（2）

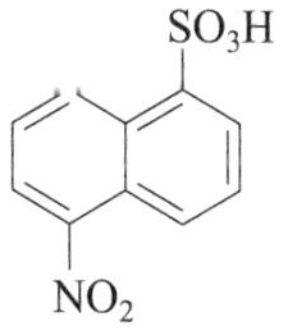

（3）

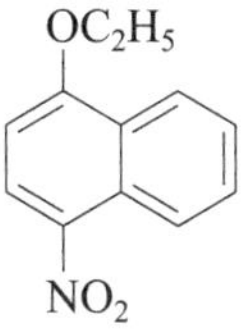

（4）

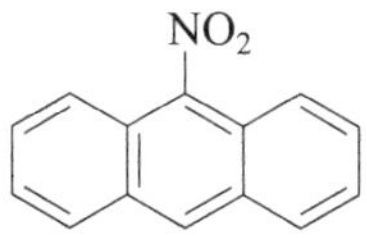

3.把下列化合物按亲电取代反应的活性由高到低排序。

（1） 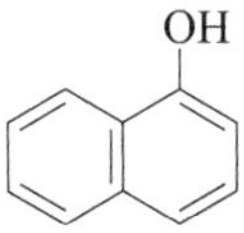　　（2） 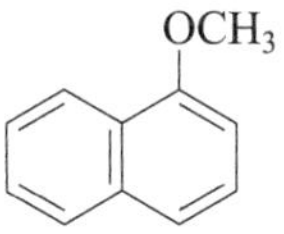　　（3） 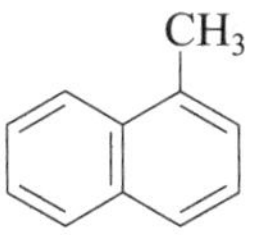　　（4）

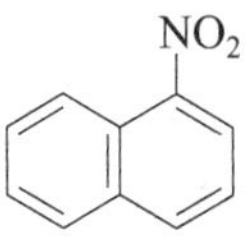

参考答案： 亲电取代反应的活性由高到低为：（1）＞（2）＞（3）＞（4）。

4.下列化合物哪些具有芳香性？

（1） 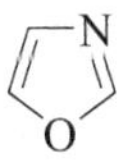　　　　（2） 　　　（3） 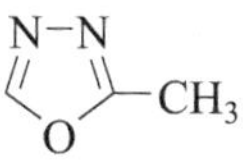　　（4）

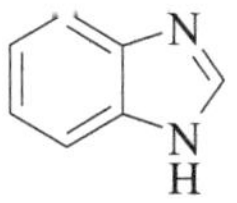

参考答案： 根据休克尔规则，平面闭合共轭体系的π电子数满足4n+2规则，则具有芳香性。

（1）、（3）、（4）均为平面闭合共轭体系，（1）和（3）π电子数为6，（4）π电子数为10，满足休克尔规则，故有芳香性；（2）非共轭体系，无芳香性。

5.在高温焦油中，茚（）的含量约占0.25% ～ 0.3%。下列关于茚的性质说法正确的有（　　　）。

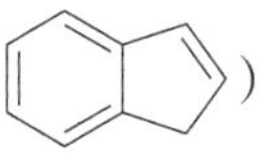

（1）薁分子中的所有碳原子和氢原子均处于同一平面；

（2）薁可使高锰酸钾溶液和溴的四氯化碳溶液褪色；

（3）薁分子结构中的小环部分不具有芳香性；

（4）薁在强碱作用下生成的薁负离子具有芳香性。

参考答案：上述说法正确的有（2）、（3）、（4）。

6.用简单的化学方法鉴别下列各组化合物。

（1）苯、呋喃和吡咯 （2）噻吩、喹啉和糠醛

参考答案：（1）加入浓盐酸浸过的松木片，显绿色的是呋喃，显红色的是吡咯，无现象的是苯。（2）在浓硫酸存在下，与靛红一同加热，显示蓝色的为噻吩；在醋酸存在下和苯胺作用能显红色的是糠醛；与这两种试剂反应均无现象的为喹啉。

7.完成下列反应，写出各步反应的主要产物或反应条件。

（1） $\xrightarrow[\text{Ni, 150℃}]{\text{H}_2}$ （A）$\xrightarrow[\text{H}^+]{\text{KMnO}_4}$（B）

（2） →（A）$\xrightarrow[\text{HCl}]{\text{Zn-Hg}}$（B）$\xrightarrow[\text{H}_2\text{SO}_4]{\text{HNO}_3}$（C）

（3）$\xrightarrow[\text{H}_2\text{SO}_4]{\text{HNO}_3}$（A）$\xrightarrow{\text{（B）}}$$\xrightarrow[\text{加热}]{\text{NaHSO}_3\text{水溶液}}$（C）

（4）$\xrightarrow[\text{V}_2\text{O}_5, \triangle]{\text{O}_2}$（A）$\xrightarrow{\triangle}$（B）

（5） + $\xrightarrow{\text{AlCl}_3}$（A）

（6） + NH₃ $\xrightarrow[\triangle]{\text{Al}_2\text{O}_3}$（A）$\xrightarrow[\triangle]{\text{(CH}_3\text{CO)}_2\text{O}}$（B）

（7） $\xrightarrow{\text{NaNH}_2}$（A） $\xrightarrow{\text{C}_6\text{H}_5\text{COCl}}$（B）

（8） $\xrightarrow[\text{浓H}_2\text{SO}_4]{\text{浓HNO}_3}$（A） $\xrightarrow[\triangle]{\text{KMnO}_4}$（B）

参考答案：（1）A：   B：

（2）A：CH₃COCl，AlCl₃/CS₂，−15℃ 或 CH₃COOCOCH₃（乙酸酐），AlCl₃

B：

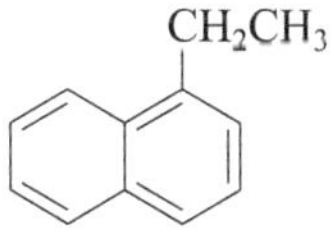

C：

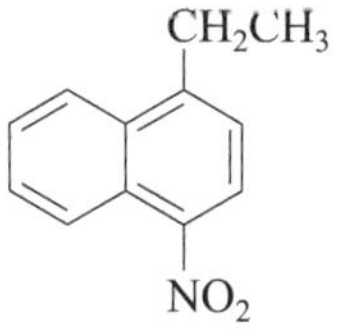

（3）A：

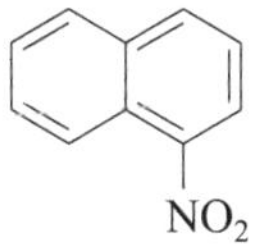

B：Fe+HCl 或 Na₂S₂

C：

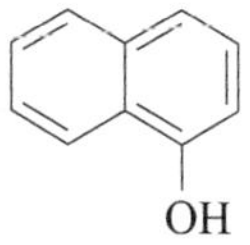

（4）A：

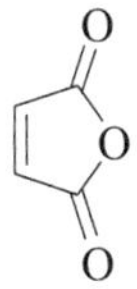

B：

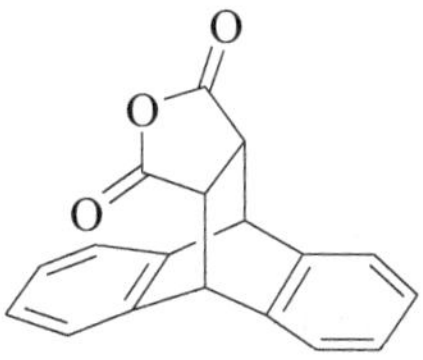

（5）A：

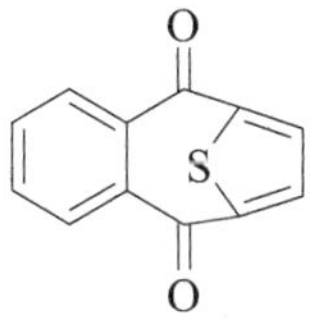

（6）A：

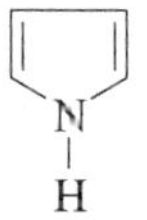

B：

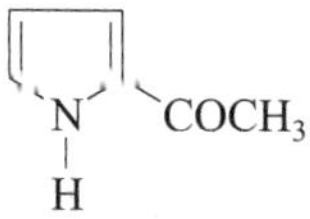

（7）A：

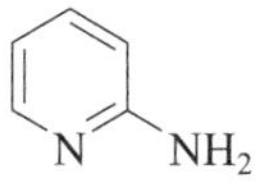

B：

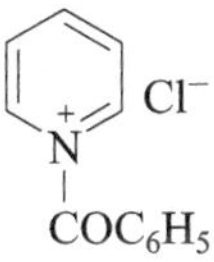

（8）A：

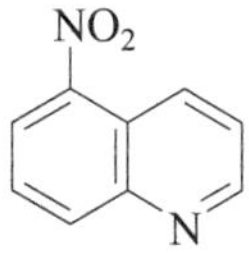

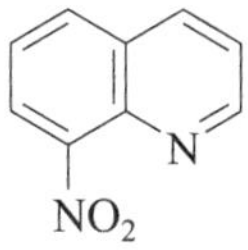

+

B：

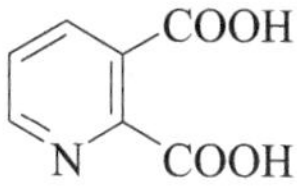

8. 按指定原料合成下列化合物。

（1）以甲苯和苯为原料以与书中例题不同的路线合成二苯甲酮；

（2）以萘为原料合成

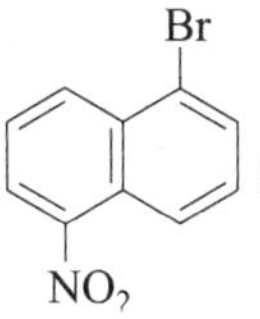

；

（3）由糠醛分别制备呋喃、糠酸和马来酸酐；

（4）由喹啉制备吡啶-3-甲酸（烟酸）。

参考答案：（1）

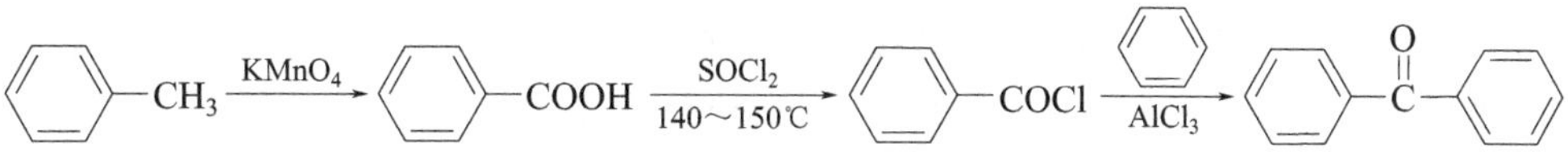

（2）萘 $\xrightarrow[30\sim60℃]{HNO_3, H_2SO_4}$ 1-硝基萘 $\xrightarrow[\triangle]{Br_2, CCl_4}$ 1-硝基-4-溴萘

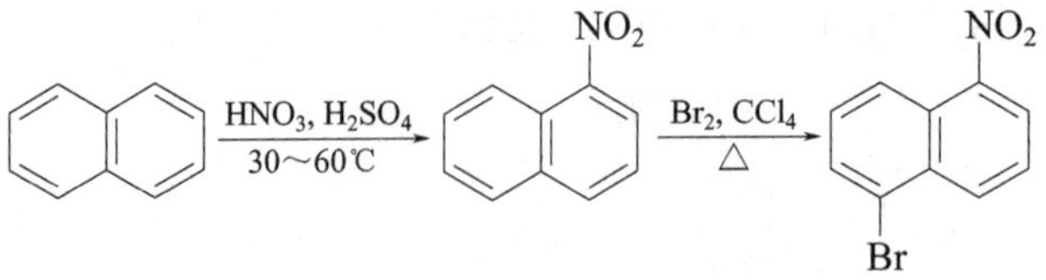

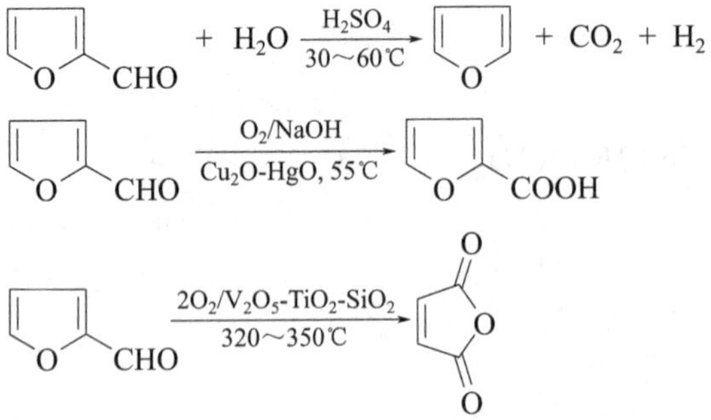

（3）呋喃甲醛 + H_2O $\xrightarrow[30\sim60℃]{H_2SO_4}$ 呋喃 + CO_2 + H_2

呋喃甲醛 $\xrightarrow[Cu_2O-HgO, 55℃]{O_2/NaOH}$ 呋喃甲酸

呋喃甲醛 $\xrightarrow[320\sim350℃]{2O_2/V_2O_5-TiO_2-SiO_2}$ 顺丁烯二酸酐

（4）喹啉 $\xrightarrow[H_2O, 100℃]{KMnO_4}$ 吡啶-2,3-二甲酸 $\xrightarrow{\triangle}$ 吡啶-3-甲酸 + CO_2

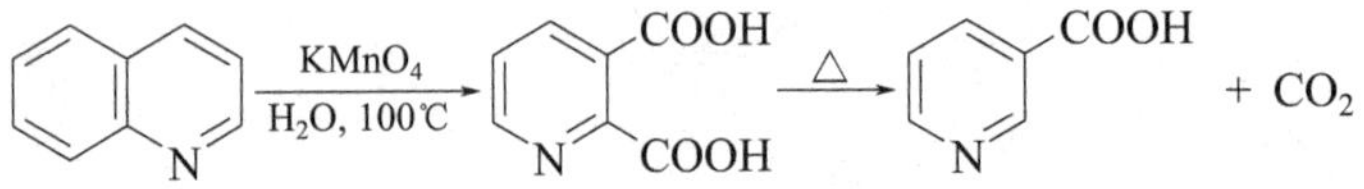

9.两种克利夫酸互为同分异构体，分子式均为 $C_{10}H_9NO_3S$，均为制备偶氮染料和硫化染料的原料。以萘为原料，在165℃下磺化，然后再硝化、还原得到混合克里夫酸。

（1）写出这两种克里夫酸的结构式，并用系统命名法命名；

（2）写出由萘合成混合克里夫酸的反应式。

参考答案：

（1）5-氨基萘-2-磺酸   8-氨基萘-2-磺酸

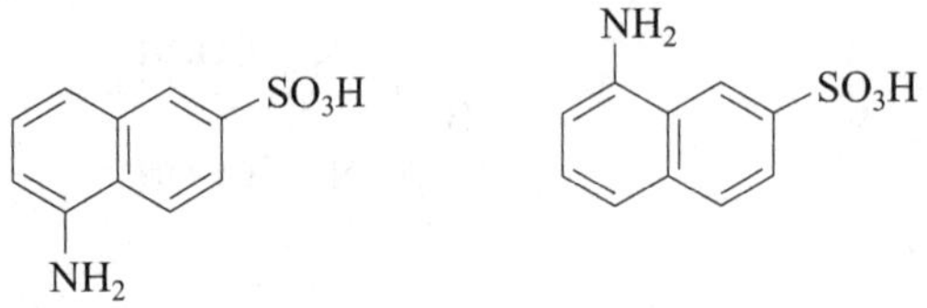

（2）萘 $\xrightarrow{165℃}$ 萘-2-磺酸 $\xrightarrow[\triangle]{HNO_3/H_2SO_4}$ （硝基萘磺酸混合物）+

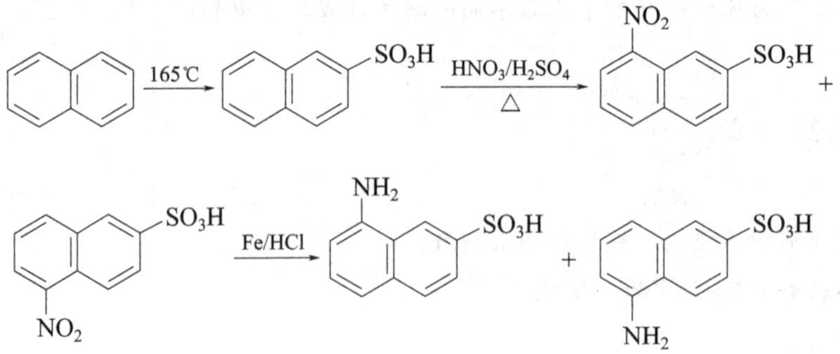

（硝基萘磺酸）$\xrightarrow{Fe/HCl}$ 8-氨基萘-2-磺酸 + 5-氨基萘-2-磺酸

10.古马隆树脂是苯并呋喃和茚的共聚物，可用于替代天然树脂和酯化松香，以配制绝缘涂料和防锈涂料。经蒸馏截取煤焦油中 160～185℃ 馏分（主要成分是苯并呋喃和茚），在硫酸和三氯化铝作用下聚合而成。写出该聚合反应的反应式。

参考答案:

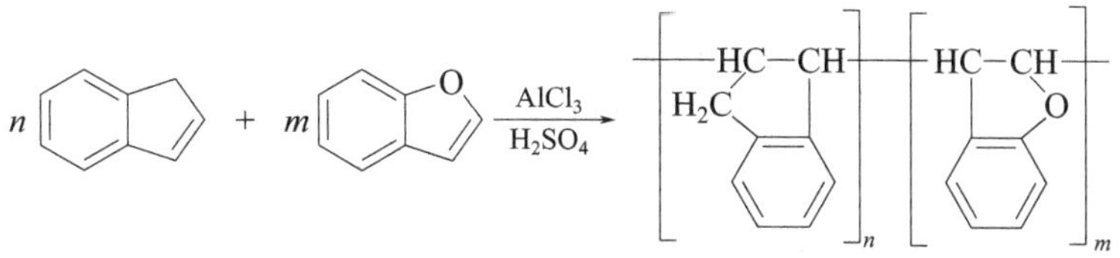

11. 咔唑与蒽、菲共同存在于高温焦油馏分中，含量与蒽相当，随着煤焦油精细化工的发展及有机合成技术的进步，蒽、菲和咔唑的利用途径也在不断开发，需求日益增加。

（1）利用休克尔规则判断咔唑是否具有芳香性；

（2）写出咔唑与 KOH 反应的化学反应式；

（3）以蒽为原料合成染料中间体蒽醌-2-磺酸，写出相关反应式；

（4）9,10-菲醌在农业上用作杀菌拌种剂，请以菲为原料合成之。

参考答案:（1）分子中共有 14 个 π 电子，符合 $4n+2$ 规则，具有芳香性。

（2）

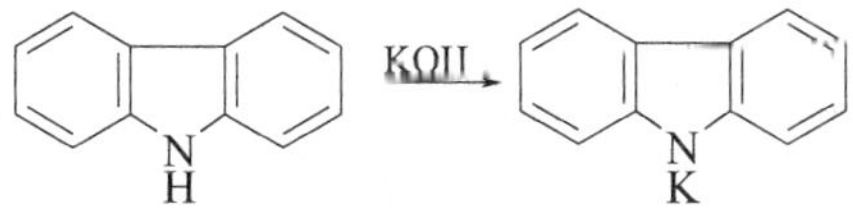

（3）

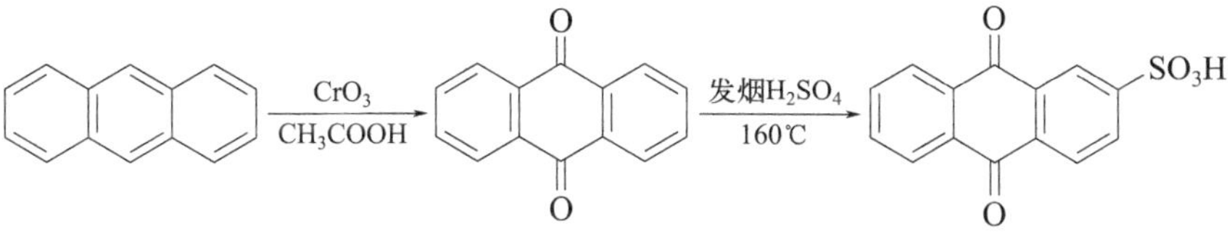

（4）

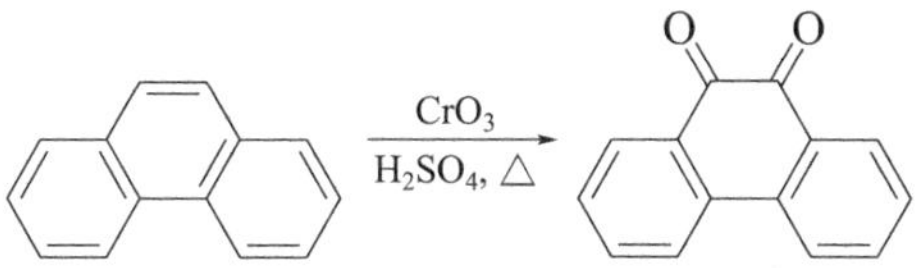

12. 高温焦油中的芴和二氢苊的含量较高，各约占 1.0% ~ 2.0%，它们作为医药、农药、染料、工程塑料的原料，日益受到重视。

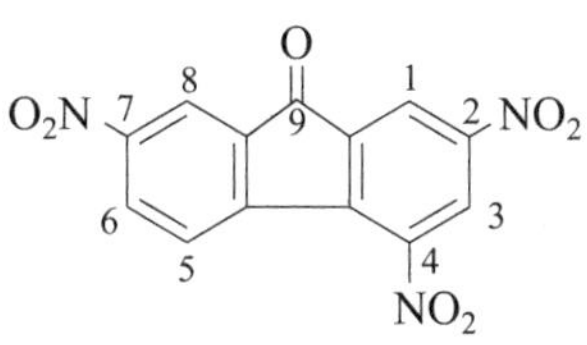

2,4,7-三硝基-9-芴酮 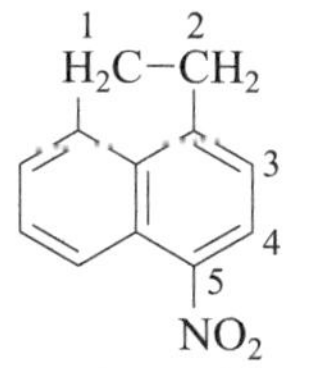　　　1,2-二氢-5-硝基苊

（1）解释为什么芴的 pK_a 比二氢苊的小；

（2）芴也可在 $FeCl_3$ 催化作用下，由联苯与卤代烃反应制得，写出该转化的反应式；

（3）请写出由芴制备光敏剂 2,4,7-三硝基-9-芴酮的反应式；

（4）1,2-二氢-5-硝基苊可用作光刻胶增感剂，请以二氢苊为原料合成之；

（5）萘-1,8-二甲酸酐可用作染料、农药、医药及聚酯树脂的中间体，请查阅文献，写出由二氢苊制备该化合物的反应式。

参考答案:(1)共轭酸失去质子后形成的负离子越稳定,平衡越偏向右侧,共轭酸的酸性就越强,pK_a值就越小。二氢苊脱质子形成的负离子仅与一个芳环相连,可通过 p -π共轭向芳环分散负电荷获得稳定,而芴失去质子后形成的负离子具有芳香性(π电子数为14个),更稳定,因此芴的酸性更强,pK_a比二氢苊的小。

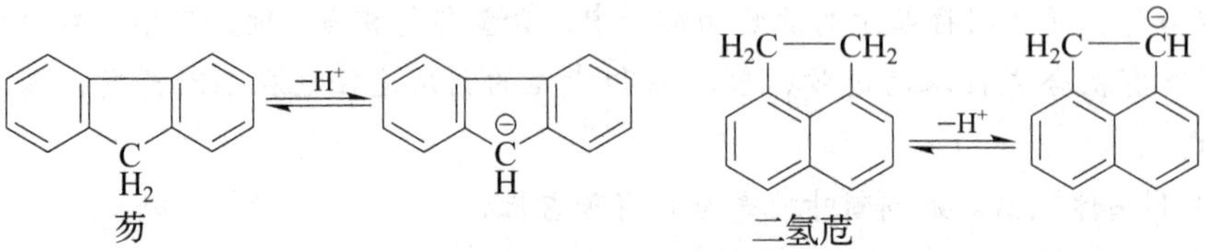

（2）

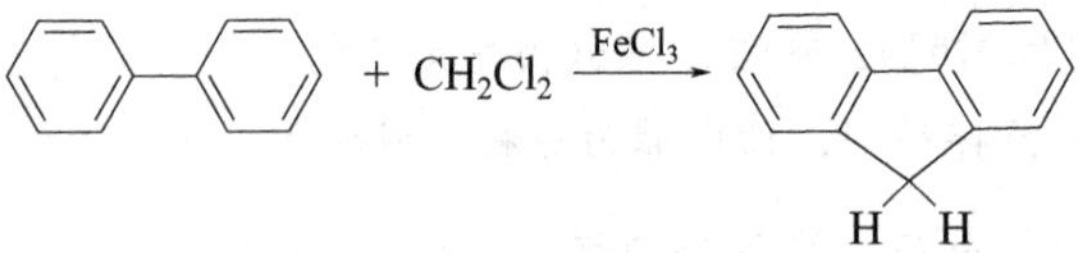

（3）

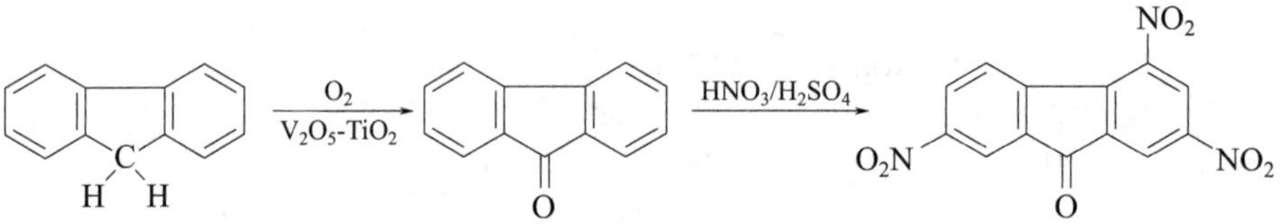

（4）

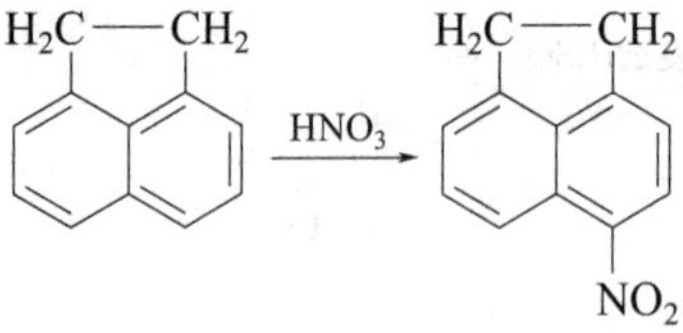

（5）

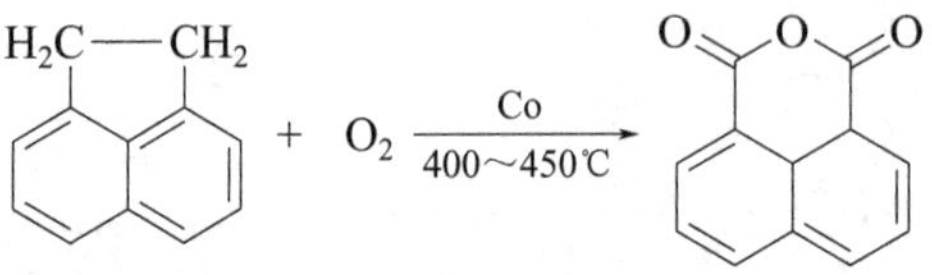

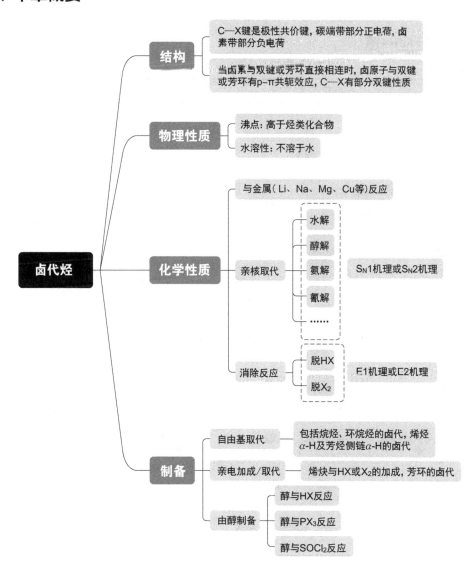

第九章

卤代烃、烃基卤硅烷

一、本章概要

卤代烃

结构
- C—X键是极性共价键，碳端带部分正电荷，卤素带部分负电荷
- 当卤素与双键或芳环直接相连时，卤原子与双键或芳环有p-π共轭效应，C—X有部分双键性质

物理性质
- 沸点：高于烃类化合物
- 水溶性：不溶于水

化学性质
- 与金属（Li、Na、Mg、Cu等）反应
- 亲核取代
  - 水解
  - 醇解
  - 氨解
  - 氰解
  - ......
  - S_N1机理或S_N2机理
- 消除反应
  - 脱HX
  - 脱X_2
  - E1机理或E2机理

制备
- 自由基取代 —— 包括烷烃、环烷烃的卤代，烯烃α-H及芳烃侧链α-H的卤代
- 亲电加成/取代 —— 烯炔与HX或X_2的加成，芳环的卤代
- 由醇制备
  - 醇与HX反应
  - 醇与PX_3反应
  - 醇与$SOCl_2$反应

二、结构与化学性质

取代反应 $-\overset{|}{\underset{H}{C}}-\overset{\delta^+}{\underset{|}{C}}\overset{\delta^-}{X}$ 消除反应 $-\overset{|}{\underset{H}{C}}-\overset{\delta^+}{\underset{|}{C}}\overset{\delta^-}{X}$

$\underset{Nu^-}{}$ $:B^-$

卤原子电负性较大，产生吸电子诱导效应，导致与卤原子直接相连的 α-C 显正电性，易接受亲核试剂的进攻，C—X 键断裂，发生 S_N2 亲核取代反应，β-H 易受碱的进攻，发生 E2 消除反应，脱去一分子 HX，生成烯烃。

也可能 C—X 键首先异裂，产生碳正离子，再接受亲核试剂进攻，发生 S_N1 亲核取代反应，或碳正离子脱 H^+，发生 E1 消除反应。

除此之外，卤代烃还可以与金属反应，转化成有机金属试剂（例如 $R-X \rightarrow R-MgX$），这是一个极性翻转的反应，与金属相连的 R 基呈负电性，是碳负离子的来源。

三、重要反应一览

	反应	反应要点
与金属反应	与Mg反应： $RX + Mg \xrightarrow{\text{无水乙醚}} RMgX$ 与Li反应： $RX + 2Li \xrightarrow[\text{低温}]{\text{乙醚}} RLi + LiBr$ 与Na反应： $RX + 2Na \longrightarrow RNa + NaX$ $\xrightarrow{RX} R-R + NaCl$	✓ 由RX（R基带正电荷）转变为RM（R基带负电荷），是一个极性翻转反应； ✓ 反应均需在无水非质子性溶剂中进行； ✓ 有机金属试剂的活泼性：RNa＞RLi＞RMgX； ✓ 有机金属试剂可与卤代烃偶联，使碳数翻倍；但活泼有机金属试剂与卤代烃的偶联剧烈，引起爆炸，常用铜锂试剂。
亲核取代	水解： $RX + NaOH \xrightarrow[\triangle]{H_2O} ROH + NaX$ 醇解： $RX + R'ONa \longrightarrow ROR' + NaX$ 氰解： $RX + NaCN \longrightarrow RCN + NaX$ 氨解： $RX + NH_3(\text{过量}) \longrightarrow RNH_2 + NaX$	✓ 通过卤代烃的亲核取代，可在分子中引入—OH、—OR、—NH$_2$、—CN、—OCOR、—X等基团； ✓ 伯卤代烷易发生取代反应，α-C和β-C取代基增加，都使亲核取代的比例降低，消去反应比例增加； ✓ 亲核试剂同时具有碱性，若试剂亲核性较强而碱性较弱时，易发生亲核取代；

反应	反应要点
亲核取代 与AgNO₃反应： $$RX + AgNO_3 \xrightarrow{\text{醇}} RONO_2 + AgX \downarrow$$ 与羧酸钠反应： $$\underset{\text{CH}_2\text{Cl}}{\bigcirc} + \underset{\text{COONa}}{\bigcirc} \xrightarrow{\text{季铵盐}}$$ $$\bigcirc - CH_2 - \overset{O}{C} - \bigcirc$$ 与炔钠反应： $$RC \equiv C^- + R'CH_2 - X \longrightarrow RC \equiv C - CH_2R' + X^-$$ 卤素交换反应： $$\underset{\underset{Br}{\mid}}{CH_3CHCH_3} + NaI \xrightarrow[\triangle]{\text{丙酮}} \underset{\underset{I}{\mid}}{CH_3CHCH_3} + NaBr \downarrow$$	✓ 亲核取代主要有两类机理：S_N1反应和S_N2反应，伯卤烷易发生S_N2亲核取代，叔卤烷易发生S_N1亲核取代； ✓ S_N2反应特征：一步反应，二级反应，产物构型翻转； ✓ S_N1反应特征：两步反应，一级反应，产物为外消旋体，有重排产物； ✓ RX与AgNO₃的反应是典型的S_N1机理，RX的溶剂解反应也多数为S_N1机理； ✓ 其它各类亲核取代以S_N2反应居多，究竟按何种机理进行，取决于卤代烃的结构和反应条件。
消除反应 **脱卤化氢** $$\underset{\underset{H}{\mid}}{CH_3 \overset{H}{\underset{\beta}{\overset{\mid}{C}}} \overset{H}{\underset{\alpha}{\overset{\mid}{C}}} \overset{H}{\underset{\beta}{\overset{\mid}{C}}} H} \xrightarrow[C_2H_5OH]{NaOH} \begin{array}{c} CH_3CH = CHCH_3 \\ 81\% \\ + CH_3CH_2CH = CH_2 \\ 19\% \end{array}$$	✓ 在碱溶液中进行，从含氢少的β-C脱氢，遵循查依采夫规则； ✓ 反应速率：叔卤烷＞仲卤烷＞伯卤烷； ✓ 若是E2反应，则为反式消除，即脱去的卤素和氢反式共面。
脱卤素 $$\underset{\underset{Br}{\mid}}{CH_3CH} - \underset{\underset{Br}{\mid}}{CHCH_3} \xrightarrow[\text{或NaI/丙酮}]{Zn/C_2H_5OH} CH_3CH = CHCH_3$$	✓ 邻二卤代烷与锌粉、镁粉反应，脱除卤素生成烯烃； ✓ 烯烃先与卤素反应生成邻二卤代烷，再脱除卤素恢复碳碳双键，可用于烯键的保护。

卤代烃的制备

	反应	反应要点
自由基取代	$$RH \xrightarrow{Cl_2, h\nu} RCl + HCl$$ $$CH_3 - CH = CH_2 \xrightarrow{NBS, ROOR} \underset{\underset{Br}{\mid}}{CH_2} - CH = CH_2$$ $$\bigcirc - CH_2CH_3 \xrightarrow{Cl_2, h\nu} \bigcirc - \underset{\underset{CHCH_3}{\mid}}{\overset{Cl}{C}} + HCl$$	✓ 烷烃、烯丙位、苄位的卤代均为自由基取代历程； ✓ 反应条件为光照、高温或自由基引发剂。
亲电加成和取代	$$CH_3 - CH = CH_2 \xrightarrow{HBr} \underset{\underset{Br}{\mid} \; \underset{H}{\mid}}{CH_3 - CH - CH_2}$$ $$CH_3 - CH = CH_2 \xrightarrow{Br_2 \atop CCl_4} \underset{\underset{Br}{\mid} \; \underset{Br}{\mid}}{CH_3 - CH - CH_2}$$ $$\bigcirc \xrightarrow{Cl_2, Fe} \bigcirc - Cl + HCl$$	✓ 烯炔与卤化氢或卤素的亲电加成可以制备卤代烃； ✓ 苯及其衍生物与卤素在路易斯酸催化下发生亲电取代，可制备卤苯型化合物。

续表

	反应	反应要点
由醇制备卤代烃	醇与氢卤酸（HX）反应： $R{-}OH + HX \rightleftharpoons R{-}X + H_2O$ 醇与PX_3（X=Cl、Br、I）或PCl_5反应： $3\,ROH \xrightarrow[\text{或}P+X_2]{PX_3} 3\,RX + H_3PO_3 \quad (X{=}Br、I)$ 醇与$SOCl_2$反应： $ROH + SOCl_2 \xrightarrow{\triangle} RCl + SO_2\uparrow + HCl\uparrow$	✓ 醇与卤化氢制备卤代烃可能经历单分子或双分子历程，若为单分子历程，可能有重排和消除副产物； ✓ 伯醇与三卤化磷反应按S_N2机理进行，仲醇和叔醇与三卤化磷主要按S_N1机理进行； ✓ 醇与$SOCl_2$的反应无重排，构型保持，为S_Ni机理（分子内亲核取代）。

四、重点与难点

重点1：亲核取代反应

卤代烃的亲核取代反应主要分为S_N1和S_N2两种机理，特点如下表所示。

	S_N1反应	S_N2反应
底物	叔卤烃＞仲卤烃＞伯卤烃	伯卤烃＞仲卤烃＞叔卤烃
亲核试剂	与亲核试剂浓度无关	与亲核试剂浓度有很大关系
离去基团	离去性能好，利于反应	离去性能好，利于反应
反应步骤	两步反应（碳正离子中间体）	一步反应
重排产物	有重排产物	无重排产物
产物构型	外消旋化	构型翻转
溶剂	质子性溶剂有利	非质子偶极溶剂有利
代表	卤代烃与硝酸银在醇溶液中反应	卤代烃与碘化钠在丙酮中反应

重点2：取代和消除的竞争

卤代烃中的亲核取代和消除反应是相互竞争的。例如，S_N2和E2是一对竞争反应，亲核试剂直接进攻α-C，引起S_N2反应，若亲核试剂作为碱进攻β-H，则引起E2反应，这是同一种试剂进攻底物不同部位引起的竞争。单分子历程的S_N1和E1也是一对竞争反应，反应开始时经历相同的步骤：C—X键拉长、断裂，产生碳正离子，碳正离子与亲核试剂结合即为S_N1反应，碳正离子脱去质子生成烯烃则为E1反应，这是同一种中间体两种不同反应途径的竞争。

一般来说，伯卤烃更倾向于发生取代反应（如果β-碳上有活泼氢消除反应比例增大）；

而叔卤烃更容易发生消除反应。消除反应涉及C—H键（键能：414.2 kJ/mol）的断裂，所需能量高，相应的过渡态电荷更分散，因此温度升高，溶剂极性降低，均有利于消除反应。

难点1：取代反应中的立体化学

若卤代烃反应中心为手性碳时，如果发生S_N1反应，产物理论上为外消旋体；如果发生S_N2反应，产物构型翻转；如果反应没有发生在手性碳上，产物构型不变。

难点2：消除反应中的立体化学

含有两种或两种以上β-H的卤代烃发生消除反应时，不管是E1机理，还是E2机理，在可能的情况下消除产物遵循查依采夫规则，即生成双键上取代基最多的烯烃。

E1反应中，如果生成的烯烃有E和Z构型时，主要得到E-型产物。

E2反应为反式消除，即卤素和β-H处于反式共面时，消除反应方能发生。例如，顺-1-溴-2-甲基环己烷中与Br反式共面的β-H有两个，都可以发生消除反应，有两种消除产物，主产物符合查依采夫规则；反-1-溴-2-甲基环己烷中只有一个β-H与Br反式共面，因此只有一种消除产物，立体化学的要求使产物反查依采夫规则。

五、例题解析

1. 选择题

（1）比较下列碳正离子的稳定性（　　）。　　　　　　　　　　　（2021年真题）

A. 环己基—CH₃（叔）　　　　　B. 环己基—CH₃　　　　　C. 环己基—CH₃

分析：A为叔碳正离子，B、C均为仲碳正离子，考虑σ-p超共轭效应，B有3个、C有4个C—Hσ键与碳正离子的p轨道产生σ-p超共轭效应，故A＞C＞B。

（2）比较下列碳正离子的稳定性（　　）。　　　　　　　　　　　（2020年真题）

A.　　　　　　　　　　B.　　　　　　　　　　C.

分析：虽然A是仲碳正离子，B、C为叔碳正离子，但B、C是桥头碳正离子，张力较大，稳定性不如A。而C的桥更短，张力更大，故A＞B＞C。

（3）将下列化合物与NaI-丙酮反应的活性由大到小排序（　　）。　（2018年真题）

A. $CH_3CH_2CH_2CH_2Br$　　B. $CH_3CH_2\overset{\displaystyle Br}{\underset{\displaystyle |}{C}}HCH_3$　　C. 　　D. $CH_2=CHCH\overset{\displaystyle Br}{\underset{\displaystyle |}{C}}H_3$...

D. $CH_2=CH\overset{\displaystyle Br}{\underset{\displaystyle |}{C}}HCH_3$

分析：卤代烃与NaI-丙酮反应遵循S_N2机理，伯卤烃＞仲卤烃＞叔卤烃，而烯丙基卤代烃和苄基卤代烃的S_N1或S_N2反应都很快。C不仅是叔卤烷，更重要的是Br在桥头碳上，位阻很大，I^-不易从背后进攻，反应最慢，故D＞A＞B＞C。

（4）下列化合物可用于制备格氏试剂的是（　　）。　（2022年真题）

A. $CH_2=CHCl$　　　　B. $HOCH_2CH_2Cl$　　　　C. $BrCH_2COCH_3$　　　　D. $HC\equiv CCH_2Br$

分析：不是所有的卤代烃都可以制备格氏试剂。化合物B和D含有活泼氢，无法制备格氏试剂；化合物C含有羰基，需将羰基保护后才可以制备格氏试剂；化合物A中的Cl虽然很不活泼（同氯苯），但是可以在无水四氢呋喃中制备格氏试剂。答案选A。

2. 完成下列反应，并指出反应机理

（1）$CH_3CH_2CH_2Br + CH_3O^- \xrightarrow[50℃]{CH_3OH}$

分析：反应物为伯卤烃，离去基团离去倾向大，且亲核试剂亲核性强，易发生S_N2反应，主要产物为$CH_3CH_2CH_2OCH_3$。

（2）$CH_3CH_2CH_2Br + (CH_3)_3CO^- \xrightarrow[50℃]{CH_3OH}$

分析：亲核试剂体积较大，碱性强，直接进攻α-碳的位阻较大，易进攻β-H，脱去一分子HBr，发生E2反应，主要产物为$CH_3CH=CH_2$。

（3） $\xrightarrow[25℃]{CH_3OH}$

分析：反应物为叔卤烃，甲醇既是溶剂又是亲核试剂（溶剂解反应），亲核性和碱性都不强，易发生S_N1反应，主要产物为。

（4） $+ CH_3O^- \xrightarrow[50℃]{CH_3OH}$

分析：叔卤烃在碱性溶液中更容易发生E2反应，主要产物为。

（5） $\xrightarrow[25℃]{CH_3OH}$

分析：同（3），叔卤烃的溶剂解反应，易按S_N1历程进行，需要关注的是反应中心为手性碳原子，经历S_N1历程生成外消旋体，主要产物为 和 。

（6） 
$$H\overset{CH_3}{\underset{CH_2CH_3}{-}}Br \ + \ I^- \ \xrightarrow[50℃]{CH_3OH}$$

分析： 仲卤烃的卤素交换反应按照 S_N2 机理进行，生成构型翻转的产物 $I\overset{CH_3}{\underset{CH_2CH_3}{-}}H$。

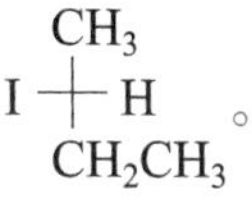

3. 完成下列反应

（1）$\underset{\overset{|}{Br}}{CH_3CH_2CH}-CH=CH_2 \ \xrightarrow[CH_3COOH]{CH_3COONa} (A)$ 　（2018年真题）

分析： 反应物为烯丙基溴，既易发生 S_N1 反应，又易发生 S_N2 反应；乙酸根负离子亲核性和碱性都不强，故发生 S_N1 反应。烯丙基碳正离子通过 p-π 共轭可产生两种共振式：

$CH_3CH_2\overset{+}{C}H-CH=CH_2$ 和 $CH_3CH_2CH=CH-\overset{+}{C}H_2$，故产物（A）为 $\underset{CH_3CH_2CH-CH=CH_2}{\overset{OCOCH_3}{\overset{|}{}}}$ 和

$CH_3CH_2CH=CH-CH_2OCOCH_3$。

（2）$\underset{\overset{|}{Br}}{CH_3CH_2CH}-CH=CH_2 \ \xrightarrow[C_2H_5OH]{C_2H_5ONa} (B)$ 　（2020年真题）

分析： 化合物为烯丙型卤烃，且乙醇钠/乙醇溶液呈强碱性，故发生 E2 反应，产物 B 为 $CH_3CH=CH-CH=CH_2$。

（3）$H\overset{CH_3}{\underset{CH_2CH_3}{-}}OH \ \xrightarrow{SOCl_2} (C) \ \xrightarrow{CN^-} (D) \ \xrightarrow[\triangle]{H_3O^+} (E)$ 　（2021年真题）

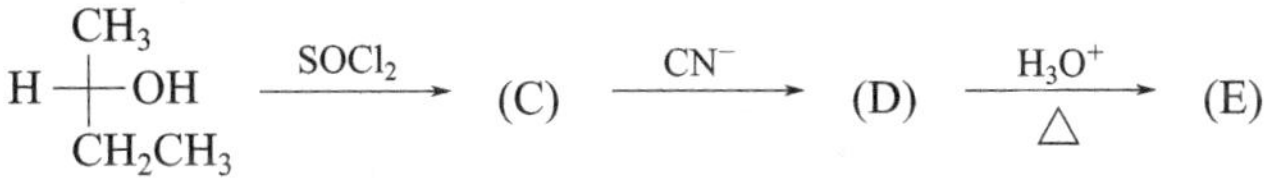

分析： 卤化磷与二氯亚砜制备卤代烃构型保持，C 为 $H\overset{CH_3}{\underset{CH_2CH_3}{-}}Cl$。仲卤代烃与 CN^- 的反应

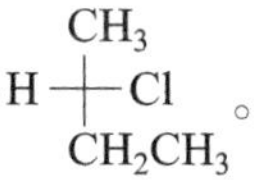

为 S_N2 反应，构型翻转，D 为 $NC\overset{CH_3}{\underset{CH_2CH_3}{-}}H$，氰基水解不影响手性碳构型，E 为 $HOOC\overset{CH_3}{\underset{CH_2CH_3}{-}}H$。

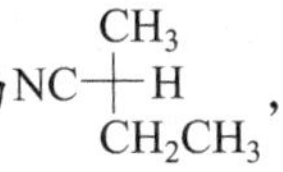

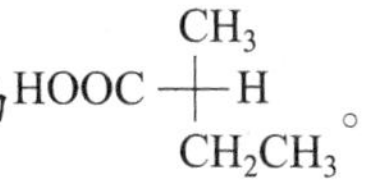

4. 机理题

（1） 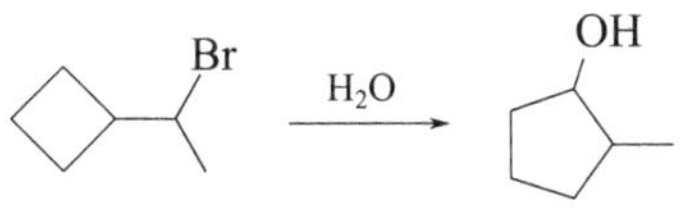 　（2021年真题）

分析： H_2O 的亲核性较弱，因此反应按照 S_N1 机理进行。四元环张力大，不稳定，会发生扩环重排。

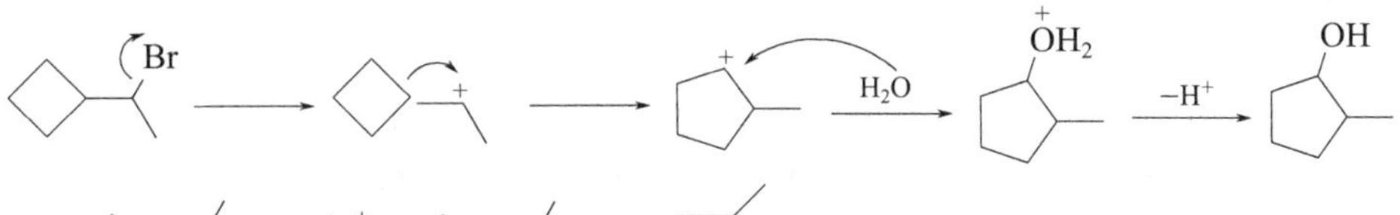

（2）

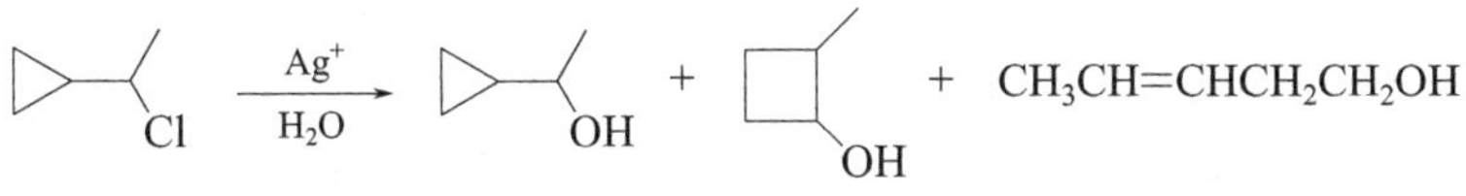

（2022年真题）

分析： 卤代烃和硝酸银反应按照 S_N1 机理进行，碳正离子和亲核试剂（H_2O）结合，得到

取代产物 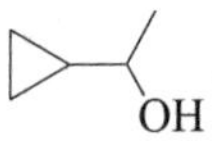 ，碳正离子还可以发生扩环重排，得到 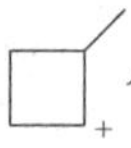 后与 H_2O 结合得到 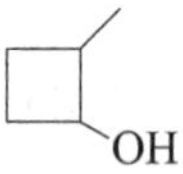 ，碳正离子还可以破环重排成 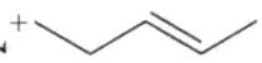 ，与 H_2O 结合得到 $CH_3CH=CHCH_2CH_2OH$。

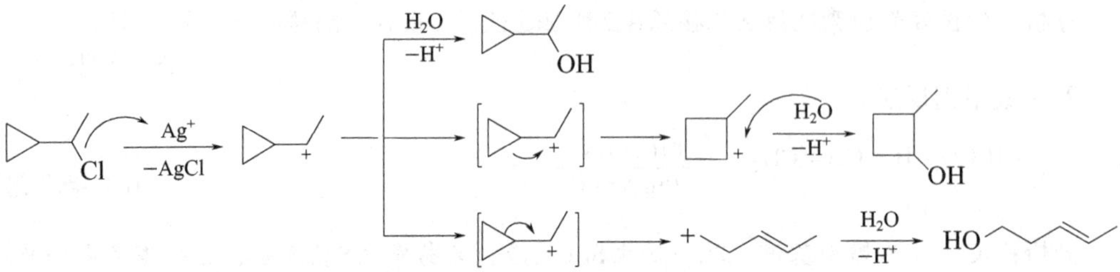

第九章　综合练习题（参考答案）

1. 用系统命名法命名下列化合物或写出化合物的结构式。

（1） 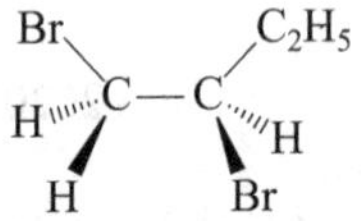　　（2） 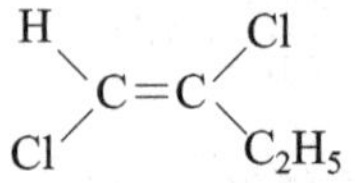　　（3）$BrCH_2CHC≡CCH_3$ 下接 CH_3

（4） 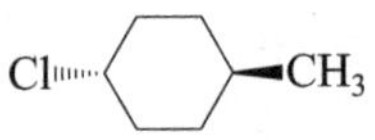　（5） 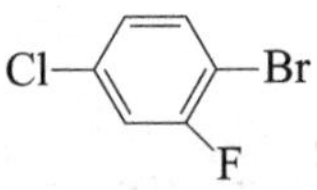　（6）

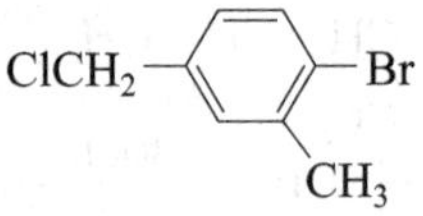

（7）1-(溴甲基)-4-氯苯　　（8）烯丙基溴　　（9）碘仿

参考答案：

（1）(2R)-1,2-二溴丁烷　　　　　（2）反-1,2-二氯丁-1-烯或(E)-1,2-二氯丁-1-烯

（3）5-溴-4-甲基戊-2-炔　　　　　（4）反-1-氯-4-甲基环己烷

（5）1-溴-4-氯-2-氟苯　　　　　　（6）1-溴-4-(氯甲基)-2-甲基苯

（7）Cl——CH_2Br　　（8）$CH_2=CHCH_2Br$　　　（9）CHI_3

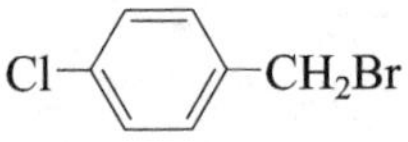

2. 将下列各组化合物的偶极矩按从大到小排序。

（1）CH_3F、CH_3Cl、CH_3Br 和 CH_3I；

（2）$Cl_2C=CCl_2$、$ClCH=CH_2$ 和 CH_3CH_2Cl。

参考答案： 偶极矩 $\mu = q \times d$，不仅跟正负电荷中心所带电量有关，还与正负电荷中心距离有关。

（1）偶极矩由大到小的次序为：$CH_3Cl > CH_3F > CH_3Br > CH_3I$

氟原子电负性虽大于氯，但C—F键较短，偶极矩反而小于 CH_3Cl。

（2）偶极矩由大到小的次序为：$CH_3CH_2Cl > ClCH=CH_2 > Cl_2C=CCl_2$

饱和碳为 sp^3 杂化，烯碳为 sp^2 杂化，碳原子s成分越高，碳原子电负性越大，与Cl的电负性差异越小，正负电荷中心所带电量越小，且 C_{sp^3}—Cl键比 C_{sp^2}—Cl长，因此偶极矩 $CH_3CH_2Cl > ClCH=CH_2$。四氯乙烯尽管有四个氯原子，但呈对称结构，键的极性相互抵消，偶极矩为0。

3. 将下列各组试剂按亲核性由强到弱排序。

（1）C_2H_5OH、$C_2H_5O^-$、HO^-、$C_6H_5O^-$、CH_3COO^-

（2）$(CH_3)_3C^-$、NH_2^-、HO^-、F^-

（3）在质子溶剂中的F^-、Cl^-、Br^-、I^-

参考答案：

（1）$C_2H_5O^- > HO^- > C_6H_5O^- > CH_3COO^- > C_2H_5OH$

（2）$(CH_3)_3C^- > NH_2^- > HO^- > F^-$

（3）$I^- > Br^- > Cl^- > F^-$

4. 将下列各组化合物按反应速率由快到慢排序，并简要说明理由。

（1）水解反应：

A：苯—CH_2Br B：O_2N—苯—CH_2Br C：H_3C—苯—CH_2Br

（2）与$AgNO_3$的乙醇溶液反应：

A：$CH_2=CHCH_2Cl$ B：$(CH_3)_2CHCl$ C：$(CH_3)_2CHCH_2Cl$ D：$CH_3CH=CHCl$

（3）在丙酮溶液中与NaI的反应：

A：$CH_3CH_2CH_2Cl$ B：$(CH_3)_2CHCl$ C：（含Cl的双环结构）

参考答案：

（1）水解反应速率：C＞A＞B。

溶剂解反应通常按S_N1历程进行，甲基是供电子基团，有利于中间体碳正离子的稳定，故其反应速率最快，而硝基为吸电子基团，不利于碳正离子正电荷的分散，故最慢。

（2）与$AgNO_3$的乙醇溶液反应速率：A＞B＞C＞D。

卤代烃与$AgNO_3$/乙醇溶液的反应属于S_N1历程，反应速率与碳正离子稳定性一致。A反应中间体为烯丙型碳正离子，可以通过p-π共轭分散正电荷，故最稳定；B中间体为仲碳正离子，C为伯碳正离子；D为乙烯型氯，氯最难被取代。

（3）在丙酮溶液中与NaI的反应速率：A＞B＞C。

NaI/丙酮有利于S_N2反应，卤代烃α-碳或β-碳上的支链越多，位阻越大，反应的活化能越高，反应速率则越低。A为伯卤烷，B为仲卤烷，C为环状叔卤烷，空间位阻大，不利于亲核试剂从背后进攻，若按S_N1机理，也难以形成平面构型的碳正离子。

5. 下列关于卤代烃各类反应特性，说法正确的是（   ）。

（1）叔丁基溴水解反应中，升高反应温度，则消除产物比例提高；

（2）2-溴丙烷在乙醇钠的乙醇溶液反应体系中主要发生的是E2反应；

（3）增大溶剂的极性不利于消除反应，而有利于取代反应，尤其有利于S_N1反应；

（4）某卤代烃取代反应后的混合产物有旋光性，则该反应一定是S_N2反应。

参考答案：

正确的是（1）（2）（3）。（4）不正确，由于还存在离子对反应机理的可能，产物中构型翻转与构型保留的比例不同，有旋光性。

6. 写出 1-溴丁烷在下列反应条件下反应所得到的主要有机物。

（1）NaOH 水溶液　　　（2）NaOH/乙醇溶液，加热　　　（3）(CH$_3$)$_2$CuLi/乙醚

（4）溴苯/Na，乙醚　　　（5）CH$_3$C≡CNa　　　（6）CH$_3$COONa/季铵盐

参考答案：

（1）CH$_3$(CH$_2$)$_3$OH　　　（2）CH$_3$CH$_2$CH=CH$_2$　　　（3）CH$_3$(CH$_2$)$_3$CH$_3$

（4）

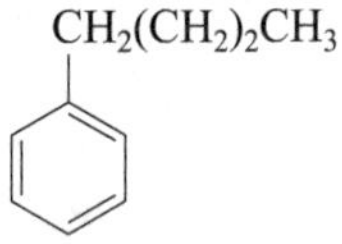

（5）CH$_3$(CH$_2$)$_3$C≡CCH$_3$　　　（6）CH$_3$COO(CH$_2$)$_3$CH$_3$

7. 用简单的化学方法鉴别下列化合物。

（1）

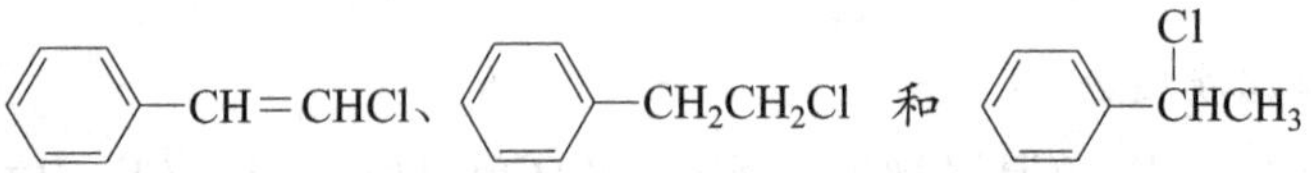

（2）

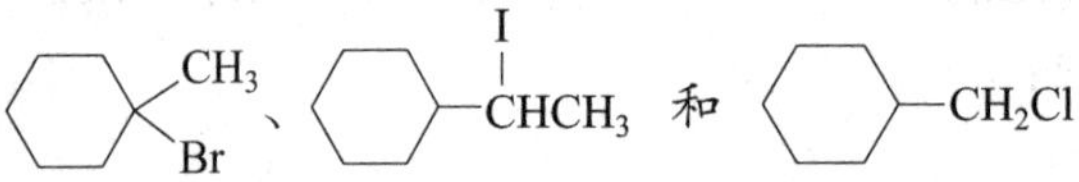

参考答案：

（1）取三种化合物各少许，分别加入 AgNO$_3$ 的乙醇溶液（S$_N$1 历程），立即生成白色沉淀的为 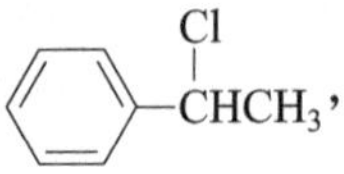
，加热后生成白色沉淀的为 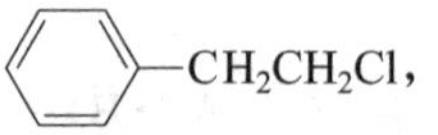
，加热仍无现象的是 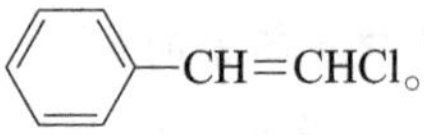
。

（2）取三种化合物少许，分别加入 AgNO$_3$ 的乙醇溶液，很快能生成淡黄色沉淀的为 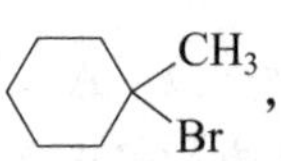
，生成黄色沉淀的为 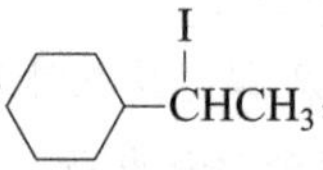
，加热后才能生成白色沉淀的为 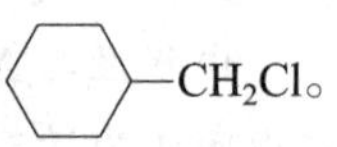
。

8. 完成下列反应，写出主要反应产物或反应条件。

（1）

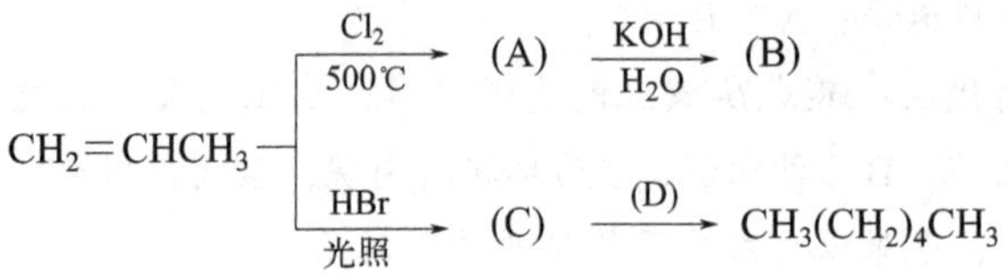

（2）

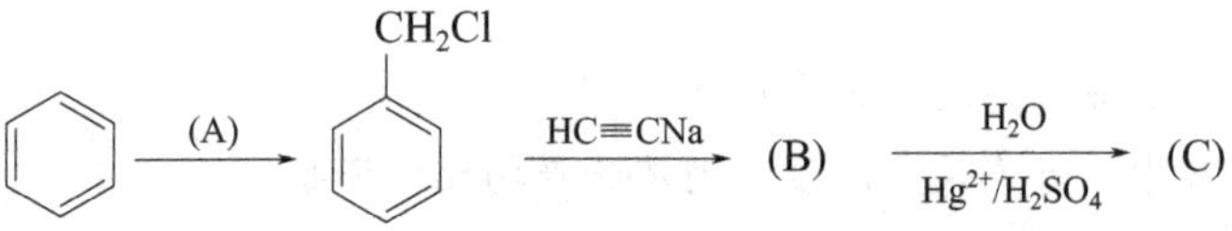

（3）

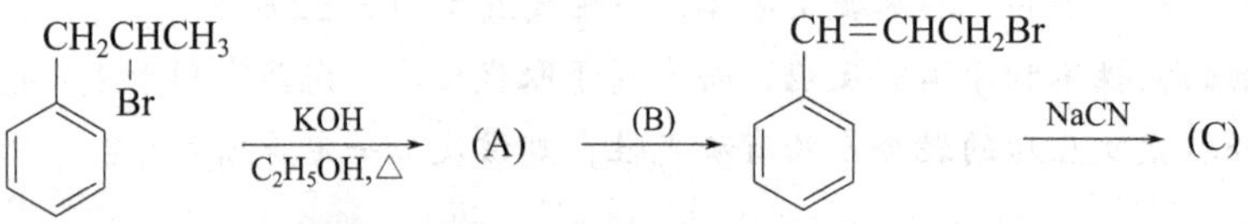

（4）

$$\xrightarrow[\text{② } H_2O_2/OH^-]{\text{① } B_2H_6} \text{(A)} \xrightarrow{\text{(B)}} \text{(CH}_2\text{CH}_2\text{Cl)} \xrightarrow[\text{乙醚}]{\text{Mg}} \text{(C)} \xrightarrow[\text{② } H_3O^+]{\text{① CH}_3\text{CN/醚}} \text{(D)}$$

（5）

$$\xrightarrow{\text{(A)}} \text{(Cl)} \xrightarrow{\text{(B)}} \text{(MgCl)} \begin{cases} \xrightarrow[\text{② } H_3O^+]{\text{① CO}_2/\text{THF}} \text{(C)} \\ \xrightarrow[\text{② } H_3O^+]{\text{① } \triangle O /\text{THF}} \text{(D)} \end{cases}$$

（6）$CH_3CH_2C\equiv CH$ $\begin{cases} \xrightarrow[\text{过氧化物}]{1\text{mol HBr}} \text{(A)} \\ \xrightarrow{\text{HBr(足量)}} \text{(B)} \xrightarrow[-2\text{ HBr}]{\text{KOH/C}_2\text{H}_5\text{OH}} \text{(C)} \end{cases}$

（7）

$$\xrightarrow[\text{光照}]{\text{Br}_2} \text{(A)} \begin{cases} \xrightarrow{\text{(B)}} \\ \xrightarrow{\text{(C)}} \end{cases}$$

（8）

$$\xrightarrow[\text{丙酮}]{I^-} \text{(A)并标出手性碳原子的构型}$$

（9）

$$\xrightarrow[\text{C}_2\text{H}_5\text{OH}]{\text{KOH}} \text{(A)}$$

（10）

$$\xrightarrow[\text{C}_2\text{H}_5\text{OH}]{\text{KOH}} \text{(A)}$$

参考答案：

（1）A：$CH_2\!=\!CHCH_2Cl$　　　B：$CH_2\!=\!CHCH_2OH$　　　C：$CH_3CH_2CH_2Br$　　　D：Na

（2）A：$(HCHO)_3+HCl/ZnCl_2$　　　B：

　　　C：

（3）A：

　　　B：NBS/过氧化物（引发剂）或Br_2/高温　　C：

（4）A：

　　B：PCl_5或$SOCl_2$　　C：

　　D：

（5）A：HCl+O₂/CuCl₂（工业制备）或 Cl₂/FeCl₃

B：Mg/THF（四氢呋喃）　　C：苯甲酸（COOH取代苯）　　D：2-苯乙醇（CH₂CH₂OH取代苯）

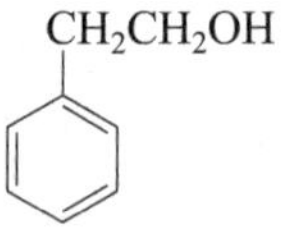

（6）A：$CH_3CH_2CH=CHBr$　　B：$CH_3CH_2CBr_2CH_3$　　C：$CH_3C≡CCH_3$

（7）A：1-甲基-1-溴环己烷（H₃C、Br 取代环己烷）　　B：NaOH/C₂H₅OH　　C：$(CH_3)_3COK/(CH_3)_3COH$

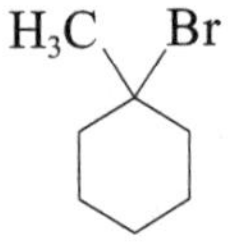

（8）A：（碘、CH₃、H、CH₃、C₂H₅构型结构）(2R,3R)　　（9）Ph、H、Ph、H 的 $C=C$ 结构

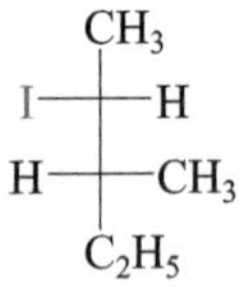

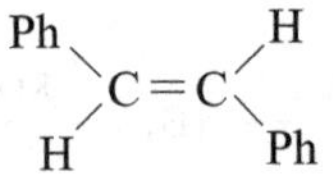

（10）被消除的两个基团必须处于相邻且反式共平面的位置，题目所示的稳定构象：

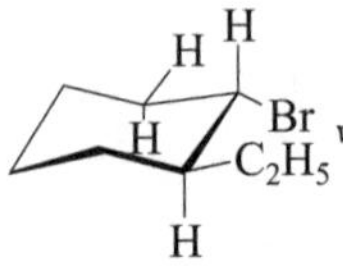

（左侧环己烷构象式，标注 H、H、Br、C₂H₅、H、H）中没有与溴处于反式共平面的氢，需进行构象翻转才能符合要求。（右侧翻转后的环己烷构象式，标注 H₅C₂、H、H、H、Br）

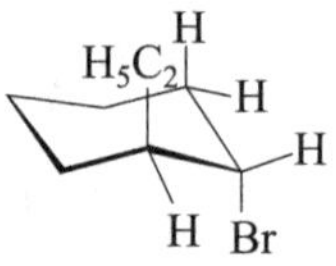

此时只有一个 β-H 与溴处于反式共平面，故消除产物只能是反查依采夫规则的（环己烯，C₂H₅取代）。

9. 聚氯乙烯（PVC）是通用高分子材料。工业上有电石（乙炔）法和乙烯氯氧化法等制备路线，请写出这两种制备聚氯乙烯的主要反应式。

参考答案：

（1）电石反应生产氯乙烯的反应式：$CH≡CH + HCl \xrightarrow[150\sim160℃]{HgCl_2/活性炭} CH_2=CHCl$

（2）乙烯氯氧化法生产氯乙烯的反应式：

首先，氯气与乙烯加成得二氯乙烷，然后在高温下消除一分子HCl得到氯乙烯

$$CH_2=CH_2 + Cl_2 \longrightarrow CH_2Cl-CH_2Cl \xrightarrow[400℃]{裂解} CH_2=CHCl + HCl$$
（氯乙烯）

然后，副产的HCl与空气（或氧气）又发生如下反应，氯得到回收

$$2\,HCl + \frac{1}{2}O_2 \longrightarrow Cl_2 + H_2O$$

乙烯氧氯化法的总反应式为

$$2\,CH_2=CH_2 + Cl_2 + \frac{1}{2}O_2 \longrightarrow 2\,CH_2=CHCl + H_2O$$

（3）氯乙烯在引发剂过氧化物或偶氮二异丁腈（AIBN）作用下，聚合生成聚氯乙烯：

$$n\,CH_2=CHCl \xrightarrow[50℃,1.0MPa]{AIBN} \left[\!\!\begin{array}{c} CH_2-CH \\ | \\ Cl \end{array}\!\!\right]_n$$

10. 按指定原料合成下列化合物，反应中涉及的溶剂、催化剂及无机试剂可任选。

　（1）以丙烯为原料合成 1,2-二溴-3-氯丙烷；

　（2）以丙烯为原料合成 1-溴-3-氯丙烷；

　（3）由环己醇合成 3-溴环己烯；

　（4）由苯、乙酸为原料合成对溴苯乙酮（$Br-\!\!\bigcirc\!\!-COCH_3$）；

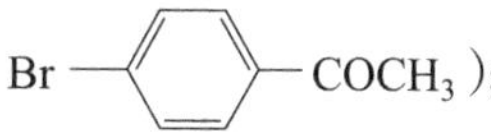

　（5）香精苄基乙基醚（$\bigcirc\!\!-CH_2OC_2H_5$）有类似菠萝样的水果香气，请以甲苯和乙醇钠为原料合成之；

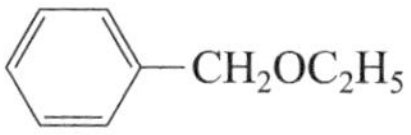

　（6）乙酸苄酯（$\bigcirc\!\!-CH_2OCCH_3$，带O）可作茉莉、白兰、玉簪、月下香等香精的调和香料，请以苯、甲醛和乙酸为原料合成之。

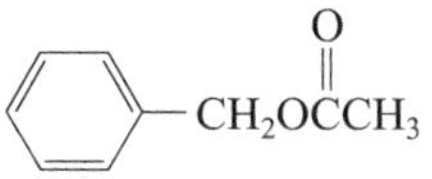

参考答案：

（1）$CH_2=CHCH_3 \xrightarrow[500℃]{Cl_2} CH_2=CHCH_2Cl \xrightarrow[CCl_4]{Br_2} BrCH_2\overset{\underset{\displaystyle Br}{|}}{CH}CH_2Cl$

（2）$CH_2=CHCH_3 \xrightarrow[500℃]{Cl_2} CH_2=CHCH_2Cl \xrightarrow[ROOR]{HBr} BrCH_2CHCH_2Cl$

（3）

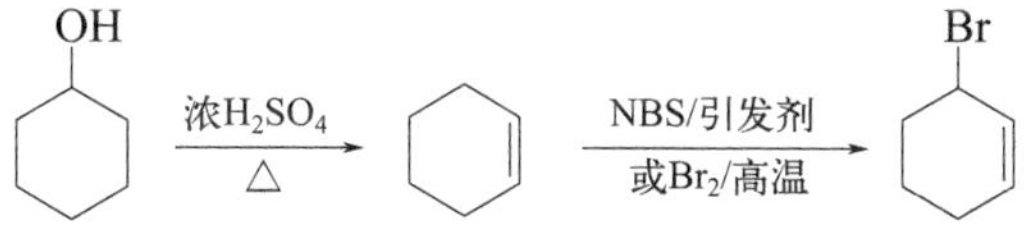

（4）$CH_3COOH \xrightarrow{SOCl_2} CH_3COCl$

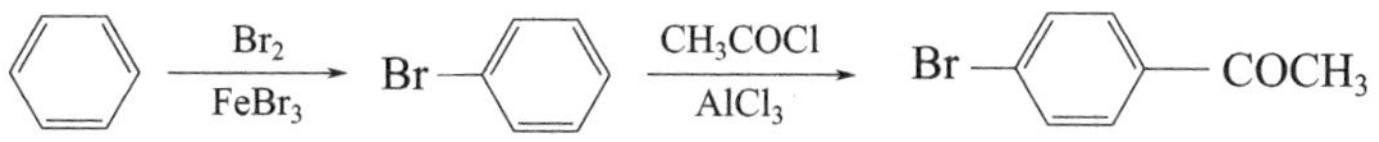

注：也可由乙酸制备乙酸酐，再与溴苯发生傅-克酰基化反应。

（5）

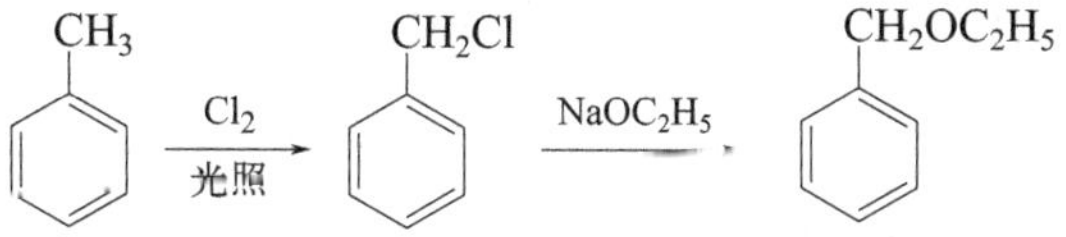

（6）$CH_3COOH \xrightarrow{NaOH} CH_3COONa + H_2O$

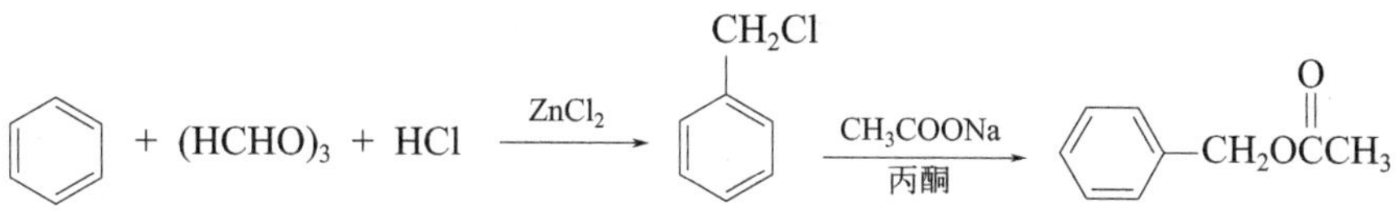

注：也可以用苄氯水解制备苄醇，然后与乙酸在浓硫酸作用下酯化来制备。

11. 写出下列反应的机理，并简要说明理由。

（1）

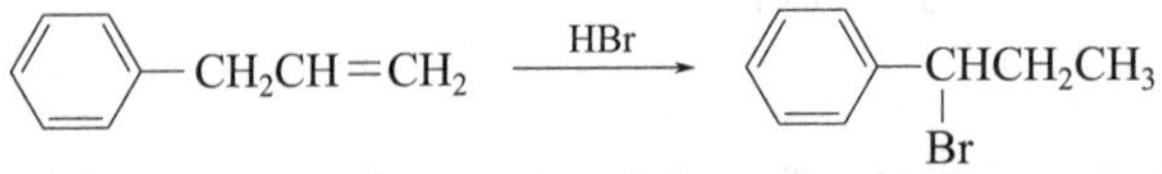

（2）

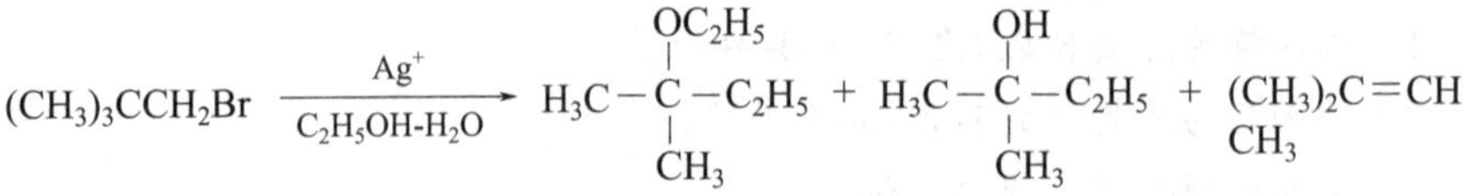

参考答案：

（1）反应机理：

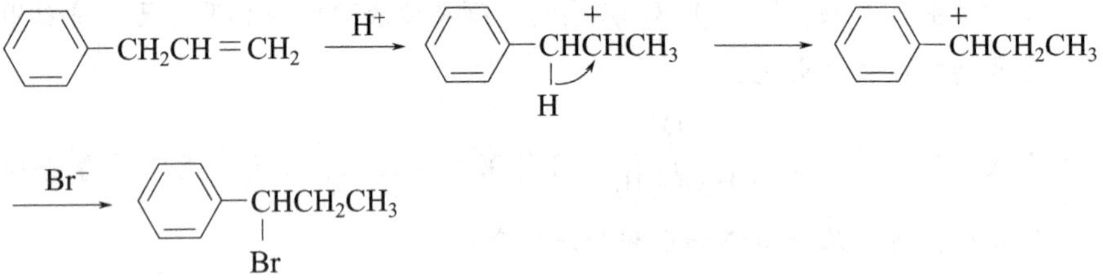

第一步生成的碳正离子为仲碳正离子，邻位碳的氢带一对电子迁移到仲碳正离子上，重排后仍得到仲碳正离子，但此仲碳正离子可通过 p-π 共轭向苯环分散正电荷，更稳定，故重排产物为主要产物。

（2）反应机理：

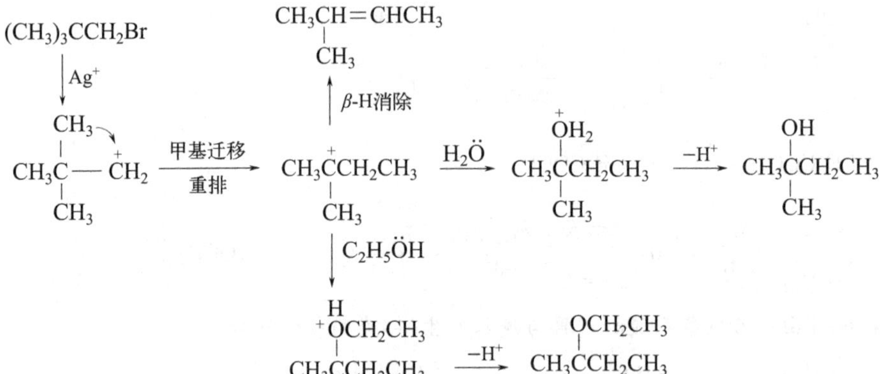

由于 Ag$^+$ 促进了伯碳正离子的生成［参见 9.4.4（1）］，伯碳正离子重排形成更稳定的叔碳正离子，叔碳正离子有两种淬灭途径：①按查依采夫规则，脱去一个 β-H，生成烯烃（E1 消除反应）；②水分子或醇分子作为亲核试剂与碳正离子结合，脱去质子，形成醇和醚两种取代产物（S$_N$1 亲核取代）。

12. (2*R*,3*R*)-2-碘-3-甲基己烷（结构见右图）的甲醇溶液，缓慢加热后发生溶剂解反应，得到 2 种甲醚化的立体异构体。

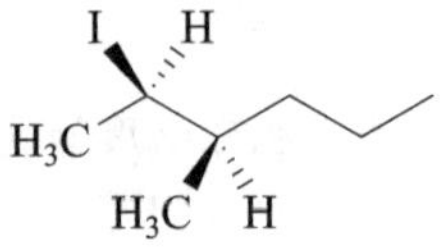

（1）判断该转化的反应机理，简要说明理由；

（2）这两种异构体产物是对映体还是非对映体？

（3）请从右图的立体构型开始，用机理来解释（2）的结果。要求用曲箭头标出电子转移的方向，并标出最终产物的 *R*、*S* 构型。

参考答案：（1）该反应是 S_N1 机理。由于该化合物为仲卤代物，甲醇是一个弱的亲核试剂（不利于 S_N2 反应），且是强的质子性溶剂，有利于 S_N1 反应。另外，若是 S_N2 反应机理，只能得到一种构型转化的甲醚化产物，与题意不符。

（2）反应物中有两个手性碳，发生 S_N1 的手性碳外消旋化，既有构型保持的产物，也有构型翻转的产物；另外一个手性碳的构型保持，故两个产物是非对映体。

（3）反应机理如下（构型标注在下图的结构中）：

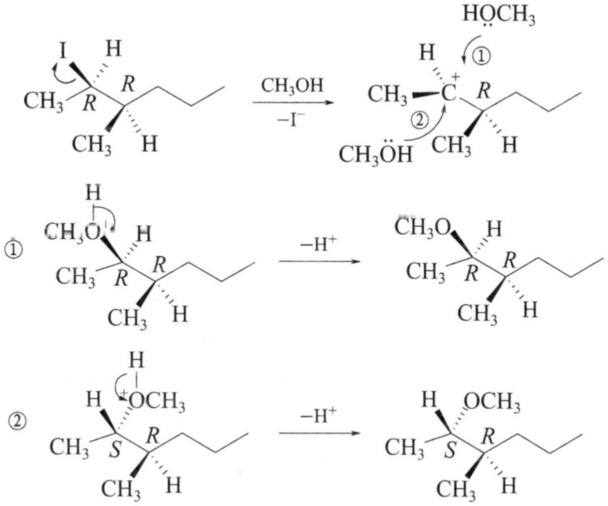

13. 某企业为合理利用资源，以苯为原料经氯苯生产合成解热、镇痛药非那西丁的中间体（化合物 D）的同时，并联产邻氯苯胺（染料、医药等重要中间体）。生产路线如下：

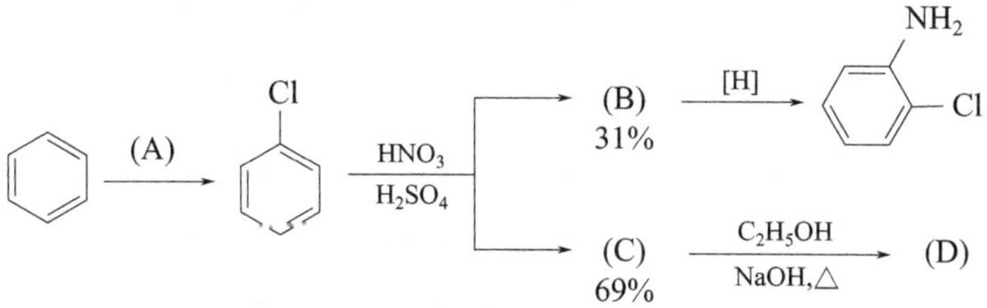

（1）本企业采用苯气相氧氯化法生产氯苯，请写出该转化的反应式；

（2）写出化合物 B 的结构简式；

（3）写出化合物 C 合成化合物 D 的反应式。

参考答案：（1）苯气相氧氯化法生产氯苯的反应式：

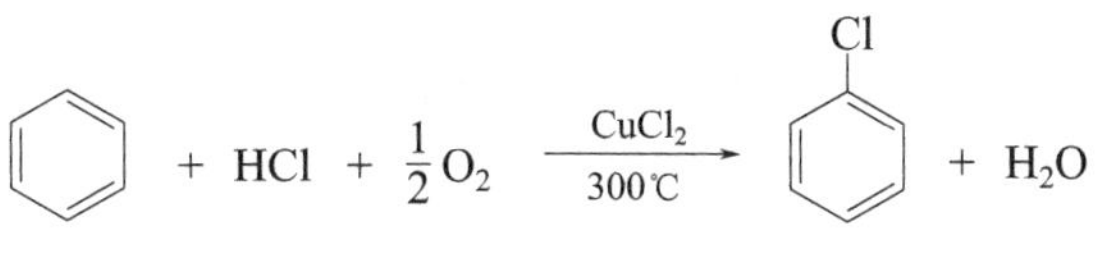

（2）化合物B的结构简式：

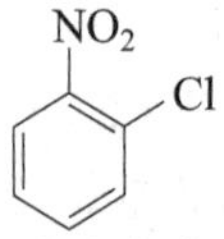

（3）化合物C合成化合物D的反应式：

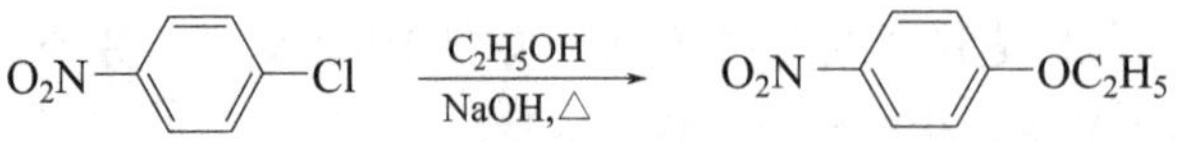

14. 分别用（a）顺-1-氯-2-甲基环己烷、（b）反-1-氯-2-甲基环己烷为原料，设计合成单一的反-2-甲基环己基乙酸酯的转化路线，其它试剂任选。写出有关反应式。

参考答案：（1）以顺-1-氯-2-甲基环己烷为原料的合成路线

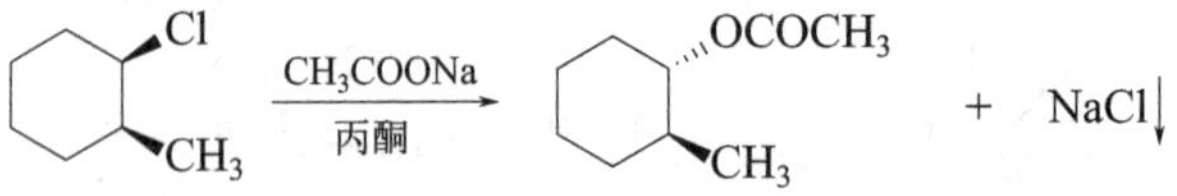

顺-1-氯-2-甲基环己烷为仲卤代烃，乙酸根属于弱碱性、亲核能力强的亲核试剂，故该反应是S_N2机理，产物的构型翻转。溶剂用丙酮，是由于生成的NaCl不溶于丙酮，能促进反应的进行。

（2）以反-1-氯-2-甲基环己烷为原料：由于目的产物与反应物的构型一致，要想得到单一的反-2-甲基环己基乙酸酯，不能用上述方法直接合成，可以考虑利用两次S_N2反应，实现构型的保持，而I⁻既是很好的亲核试剂，又是很好的离去基团，因此可以作为中间产物：

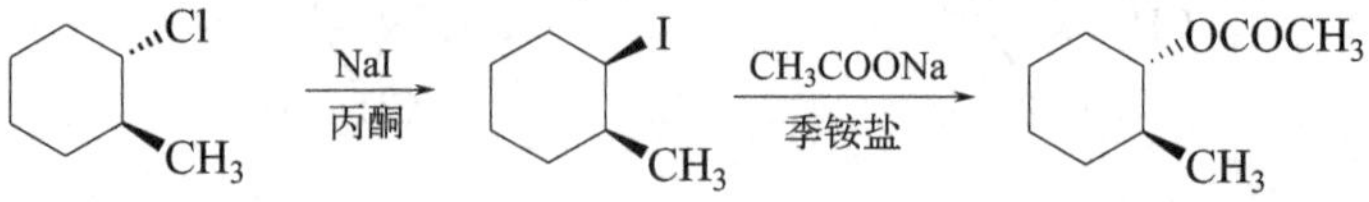

15. 在55℃下，不同的溴烷和乙醇钠在乙醇中反应，其取代和消除产物的百分比如下表所示。

	CH_3CH_2Br	$CH_3(CH_2)_3Br$	$(CH_3)_2CHCH_2Br$	$PhCH_2CH_2Br$
S_N2产物/%	99	91	40.4	5.4
E2产物/%	1	9	59.6	94.6

由表中数据可知，卤代烃β-碳原子上的支链影响取代和消除产物的比例。

（1）卤代烃的烷基结构对取代和消除反应比例的影响规律，并给予简要的解释。

（2）根据总结的规律，预测正丙基溴在此条件下的主要产物及其百分含量的范围。

（3）为什么1-溴-2-苯基乙烷消除反应产物的比例要高得多？请给予合理的解释。写出该消除产物的结构式。

（4）若提高反应温度，则对各消除反应产物的比例有何影响？

参考答案：

（1）没有支链的伯卤代烃在此条件下的主要产物是S_N2取代产物，随着烃基的增长，产物比例略有下降，卤代烃 β-碳原子上的支链使得取代产物的比例大幅降低，消除反应产物的比例增加较快。

　　解释：伯卤烷的 β-碳原子上支链增多时，阻碍了试剂从背面进攻 α-碳原子，不利于 S_N2 反应，而有利于 E2 反应。对于 E2 反应，由于过渡态类似烯烃，烯烃的双键碳原子连接的烃基越多，σ-π 超共轭效应越强，烯烃越稳定，因此 β-碳原子有支链利于 E2 反应。

　　（2）正丙基溴在此条件下的主要产物为取代产物（$CH_3CH_2CH_2OC_2H_5$），其占比在 91%～99% 之间。

　　（3）由于 β-碳原子连有苯基，体积较大，不利于 S_N2 反应；该化合物在进行 E2 反应时，其过渡态有部分烯烃的性质，而苯基与此双键形成了 p-π 共轭体系，增加了过渡态中间体的稳定性，降低了反应所需的活化能，反应速率加快，在产物中所占的比例也高。

　　该产物的结构式为：　　　　　　　　　$\langle\!\!\!\!\bigcirc\!\!\!\!\rangle\!-CH=CH_2$

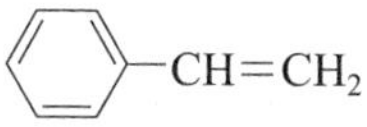

　　（4）因卤代烃消除反应的过渡态中 β 位 C—H 键（键能：414.2 kJ/mol）拉长，部分断裂，因此消除反应的活化能比取代反应大，升高反应温度有利于消除反应。

▶▶ 第十章

醇和醚

一、本章概要

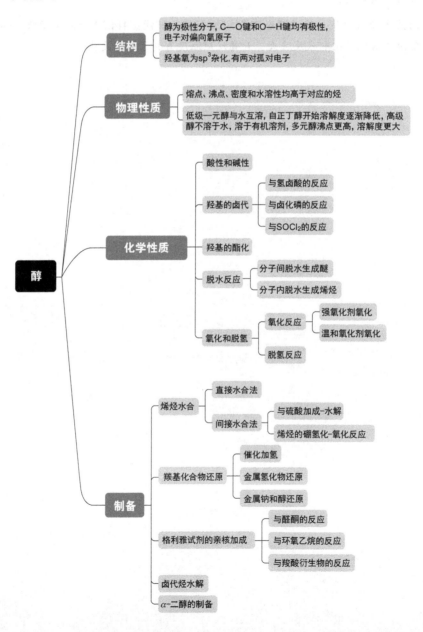

- 醇
  - 结构
    - 醇为极性分子, C—O键和O—H键均有极性, 电子对偏向氧原子
    - 羟基氧为sp³杂化, 有两对孤对电子
  - 物理性质
    - 熔点、沸点、密度和水溶性均高于对应的烃
    - 低级一元醇与水互溶, 自正丁醇开始溶解度逐渐降低, 高级醇不溶于水, 溶于有机溶剂, 多元醇沸点更高, 溶解度更大
  - 化学性质
    - 酸性和碱性
    - 羟基的卤代
      - 与氢卤酸的反应
      - 与卤化磷的反应
      - 与SOCl₂的反应
    - 羟基的酯化
    - 脱水反应
      - 分子间脱水生成醚
      - 分子内脱水生成烯烃
    - 氧化和脱氢
      - 氧化反应
        - 强氧化剂氧化
        - 温和氧化剂氧化
      - 脱氢反应
  - 制备
    - 烯烃水合
      - 直接水合法
      - 间接水合法
        - 与硫酸加成-水解
        - 烯烃的硼氢化-氧化反应
    - 羰基化合物还原
      - 催化加氢
      - 金属氢化物还原
      - 金属钠和醇还原
    - 格利雅试剂的亲核加成
      - 与醛酮的反应
      - 与环氧乙烷的反应
      - 与羧酸衍生物的反应
    - 卤代烃水解
    - α-二醇的制备

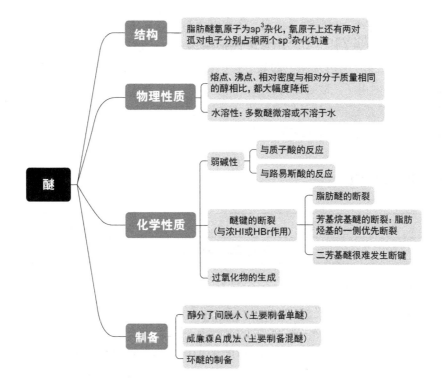

二、结构与化学性质

1. 醇的结构与化学性质

醇中 O—H 键和 C—O 键都是较强的极性键，O—H 键的极性使氢显酸性，可与活泼金属反应；氧具有孤对电子，可作为路易斯碱与质子或路易斯酸结合生成锌盐，或作为亲核试剂，与羧酸反应生成酯；氧质子化或形成锌盐后可促使 C—O 键断裂，发生羟基的取代反应。

受羟基的影响，α 位和 β 位的氢原子也有一定的活性，α-H 可发生脱氢和氧化反应，β-H 可发生消除反应（脱水）。此外，烃基结构也会影响醇的反应性能，或导致反应历程的改变，如重排反应。

2. 醚的结构与化学性质

弱碱性(路易斯碱)
α-氢过氧化
$$R(Ar) - \overset{..}{\underset{..}{O}} - CH_2R'$$
醚键的断裂

醚分子的极性较小，化学性质稳定，在常温下与碱、氧化剂和还原剂一般不发生反应；醚也较难水解，在加热条件下与浓HI或浓HBr共热，除二芳醚外，醚键发生断裂。

脂肪醚的醚氧原子与醇羟基中的氧一样，都是sp^3杂化，而芳醚中的醚氧原子为sp^2杂化，但均有2对孤对电子，故醚显弱碱性。

含有α-氢的烷基醚与空气长期接触生成过氧化物，温度较高时会发生爆炸，故醚的储存要注意采取措施，防止过氧化物的生成。

三、重要反应一览

反应			反应要点
（一）醇的重要反应			
酸性与碱性	酸性	醇与活泼金属的反应： $3(CH_3)_2CHOH + Al \longrightarrow [(CH_3)_2CHO]_3Al + \frac{3}{2}H_2$ $(CH_3)_3COH + K \longrightarrow (CH_3)_3COK + \frac{1}{2}H_2$	✓ 活泼金属可以是Na、K、Mg、Al等； ✓ 醇的酸性：甲醇＞伯醇＞仲醇＞叔醇； ✓ 生成物醇金属盐为强碱，常作为亲核试剂或催化剂。
		醇与强碱的反应： $CH_3CH_2OH + NaOH \longrightarrow CH_3CH_2ONa + H_2O\uparrow$	✓ 可逆反应，可去除水使反应正向移动； ✓ 工业制备乙醇钠的一种方法。
	碱性	醇的质子化： $R-\overset{..}{\underset{..}{O}}-H + H^+ \longrightarrow R-\overset{H}{\underset{..}{O^+}}-H$	✓ 醇羟基离去性能较差； ✓ 醇羟基质子化后，H_2O为易离去基团，有利于R^+的生成或取代反应的进行。
		醇与路易斯酸的反应： $RCH_2-\overset{..}{\underset{H}{O}}: \overset{ZnCl_2}{\rightleftharpoons} RCH_2-\overset{..}{\underset{H}{O^+}}-\bar{Z}nCl_2$	✓ 醇羟基作为路易斯碱与路易斯酸结合； ✓ 生成的锌盐使羟基转变成容易离去的基团。
羟基的卤代	生成卤代烃	与氢卤酸反应： $R-\overset{..}{\underset{..}{O}}-H \xrightarrow{H^+} R-\overset{H}{\underset{..}{O^+}}-H \xrightarrow[S_N1/S_N2]{X^-} R-X + H_2O$ $CH_3CH_2CH_2OH + HCl \xrightarrow[\triangle]{ZnCl_2} CH_3CH_2CH_2Cl + H_2O$ $\underset{\underset{OH}{\mid}}{CH_3\overset{\overset{CH_3}{\mid}}{CH}CHCH_3} \xrightarrow{HBr} \underset{\underset{Br}{\mid}}{CH_3\overset{\overset{CH_3}{\mid}}{C}CH_2CH_3} + \underset{\underset{Br}{\mid}}{CH_3\overset{\overset{CH_3}{\mid}}{CH}CHCH_3}$ 重排产物(主)　　　次要产物	✓ 氢卤酸活性：HI＞HBr＞HCl； ✓ 醇的反应活性：烯丙醇≈苄醇≈叔醇＞仲醇＞伯醇＞CH_3OH； ✓ 卢卡斯试剂（无水$ZnCl_2$与浓HCl）用于鉴别伯、仲、叔醇； ✓ 多数伯醇按S_N2机理进行，大多数仲醇、叔醇和位阻较大的伯醇按S_N1机理进行，可能存在重排反应。

续表

		反应	反应要点
羟基的卤代	生成卤代烃	与卤化磷反应： $3\,ROH \xrightarrow[\text{或}P+X_2]{PX_3} 3\,RX + H_3PO_3 \quad (X=Br、I)$ $ROH + PCl_5 \longrightarrow RCl + HCl + POCl_3$	✓ 卤化磷的活性比氢卤酸高，重排副产物较少，低温可避免重排； ✓ 伯醇、仲醇转化为烷基溴或烷基碘，收率较高。
		与$SOCl_2$反应： $ROH + SOCl_2 \xrightarrow{\triangle} RCl + SO_2\uparrow + HCl\uparrow$ $\underset{C_2H_5}{\overset{H\quad CH_3}{\diagup\!\!\diagup\!\!\diagdown}}OH \xrightarrow[S_Ni]{SOCl_2/醚} \underset{C_2H_5}{\overset{H\quad CH_3}{\diagup\!\!\diagup\!\!\diagdown}}Cl \quad 构型保持$ $\xrightarrow[S_N2]{SOCl_2/吡啶} \underset{Cl}{\overset{H_3C\quad H}{\diagup\!\!\diagup\!\!\diagdown}}C_2H_5 \quad 构型反转$	✓ 将伯醇、仲醇转化为烷基氯的较好试剂； ✓ 反应条件温和，反应快，产率高，副产物SO_2和HCl均是气体，易于分离； ✓ 一般不发生重排； ✓ 在吡啶、叔胺等碱作用下产物构型发生转化。
羟基的酯化		醇与有机羧酸酯化： $R'CO\boxed{OH + H}OR \underset{\triangle}{\overset{H^+}{\rightleftharpoons}} R'COOR + H_2O$ $\bigcirc\!\!-COOH + C_2H_5OH \xrightarrow{浓H_2SO_4} \bigcirc\!\!-COOC_2H_5$	✓ 醇作为亲核试剂进攻羰基，羧酸中的羟基作为离去基团； ✓ 可逆反应，除水有利于反应平衡右移。
		醇与无机酸酯化： $CH_3OH + HOSOH \rightleftharpoons CH_3OSOH \overset{CH_3OH}{\rightleftharpoons} CH_3OSOCH_3$ （硫酸、硫酸氢甲酯、硫酸二甲酯，均含$O\!=\!\!$与$=\!\!O$） $\underset{CH_2OH}{\overset{CH_2OH}{\underset{\big|}{\overset{\big|}{CHOH}}}} + 3\,HONO_2 \longrightarrow \underset{CH_2ONO_2}{\overset{CH_2ONO_2}{\underset{\big|}{\overset{\big|}{CHONO_2}}}} + 3\,H_2O$ 甘油三硝酸酯	✓ 硫酸、磷酸、硝酸均可与醇生成无机酸酯； ✓ 硫酸二甲酯或乙酯常作为烷基化试剂； ✓ 硝酸酯类有爆炸性，制备和使用时应注意安全。
脱水反应	生成醚	$2\,CH_3CH_2OH \xrightarrow[\text{或}Al_2O_3, 240\sim260℃]{浓H_2SO_4(98\%), 140℃} CH_3CH_2OCH_2CH_3 + H_2O$	✓ 分子间脱水，主要制备单醚； ✓ 反应活性：叔醇＞仲醇＞伯醇，但叔醇一般不发生分子间脱水反应生成醚，而是分子内脱水生成烯烃。

续表

		反应	反应要点
脱水反应	生成烯烃	$CH_3CH_2CHCH_3 \xrightarrow[-H_2O]{H_2SO_4/\triangle}$ $\underset{80\%,\ 主产物}{CH_3CH=CHCH_3}\ +\ \underset{20\%,\ 次产物}{CH_3CH_2CH=CH_2}$ ⬠—$CH_2OH \xrightarrow[-H_2O]{H_2SO_4/\triangle}$ ⬠—$\overset{+}{CH_2}$ ⟶重排 ⬡—$\overset{+}{H} \xrightarrow{-H^+}$ ⬡	✓ 分子内脱水，反应温度高于分子间脱水生成醚的反应； ✓ 主要脱水方向符合查依采夫规则； ✓ 酸催化下可能发生重排，氧化铝脱水不发生重排。
氧化与脱氢反应	氧化反应	强氧化剂氧化： $RCH_2OH \xrightarrow[或Na_2Cr_2O_7/H_2SO_4]{KMnO_4/H_2SO_4} RCHO \xrightarrow{[O]} RCOOH$ $\overset{OH}{\underset{|}{R-CH-R'}} \xrightarrow[或Na_2Cr_2O_7/H_2SO_4]{KMnO_4/H_2SO_4} \overset{O}{\underset{\|}{R-C-R'}}$	✓ 伯醇先氧化成醛（一般难分离），再氧化成羧酸； ✓ 仲醇氧化成酮。
		温和氧化剂氧化： （1）PCC、Sarrett等Cr(VI)氧化试剂 $RCH_2OH \xrightarrow[吡啶]{CrO_3} RCHO$ $CH_3(CH_2)_4C{\equiv}CCH_2OH \xrightarrow[CH_2Cl_2]{CrO_3/吡啶} CH_3(CH_2)_4C{\equiv}CCHO$ （2）活性MnO_2氧化 $CH_3CH{=}\overset{CH_3}{\underset{\|}{C}}{-}\overset{OH}{\underset{\|}{CH}}CH_3 \xrightarrow{MnO_2} CH_3CH{=}\overset{CH_3}{\underset{\|}{C}}{-}\overset{O}{\underset{\|}{C}}CH_3$ （3）欧芬脑尔氧化法 $CH_2{=}CHCH_2\overset{OH}{\underset{\|}{CH}}CH_3 \xrightarrow[CH_3COCH_3]{[(CH_3)_3CO)_3Al]} \begin{array}{l}CH_2{=}CHCH_2\overset{O}{\underset{\|}{C}}CH_3 \\ +\ CH_3\overset{OH}{\underset{\|}{CH}}CH_3\end{array}$	✓ 均不影响不饱和键； ✓ Cr(VI)氧化剂选择性将伯醇和仲醇氧化成醛和酮； ✓ 活性MnO_2选择性氧化烯丙位或炔丙位的羟基为羰基，烯键或炔键不被氧化，其它位置的醇羟基不被氧化； ✓ 欧芬脑尔氧化反应为可逆反应，其逆反应为麦尔外因-彭道夫还原反应。
	脱氢反应	（1）脱氢反应： $CH_3CH_2-OH \xrightleftharpoons{\underset{325℃}{Cu}} CH_3CHO\ +\ H_2$ （2）氧化脱氢： $2\,CH_3OH\ +\ O_2 \xrightarrow[600\sim700℃]{Ag} 2\,HCHO\ +\ 2\,H_2O$	✓ 常用铜、铜铬氧化物、银等作脱氢催化剂； ✓ 伯醇和仲醇通过脱氢反应生成醛、酮，并副产氢气； ✓ 氧化脱氢是将醇脱下的氢转化成水，放出热量，用于补充脱氢时需要的能量。

	反应	反应要点
邻二醇的氧化	$(CH_3)_2C-CHC_2H_5$（OH OH）$\xrightarrow{HIO_4}$ CH_3COCH_3 + C_2H_5CHO 环己烷结构 $\xrightarrow[CH_3COOH]{Pb(OAc)_4}$ $CH_3CO(CH_2)_4CHO$	✓ 在高碘酸或四乙酸铅条件下，邻二醇的两个碳原子之间发生C—C键断裂，形成酮、醛； ✓ 当有三个或多个羟基相邻时，中间位置的羟基碳原子氧化成甲酸。

（二）醇的制备

		反应	反应要点
烯烃的水合	直接水合	$R-CH=CH_2$ + HOH $\xrightarrow{H^+}$ $R-CHCH_3$（OH） 甲基环己烯 $\xrightarrow[H^+]{H_2O}$ 1-甲基环己醇	✓ 酸催化下的直接水合，产物符合马氏规则。
	间接水合	烯烃与浓硫酸加成后水解： $(CH_3)_2C=CH_2$ $\xrightarrow{H_2SO_4}$ CH_3C-CH_3（CH_3 / OSO_3H）$\xrightarrow{H_2O}$ CH_3C-CH_3（CH_3 / OH）	✓ 烯烃与浓硫酸的加成符合马氏规则； ✓ 间接水合法。
		硼氢化-氧化反应： 甲基环己烯 $\xrightarrow[② H_2O_2/OH^-]{① B_2H_6}$ 产物 + 产物 环己基-CH=CH_2 $\xrightarrow[② H_2O_2/OH^-]{① B_2H_6}$ 环己基-CH_2CH_2OH	✓ 相当于烯烃与H_2O的反马加成； ✓ 顺式加成； ✓ 末端烯烃生成伯醇。

	反应	反应要点
羰基化合物还原	催化氢化： $RCHO \xrightarrow{H_2/Ni} RCH_2OH$ RCR'（O）$\xrightarrow{H_2/Pt} RCHR'$（OH） $RCOOR' \xrightarrow{H_2/催化剂} RCH_2OH + R'OH$	✓ 常用催化剂为Ni、Pt和Pd等； ✓ 醛、酮分别生成相应的伯醇和仲醇； ✓ 羧酸酯还原生成伯醇。
	金属氢化物还原： $RCH=CHCHO \xrightarrow[② H_2O]{① NaBH_4} RCH=CHCH_2OH$ $RCOOH \xrightarrow[② H_2O]{① LiAlH_4} RCH_2OH$ $RCOOR' \xrightarrow[② H_2O]{① LiAlH_4} RCH_2OH + R'OH$	✓ 单独的$NaBH_4$只还原醛、酮； ✓ $LiAlH_4$可还原醛、酮、羧酸及羧酸衍生物（除酰胺外）生成醇，分子中若含有硝基、氰基等一同还原； ✓ $NaBH_4$和$LiAlH_4$对分子中非共轭碳碳双键和碳碳三键均无影响。

续表

	反应	反应要点
羰基化合物还原	金属钠和醇还原： $$RCOOR' \xrightarrow{Na,\ C_2H_5OH} RCH_2OH + R'OH$$	✓ 可将羧酸酯还原到醇； ✓ 对碳碳双键没有影响。
由格利雅试剂制备	与醛、酮的反应： $$R\!-\!MgX + \underset{R''}{\overset{R'}{>}}C\!=\!O \xrightarrow{干醚} R\!-\!\underset{R''}{\overset{R'}{C}}\!-\!OMgX \xrightarrow{H_3O^+} R\!-\!\underset{R''}{\overset{R'}{C}}\!-\!OH$$ （R'、R''=H或烃基）	✓ 与甲醛生成增加一个碳的伯醇，与其它醛生成仲醇； ✓ 与酮生成叔醇。
	与羧酸衍生物酰氯、酯的反应： $$\begin{array}{l}CH_3COCl\\CH_3COOC_2H_5\end{array} \xrightarrow[\text{② }H_3O^+]{\text{① }2\ \text{环戊基}-MgBr} \text{环戊基}\!-\!\underset{\text{环戊基}}{\overset{CH_3}{C}}\!-\!OH$$	✓ 除甲酸酯生成仲醇外，其它酰氯、羧酸酯生成叔醇； ✓ 仲醇或叔醇中两个相同的烃基来自格利雅试剂。
	与环氧乙烷反应： $$\text{环己基}\!-\!MgBr \xrightarrow[\text{②}H_3O^+]{\text{①}\ \overset{O}{\triangle}} \text{环己基}\!-\!CH_2CH_2OH$$	✓ 生成增加2个碳的伯醇。
卤代烃水解	$$RX \xrightarrow[OH^-]{H_2O} ROH$$ $$CH_2\!=\!CHCH_2Cl \xrightarrow[H_2O]{Na_2CO_3} CH_2\!=\!CHCH_2OH$$ $$\text{苄基}CH_2Cl \xrightarrow[H_2O]{NaOH} \text{苄基}CH_2OH$$	✓ 叔卤烷碱性水解易发生消除反应； ✓ 主要用于易得的烯丙基氯和苄氯的水解制醇。
二元醇的制备	烯烃的过氧酸氧化-水解： $$>C\!=\!C< \xrightarrow{RCOOH} \underset{O}{>C\!-\!C<} \xrightarrow{H_3O^+} \underset{OH}{\overset{OH}{>C\!-\!C<}}$$	✓ 常用过氧乙酸、过氧苯甲酸、间氯过氧苯甲酸等； ✓ 生成反式邻二醇。
	烯烃与稀冷$KMnO_4$或OsO_4-H_2O_2氧化-水解： $$\text{(1-甲基环己烯)} \xrightarrow[\text{或}OsO_4/\ H_2O_2]{\text{稀冷}KMnO_4/OH^-} \text{(顺式邻二醇产物)}$$	✓ 生成顺式邻二醇。

续表

（三）醚的重要反应	
反应	**反应要点**

	反应	反应要点
弱碱性	与强酸生成锌盐，遇水分解： $R-\overset{..}{\underset{..}{O}}-R + HX \longrightarrow \left[R-\overset{H}{\underset{..}{\overset{\|}{O}}}-R\right]^{+}X^{-}$ $\downarrow H_2O$ $R-O-R + H_3O^{+} + X^{-}$	✓ 锌盐是一种强酸弱碱性盐，仅在浓酸中能稳定存在； ✓ 锌盐遇水分解为原来的醚，利用这一性质可分离提纯醚。

		反应	反应要点
醚键的断裂	**脂肪醚的断裂**	甲基伯烷基醚的反应： $ROCH_3 \xrightarrow{HI} \overset{+}{\underset{H}{ROCH_3}} \xrightarrow[S_N2]{I^{-}} CH_3I + ROH$ 叔烷基醚的反应： $(CH_3)_3COR \xrightarrow{HI} \overset{+}{\underset{H}{(CH_3)_3COR}} \xrightarrow{S_N1} (CH_3)_3C^{+} + ROH$ $\xrightarrow{I^{-}} (CH_3)_3C-I$	✓ 与强酸HI或浓HBr共热，醚键断裂； ✓ 甲基伯烷基醚按 S_N2 机理反应，优先得到碘甲烷； ✓ 叔烷基醚按 S_N1 机理反应； ✓ 如果HI或HBr过量，生成的醇继续转化为卤代烃。
	芳醚的断裂	$ArOR \xrightarrow{HX} ArOH + RX \quad（X=I或Br）$ （苯基乙氧基醚 $\xrightarrow{HI}$ 苯酚 $+ C_2H_5I$）	✓ 芳基烷基醚的断键发生在 $C_{sp^3}-O$ 键（烷氧断裂），这个反应常用于酚羟基的保护； ✓ 二芳醚的醚键很难断裂。

	反应	反应要点
环醚的反应	环氧乙烷及环氧丙烷与亲核试剂的反应： $\underset{R'}{\overset{Nu}{\underset{\|}{\overset{\|}{R-C}}}}-\underset{OH}{\overset{\|}{CH_2}} \xleftarrow[NuH]{H^{+}} \underset{R'}{\overset{O}{\overset{/\backslash}{R-C}}}-CH_2 \xrightarrow[②H^{+}]{①OH^{-}/Nu^{-}} \underset{R'}{\overset{OH}{\underset{\|}{\overset{\|}{R-C}}}}-\underset{Nu}{\overset{\|}{CH_2}}$ $CH_3CH-CH_2 \xrightarrow[CH_3OH]{H^{+}} \underset{OH}{\overset{OCH_3}{CH_3CH-CH_2}}$ $\xrightarrow[CH_3OH]{NaOCH_3} \underset{OH}{\overset{OCH_3}{CH_3CH-CH_2}}$	✓ 在酸催化下，亲核试剂加到取代基多的碳原子上； ✓ 在碱催化下，亲核试剂加到取代基少的碳原子上。

（四）醚的制备	

	反应	反应要点
分子间脱水	$2\,CH_3CH_2OH \xrightarrow[\text{或}Al_2O_3,240\sim260℃]{\text{浓}H_2SO_4(98\%),140℃} CH_3CH_2OCH_2CH_3 + H_2O$ $\underset{CH_3}{\overset{CH_3}{\underset{\|}{\overset{\|}{CH_3COH}}}} \xrightarrow[H_2SO_4,\triangle]{CH_3OH(\text{过量})} \underset{CH_3}{\overset{CH_3}{\underset{\|}{\overset{\|}{CH_3COCH_3}}}}$	✓ 主要用于单醚的制备； ✓ 叔醇与伯醇在稀酸条件下可得产率很好的混醚。

续表

	反应	反应要点
威廉森合成法	$RONa + R'X \xrightarrow{S_N2} ROR' + NaX$ $(CH_3)_3CONa + C_2H_5Br \longrightarrow (CH_3)_3COC_2H_5$ 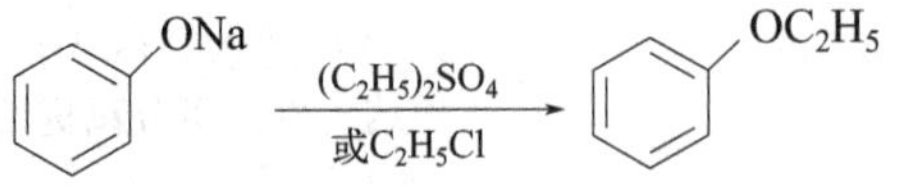 	✓ 主要用于混醚的制备； ✓ 脂肪醚可用醇钠与卤代烃（叔卤代烃除外）制备； ✓ 芳醚可由酚钠与卤代烃或硫酸二烷基酯制备。
环醚的制备	（1）烯烃与过氧酸的环氧化： 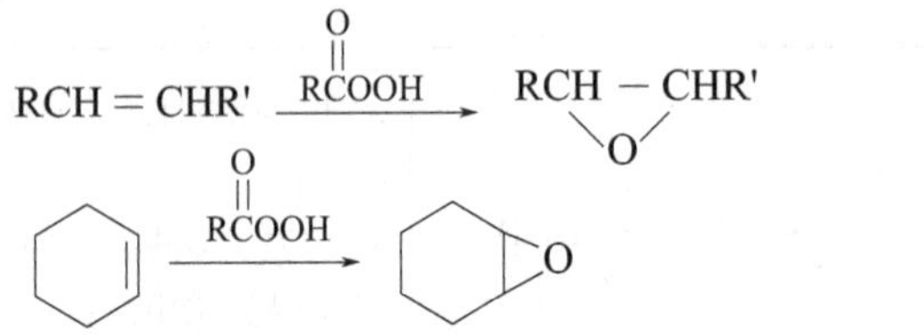 $RCH=CHR' \xrightarrow{RCOOH} RCH-CHR'$ （2）由卤醇法合成： 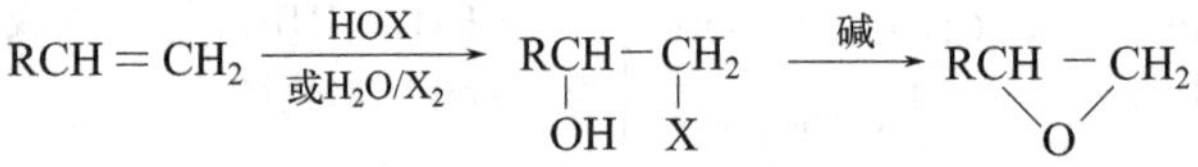 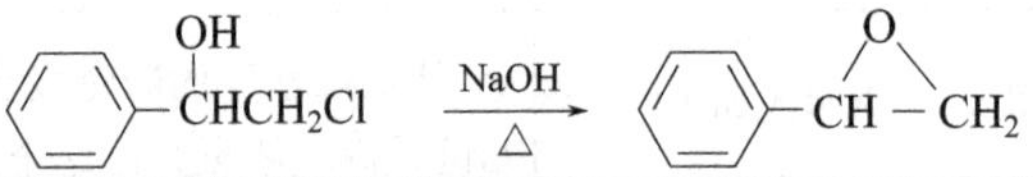 $RCH=CH_2 \xrightarrow[\text{或}H_2O/X_2]{HOX} RCH-CH_2 \xrightarrow{\text{碱}} RCH-CH_2$ OH X 	✓ 常用过氧乙酸、过氧苯甲酸、间氯过氧苯甲酸等作为氧化剂，也可用羧酸和双氧水现制现用； ✓ 丙烯、氯丙烯也可用H_2O_2环氧化； ✓ 卤醇法可以看作分子内的威廉森合成法。

四、重点与难点

重点1：碳正离子的重排

在醇制卤代烃、醇脱水制烯烃、烯烃水合制醇、卤代烃水解制醇等反应中，若反应过程有碳正离子中间体生成，均有可能涉及重排。

提示：重排的推动力是形成更稳定的碳正离子（伯、仲、叔碳正离子的稳定性逐级增加，每级能量差为46～63 kJ/mol）例如：

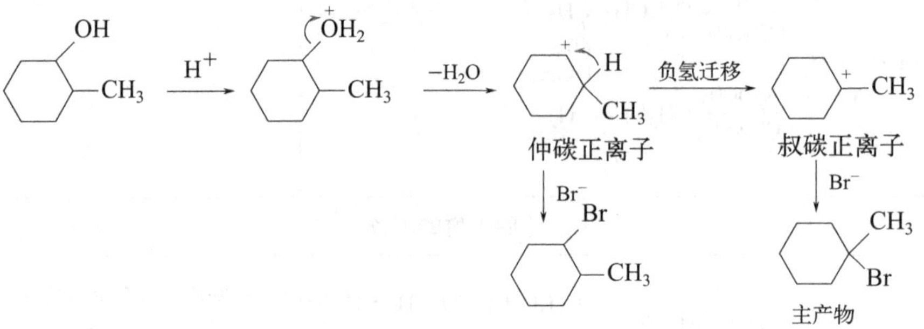

在本例中，醇脱水后形成仲碳正离子，碳正离子邻位碳上有H、CH_3以及位于环上的CH_2基团，哪个基团迁移？只有H迁移后可以形成更稳定的叔碳正离子，因此主要产物为1-溴-1-甲基环己烷，同时也有少量未发生重排的产物。

碳正离子还可能发生扩环或缩环重排，尤其当环的改变会带来张力能的降低时，（张力能：四元环 109.6 kJ/mol，五元环 27 kJ/mol，六元环 0 kJ/mol），扩环/缩环重排则不可避免。例如，在酸催化下，下列醇脱水形成仲碳正离子，碳正离子邻位碳上有 CH_3 及处于环上的 CH_2，甲基迁移，环不变，由仲碳正离子重排成叔碳正离子；而环上 CH_2 迁移，五元环重排成六元环，且仲碳正离子重排成叔碳正离子，是能量上最有利的重排路径。

若要制备不发生重排的脱水产物，则在高温、Al_2O_3 作用下脱水制备。

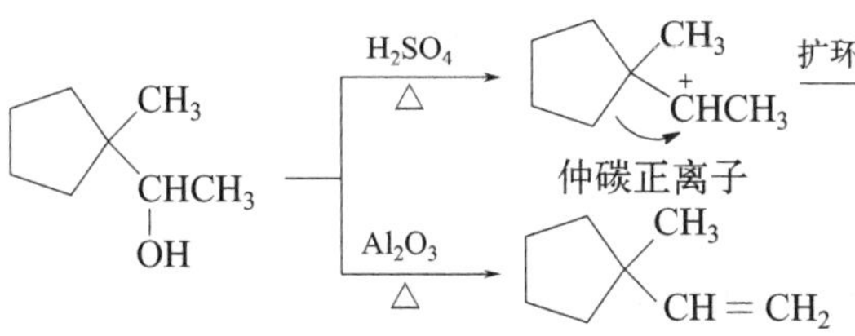

重点 2：醇的氧化与选择性氧化

在强氧化剂（如高锰酸钾、重铬酸钾等）条件下，伯醇氧化为羧酸，仲醇氧化为酮，但碳碳双键、三键同时发生氧化断键，因此对含有不饱和键的醇羟基的氧化，往往需要在温和条件下进行选择性氧化，常见的选择性氧化剂有 Cr(Ⅵ) 氧化试剂，包括 Sarrett 试剂（$CrO_3 \cdot 2Py$）、Collins 试剂（是 Sarrett 试剂以 CH_2Cl_2 为溶剂的改进试剂）、PCC（氯铬酸吡啶盐）、PDC（重铬酸吡啶盐）等；除此之外，活性 MnO_2 或采用欧芬脑尔氧化法均可使伯醇氧化为醛，仲醇氧化为酮，双键、三键不被氧化。

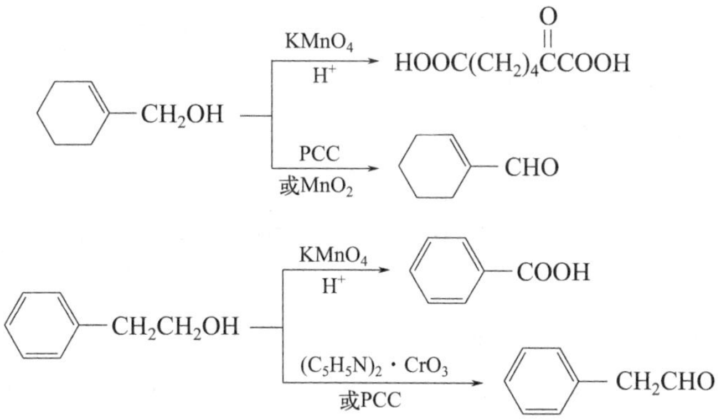

重点 3：格氏试剂与醛酮、环氧化合物的反应

格氏试剂作为碳负离子，可以作为亲核试剂进攻醛酮或环氧化物，生成结构不同的醇，是制备醇的重要方法。仔细观察生成醇的特点，建立逆向分析的思路。

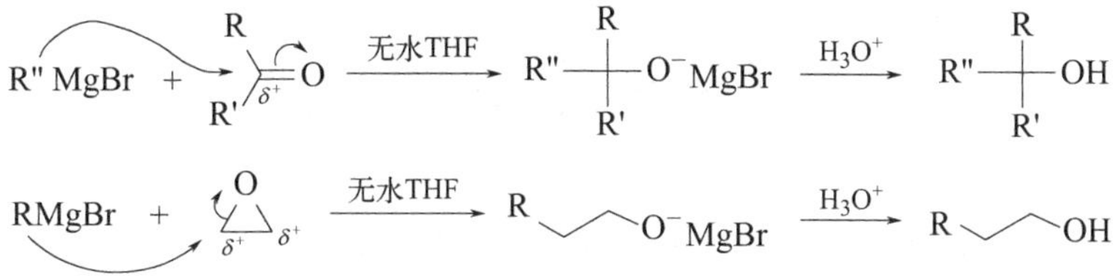

例如，1-环己基乙-1-醇可在羟基的 α-C 与环己基之间切断，由环己基格氏试剂与乙醛

反应得到，而 2- 环己基乙 -1- 醇则可在羟基的 β-C 与环己基之间切断，由环己基格氏试剂与环氧乙烷反应得到。

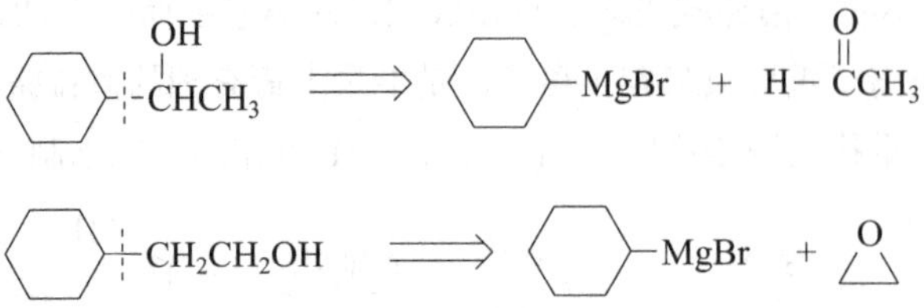

重点 4：威廉森醚合成法

单醚可由相同的醇分子间脱水制备，而混醚可由威廉森合成法制备。

由于醇钠既可以作亲核试剂，也可以作强碱，仲、叔卤代烷在此条件下主要发生消除反应生成烯烃，因此，威廉森合成法主要采用醇钠与伯卤代烷为原料。例如，异丙基甲基醚以异丙醇钠与氯甲烷反应制备，而不采用甲醇钠与异丙基氯反应制备：

$$(CH_3)_2CHONa + CH_3Cl \xrightarrow{S_N2} (CH_3)_2CHOCH_3$$

$$(CH_3)_2CHCl + CH_3ONa \xrightarrow{\quad\times\quad} (CH_3)_2CHOCH_3$$

芳基烷基醚采用酚钠（钾）与卤代烃（或硫酸二烷基酯）来制备。

难点 1：醇的制备及转化过程中的立体化学

在醇的制备及其转化过程中涉及立体化学的主要有烯烃的硼氢化 - 氧化反应，环醚的制备及其开环反应，醇的取代反应等。

（1）烯烃的硼氢化 - 氧化反应

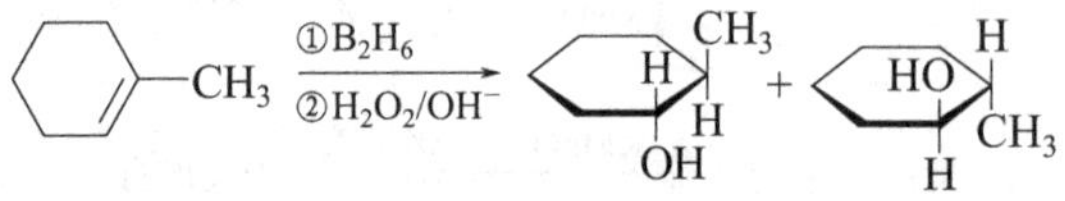

该反应的特点：①顺式加成。硼（氧化后转变为—OH）和氢从双键同侧加成。②区域选择性反应。硼加在含氢多、位阻小的碳原子上，转变为—OH 后，产物相当于烯烃与水的反马加成。③协同反应。经历四元环过渡态，反应过程不发生重排。

（2）烯烃制备二元醇

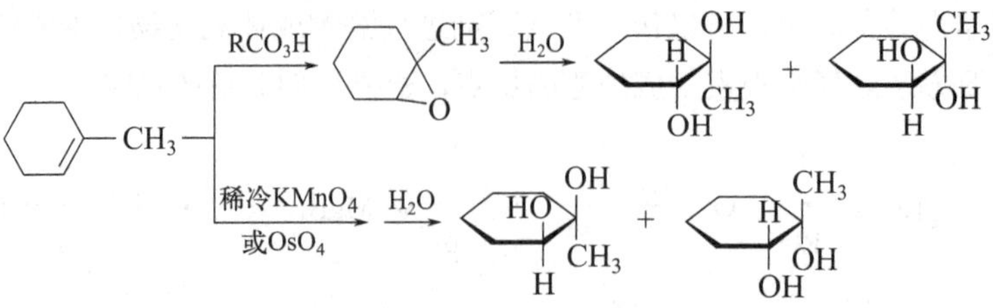

烯烃环氧化、水解生成反式邻二醇；烯烃与稀冷 KMnO_4 或 OsO_4-H_2O_2 反应，生成顺式邻二醇，注意两者的区别。

（3）醇与$SOCl_2$在不同条件下的反应

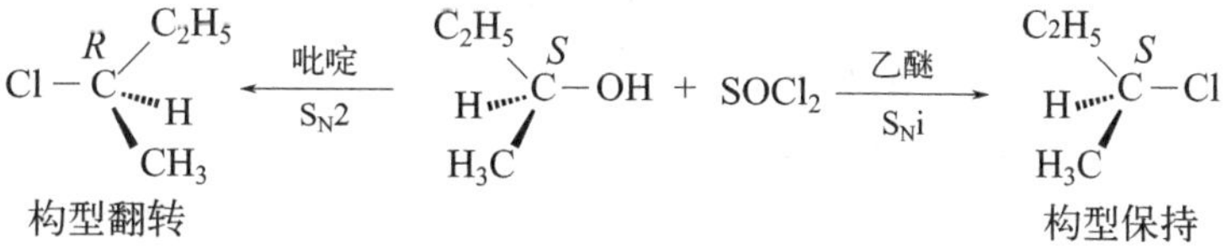

醇与$SOCl_2$制备氯代烃一般无重排，在乙醚等非极性溶剂中的反应为S_Ni机理（分子内亲核取代反应），产物中手性碳原子的构型保持；如果在醇与$SOCl_2$混合液中加入吡啶、三乙胺等，则发生S_N2反应，得到构型翻转的氯代产物。

难点2：烯烃的环氧化及酸碱条件下的开环反应

烯烃的环氧化常以过氧酸为氧化剂。除此之外，乙烯在银催化下，以空气或氧气为氧化剂，生成环氧乙烷；环氧丙烷、环氧氯丙烷可用双氧水进行环氧化来制备。

不对称环氧化合物，在酸催化下，环氧质子化，亲核试剂进攻取代多的碳原子（容纳较多的正电荷），而在碱催化下，则进攻取代少的碳原子（位阻小）。

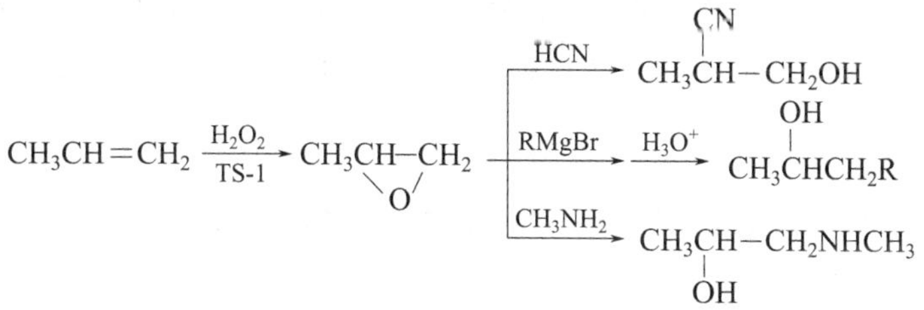

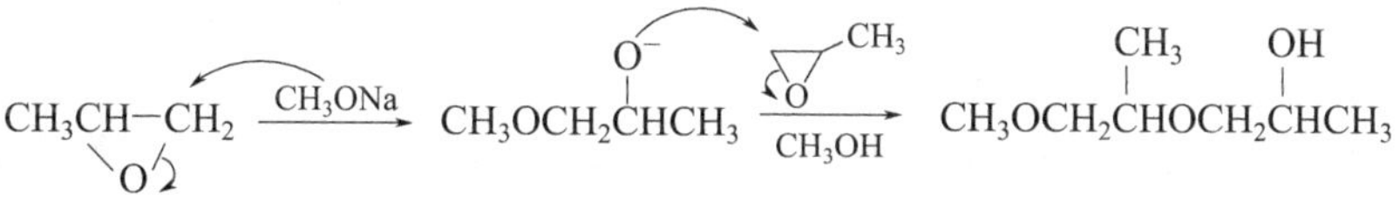

难点3：酚羟基的保护与去除

由于芳基烷基醚的断键总是优先发生在$C_{sp^3}-O$键（烷氧断裂），该反应常用于酚羟基的保护：

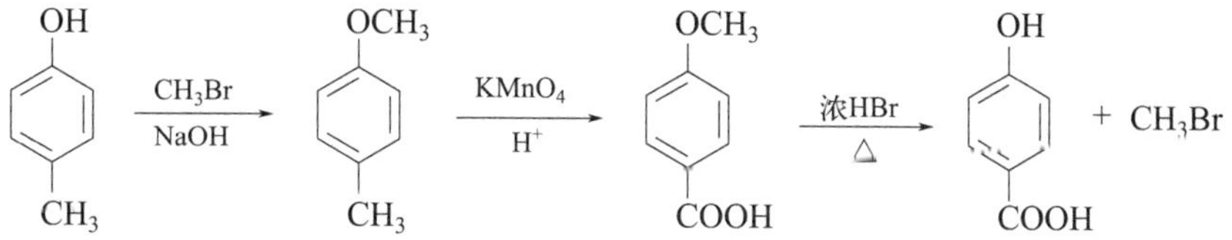

酚类是还原性较强的有机物，容易被氧化剂氧化，故在氧化甲基时，需要先保护酚羟基，反应完毕后利用芳醚的断键特性，用浓HBr或浓HI将酚羟基释放。

五、例题解析

1. 选择题

（1）下列关于醇、醚的性质叙述正确的是（　　　）。

A. 碱性由强到弱的次序：甲醇钠＞乙醇钠＞异丙醇钠＞叔丁醇钠

B. 四氢呋喃、1,4-二氧六环为环醚，均能与水互溶

C. 长久存放的乙醚在使用前要检查是否含有过氧化物

D. 互为同分异构体的同碳数的醚和醇，它们的沸点比较接近

分析：醇的酸性强弱次序一般为：甲醇＞伯醇＞仲醇＞叔醇，而醇钠是醇的共轭碱，其碱性强弱与醇的酸性强弱相反；四氢呋喃和1,4-二氧六环由于氧原子裸露在外，容易和水分子中的氢原子形成氢键，故能和水完全互溶；乙醚含有 α-H，与空气长期接触，在醚的 α-H 上发生自由基型反应，生成的过氧化物在温度较高时能迅速分解发生爆炸；醚可看作是醇羟基中的氢被烃基取代的产物，故不能形成分子间氢键，沸点与相同分子量的醇相比，大幅度降低。

故本题正确的叙述为 B、C。

（2）下列醇脱水反应活性最大的是（　　），最小的是（　　）。　　　（2022年真题）

A. $CF_3CH_2CH_2OH$　　　B. $CH_3CH_2CH_2OH$　　　C. $(CH_3)_2CHOH$　　　D. $CH_2=CHCH(OH)CH_3$

分析：醇脱水属于消除反应，有E1和E2历程，发生反应的活性顺序为：叔醇＞仲醇＞伯醇，D为烯丙醇结构，脱水后形成共轭的丁二烯，较稳定，最易脱水；A、B均为伯醇，A中—CF_3 为吸电子基，使羟基质子化困难（脱水反应第一步），因此脱水困难。

故本题答案为 D，A。

2. 反应题（完成下列反应，写出反应的主要产物或反应条件）

（1）

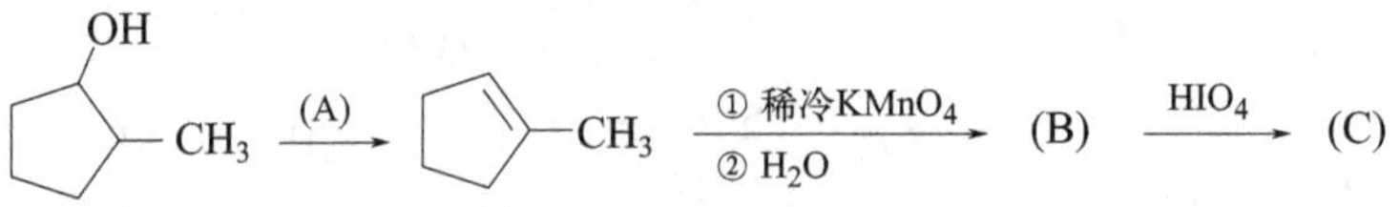

分析：第一步是分子内脱水，常用的脱水催化剂为浓 H_2SO_4 或 Al_2O_3，第二步在稀冷高锰酸钾作用下生成顺式邻二醇，在高碘酸（或四乙酸铅）作用下，连有羟基的两个碳原子之间发生断裂，形成酮、醛。

（A）H_2SO_4（或 Al_2O_3），加热　　　（B）

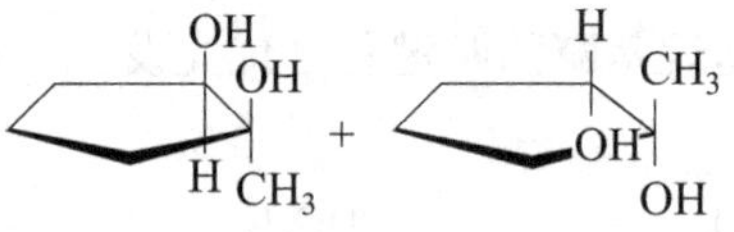

（C）$CH_3\overset{\overset{\displaystyle O}{\|}}{C}(CH_2)_3CHO$

（2）

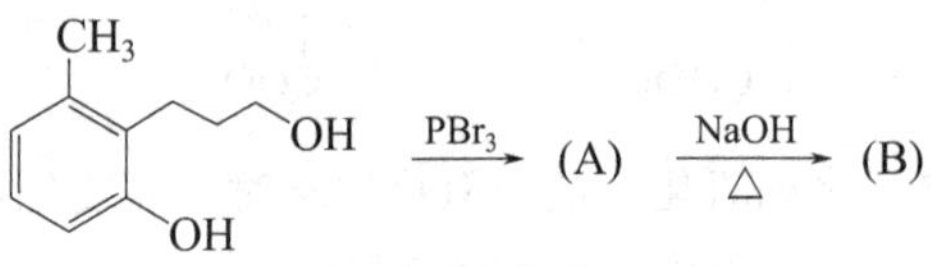

分析：反应物中的两个羟基，一个是酚羟基，一个是醇羟基。第一步的反应条件 PBr_3 只能使醇羟基转化为溴；第二步在 NaOH 作用下，酚羟基转化为酚钠，酚钠与侧链溴代烃发生分子内威廉森反应生成环醚。

（A） 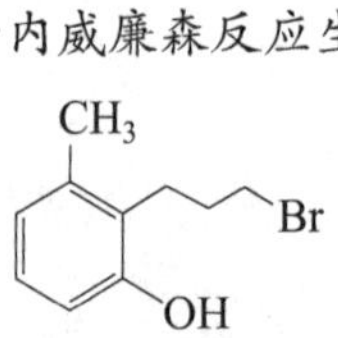
　　　（B）

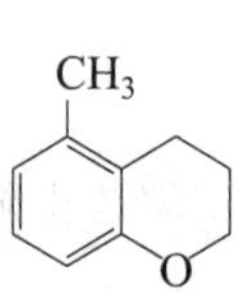

（3）

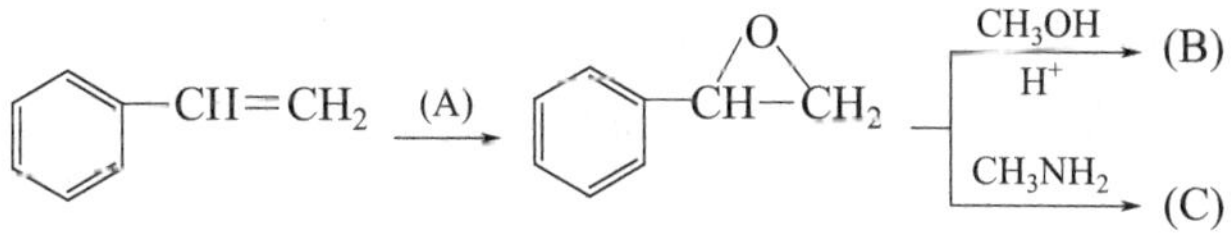

分析：第一步烯烃的环氧化可选择过氧酸；第二步注意开环反应在酸、碱条件下亲核试剂进攻位置不同。

（A）CH_3CO_3H、m-CPBA 等　（B） 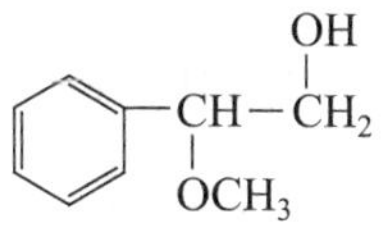　（C）

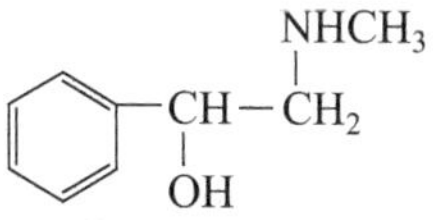

（4）

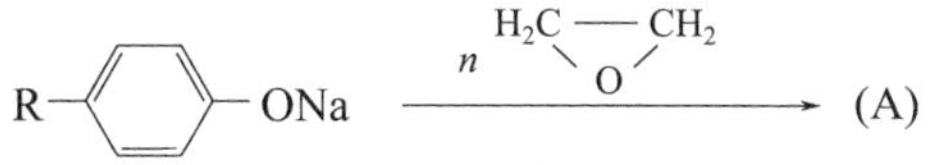

分析：酚钠与环氧乙烷反应后生成的 R—⟨　⟩—$OCH_2CH_2O^-$ 作为亲核试剂继续与环氧乙烷逐步进行反应，故产物 A 为 R—⟨　⟩—$O(CH_2CH_2O)_nH$。

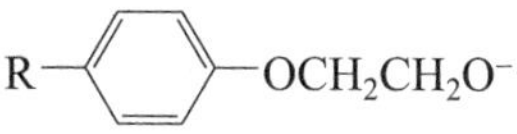

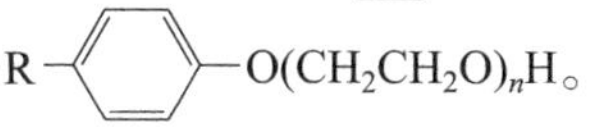

3. 鉴别题

用简单的化学方法鉴别叔丁醇、环己醇、己-1-醇、氯化苄和环己基氯。

分析：被鉴别的化合物分为两类：醇和卤代烃。不同结构的醇可用卢卡斯试剂（$ZnCl_2$ 与浓 HCl）鉴别，而卤代烃用 $AgNO_3/C_2H_5OH$，由观察生成沉淀的快慢来鉴别。由于卤代烃不溶于卢卡斯试剂，故先鉴别卤代烃。

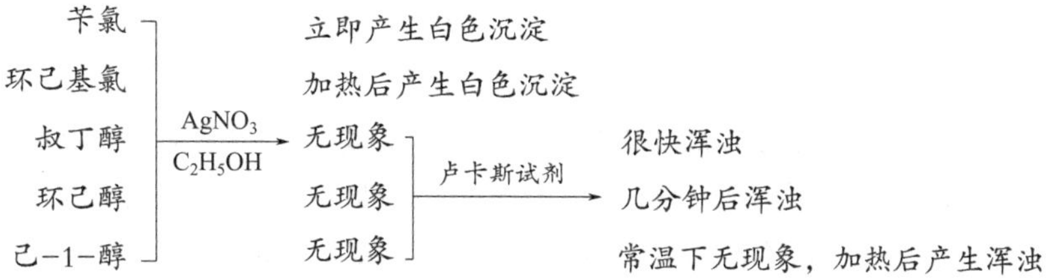

4. 机理题

（1）写出下列消除反应机理；若想得到不重排的消除产物，请选择一个合理的反应条件。

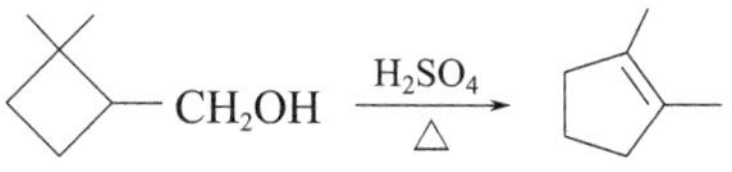

分析：从原料到产物经历了扩环重排及甲基迁移，因此推测在酸催化下生成了碳正离子，为 E1 机理：

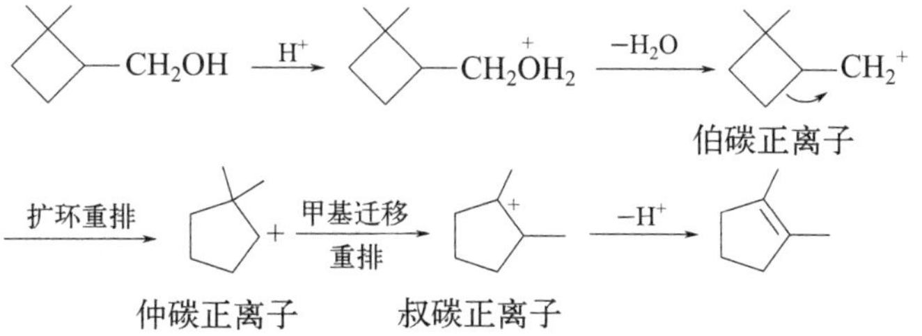

　　醇质子化脱水首先生成伯碳正离子，扩环重排生成更稳定的仲碳正离子，同时消除了四元环的环张力；甲基迁移，再次重排为更稳定的叔碳正离子，最后按照查依采夫规则脱去质子，生成烯烃。

　　若想得到不重排的消除产物，可以选择 Al_2O_3 为催化剂（脱水剂），加热条件下消除一分子水：

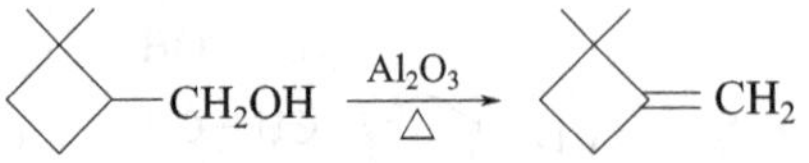

　　（2）对比书中 10.3.2 节中的例题 2-环丁基丙-2-醇与 HCl 生成 2-氯-1,1-二甲基环戊烷的扩环重排反应，下面的反应未发生扩环重排。请提出一个合理的解释。

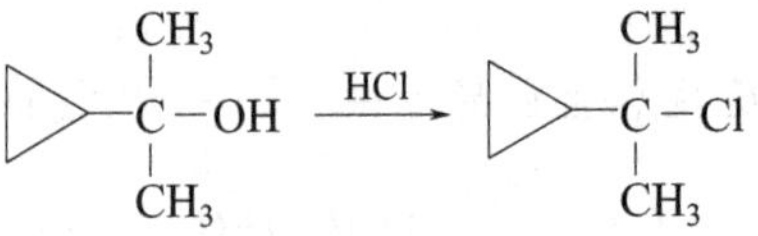

　　分析：该反应发生扩环重排（假设）和未发生扩环重排的历程如下：

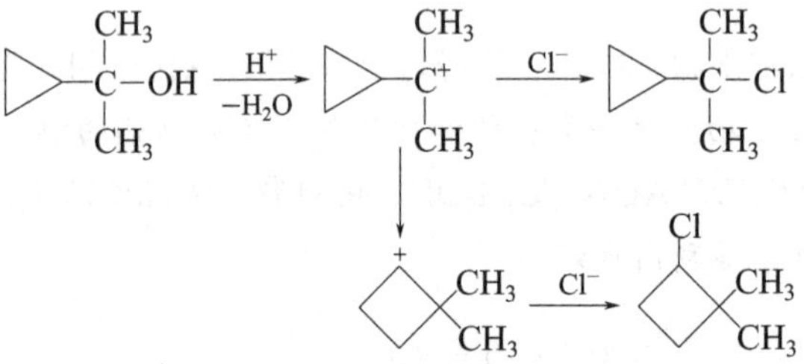

假设的重排历程

　　由于酸催化下脱水生成的是叔碳正离子中间体，若发生扩环重排，虽然由三元环（环张力能 115.8 kJ/mol）扩环到四元环（109.6 kJ/mol），环张力能降低了 6.2 kJ/mol，但重排后由叔碳正离子变为仲碳正离子，能量反而增加了 46～63 kJ/mol，综合考虑这两方面因素，这种扩环重排历程能量上不利。因此，该反应的产物为未发生重排的取代产物。

　　（3）判断下列反应属于何种反应历程，并写出反应机理。

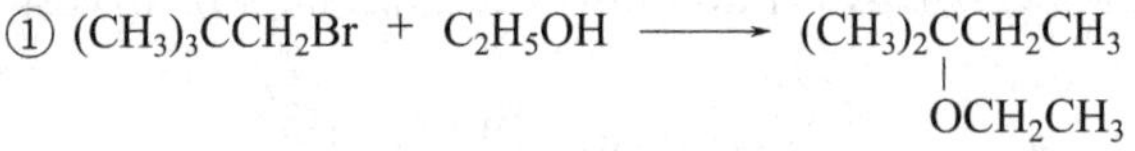

$$① \ (CH_3)_3CCH_2Br \ + \ C_2H_5OH \longrightarrow \underset{\underset{OCH_2CH_3}{|}}{(CH_3)_2CCH_2CH_3}$$

$$② \ (CH_3)_3CONa \ + \ C_2H_5Br \longrightarrow (CH_3)_3COC_2H_5$$

　　分析：反应①产物醚与卤代烃相比，碳骨架发生变化（重排），故为 S_N1 反应；反应②产物醚未发生碳骨架的重排，为 S_N2 反应。

　　反应①的历程：

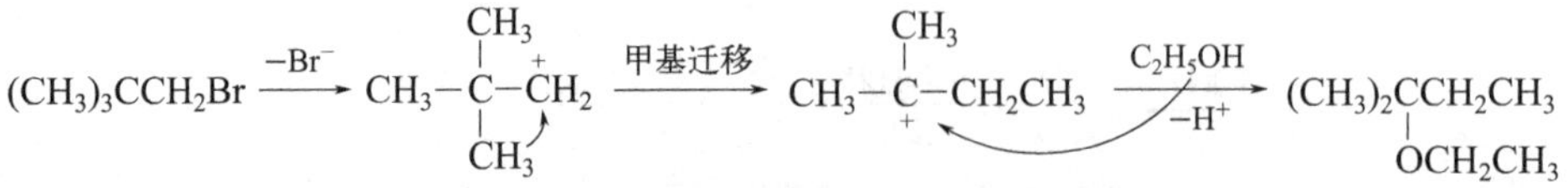

　　在该反应中，虽然卤代烃为伯卤代烃，但 β-碳支链较多，空间位阻不利于亲核试剂的进

攻，故首先解离 Br⁻ 生成伯碳正离子，重排后得到更稳定的叔碳正离子，再与亲核试剂结合。

反应②的历程：

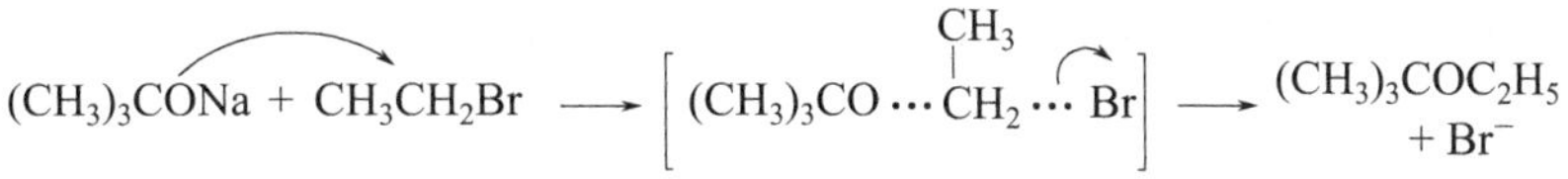

$$(CH_3)_3CONa + CH_3CH_2Br \longrightarrow \left[(CH_3)_3CO \cdots \overset{CH_3}{\underset{}{CH_2}} \cdots Br \right] \longrightarrow (CH_3)_3COC_2H_5 + Br^-$$

5. 合成题

（1）选择合适的格利雅试剂与醛、酮合成 2-苯基丁-2-醇（$\underset{C_2H_5}{\overset{CH_3}{C-OH}}$），若有多种合成路线，请评价哪种方法较好？

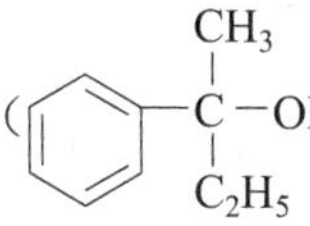

分析：目标产物是叔醇，如果选择格利雅试剂与酮合成，则有以下三条路线：

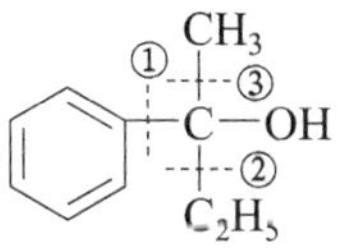

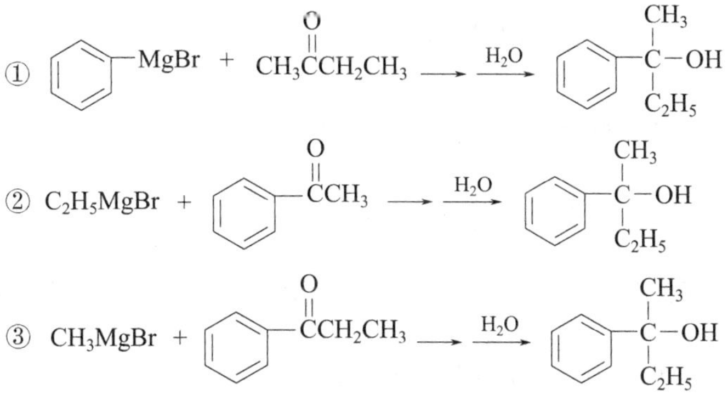

比较这三条路线，②较好，原料更易得。

注意：合成砌块拼接合成复杂分子时，一般选择两种大小、复杂度相差不大的试剂。

（2）由三个碳原子及以下的烃为原料合成 $\underset{}{\overset{O}{CH_2=CHCCH_2CH_3}}$。

分析：目标产物是酮，但该酮可由对应的醇转化而得，其逆合成分析如下：

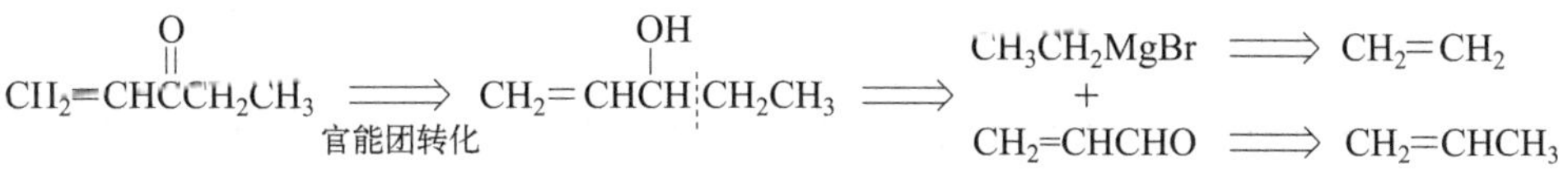

合成路线如下：

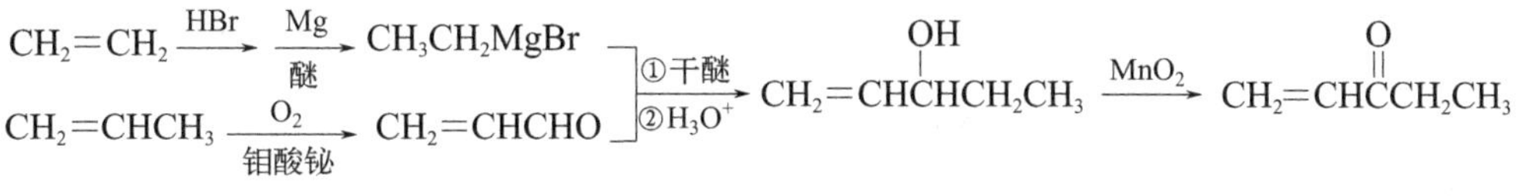

丙烯醛还可以由丙烯 α-卤代、水解、再经活性 MnO_2 氧化制备，但这条路线较长，合成效率低。中间产物醇也可由乙烯基格利雅试剂与丙醛来制备，经活性 MnO_2 氧化即可得最后的酮。

（3）以苯酚和乙烯为原料合成 $C_2H_5O-\bigcirc-CH_2CHO$。

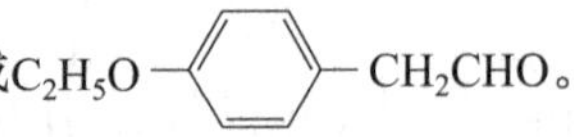

分析：目标分子的芳环中两个取代基互为对位，右侧取代基可转变为 CH_2CH_2OH，由格利雅试剂与环氧乙烷反应引入，格利雅试剂中的 Br 可利用烷氧基的定位效应引入苯环，左侧酚醚可通过酚钠与 C_2H_5Cl 来合成。

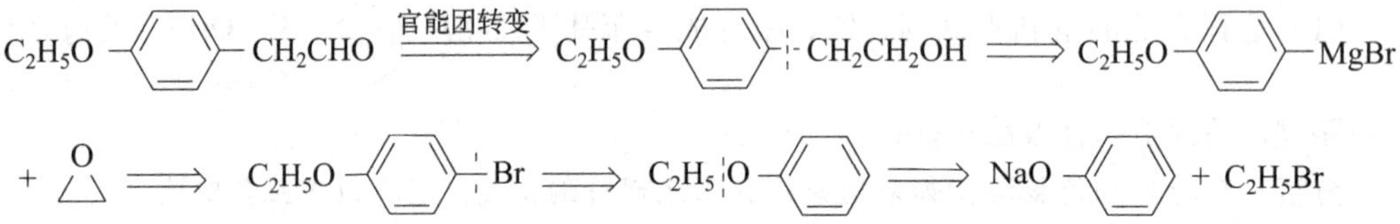

合成路线如下：

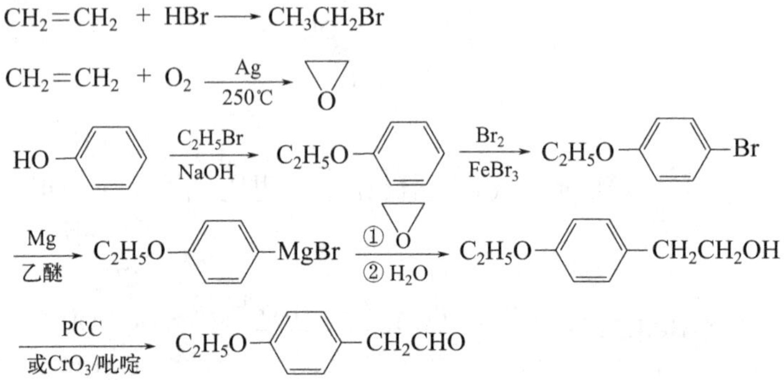

思考：本题能不能先由苯酚合成增加两个碳的伯醇，然后再发生醚化反应？

（4）由四个碳原子及以下的有机物为原料合成 $\bigcirc{\overset{OCH_3}{\underset{CH_2CH_3}{}}}$。

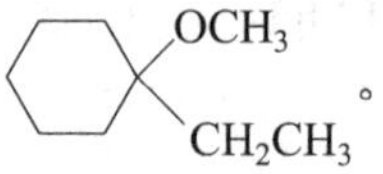

分析：目标产物为混醚，按威廉森合成法，逆合成分析如下：

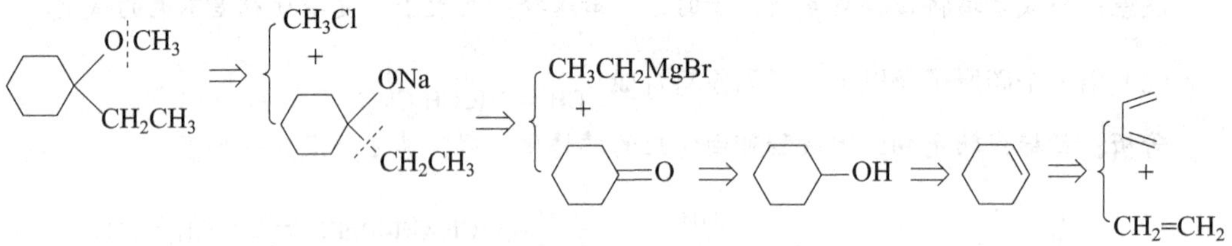

叔卤代烃在强碱作用下易发生消除反应，故应选择叔醇钠与氯甲烷反应。根据题意，要求起始原料为四个碳原子及以下的有机物，故合成路线设计如下：

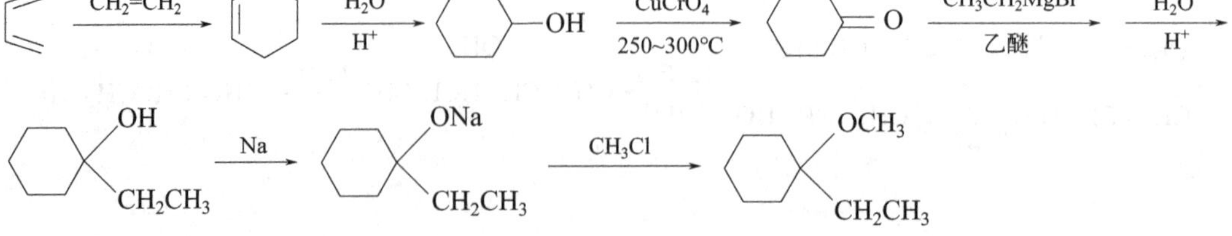

第十章　综合练习题（参考答案）

1. 命名或写出下列化合物的结构式。

（1）(CH₃)₃COH

（2）

（3）$CH_3CH=CCH_2OH$
　　　　$\overset{|}{CH_2CH_2CH_3}$

（4）肉桂醇　　　　（5）季戊四醇　　　　（6）反-环己-1,4-二醇

（7）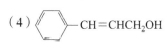

（8）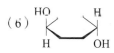

（9）

（10）1,4-二氧六环　　（11）2-乙氧基乙醇　　（12）12-冠-4

参考答案：

（1）叔丁醇（或2-甲基丙-2-醇）　（2）2-乙基丁-3-烯-1-醇　（3）2-乙亚基戊-1-醇

（4）![苯环]—CH=CHCH₂OH

（5）$HOH_2C-\overset{\overset{\displaystyle CH_2OH}{|}}{\underset{\underset{\displaystyle CH_2OH}{|}}{C}}-CH_2OH$

（6）![环己烷顺反结构]

（7）1-甲基环己-2-烯-1-醇　　（8）4-苯基己-3-烯-2-醇　　（9）苯甲醚（或茴香醚）

（10）$O\overset{\displaystyle CH_2-CH_2}{\underset{\displaystyle CH_2-CH_2}{<}}O$

（11）$CH_3CH_2OCH_2CH_2OH$　（12）![12-冠-4结构]

2. 按指定性质比较下列各组化合物的活性。

（1）预测下列化合物的沸点，由高到低排序。

　　① 甘油　　　② CH₃OC₂H₅　　　③ CH₃CH₂CH₂OH　　　④ CH₃CH₂CH₃

（2）预测下列化合物在水中的溶解度，从高到低排序。

　　① 丙-2-醇　　② C₂H₅OC₂H₅　　③ CH₃(CH₂)₃CH₂OH　　④ CH₃(CH₂)₄CH₂OH

（3）预测下列化合物与卢卡斯试剂反应速率由快到慢的次序。

　　① β-苯乙醇　② α-苯乙醇　③ 环己醇

参考答案：（1）①＞③＞②＞④　　　（2）①＞②＞③＞④　　　（3）②＞③＞①

3. 选出所有符合条件的答案。

（1）下列制备醇或醇的反应说法不正确的是（　　）。

　　① 用金属钠和醇还原酯到醇，而不影响酯中的碳碳双键；

　　② 间硝基苯甲酸可以被LiAlH₄还原到间硝基苯甲醇；

　　③ PCC试剂或沙瑞特试剂可将肉桂醇氧化成肉桂醛；

　　④ 伯醇与氢卤酸的反应都是按S_N2机理进行的。

（2）关于下列化合物性质的说法正确的是（　　）。

　　① 硫醇的酸性比同碳数醇的要强；

② 储藏醚类化合物时可在醚中加少许铁屑以避免过氧化物的形成；

③ 醇与活泼金属反应的活性从大到小次序是：叔醇＞仲醇＞伯醇＞甲醇；

④ 乙二醇在水中的溶解度大，其水溶液的冰点又低，故是很好的防冻剂。

参考答案：（1）②④　　　　　　　　　　　　（2）①②④

4. 用简单的化学方法鉴别下列各组化合物。

① 苯甲醚、苄醇和巴豆醇　　　　　　　② $CH_3CH_2CH_2CH_2OH$ 和 $(CH_3)_3COH$

参考答案： ① 先取三种溶液，分别通入 Br_2/CCl_4 溶液，能褪色的为巴豆醇；再取剩下的两种化合物，分别加入卢卡斯试剂，很快发生浑浊或分层的是苄醇，无此现象的是苯甲醚。

② 取两种化合物，分别加入卢卡斯试剂，很快发生浑浊或分层的是 $(CH_3)_3COH$，常温下无此现象（或加热后才发生浑浊或分层）的是 $CH_3CH_2CH_2CH_2OH$。

5. 请以煤化路线，即以合成气（CO、H_2）为原料，写出合成下列化合物的主要反应。

① 甲醇　　　　　　　　② 乙醇　　　　　　　　③ 乙二醇

参考答案：

（1）由合成气合成甲醇：$CO + 2H_2 \xrightarrow[\text{8MPa, 230~280℃}]{\text{Cu-Zn-Al}} CH_3OH$

（2）煤化路线乙醇的合成：二甲醚羰基化-加氢

甲醇由（1）合成，先由甲醇制备二甲醚：$2CH_3OH \xrightarrow[\triangle]{H^+} CH_3OCH_3 + H_2O$

二甲醚羰基化制备乙酸甲酯：$CO + CH_3OCH_3 \xrightarrow{\text{H-丝光沸石}} CH_3COOCH_3$

乙酸甲酯催化加氢生成乙醇：$CH_3COOCH_3 + 2H_2 \xrightarrow{\text{Cu/ZnO}} CH_3CH_2OH + CH_3OH$

总反应式：$CO + 2H_2 + CH_3OH \longrightarrow CH_3CH_2OH + H_2O$

（3）乙二醇的合成

第一步：CO与亚硝酸甲酯反应生成草酸二甲酯（DMO）：

$$2CH_3ONO + 2CO \longrightarrow (COOCH_3)_2 + 2NO$$

第二步：DMO催化氢化得到乙二醇：

$$(COOCH_3)_2 + 4H_2 \xrightarrow[\text{2~3MPa, 200℃}]{\text{Cu/SiO}_2} \underset{\underset{OH}{|}}{CH_2} \underset{\underset{OH}{|}}{CH_2} + 2CH_3OH$$

第三步：亚硝酸甲酯的再生（第一、二步中的甲醇和NO循环使用）：

$$2CH_3OH + 2NO + 0.5O_2 \longrightarrow 2CH_3ONO + H_2O$$

总反应式：$2CO + 4H_2 + 0.5O_2 \longrightarrow \underset{\underset{OH}{|}}{CH_2} \underset{\underset{OH}{|}}{CH_2} + H_2O$

6. 完成下列转化，写出各步反应的主要反应条件或有机产物。

（1）写出下列化合物分子内脱水的主要产物。

① [苯]—CH$_2$CHCH$_3$ $\xrightarrow[\triangle]{\text{浓H}_2\text{SO}_4}$ (A)   ② [苯]—CH$_2$CHCH(CH$_3$)$_2$ $\xrightarrow[\triangle]{\text{浓H}_2\text{SO}_4}$ (B)
　　　　　|OH　　　　　　　　　　　　　　　　　　　　　|OH

③ CH$_3$CH$_2$C(CH$_3$)$_2$ $\xrightarrow[\triangle]{\text{Al}_2\text{O}_3}$ (C)   ④ CH$_3$CH$_2$C(CH$_3$)C(CH$_3$)CH$_2$CH$_3$ $\xrightarrow[\triangle]{\text{Al}_2\text{O}_3}$ (D)
　　　　　|OH　　　　　　　　　　　　　　　　　　|OH　|OH

（2）环己酮 $\xrightarrow[\text{② H}_3\text{O}^+]{\text{① NaBH}_4}$ (A) $\xrightarrow[\text{无水ZnCl}_2]{\text{HCl}}$ (B)

（3）CH$_3$C≡CH $\xrightarrow[\text{乙醚}]{\text{CH}_3\text{MgBr}}$ (A) $\xrightarrow[\text{乙醚}]{\text{CH}_3\text{COCH}_3}$ $\xrightarrow{\text{H}_2\text{O}}$ (B)

（4）写出下列反应产物的立体结构式（用费歇尔投影式）。

$$\underset{Ph}{\overset{H_3C}{>}}C=C\underset{H}{\overset{CH_3}{<}} \xrightarrow[\text{② H}_2\text{O}_2/\text{OH}^-]{\text{① BH}_3} (A) + (B)$$

（5）写出下列反应各步主要产物，并指出D、E是顺式还是反式结构。

(A) $\xleftarrow{\text{H}_2\text{O/H}^+}$ | [1-甲基环己烯] $\xrightarrow{\text{过氧醋酸}}$ (C) $\xrightarrow{\text{H}_3\text{O}^+}$ (D)

(B) $\xleftarrow[\text{② H}_2\text{O}_2, \text{OH}^-]{\text{① B}_2\text{H}_6}$ | $\xrightarrow[\text{② H}_2\text{O}]{\text{① 冷KMnO}_4}$ (E) $\xrightarrow{\text{HIO}_4}$ (F)

（6）苯乙醛是花香型香精的调和香料，可由苯经下列反应制得。

[苯] $\xrightarrow[\text{AlCl}_3]{\text{(A)}}$ [苯]—CH$_2$CH$_2$OH $\xrightarrow{\text{(B)}}$ [苯]—CH$_2$CHO

（7）异丁烯实现下列转化的条件和产物。

$$CH_2=C(CH_3)_2 \xrightarrow{\text{(A)}} \underset{O}{CH_2-C(CH_3)_2}$$

$\xrightarrow[\text{H}^+]{\text{CH}_3\text{OH}}$ (B)

$\xrightarrow[\text{CH}_3\text{OH}]{\text{CH}_3\text{ONa}}$ (C)

（8）下列两种化合物与足量浓HI反应的产物。

① [2-甲基四氢呋喃] $\xrightarrow{\text{HI}}$ (A)   ② H$_3$C—[苯]—OC$_2$H$_5$ $\xrightarrow{\text{HI}}$ (B)

（9）化合物B为涤纶纤维理想着色剂。其合成路线如下：

$$\underset{OH \quad OH}{CH_2-CH_2} \xrightarrow[\text{OH}^-]{2 \underset{O}{CH_2-CH_2}} \xrightarrow{\text{H}_2\text{O}} (A) \xrightarrow[\text{H}^+, \triangle]{2 \overset{CH_3}{CH_2=CCOOH}} (B)$$

参考答案：

（1）A: —CH=CHCH₃ (—CH=CHCH_3)　　B: —CH=CHCH(CH₃)₂

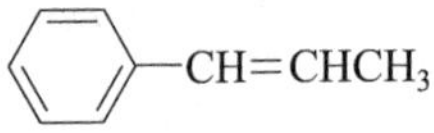

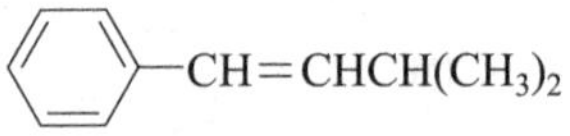

C: $CH_3CH=C(CH_3)_2$　　D: $CH_3CH=C\overset{\underset{\displaystyle CH_3}{|}}{\overset{\displaystyle CH_3}{|}}C=CHCH_3$

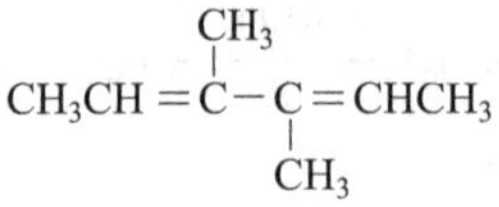

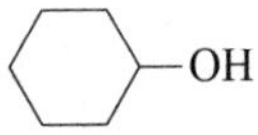

（2）A: —OH　　B: —Cl

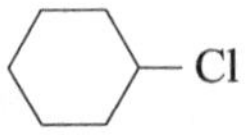

（3）A: $CH_3C\equiv CMgBr$　　B: $CH_3C\equiv C-\overset{OH}{\underset{\underset{\displaystyle CH_3}{|}}{\overset{|}{C}}}(CH_3)$

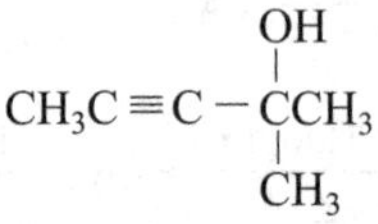

注：第一步反应是炔基格利雅试剂的制备方法。

（4）A+B 为 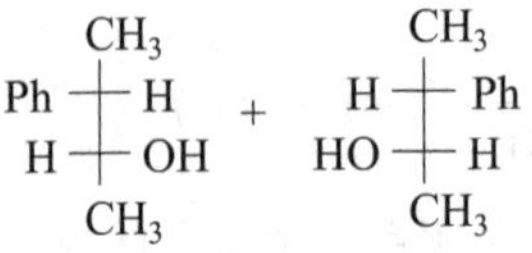 （A、B可互换）

（5）A: 　　B: 　　C:

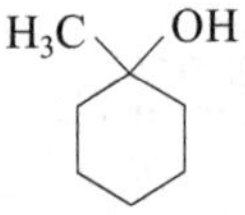

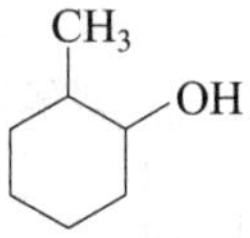

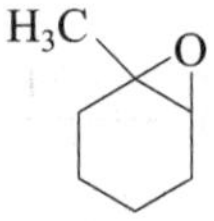

D: 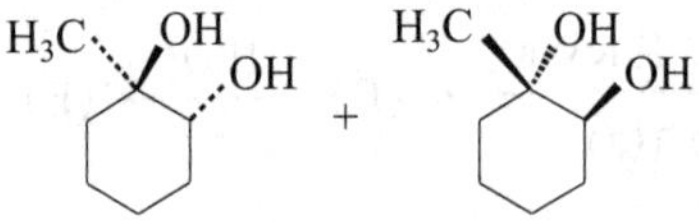 反式二醇

E: 顺式二醇　　F: $CH_3C(CH_2)_4CHO$（含羰基，O 在 C 上）

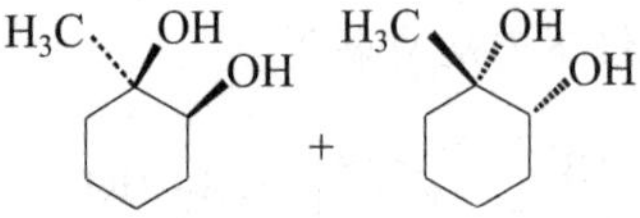

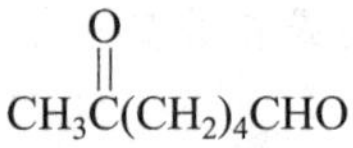

说明：D、E立体结构各有两种，写出其中之一即可。

（6）A: 　　B: PCC试剂；或沙瑞特试剂[(C₅H₅N)₂·CrO₃]；或O₂/铜（脱氢氧化）

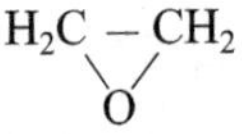

（7）A: CH_3COOOH（或其它过氧酸，双氧水）　　B: $CH_2-\overset{OCH_3}{\underset{\underset{\displaystyle OH}{|}}{\overset{|}{C}}}(CH_3)_2$

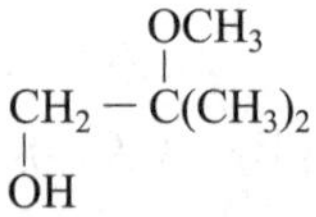

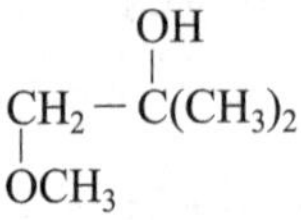

C: $CH_2-\overset{OH}{\underset{\underset{\displaystyle OCH_3}{|}}{\overset{|}{C}}}(CH_3)_2$

（8）A: $CH_3\overset{\displaystyle}{\underset{\underset{\displaystyle I}{|}}{CH}}CH_2CH_2CH_2I$　　B: H_3C- $-OH+C_2H_5I$

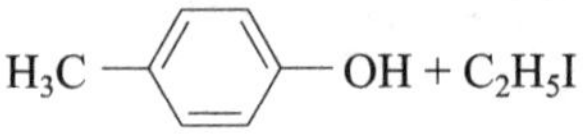

（9）A: $CH_2CH_2OCH_2CH_2OCH_2CH_2$（末端两个OH）　　B:

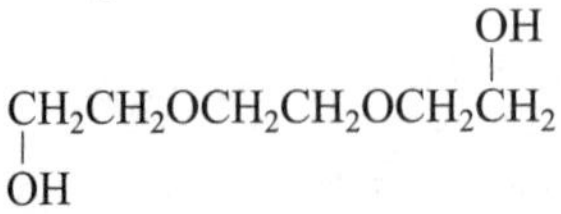

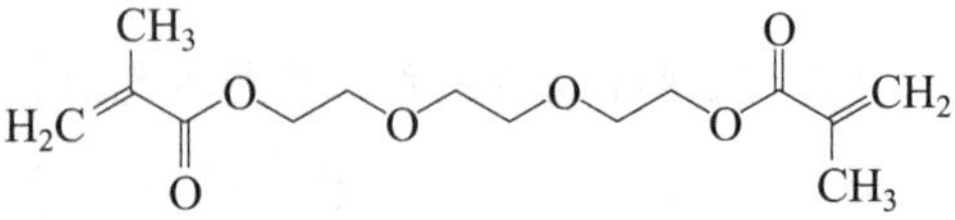

7.由指定原料合成下列化合物（无机试剂、催化剂和溶剂可以任选）：

（1）由乙醇合成正丁醚；

（2）用四个碳原子及以下的烃为原料合成

$$\text{环己基-}\overset{\underset{\displaystyle OH}{\vert}}{\underset{\underset{\displaystyle CH_3}{\vert}}{C}}\text{-CH}_3;$$

（3）以苯、乙烯、丙烯为原料合成 $\text{C}_6\text{H}_5\text{-CH}_2\text{CH}_2\overset{\underset{\displaystyle OH}{\vert}}{\underset{\underset{\displaystyle CH_3}{\vert}}{C}}\text{CH}_3;$

（4）以环己酮、丙烯为原料合成

$$\text{环己烷(2-CH}_2\text{CH}_2\text{CH}_3\text{, 1-OH)}\quad;$$

（5）选择简单易得的醇、酮为原料合成 $(CH_3)_2CHCH=C(CH_3)_2$；

（6）以乙炔、甲醛为原料合成四氢呋喃。

参考答案：

（1） $CH_3CH_2OH \xrightarrow[170℃]{浓H_2SO_4} CH_2=CH_2$

$\xrightarrow{HCl} CH_3CH_2Cl$

$\xrightarrow[Ag, 250℃]{O_2} \triangle(环氧乙烷)$

$CH_3CH_2Cl \xrightarrow[无水乙醚]{Mg} CH_3CH_2MgCl \xrightarrow{环氧乙烷} \xrightarrow{H_3O^+} CH_3CH_2CH_2CH_2OH$

$2\ CH_3CH_2CH_2CH_2OH \xrightarrow[\triangle]{浓H_2SO_4} CH_3(CH_2)_2CH_2OCH_2(CH_2)_2CH_3$

（2） $CH_3CH=CH_2 \xrightarrow[H^+]{H_2O} CH_3\overset{\underset{\displaystyle OH}{\vert}}{C}HCH_3 \xrightarrow[\triangle]{Cu} CH_3\overset{\underset{\displaystyle \vert\vert}{O}}{C}CH_3$

环己烯 $\xrightarrow{HCl}$ 氯代环己烷 $\xrightarrow[无水乙醚]{Mg}$ 环己基MgCl

$\xrightarrow[无水乙醚]{CH_3COCH_3}$ 环己基$\overset{\underset{\displaystyle OMgCl}{\vert}}{\underset{\underset{\displaystyle CH_3}{\vert}}{C}}CH_3 \xrightarrow{H_3O^+}$ 环己基$\overset{\underset{\displaystyle OH}{\vert}}{\underset{\underset{\displaystyle CH_3}{\vert}}{C}}CH_3$

（3）① $CH_2=CH_2 \xrightarrow[Ag,250℃]{O_2}$ 环氧乙烷

② 丙烯瓦克（Wacker）法制备丙酮

$$CH_3CH=CH_2 + \frac{1}{2}O_2 \xrightarrow[120℃]{PdCl_2-CuCl_2} CH_3-\overset{\underset{\displaystyle \vert\vert}{O}}{C}-CH_3$$

③ 苯 $\xrightarrow[AlCl_3]{环氧乙烷} C_6H_5-CH_2CH_2OH \xrightarrow{PBr_3} C_6H_5-CH_2CH_2Br \xrightarrow[无水乙醚]{Mg}$

$C_6H_5-CH_2CH_2MgBr \xrightarrow[干醚]{CH_3\overset{\underset{\displaystyle \vert\vert}{O}}{C}CH_3} C_6H_5-CH_2CH_2\overset{\underset{\displaystyle OMgBr}{\vert}}{\underset{\underset{\displaystyle CH_3}{\vert}}{C}}CH_3 \xrightarrow{H_3O^+}$

$C_6H_5-CH_2CH_2\overset{\underset{\displaystyle OH}{\vert}}{\underset{\underset{\displaystyle CH_3}{\vert}}{C}}CH_3$

注：由苯制备卤苯，再制备格利雅试剂，并与环氧乙烷来制备苯乙醇的路线也可以，但应尽可能选用简洁的、规模生产的工业方法，以苯与环氧乙烷制备苯乙醇。

（4）$CH_3CH = CH_2 \xrightarrow[\text{过氧化物}]{HBr} CH_3CH_2CH_2Br \xrightarrow[\text{无水乙醚}]{Mg} CH_3CH_2CH_2MgBr$

$\xrightarrow{H_3O^+}$

$\xrightarrow[\triangle]{H_2SO_4}$

$\xrightarrow[\text{② } H_2O_2/OH^-]{\text{① } BH_3}$

（5）分析：目标产物烯烃可由醇脱水制备，作为前体的醇有两种：

$$(CH_3)_2CH \vdots CH \vdots CH(CH_3)_2 \qquad (CH_3)_2CHCH_2 \vdots \overset{OH}{\underset{CH_3}{C}} \vdots CH_3$$

$$\text{（Ⅰ）} \qquad\qquad \text{（Ⅱ）}$$

醇可由格氏试剂与醛酮的反应制备，格利雅试剂可由相应的卤代烃和镁反应制备，卤代烃又可由醇制备。那么对（Ⅰ）来讲的组合有：异丙醇+异丁醛；按（Ⅱ）来看，组合有：异丁醇+丙酮；4-甲基戊-2-酮+甲醇。由于丙酮和异丁醇均易得，故选这条路线比较合理。合成反应式如下：

$$(CH_3)_2CHCH_2OH \xrightarrow{PCl_5} (CH_3)_2CHCH_2Cl \xrightarrow[\text{无水乙醚}]{Mg} (CH_3)_2CHCH_2MgCl$$

$$\xrightarrow[\text{无水乙醚}]{CH_3COCH_3} \xrightarrow{H_3O^+} (CH_3)_2CHCH_2 - \overset{OH}{\underset{CH_3}{C}} - CH_3 \xrightarrow[\triangle]{Al_2O_3} (CH_3)_2CHCH = C(CH_3)_2$$

（6）$HC \equiv CH + 2\,HCHO \xrightarrow[90\sim110℃,0.5\sim2MPa]{\text{乙炔亚铜/铋}} HOH_2CC \equiv CCH_2OH$

$\xrightarrow[Ni]{H_2} HOCH_2CH_2CH_2CH_2OH \xrightarrow[260\sim280℃,9\sim10MPa]{H_3PO_4}$ $+ H_2O$

说明：在强碱（如$NaNH_2$）作用下，乙炔与2分子甲醛缩合制备丁-2-炔-1,4-二醇也可以；由丁-1,4-二醇制备四氢呋喃，在浓硫酸作用下制备也可以。

8.（1）写出由 转化到 的各步反应及重排过程的机理，简要说明理由；

（2）若从该酮合成 ，请提出一个合理的转化途径。

参考答案：

（1）各步反应及重排过程的反应机理：

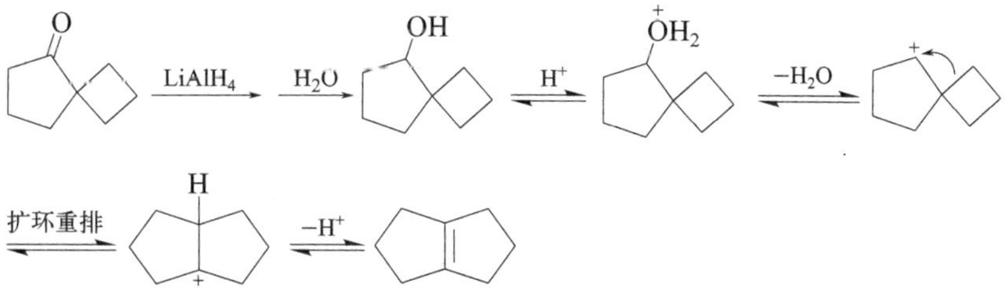

理由：由醇质子化脱水后生成的碳正离子为仲碳正离子，右边为四元环，扩环重排到五元环后形成的碳正离子为叔碳正离子，同时解除四元环的张力（四元环的环张力为 109.6 kJ/mol，而五元环的环张力为 27 kJ/mol，降低 82.6 kJ/mol），因此扩环重排后的碳正离子总能量降低，稳定性增加。

（2）转化的途径：

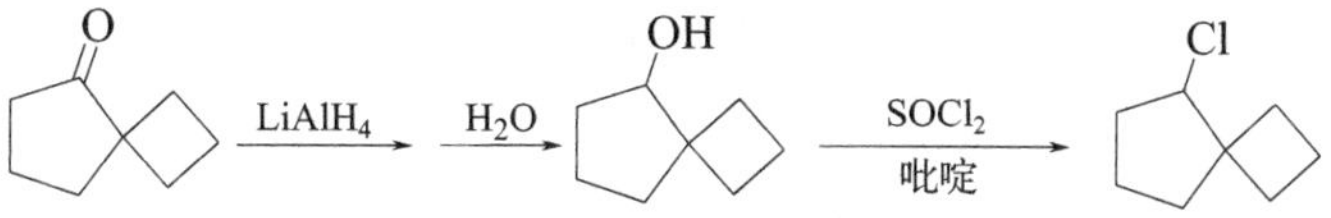

仲醇在 $SOCl_2$/吡啶（或叔胺）条件下是 S_N2 反应，无重排副产物。

9. 写出下列转化的反应机理。

（1）$HOCH_2CH{=}CHCH_3 \xrightarrow{HBr} BrCH_2CH{=}CHCH_3 + CH_2{=}CHCHCH_3$ 下标 Br

（2）

（3）$H_2C{-}CHCH_2CH_2CH_2Br \xrightarrow{CH_3O^-}$

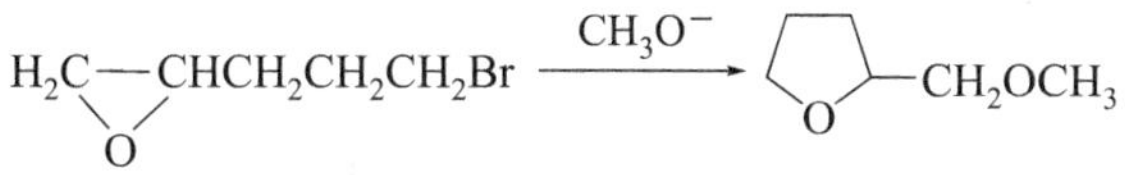

参考答案：

（1）反应机理如下：

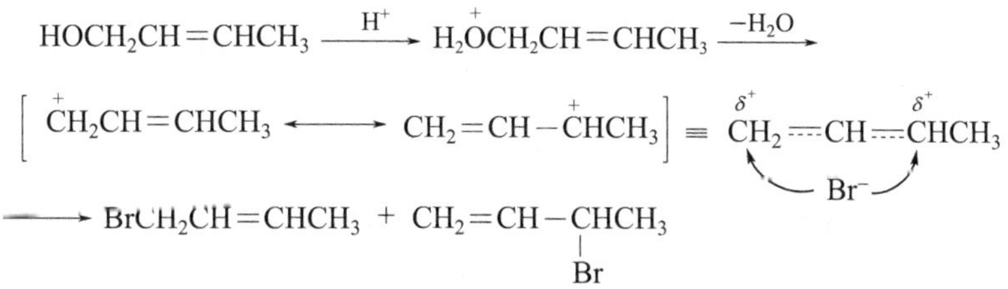

$$HOCH_2CH{=}CHCH_3 \xrightarrow{H^+} H_2\overset{+}{O}CH_2CH{=}CHCH_3 \xrightarrow{-H_2O}$$

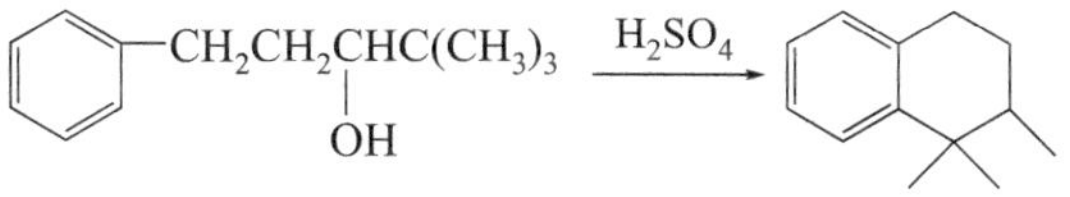

$$\left[\overset{+}{C}H_2CH{=}CHCH_3 \longleftrightarrow CH_2{=}CH{-}\overset{+}{C}HCH_3 \right] \equiv \overset{\delta^+}{CH_2}{=\!=\!=}CH{=\!=\!=}\overset{\delta^+}{CHCH_3}$$

$$\longrightarrow BrCH_2\overset{\cdot}{C}H{=}CHCH_3 + CH_2{=}CH{-}CHCH_3$$ 下标 Br

本反应为"烯丙位重排"反应机理。首先羟基与 H^+ 结合，脱水后形成碳正离子，此碳正离子通过 p-π 共轭，正电荷分散在 C_1 和 C_3 上，Br^- 进攻带部分正电荷的 C_1 或 C_3 位碳，生成两种不同的取代产物。

注意："烯丙位重排"并非真正的重排，并不涉及基团的迁移，而是由 p-π 共轭造成电荷的分散，产生两种产物。

（2）该反应经历了碳正离子重排和分子内的傅-克反应（亲电取代）。反应历程如下：

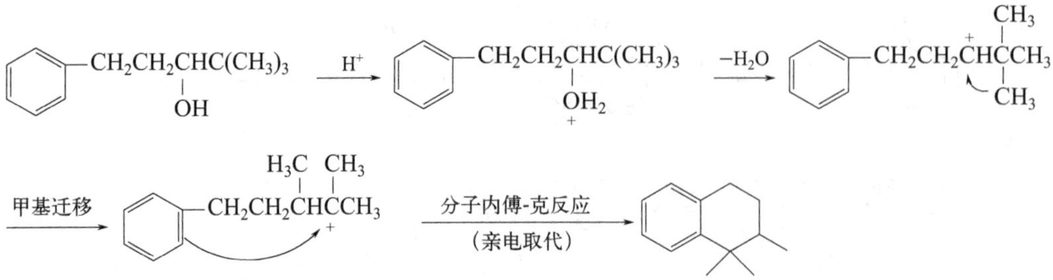

（3）H₂C—CH(CH₂)₃Br + CH₃O⁻ ⟶ 中间产物 ⟶ 四氢呋喃衍生物—CH₂OCH₃

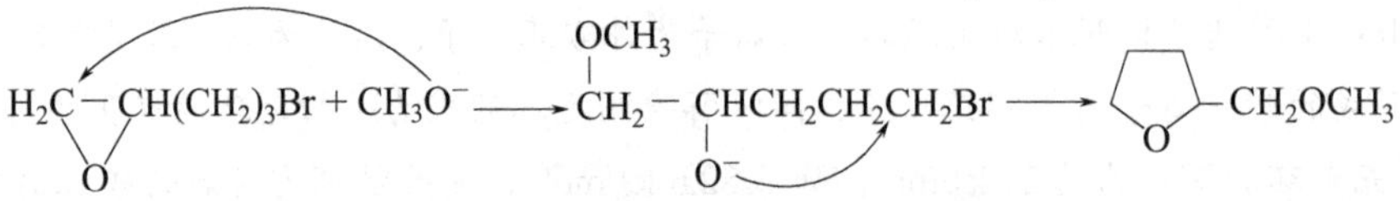

第一步是开环反应（三元环的环张力大，易开环）。碱性条件下，CH₃O⁻亲核进攻含氧三元环位阻小的碳原子，三元环开环形成中间产物；第二步中间产物中的烃氧负离子作为亲核试剂进攻分子内与卤素相连的碳（由于溴的电负性比碳高，与之相连的碳带部分正电荷），发生分子的威廉森反应，形成五元环醚（符合布朗克规则），五元环的环张力小，比较稳定。

10.按指定原料合成下列两种香料。

（1）由肉桂醛和乙酸合成用作风信子、铃兰等香精的调和香料乙酸肉桂酯；

（2）苯甲酸苄酯可用作依兰等香精的调和香料，请仅以甲苯为原料合成之。

参考答案：

（1）

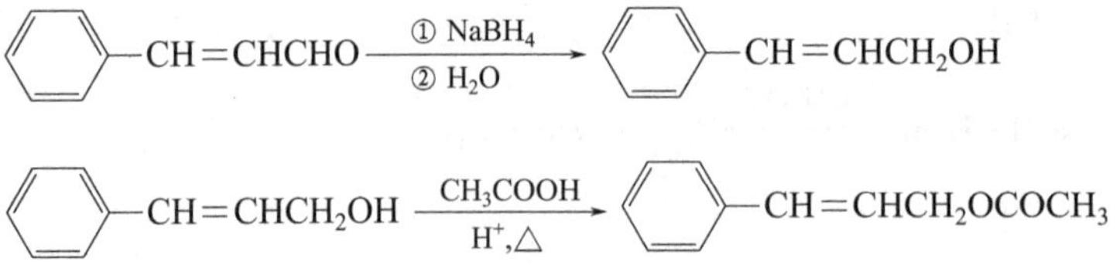

（2）

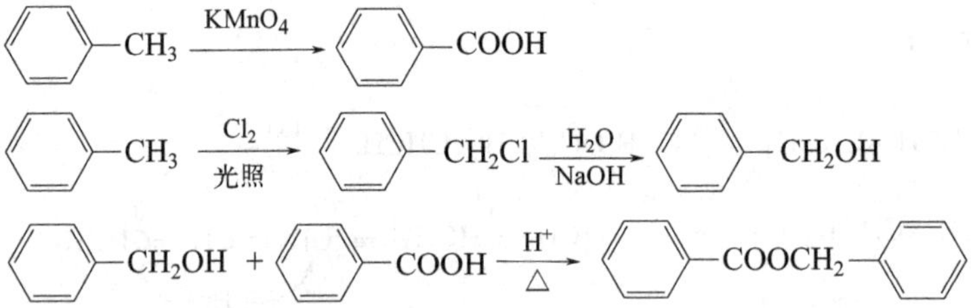

11.2-苯基丙-2-醇有玫瑰香气，用于调制玫瑰、铃兰等花香型香精。请以苯和不超过三个碳的有机物来合成，要求设计不少于两种合成路线，并根据原料来源等因素对这几种合成路线进行评价。

参考答案：

（1）

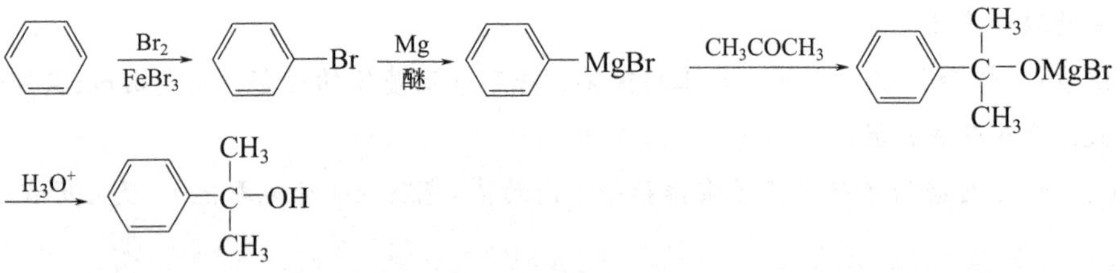

（2）

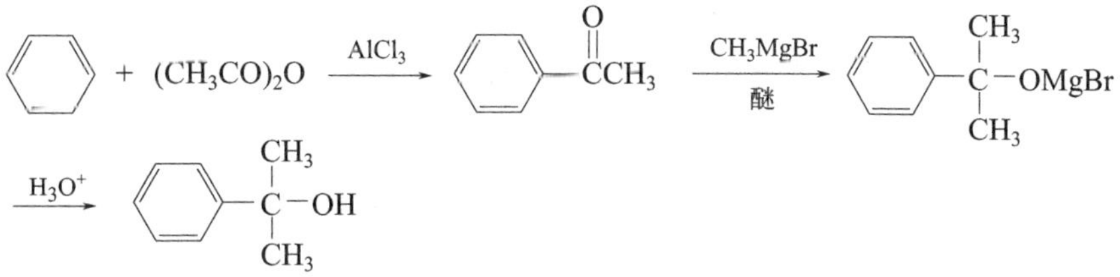

（3）

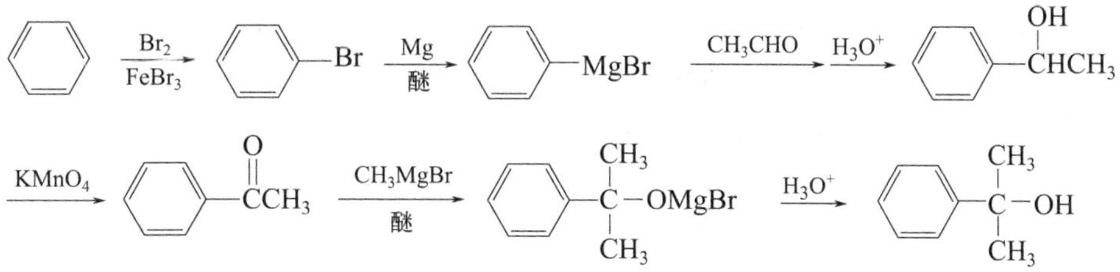

比较这几种合成路线，（3）的合成路线比较长，不宜考虑；（1）所用的丙酮原料易得，适合工业生产。

12. 叔丁基甲基醚是优良的高辛烷值汽油添加剂和抗爆剂。某同学设计用叔丁基溴与甲醇钠来制备，结果却生成了一种无色气体。

（1）写出该气体的结构式；

（2）分析他失败的原因；

（3）请选用正确的卤代烃和醇钠合成叔丁基甲基醚；

（4）工业上叔丁基甲基醚的制备是以异丁烯和甲醇为原料，在酸性催化剂存在下反应而得。请写出该转化的反应机理。

参考答案：（1）该气体是异丁烯：$CH_2=\overset{\overset{\textstyle CH_3}{|}}{C}-CH_3$

（2）甲醇钠为强碱，叔丁基溴 α 碳原子上的支链多，不利于亲核取代反应，而易进攻 β 氢，发生消除反应，生成异丁烯

（3）正确的方法是：$(CH_3)_3CONa + CH_3Cl \longrightarrow (CH_3)_3COCH_3$

（4）异丁烯和甲醇制备叔丁基甲醚的反应机理如下：

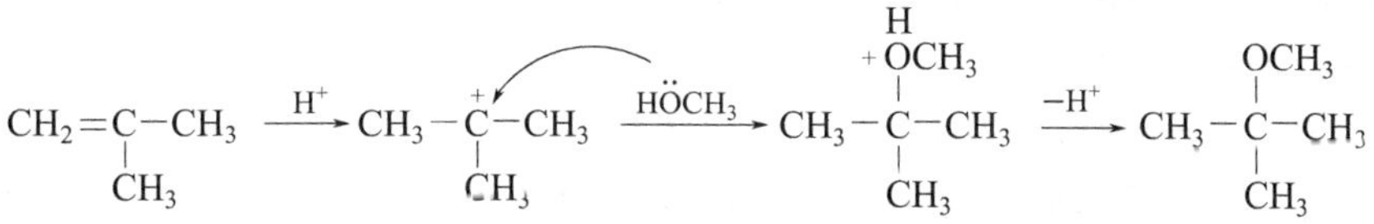

13. 某企业现有对二异丙苯过氧化制备对苯二酚装置，并联产丙酮。已知该企业有丰富的甲醇，请以该企业现有的有机产品为原料，合成可用于食品的油溶性抗氧化剂 BHA。BHA 通常是下列两种异构体的混合物，两者混合后有一定的协同作用。

3-BHA： 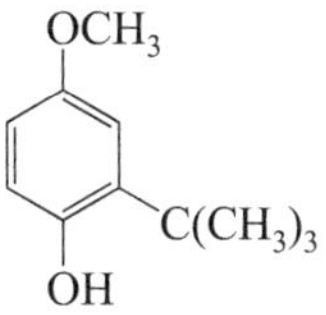 2-BHA：

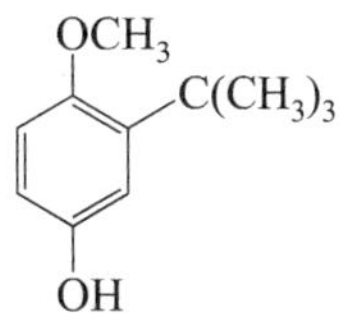

（1）请设计合理路线合成BHA，写出有关反应式，并预测哪种异构体为主要产物；

（2）用系统命名法命名上述两种BHA异构体。

参考答案：

（1）从对苯二酚和最终产品的结构来看，是对苯二酚的一个酚羟基发生了醚化反应，然后发生烷基化反应（傅-克反应），或者对苯二酚发生烷基化后，再醚化。

醚化反应需要制备卤代甲烷（或硫酸二甲酯），傅-克反应需要制备叔丁醇（或者异丁烯）。依题意，本企业现有原料为对苯二酚、丙酮和甲醇。

方法1：先制备CH_3Cl、叔丁醇，再对苯二酚醚化，最后烷基化。反应式：

$$CH_3OH \xrightarrow{SOCl_2} CH_3Cl \xrightarrow[乙醚]{Mg} CH_3MgCl \xrightarrow[乙醚]{CH_3COCH_3} \xrightarrow{H_3O^+} (CH_3)_3COH$$

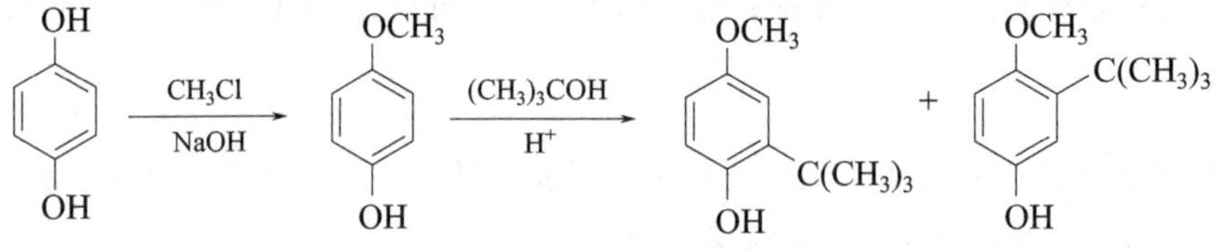

主要产物　　　　次要产物

由于烷基化反应中，酚羟基的定位效应强于甲氧基，空间位阻也小，故酚羟基邻位的烷基化产物（3-BHA）为主要产物。

方法2：先进行傅-克烷基化反应，再醚化。反应式如下：

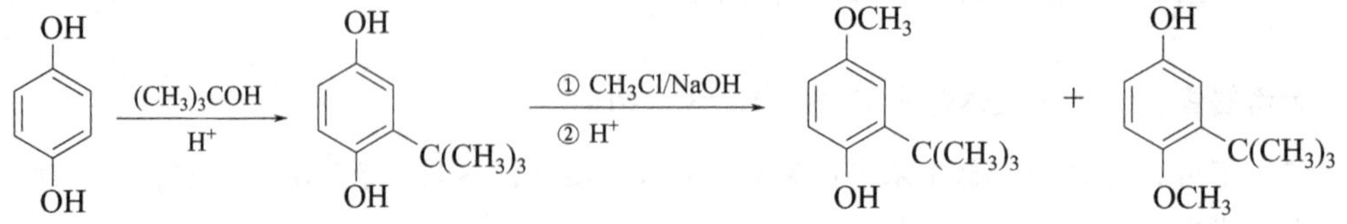

主要产物　　　　次要产物

傅-克烷基化反应后，在生成醚的反应中，一个酚羟基的邻位有叔丁基，空间位阻大，故该酚羟基生成醚（2-BHA）的比例低，而离叔丁基远的那个酚羟基发生醚化的比例高，产物（3-BHA）为主要产物。

总之，对主要产物而言，两种合成途径的结果是一致的。

（2）从苯环上取代基的优先级来看，酚羟基排序在前，故为"母体"，因此3-BHA系统命名为：2-叔丁基-4-甲氧基苯酚；2-BHA的系统命名为：3-叔丁基-4-甲氧基苯酚。

如果叔丁基不按俗称而按系统命名法进行命名，则：

3-BHA系统命名还可以是：2-(1,1-二甲基乙基)-4-甲氧基苯酚 或 4-甲氧基-2-(2-甲基丙-2-基)苯酚。

2-BHA的系统命名也可以是：3-(1,1-二甲基乙基)-4-甲氧基苯酚 或 4-甲氧基-3-(2-甲基丙-2-基)苯酚。

14.异丙醚是动植物油脂、蜡、树脂等的良好溶剂。工业上，异丙醚可从丙烯硫酸水合制异丙醇的副产品中回收。

（1）写出丙烯与硫酸反应水合制备异丙醇的反应式。

（2）当硫酸水合反应后的物料在解吸塔用蒸汽汽提，使异丙醇与异丙醚从酸液中释出后，通过蒸馏，从塔顶首先获得的是哪种产品？简要说明理由。

（3）异丙醇催化脱氢也是制备丙酮的一种方法，写出该转化的反应式。

参考答案：

（1）丙烯与硫酸反应水合制备异丙醇的反应式：

$$CH_3CH{=}CH_2 \xrightarrow{H_2SO_4} \underset{\underset{OSO_3H}{|}}{CH_3CHCH_3} \xrightarrow{H_2O} \underset{\underset{OH}{|}}{CH_3CHCH_3}$$

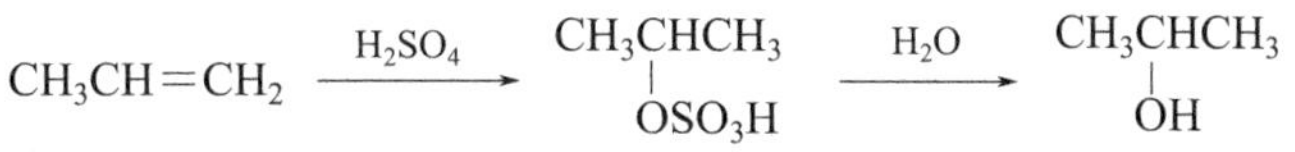

（2）异丙醚。异丙醇与水混溶，而异丙醚在水中的溶解度低（微溶），另外可由书中表查阅：异丙醚沸点68℃；异丙醇沸点82.3℃。

（3）异丙醇催化脱氢制备丙酮的反应式：

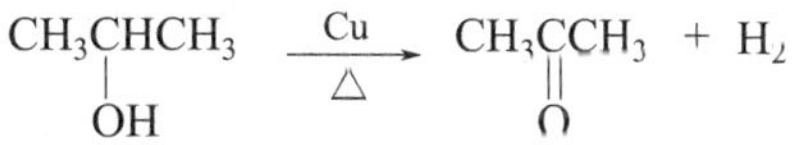

$$\underset{\underset{OH}{|}}{CH_3CHCH_3} \xrightarrow[\triangle]{Cu} \underset{\underset{O}{\|}}{CH_3CCH_3} + H_2$$

15. 某煤焦化企业现有丰富的电石资源和从煤焦油中提取的对甲苯酚，以及焦炉煤气制甲醇装置和合成氨装置。请充分利用该企业现有资源，设计合成下列化合物。

（1）三乙醇胺是吸收CO_2和H_2S等气体的净化剂。写出合成该化合物的各步反应式。

（2）合成可降解塑料PBAT（己二酸/对苯二甲酸丁二醇酯的共聚物）的关键单体原料丁-1,4-二醇。写出各步反应式。

（3）对甲苯甲醚用于配制水仙花、紫罗兰等香精。写出合成该化合物的各步反应式。

参考答案：

（1）三乙醇胺可由氨与环氧乙烷反应制得。因该企业有合成氨装置，只需制备环氧乙烷即可。工业上制备环氧乙烷的方法是乙烯在银催化下氧化制备，故要先制备乙烯。乙烯可由电石水解产生乙炔，在林德拉催化剂下加氢还原得到（也可由甲醇制备乙烯）：

$$CaC_2 + H_2O \longrightarrow CH{\equiv}CH + Ca(OH)_2$$

$$CH{\equiv}CH \xrightarrow[Pd\text{-}BaSO_4]{H_2} CH_2{=}CH_2$$

由乙烯制备的环氧乙烷，再与氨反应制备三乙醇胺：

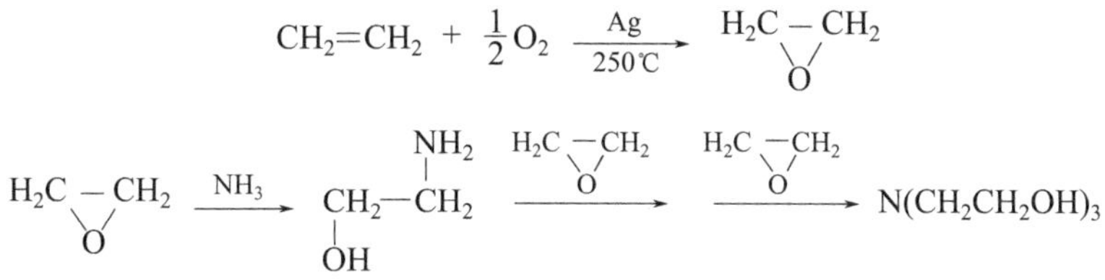

$$CH_2{=}CH_2 + \frac{1}{2}O_2 \xrightarrow[250℃]{Ag} \underset{O}{\overset{H_2C - CH_2}{\diagdown\diagup}}$$

$$\underset{O}{\overset{H_2C - CH_2}{\diagdown\diagup}} \xrightarrow{NH_3} \underset{\underset{OH}{|}}{\overset{\overset{NH_2}{|}}{CH_2 - CH_2}} \xrightarrow{\underset{O}{\overset{H_2C-CH_2}{\diagdown\diagup}}} \xrightarrow{\underset{O}{\overset{H_2C-CH_2}{\diagdown\diagup}}} N(CH_2CH_2OH)_3$$

（2）丁-1,4-二醇的煤化路线，可以由乙炔-甲醛法制备，乙炔由电石水解得到［见

（1）]，而甲醛可由焦炉煤气制甲醇装置得到的甲醇氧化得到：

$$2\ CH_3OH\ +\ O_2\ \xrightarrow[600\sim700℃]{Ag}\ 2\ HCHO\ +\ 2\ H_2O$$

然后，乙炔与甲醛亲核加成得丁-2-炔-1,4-二醇，再催化加氢得丁-1,4-二醇：

$$HC \equiv CH\ +\ 2\ HCHO\ \xrightarrow[90\sim110℃,0.5\sim2MPa]{乙炔铜}\ HOH_2CC \equiv CCH_2OH$$

$$HOH_2CC \equiv CCH_2OH\ \xrightarrow[Ni]{H_2}\ HOCH_2CH_2CH_2CH_2OH$$

（3）对甲苯甲醚的合成：可在碱性条件下由对甲苯酚钠与卤代甲烷或硫酸二甲酯反应得到。卤代甲烷可由甲醇制备，而硫酸二甲酯可由甲醇与硫酸反应得到。反应式如下：

$$CH_3OH \xrightarrow{PBr_3} CH_3Br$$

$$2\ CH_3OH\ +\ H_2SO_4\ \longrightarrow\ (CH_3)_2SO_4\ +\ 2\ H_2O$$

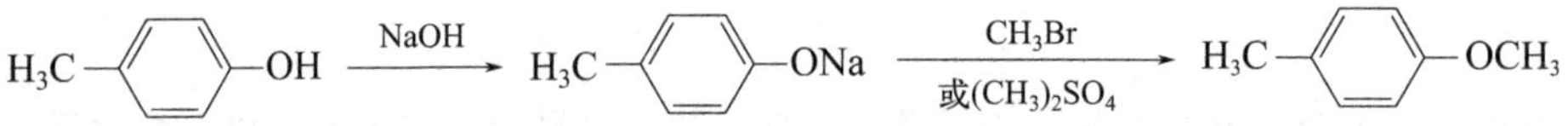

$$H_3C-\!\!\!\!\bigcirc\!\!\!\!-OH \xrightarrow{NaOH} H_3C-\!\!\!\!\bigcirc\!\!\!\!-ONa \xrightarrow[或(CH_3)_2SO_4]{CH_3Br} H_3C-\!\!\!\!\bigcirc\!\!\!\!-OCH_3$$

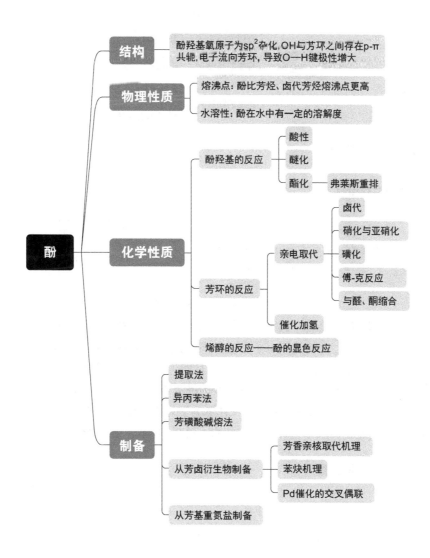

第十一章

酚和醌

一、本章概要

结构 —— 酚羟基氧原子为sp²杂化,OH与芳环之间存在p-π共轭,电子流向芳环,导致O—H键极性增大

物理性质 ——
- 熔沸点: 酚比芳烃、卤代芳烃熔沸点更高
- 水溶性: 酚在水中有一定的溶解度

酚

化学性质 ——
- 酚羟基的反应
  - 酸性
  - 醚化
  - 酯化 —— 弗莱斯重排
- 芳环的反应
  - 亲电取代
    - 卤代
    - 硝化与亚硝化
    - 磺化
    - 傅-克反应
    - 与醛、酮缩合
  - 催化加氢
- 烯醇的反应——酚的显色反应

制备 ——
- 提取法
- 异丙苯法
- 芳磺酸碱熔法
- 从芳卤衍生物制备
  - 芳香亲核取代机理
  - 苯炔机理
  - Pd催化的交叉偶联
- 从芳基重氮盐制备

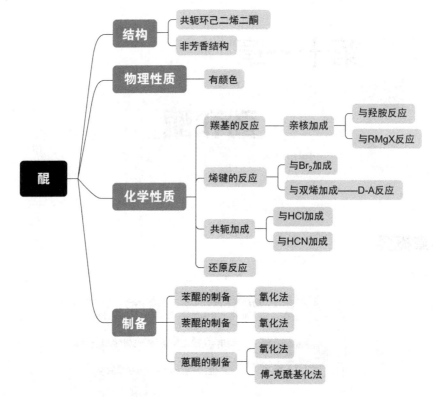

二、结构与化学性质

1. 酚的结构与化学性质

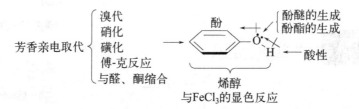

酚中羟基与芳环直接相连，氧原子对芳环既有吸电子的诱导效应，又有给电子的共轭效应，且后者强于前者，促使芳环电子密度升高，更易接受亲电试剂的进攻，发生各类芳香亲电取代反应（卤代、硝化、磺化、傅-克反应等）。但氧原子自身电子密度降低，碱性与亲核性降低，不与羧酸反应，需要与更活泼的酰氯或酸酐方能成酯，一般将酚转变为更活泼的酚钠后与卤代烃反应成醚。同时 O—H 键电子对更偏向氧原子，酚羟基的酸性增强。—OH 与芳环直接相连还构成了特殊的烯醇结构，与 $FeCl_3$ 稀溶液有显色反应。

2. 醌的结构与化学性质

共轭加成 ← (HCl、HCN等) 　　亲核加成(NH_2OH、$RMgX$等)　　亲电加成(Br_2、D-A反应等)

醌为共轭的环己二烯酮结构，无芳香性，因此不发生芳香亲电取代反应。

醌中既有碳碳双键，又有碳氧双键，且碳碳双键与碳氧双键共轭，因此醌既可以发生烯键的亲电加成，也可以发生羰基的亲核加成，还可以发生共轭体系的1,4加成，并伴随酮-烯醇互变异构，由醌式转变为酚式结构。

三、重要反应一览

		反应	反应要点
酚	酚羟基的反应	酚羟基的酸性： 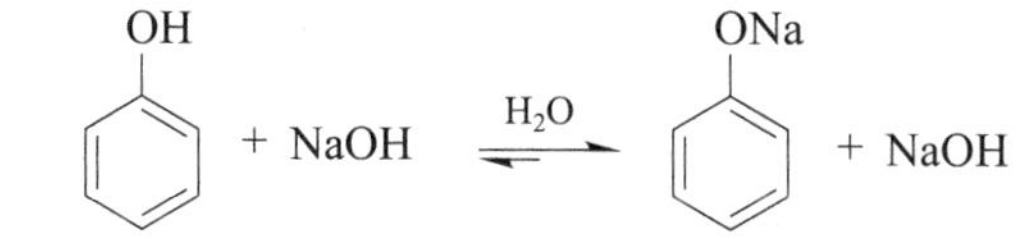	✓ 酚的酸性比醇强，比羧酸弱； ✓ 酚能与NaOH、Na_2CO_3反应，不能与$NaHCO_3$反应； ✓ 芳环上吸电子基使酚酸性增强，给电子基使酚酸性减弱。
		酚羟基的醚化（威廉森合成法）： 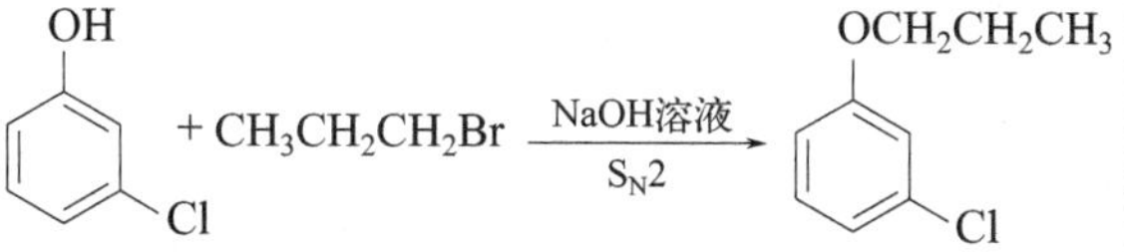	✓ 采用酚钠和卤代烃的S_N2亲核取代合成芳醚； ✓ 适用于伯卤代烃和烯丙型卤代烃，仲或叔卤代烃易发生消除。
		酚羟基的酯化： 	✓ 酚难与羧酸成酯，可与更活泼的酰氯或酸酐反应成酯； ✓ 酚钠与酰氯也可以反应成酯；
		弗莱斯重排： 	✓ 低温、极性溶剂中酰基重排至对位，高温非极性溶剂或无溶剂条件下，酰基重排至邻位； ✓ 有间位定位基不发生弗莱斯重排。
	芳环上的亲电取代	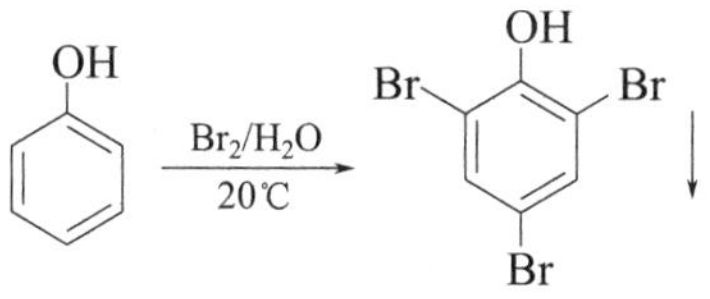 卤代： 	✓ OH是强致活的邻对位定位基； ✓ 在低温、弱极性溶剂中，可以控制在一卤代； ✓ 在极性溶剂中，很难控制在一卤代，如酚在溴水中反应生成三溴苯酚。

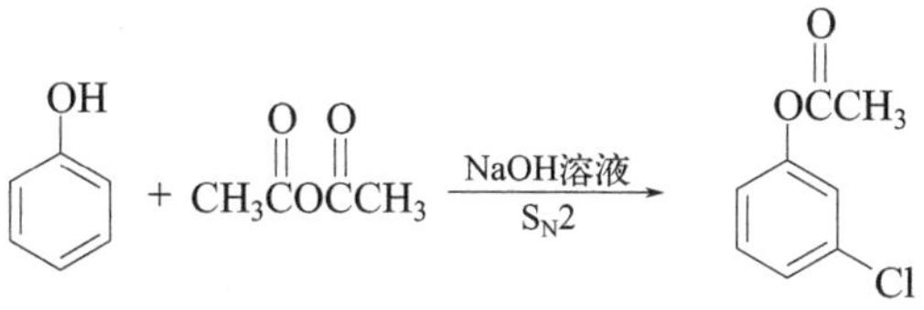

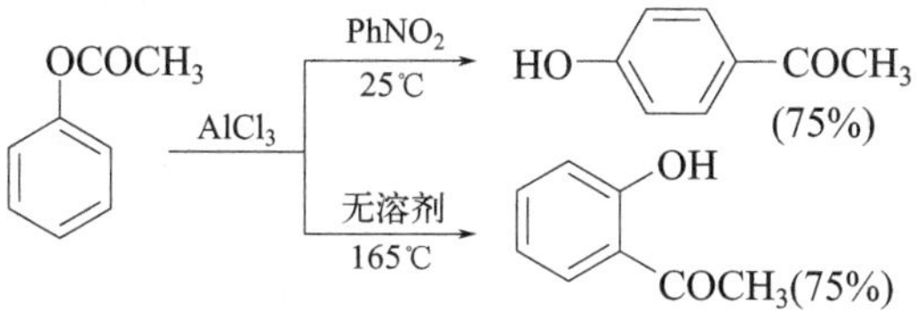

续表

		反应	反应要点
酚	芳环上的亲电取代	**硝化与亚硝化：** 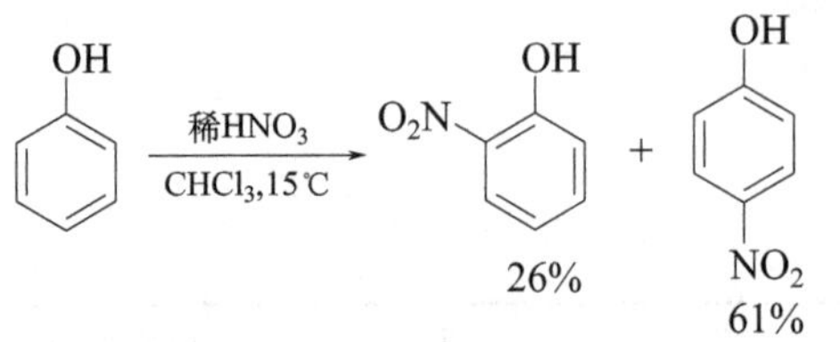 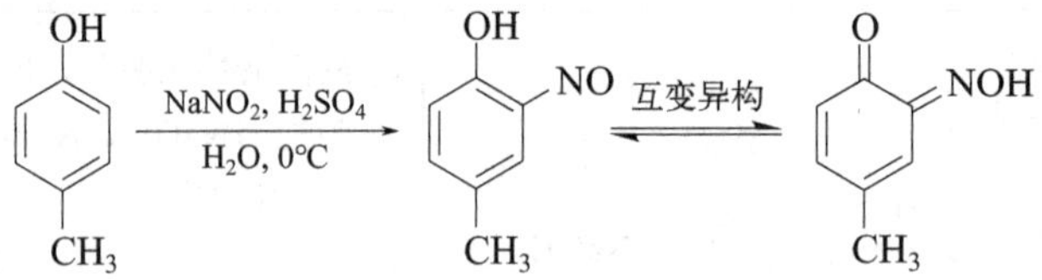 	✓ 酚易氧化，不能使用混酸硝化； ✓ 稀硝酸、低温条件下硝化，可以降低氧化等副反应； ✓ 邻、对硝基苯酚可以采用水蒸气蒸馏分离； ✓ 亚硝酰正离子可作为弱亲电试剂，对芳环亲电取代； ✓ 亚硝基可以互变异构成肟。
		磺化： 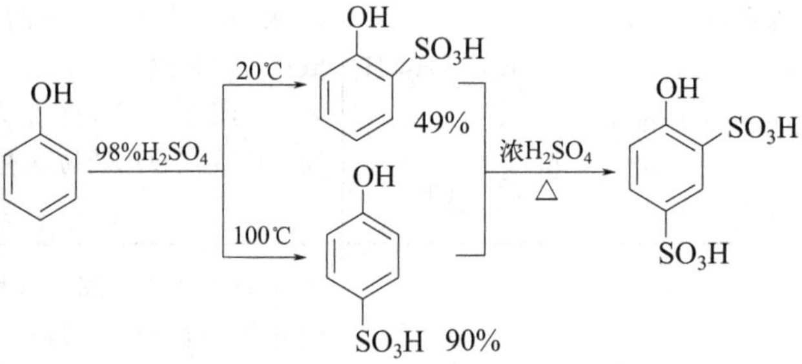 	✓ 低温下，—SO₃H进入—OH邻位； ✓ 高温下，—SO₃H进入—OH对位； ✓ 可以利用4-羟基-1,3-苯二磺酸间接制备苦味酸； ✓ 磺化反应可逆，因此磺酸基可作为有机合成中的"占位基"。
		傅-克反应： 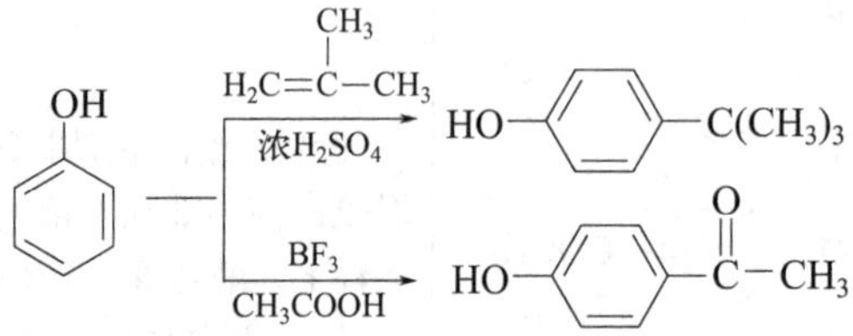 	✓ 酚易发生傅-克烃基化反应； ✓ 酚的酰化反应以弱路易斯酸，如BF₃、ZnCl₂为催化剂，羧酸为酰化剂，酰基主要进入对位； ✓ 酚酰化时有—OH酰化成酯的副反应，故—OH可以采用醚键保护。
		酚与醛酮的缩合： 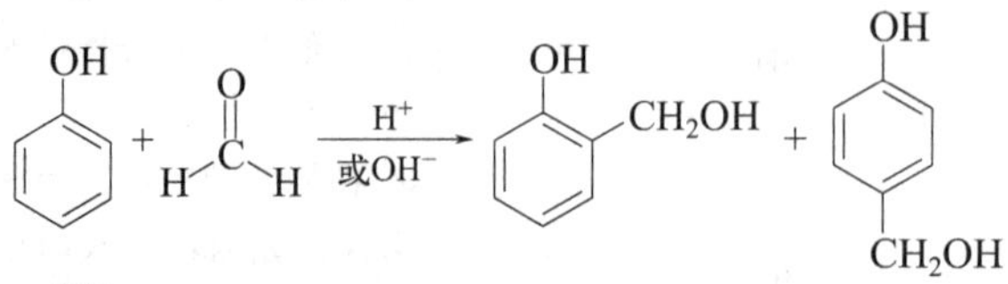 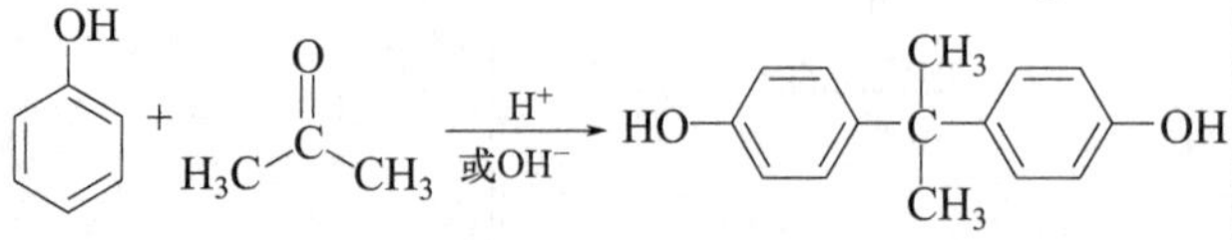 	✓ 醛、酮是较弱的亲电试剂，反应需要酸或碱催化； ✓ 酚或醛过量生成的产物不同； ✓ 生成线型或体型酚醛树脂。

		反应	反应要点
酚	芳环加氢	HO—⟨⟩—C(CH₃)₃ $\xrightarrow[\text{Ni}]{H_2}$ HO—⟨⟩—C(CH₃)₃	✓ 酚羟基使芳环催化加氢活性增强； ✓ Pt、Pd、Ni为催化剂； ✓ 产物为环己醇。
	显色反应	$6\ ArOH + FeCl_3 \rightleftharpoons [Fe(OAr)_6]^{3-} + 6H^+ + 3\ Cl^-$	✓ 酚与$FeCl_3$生成有颜色的络合物，可用于酚的鉴别； ✓ 凡具有烯醇结构的化合物与$FeCl_3$溶液都有显色反应。
醌	羰基的反应	亲核加成： ⟨环己二烯二酮⟩ $\xrightarrow{NH_2OH}$ ⟨NOH环己二烯酮⟩ $\xrightarrow{NH_2OH}$ ⟨NOH…NOH⟩ 对苯醌单肟　　　对苯醌双肟	✓ 醌中的羰基能发生典型的亲核加成反应； ✓ 肟和亚硝基化合物之间的互变异构，可实现醌型和苯型的相互转变。
	烯键的反应	亲电加成： ⟨环⟩ $\xrightarrow{Br_2}$ ⟨H Br／H Br⟩ $\xrightarrow{Br_2}$ ⟨Br H／H Br／Br H／H Br⟩	✓ 对苯醌能使溴水褪色，典型烯键的亲电加成反应；
		Diels-Alder反应： ⟨丁二烯⟩ + ⟨对苯醌⟩ $\xrightarrow[\triangle]{\text{苯}}$ ⟨双环加成物⟩ 过量	✓ 对苯醌可作为缺电子的亲二烯体，与富电子的共轭二烯发生Diels-Alder反应。
	1,4-加成	⟨对苯醌⟩ +HCl $\xrightarrow{\text{1,4-加成}}$ ⟨Cl H 加成物⟩ $\underset{\text{互变异构}}{\rightleftharpoons}$ ⟨OH…Cl…OH⟩	✓ 醌中C=C与C=O共轭； ✓ Cl加在碳上，H加在氧上； ✓ 产物经历酮-烯醇互变异构，生成对苯酚衍生物。
	醌的还原	⟨对苯醌⟩ + 2H⁺ + 2e⁻ $\underset{\text{氧化}}{\overset{\text{还原}}{\rightleftharpoons}}$ ⟨OH…OH对苯二酚⟩	✓ 醌还原成酚； ✓ 醌和酚之间通过氧化-还原反应可以相互转变。

反应		反应要点
酚、醌的制备		
酚的制备	**异丙苯法**	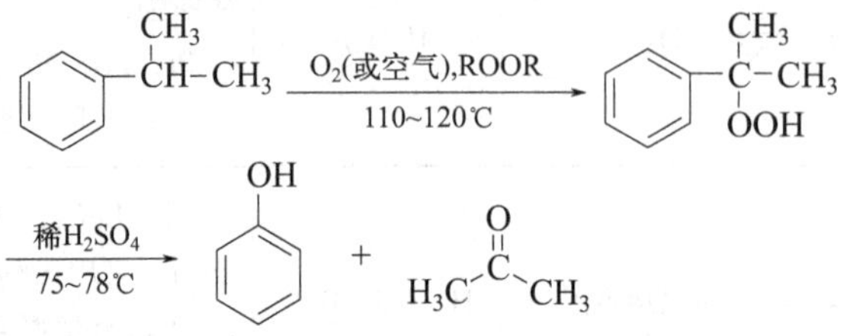 ✓ 两步法； ✓ 过氧化氢异丙苯在酸作用下的分解涉及氧正离子的重排； ✓ 生产苯酚的同时副产丙酮。
	碱熔法	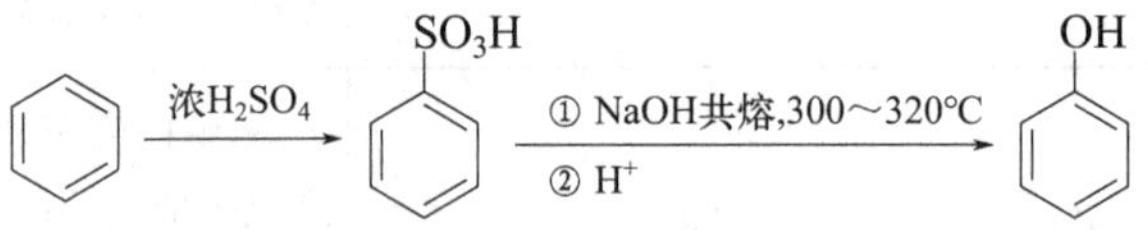 ✓ 产率高，产品纯度好； ✓ 高温、强酸、强碱，腐蚀性强，能耗大。
	从芳卤衍生物制备 芳香亲核取代（S_N2Ar）机理： 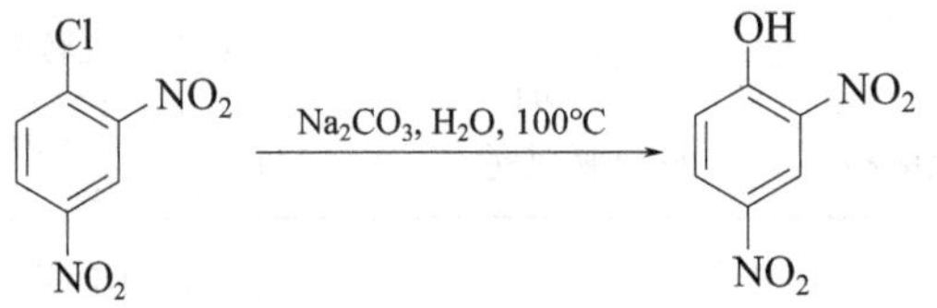	✓ 加成-消除机理； ✓ 中间体为迈森海默（Meisenheimer）络合物； ✓ 卤原子的邻、对位有强吸电子基时，反应易进行。
	苯炔机理： 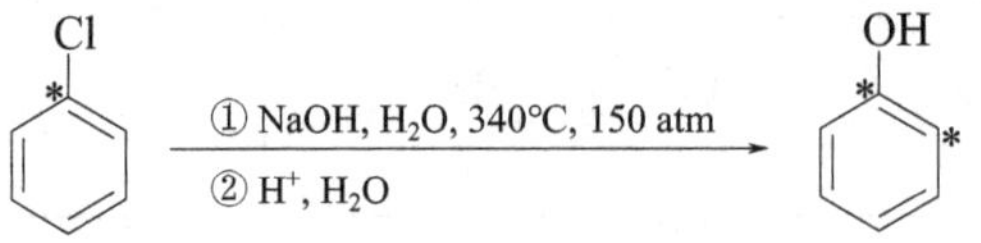	✓ 消除-加成机理； ✓ 活性中间体为苯炔； ✓ 如果芳环上有其它取代基，则生成位置异构体。
	Pd催化的交叉偶联反应： 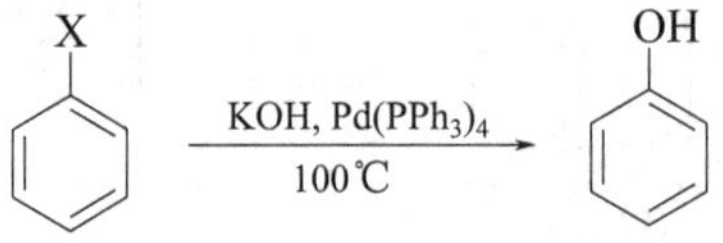	✓ 经历插入、配体交换、还原消除等基元反应； ✓ 通过此反应也可以在苯环上引入—NH_2、—OR等基团。
	从芳基重氮盐制备	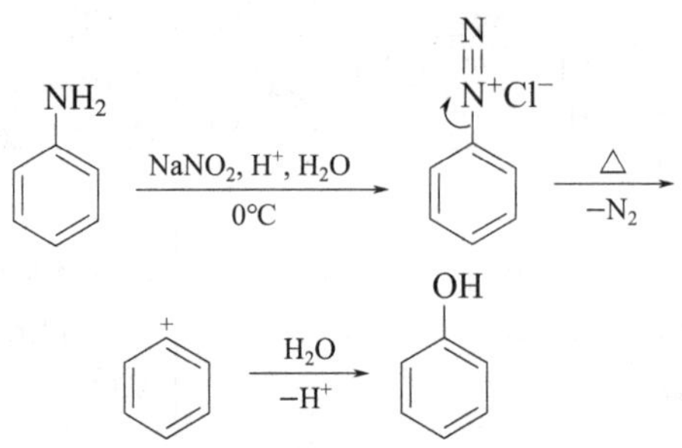 ✓ S_N1Ar机理； ✓ 中间体为苯基正离子； ✓ 芳基重氮盐具有一定危险性。

续表

		反应	反应要点
醌的制备	苯醌的制备	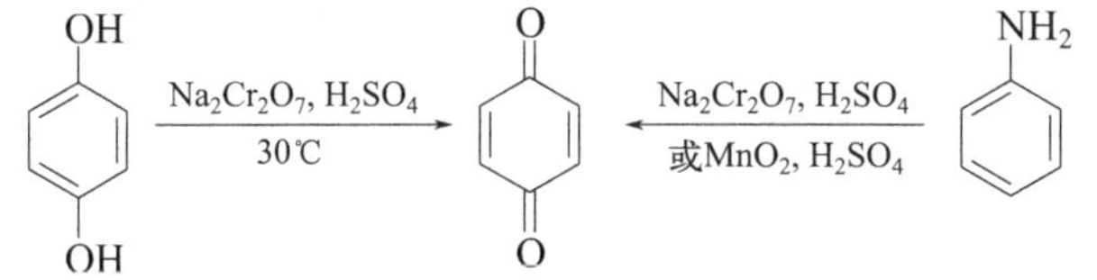	✓ 对苯酚、苯胺均可被氧化成对苯醌； ✓ 邻苯二酚可被氧化成邻苯醌。
	萘醌的制备	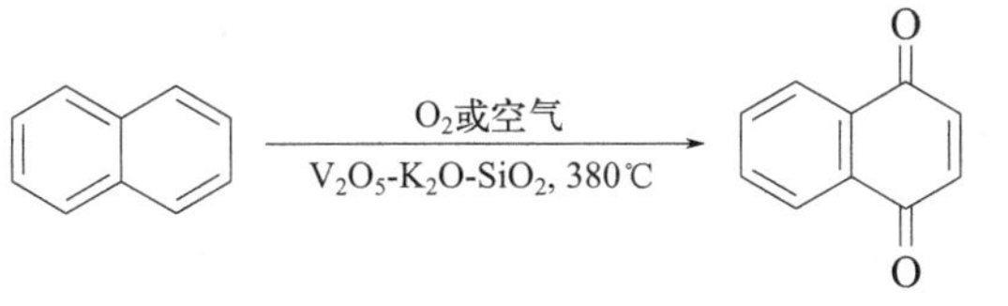	✓ 萘比苯易氧化； ✓ 萘环比侧链更易氧化； ✓ 控制氧化条件，避免被进一步氧化为邻苯二甲酸酐。
	蒽醌的合成	氧化法： 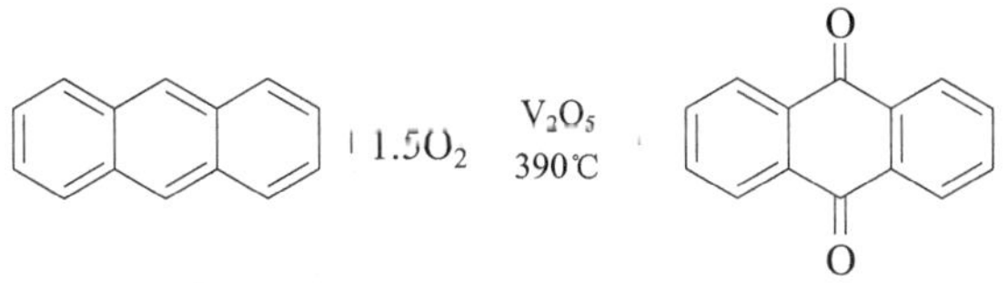	✓ 蒽易氧化； ✓ 蒽首先在9,10-位氧化。
		傅-克酰基化： 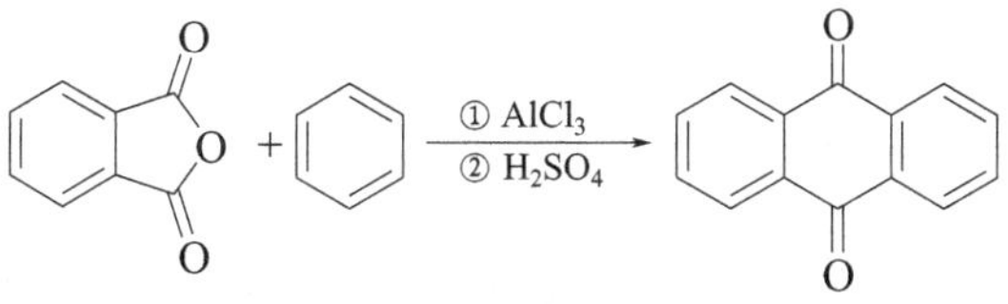	✓ 第一步傅-克酰化反应，酸酐是酰化剂，$AlCl_3$为催化剂； ✓ 第二步酰化反应，羧酸是酰化剂，质子酸为催化剂。

四、重点与难点

重点：芳环的亲电取代

—OH是强致活基，是邻对位定位基，可使芳环高度活化：①亲电取代易于发生，易发生多卤代，除卤代、硝化、磺化、傅-克反应等外，还可以和弱亲电试剂（如醛酮、重氮盐、CO_2等）反应；②酚易被氧化，硝化时要使用稀硝酸和低温条件，避免氧化副反应，必要时还需将酚羟基以芳醚的形式保护，完成反应后，再去除保护基。

难点1：弗莱斯重排

酚酯首先和$AlCl_3$形成络合物，络合物分解形成酚的铝盐和酰基正离子，在弱极性或无溶剂条件下，酚盐和酰基正离子之间有较强的静电相互作用，需要较高的能量分离并形成邻位异构体，在强极性溶剂中，溶剂可以插入酚盐和酰基正离子之间分离两者，酰基正离子更像自由离子，主要进入位阻较小的对位。

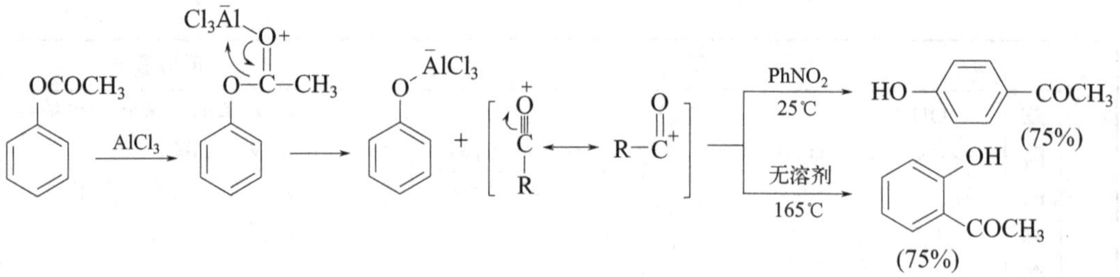

利用弗莱斯重排并控制反应条件，可以主要得到邻位或对位异构体。

难点2：酚与醛、酮的亲电取代

醛、酮是弱的亲电试剂，在酸催化下，亲电性增强，能与活性较高的酚发生芳香亲电取代，生成二苯甲烷类衍生物：

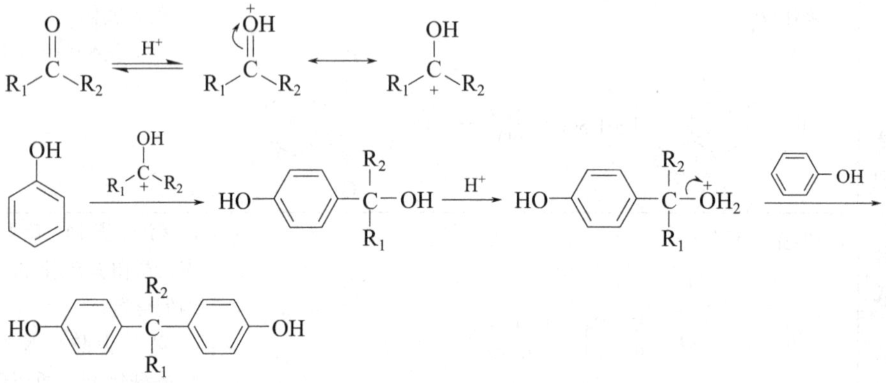

芳环可以通过亲电取代继续引入卤素、硝基、烃基、酰基等基团，OH还可以进一步衍生为醚、酯等，合成各类有用的化合物（如酚醛树脂、四溴双酚A等）。

五、例题解析

1. 选择题

（1）下列化合物酸性最强的是（　　）。　　　　　　　　　　　　　（2022年真题）

A. 苯酚　　　　　　B. 2,4-二硝基苯酚　　　　C. 对硝基苯酚　　　　D. 间硝基苯酚

分析：酚解离质子后，生成的酚氧负离子负电荷可以离域到芳环，因此酚具有一定的酸性。当芳环上有吸电子基时，吸电子基越多越能促进负电荷的分散，酸性增强。因此答案选B。

（2）区别安息香酸和水杨酸可用下列何种方法（　　）？　　　　　（2022年真题）

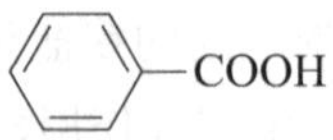

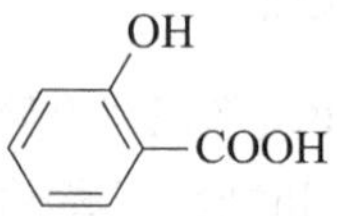

A. NaOH水溶液　　　B. Na$_2$CO$_3$水溶液　　　　C. FeCl$_3$水溶液　　　　D. I$_2$/NaOH水溶液

分析：安息香酸和水杨酸都有羧基，因此需要利用酚的特性（显色反应）区分安息香酸和水杨酸，答案选C。

2. 简答及分离鉴别题

（1）醋酸苯酯在 $AlCl_3$ 存在下进行重排反应，可生成邻位或对位羟基苯乙酮，请问：

① 这两个产物能否用水蒸气蒸馏分离？为什么？

② 为什么在低温（25℃）以生成对位异构体为主，高温（165℃）以生成邻位异构体为主？

（2021年真题）

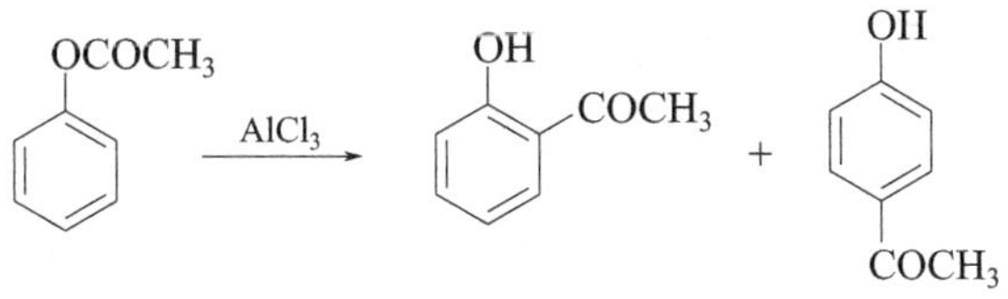

分析：① 邻羟基苯乙酮中—OH 与邻位羰基存在分子内氢键，降低了水溶性，100℃时在水蒸气中有一定分压；对羟基苯乙酮存在分子间氢键，与水也能形成分子间氢键，在水中溶解度较大，因此可用水蒸气蒸馏的方法进行二者的分离。

② 邻位异构体—OH 与—$COCH_3$ 处于邻位，位阻大，生成时所需活化能较高，需要高温克服能垒，但邻位异构体存在分子内氢键，较稳定，是热力学控制产物；对位异构体—OH 与—$COCH_3$ 处于对位，位阻小，形成时所需活化能较低，低温下即可生成，是动力学控制产物。

（2）设计方法从苯酚、苯甲酸、苯甲醇三个化合物的混合物中分离出苯酚。

（2021年真题）

分析：苯酚、苯甲酸、苯甲醇均有酸性，但酸性不同，可以利用酸性的差异进行分离。

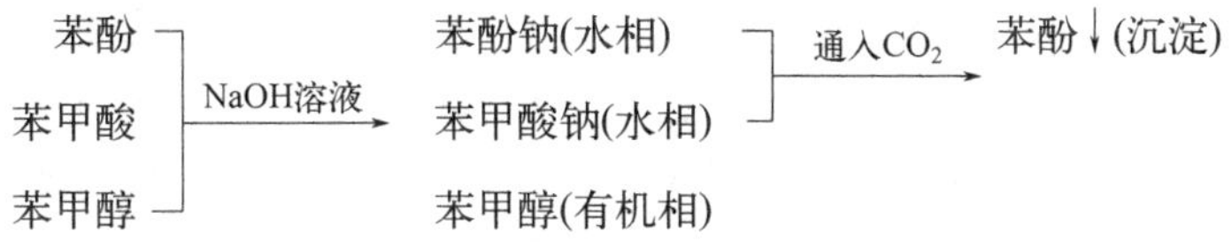

3. 机理题

（1）

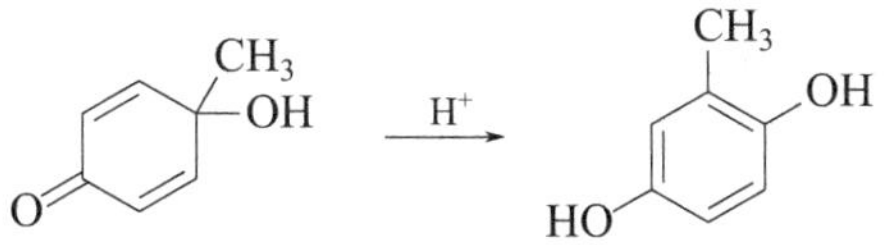

分析：反应物为交叉共轭环己二烯酮（半醌式），产物为对苯二酚衍生物，并且—CH_3 发生了位置迁移，可以判断在酸催化下，经历了碳正离子的重排。

反应物中有羰基和羟基，酸催化下质子化发生在哪里？如果羟基质子化形成水离去，最终产物不会形成对苯二酚，因此质子化应发生在羰基。羰基质子化并造成双键的移动，产生碳正离子，甲基携带一对电子发生邻位迁移，产生新的碳正离子，从邻位脱质子后，生成酚。这是一个由芳香性驱动的重排反应。

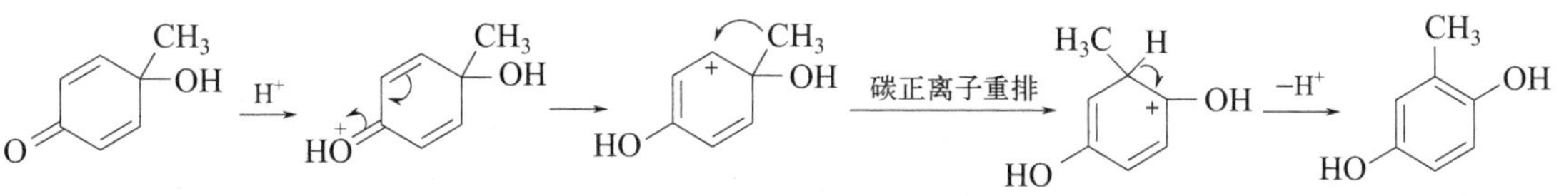

（2） $\xrightarrow{H^+}$ （2021年真题）

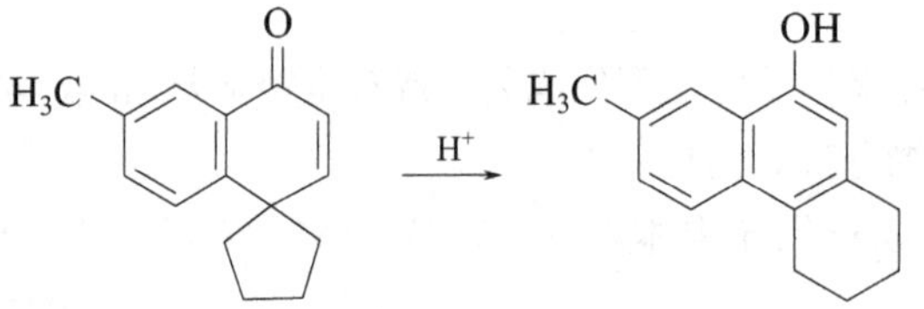

分析：本例类似于上例，羰基质子化引起双键位置的移动，产生仲碳正离子，邻位碳上的基团携带电子对迁移至碳正离子上，产生更稳定的叔碳正离子，同时由五元环扩环重排至六元环（环张力降低），脱质子后得到产物。

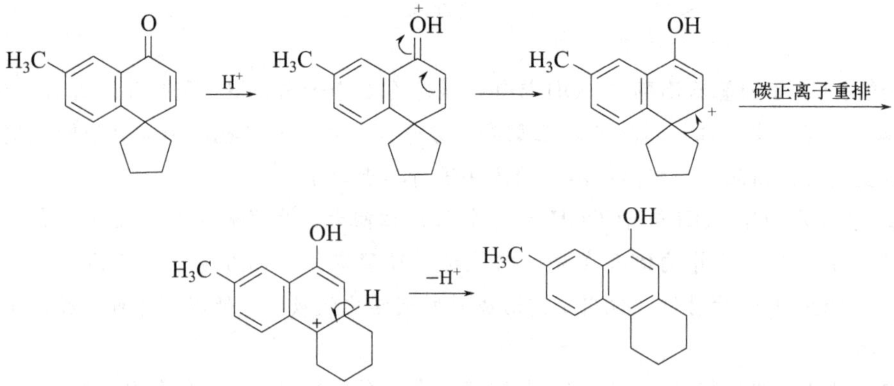

（3）MeO—⟨⟩ + $\xrightarrow{H^+}$ （2022年真题）

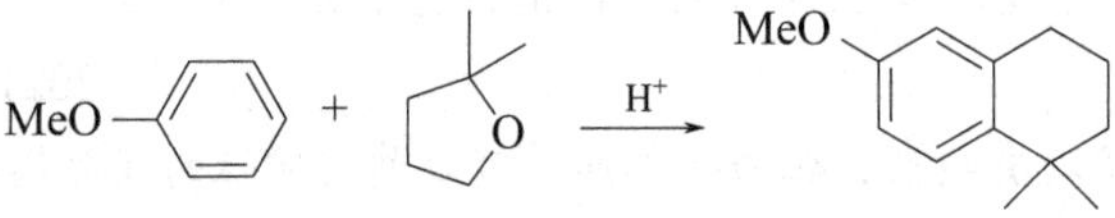

分析：本例实际发生了酚醚的傅-克烷基化。环醚质子化后开环生成叔碳正离子，作为亲电试剂进攻酚醚对位，完成第一次烷化；另一侧—OH质子化脱水又形成碳正离子亲电进攻芳环，关环，脱质子后形成四氢萘衍生物。注意：—OMe是邻对位定位基，第一次烷化发生在—OMe对位，第二次烷化由于分子内成环的限制，发生在—OMe的间位。

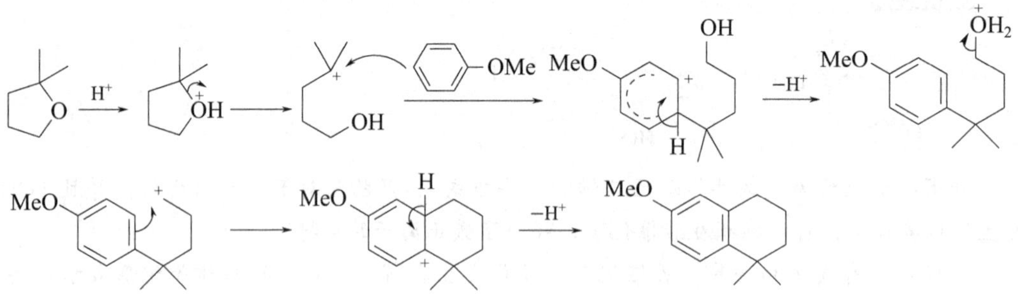

4. 合成题

（1）由 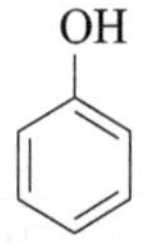 合成

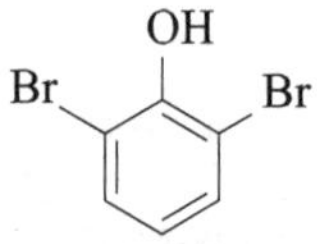

分析：苯酚直接溴代，会生成2,4,6-三溴苯酚，但目标物是2,6-二溴苯酚，因此对位可先用—SO₃H占据，两个邻位发生溴代后，再利用磺化反应的可逆性，把占据对位的—SO₃H

除去，得到目标物。

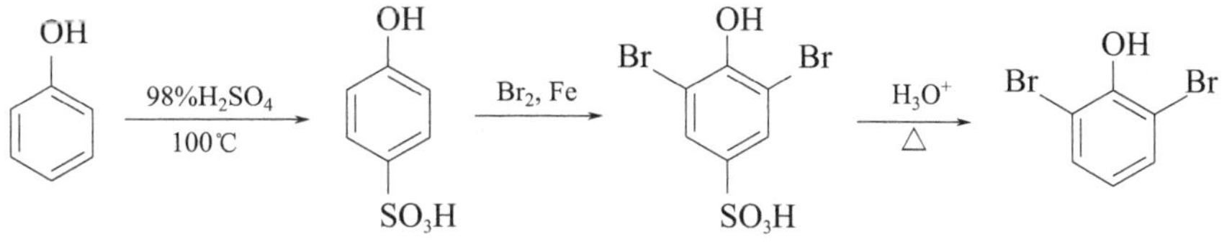

（2）由 （苯酚） 和 $H_2C=CH-CH_3$ 合成 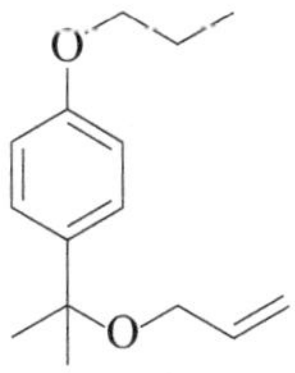 （2022年真题）

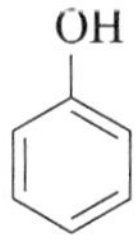

分析： 目标物中有两个醚键，酚醚可用酚钠和1-氯丙烷通过S_N2反应得到，另一个醚键一侧是叔烷基，一侧是烯丙基，考虑到威廉森合成适用于伯卤代烃和烯丙型卤代烃，对于仲或叔卤代烃，易发生消除反应，因此有如下路线：

$$H_2C=CH-CH_3 \xrightarrow{Cl_2,h\nu} H_2C-CH-CH_2Cl \xrightarrow{H_2,Ni} CH_3CH_2CH_2Cl$$

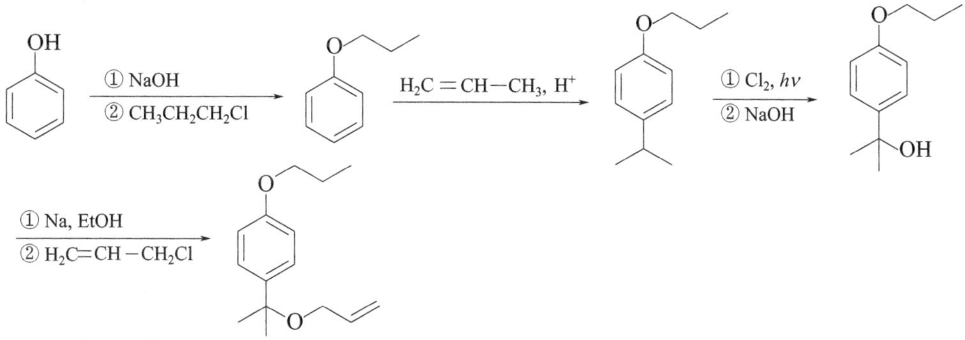

（3）由 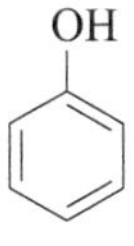 和丙烯合成 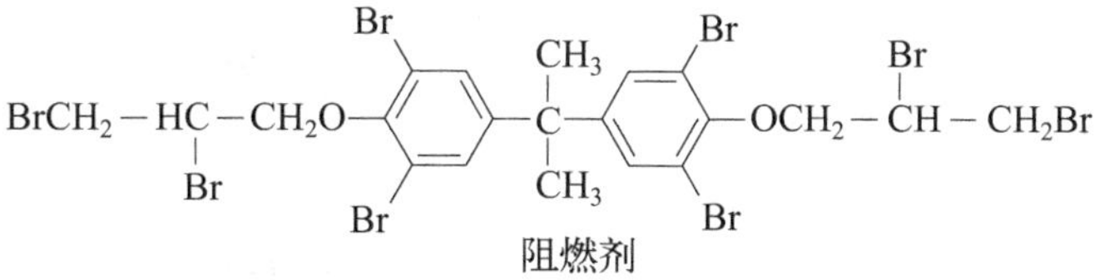 阻燃剂

分析： 目标物中有二苯甲烷类核心结构，可由苯酚和丙酮反应得到，芳环上的卤素可由芳香亲电取代反应引入，符合—OH的定位规则，芳环侧链上的醚键可由酚钠与相应的卤代烃反应制备，而侧链上两个相邻的卤素可由烯键的亲电加成引入。反应中涉及的三个碳原子的原料丙酮、烯丙基氯均可由丙烯制备：

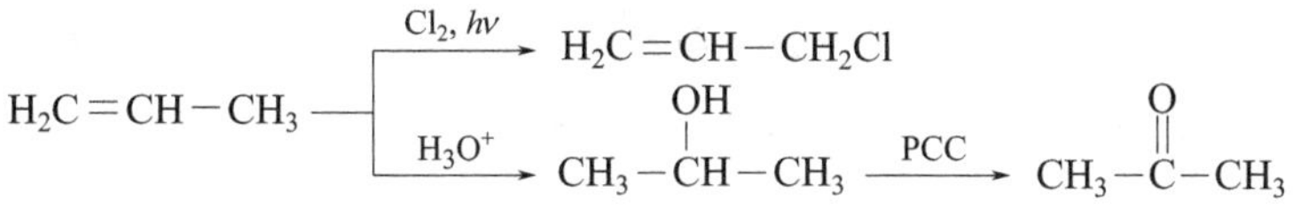

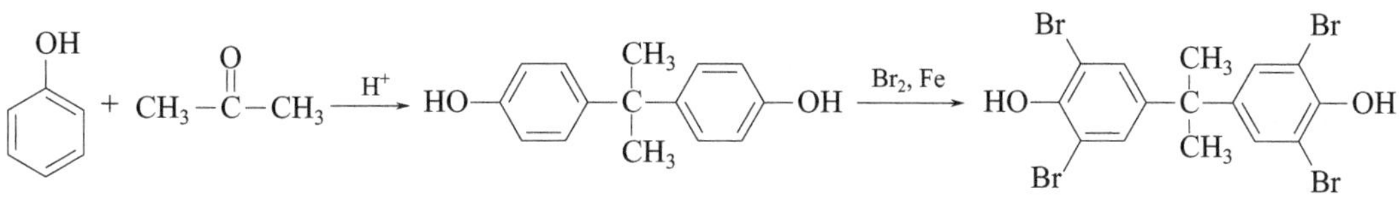

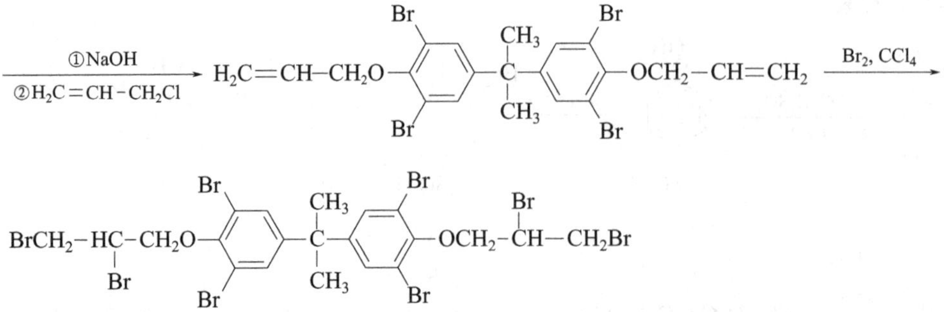

$$\xrightarrow[\text{②}H_2C=CH-CH_2Cl]{\text{①}NaOH} H_2C=CH-CH_2O-\text{[环]}-OCH_2-CH=CH_2 \xrightarrow{Br_2,\ CCl_4}$$

$$BrCH_2-HC-CH_2O-\text{[环]}-OCH_2-CH-CH_2Br$$

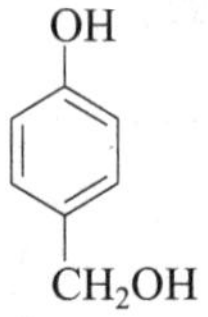

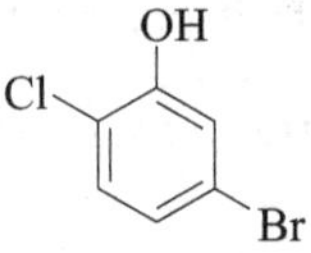

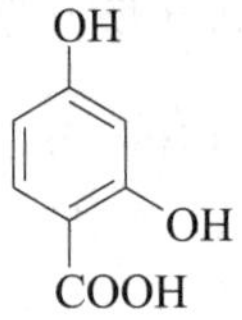

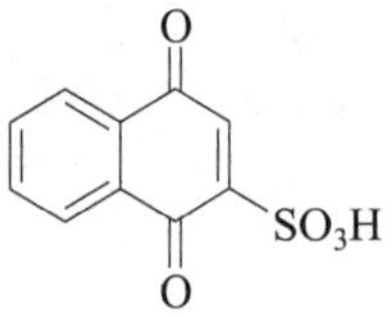

第十一章 综合练习题（参考答案）

1. 用系统命名法命名或写出下列化合物的结构。

（1）[结构式：苯酚，3位CH₂CH₃，4位NO₂] （2）[结构式：4-羟甲基苯酚] （3）[结构式：2-Cl，5-Br苯酚] （4）[结构式：2,4-二羟基苯甲酸]

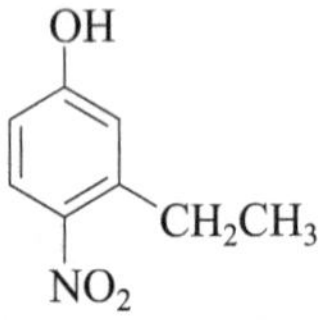

（5）[结构式：1,4-萘醌-2-磺酸] （6）[结构式：2-甲基-1,4-苯醌] （7）阿司匹林 （8）对苯醌双肟

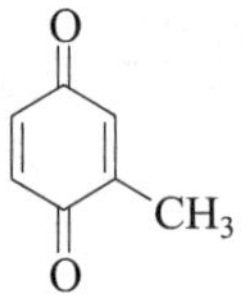

参考答案：

（1）3-乙基-4-硝基苯酚 （2）4-羟甲基苯酚 （3）5-溴-2-氯苯酚

（4）2,4-二羟基苯甲酸 （5）1,4-萘醌-2-磺酸 （6）2-甲基-1,4-苯醌

（7）[结构式：邻乙酰氧基苯甲酸，OCCH₃，COOH] （8）[结构式：对苯醌双肟，N-OH]

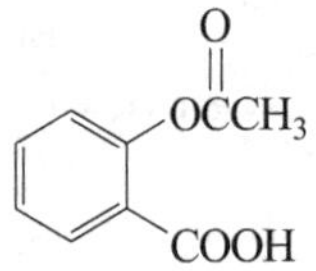

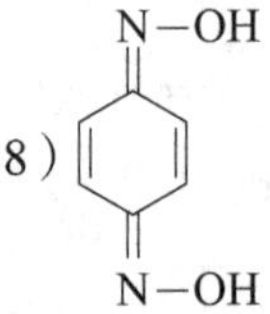

2. 常温下，将下列化合物在水中的溶解度从高到低排序。

（1）苯酚 （2）氯苯 （3）1,4-二氧六环 （4）环己醇

参考答案： 1,4-二氧六环有两个氧原子凸出在外，可与水形成分子间氢键，在水中溶解度最大；苯酚与环己醇相比，O—H键极性更大，形成氢键能力更强，溶解度次之；氯苯与水不能形成分子间氢键，在水中溶解度最小；因此在水中溶解度顺序为：（3）＞（1）＞（4）＞（2）。

3. 用简单的化学方法鉴别下列各组化合物溶液。

（1）苯甲醚、苄醇、邻甲苯酚 （2）苯酚、环己醇、正丁醇

参考答案：

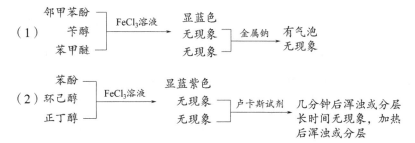

4.将下列各组化合物的化学性质按指定要求排序。

（1）将下列各组化合物按酸性从强到弱排序，并简要说明理由。

（A）对位有OH和OCH₃的苯环 （B）对位有OH和CF₃的苯环 （C）苯酚OH （D）环己醇OH

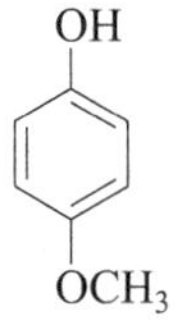

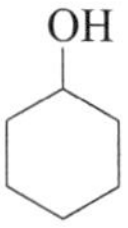

（2）将下列化合物按与NaOH的反应活性，由高到低排序。

（A）溴苯对位NO₂ （B）溴苯对位NO₂ （C）溴苯邻位和对位NO₂ （D）溴苯间位和对位NO₂

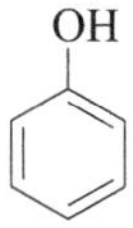

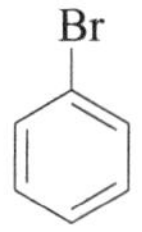

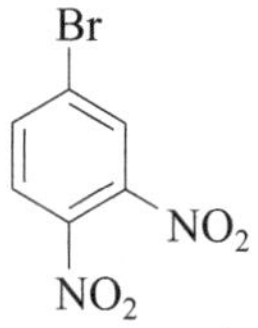

参考答案：（1）酸解离质子后，生成的共轭碱越稳定，解离平衡越偏向右侧，其酸性越强；酚氧负离子通过p-π共轭，氧上的负电荷离域到芳环，更稳定，因此酚的酸性大于醇；芳环上的吸电子基（—CF₃）可进一步分散负电荷，使酸性增强；给电子基（—OCH₃）不利于负电荷的分散使酸性减弱。所以酸性从强到弱的顺序为：（B）＞（C）＞（A）＞（D）。

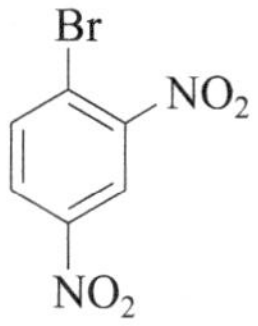

（2）对卤代芳烃的亲核取代而言，当离去基团的邻对位有吸电子基时，反应易发生，吸电子基越多，S_N2Ar反应活性越高。因此与NaOH反应的活性顺序为：（C）＞（D）＞（B）＞（A）。

5.写出对甲苯酚与下列试剂作用的反应式。

（1）Br₂水溶液　　（2）PhCOCl　　（3）(CH₃CO)₂O　　（4）NaOH/(C₂H₅)SO₄

（5）FeCl₃溶液　　（6）浓H₂SO₄　　（7）稀HNO₃，低温　　（8）HCHO/H⁺（缩聚）

参考答案：

（1）对甲苯酚 + Br₂水 → 2,6-二溴-4-甲基苯酚（2）对甲苯酚 + PhCOCl → 对甲基苯基苯甲酸酯

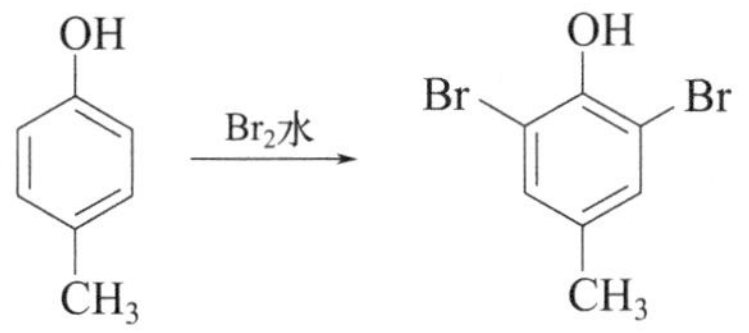

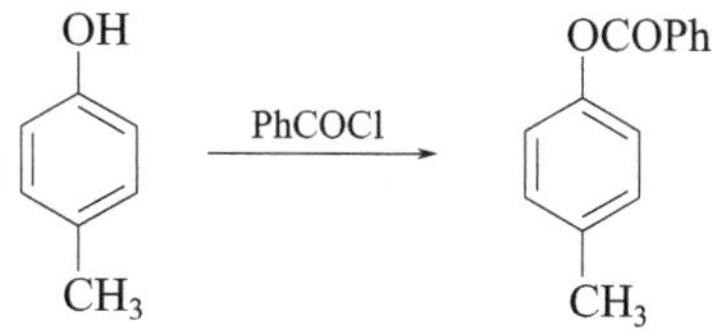

（3）
$p\text{-CH}_3\text{-C}_6\text{H}_4\text{-OH}$ $\xrightarrow{(CH_3CO)_2O}$ （对位OCOCH₃产物）

（4）
$p\text{-CH}_3\text{-C}_6\text{H}_4\text{-OH}$ $\xrightarrow[\text{NaOH}]{(C_2H_5)_2SO_4}$ （对位OC₂H₅产物）

（5）$6p\text{-CH}_3\text{-C}_6\text{H}_4\text{-OH} + FeCl_3 \rightleftharpoons [Fe(O\text{-}C_6H_4\text{-}CH_3\text{-}p)_6]^{3-} + 6H^+ + 3Cl^-$

（6）
$p\text{-CH}_3\text{-C}_6\text{H}_4\text{-OH}$ $\xrightarrow{\text{浓}H_2SO_4}$ （邻位SO₃H产物）

（7）
$p\text{-CH}_3\text{-C}_6\text{H}_4\text{-OH}$ $\xrightarrow{\text{稀}HNO_3}$ （邻位NO₂产物）

（8）n $p\text{-CH}_3\text{-C}_6\text{H}_4\text{-OH}$ $\xrightarrow{n\text{HCHO},H^+}$ $H\left[\begin{array}{c}\text{—CH}_2\text{—}\end{array}\right]_n OH$

6. 完成下列转化，写出各步反应的主要反应条件或有机产物。

（1）$CH_2{=}CHCH_3$ $\xrightarrow[\text{引发剂BPO}]{NBS}$ （A） $\xrightarrow[K_2CO_3]{\text{邻甲基苯酚}}$ （B）

（2）（2-乙氧基-4-硝基苯酚） $\xrightarrow[CH_3COOH]{Br_2}$ （A） $\xrightarrow{\text{浓}HBr}$ （B）

（3）H_3C—（2,6-二甲基苯酚）—CH_3 + O_2N—C_6H_4—Cl $\xrightarrow[\text{二甲亚砜}]{NaOH}$ （A）

（4）（苯） $\xrightarrow{(A)}$ （间苯二磺酸 SO₃H） $\xrightarrow[\text{② CH}_3I(\text{足量})]{\text{① 碱熔}}$ （B）

（5）（苯甲醚 OCH₃） $\xrightarrow[H_2SO_4]{HNO_3}$ （A） $\xrightarrow{(B)}$ （2-甲氧基-3-溴-4,6-二硝基） $\begin{cases}\xrightarrow[NaOH,\triangle]{Pd, PR_3}（C）\\ \xrightarrow[NaOC_2H_5,\triangle]{Pd, PR_3}（D）\end{cases}$

（6）（苯胺 NH₂） $\xrightarrow[H_2SO_4]{MnO_2}$ （A） $\xrightarrow[\triangle]{\text{环戊二烯}}$ （B）

（7）HO—（2-氯-1,4-苯二酚）—OH $\xrightarrow[H_2SO_4]{K_2Cr_2O_7}$ （A）

（8）（四氯邻苯二酚） $\xrightarrow{Ag_2O}$ （A）

参考答案：

（1）（A）$CH_2=CHCH_2Br$

（B）

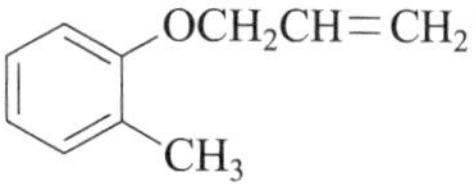

（2）（A）

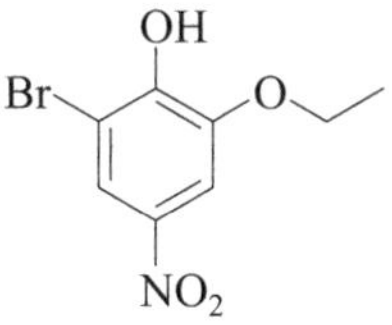

（B）

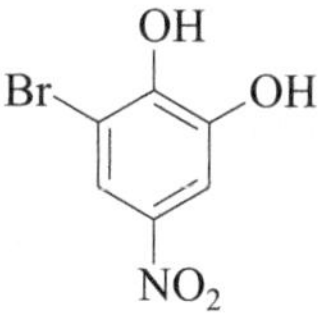

（3）（A）

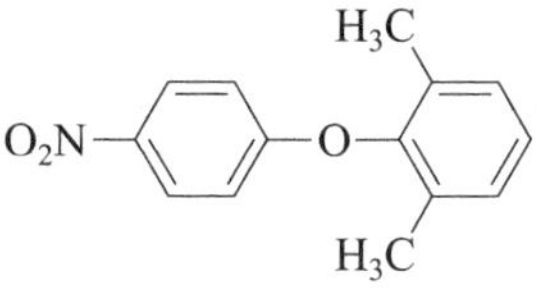

（4）（A）浓 H_2SO_4，$\triangle$

（B）

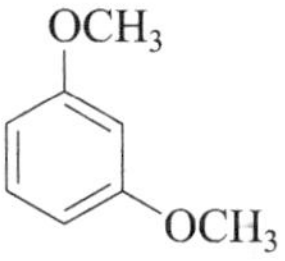

（5）（A）

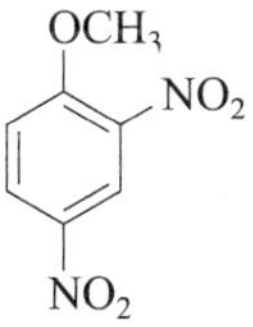

（B）Br_2，Fe　（C）

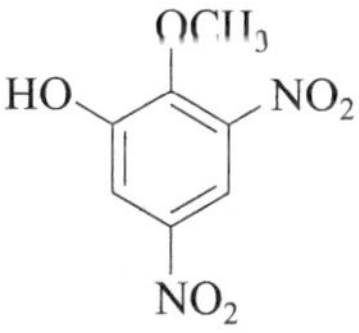

（D）

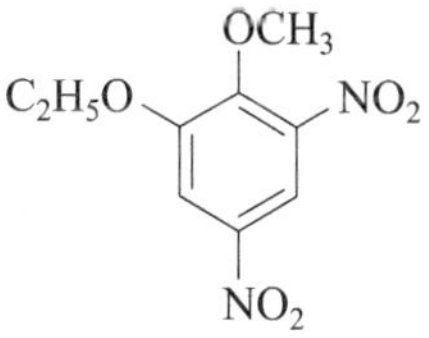

（6）（A）

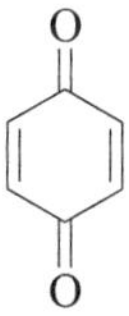

（B）

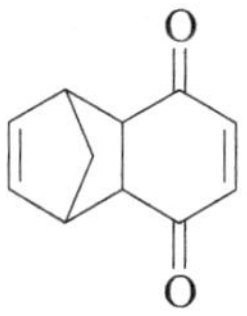

（7）（A）

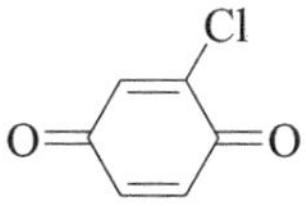

（8）（A）

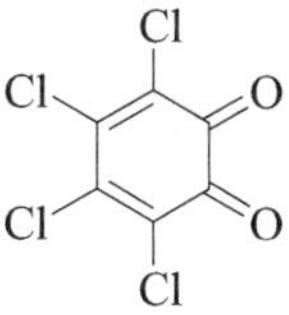

7. 不同温度下的弗莱斯重排反应结果如下。（1）哪种反应的活化能低？（2）哪种产物是热力学控制的产物？（3）可采取何种简便的方法对这两种产品进行有效分离？为什么？

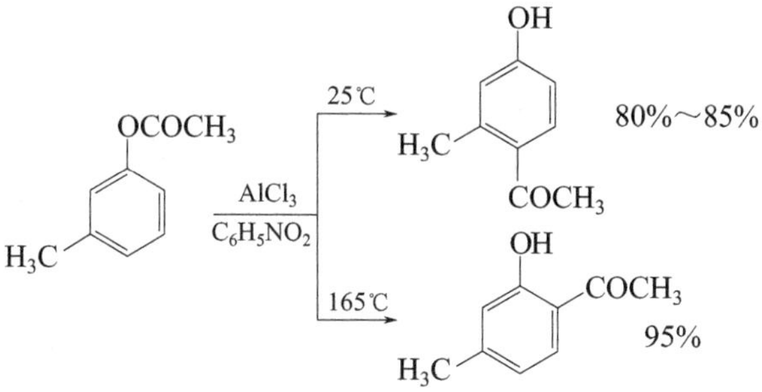

参考答案：（1）重排至对位的反应活化能低。

（2）重排至邻位是热力学控制的产物。

（3）邻位异构体存在分子内氢键，对位异构体之间存在分子间氢键，沸点存在差异，因此可采用水蒸气蒸馏的方式对产品进行有效分离，乙酰基重排至邻位的异构体随水蒸气馏出，对位异构体则留在蒸馏瓶中，这样可将两者分开。

8. 以对氯甲苯作为起始原料，高温高压下直接碱性水解不是制备对甲酚的好选择，因为会得到两种产物的混合物。这两种产物分别是什么？请写出该反应过程的机理。

参考答案：这两种产物分别是对甲苯酚和间甲苯酚。

氯苯在高温高压下的碱性水解过程为苯炔机理，反应历程如下：

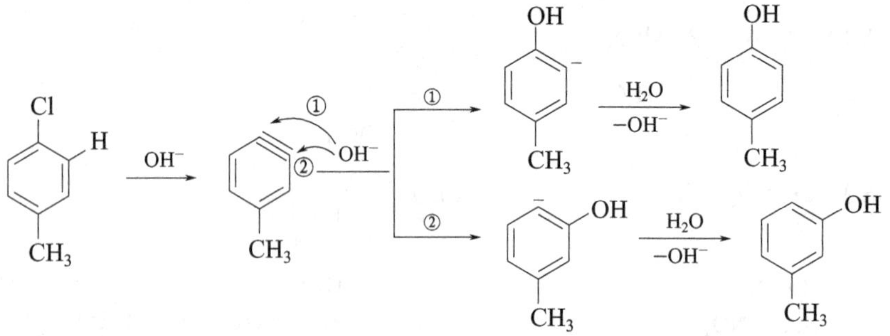

9. 许多天然存在的酚是由非芳香前体通过芳香性驱动的重排衍生而来，例如香芹酚是草药牛至、百里香的组分，可被用作驱肠虫（线虫）剂、杀菌剂和消毒剂，可由香芹酮经酸催化重排生成。试解释其转化机理。提示：考虑酮-烯醇互变异构。

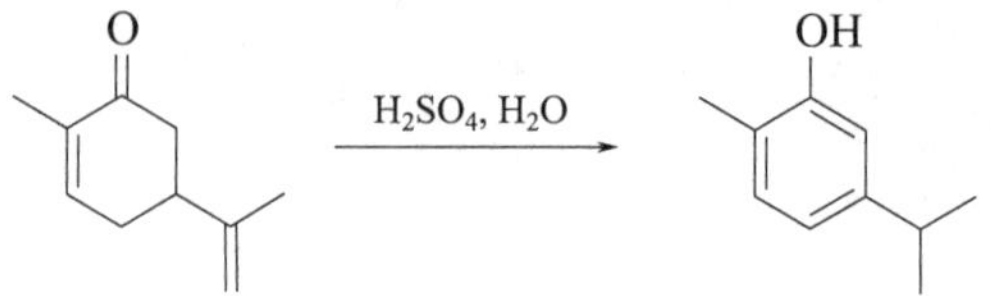

香芹酮　　　　　　　　　　　　香芹酚

参考答案：

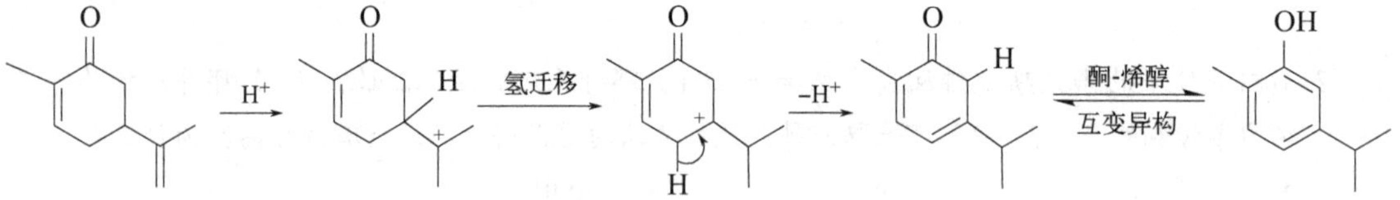

10. 按指定原料合成下列化合物，无机试剂、催化剂和溶剂可任选。

（1）以苯为原料合成2,4-二硝基苯酚

（2）以萘为原料合成1-甲氧基萘和2-甲氧基萘

（3）以苯为原料合成能除去稗草的除草剂 O_2N—〇—O—〇（Cl, Cl）

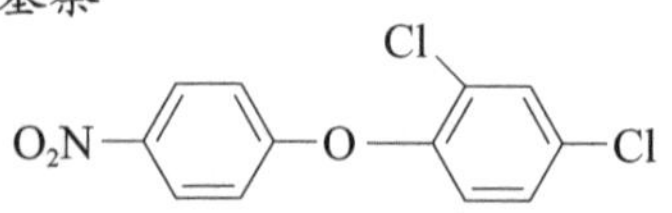

（4）以苯酚、四个碳及以下的有机物合成防老剂

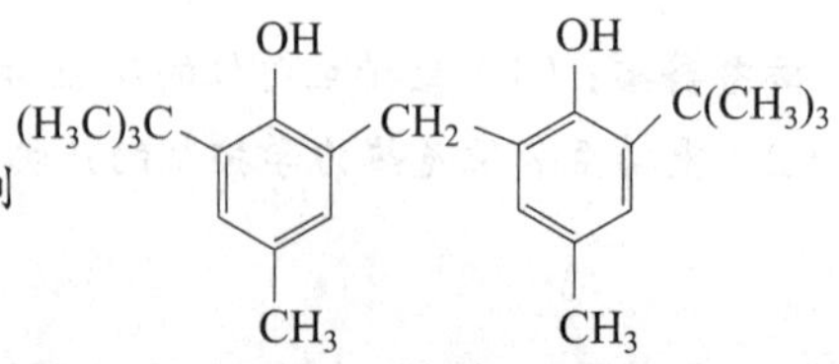

（5）以苯酚和甲醛为原料合成 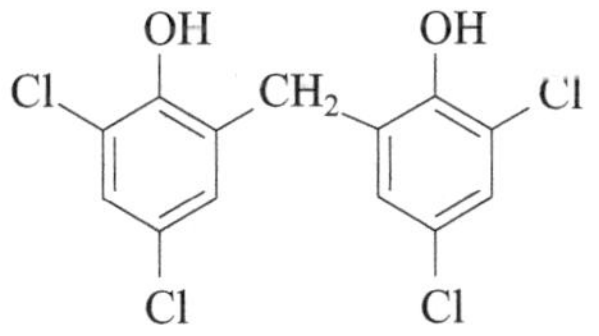 （一种杀虫剂、杀菌剂）

（6）以邻甲氧基苯酚和丙烯为原料合成祛痰镇咳药

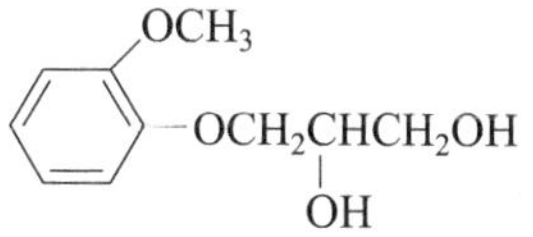

参考答案：

（1）

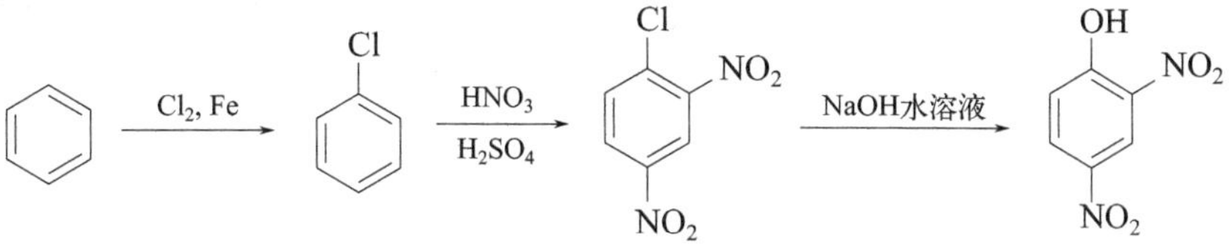

（2）

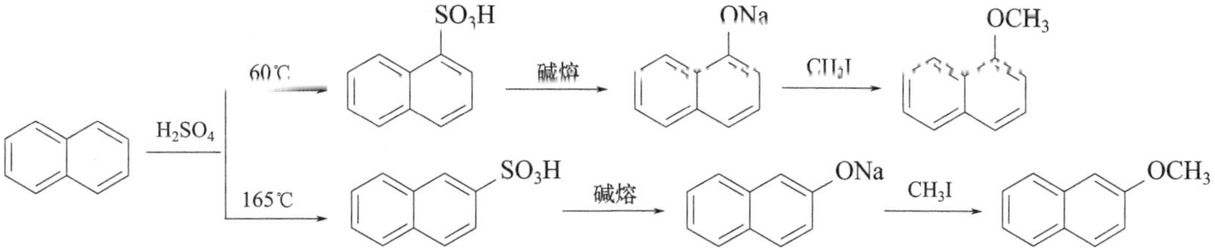

（3）

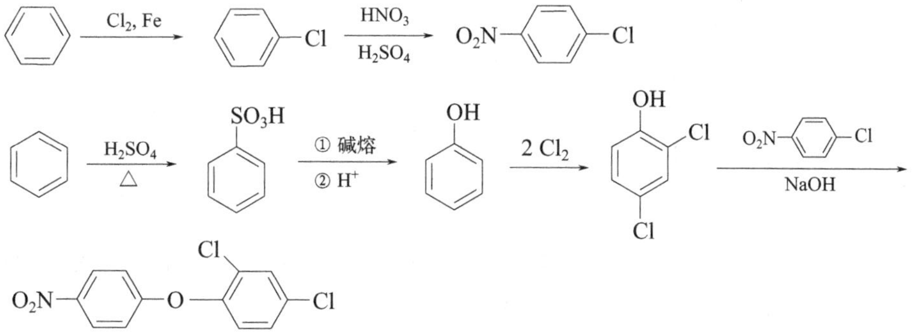

（4）

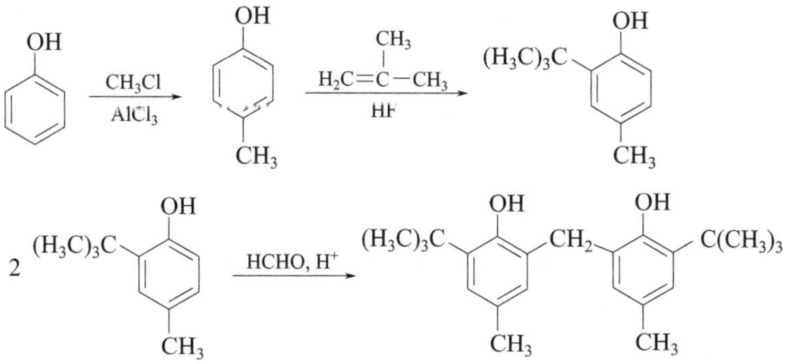

（5）

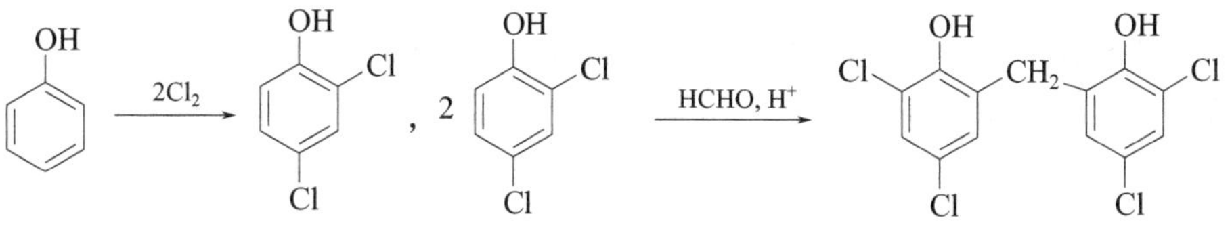

（6）$H_2C=CH-CH_3 \xrightarrow[500℃]{Cl_2} H_2C=CH-CH_2Cl \xrightarrow{m\text{-CPBA}} H_2C-CH-CH_2Cl$（环氧）

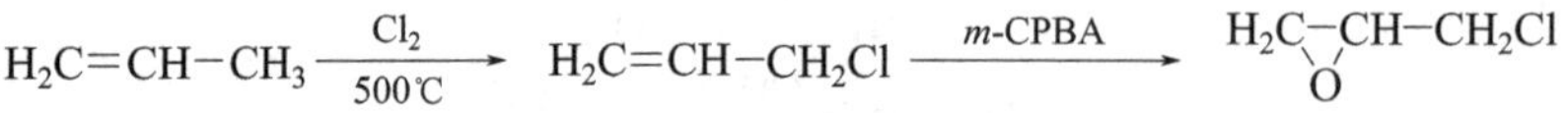

注：m-CPBA是间氯过氧苯甲酸，其它过氧酸也可以。

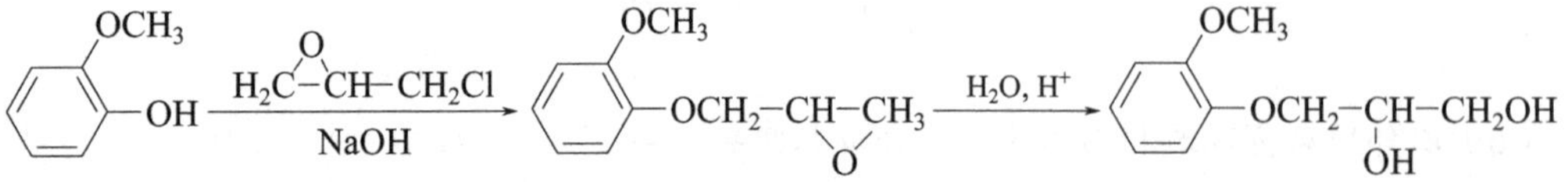

11. UV-BAD（）是一类水杨酸酯型的紫

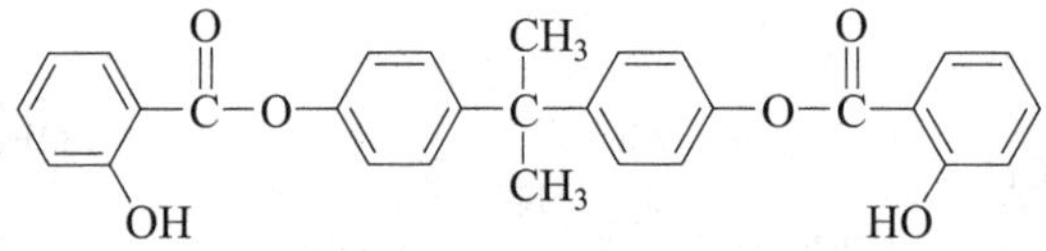

外线吸收剂，试以水杨酸、苯酚和丙烯为原料合成该化合物。

参考答案：

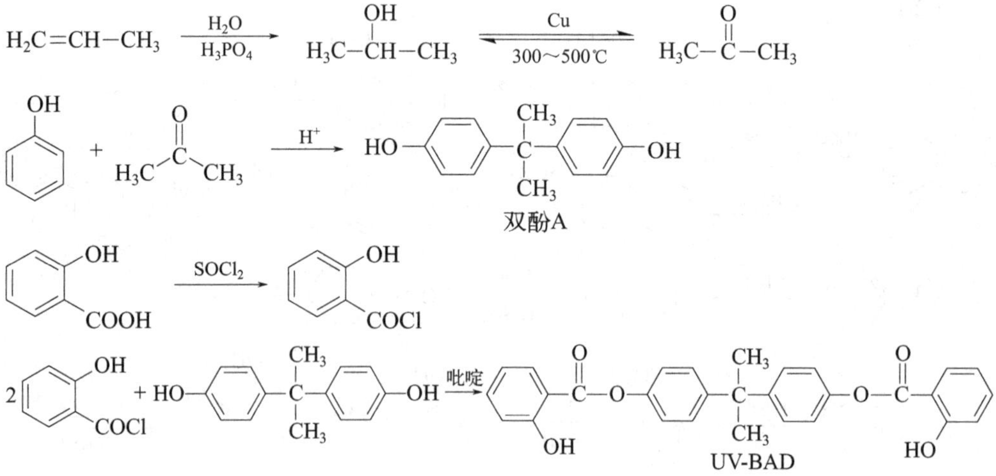

12. 由间甲苯酚为主要原料可合成麝香草酚（消炎、止痛）、薄荷醇（清热、解毒）及
耐热型特种高分子功能材料PMnMA：

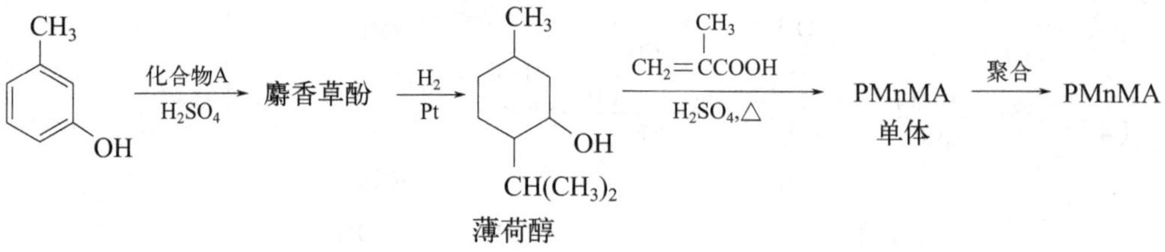

（1）可以实现该转化的化合物A有哪些？你认为哪种原料比较适宜？

（2）写出麝香草酚的结构式；

（3）写出PMnMA的结构式。

参考答案：（1）符合该转化的化合物A可以是：丙烯，丙-2-醇，正丙醇。从原料来源和
价格来看，丙烯最适宜。

（2）麝香草酚结构式： 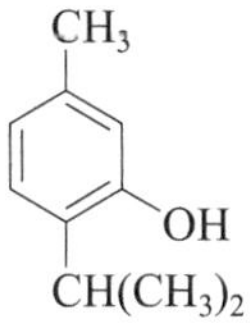　（3）PMnMA 的结构式：

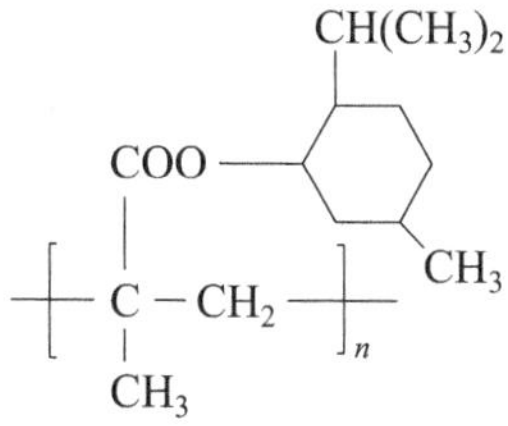

13. 他莫昔芬（分子式 $C_{26}H_{29}NO$）是一种临床上用于治疗乳腺癌和卵巢癌的药物，其由
正丙苯为主要原料的合成路线如下：

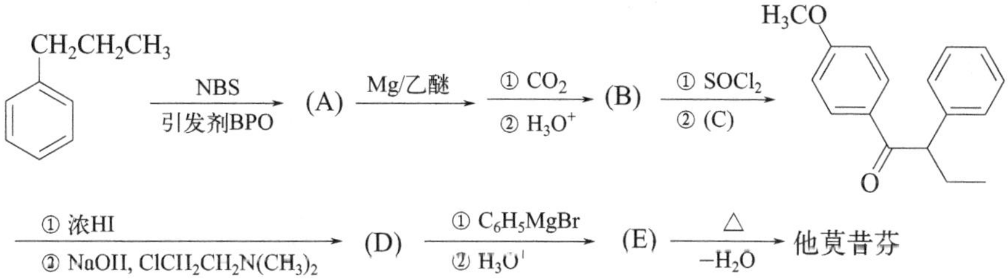

（1）试推断化合物 A、B、C 的结构式；

（2）写出由化合物 D 合成 E 的反应式；

（3）写出他莫昔芬的结构式。

参考答案：

（1）（A） 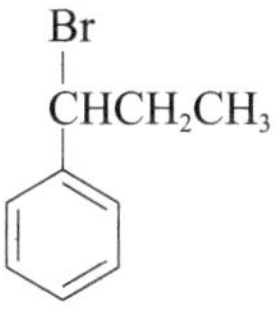　（B） 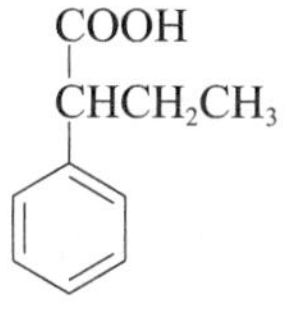　（C）

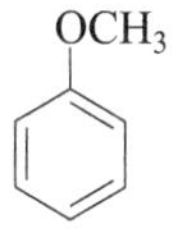

（2）

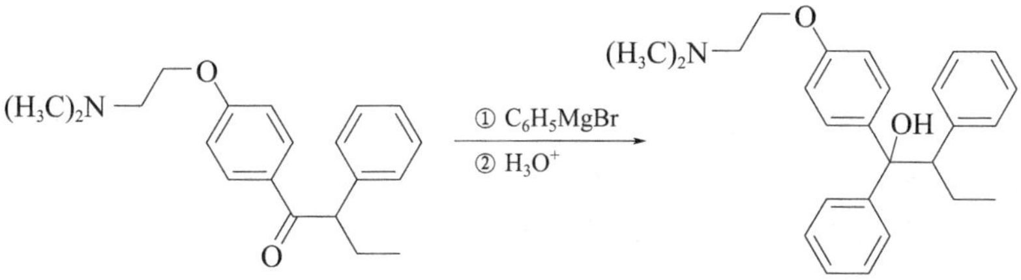

（3）

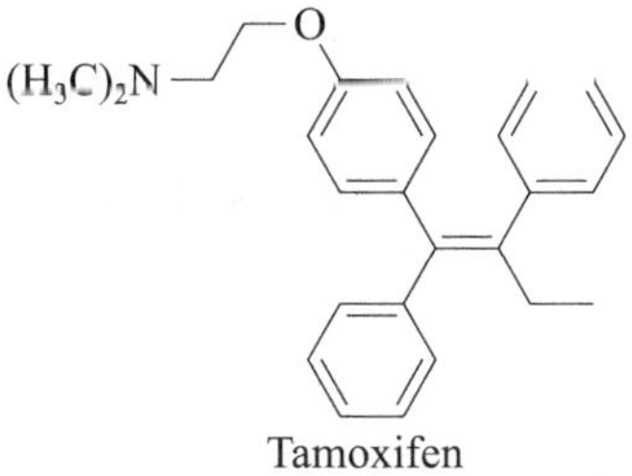

Tamoxifen
他莫昔芬

14. 双氧水是一种重要的绿色化学试剂，2-叔戊基蒽醌（简称 AAQ）是生产双氧水必
不可少的高溶解度工作液载体。某企业以苯、萘为主要原料合成 AAQ 的路线如下：

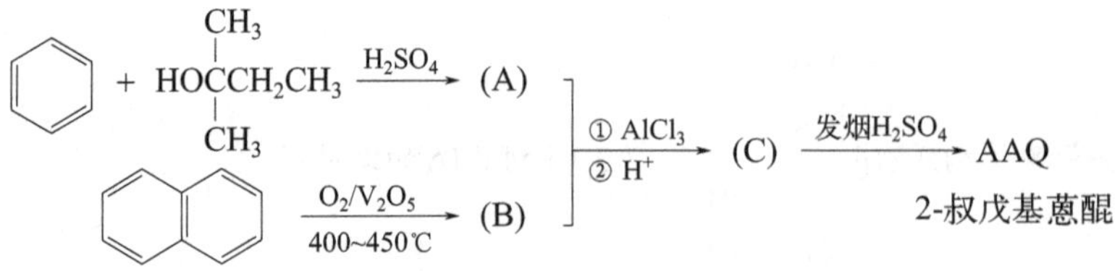

（1）写出化合物A、B的结构简式；

（2）写出化合物C合成2-叔戊基蒽醌的反应式；

（3）若该企业有丰富的电石，有异丙苯制苯酚装置，请设计一条充分利用本企业化工原料，合成制备AAQ所需的2-甲基丁-2-醇的路线。

参考答案：

（1）（A）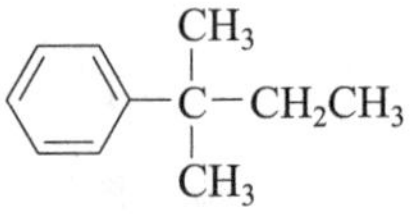

（B）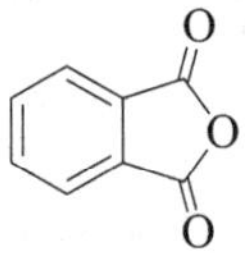

（2）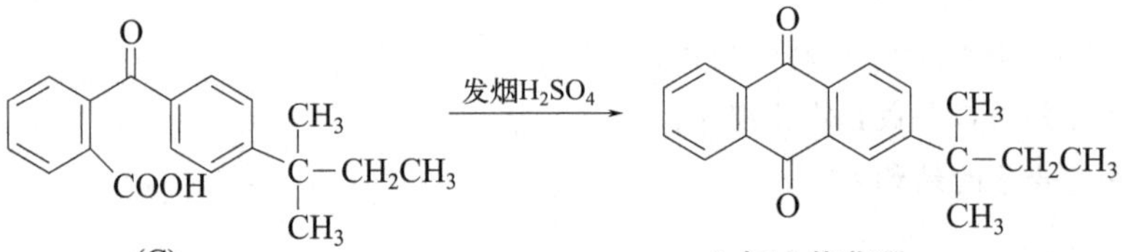

(C)　　　　2-叔戊基蒽醌

（3）本企业有异丙苯制苯酚装置，就表示该企业有联产的丙酮，利用丙酮和乙炔来合成2-甲基丁-2-醇的路线如下：

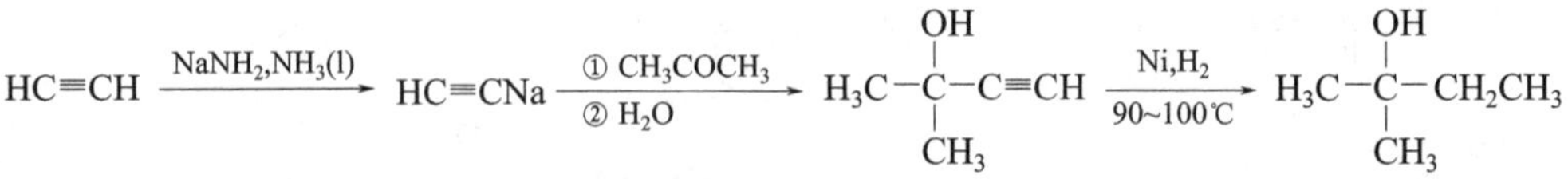

15. 某焦化厂从煤焦油中提取了三种化合物A、B和C，分子式均为C_7H_8O，都能与$FeCl_3$溶液发生显色反应。A与过量甲醛只生成线型高分子树脂，B常温下为液体，C与硫酸二甲酯作用后与高锰酸钾反应，然后再用浓HI处理，得到的芳香族产物能随水蒸气蒸出。

（1）写出化合物A、B、C的结构简式；

（2）写出A与甲醛合成高分子树脂的反应式；

（3）“兴丰宝”（化学式$C_9H_9ClO_3$）既可用作除草剂，也是植物生长刺激剂，防止番茄等果实早期落花落果，促进作物早熟。以化合物C为原料合成“兴丰宝”的路线如下：

$$\text{化合物C} \xrightarrow{NaOH} (D) \xrightarrow{ClCH_2COONa} (E) \xrightarrow{H^+} \xrightarrow{Cl_2} \text{兴丰宝}$$

① 写出由化合物D合成E的反应方程式；

② 写出“兴丰宝”的结构简式。

参考答案：

（1）化合物A、B、C的结构简式如下：

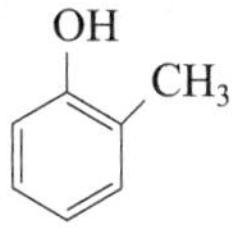

（2）化合物A与甲醛合成高分子树脂的反应式：

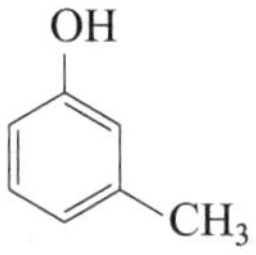

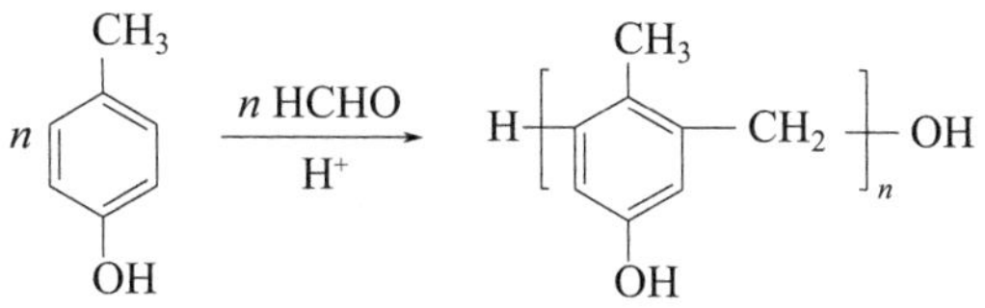

（3）①由化合物D合成E的反应方程式：

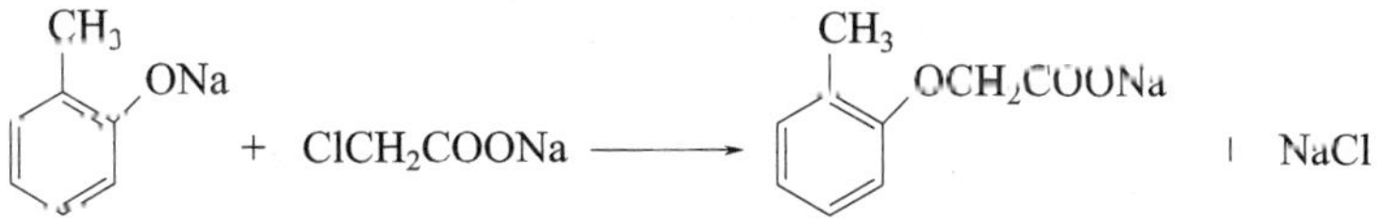

②"兴丰宝"的结构简式（烃氧基的定位效应大于甲基）：

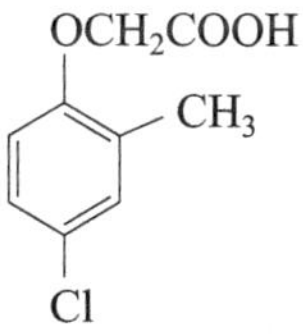

▶▶ 第十二章

醛和酮

一、本章概要

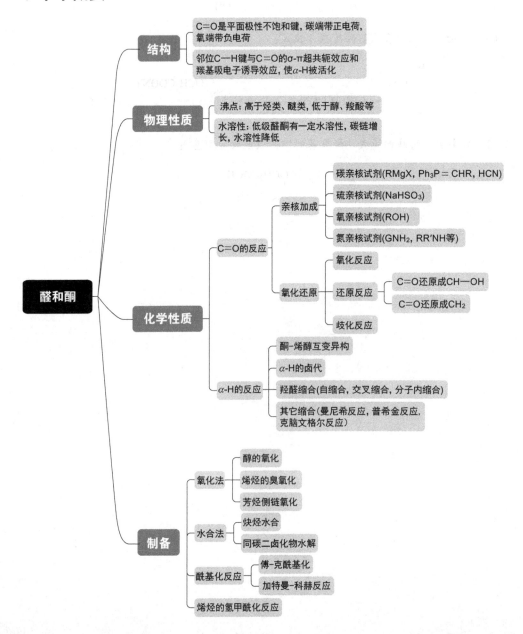

二、结构与化学性质

$$氧化还原反应 \longrightarrow \underset{\underset{Nu^-}{R(H)}}{\overset{O^{\delta-}}{\underset{\parallel}{C}}}\overset{\delta+}{\underset{R'}{\overset{\alpha}{C}}}\overset{H}{\underset{H}{C}} \longleftarrow 酸性 \begin{cases} 烯醇化 \\ \alpha\text{-}卤代 \\ 羟醛缩合及各类缩合 \end{cases}$$

亲核加成反应

　　羰基是极性不饱和键，碳端带正电荷，易接受亲核试剂的进攻，π键断裂，发生亲核加成反应；氧端带负电荷，可被H^+进攻，形成质子化羰基，增加羰基碳的正电性，更易被亲核试剂进攻。羰基作为氧化度居中的官能团，既可进一步被氧化成羧酸，也可以被还原成醇，还可以发生一些特殊的氧化还原反应，如Baeyer-Villiger氧化，将酮氧化为酯；克莱门森还原或Wolff-Kishner-黄鸣龙还原，将羰基还原为亚甲基。

　　由于①α位C—H键与羰基存在σ-π超共轭效应；②羰基的吸电子诱导效应，α-H被活化，可以发生酮-烯醇互变异构、α-H的卤代、羟醛缩合及其它各类缩合反应。

三、重要反应一览

	反应	反应要点
亲核加成	HCN对醛酮的亲核加成： $\underset{R'}{\overset{R}{C}}=O \xrightleftharpoons{NaCN, HCl或H_2SO_4} NC-\underset{R}{\overset{R'}{C}}-OH$	✓ CN^-亲核进攻羰基； ✓ 采用NaCN或KCN与无机酸共用； ✓ 控制pH≈8（弱碱性）。
碳亲核试剂	有机金属试剂对醛酮的亲核加成： $R''MgX + \underset{R'}{\overset{R}{C}}=O \xrightarrow[\text{② } H_3O^+]{\text{① 无水THF}} R''-\underset{R}{\overset{R'}{C}}-OH$	✓ R—M相当于R^-（亲核试剂）； ✓ 金属的电负性越低，R—M越活泼，金属试剂活泼性：$RLi > RMgX > R_2CuLi$。
	维蒂希反应： $\underset{R'}{\overset{R}{C}}=O + Ph_3\overset{\delta+}{P}=\overset{\delta-}{C} \longrightarrow \underset{R'}{\overset{R}{C}}=\overset{}{C} + Ph_3P=O$ 　　磷叶立德	✓ 磷叶立德具有偶极结构； ✓ 磷叶立德碳端亲核进攻羰基，形成四元环中间体； ✓ 四元环分解，释放烯烃，副产物为$Ph_3P=O$。
氧亲核试剂	ROH对醛酮的亲核加成： $\underset{R'}{\overset{R}{C}}=O + R''OH \xrightleftharpoons{无水H^+} \underset{R'}{\overset{R}{C}}\overset{OH}{\underset{OR''}{}}$ 　　　　　　　　　　半缩醛(酮) $\xrightleftharpoons{R''OH,无水H^+} \underset{R'}{\overset{R}{C}}\overset{OR''}{\underset{OR''}{}}$ 　　缩醛(酮)	✓ 可逆反应，除水推动平衡右移； ✓ 反应在酸催化下进行； ✓ 缩醛(酮)在H^+/H_2O条件下又可以分解为醛酮和醇，可用于羰基保护。

		反应	反应要点
亲核加成	硫亲核试剂	NaHSO$_3$对醛酮的亲核加成: $\begin{array}{c}R\\ \diagdown C=O\\ R'\diagup\end{array}$ + NaHSO$_3$ (饱和) $\rightleftharpoons$ $\begin{array}{c}R\ \ OH\\ \diagdown C \diagup\\ R' \ SO_3Na\end{array}$ ↓ α-羟基磺酸钠	✓ HSO$_3^-$中S是亲核原子; ✓ HSO$_3^-$体积庞大; ✓ 醛及位阻较小的酮（脂肪族甲基酮、7C以下的环酮）才能反应。
	氮亲核试剂	氨或伯胺对醛酮的亲核加成: $\begin{array}{c}R\\ \diagdown C=O\\ R'\diagup\end{array}$ + NH$_2$R'' (R''=H或烃基) $\rightleftharpoons$ $\begin{array}{c}R \ \ \ \ R''\\ \diagdown C=N \diagup\\ R'\diagup\end{array}$ + H$_2$O 亚胺(schiff base)	✓ 可逆反应; ✓ pH≈4~5; ✓ 加成-消除机理; ✓ 脂肪族亚胺不稳定,易分解成原来的醛酮和水; ✓ 芳醛（酮）与芳胺形成的亚胺较稳定。
		仲胺对醛酮的亲核加成: $\begin{array}{c}R\\ \diagdown C=O\\ -HC_\alpha\diagup\end{array}$ + NHR''$_2$ $\rightleftharpoons$ $\begin{array}{c}R \ \ \ \ R''\\ \diagdown C-N \diagup\\ -C \ \ \ R''\end{array}$ + H$_2$O 烯胺	✓ 可逆反应; ✓ pH≈4~5; ✓ 加成-消除机理,醛酮α-H与羟基脱水生成烯胺; ✓ 烯胺活化醛酮的α-碳。
		氨衍生物对醛酮的亲核加成: $\begin{array}{c}R\\ \diagdown C=O\\ R'\diagup\end{array}$ + NH$_2$—G $\rightleftharpoons$ $\begin{array}{c}R \ \ \ \ G\\ \diagdown C=N \diagup\\ R'\diagup\end{array}$ + H$_2$O G = OH, NH$_2$, $_2$HNHN⟨苯环⟩, $_2$HNHN⟨苯环, O$_2$N, NO$_2$⟩, $_2$HNNHCONH$_2$ 产物分别为肟、腙、苯腙、2,4-二硝基苯腙、缩氨脲	✓ pH≈4~5; ✓ 加成-消除机理; ✓ 产物大多为具有固定熔点的结晶,可用来鉴别醛酮; ✓ 产物在稀酸中水解为原来的醛酮,可用于醛酮的分离提纯。
氧化还原反应	氧化反应	醛的氧化: ⟨苯基⟩—CH=C(C$_2$H$_5$)—CHO $\xrightarrow[H^+]{K_2Cr_2O_7}$ ⟨苯基⟩—COOH + C$_2$H$_5$—CO—COOH $\xrightarrow[NH_4OH]{Ag_2O}$ ⟨苯基⟩—CH=C(C$_2$H$_5$)—COOH	✓ 醛易被氧化为羧酸; ✓ 弱氧化剂,如费林试剂（只氧化脂肪醛）、托伦斯试剂只氧化醛基为羧基,酮基、烯键等不被氧化,可用来区分醛和酮; ✓ 强氧化剂不但氧化醛基,还会造成不饱和键断裂。

续表

		反应	反应要点
氧化还原反应	氧化反应	酮的氧化: 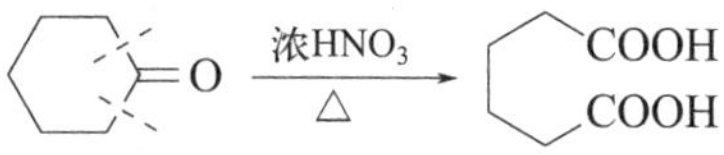 ⬡=O 浓HNO₃/△ → COOH COOH Baeyer-Villiger氧化: 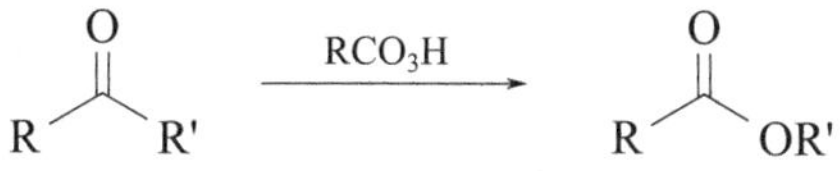 R—C(=O)—R' RCO₃H→ R—C(=O)—OR'	✓ 酮不易被氧化; ✓ 酮与强氧化剂共热时,羰基两侧的碳碳键断裂,均氧化成羧基; ✓ B-V氧化常用的氧化剂为过氧酸,氧化性与酸性正相关; ✓ 氧原子插入羰基与迁移能力较强的烃基R'之间,生成酯; ✓ 烃基迁移能力:叔烷基>仲烷基>环己基>苄基>苯基>伯烷基>甲基。
	还原反应	C=O被还原成CH—OH: 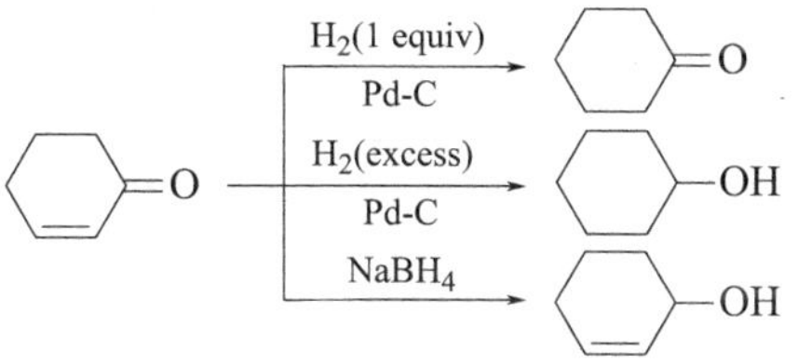 ⬡=O H₂(1 equiv)/Pd-C → ⬡=O H₂(excess)/Pd-C → ⬡—OH NaBH₄ → ⬡—OH	✓ H₂、NaBH₄或LiAlH₄等均可还原C=O为CH-OH; ✓ C=C与C=O共轭,氢压低时,优先还原C=C;氢压高时,C=C和C=O均被还原; ✓ NaBH₄或LiAlH₄还原的本质是H⁻对羰基的亲核加成; ✓ 还原性NaBH₄<LiAlH₄。
		C=O被还原成CH₂: 克莱门森还原: 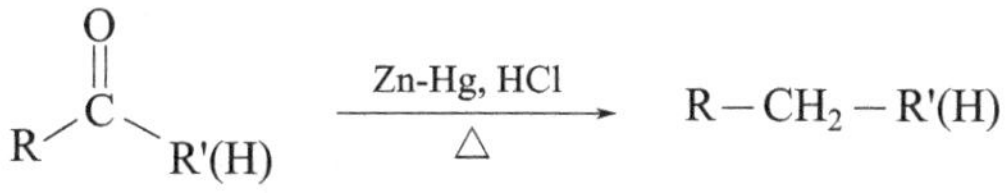 R—C(=O)—R'(H) Zn-Hg, HCl/△ → R—CH₂—R'(H) Wolff-Kishner-黄鸣龙还原: 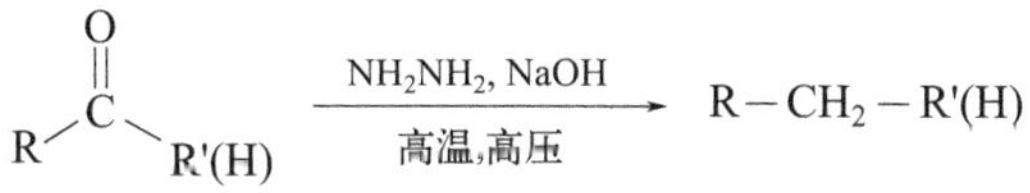 R—C(=O)—R'(H) NH₂NH₂, NaOH/高温,高压 → R—CH₂—R'(H)	✓ 克莱门森还原适用于对酸不敏感的化合物; ✓ 含有与羰基共轭的C=C双键、—NO₂可被同时还原,—OH可被氯取代; ✓ Wolff-Kishner-黄鸣龙还原适用于对酸敏感但对碱稳定的底物。
	歧化反应	坎尼扎罗反应: 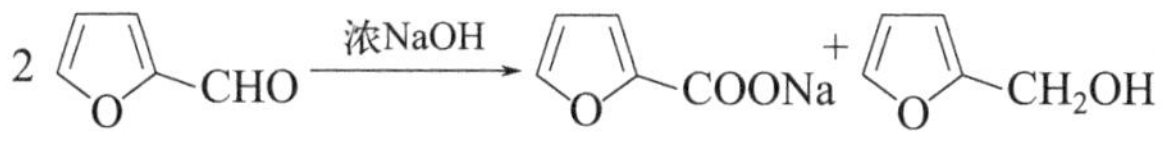 2 ⬠-CHO 浓NaOH→ ⬠-COONa + ⬠-CH₂OH 交叉坎尼扎罗反应: 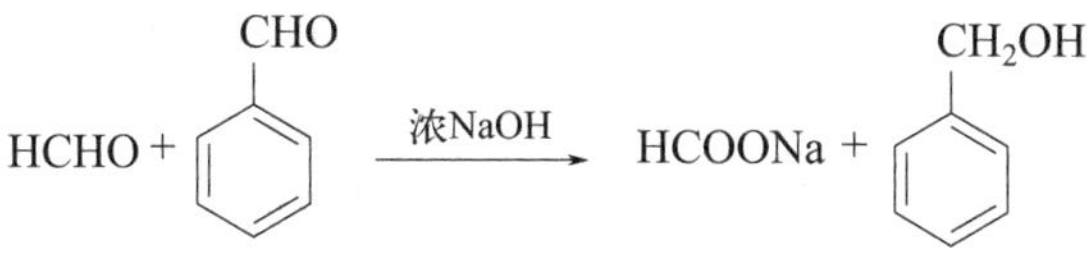 HCHO + ⬡-CHO 浓NaOH→ HCOONa + ⬡-CH₂OH	✓ 反应物为无α-H的醛; ✓ 浓碱条件; ✓ 交叉歧化中,活泼醛甲醛氧化成羧酸,不活泼的醛被还原成醇。

		反应	反应要点
α-H 的 反 应	酮-烯醇互变异构	$CH_3COCH_2CH_3$ $\xrightleftharpoons[OH^-]{H^+}$ $CH_3C(OH)=CHCH_3$ $H_2C=C(O^-)-CH_2CH_3$ $H_3C-CO-CH_2-CO-CH_3$ ⇌ $H_3C-C(OH)=CH-CO-CH_3$ 酮式(23.5%) 烯醇式(76.5%)	✓ 酸或碱催化; ✓ 简单酮的酮式比烯醇式稳定,是主要的存在形式; ✓ 1,3-二羰基化合物烯醇式比例提高,π-π共轭、分子内氢键均能稳定烯醇结构; ✓ α-H越活泼,烯醇式含量越高。
	α-H 的 卤 代	$CH_3COCH_2CH_3$ $\xrightarrow[X_2(1mol)]{H^+}$ $CH_3COCH(X)CH_3$ $\xrightarrow[X_2]{OH^-}$ $CX_3COCH_2CH_3$ ↓ OH^-, X_2 $CH_3CH_2COO^- + CHX_3$ ↓ 卤仿反应	✓ 酸催化:烯醇为中间体,多取代的α-碳发生卤代,控制X_2用量可以停留在一卤代; ✓ 碱催化:烯醇负离子为中间体,少取代的α-碳发生卤代,往往发生同碳多卤代; ✓ 卤仿反应可以鉴别甲基酮以及可被氧化成甲基酮的结构。
		RCH_2CHO $\xrightarrow{OH^-}$ [$RCH_2CH(OH)$ - $^\alpha CHCHO(R)$] β-羟基醛 $\xrightarrow[\triangle]{-H_2O}$ $RCH_2CH=C(R)CHO$ α,β-不饱和醛	✓ 羟醛缩合的本质是羰基的亲核加成; ✓ 碱催化下,亲核试剂是烯醇负离子,酸催化下亲核试剂是烯醇; ✓ 产物是β-羟基醛酮或α,β-不饱和醛酮(脱水产物); ✓ 对于不对称酮,酸催化与碱催化的产物结构不同。
	羟 醛 缩 合	分子内羟醛缩合:	✓ 二羰基化合物可以发生分子内羟醛缩合,以形成5、6元环为主(布朗克规则)。
		交叉羟醛缩合: $RCH_2CHO + HCHO$ $\xrightarrow[过量]{OH^-}$ $RC(CH_2OH)_2CHO$	✓ 若两种醛酮之一为没有α-H的醛酮,只提供亲电的羰基,羟醛缩合产物可降为2种。
		克莱森-施密特反应: $C_6H_5CHO + CH_3CHO$ $\xrightarrow[10℃]{OH^-}$ $C_6H_5CH=CHCHO$ 肉桂醛	✓ 操作:将无α-H的醛酮与碱混合,滴加有α-H的醛酮,主要生成交叉缩合的产物。

续表

反应			反应要点
α-H 的反应	**其它缩合**	曼尼希反应： $\text{R'} - \overset{\overset{\displaystyle O}{\|\|}}{C} - CH_2R + HCHO + HN(CH_3)_2 \xrightarrow{H^+}$ ↑ 活泼氢 $\text{R'} - \overset{\overset{\displaystyle O}{\|\|}}{C} - \overset{\overset{\displaystyle R}{\|}}{\underset{\alpha}{C}}H - \underset{\beta}{C}H_2N(CH_3)_2$ β-氨基酮(曼尼希碱)	✓ 酸催化； ✓ 活泼氢组分、醛组分、胺组分（仲胺）三组分缩合； ✓ 胺甲基取代活泼氢，又称为胺甲基化反应。
		普尔金反应： $\underset{O}{\boxed{}}-CHO + (CH_3CO)_2O \xrightarrow[150℃]{CH_3CO_2Na} \underset{O}{\boxed{}}-CH=CH-CO_2H$ α,β-不饱和酸	✓ 芳香醛（或无α-H的脂肪醛）与酸酐的缩合； ✓ 产物为α,β-不饱和酸； ✓ 产物一般为E型。
		克脑文格尔缩合反应： $R-CHO + H_2C\overset{X}{\underset{Y}{<}} \xrightarrow[苯]{HN\bigcirc} R-CH=C\overset{X}{\underset{Y}{<}} + H_2O$ 活泼业甲基化合物 X,Y= 羰基，酯基，氰基，苯基等	✓ 醛酮与活泼亚甲基化合物的脱水缩合； ✓ 加成-消除机理； ✓ 弱碱催化，有时还需共用弱酸催化剂。
醛酮的制备			
氧化法	**醇的氧化**	$\overset{}{\diagdown\diagup\diagdown}OH \xrightarrow[CH_2Cl_2]{PDC} \diagdown\diagup\diagdown\overset{O}{\underset{H}{\diagdown}}$ $\underset{OH}{Ph-CH-\diagup\diagdown} \xrightarrow[HOAc,H_2O]{CrO_3} Ph-\overset{O}{\overset{\|\|}{C}}-\diagup\diagdown$	✓ 伯醇在选择性氧化剂作用下，氧化停留在生成醛的阶段； ✓ 选择性Cr(VI)氧化剂包括：PCC、PDC、Jones试剂等； ✓ 仲醇氧化成酮。
	醇的脱氢	$H_3C-\overset{\overset{\displaystyle H}{\|}}{\underset{\underset{\displaystyle H}{\|}}{C}}-OH \xrightarrow[260\sim290℃]{Cu,空气} H_3C-\overset{O}{\overset{\|\|}{C}}-H + H_2O$ $Ph-H_2C-\overset{\overset{\displaystyle H}{\|}}{\underset{\underset{\displaystyle H}{\|}}{C}}-OH \xrightarrow[260\sim290℃]{Cu,空气} Ph-H_2C-\overset{O}{\overset{\|\|}{C}}-H + H_2O$	✓ 催化剂为Cu、Ag、Ni等； ✓ 脱氢反应吸热，但通入空气后脱除的氢气与氧气结合成水，释放的热量可供给脱氢反应（氧化脱氢）。
	烯烃臭氧化	$\overset{R}{\underset{H}{>}}C=C\overset{R'}{\underset{R''}{<}} \xrightarrow[②\ Zn, H_2O]{①\ O_3} \overset{R}{\underset{H}{>}}C=O + O=C\overset{R'}{\underset{R''}{<}}$ $\boxed{} \xrightarrow[②\ Zn, H_2O]{①\ O_3} \boxed{\begin{matrix}CHO\\CHO\end{matrix}}$	✓ 发生双键氧化断裂，C=C转变为2个C=O； ✓ 为避免醛进一步氧化，加入还原剂锌粉或硫醚分解产生的H_2O_2。
	芳烃侧链氧化	$\overset{C_2H_5}{\boxed{}} \xrightarrow[120\sim130℃]{O_2,\ 硬脂酸钴} \overset{COCH_3}{\boxed{}}$ $\overset{CH_3}{\boxed{}} \xrightarrow[(CH_3CO)_2O]{CrO_3} \overset{CH(OCOCH_3)_2}{\boxed{}} \xrightarrow{H_2O} \overset{CHO}{\boxed{}}$	✓ 强氧化条件会将侧链完全氧化为—COOH，因此要使用温和的氧化条件使反应停留在醛、酮阶段； ✓ 侧链为—CH₃可氧化为醛，侧链为—CH₂R可氧化为酮。

续表

		反应	反应要点
水合法	炔烃水合	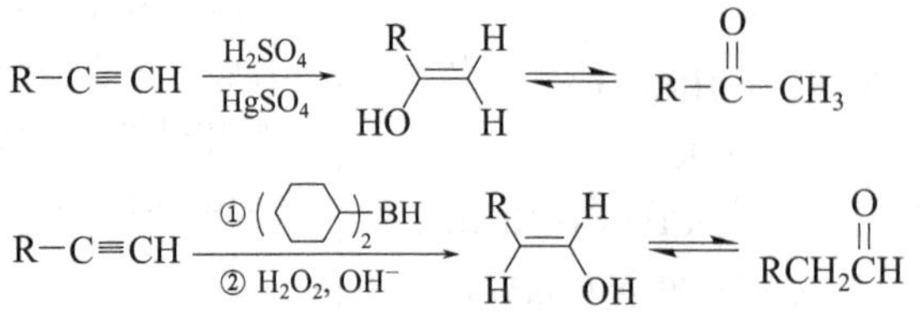	✓ H⁺和Hg²⁺共同催化炔烃水合； ✓ 除乙炔外，其它炔烃直接水合得到酮； ✓ 端基炔烃经历硼氢化-氧化（间接水合）得到醛。
	二卤化物水解	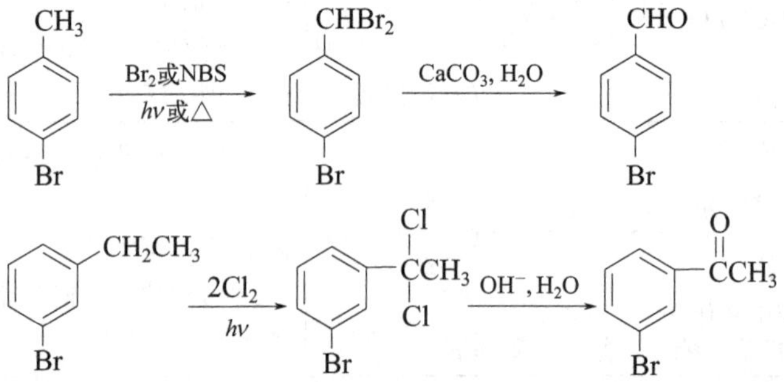	✓ 卤代发生在苄位； ✓ 自由基历程； ✓ 控制卤素用量，停留在同碳二卤代； ✓ 偕二醇不稳定，迅速脱水生成醛酮。
酰化法		傅-克酰基化： 加特曼-科赫反应： 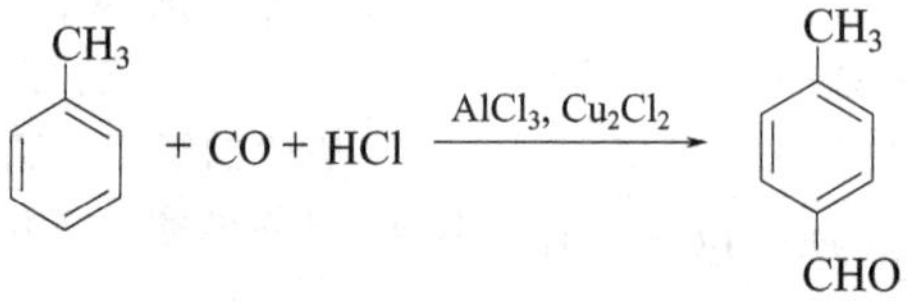 	✓ 傅-克酰基化制备芳香酮； ✓ HCOCl不稳定，立刻分解成CO、HCl； ✓ 加特曼-科赫反应可以在苯、甲苯的芳环上引入—CHO； ✓ 含有强钝化基的芳环不能发生此反应，其它的烷基苯、酚、酚醚在此条件下易发生副反应。
烯烃的氢甲酰化			✓ 多采用双键在链端的 ω-烯烃； ✓ 可视为烯烃的加成反应，H和CHO分别加到双键上； ✓ 产物以直链醛为主； ✓ 工业上制备醛或醇的重要方法。

四、重点与难点

重点：亲核加成

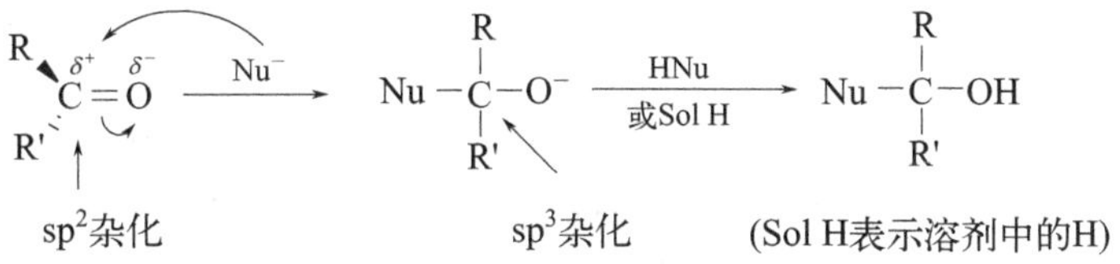

sp²杂化　　　　　　　　　sp³杂化　　　(Sol H表示溶剂中的H)

　　亲核试剂越活泼，羰基碳所带正电荷越多，位阻越小，亲核加成越容易。醛酮亲核加成的活性顺序：$HCHO > RCHO > ArCHO > RCOCH_3 > RCOR > ArCOAr'$。

　　本章中许多反应的本质都是亲核加成，例如维蒂希反应、羟醛缩合、$LiAlH_4$ 或 $NaBH_4$ 对羰基的还原、歧化反应等。

难点1：缩醛（酮）的形成

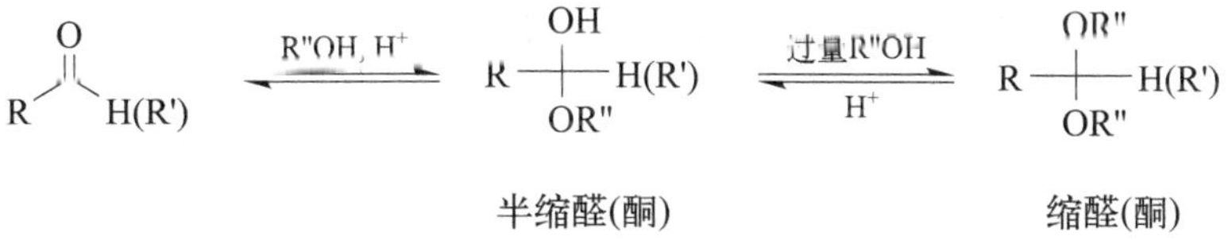

半缩醛(酮)　　　　　　　　　缩醛(酮)

　　缩醛（酮）一般对碱及氧化剂稳定，但在稀酸中能被水解为原来的醛（酮）和醇，因此缩醛（酮）既可用于羰基的保护，也可用于二醇的保护。例如：

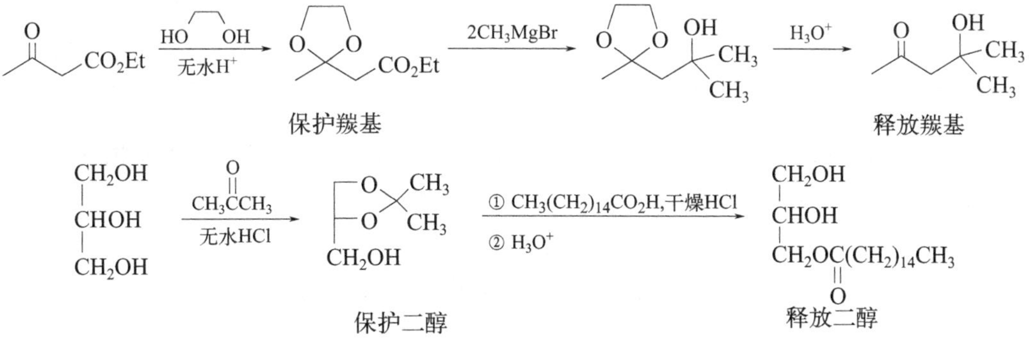

保护羰基　　　　　　　　　　　　　　　　释放羰基

保护二醇　　　　　　　　　　　　　释放二醇

难点2：酮-烯醇互变异构

　　醛、酮的 α-H 受羰基影响，较为活泼，可以在 α-碳和羰基氧之间来回"移动"，转变成烯醇，酸或碱均能催化此过程：

醛(酮)　　　　　　　　　　　烯醇

酸催化下，羰基氧接受质子，吸电子能力增强，α-H酸性增强，解离H^+形成烯醇；碱催化下，碱结合α-H产生α-碳负离子，α-碳负离子通过p-π共轭使负电荷离域到氧上，形成烯醇负离子，结合质子得到烯醇。

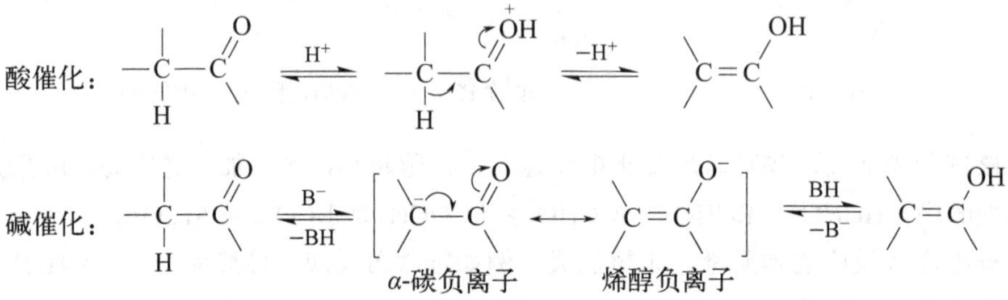

涉及α-H的反应都是在酸或碱催化下，以烯醇或烯醇负离子为中间体，因此理解酮-烯醇互变异构对理解其它涉及α-H的反应非常重要。

难点3：羟醛缩合（Aldol反应）及其它各类缩合

羟醛缩合的本质是碳亲核试剂对醛酮的亲核加成，对于不对称酮，酸或碱催化下，羟醛缩合产物不同：

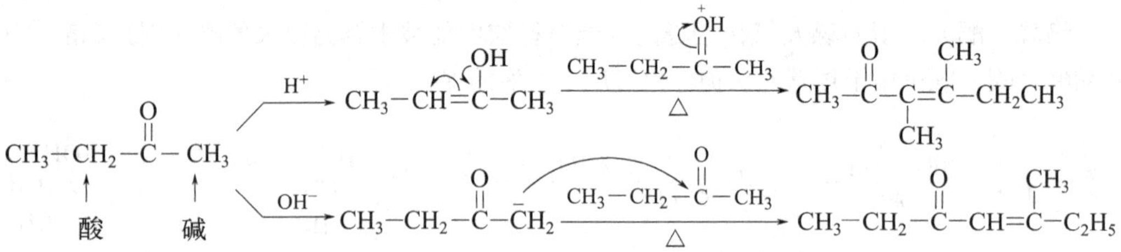

酸催化时，烯醇是亲核试剂，进攻质子化的醛酮，α-C上取代基越多，形成的烯醇越稳定(超共轭效应越强)，所以酸催化时α-H的活泼性顺序为：

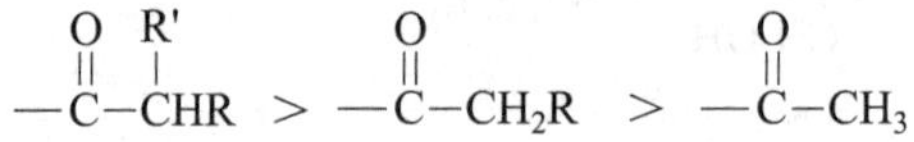

碱催化时，烯醇负离子是亲核试剂，α-C上取代基越少，α-H酸性越强，越易与碱结合形成相应的烯醇负离子，所以碱催化下α-H的活泼性顺序为：

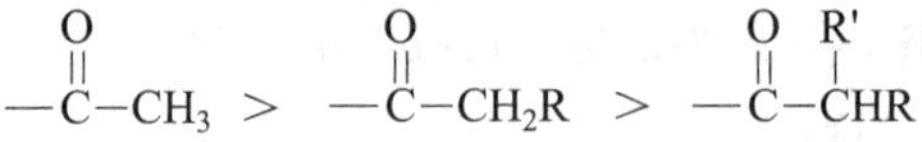

羟醛缩合将两分子醛酮通过C—C键连接，注意C—C键在一分子醛酮的α-碳和另一分子醛酮的羰基之间形成，产物结构特征为β-羟基醛酮，加热脱水后，产物为α,β-不饱和醛酮。

其它缩合类似羟醛缩合。

五、例题解析

1. 选择题

（1）下列化合物发生亲核加成，按反应活性从高到低的顺序排列（　　）。

（2021年真题）

A. CH_3COCCl_3 　　　　 B. CH_3CHO 　　　　 C. C_6H_5CHO 　　　　 D. $CH_3COCH_2CH_3$

分析：羰基的活泼性，由电性和位阻两方面因素决定，尽管醛的位阻比酮的位阻小，脂肪醛又比芳醛位阻小，B＞C＞D；但酮A中CCl_3是吸电子基，使羰基正电性增加，更易接受亲核试剂进攻。因此反应活性从高到低的排序为：A＞B＞C＞D。

（2）下列化合物最易生成缩醛的是（　　）。（2022年真题）

A. CH_3CHO 　　　　 B. CH_2ClCHO 　　　　 C. CH_3CH_2CHO 　　　　 D. C_6H_5CHO

分析：本题同上，依然是比较羰基的活泼性，四种化合物同为醛，主要从电性因素考虑。Cl为吸电子基团，因此B的羰基正电性最强，最活泼，最易生成缩醛。故答案应选B。

说明：选择题中，经常出现比较醛酮与HCN、$NaHSO_3$、CH_3MgI等的反应速率，或是比较反应活化能的高低，这均是比较羰基的活泼性，注意从电性和位阻两方面考虑。位阻越小，羰基碳正电性越强，对应的羰基化合物越活泼。

（3）下列化合物既能发生银镜反应，又能进行碘仿反应的是（　　）。（2021年真题）

A. 苯甲酸 　　　　 B. 乙醛 　　　　 C. 苯甲醇 　　　　 D. 丙酮

分析：醛可以发生银镜反应，甲基酮（CH_3CO）或可以氧化为甲基酮（如CH_3CHOH）的化合物可以发生碘仿反应。因此答案选B。

（4）下列化合物既能与饱和$NaHSO_3$反应，又能发生碘仿反应的是（　　）。

（2022年真题）

A. 丙醛 　　　　 B. 丙酮 　　　　 C. 乙醇 　　　　 D. 苯乙酮

分析：$NaHSO_3$是体积庞大的亲核试剂，只有醛、脂肪族甲基酮、7个碳以下的环酮能与$NaHSO_3$发生反应，丙醛、丙酮均能反应。但只有丙酮可以发生碘仿反应。故答案应选B。

2. 反应题

（1）以下是以环己烷为起始原料合成尼龙6的合成路线，请指出每一步的反应类别。

（2022年真题）

分析：（1）为烷烃自由基历程的卤代；（2）为卤代烃亲核取代；（3）为仲醇的选择性

氧化，环己醇氧化为环己酮；（4）为羟胺对酮的亲核加成-消除反应，生成肟；（5）为贝克曼重排；（6）为己内酰胺水解开环反应，生成尼龙6单体。

（2）
+ $H_2C=CH-CHO$
△
(A)
$Ph_3P=CHCOOCH_3$
(B)
（2022年真题）

分析：第一步是“富电子”的二烯烃与“缺电子”烯烃的[4+2]环加成，是D-A反应；第二步是醛酮与磷叶立德的维蒂希反应。

产物为：（A）
CHO
（B）
$CH=CHCOOCH_3$

（3）
+ CH_3COCl
$AlCl_3$
(A)
I_2/OH^-
(B)
（2022年真题）

分析：第一步是傅-克酰基化反应，第二步是碘仿反应。

产物为：（A）
O
CH_3
（B）
O
OH

（4）
+ CO + HCl
$AlCl_3$, CuCl
(A)
$CH_2(COOH)_2$
NH
(B)
（2021年真题）

分析：第一步是加特曼-科赫反应，在芳环上引入—CHO，第二步是芳醛与丙二酸的克脑文格尔缩合反应。

产物为：（A）
CHO
（B）
$CH=CHCOOH$

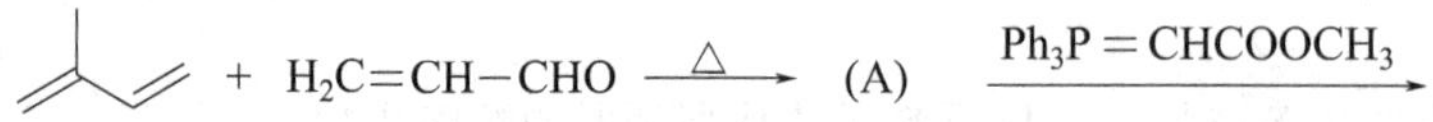

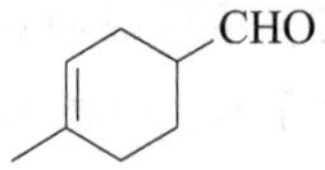

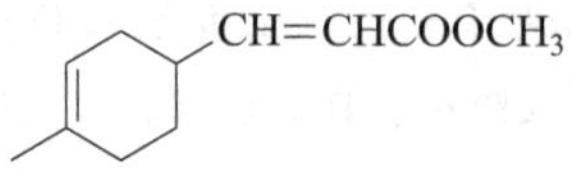

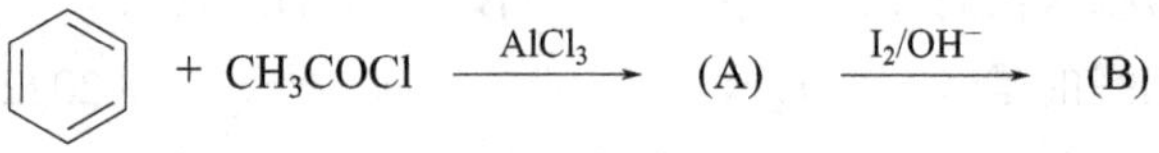

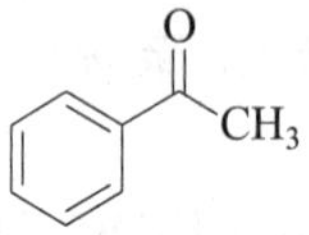

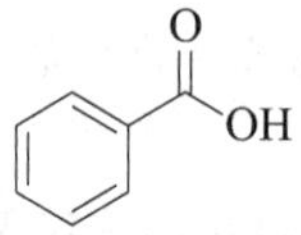

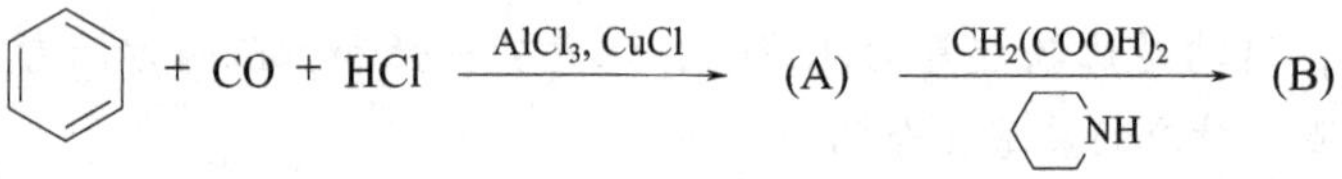

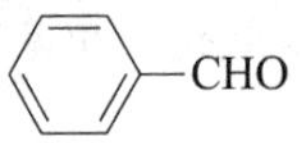

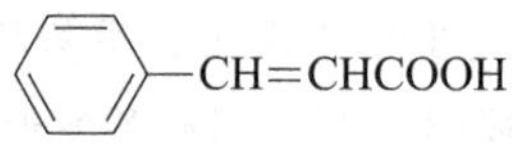

3. 鉴别题

用化学方法鉴别3,5-庚二酮、2,4-己二酮、2,5-庚二酮。（2021年真题）

分析：① 鉴别有机物的依据是基团的特征反应，一般要求操作简便、现象明显（颜色、气体、沉淀等），且反应现象与特征基团间具有较强的对应关系；

② 写出本例的化合物结构，找寻它们各自的结构特点以及相互之间的结构差异：3,5-庚二酮和2,4-己二酮都是1,3-二酮，烯醇式比例较大，可用烯醇的显色反应与2,5-庚二酮区分，2,4-己二酮是甲基酮，可用碘仿反应与3,5-庚二酮区分。

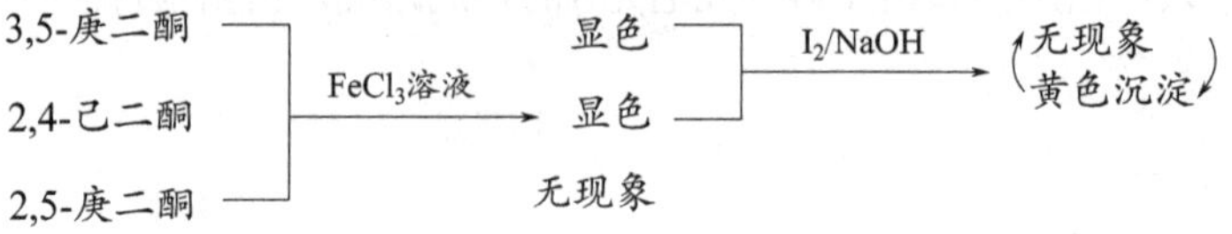

3,5-庚二酮
2,4-己二酮
2,5-庚二酮
$FeCl_3$溶液
显色
显色
无现象
I_2/NaOH
无现象
黄色沉淀

4. 机理题

（1）
CHO + HCHO
33%NaOH
CH_2OH + HCOONa

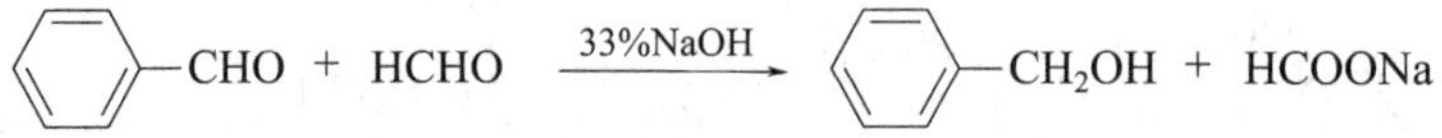

分析：反应物为2分子无α-H的醛，反应条件为浓碱，碱作为亲核试剂，亲核进攻更活泼的甲醛，甲醛生成甲酸，释放H^-，进攻苯甲醛的羰基，生成苯甲醇。

因此对于2分子不同醛之间的交叉歧化，活泼的醛被氧化成羧酸，不活泼的醛被还原成醇。

（2）推测下列反应机理，并写出产物： （2021年真题）

分析：OH⁻对羰基亲核加成，接受进攻的羰基转化成羧基，释放苯基负离子，Ph⁻亲核进攻另一个羰基，生成醇。这个反应类似于分子内"歧化反应"，一个羰基被氧化为羧基，同时伴随苯基的迁移，另一个羰基被还原成醇，又叫"二苯羟乙酸重排"。

（3）推测下列反应机理： （2022年真题）

分析：由于失去质子后，环戊二烯负离子具有芳香性，因此环戊二烯中饱和碳上的H具有较强的酸性（pK_a≈16），在醇钠的作用下可形成环戊二烯负离子，进攻羰基，脱水后可形成上述产物。

5. 合成题

（1）由乙烯和乙炔为原料合成 （2021年真题）

分析：① 原料乙烯、乙炔碳原子数均为2，产物碳原子数为6（2+2+2）；

② 己-2-酮可由己-2-醇还原得到，醇又可以由格氏试剂（或锂试剂）与乙醛反应得到，丁基溴化镁可由丁-1-醇溴代再与Mg反应得到，丁-1-醇又可由乙基溴化镁与环氧乙烷反应得到，考虑原料的结构，每次切断均产生一个或二个2碳片段。

③ 乙基溴化镁、环氧乙烷、乙醛均可由乙烯或乙炔制备。逆合成分析如下：

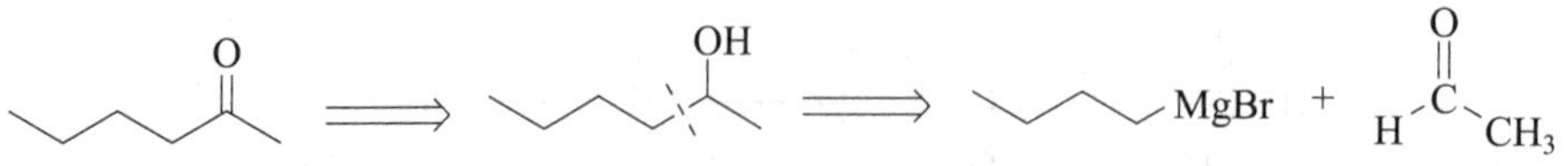

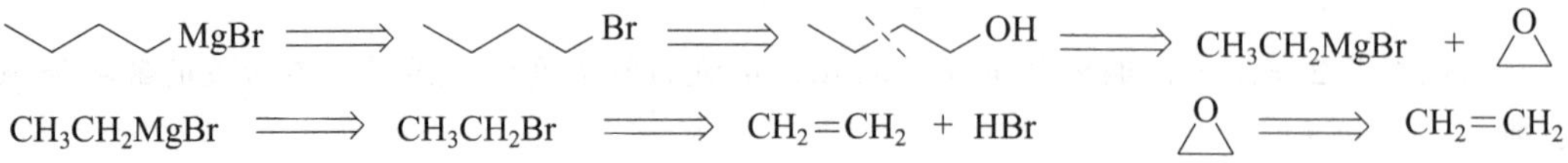

本例重点考察了格氏试剂与醛、酮或环氧乙烷的反应，这是制备醇的重要反应。

合成：

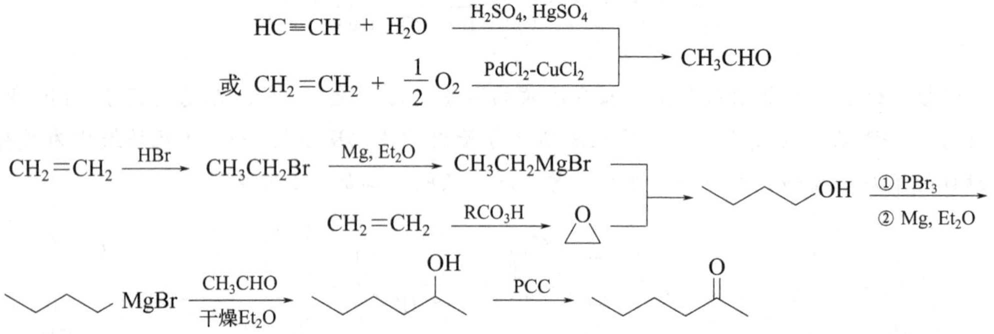

（2）由 CH_3CH_2CHO 合成 $\underset{\overset{|}{CH_3}}{CH_3CH_2CH_2CHCH_2OH}$ （2022年真题）

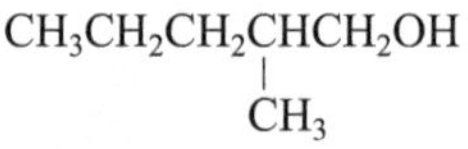

分析： ① 原料为丙醛，碳原子数为3，产物为醇，碳原子数为6，当产物的碳数是原料的2倍时，可以考虑产物是否可由羟醛缩合而来；

② 但羟醛缩合的产物特征是 β-羟基醛或 α,β-不饱和醛，这和产物之间有什么联系？

③ α,β-不饱和醛完全加氢时可以制备饱和醇，因此将伯醇转变为醛基（醛基还原可以得到伯醇），然后在醛基的 α-C 和 β-C 之间添加双键（双键可以加氢除去），"制造" α,β-不饱和醛结构（羟醛缩合的特征结构），然后在双键处切断，推导出原料丙醛。

逆合成分析：

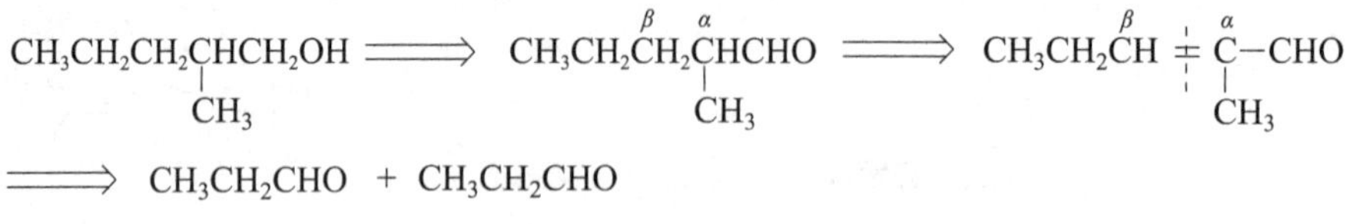

合成：

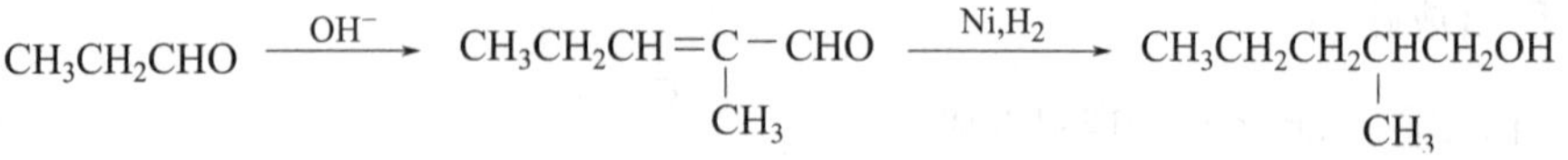

（3）由 CH_3CH_2OH 合成 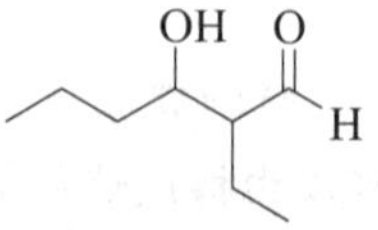   （2021年真题）

分析： 目标物为 β-羟基醛，可利用羟醛缩合反应在 α-C 和 β-C 之间切断，原料为丁醛，在醛基的 α-C 和 β-C 之间添加双键，制造 " α,β-不饱和醛" 结构，再次利用羟醛缩合切断双键，原料为乙醛，可由乙醇氧化而来。逆合成分析为：

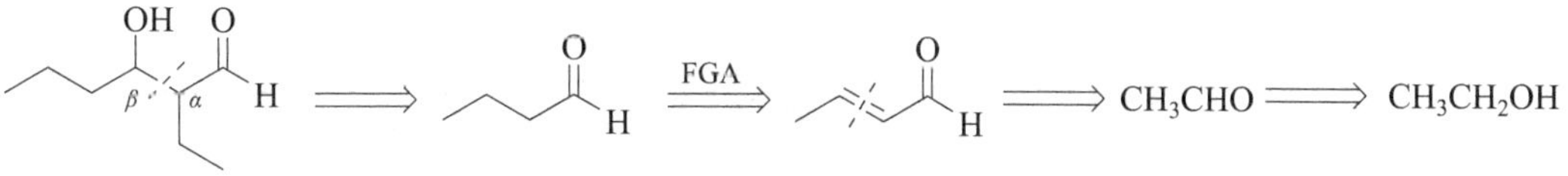

合成：

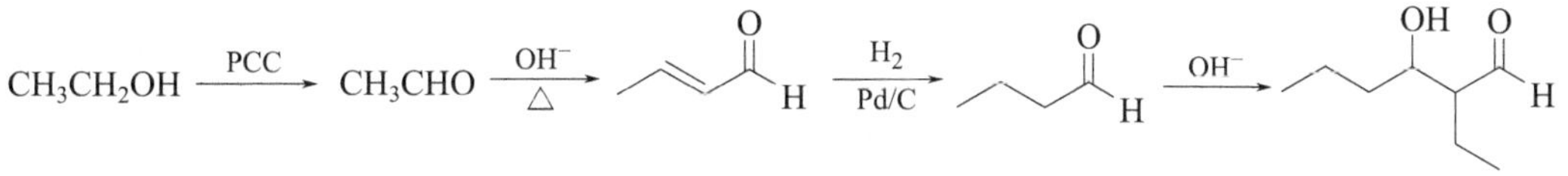

（4）由苯和不超过4个碳的有机物合成　$PhCH_2CH=CH-\text{（环己烯基）}$　（2021年真题）

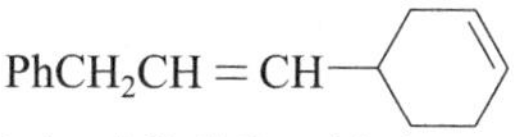

分析： 目标物中已含有双键，可在邻位添加"羰基"，制造 α,β-不饱和酮结构，然后在双键处切断，推导出原料为苯乙酮和3-环己烯甲醛。苯乙酮可通过傅-克酰基化反应制备，3-环己烯甲醛可通过D-A反应制备：

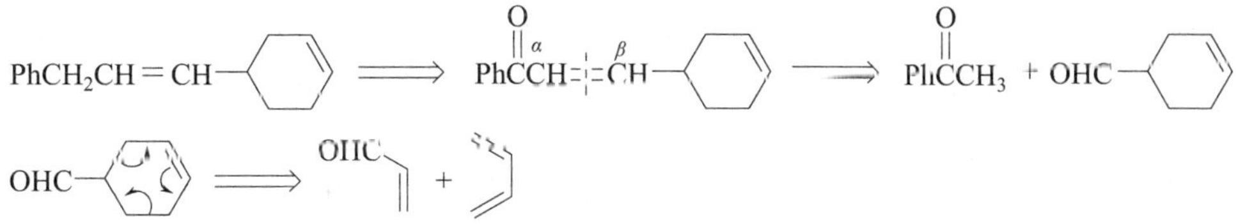

注意： 苯乙酮与3-环己烯甲醛的交叉缩合先将苯乙酮与碱混合，再逐滴滴入3-环己烯甲醛，尽量避免副反应，还原羰基时采用Wolff-Kishner-黄鸣龙还原，避免烯键被同时还原。

合成（方法1）：

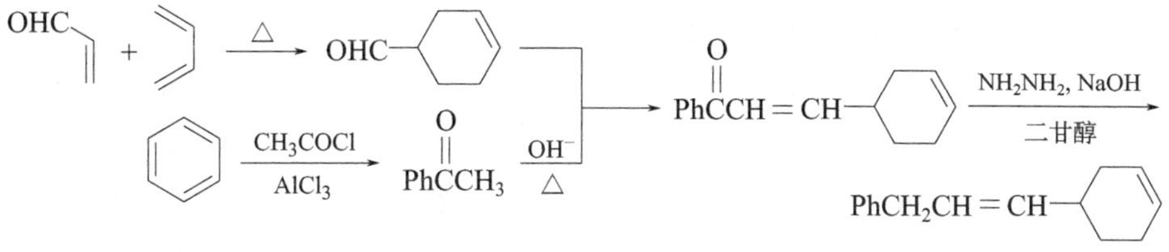

本例还可以采用维蒂希反应合成目标物：

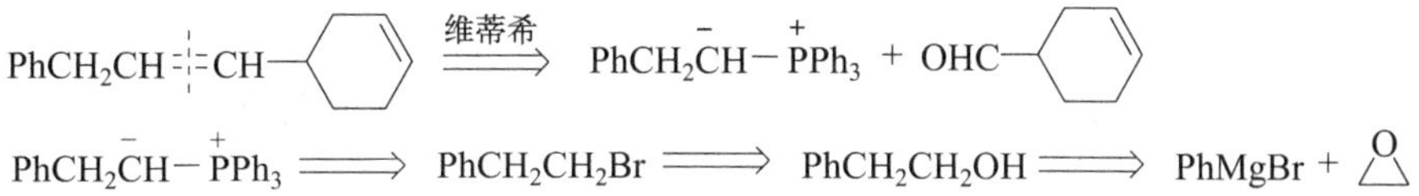

合成（方法2）：

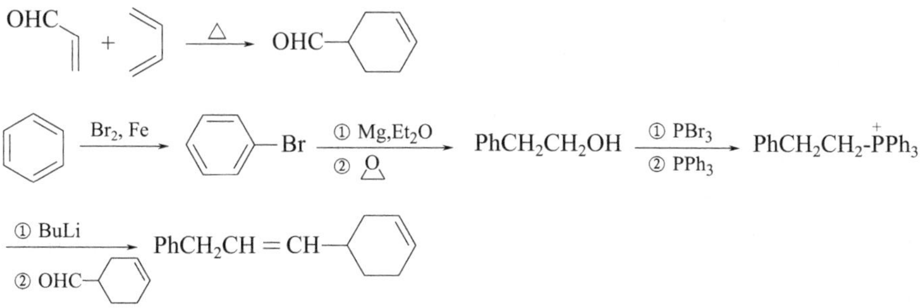

第十二章　综合练习题（参考答案）

1. 用系统命名法命名或写出下列化合物的名称。

（1） 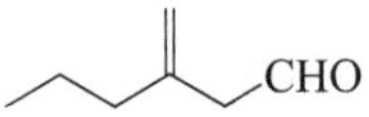 　（2） 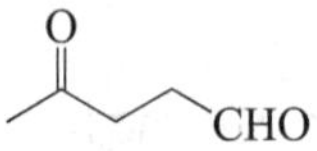 　（3）H₃CO—⟨ ⟩—COCH₃

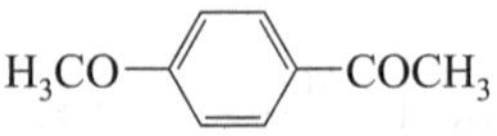

（4） 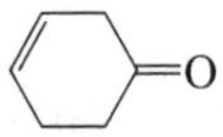 　（5） 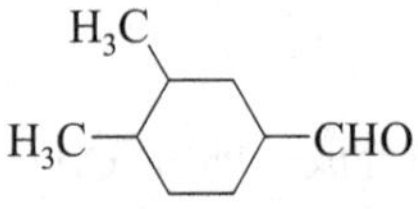 　（6）

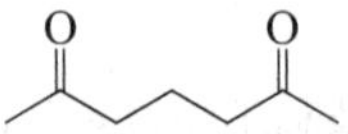

（7）二苯甲酮　　　　　（8）2,2-二甲基环戊酮　（9）丁-2-烯醛苯腙

（10）丙酮缩氨基脲　　　（11）对甲氧基苯甲醛　　（12）β-氯代戊-3-酮

参考答案：

（1）3-甲亚基己醛　　　（2）4-氧亚基戊醛　　　（3）4-甲氧基苯乙酮

（4）环己-3-烯-1-酮　　（5）3,4-二甲基环己烷甲醛　（6）庚-2,6-二酮

（7） 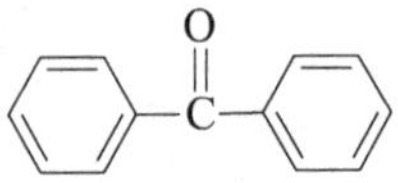 　（8） 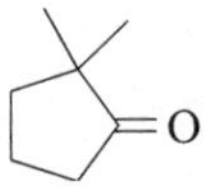 　（9）

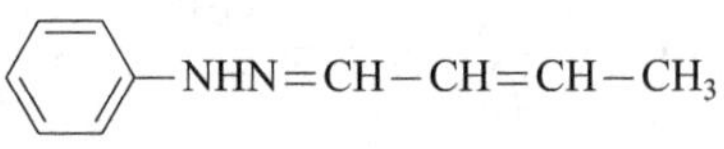

（10） 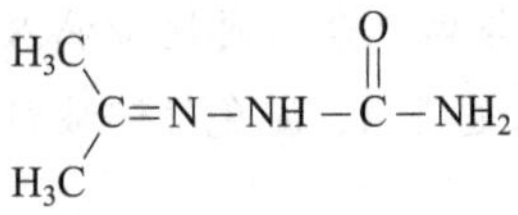 （11）H₃CO—⟨ ⟩—CHO 　（12）

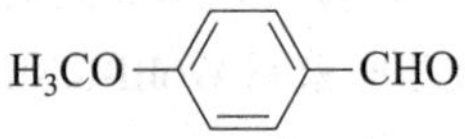

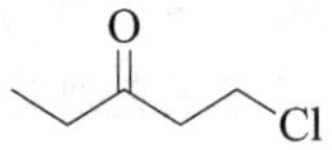

2. 将下列化合物亲核加成反应活性由高到低排序。

（1）H₃C—C(=O)—CH₃　　　⟨ ⟩—C(=O)—CH₃　　　H₃C—C(=O)—H　　　H₃CO—⟨ ⟩—C(=O)—CH₃

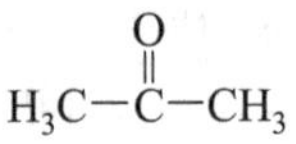

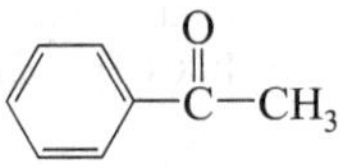

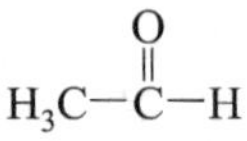

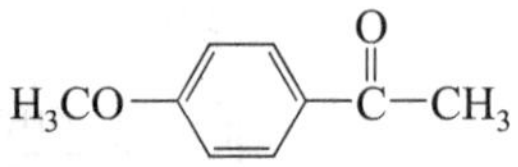

　　（A）　　　　　　　　（B）　　　　　　　　（C）　　　　　　　　（D）

（2）BrH₂C—C(=O)—CH₃　　　H₃C—C(=O)—CH₃　　　H₃C—C(=O)—H　　　BrH₂C—C(=O)—H

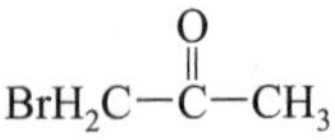

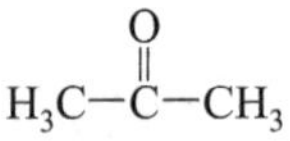

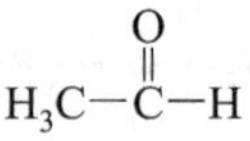

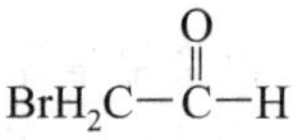

　　（A）　　　　　　　　（B）　　　　　　　　（C）　　　　　　　　（D）

参考答案：从电性因素和位阻因素两个角度考虑，羰基碳正电性越强，位阻越小，亲核加成活性越高。

（1）（C）＞（A）＞（B）＞（D）

（2）（D）＞（C）＞（A）＞（B）

3. 关于下列化合物的性质说法正确的是（　　）。

（1）三种化合物沸点由高到低的次序为正丁醇＞乙醚＞丁酮；

（2）1 mol 的 LiAlH₄ 可以还原 4 mol 丙酮；

（3）利用 Fehling 试剂可以区分己醛和苯甲醛；

（4）黄鸣龙改进 Wolff-Kishner 反应实现了常压反应、产率提高、反应时间缩短。

参考答案：（1）（×）　　　　（2）（√）　　　　（3）（√）　　　　（4）（√）

4.用简单的化学方法鉴别下列各组化合物。

（1）环己烯、环己醇、环己酮　　　　　（2）己-2-醇、己-3-醇、环己酮

（3）苯甲醛、α-苯乙醇和苯乙醛　　　　（4）戊-2,4-二酮、戊-2-酮和环戊酮

参考答案：

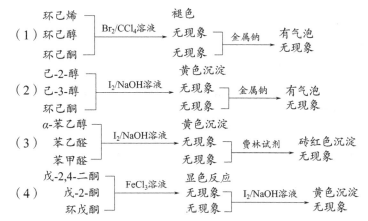

5.写出乙醛与下列试剂反应所生成的主要产物。

（1）NaHSO₃，然后加 NaCN　　（2）10%NaOH，加热　　（3）C₆H₅MgBr，然后加 H₃O⁺

（4）(CH₃)₃CLi，然后加 H₃O⁺　　（5）Ph₃P=CHCH₃，THF　　（6）HOCH₂CH₂OH，HCl

（7）⬠NH，加热　　（8）NH₂OH　　（9）⌬—NHNH₂

（10）Br₂ 在 NaOH 溶液中　　（11）Br₂ 在乙酸中　　（12）Ag(NH₃)₂OH

（13）NaBH₄ 在乙醇溶液中　　（14）NH₂NH₂，NaOH，二甘醇

参考答案：

（1）CH₃CHOH（带 CN 基团）

（2）CH₃CH=CHCHO

（3）⌬—CHCH₃（带 OH 基团）

（4）H₃C—C(CH₃)(OH)—CH(CH₃)—CH₃

（5）CH₃CH=CHCH₃

（6）CH₃CH（1,3-二氧戊环）

（7）H₂C=CH—N（吡咯烷）

（8）CH₃CH=N—OH

（9）CH₃CH=N—NH—⌬

（10）HCOONa

（11）BrCH₂CHO

（12）CH₃COO⁻NH₄⁺

（13）CH₃CH₂OH

（14）CH₃CH₃

6.写出对甲氧基苯甲醛与下列试剂反应所生成的主要产物。

（1）CH₃CHO，10%NaOH　　（2）40%NaOH　　（3）40%NaOH，HCHO

（4）(CH₃CO)₂O，CH₃COONa　　（5）⌬—NH₂　　（6）CH₂(COOEt)₂，⬡NH

参考答案：

（1）H₃CO—⌬—CH=CHCHO

（2）H₃CO—⌬—COONa，H₃CO—⌬—CH₂OH

（3）H₃CO—⌬—CH₂OH

（4）H₃CO—⌬—CH=CHCOOH

（5）H₃CO—⟨ ⟩—CH=N—⟨ ⟩

（6）H₃CO—⟨ ⟩—CH=C⟨CO₂Et / CO₂Et

7. 设计用简单的化学方法分离苯甲酸、苯酚、环己酮和环己醇的混合物的方案。

参考答案：

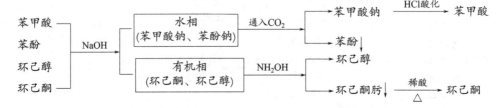

8. 完成下列转化，写出各步反应的主要反应条件或有机产物。

（1）
$$2 \; CH_3CH_2CHO \xrightarrow[\triangle]{10\% \; NaOH} (A)$$
$$CH_3C\equiv CH \xrightarrow{C_2H_5MgBr} (B)$$
$$\xrightarrow[\text{② } H_3O^+]{\text{① THF}} (C)$$

（2）
$$\xrightarrow[\text{② } H_3O^+, \triangle]{\text{① } CH_3Li, \text{乙醚}} (A) \xrightarrow[\text{② } Zn, H_2O]{\text{① } O_3} (B) \xrightarrow[\text{（分子内缩合）}]{\text{稀KOH}} (C)$$

（3）
$$\xrightarrow[\text{稀NaOH}]{CH_3CHO} (A) \xrightarrow[\text{② } H_3O^+]{\text{① } NaBH_4} (B) \xrightarrow{SOCl_2} \xrightarrow[\text{② } BuLi]{\text{① } Ph_3P} (C)$$
$$\Bigg\} \to (F)$$

$$CH_2=CHCH_3 \xrightarrow{(D)} CH_2=CHCHO \xrightarrow[\triangle]{(E)} \text{（环己烯-CHO）}$$

（4）
$$\xrightarrow[H^+]{HOCH_2CH_2OH} (A) \xrightarrow[\text{乙醚}]{Mg} (B) \xrightarrow[\text{② } H_3O^+]{\text{① } HCHO} (C)$$

（5）
$$\xrightarrow{(A)} \xrightarrow[(C_5H_5N)_2]{CrO_3} (B) \xrightarrow[HCl]{2 \; CH_3OH} (C)$$

（6）
$$\xrightarrow{(A)} \text{（PhCOCH}_3\text{）}$$
$$\xrightarrow{NaOI} (B) + (C)$$
$$\xrightarrow[\text{乙酸}]{Br_2} (D) \xrightarrow[HCl]{2 \; CH_3OH} (E) \xrightarrow[\text{醚}]{Mg} \xrightarrow[\text{② } H_3O^+]{\text{① 环氧}} (F)$$
$$\xrightarrow[NH(CH_3)_2, HCl]{HCHO} (G) \xrightarrow[\triangle]{\text{碱}} (H) \xrightarrow[\text{雷尼 Ni}]{H_2} (I)$$

（7）
$$\xrightarrow{PhCO_3H} (A)$$
$$\xrightarrow[H^+]{(CH_3CH_2)_2NH} (B) \xrightarrow{H_2 / Pt} (C)$$

（8）$\underset{\overset{|}{OH}}{CH_3CHC}=C(CH_2)_3CH_3 \xrightarrow[\text{丙酮, 0℃}]{CrO_3, H_2SO_4}$ （A）

（9） 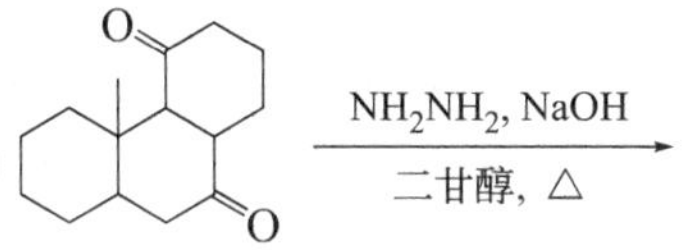 $\xrightarrow[\text{二甘醇, △}]{NH_2NH_2, NaOH}$ （A）

（10） $CH_3CH_2C≡CH$ —

$\xrightarrow[\text{HgSO}_4, \text{H}_2\text{SO}_4]{\text{H}_2\text{O}}$ （A）

$\xrightarrow[\text{② H}_2\text{O}_2, \text{OH}^-]{\text{① 9-BBN}}$ （B） $\xrightarrow{NH_2NHCONH_2}$ （C）

参考答案：

（1）（A）$CH_3CH_2CH=\underset{\overset{|}{CH_3}}{C}-CHO$ （B）$CH_3C≡CMgBr$ （C）$CH_3CH_2CH=\underset{\overset{|}{CH_3}}{C}-\underset{\overset{|}{OH}}{CH}-C≡CCH_3$

（2）（A） 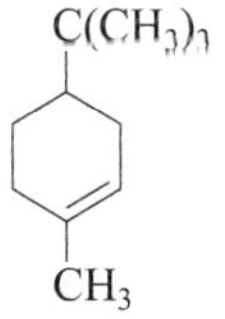 （B） 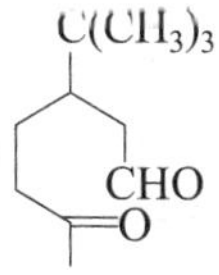 （C）

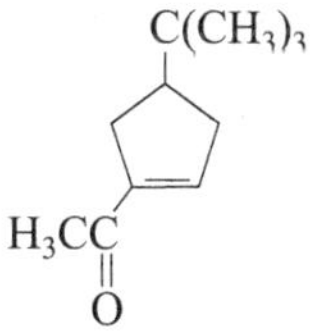

（3）（A） —CH=CHCHO （B） —CH=CHCH_2OH （C） —CH=CHCH^-—$\overset{+}{PPh_3}$

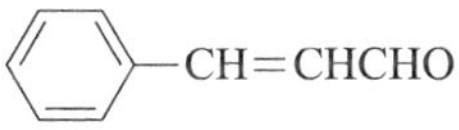

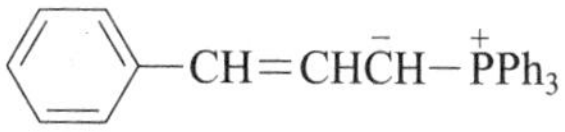

（D）O_2，钼酸铋，高温高压 （E）  （F）  —CH=CHCH=CH—

（4）（A） Br （B） MgBr （C） OH

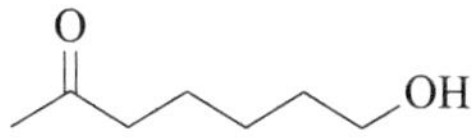

（5）（A）（1）BH_3 （2）OH^-, H_2O_2 （B） 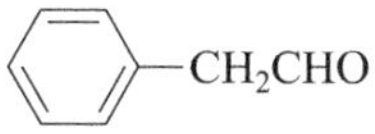 —CH_2CHO （C） —CH_2CH$\underset{\overset{|}{OCH_3}}{\overset{|}{OCH_3}}$

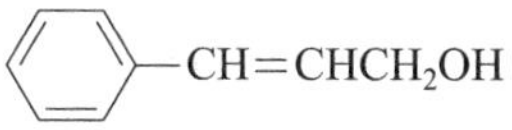

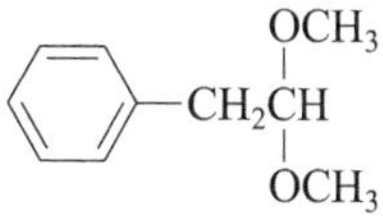

（6）（A）$CH_3COCl, AlCl_3$ （B） 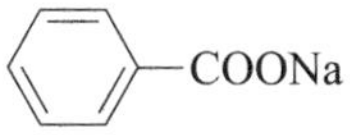 —COONa （C）CHI_3

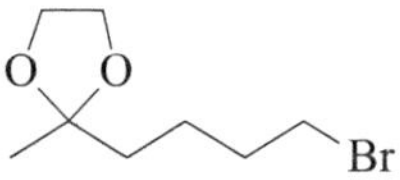

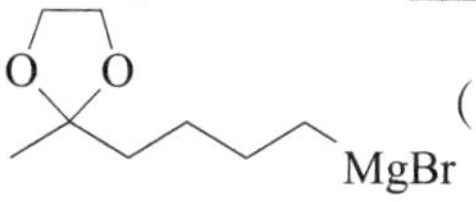

（D） 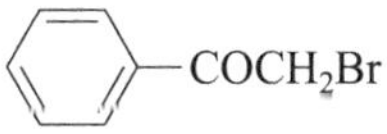 —COCH_2Br （E） —$\underset{\overset{|}{OCH_3}}{\overset{\overset{|}{OCH_3}}{C}}$—CH_2Br （F） —$\underset{\overset{|}{OCH_3}}{\overset{\overset{|}{OCH_3}}{C}}$—CH_2CH_2CH_2OH

（G） —COCH_2CH_2N(CH_3)_2 （H） —$\overset{\overset{O}{\|}}{C}$—CH=CH_2 （I） —$\overset{\overset{O}{\|}}{C}$—CH_2CH_3

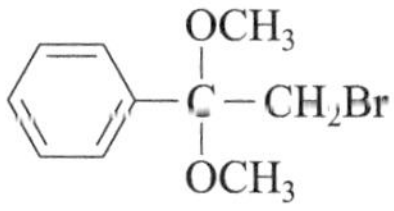

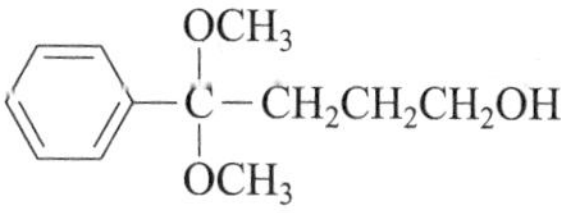

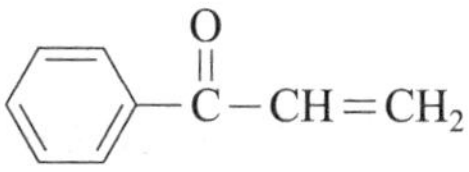

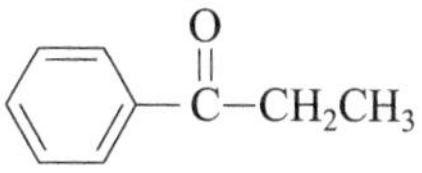

（7）（A） 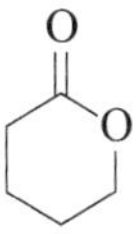 （B） 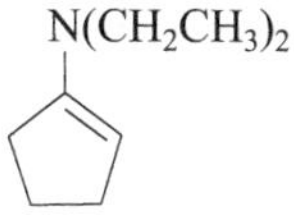 （C）

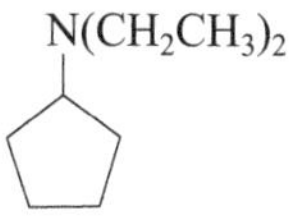

（8）（A）$CH_3\overset{\overset{O}{\|}}{C}C≡C(CH_2)_3CH_3$ （9）（A）

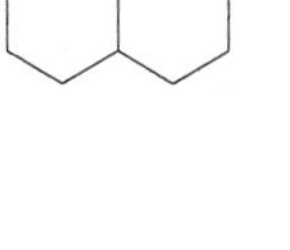

（10）（A）$CH_3CH_2\overset{\overset{\displaystyle O}{\|}}{C}CH_3$ （B）$CH_3CH_2CH_2CHO$ （C）$CH_3CH_2CH_2CH=NNHCNH_2$ （上方 O）

9. PCC是选择性的 Cr（Ⅵ）氧化剂，可将伯醇氧化成醛，仲醇氧化成酮，但是用 PCC 氧化 4-羟基丁醛并未产生预期的丁二醛，而是生成了丁内酯，试解释之。提示：链状 4-羟基丁醛和环状半缩醛存在动态平衡。

参考答案：

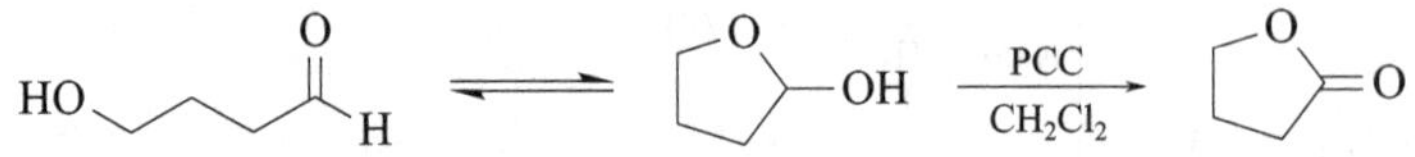

开链的 4-羟基丁醛和环状半缩醛形成动态平衡，半缩醛被氧化成丁内酯，这一步不可逆，拉动平衡向右，生成丁内酯。

10. 按指定原料合成下列化合物，无机试剂、催化剂和溶剂可任选。

（1）以丙烯和乙炔为原料合成戊-2-酮；

（2）以乙烯为原料合成3-羟基丁醛；

（3）请以甲苯为原料，设计两条合成苯甲醛的路线；

（4）请以苯甲醛、三个碳及以下的有机物为原料设计三条合成肉桂酸的路线；

（5）以苯为原料合成扁桃酸 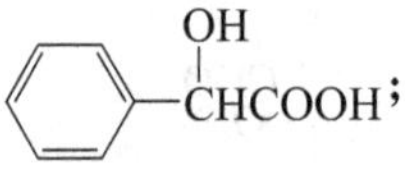 ；

（6）以苯酚、两个碳原子及以下的有机物为原料合成 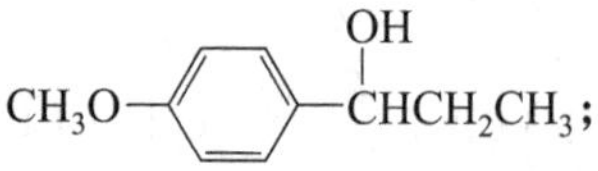 ；

（7）由异丁醇制备 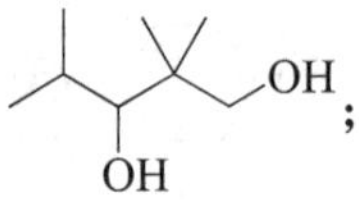 ；

（8）由 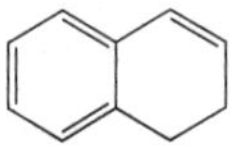 合成 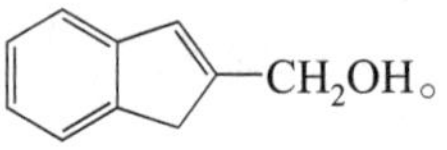 。

参考答案：

（1）

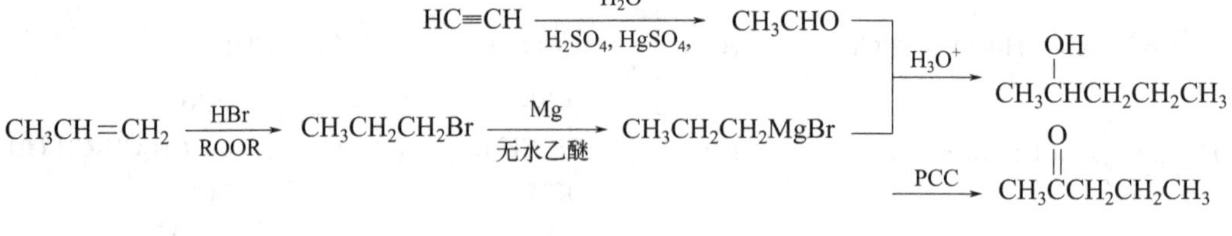

（2）$H_2C=CH_2 + O_2 \xrightarrow{PdCl_2\text{-}CuCl_2} CH_3CHO \xrightarrow{OH^-}$ 产物

（3）

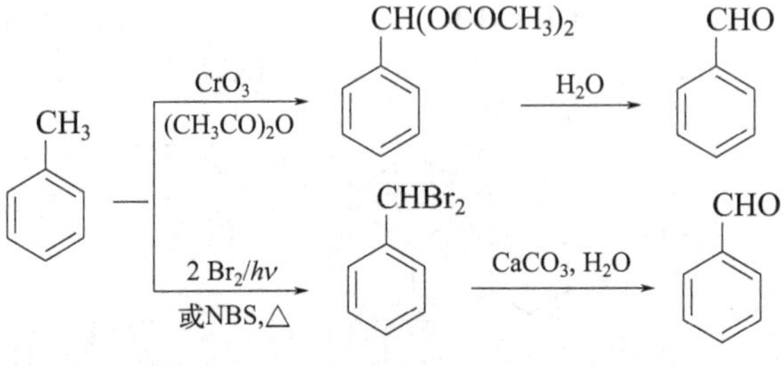

（4）方法1：克莱森-施密特反应

$$\text{PhCHO} + \text{CH}_3\text{CHO} \xrightarrow[\triangle]{\text{OH}^-} \text{Ph—CH=CH—CHO} \xrightarrow[\text{② H}^+]{\text{① Ag}^+} \text{Ph—CH=CH—COOH}$$

方法2：普尔金反应

$$\text{PhCHO} + (\text{CH}_3\text{CO})_2\text{O} \xrightarrow[\triangle]{\text{CH}_3\text{COONa}} \text{Ph—CH=CH—COOH}$$

方法3：克脑文格尔反应

$$\text{PhCHO} + \text{CH}_2(\text{COOH})_2 \xrightarrow[\text{CH}_3\text{COOH}]{\text{N}} \text{Ph—CH=CH—COOH}$$

（5）

$$\text{Ph} \xrightarrow[\text{AlCl}_3, \text{Cu}_2\text{Cl}_2]{\text{CO, HCl}} \text{Ph—CHO} \xrightarrow[\text{②NaCN}]{\text{①NaHSO}_3} \text{Ph—CH(OH)—CN} \xrightarrow[\triangle]{\text{H}_3\text{O}^+} \text{Ph—CH(OH)—COOH}$$

（6）

$$\text{HO—Ph} \xrightarrow[\text{② (CH}_3)_2\text{SO}_4]{\text{① NaOH}} \text{H}_3\text{CO—Ph} \xrightarrow[\text{AlCl}_3, \text{Cu}_2\text{Cl}_2]{\text{CO, HCl}} \text{H}_3\text{CO—Ph—CHO}$$

$$\xrightarrow[\text{无水乙醚}]{\text{C}_2\text{H}_5\text{MgBr}} \text{H}_3\text{CO—C}_6\text{H}_4\text{—CH(OH)CH}_2\text{CH}_3$$

（7）分析：目标物是1,3-二醇，如果将其中一个羟基转变成—CHO，即可产生β-羟基醛酮结构，可利用异丁醛的羟醛缩合来合成，它可由异丁醇氧化制备。

合成如下：

$$2 \ \text{(CH}_3)_2\text{CHCHO} \xrightarrow[\text{5℃}]{\text{OH}^-} \cdots\text{CHO} \xrightarrow[\text{② H}_3\text{O}^+]{\text{① NaBH}_4} \cdots\text{OH}$$

（8）分析：目标物是不饱和醇，可进行官能团转换为α,β-不饱和醛（羟醛缩合的特征产物），切断双键，前体为二醛，二醛由环烯烃臭氧化断键而来。逆合成分析为：

合成如下：

11. 4-甲基戊-2-醇（简称MIBC）是一种性能良好的矿物浮选药剂。某煤矿拟用本企业煤制烯烃中分离得到的丙烯为原料合成MIBC。请设计一条合理的合成路线。

参考答案： 参见例题解析5（1）。

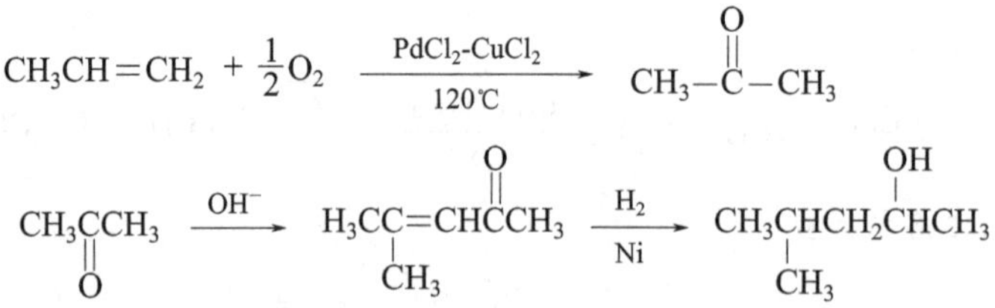

$$CH_3CH{=}CH_2 + \frac{1}{2}O_2 \xrightarrow[120℃]{PdCl_2\text{-}CuCl_2} CH_3\overset{O}{\overset{\|}{C}}CH_3$$

$$CH_3\underset{\underset{O}{\|}}{C}CH_3 \xrightarrow{OH^-} H_3C\underset{CH_3}{C}{=}CH\overset{O}{\overset{\|}{C}}CH_3 \xrightarrow[Ni]{H_2} CH_3\underset{CH_3}{CH}CH_2\underset{OH}{CH}CH_3$$

12. 仙客来醛（结构见下图）具有强烈的类似仙客来、君影草的花香香气，可用于配制瓜类及柑橘类食用香精。请采用苯、丙烯为原料合成仙客来醛。

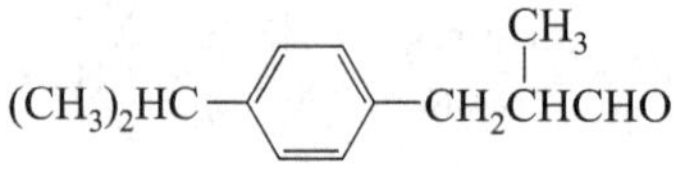

$$(CH_3)_2HC{-}{-}CH_2\underset{CH_3}{\overset{CH_3}{CH}}CHO$$

仙客来醛

参考答案： 在醛基的 α-C 和 β-C 之间添加双键，制造 α,β-不饱和醛结构，然后在双键处切断，推出原料为4-异丙基苯甲醛和丙醛，丙醛可由丙烯经丙醇氧化或脱氢制备。

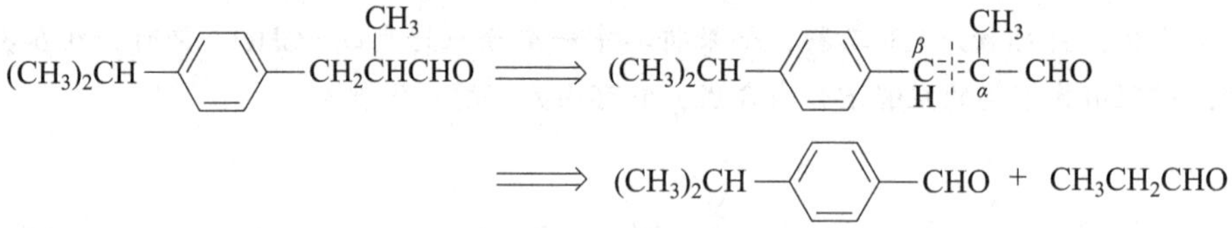

$$(CH_3)_2CH{-}{-}CH_2\underset{CH_3}{CH}CHO \Longrightarrow (CH_3)_2CH{-}{-}\underset{H}{\overset{\beta}{C}}{=}\underset{\alpha}{\overset{CH_3}{C}}{-}CHO$$

$$\Longrightarrow (CH_3)_2CH{-}{-}CHO + CH_3CH_2CHO$$

合成：

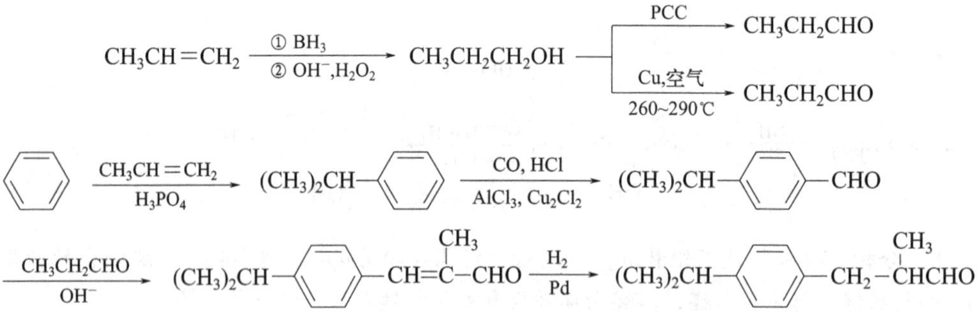

$$CH_3CH{=}CH_2 \xrightarrow[\text{② } OH^-,H_2O_2]{\text{① } BH_3} CH_3CH_2CH_2OH \begin{cases} \xrightarrow{PCC} CH_3CH_2CHO \\ \xrightarrow[260\sim290℃]{Cu,空气} CH_3CH_2CHO \end{cases}$$

$$\bigcirc \xrightarrow[H_3PO_4]{CH_3CH{=}CH_2} (CH_3)_2CH{-}{-} \xrightarrow[AlCl_3, Cu_2Cl_2]{CO, HCl} (CH_3)_2CH{-}{-}CHO$$

$$\xrightarrow[OH^-]{CH_3CH_2CHO} (CH_3)_2CH{-}{-}CH{=}\underset{CH_3}{C}{-}CHO \xrightarrow[Pd]{H_2} (CH_3)_2CH{-}{-}CH_2{-}\underset{CH_3}{CH}CHO$$

13. 丁基辛醇水杨酸酯（结构见下图）是一种非离子表面活性剂，也可以用作温和型防晒剂。请根据其结构进行逆合成分析，并以水杨酸和不超过四个碳的有机物为原料设计一条合理的合成路线。

$$\underset{OH}{\bigcirc}\overset{\overset{O}{\|}}{C}{-}O{-}CH_2\underset{}{CH}(CH_2CH_2CH_2CH_2CH_2CH_3)(CH_2CH_2CH_3)$$

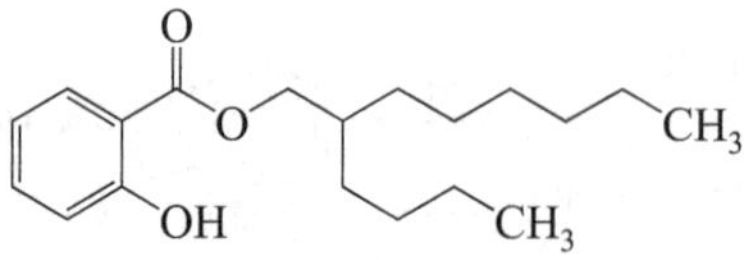

丁基辛醇水杨酸酯

参考答案：对酯基切断后推出原料为水杨酸和2-丁基辛-1-醇，醇的进一步分析见例题解析5（2）。

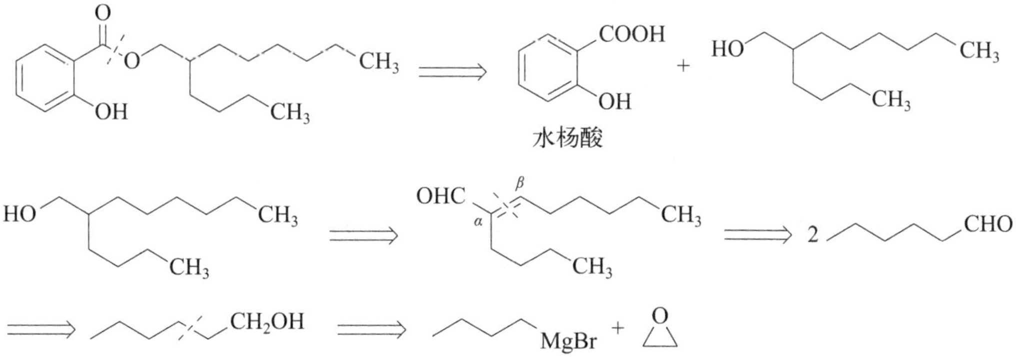

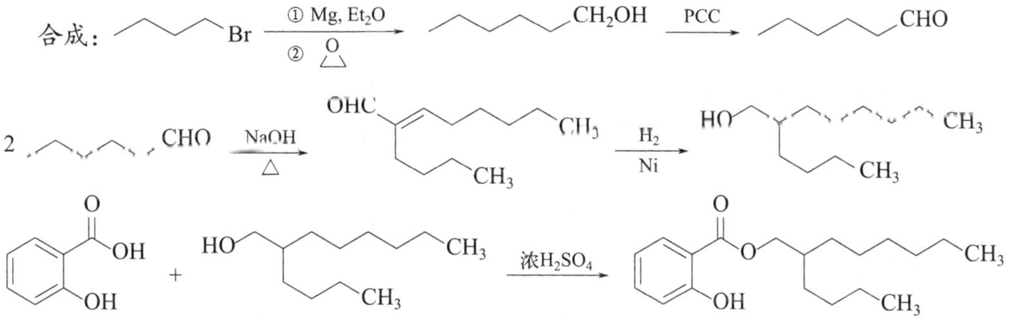

14. 传统聚氯乙烯增塑剂邻苯二甲酸二辛酯（简称DOP）存在潜在致癌风险，应用受到限制，新型增塑剂市场需求快速增长，DPHP为无毒增塑剂，且在耐高温、耐水、耐候、电绝缘、低雾化、低挥发等方面性能更优，其工业合成路线如下：

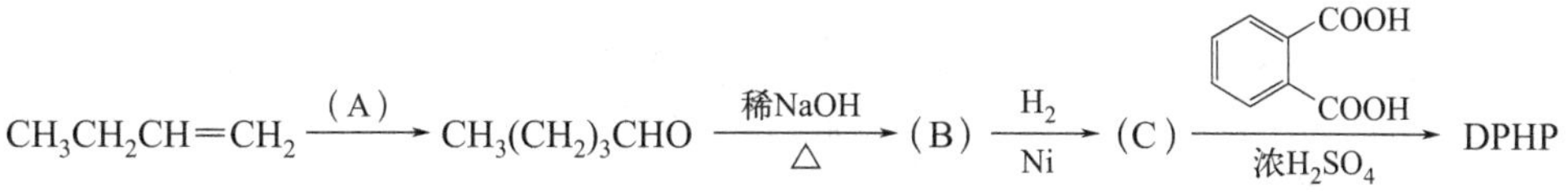

（1）写出由丁-1-烯制备正戊醛的化学反应式；

（2）写出化合物B的结构简式；

（3）写出由足量化合物C合成DPHP的化学反应式。

参考答案：

（1）丁烯的氢甲酰化反应合成戊醛：

$$CH_3CH_2CH=CH_2 \xrightarrow[\text{高温高压}]{CO, H_2, Co_2(CO)_8} CH_3CH_2CH_2CH_2CHO$$

（2）戊醛经历羟醛缩合、脱水得到（B）：

$$CH_3CH_2CH_2CH_2CH=CCHO$$
$$\quad\quad\quad\quad\quad\quad\quad |$$
$$\quad\quad\quad\quad\quad\quad CH_2CH_2CH_3$$

（3）

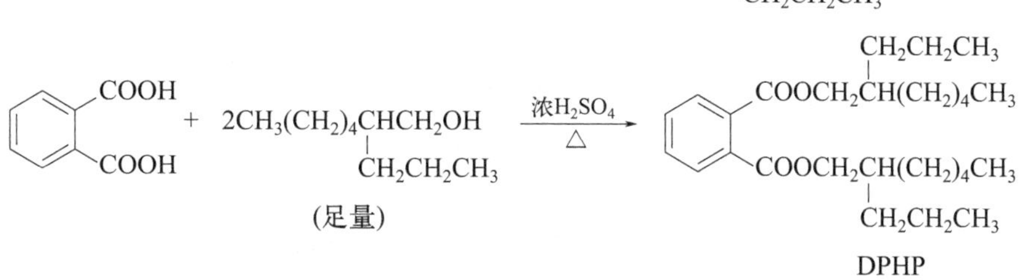

15. 白檀醇具有强烈的檀香香气，用于香水香精、化妆品香精配方中。龙脑烯醛广泛存在于杜松子浆果、肉豆蔻和蓝桉中。请设计一条以龙脑烯醛、三个碳原子及以下的烃为原料合成白檀醇的路线。写出有关反应式。

O
H
OH

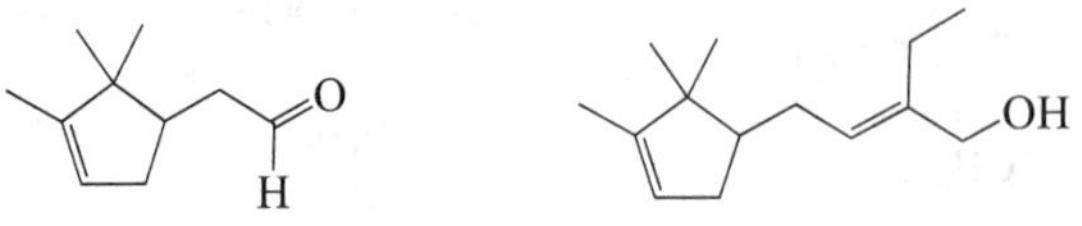

龙脑烯醛　　　　白檀醇

参考答案： 参见例题解析5（2）。白檀醇中含有烯键，将伯醇转变成醛基，即出现α,β-不饱和醛结构，然后在双键处切断，推导出原料为龙脑烯醛和正丁醛。

OH
α
β
CHO
CHO
+
$CH_3CH_2CH_2CHO$

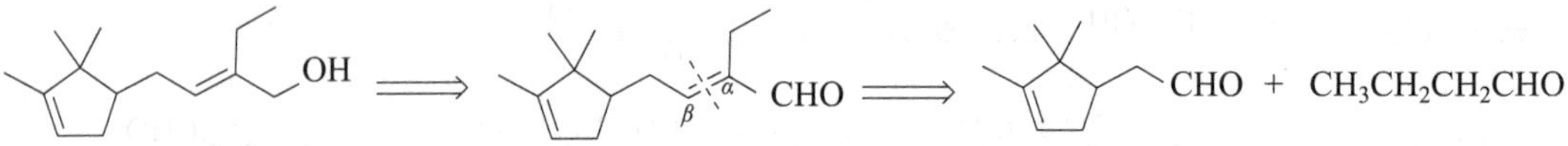

白檀醇　　　　龙脑烯醛　　　　正丁醛

但龙脑烯醛和正丁醛都是有α-H的醛，它们的交叉羟醛缩合存在副反应（4种产物），为了避免其它副反应，必须先活化丁醛的α-位，形成相应的碳负离子（同时注意醛基的保护），进攻龙脑烯醛的醛基。

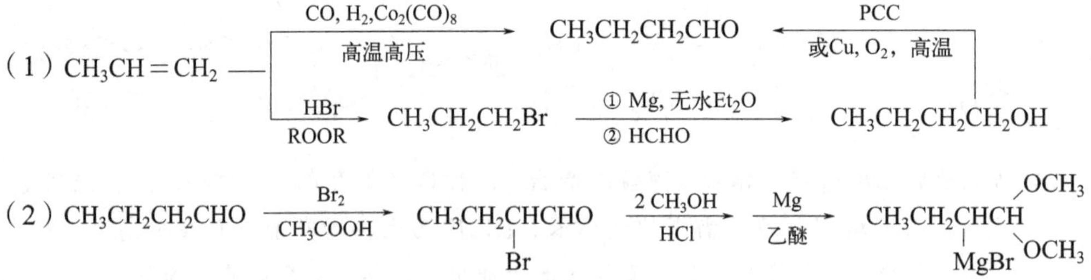

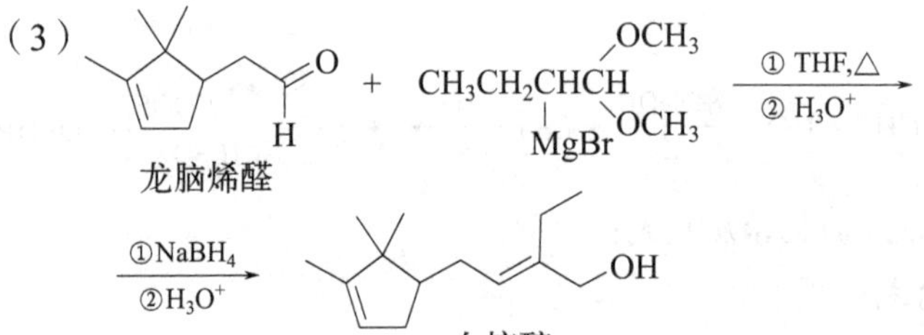

（1）$CH_3CH=CH_2$
CO, H_2, $Co_2(CO)_8$
高温高压
$CH_3CH_2CH_2CHO$
PCC
或Cu, O_2，高温
HBr
ROOR
$CH_3CH_2CH_2Br$
① Mg, 无水Et_2O
② HCHO
$CH_3CH_2CH_2CH_2OH$
（2）$CH_3CH_2CH_2CHO$
Br_2
CH_3COOH
CH_3CH_2CHCHO
Br
2 CH_3OH
HCl
Mg
乙醚
CH_3CH_2CHCH
OCH_3
OCH_3
MgBr

（3）
O
H
+
CH_3CH_2CHCH
OCH_3
OCH_3
MgBr
① THF,△
② H_3O^+
CHO
①$NaBH_4$
②H_3O^+
OH

龙脑烯醛　　　　白檀醇

16. 香草醛不仅是一种名贵香料，也是很多药物合成的原料。异烟腙是抗结核病药物；咖啡酸酯（化学式为$C_{17}H_{16}O_4$，简称CPAE）为蜂胶中的主要活性组分，对肿瘤细胞具有特定的杀伤力。以香兰醛等为原料人工合成路线如下：

O
N
C—NH—NH_2
异烟腙
OH
H_3CO
CHO
浓HI
（A）
$CH_2(COOH)_2$
NH
（B）
H^+
△
咖啡酸
H^+
△
CPAE
O
$AlCl_3$
（C）

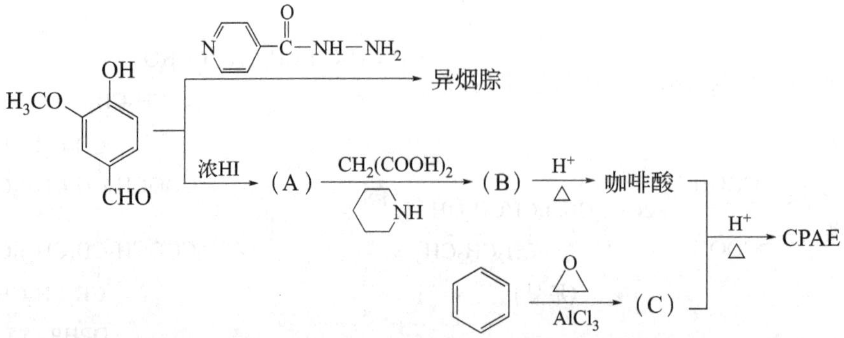

（1）写出异烟腙的结构式；

（2）写出由化合物A合成B的反应式；

（3）写出化合物C的结构式；

（4）写出咖啡酸与化合物C合成CPAE的化学反应式。

参考答案：

（1）异烟腙的结构式：

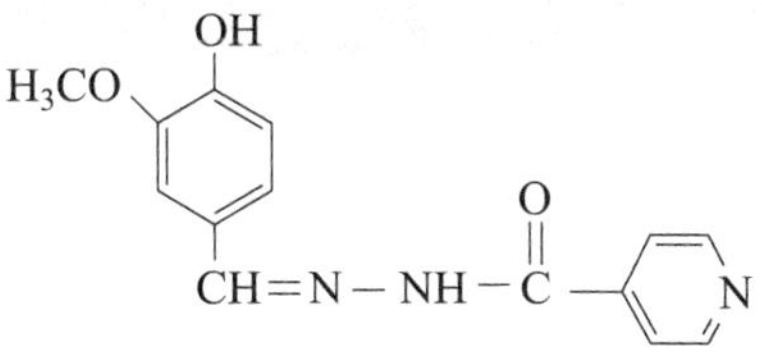

（2）化合物A合成B的反应式（克脑文格尔缩合反应）：

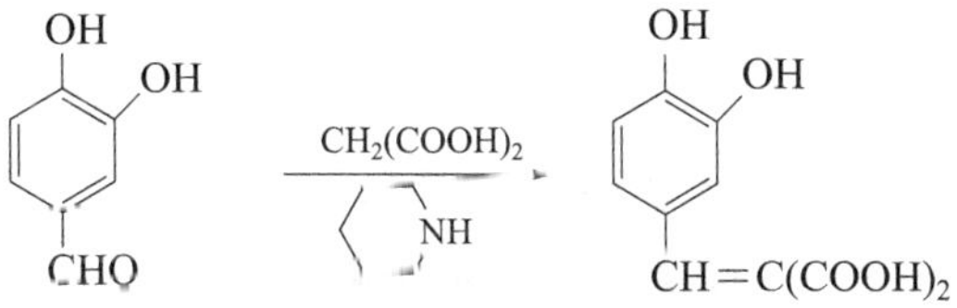

（3）化合物C的结构式：

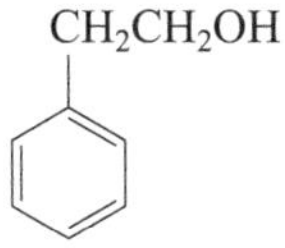

（4）咖啡酸与B合成CPAE的化学反应式：

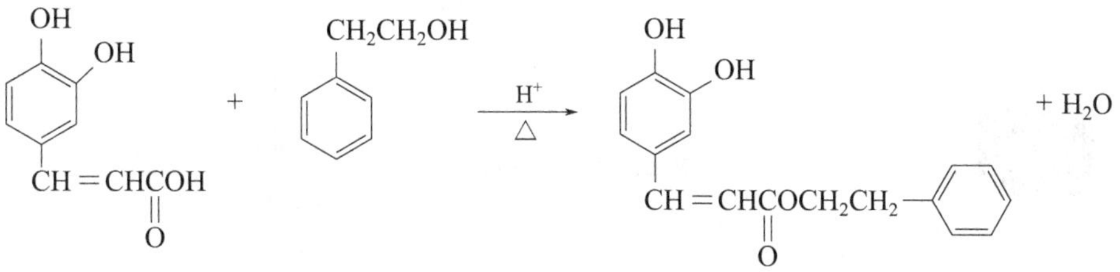

第十三章

羧酸及其衍生物

一、本章概要

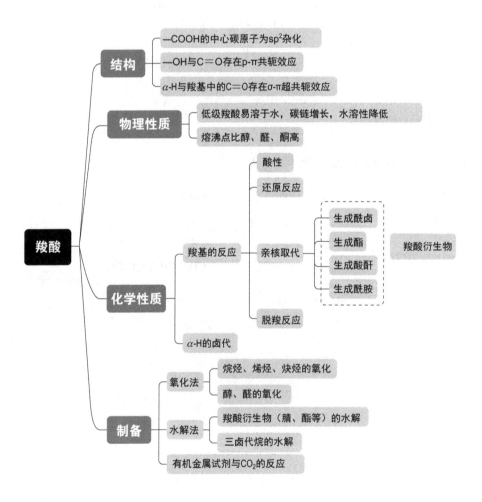

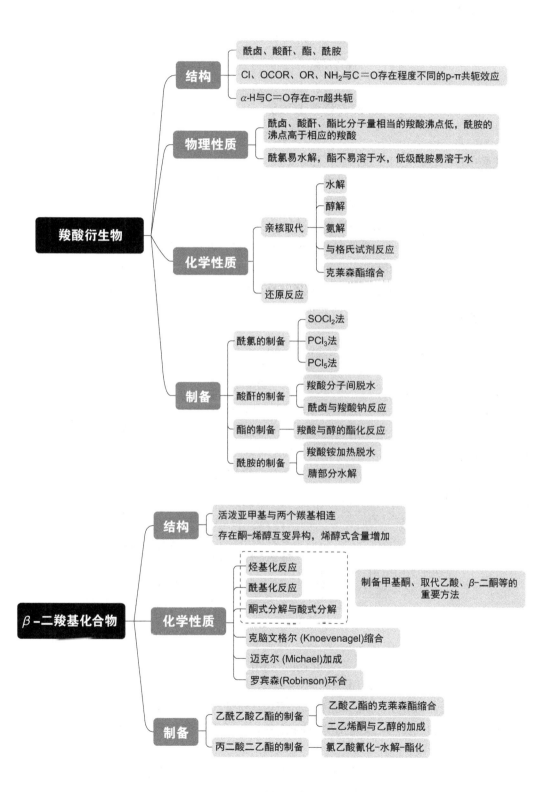

二、结构与化学性质

1. 羧酸

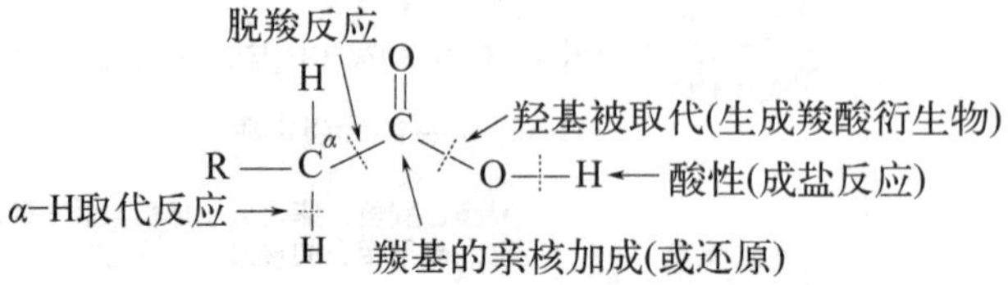

羧酸中 C=O 与 —OH 直接相连，相互影响。

—OH 对 —C=O 的影响：①吸电子诱导效应（$-I$ 效应）；②推电子的共轭效应（$+C$ 效应），且 $-I < +C$，削弱了羧基碳的正电性，羰基亲核加成活性降低。

—C=O 对 —OH 的影响：①吸电子诱导效应（$-I$ 效应）；②吸电子的共轭效应（$-C$ 效应），使 O—H 键电子对进一步偏向氧原子，H 易解离，酸性增强。

又由于①—COOH 的吸电子效应，②α-H 与 C=O 的超共轭效应，α-H 被活化，可以被卤素取代；当 α-C 或 β-C 有强吸电子基或不饱和键时，羧酸还可以发生脱羧反应。

2. 羧酸衍生物

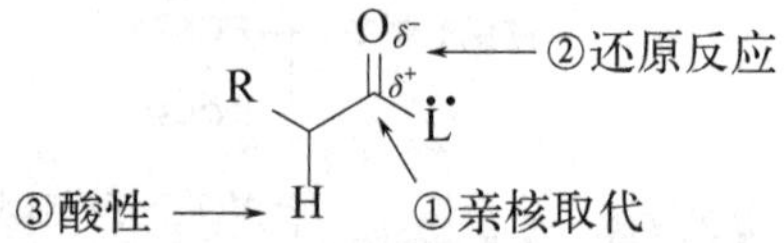

羧酸衍生物含有 C=O，因此类似醛酮，可以接受亲核试剂的进攻，但 L 基团（Cl、OCOR、OR、NH_2）较醛酮中的 H 或 R 具有较好的离去性能，因此羧酸衍生物的典型反应是亲核取代（醛酮是亲核加成）。羧酸衍生物还可以发生还原反应，不同基团还原产物不同。

受邻位羰基影响，羧酸衍生物的 α-H 具有一定的酸性，一定强度的碱可使其转化成相应的烯醇负离子。

3. β- 二羰基化合物

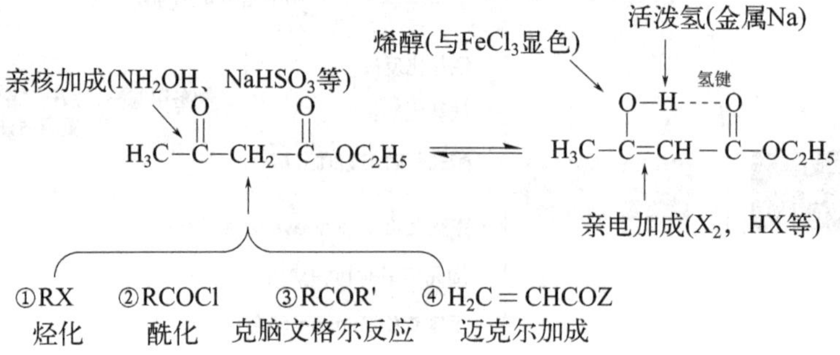

β- 二羰基化合物由于①π-π 共轭和②分子内氢键等因素，烯醇式比例较高，因此既可以发生羰基的亲核加成反应，又有烯醇与 $FeCl_3$ 的显色反应，与卤素的亲电加成反应，与金属钠反应有小气泡生成。

典型反应：处于两个羰基之间的亚甲基具有较强的酸性，容易与碱反应生成相应的烯醇负离子，与一系列亲电试剂发生亲核取代或亲核加成反应，如与 RX 和 RCOX 的烃化、酰化反应属于亲核取代，和醛酮先发生亲核加成再消去一分子水（克脑文格尔反应），对 α,β-不饱和醛、酮、酯等的亲核加成（迈克尔加成）。

三、重要反应一览

		反应	反应要点
羧酸的反应	酸性	羧酸的酸性： $RCOOH + NaHCO_3 \longrightarrow RCOONa + CO_2 + H_2O$	✓ $pK_a \approx 3\sim5$； ✓ 酸性强于醇、酚； ✓ 吸电子基使酸性增强，给电子基使酸性减弱。
	还原反应	$\underset{\begin{subarray}{c}O\\ \\R-C-OH\end{subarray}}{} \quad \begin{array}{c}①\ LiAlH_4, 乙醚 \\ ②\ H_3O^+ \end{array} \to RCH_2OH$ $\begin{array}{c}①\ B_2H_6, THF \\ ②\ H_3O^+ \end{array} \to RCH_2OH$	✓ 一COOH较难被还原； ✓ $LiAlH_4$、B_2H_6可将羧基还原为伯醇； ✓ $NaBH_4$和路易斯酸共同使用，也可将羧基还原为醇。
	亲核取代	酰卤的生成： $RCOOH + SOCl_2 \longrightarrow RCOCl + SO_2 + HCl$ 酸酐的生成： $2\ R-C-OH \xrightarrow[\triangle]{P_2O_5或乙酐} R-C-O-C-R + H_2O$ 酯的生成： $RCOOH + R'OH \underset{\triangle}{\overset{H^+}{\rightleftharpoons}} RCOOR' + H_2O$ 酰胺的生成： $RCOOH + NH_3 \xrightarrow{\triangle} RCONH_2 + H_2O$	✓ 羧酸通过卤代、分子间脱水、和醇、胺反应可以转化为酰卤、酸酐、酯、酰胺等羧酸衍生物； ✓ 羧酸和羧酸衍生物可以相互转化。
	脱羧反应	一元羧酸的脱羧反应： $H_3C-\!\!\bigcirc\!\!-C-OH \xrightarrow[\triangle]{NaOH(CaO)} H_3C-\!\!\bigcirc$ $R-\overset{O}{\underset{}{C}}-CH_2COOH \xrightarrow{\triangle} R-\overset{O}{\underset{}{C}}-CH_3 + CO_2$ $Cl_3C-\overset{O}{\underset{}{C}}-OH \xrightarrow{\triangle} CHCl_3 + CO_2$	✓ 芳香一元羧酸加热易脱羧； ✓ 当羧酸α位连有强吸电子基团，或β位连有羰基、烯基、炔基等不饱和基团时，也容易脱羧。
		二元羧酸的脱羧/脱水反应： $n=0, 1$时脱羧 $HOOCCH_2COOH \xrightarrow{\triangle} CH_3COOH + CO_2$ $n=2, 3$时分子内脱水 $\begin{array}{c}CH_2COOH\\ |\\ CH_2COOH\end{array} \xrightarrow[\triangle]{(CH_3CO)_2O}$ 琥珀酸酐 $+ H_2O$	✓ 两个羧基之间的链长不等，$COOH(CH_2)_n COOH$可能发生脱羧或/和脱水反应； ✓ $n=0,1$时脱羧，$n=2,3$时脱水；$n=4,5$时脱羧脱水，$n>5$时，分子间脱水生成聚酐。

		反应	反应要点
羧酸的反应	α-H的卤代	$CH_3COOH \xrightarrow{Cl_2, P} \underset{\underset{Cl}{\vert}}{CH_2COOH}$ 氯乙酸 $\xrightarrow{Cl_2, P} \underset{\underset{Cl}{\vert}}{\overset{\overset{Cl}{\vert}}{CH_2COOH}}$ 二氯乙酸 $\xrightarrow{Cl_2, P} \underset{\underset{Cl}{\vert}}{\overset{\overset{Cl}{\vert}}{Cl-CCOOH}}$ 三氯乙酸	✓ 由于羧基的吸电子诱导效应及α-H与C═O之间的σ-π超共轭效应，羧基的α-H被活化； ✓ 以三卤化磷（或红磷）为催化剂，经历酰卤中间体； ✓ 可以停留在一卤代。
羟基酸的反应		α-羟基酸的脱水： $R-\overset{\overset{O}{\parallel}}{\underset{\underset{}{}}{CH}}\cdots \xrightarrow{\triangle} R-CH\cdots CH-R + 2H_2O$ 交酯	✓ 二分子α-羟基酸分子间脱二分子水； ✓ 产物为六元环双内酯（交酯）。
		β-羟基酸的脱水： $\underset{\underset{OH}{\vert}}{RCH}-\underset{\underset{H}{\vert}}{CH}COOH \xrightarrow[\triangle]{稀H^+或稀OH^-} RCH═CHCOOH$	✓ β-OH与α-H脱去一分子水； ✓ 生成的双键与羧基共轭。
		γ-和δ-羟基酸的脱水： $HOCH_2CH_2CH_2COOH \xrightarrow{\triangle}$ γ-丁内酯 $+ H_2O$ $HOCH_2CH_2CH_2CH_2COOH \xrightarrow{\triangle}$ δ-戊内酯 $+ H_2O$	✓ 羧基与羟基间隔3～4个碳原子，发生分子内酯化脱水； ✓ 产物为五元或六元环内酯； ✓ 羧基和羟基相隔5个及5个以上碳原子，则发生分子间的酯化脱水，生成链状聚酯。
羧酸衍生物的反应	亲核取代反应	水解反应： $\underset{L= Cl, OCOR, OR', NH_2}{RC\overset{\overset{O}{\parallel}}{-}L} \xrightarrow{H_2O} RC\overset{\overset{O}{\parallel}}{OH} + HL$	✓ 羧酸衍生物水解均生成羧酸； ✓ 活泼性顺序：酰卤＞酸酐＞酯＞酰胺。
		醇解反应： $\underset{L= Cl, OCOR, OR', NH_2}{RC\overset{\overset{O}{\parallel}}{-}L} \xrightarrow{R'OH} RC\overset{\overset{O}{\parallel}}{OR'} + HL$ $RCOOR^1 + R^2OH \xrightarrow{H^+} RCOOR^2 + R^1OH$	✓ 羧酸衍生物醇解都生成酯； ✓ 活泼性顺序同水解反应； ✓ 酰氯、酸酐的醇解需要加入碱，中和生成的酸； ✓ 酯的醇解叫酯交换反应。

续表

反应		反应要点
	氨解反应: $$\underset{L=\ Cl,\ OCOR,\ OR',\ NH_2}{RC\overset{O}{\|}-L\ \xrightarrow{NH_3}\ RC\overset{O}{\|}NH_2\ +\ HL}$$	✓ 羧酸衍生物氨解生成酰胺或取代酰胺; ✓ NH_3 的亲核性强于 H_2O 和 ROH,因此氨解比水解、醇解更容易进行。
亲核取代反应	**与格氏试剂反应:** $$RC\overset{O}{\|}-L\ \xrightarrow[\text{醚}]{R'MgX}\ R-\overset{O^-MgX}{\underset{R'}{\overset{|}{C}}}-L\ \xrightarrow{-MgXL}\ R-C\overset{O}{\|}-R'$$ $$\xrightarrow[\text{② } H_3O^+]{\text{① } R'MgX}\ R-\overset{OH}{\underset{R'}{\overset{|}{C}}}-R'$$	✓ 格氏试剂与羧酸衍生物先发生亲核取代生成酮; ✓ 酰氯比酮活泼,低温并控制格氏试剂的用量,反应可以停留在生成酮的阶段; ✓ 酯的活性低于酮,格氏试剂继续对酮亲核加成,生成有两个相同烃基的叔醇。
羧酸衍生物的反应 (亲核取代反应)	**酯缩合反应:** $$RCH_2C\overset{O}{\|}-\boxed{OR'\ +\ H}-CH-C\overset{O}{\|}R\ \xrightarrow[\text{② } H^+]{\text{① } NaOC_2H_5}$$ $$RCH_2C\overset{O}{\|}-\underset{R}{\overset{|}{CH}}-C\overset{O}{\|}-OR'\ +\ R'OH$$ β-羰基酯	✓ 经历亲核加成-消除历程,相当于酯的亲核取代(α-碳负离子取代酯的—OR); ✓ 产物为β-羰基酯; ✓ 二酯可发生分子内酯缩合(迪克曼缩合)。
还原反应	 (萘-2-COCl + H_2 经 Pd 生成萘-2-CH$_2$OH,经 Pd-BaSO$_4$ 喹啉-硫 生成萘-2-CHO) $$RC\overset{O}{\|}-O-C\overset{O}{\|}R'\ \xrightarrow{LiAlH_4}\ RCH_2OH\ +\ R'CH_2OH$$ $$RC\overset{O}{\|}-OR'\ \xrightarrow[\text{或}Na/C_2H_5OH]{LiAlH_4}\ RCH_2OH\ +\ R'OH$$ $$RC\overset{O}{\|}-N\overset{R^1}{\underset{R^2}{}}\ \xrightarrow{LiAlH_4}\ RCH_2N\overset{R^1}{\underset{R^2}{}}$$	✓ 羧酸衍生物的还原常采用催化加氢或 LiAlH$_4$ 还原; ✓ 酰卤、酸酐、酯被还原成醇,酰胺被还原成相应的胺; ✓ LiAlH$_4$ 中的 H 被吸电子基或位阻较大的—OR 取代,还原性降低,可将酰氯、酯还原为醛,部分减活的 Pd 催化剂也可将酰氯还原为醛。
霍夫曼降解反应	$$RCONH_2\ +\ NaOX\ +\ 2\,NaOH\ \longrightarrow$$ $$RNH_2\ +\ Na_2CO_3\ +\ NaX\ +\ H_2O$$ (H$_3$C-吡啶-CONH$_2$ $\xrightarrow[NaOH]{Br_2}$ H$_3$C-吡啶-NH$_2$)	✓ 酰胺脱去羰基生成少一个碳原子的伯胺; ✓ 反应中间体为异氰酸酯; ✓ 迁移的 R 基团如果有手性,反应前后,手性碳构型不变。

续表

		反应	反应要点
β-二羰基化合物的反应	烃化反应	$CH_3COCH_2COOC_2H_5 \xrightarrow[\text{② RX}]{\text{① } C_2H_5ONa} CH_3COCH(R)COOC_2H_5$ $\xrightarrow[\text{② } H^+/\triangle]{\text{① 5\% NaOH}} CH_3COCH_2R$ $\xrightarrow[\text{② } H^+/\triangle]{\text{① 40\% NaOH}} CH_3COOH + RCH_2COOH$ $C_2H_5OOCCH_2COOC_2H_5 \xrightarrow[\text{② RX}]{\text{① } C_2H_5ONa} C_2H_5OOCCH(R)COOC_2H_5$ $\xrightarrow[\text{② } H^+/\triangle]{\text{① NaOH/}H_2O} R-CH_2COOH + CO_2 + C_2H_5OH$	✓ 处于两个吸电子基之间的活泼亚甲基具有较强的酸性，容易与碱反应形成碳负离子； ✓ 碳负离子可与卤代烃发生亲核取代，在活泼亚甲基上引入烃基，再进行水解脱羧等反应，可由乙酰乙酸乙酯制备甲基酮，丙二酸二乙酯制备取代乙酸； ✓ 烃基化宜用伯卤代烷，叔卤代烷易消除。
	酰化反应	$CH_3COCH_2COOC_2H_5 \xrightarrow[\text{② RCOCl}]{\text{① NaH}}$ $CH_3COCH(COR)COOC_2H_5 \xrightarrow[\text{② } H^+/\triangle]{\text{① 5\% NaOH}} CH_3COCH_2COR$ $C_2H_5OOCCH_2COOC_2H_5 \xrightarrow[\text{② RCOX}]{\text{① NaH}} C_2H_5OOCCH(COR)COOC_2H_5$ $\xrightarrow[\text{② } H^+/\triangle]{\text{① NaOH/}H_2O} R-COCH_3 + 2\,CO_2 + 2\,C_2H_5OH$	✓ 活泼亚甲基形成的负离子也可以与酰氯反应，引入酰基，然后水解脱羧，可由乙酰乙酸乙酯制备β-二酮，丙二酸二乙酯制备甲基酮； ✓ 酰氯可与水、乙醇反应，需用非质子性溶剂，如苯、DMF、DMSO，用NaH代替醇钠。
	克脑文格尔缩合	$RCHO + H_2C(COCH_3)(COOEt) \xrightarrow{\text{NH}} RCH=C(COCH_3)(COOEt)$ $\xrightarrow[\triangle]{H_3O^+} RCH=CH-COCH_3$ $RR'C=O + H_2C(COOEt)_2 \xrightarrow{\text{NH}} RR'C=C(COOEt)_2$ $\xrightarrow[\triangle]{H_3O^+} RR'C=CH-COOH$	✓ 醛酮与活泼亚甲基化合物在碱性（有时需共用酸性催化剂）条件下脱水缩合； ✓ 亲核加成-消除机理； ✓ 形成C=C的重要方法。
	迈克尔加成	$CH_3COCH_2COOC_2H_5 + H_2\overset{\beta}{C}=\overset{\alpha}{C}H-COCH_3$ $\xrightarrow{C_2H_5ONa} CH_3CO-CH(COOEt)-\overset{\beta}{C}H_2\overset{\alpha}{C}H(H)COCH_3$ $\xrightarrow[\triangle]{H_3O^+} CH_3CO-CH_2-CH_2CH_2COCH_3$	✓ 碱催化下亲核性碳负离子（也可以是胺、硫醇等）对亲电共轭体系（如α,β-不饱和醛、酮、酯、腈等）的共轭加成反应； ✓ 亲核试剂加到β-C上，H加到α-C上； ✓ 可构建1,5-双官能团化合物。

续表

		反应	反应要点
β-二羰基化合物的反应	罗宾森环合		✓ 包含迈克尔加成和分子内羟醛缩合两步反应； ✓ 产物为共轭环己烯酮； ✓ 不对称酮的迈克尔加成反应发生在多取代的α-碳上。

羧酸的制备			
氧化法	烷烯炔的氧化	$RCH = CHR' \xrightarrow{KMnO_4/H^+} RCOOH + R'COOH$ $RC \equiv CR' \xrightarrow{K_2Cr_2O_7/H^+} RCOOH + R'COOH$ 	✓ 高级烷烃以空气或氧气为氧化剂，催化氧化可以使C—C键断裂，生成长链脂肪酸； ✓ 在高锰酸钾、重铬酸钠（钾）等强氧化剂作用下，C=C、C≡C发生断裂，生成羧酸； ✓ 芳烃侧链含α-H时，强氧化剂也使侧链氧化成羧基。
	醇醛的氧化	$RCH_2OH \xrightarrow{KMnO_4/H^+} RCHO \xrightarrow{KMnO_4/H^+} RCOOH$ $RCHO \xrightarrow[\text{或}Ag(NH_3)_2NO_3]{K_2Cr_2O_7, H_2SO_4} RCOOH$	✓ 伯醇先被氧化成醛，醛进一步被氧化成羧酸； ✓ 醛易被氧化，即使弱氧化剂也可以将醛氧化成羧基。
水解法		$RX \xrightarrow{NaCN} RCN \xrightarrow[\text{NaOH},\triangle]{H_2O} RCOONa \xrightarrow{H_3O^+} RCOOH$ 	✓ 卤代烃与NaCN发生亲核取代生成腈，腈在酸性或碱性条件下水解可得到羧酸； ✓ NaCN碱性较强，此法不适用于仲或叔卤代烃。 ✓ 二卤化物水解时卤素被羟基取代，失水后，生成羧酸。
R⁻与CO₂反应		 $R-C \equiv CH \xrightarrow[\text{乙醚}]{CH_3MgBr} R-C \equiv C^-{}^+MgBr + CH_4 \xrightarrow[\text{②}H_3O^+]{\text{①}CO_2} R-C \equiv C-COOH$	✓ 反应本质是碳负离子对CO_2的亲核加成； ✓ 碳负离子可以是格氏试剂、锂试剂或炔基负离子。

续表

反应		反应要点
羟 基 酸 的 制 备		
α- 羟 基 酸	α-卤代酸的水解： $RCH_2COOH \xrightarrow[P]{Br_2} RCHCOOH \xrightarrow{H_2O/OH^-} RCHCOOH$ 　　　　　　　　　　$\underset{Br}{\|}$　　　　　　　$\underset{OH}{\|}$ α-羟基腈的水解： 　　　　　　　　　　　OH　　　　　　　OH 　　　　　　　　　　　$\|$　　　　　　　　$\|$ $RCHO \xrightarrow{HCN} R-CH-CN \xrightarrow[H_2SO_4]{H_2O} RCHCOOH$	✓ α-卤代酸（有羧基）水解引入羟基； ✓ α-羟基腈（有羟基）氰基水解引入羧基。
β- 羟 基 酸	雷福尔马茨基（Reformatsky）反应： $Zn + BrCH_2COOC_2H_5 \xrightarrow{醚} BrZnCH_2COOC_2H_5 \xrightarrow{RCHO}$ 　　　　　　　　　　　　　　　有机锌试剂 $RCHCH_2COOC_2H_5 \xrightarrow[HCl]{H_2O} RCHCH_2COOC_2H_5 \xrightarrow{H_2O}$ $\underset{OZnBr}{\|}$　　　　　　　　$\underset{OH}{\|}$ $RCHCH_2COOH + C_2H_5OH$ $\underset{OH}{\|}$	✓ 有机锌试剂与醛酮的亲核加成反应； ✓ 有机锌试剂亲核性弱于有机锂试剂和格氏试剂，只能与醛酮的羰基加成，不与酯羰基反应。
羧 酸 衍 生 物 的 制 备		
酰 氯	$RCOOH \xrightarrow{\begin{array}{c}SOCl_2(沸点79℃)\end{array}} RCOCl + SO_2 + HCl\uparrow$ $\xrightarrow{\frac{1}{3}PCl_3(沸点75℃)} RCOCl + \frac{1}{3}H_3PO_3$ $\xrightarrow{PCl_5(沸点166℃)} RCOCl + POCl_3 + HCl\uparrow$	✓ PCl_3适合制备低沸点的酰氯，PCl_5适合制备高沸点的酰氯； ✓ $SOCl_2$制备酰氯时，副产物均为气体，产物易于纯化，该方法应用最广泛。
酸 酐		✓ 可以通过分子间脱水或分子内脱水制备单酐或环酐； ✓ 常用羧酸钠盐与酰卤反应制备混酐。
酰 胺	$CH_3COONH_4 \underset{230℃}{\rightleftharpoons} CH_3CONH_2 + H_2O$ $RCN + H_2O \xrightarrow{90\% H_2SO_4, 60℃} \overset{O}{\overset{\|}{R-C-NH_2}}$	✓ 工业上采用羧酸铵盐加热脱水制备酰胺； ✓ 酸、碱催化下，腈部分水解也可以制备酰胺。
	贝克曼重排： 	✓ 酮肟可在布朗斯特酸或路易斯酸催化下重排成酰胺； ✓ 反应相当于处于反式的R基团和OH交换位置，再经历酮-烯醇互变异构生成酰胺。

四、重点与难点

重点1：羧酸的酸性

羧酸解离质子后，生成羧酸负离子，带一个单位负电荷，但这一个单位负电荷并非定域在一个氧原子上，而是通过 p-π 共轭体系平均分散在两个氧原子上，因此羧酸根负离子非常稳定，导致解离平衡偏向右侧，羧酸具有较强的酸性（强于醇、酚）。

$$\text{R—COH} \rightleftharpoons \text{R—CO}^- + \text{H}^+ \quad \left[\text{R—C} \longleftrightarrow \text{R—C} \right] \quad \text{R—C}$$

当 R 基团通过吸电子诱导效应（-I 效应）或吸电子共轭效应（-C 效应）进一步分散羧酸负离子的负电荷，或是通过分子内氢键等因素稳定羧酸负离子，羧酸的酸性增强。若 R 基团有给电子效应，则不利于羧酸负离子负电荷的分散，使羧酸酸性减弱。

因此羧酸的酸性受取代基的性质、位置、数目影响。

对脂肪族羧酸而言，取代基吸电子诱导效应越强，数目越多，距离羧基越近，羧酸的酸性越强。

对芳香族羧酸而言，情况较复杂。取代基在邻对位时，同时存在诱导效应和共轭效应（若与芳环直接相连的是有孤对电子的杂原子或不饱和键），在间位时，仅有诱导效应。诱导效应又与距离有关，取代基在羧基邻位时，诱导效应最强，但由于和羧基相邻，有时因空间位阻不能共平面，削弱了共轭效应；取代基在对位时，距离羧基位置最远，诱导效应较弱，但共轭效应不受距离影响，因此以共轭效应为主。

重点2：羧酸衍生物的亲核取代

亲核取代包括两步：第一步亲核加成，第二步消去反应。

对羧酸衍生物而言，亲核加成反应的活性由电子效应和位阻效应决定，羰基碳正电性越强，两侧基团位阻越小，亲核加成越易进行。

与—C=O 相连的 L 基团对羰基既有 -I 效应，又有 +C 效应，Cl 吸电子诱导效应强于给电子的共轭效应，使羰基正电性增强；而 O、N 给电子共轭效应（—OCOR < —OR < —NH$_2$）强于吸电子诱导效应（—OCOR > —OR > —NH$_2$），所以羰基的正电性：酰卤 > 酸酐 > 酯 > 酰胺。

消去反应的活性还取决于离去基团的离去性能：—Cl > —OCOR > —OR > —NH$_2$。

所以羧酸衍生物亲核取代的活性顺序为：酰卤 > 酸酐 > 酯 > 酰胺。

羧酸衍生物的活性不同，与同一试剂的反应可能不同。如酰氯、酯都能与格氏试剂发生亲核取代，生成酮。但酰氯比酮活泼，生成酮后，格氏试剂仍优先与酰氯反应，控制低温及格氏试剂用量，反应可以停留在生成酮的阶段；而酯的活性不如酮，生成酮后，格氏试剂优先与酮反应，生成有两个相同烃基的叔醇。

$$\text{RC-L} \xrightarrow[\substack{\text{干醚} \\ \text{亲核加成}}]{\text{R'MgX}} \underset{\substack{| \\ R'}}{R-\overset{O^-MgX}{\underset{|}{C}}-L} \xrightarrow[\text{消除}]{-MgXL} \text{R-C-R'} \xrightarrow[\substack{\text{② } H_3O^+}]{\text{① R'MgX}} \underset{\substack{| \\ R'}}{R-\overset{OH}{\underset{|}{C}}-R'}$$

L=Cl ; L=OR

重点3：乙酰乙酸乙酯和丙二酸二乙酯的烃化与酰化

乙酰乙酸乙酯的活泼亚甲基具有较强的酸性，容易与碱反应生成相应的烯醇负离子，与亲电试剂 RX 或 RCOCl 反应，再经酮式水解、脱酸，是制备甲基酮和 1,3- 二酮的重要方法。

$$CH_3\overset{O}{C}-CH_2-\overset{O}{C}-OC_2H_5 \xrightarrow{NaOEt} CH_3\overset{O}{C}-\bar{C}H-\overset{O}{C}-OC_2H_5 \xrightarrow{RX} CH_3\overset{O}{C}-\underset{\underset{R}{|}}{CH}-\overset{O}{C}-OC_2H_5$$

$$\xrightarrow[\text{② R'X}]{\text{① NaOEt}} CH_3\overset{O}{C}-\underset{\underset{R}{|}}{\overset{\overset{R'}{|}}{C}}-\overset{O}{C}-OC_2H_5 \xrightarrow[\text{② } H_3O^+,\triangle]{\text{① NaOH}} \boxed{CH_3\overset{O}{C}-\underset{\underset{R}{|}}{CH}}-R' \quad \text{甲基酮}$$

$$CH_3\overset{O}{C}-CH_2-\overset{O}{C}-OC_2H_5 \xrightarrow[\text{② RCOCl}]{\text{① NaOEt}} CH_3\overset{O}{C}-\underset{\underset{COR}{|}}{CH}-\overset{O}{C}-OC_2H_5 \xrightarrow[\text{② } H_3O^+,\triangle]{\text{① NaOH}} \boxed{CH_3\overset{O}{C}-CH_2-\overset{O}{C}-R}$$

1,3-二酮

注意： 对最终产物进行结构分解，虚线框内的三碳片段来自乙酰乙酸乙酯，虚线框外的烃基来自卤代烃，酰基来自酰氯。

丙二酸酯的活泼亚甲基也可以发生类似的烃化，再经水解、酸化、脱羧，可以制备取代乙酸。注意：对产物进行结构分解，虚线框内的二碳片段来自丙二酸酯，虚线框外的烃基来自卤代烃。

$$C_2H_5O\overset{O}{C}-CH_2-\overset{O}{C}OC_2H_5 \xrightarrow{NaOEt} C_2H_5O\overset{O}{C}-\bar{C}H-\overset{O}{C}OC_2H_5 \xrightarrow{RX} C_2H_5O\overset{O}{C}-\underset{\underset{R}{|}}{CH}-\overset{O}{C}OC_2H_5$$

$$\xrightarrow[\text{② R'X}]{\text{① NaOEt}} C_2H_5O\overset{O}{C}-\underset{\underset{R}{|}}{\overset{\overset{R'}{|}}{C}}-\overset{O}{C}OC_2H_5 \xrightarrow[\text{② } H_3O^+]{\text{① NaOH}} HO\overset{O}{C}-\underset{\underset{R}{|}}{\overset{\overset{R'}{|}}{C}}-\overset{O}{C}OH \xrightarrow[\text{脱羧}]{\triangle} R-\boxed{\underset{\underset{R'}{|}}{CH}-\overset{O}{C}OH}$$

取代乙酸

难点1：克莱森酯缩合与各类缩合

酯缩合是在碱性条件下，一分子酯脱 α-H 后形成的负离子对另一分子酯羰基亲核加成，再消除 RO^-，得到 β- 羰基酯的反应，反应相当于一分子酯的 $-OR$ 被 α- 碳负离子取代。

$$H_3C-\overset{O}{C}-OC_2H_5 \xrightarrow[-H_2O]{EtO^-} H_2\bar{C}-\overset{O}{C}-OC_2H_5 \longleftrightarrow H_2C=\overset{O^-}{C}-OC_2H_5$$

$$H_3C-\overset{O}{C}-OC_2H_5 + H_2\bar{C}-\overset{O}{C}-OC_2H_5 \rightleftharpoons H_3C-\underset{\underset{OC_2H_5}{|}}{\overset{O^-}{C}}-CH_2\overset{O}{C}OC_2H_5 \rightleftharpoons H_3C-\underset{\beta}{\overset{O}{C}}-CH_2\underset{\alpha}{\overset{O}{C}}OC_2H_5$$

β-羰基酯

缩合反应具有类似的通式，都是由于不饱和吸电子基（$-C=O$、$-COOEt$、$-CN$ 等）

致使α-H有一定的酸性，与碱反应形成相应的负离子，负离子亲核进攻另一分子（或分子内另一端）的极性不饱和键，发生亲核加成或亲核取代反应。

例如酮酯缩合，酮的α-H（$pK_a \approx 20$）比酯的α-H（$pK_a \approx 25$）酸性更强，在碱的作用下优先失去，形成负离子，进攻另一分子酯的羰基，发生亲核取代，生成β-二酮：

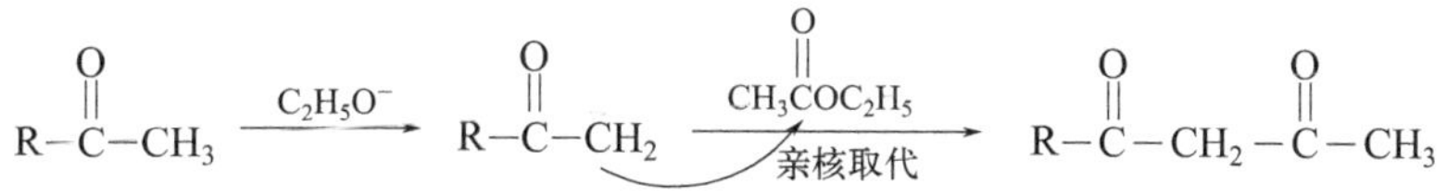

再如，克脑文格尔缩合，处于两个吸电子基团间的活泼亚甲基具有更强的酸性，较弱的碱即可使其形成相应的负离子，负离子对醛或酮的羰基亲核加成、脱水：

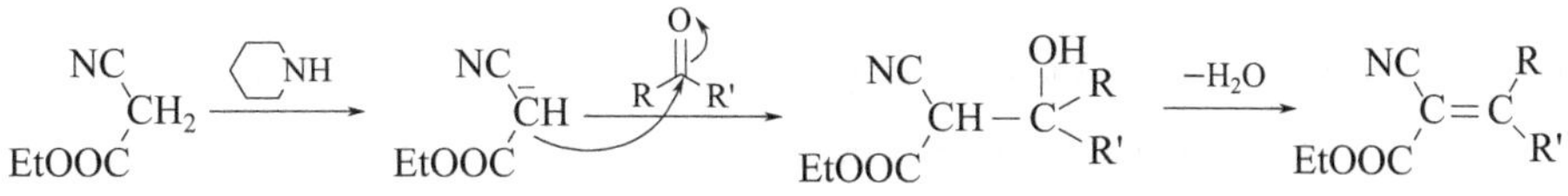

除了利用邻位基团的吸电子性脱α-H形成碳负离子外，还可以引入C—M（金属）键产生碳负离子。例如雷福尔马茨基反应，α-卤代酸酯与Zn反应，形成有机锌试剂，与ZnBr直接相连的碳原子上带负电荷，对醛或酮的羰基亲核加成，得到β-羟基酯。

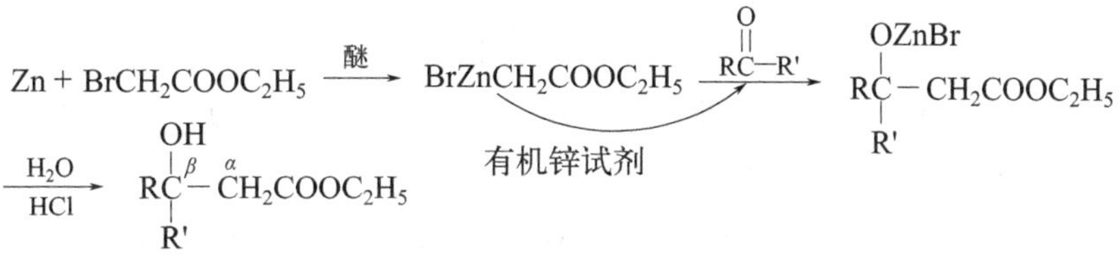

难点2：迈克尔加成

迈克尔加成本质是亲核试剂（碳负离子或胺、硫醇、醇等）对亲电共轭体系的共轭加成，再经历酮-烯醇互变异构，总反应貌似发生在“C=C”上，亲核部分加到β-C上，H加到α-C上：

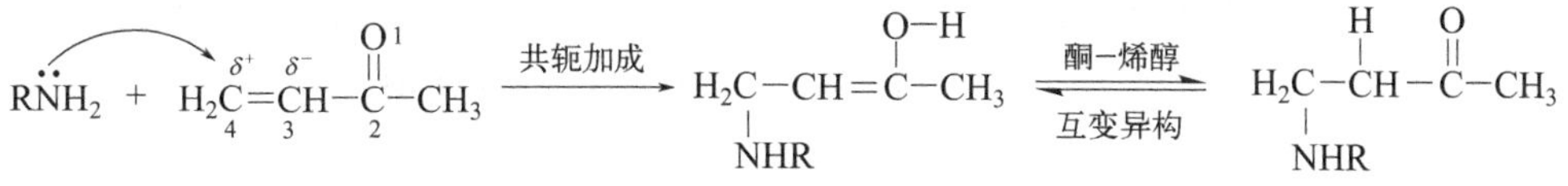

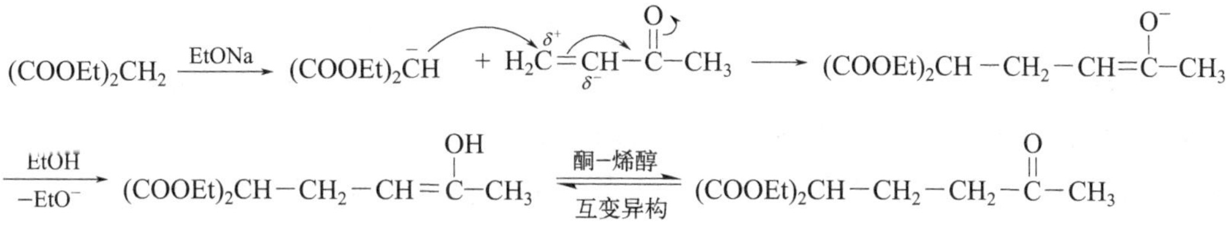

五、例题解析

1. 选择题

（1）下列化合物中酸性最强的是（　　）。（2022年真题）

A. 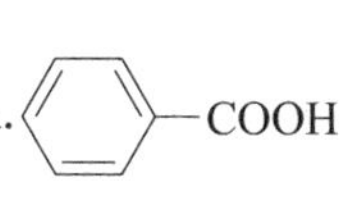　B. 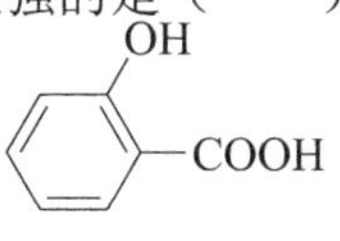　C. 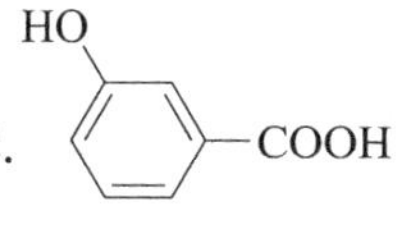　D. 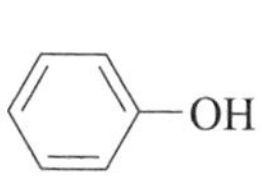

分析： 羧酸的酸性比酚强。—OH处于羧基邻位，有吸电子诱导效应（−I）和给电子共轭效应（+C），但特别重要的是—OH可以通过氢键稳定羧基解离质子后形成的负离子，使酸性大大增强；—OH处于羧基间位，仅有吸电子诱导效应（−I），酸性增强。

因此酸性：B＞C＞A＞D，答案应选B。

（2）下列化合物中pK_a值最大的是（　　　　）。　　　　　　　（2022年真题）

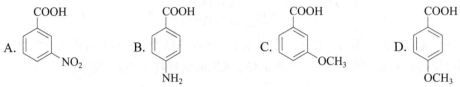

分析： A和C中—NO$_2$和—OCH$_3$都位于羧基间位，仅有吸电子诱导效应（−I），酸性增强；由于吸电子能力：—NO$_2$＞—OCH$_3$，酸性A＞C；

B和D中—NH$_2$和—OCH$_3$都位于羧基对位，+C效应强于−I效应，酸性减弱；由于供电子能力：—NH$_2$＞—OCH$_3$，酸性D＞B。

因此B酸性最弱，pK_a值最大，答案应选B。

（3）下列化合物酸性由大到小的顺序是（　　　）　　　　　　　（2022年真题）

Ⅰ．乙酸　　　　　　Ⅱ．三氟乙酸　　　　　　Ⅲ．溴乙酸　　　　　　Ⅳ．丙酸

A. Ⅱ＞Ⅲ＞Ⅰ＞Ⅳ　　　B. Ⅱ＞Ⅲ＞Ⅳ＞Ⅰ　　　C. Ⅲ＞Ⅰ＞Ⅳ＞Ⅱ　　　D. Ⅰ＞Ⅳ＞Ⅱ＞Ⅲ

分析： 相当于比较取代乙酸的酸性顺序。

F、Br为吸电子基，吸电子诱导效应F＞Br，且吸电子基团越多，酸性越强，因此酸性：三氟乙酸＞溴乙酸；—CH$_3$为弱供电子基，使酸性减弱，酸性乙酸强于丙酸。

因此酸性顺序为：三氟乙酸＞溴乙酸＞乙酸＞丙酸，答案应选A。

2. 鉴别题

（1）用简单的化学方法鉴别　　　　　　　　　　　　　　　　　（2022年真题）

分析： 化合物分为两组：卤代烃类和酚（羧酸）类，氯苯中Cl和芳环有p-π共轭效应，导致C—Cl键难断裂，氯苯不活泼，而苄氯活泼，既容易发生S$_N$1反应，又容易发生S$_N$2反应。苯酚、水杨酸和FeCl$_3$稀溶液均有显色反应，水杨酸酸性更强，可以和NaHCO$_3$反应。

```
氯苯  ┐              无现象 ──AgNO₃溶液→  无现象
苄氯  ├─FeCl₃稀溶液→  无现象               白色沉淀
苯酚  │              显色现象 ──NaHCO₃→   无现象
水杨酸┘              显色现象              有气泡
```

（2）用简单的化学方法鉴别　　　　　　　　　　　　　　　　　（2022年真题）

　　　CHO　　　　HCOOH　　　　CH$_3$CHO　　　　CH$_3$COOH

分析：醛和酸可利用NaHCO₃溶液区分，乙醛含有甲基酮结构，可利用碘仿反应与呋喃甲醛区分，甲酸含有醛基，可利用银镜反应与乙酸区分。

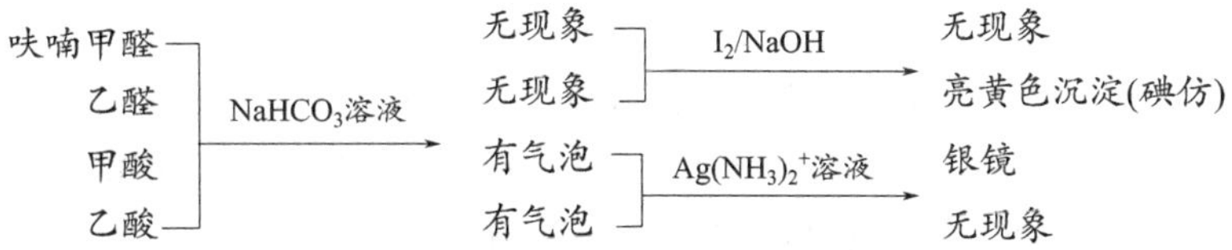

3. 机理题

（1）乙酰乙酸乙酯在碱性条件下与1,3-二氯丙烷反应，产物为吡喃衍生物，而未能得到四元环，该化合物在碱性条件下水解并酸化得到一种不易脱羧的羧酸，提出反应机理并解释原因。 （2022年真题）

分析：乙酰乙酸乙酯一烃化后，在碱的作用下，活泼亚甲基的氢被碱拔掉，产生的负离子负电荷离域在碳或氧上，碳负离子亲核进攻卤代烃，生成不稳定的四元环，不易形成；氧负离子亲核进攻卤代烃，则生成六元环（二氢吡喃环），较稳定，易于形成。

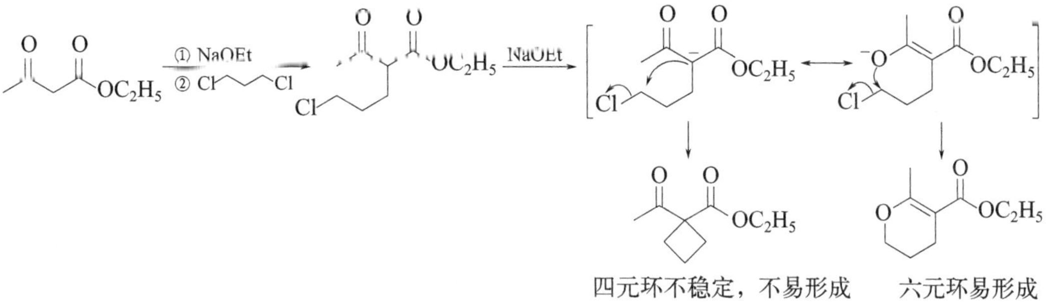

（2）

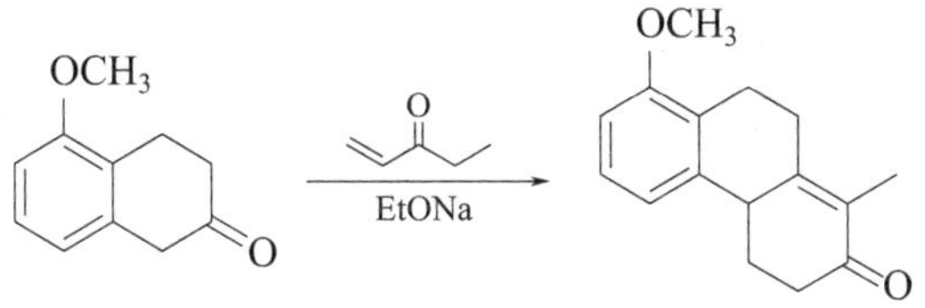

（2022年真题）

分析：这是酮与α,β-不饱和烯酮的罗宾森环合，第一步在碱的作用下首先形成α-碳负离子，酮有两个α-位，分别标为α和α′，α-位处于芳环和羰基之间（苄位），脱质子后形成的负离子更稳定，因此在α-位脱氢形成负离子，负离子随后对烯酮共轭加成，再发生分子内的羟醛缩合，脱水后形成最终的多氢菲类衍生物。

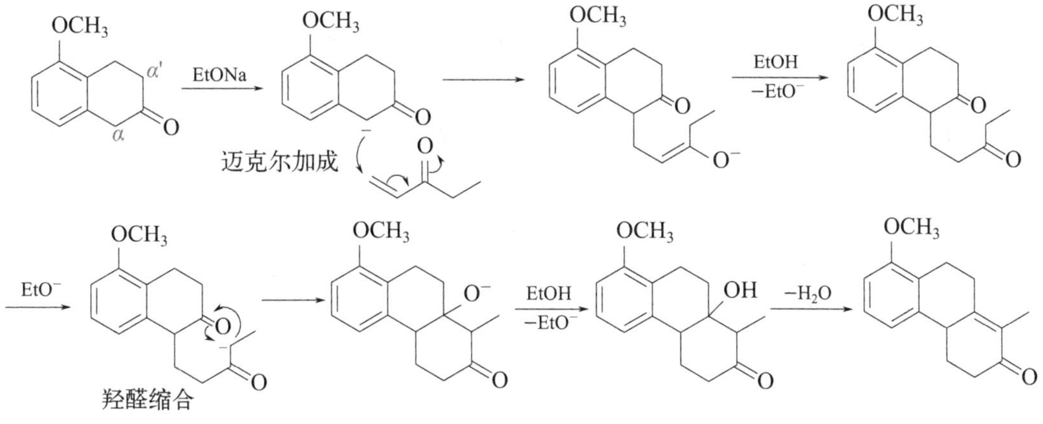

（3） + $H_2C=C-O$ / $H_2C=C$ / O $\xrightarrow{OH^-}$ （2022年真题）

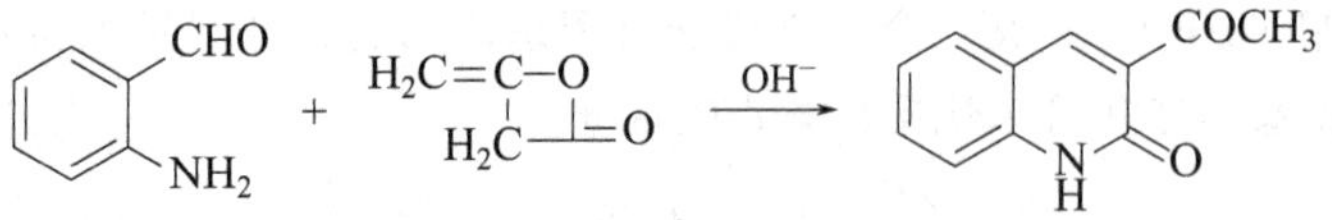

分析： 二乙烯酮可看作四元环内酯，酯羰基易接受亲核试剂进攻开环，随后发生分子内质子转移，处于两个羰基之间的活泼亚甲基具有更强的酸性，在碱OH^-作用下脱质子，形成的碳负离子进攻醛基，脱水后形成最终的喹啉酮。

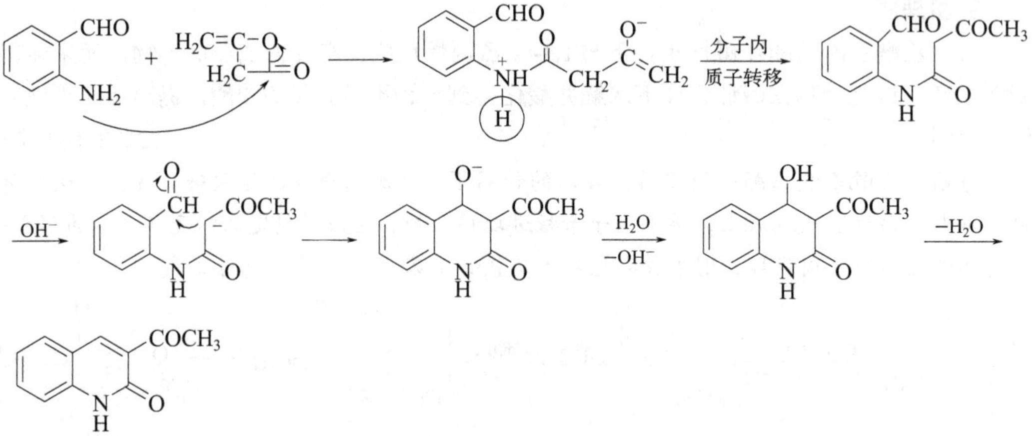

（4） 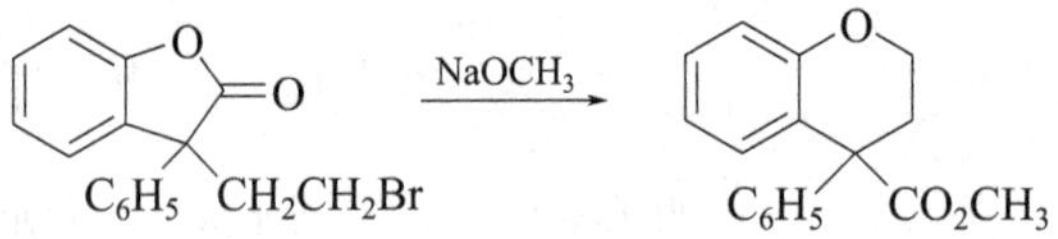 $\xrightarrow{NaOCH_3}$ （2021年真题）

分析： 酯羰基邻位是一个季碳原子，无H，因此甲醇钠不是作为碱，而是作为亲核试剂进攻酯羰基，内酯开环，酚氧负离子进攻另一侧的卤代烃，发生分子内的亲核取代，再次关环，生成最终产物。

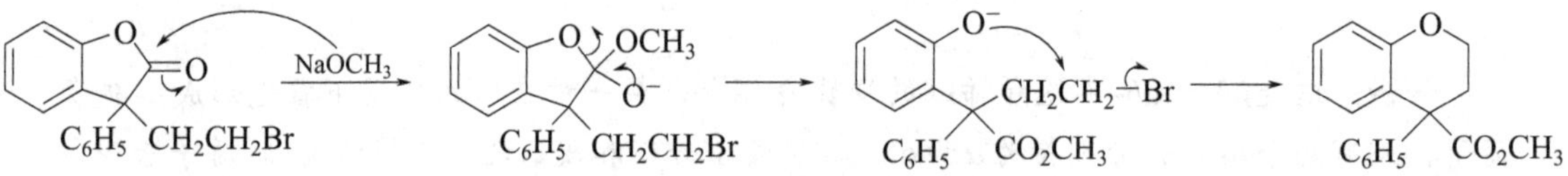

4.合成题

（1）由乙酰乙酸乙酯和三个碳以下的原料合成 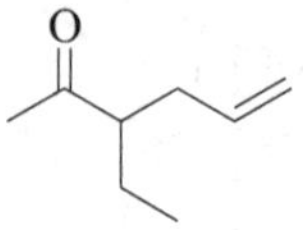 （2022年真题）

分析： 产物是甲基酮，由甲基开始的三碳片段来自乙酰乙酸乙酯，其余来自对应的卤代烃：

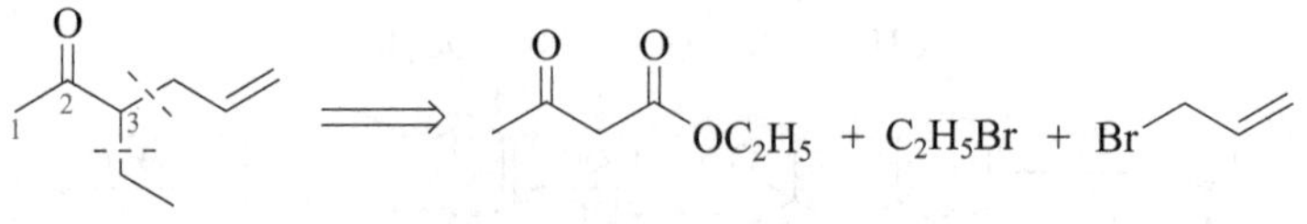

合成：

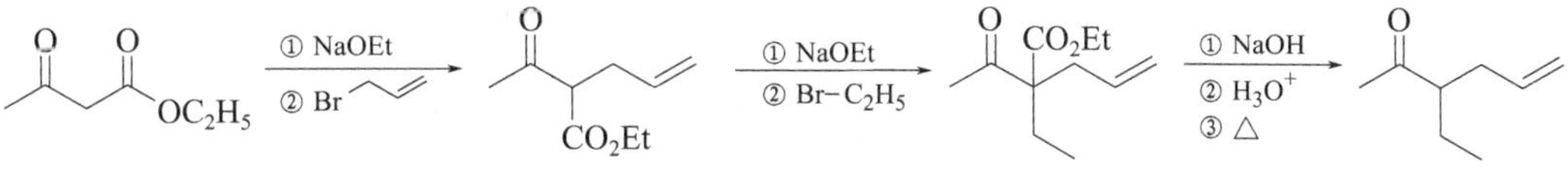

（2）由1,3-丁二烯、丙烯、丙二酸二乙酯合成

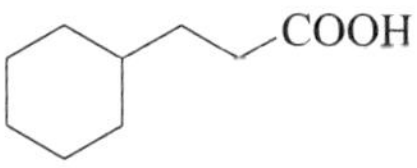

分析： 产物是取代乙酸，由羧基开始的二碳片段来自丙二酸二乙酯，其余来自相应的卤代烃，卤代烃结构中有六元环，可由D-A反应合成。

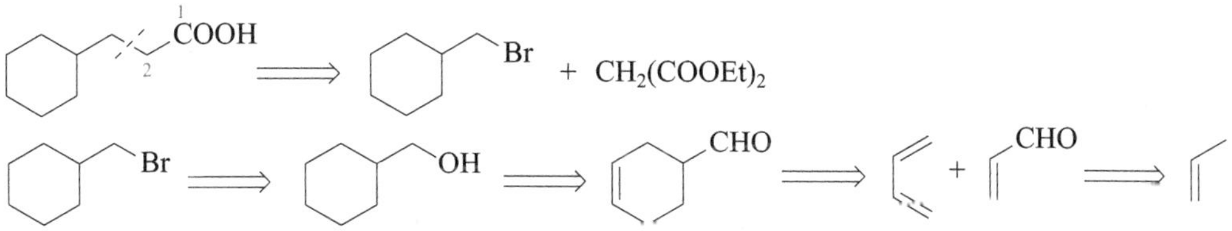

合成：

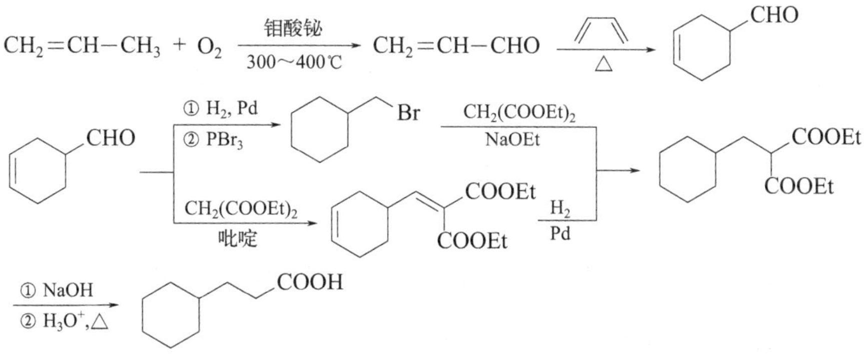

（3）由乙酰乙酸乙酯和不超过三个碳的原料合成 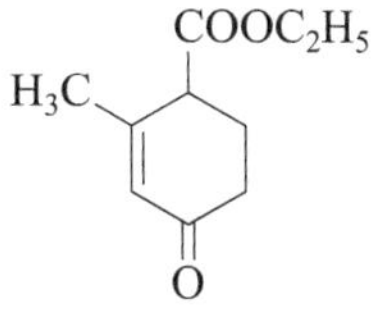 （2022年真题）

分析： 目标分子中有α,β-不饱和酮结构，是典型的羟醛缩合产物，切断双键，"暴露"出乙酰乙酸乙酯结构，在乙酰乙酸乙酯的活泼亚甲基处切断，另一侧为丁-3-烯-2-酮，正向反应是乙酰乙酸乙酯负离子对烯酮的迈克尔加成，丁-3-烯-2-酮可由丙酮和甲醛羟醛缩合得到。

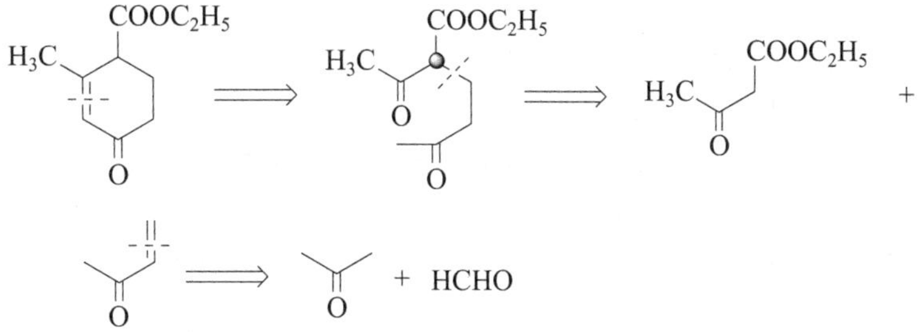

合成路线：

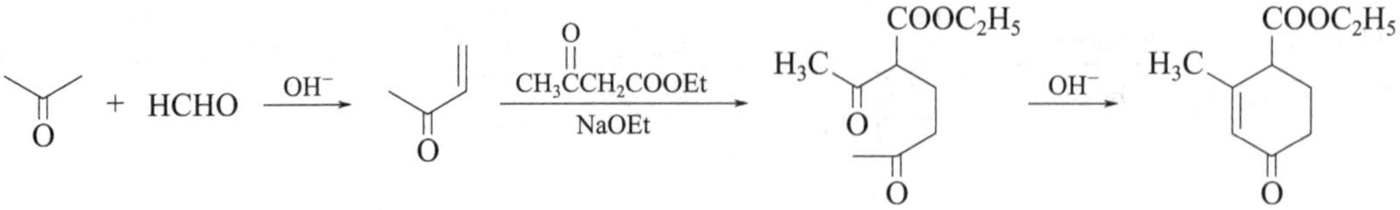

第十三章　综合练习题（参考答案）

1.命名或写出下列化合物的结构式。

（1） 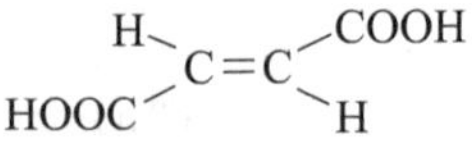　（2） 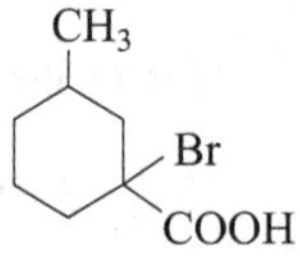　（3）

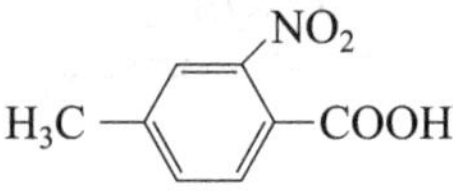

（4）过氧化苯甲酰　（5）DMF　（6）氨基甲酸乙酯

（7） 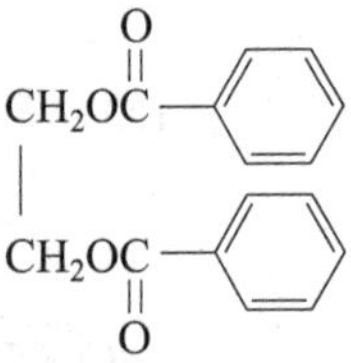　（8） 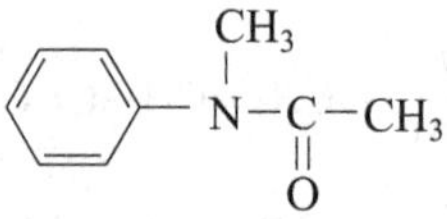　（9）

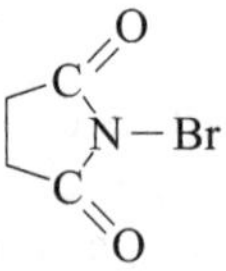

（10）γ-丁内酯　（11）二乙烯酮　（12）2-甲基-3-氧亚基丁酸乙酯

参考答案：

（1）反-丁-2-烯二酸（富马酸）　（2）1-溴-3-甲基环己烷甲酸；

（3）4-甲基-2-硝基苯甲酸　（4）

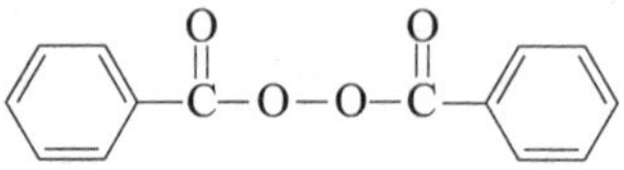

（5） 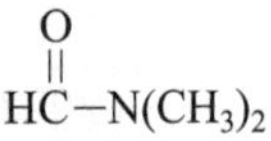　（6）

（7）乙二醇二苯甲酸酯　（8）N-甲基-N-苯基乙酰胺 或 N-甲基乙酰苯胺

（9）N-溴代丁二酰亚胺（或N-溴代琥珀酰亚胺，或NBS）

（10） 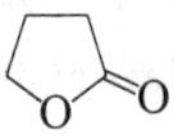　（11） 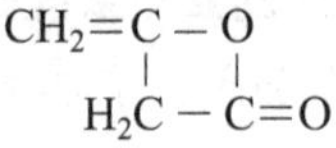　（12）

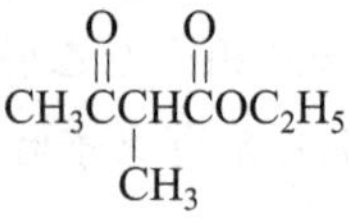

2.比较下列各组化合物的酸性、碱性大小。

（1）将下列化合物按酸性从强到弱排序：

　　① 丙酸　② 2-氟丙酸　③ 2-氯丙酸　④ 2-碘丙酸　⑤ 2-溴丙酸

（2）将下列化合物的 pK_a 由小到大排序：

　　① 苯甲酸　② 水杨酸　③ 对羟基苯甲酸　④ 间羟基苯甲酸　⑤ 苯酚

（3）将下列化合物按碱性由强到弱排序：

① 乙酰胺   ② 邻苯二甲酰亚胺   ③ 氨

参考答案：（1）②＞③＞⑤＞④＞①。（2）②＜④＜①＜③＜⑤。在苯环中，OH处于COOH邻位时，可以通过分子内氢键稳定羧基失去质子后的负离子，因此水杨酸酸性较强；OH处于COOH间位时，只有吸电子的诱导效应，酸性增强幅度较小；OH处于COOH对位时，既有吸电子的诱导效应，又有推电子的共轭效应，且后者强于前者，因此对羟基苯甲酸酸性不仅弱于间羟基苯甲酸，还弱于苯甲酸。酸性顺序为：水杨酸＞间羟基苯甲酸＞苯甲酸＞对羟基苯甲酸＞苯酚。酸性越强，pK_a越小。

（3）③＞①＞②。酰基为吸电子基，使氨基电子密度降低，碱性降低；邻苯二甲酰亚胺中—NH—受两个羰基吸电子效应的影响，碱性进一步降低。

3.选出所有符合条件的正确答案。

（1）关于乙酰乙酸乙酯（$CH_3COCH_2COOC_2H_5$）下列说法正确的是（   ）。

  ① 能使Br_2/CCl_4溶液褪色   ② 能与金属钠反应放出氢气

  ③ 不能与HCN发生加成反应   ④ 能与$FeCl_3$溶液发生显色反应

（2）关于羧酸衍生物下列说法正确的是

  ① 乙酰胺的沸点高于乙酰氯

  ② 己二酸加热可生成环己酮

  ③ 脲可用于消除某些反应中剩余的亚硝酸

  ④ N,N-二甲基甲酰胺（DMF）是很好的极性非质子溶剂

参考答案：（1）①②④。（2）①③④。乙酰胺存在分子间氢键，故沸点比乙酰氯高。己二酸加热生成的是环戊酮。

4.用简单的化学方法鉴别下列各组化合物。

  （1）甲酸、草酸和丙酸   （2）水杨酸、苯甲酸和马来酸

参考答案：（1）首先用托伦斯试剂，能发生银镜反应的是甲酸；再取剩下的两种化合物，分别加入高锰酸钾溶液，能褪色的为草酸，无此现象的是丙酸。

（2）首先用$FeCl_3$溶液，能发生显色反应的是水杨酸；再取剩下的两种溶液，分别加入Br_2/CCl_4溶液，能褪色的为马来酸，无此现象的是苯甲酸。

5.写出下列化合物加热后的主要有机产物。

（1）$\underset{OH}{(CH_3)_2CCOOH}$ （2）$\underset{OH}{CH_3CHCH_2COOH}$ （3）$\underset{OH}{CH_3CH(CH_2)_2COOH}$

（4）$\underset{OH}{CH_3CHCH_2COOH}$ （在$KMnO_4/OH^-$下） （5）Cl_3CCOOH （6）

（7） CH₂COOH / CH₂COOH （8） COOH / COOH （9）HOOCCOOH

参考答案：

（1） （2）CH₃CH=CHCOOH （3） （4）CH₃COCH₃

（5）CHCl₃ （6） （7） （8） （9）HCOOHa

6.请以煤化路线，即以 CO、H₂ 为原料，合成下列化合物。

（1）乙酸　　　　　　（2）丙烯酸　　　　　　（3）草酸二甲酯

参考答案： 首先，由合成气合成甲醇，然后制备甲醛。

煤（合成气）制甲醇：$CO + 2H_2 \xrightarrow[\text{8MPa,230}\sim\text{280℃}]{\text{Cu-Zn-Al}} CH_3OH$

甲醇制备甲醛：$2CH_3OH + O_2 \xrightarrow[600\sim700℃]{Ag} 2HCHO + 2H_2O$

（1）乙酸的合成：$CH_3OH + CO \xrightarrow[\triangle]{\text{Rh催化剂}} CH_3COOH$

（2）丙烯酸的合成：$CH_3COOH + HCHO \xrightarrow[\triangle]{\text{钒磷氧催化剂}} CH_2=CHCOOH$

（3）草酸二甲酯的合成：$2CH_3OH + 2NO + 0.5O_2 \longrightarrow 2CH_3ONO + H_2O$

$2CH_3ONO + 2CO \longrightarrow (COOCH_3)_2 + 2NO$

7.写出工业上乙酸、丙酮制备乙烯酮的反应式，并写出乙烯酮与下列化合物反应的产物。

（1）CH₃NH₂　　　　　（2）HBr　　　　　（3）CH₃CH₂COOH　　　　　（4）C₆H₅MgBr

参考答案： 工业上制备乙烯酮有两种方法。

丙酮脱甲烷：$H_3C-\overset{O}{\underset{}{C}}-CH_3 \xrightarrow{700\sim750℃} CH_2=C=O + CH_4$

乙酸脱水：$H_3C-\overset{O}{\underset{}{C}}-OH \xrightarrow[700℃]{AlPO_4} CH_2=C=O + H_2O$

乙烯酮与下列化合物的反应产物如下：

（1）CH₃CONHCH₃　　（2）CH₃COBr　　（3）CH₃COOCOCH₂CH₃　　（4） CH₃C

8.克莱森酯缩合反应是合成 β-二羰基化合物的方法。其缩合反应机理是亲核加成-消去反应。以丙酸甲酯自缩合为例，书写其反应机理，并标出电子转移方向。

参考答案： 以丙酸甲酯的自缩合为例，反应机理如下。

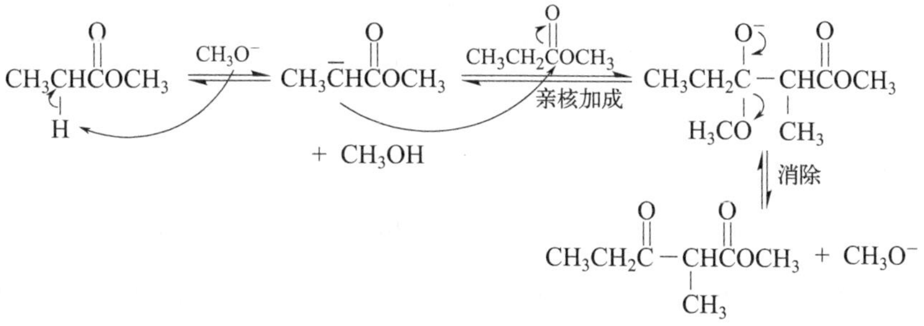

9. 完成下列转化，写出各步反应的主要反应条件或有机产物。

（1）以苯甲酸为起始物的各类衍生物的转化：

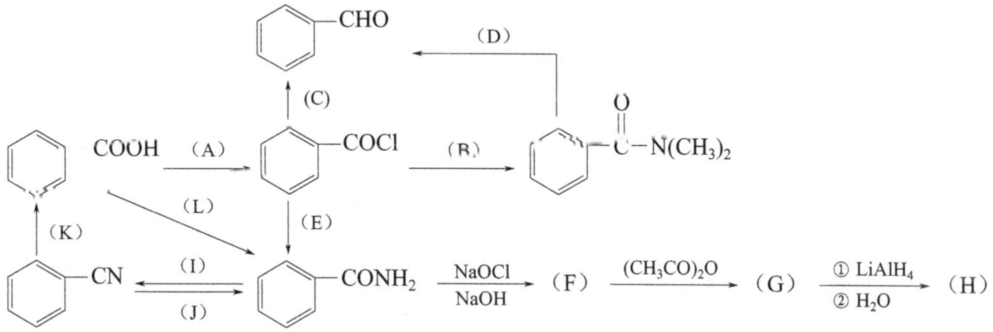

（2）以间二甲苯为原料制备间位芳纶：

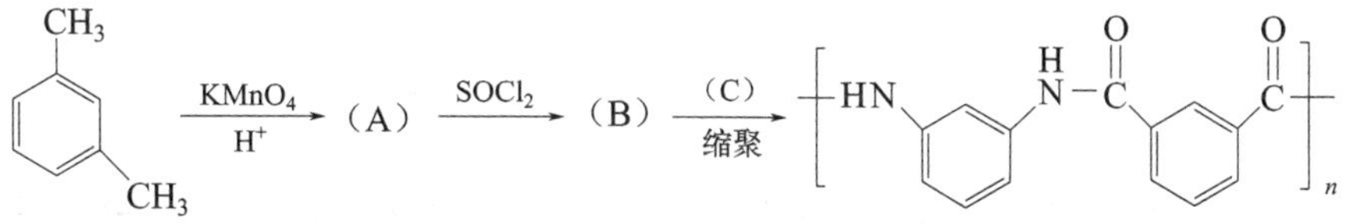

（3）辣椒中的辛辣气味来自辣椒素，人工合成辣椒素的步骤如下：

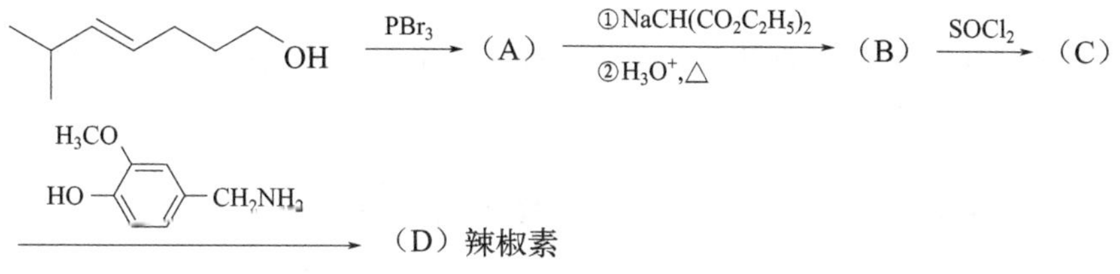

（4）实现下面β-羰基酯的转化：

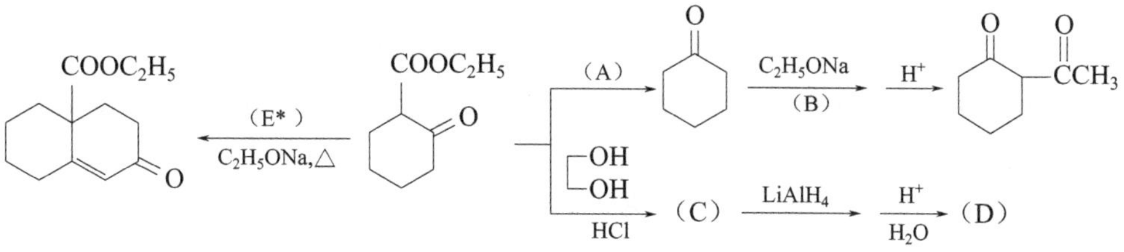

（5）由环己烷制备δ-戊内酯：

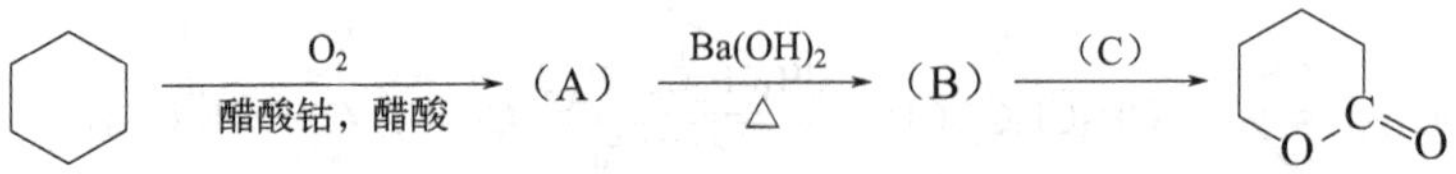

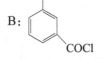

参考答案：

（1）A：SOCl$_2$ 或 PCl$_5$、PCl$_3$；　　　　B：HN(CH$_3$)$_2$；　　　　　C：H$_2$/Pd-BaSO$_4$，喹啉 - 硫

　　　D：（1）LiAlH(OR)$_3$，醚；（2）H$_3$O$^+$　　E：NH$_3$　　　　　　F：

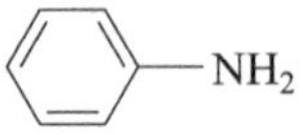

　　　G：
（苯环）NHCOCH$_3$　　　　　　　　　H：（苯环）NHCH$_2$CH$_3$

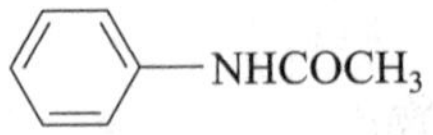

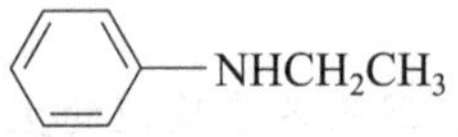

　　　I：P$_2$O$_5$ 或 POCl$_3$ 或 SOCl$_2$ 等，△；　　　J：H$_2$SO$_4$/H$_2$O 或者 H$_2$O$_2$-NaOH；

　　　K：H$_3$O$^+$；　　　　　　　　　　　　　L：NH$_3$，△

（2）A：（间苯二甲酸 COOH/COOH）　　B：（间苯二甲酰氯 COCl/COCl）　　C：（间苯二胺 NH$_2$/NH$_2$）

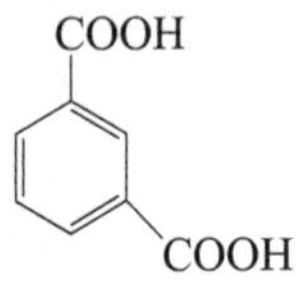

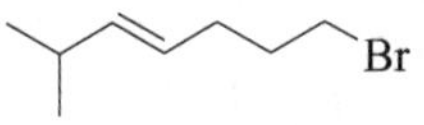

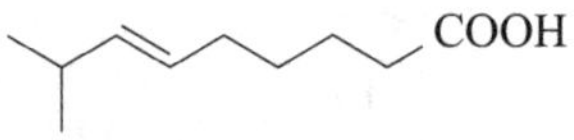

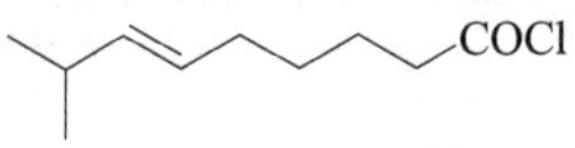

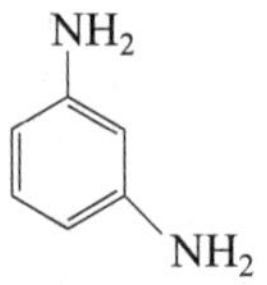

（3）A：（异戊烯基溴链 Br）　　　B：（异戊烯基羧酸链 COOH）

　　　C：（异戊烯基酰氯链 COCl）　　D：（辣椒素结构 NHCH$_2$—苯环—OCH$_3$/OH）

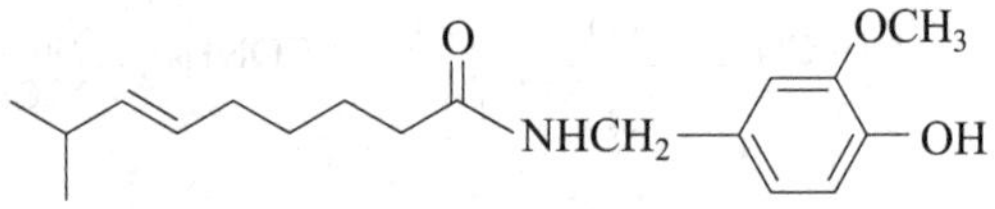

（4）A：H$_3$O$^+$，△（或者①碱性水解；②酸化，△）　　B：CH$_3$COOC$_2$H$_5$

　　　C：（环己烷并二氧戊环 COOC$_2$H$_5$）　　　　　　D：（2-羟甲基环己酮 CH$_2$OH）

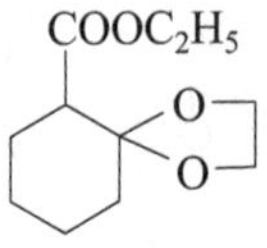

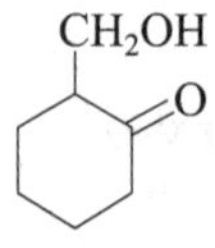

　　　E：CH$_2$=CHCOCH$_3$［解析：迈克尔加成与羟醛缩合反应结合，罗宾森增环反应］

（5）A：CH$_2$CH$_2$COOH / CH$_2$CH$_2$COOH　　B：（环戊酮 =O）

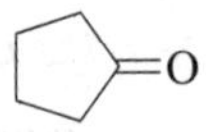

　　　C：RCO$_3$H（拜耳 - 维利格氧化反应，过氧苯甲酸、过氧乙酸、三氟过氧乙酸、间
　　　氯过氧苯甲酸等均可）。

10. 由指定原料合成下列化合物（无机试剂、催化剂和溶剂可以任选）。

（1）以苯甲醛为原料合成镇静药物扁桃酸苄酯（苯环—CH(OH)COOCH$_2$—苯环）；

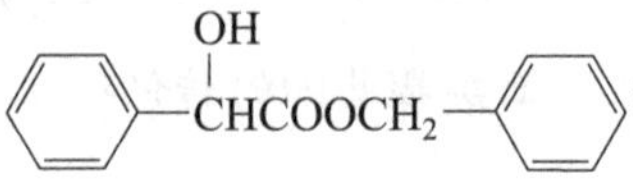

（2）由甲苯、对甲苯酚为原料合成香皂香料苯乙酸对甲酚酯；

（3）冬青油（水杨酸甲酯）是一种天然香料和防腐剂，请以苯酚、甲醇为原料合成
　　　之；

（4）由丁酸合成：①丙醛；②2- 乙基丙二酸；

（5）由乙酸和丙酸合成乙丙酸酐；

（6）由苯甲酸、乙醇制备3-苯基戊-3-醇；

（7）用乙酸、乙醇、丙二酸乙酯，经盖布瑞尔法合成天冬氨酸：HOOCCH₂CHCOOH。

$$\text{HOOCCH}_2\overset{\overset{\displaystyle NH_2}{|}}{C}\text{HCOOH}$$

（8）以甲醇、乙炔为原料，经乙酰乙酸乙酯法合成：

　　① 辛-2,7-二酮；　　　② 己-2,4-二酮；　　　③ 环戊基甲基甲酮

（9）以甲醇、乙醇为原料，经丙二酸酯法合成：

　　① 2-甲基丁酸；　　　② 3-甲基己二酸；　　　③ 1,4-环己烷二甲酸

参考答案：

（1）

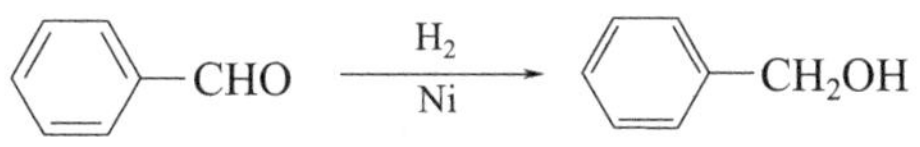

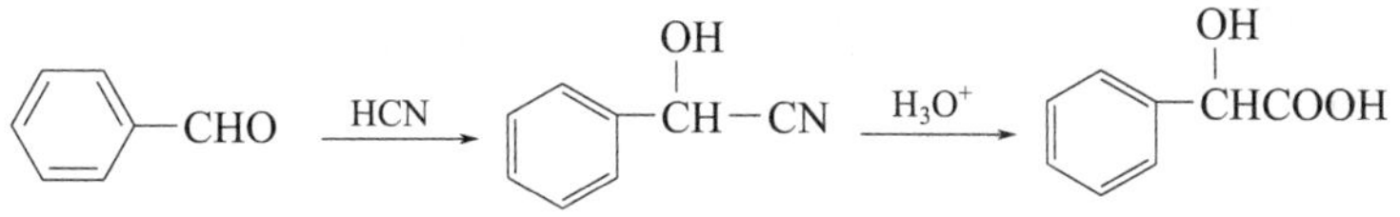

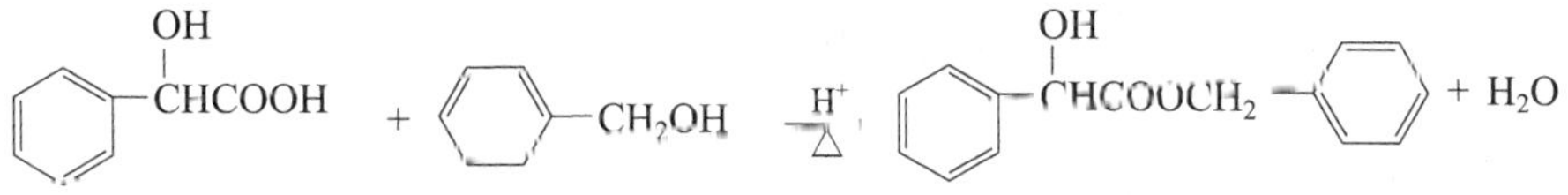

（2）

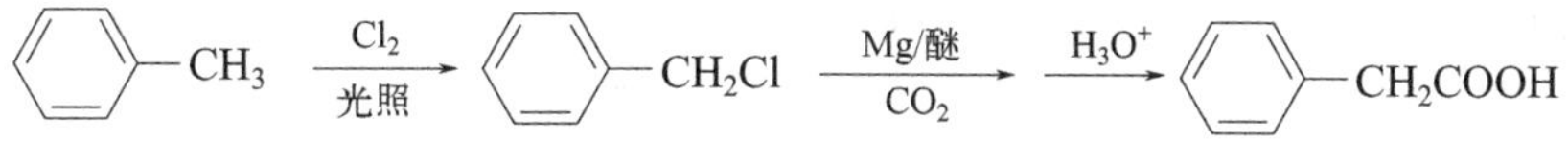

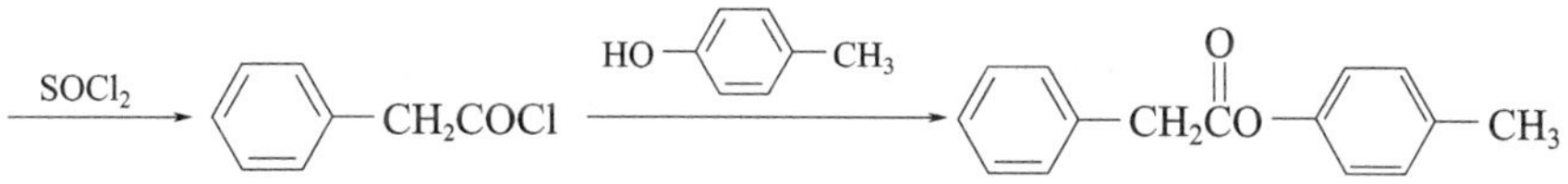

注：也可以用苄氯与NaCN反应，再水解制备苯乙酸，后面路线相同。

（3）

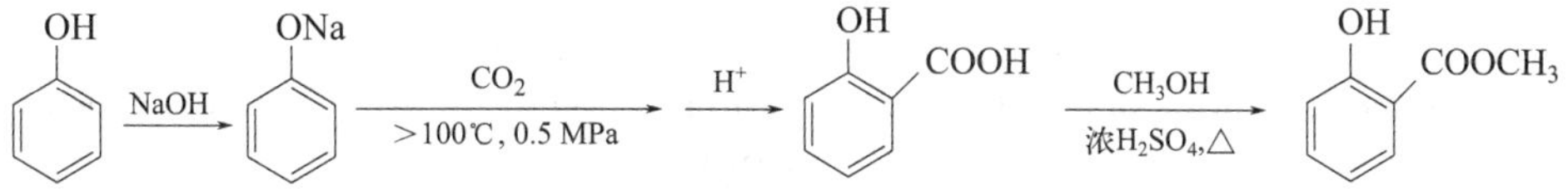

（4）

① $CH_3(CH_2)_2COOH \xrightarrow{Br_2 \atop P} CH_3CH_2\underset{Br}{C}HCOOH \xrightarrow{H_3O^+} CH_3CH_2\underset{OH}{C}HCOOH \xrightarrow{\text{稀}H_2SO_4 \atop \triangle} CH_3CH_2CHO$

② $CH_3CH_2\underset{Br}{C}HCOOH \xrightarrow{NaCN} CH_3CH_2\underset{CN}{C}HCOOH \xrightarrow{H_3O^+} CH_3CH_2\underset{COOH}{C}HCOOH$

（5）$3\,CH_3COOH + PCl_3 \longrightarrow 3\,CH_3COCl + H_3PO_3$

$CH_3CH_2COOH + NaOH \longrightarrow CH_3CH_2COONa + H_2O$

$CH_3COCl + CH_3CH_2COONa \xrightarrow{\triangle} CH_3COOCOCH_2CH_3 + NaCl$

（6）$CH_3CH_2OH \xrightarrow{PBr_3} CH_3CH_2Br \xrightarrow{Mg \atop \text{乙醚}} CH_3CH_2MgBr$

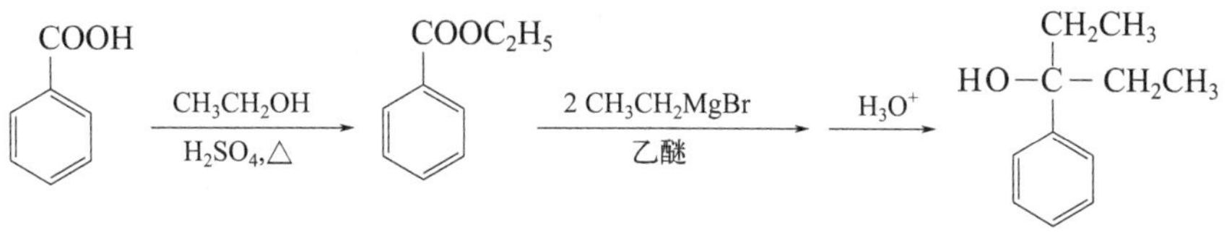

（7）① $CH_3COOH \xrightarrow[P]{Br_2} BrCH_2COOH \xrightarrow[H^+,\triangle]{C_2H_5OH} BrCH_2COOC_2H_5$

② $CH_2(COOC_2H_5)_2 \xrightarrow[CCl_4]{Br_2} BrCH(COOC_2H_5)_2$

③ 邻苯二甲酰亚胺钾 $\xrightarrow{BrCH(COOEt)_2}$ N−CH(COOEt)$_2$ 酰亚胺 $\xrightarrow[BrCH_2COOEt]{C_2H_5ONa}$

N−C(COOEt)$_2$（CH$_2$COOEt） $\xrightarrow{NaOH/H_2O}$ $\xrightarrow[\triangle]{H_3O^+}$ $H_2N-CH(CH_2COOH)-COOH$

（8）① $CH\equiv CH \xrightarrow{H_2}{Pd-BaSO_4} CH_2=CH_2 \xrightarrow{Br_2} BrCH_2CH_2Br$

$2\ CH_3COCH_2COOEt \xrightarrow[BrCH_2CH_2Br]{2C_2H_5ONa} CH_3COCH(COOEt)(CH_2)_2CH(COOEt)COCH_3 \xrightarrow[\triangle]{5\%NaOH} CH_3CO(CH_2)_4COCH_3$

② $CH\equiv CH \xrightarrow{H_2}{Pd-BaSO_4} CH_2=CH_2 \xrightarrow{HBr} CH_3CH_2Br \xrightarrow[乙醚]{Mg} CH_3CH_2MgBr$

$\xrightarrow[乙醚]{CO_2} \xrightarrow{H_3O^+} CH_3CH_2COOH \xrightarrow{PCl_5} CH_3CH_2COCl$

$CH_3COCH_2COOEt \xrightarrow[CH_3CH_2COCl]{NaH} CH_3COCH(COOEt)(COCH_2CH_3) \xrightarrow[H_2O]{NaOH} \xrightarrow{H^+}{\triangle} CH_3COCH_2COCH_2CH_3$

③ $2\ CH_3OH + O_2 \xrightarrow[600\sim700℃]{Ag} 2\ HCHO + 2\ H_2O$

$HC\equiv CH + 2\ HCHO \xrightarrow{① NaNH_2}{② H_3O^+} HOH_2CC\equiv CCH_2OH \xrightarrow{H_2}{Ni}$

$HOCH_2CH_2CH_2CH_2OH \xrightarrow{SOCl_2} ClCH_2CH_2CH_2CH_2Cl$

$CH_3COCH_2COOEt \xrightarrow[Cl(CH_2)_4Cl]{2\ C_2H_5ONa}$ 环戊烷-1(COCH_3)(COOEt) $\xrightarrow{① 稀NaOH}{② H_3O^+,\triangle}$ 环戊烷−COCH$_3$

（9）① $CH_3OH \xrightarrow{PI_3} CH_3I$

$C_2H_5OH \xrightarrow{PBr_3} C_2H_5Br$

$CH_2(COOC_2H_5)_2 \xrightarrow[C_2H_5Br]{C_2H_5ONa} C_2H_5-CH(COOC_2H_5)_2 \xrightarrow[CH_3I]{C_2H_5ONa} C_2H_5-C(COOC_2H_5)_2(CH_3)$

$\xrightarrow{① NaOH/H_2O}{② H^+/\triangle} C_2H_5-CH(CH_3)COOH$

② $CH_3OH \xrightarrow[\triangle]{Cu} HCHO$

$C_2H_5OH \xrightarrow{PBr_3} C_2H_5Br \xrightarrow{Mg/醚} C_2H_5MgBr \xrightarrow{HCHO} CH_3CH_2CH_2OMgBr$

$\xrightarrow{H_3O^+} CH_3CH_2CH_2OH \xrightarrow[\triangle]{Al_2O_3} CH_3CH=CH_2 \xrightarrow{Br_2} \underset{\underset{Br\ \ Br}{|\ \ \ \ |}}{CH_3CH-CH_2}$

$CH_2(COOC_2H_5)_2 \xrightarrow[\underset{\underset{Br\ Br}{|\ \ |}}{CH_3CH-CH_2}]{2\ C_2H_5ONa} \begin{array}{l} CH_3CHCH(COOC_2H_5)_2 \\ CH_2CH(COOC_2H_5)_2 \end{array} \xrightarrow[②H^+/\triangle]{①NaOH/H_2O} \begin{array}{l} CH_3CHCH_2COOH \\ CH_2CH_2COOH \end{array}$

③ $C_2H_5OH \xrightarrow[170℃]{H_2SO_4} CH_2=CH_2 \xrightarrow{Br_2} BrCH_2CH_2Br$

$2\ CH_2(COOC_2H_5)_2 \xrightarrow[BrCH_2CH_2Br]{C_2H_5ONa} \begin{array}{l} CH_2-CH(COOC_2H_5)_2 \\ CH_2-CH(COOC_2H_5)_2 \end{array} \xrightarrow[BrCH_2CH_2Br]{C_2H_5ONa}$

$\underset{C_2H_5OOC}{\overset{C_2H_5OOC}{}}\!\!\diagdown\!\!\bigcirc\!\!\diagup\!\!\underset{COOC_2H_5}{\overset{COOC_2H_5}{}} \xrightarrow[②H^+,\ \triangle]{①NaOH/H_2O} HOOC-\bigcirc-COOH$

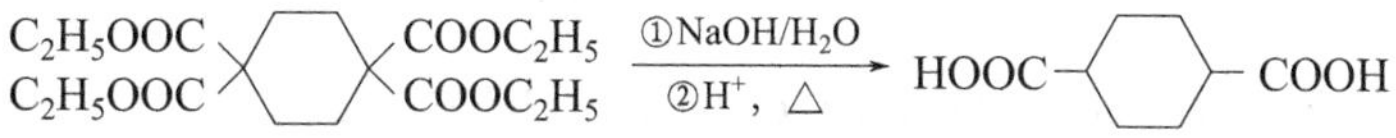

11. 贝诺酯（化学式 $C_{17}H_{15}NO_5$，又名扑炎痛）是新型的消炎、解热、镇痛、治疗风湿病的药物。其合成路线如下：

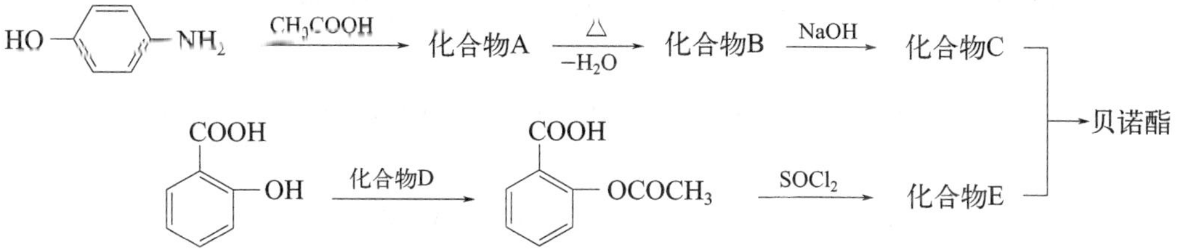

$HO-\bigcirc-NH_2 \xrightarrow{CH_3COOH} 化合物A \xrightarrow[-H_2O]{\triangle} 化合物B \xrightarrow{NaOH} 化合物C \Big\}$ 贝诺酯

（1）写出由化合物 A 制备 B 的反应式；

（2）满足转化条件的化合物 D 的结构式；

（3）写出化合物 C 与 E 合成贝诺酯的化学反应式。

参考答案：

（1）由化合物 A 制备 B 的反应式：

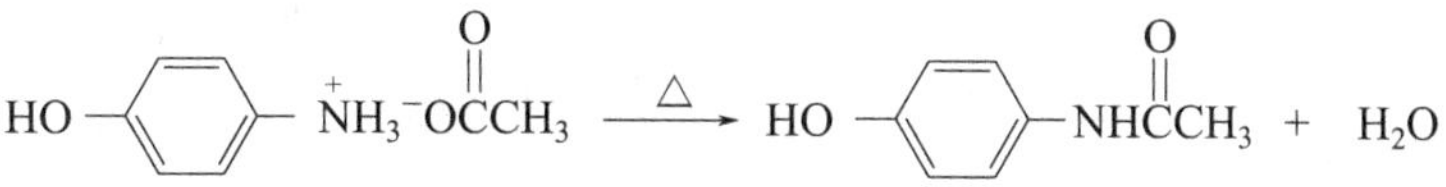

（2）满足转化条件的化合物 D 的结构式：

$$CH_3COCl\ 或\ (CH_3CO)_2O$$

（3）化合物 C 与 E 合成贝诺酯的化学反应式：

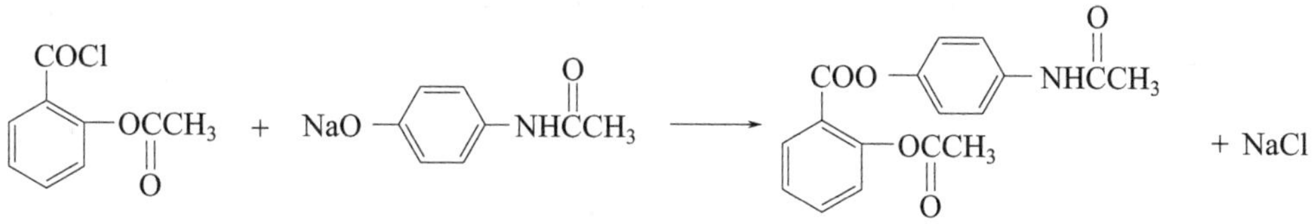

12. 一位研究生在课题研究中需要合成羟基酯 $\left[\underset{(CH_3)_2C-CH_2COOC_2H_5}{\overset{OH}{|}} \right]$。他先制备了格利雅试剂甲基碘化镁，然后加上乙酰乙酸乙酯，反应混合物激烈地放出气泡，但最

后却只分离出产率很高的原料乙酰乙酸乙酯。

（1）该反应放出的气泡是什么物质？

（2）他失败的主要原因是什么？

（3）如果你顺利录取硕士研究生，导师让你用三个碳原子及以下的有机物为原料合成该羟基酯，你将如何设计合成路线？写出有关反应式。

参考答案：（1）放出的气体是 CH_4（甲烷）。

（2）乙酰乙酸乙酯存在如下互变异构：

酮式(92.5%)　　　　　　　　　　　烯醇式(7.5%)

无论酮式中活泼亚甲基的氢（$pK_a \approx 11$），还是烯醇式—OH 中的活泼氢，都能和甲基格利雅试剂反应生成甲烷，格氏试剂被破坏，故不会发生与酮羰基、酯羰基等的加成反应。

（3）用三个碳原子及以下的有机物为原料合成该羟基酯的路线，因为目标产物是 β-羟基酸酯，故最好的合成方法是采用雷福尔马茨基反应。具体合成路线如下：

13. 聚乙烯醇肉桂酸酯常用作电子工业制版时的光刻材料，由醋酸乙烯酯和苯甲醛为主要原料合成该化合物的路线如下：

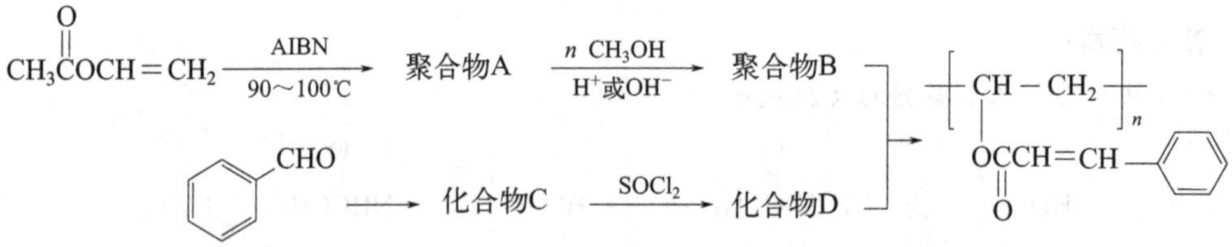

（1）写出化合物 A、B、C、D 的结构式；

（2）请设计一条由苯甲醛合成化合物 C（其它有机试剂任选）的合成路线，写出反应式；

（3）醋酸乙烯酯可由乙烯、乙酸为原料合成，写出反应式。

参考答案：

（1）A:

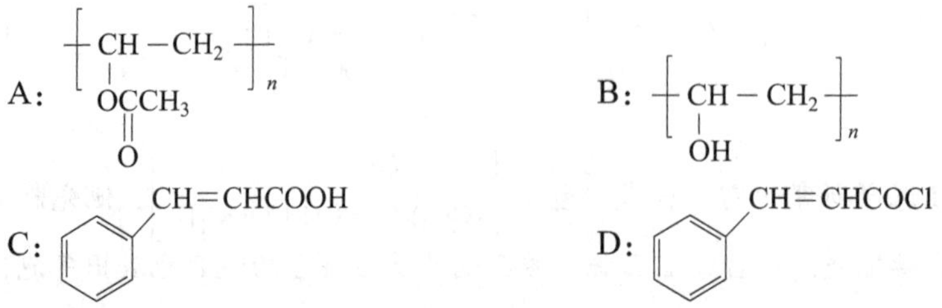

（2）由苯甲醛合成肉桂酸，有三种方法，见第12章综合练习题10（4）。

（3）乙烯氧化法制备醋酸乙烯酯：

$$CH_3COOH + CH_2=CH_2 + \frac{1}{2}O_2 \xrightarrow[\text{0.5MPa}]{\text{Pd-Au,150~175℃}} CH_3COOCH=CH_2 + H_2O$$

14. 对羟基苯甲酸是一种用途非常广泛的有机合成原料，用作制备对羟基苯甲酸酯（尼泊金酯，一种广谱性高效食品防腐剂），还用于制备液晶聚合物的生产原料。

（1）写出苯酚制备对羟基苯甲酸的反应式。

（2）尼泊金正丁酯的防腐杀菌力最强，请以乙醛和对羟基苯甲酸合成之。

（3）聚对羟基苯甲酸是一种热致液晶聚合物，经共聚改性，可提高机械强度和加工性能。一种代表性高分子液晶是在高温下由60%对乙酰氧基苯甲酸低聚物（PHB）与40%聚对苯二甲酸乙二醇酯（PET）共混来制备。

　　① 写出对羟基苯甲酸制备对乙酰氧基苯甲酸的反应式（其它有机试剂任选）；

　　② 写出对乙酰氧基苯甲酸制备PHB的反应式；

　　③ 共混物随着高温热处理时间的增加，PHB片段的聚合度降低，形成了含有如下结构的片段 $-O-\overset{O}{\underset{}{C}}-\bigcirc-\overset{O}{\underset{}{C}}-OCH_2CH_2O-\overset{O}{\underset{}{C}}-\bigcirc-\overset{O}{\underset{}{C}}-$，解释发生的原因。

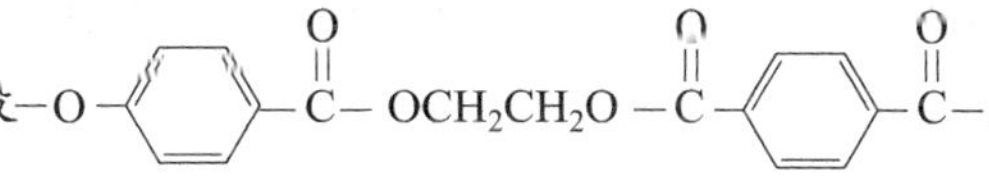

参考答案：

（1）苯酚制备对羟基苯甲酸的反应式：

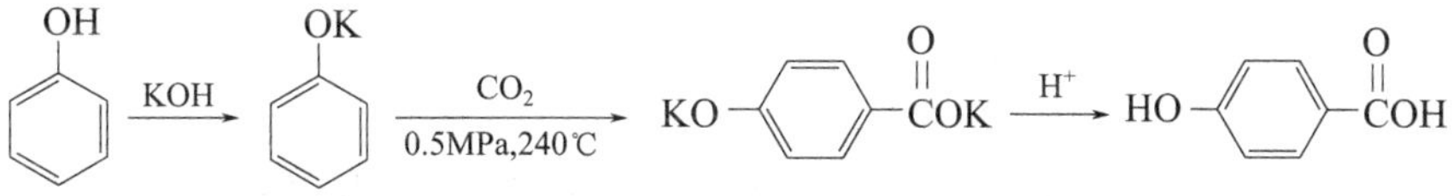

（2）以乙醛和对羟基苯甲酸合成尼泊金正丁酯的路线：

$$2CH_3CHO \xrightarrow{10\%NaOH} CH_3\overset{OH}{\underset{|}{C}}HCH_2CHO \xrightarrow{\triangle} CH_3CH=CHCHO + H_2O$$

$$CH_3CH=CHCHO \xrightarrow[\text{Ni}]{H_2} CH_3CH_2CH_2CH_2OH$$

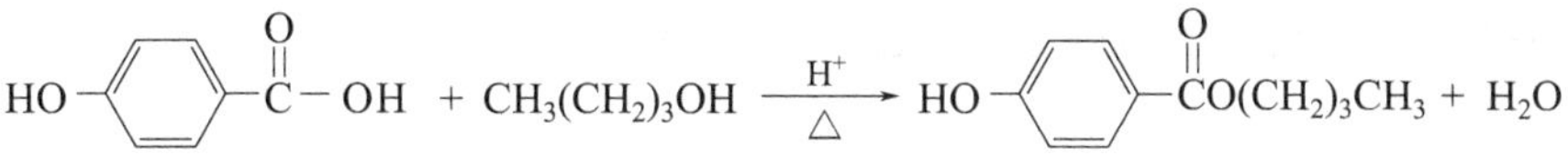

（3）①制备对乙酰氧基苯甲酸的反应式：

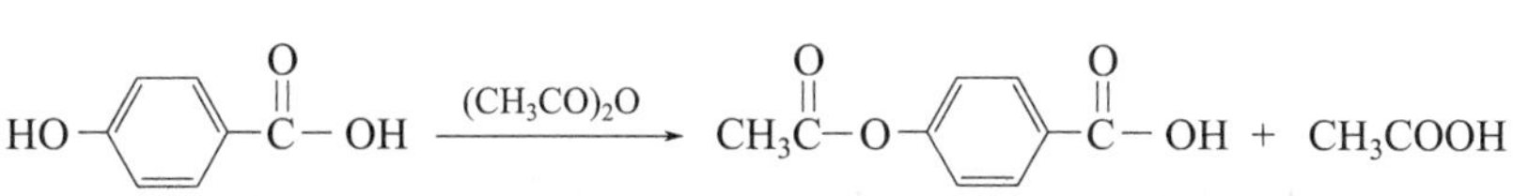

② 对乙酰氧基苯甲酸制备低聚PHB的反应式（解析：由该化合物的羧基对另外一个分子中的酯基进行酯交换反应）：

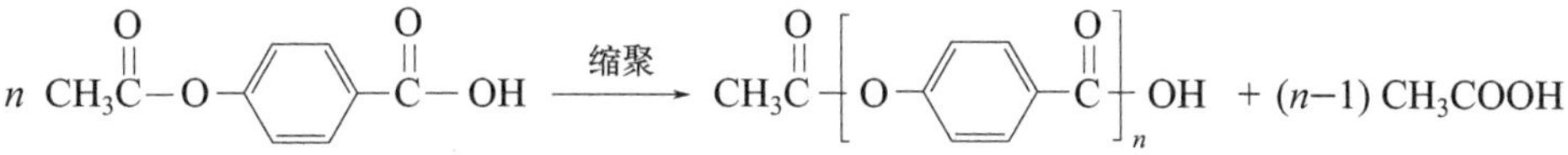

③ 这是由于在高温下，PET端基的乙二醇与PHB中含有的酯基发生了酯交换反应，故共

混物中 PHB 片段的聚合度降低。并形成了如下片段：

$$-O-\!\!\underset{}{\underset{}{\bigcirc}}\!\!-\overset{O}{\underset{}{C}}-OCH_2CH_2O-\!\!\underset{}{\underset{}{\bigcirc}}\!\!-\overset{O}{\underset{}{C}}-$$

15. EVA 被广泛应用于发泡鞋材以及太阳能电池黏合剂等领域，是由化合物 E（分子式 C_2H_4）和 VAc（分子式 $C_4H_6O_2$，其水解产物为乙醛和乙酸）两种单体共聚而成。某能源集团由甲醇制烯烃装置（MTO 工艺）获得的 E 和外购 VAc 来生产 EVA。

（1）写出化合物 E 和 VAc 的结构简式；

（2）利用本企业丰富的电石、合成气资源以及甲醇，如何实现 VAc 的自给？写出有关反应式；

（3）若该企业规划未来采用"甲缩醛（二甲氧基甲烷）羰基化"法生产可降解塑料聚乙醇酸，请充分利用该厂现有原料设计一条合成路线，写出有关反应式。

参考答案：（1）化合物 E 为：$CH_2{=}CH_2$；化合物 VAc 为 $CH_2{=}CHOCOCH_3$。

（2）由电石制备乙炔，甲醇羰基化生成乙酸，然后通过乙酸与乙炔加成制备 VAc：

$$CaC_2 + H_2O \longrightarrow CH{\equiv}CH + Ca(OH)_2$$

$$CH_3OH + CO \xrightarrow[\triangle]{Rh催化剂} CH_3COOH$$

$$HC{\equiv}CH + CH_3COOH \xrightarrow[210{\sim}250℃]{(CH_3COO)_2Zn} CH_3COOCH{=}CH_2$$

（3）甲缩醛法制备乙醇酸，具体反应式如下：

① 首先利用本企业的甲醇制备甲醛，然后甲醛与甲醇缩合制备"甲缩醛"：

$$2CH_3OH + O_2 \xrightarrow[600{\sim}700℃]{Ag} 2HCHO + 2H_2O$$

$$2\,CH_3OH + HCHO \xrightarrow{H^+} CH_3OCH_2OCH_3 + H_2O$$

② 甲缩醛羰基化制备甲氧基乙酸甲酯，再水解制备乙醇酸甲酯：

$$CH_3OCH_2OCH_3 + CO \xrightarrow{磷酸硅铝} CH_3OCH_2COOCH_3$$

$$CH_3OCH_2COOCH_3 \xrightarrow{H_3O^+} HOCH_2COOCH_3 + CH_3OH$$

③ 乙醇酸甲酯加热制备乙交酯（两分子间酯交换反应），然后开环聚合制备聚乙醇酸：

$$2HOCH_2COOCH_3 \xrightarrow[酯交换缩合]{\triangle} \underset{乙交酯}{\overset{}{\bigcirc}} + 2CH_3OH$$

$$\frac{n}{2}\ \overset{}{\bigcirc} \xrightarrow{开环聚合} {\Big[}OCH_2-\overset{O}{\underset{}{C}}{\Big]}_n$$

16. 聚碳酸酯（ 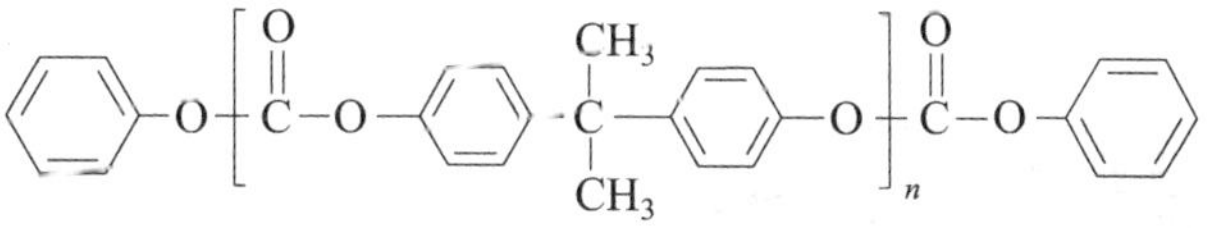 ）无色透明，耐

热，抗冲击，且具有良好的机械性能。最新绿色制备工艺是以碳酸二甲酯替代光气来制备。某企业现有甲醇制烯烃（MTP工艺）装置、酯交换法制备碳酸二甲酯装置以及从煤焦油中提取的苯酚。

（1）请以该企业现有原料设计一条生产聚碳酸酯的合成路线，写出各步反应式；

（2）如何处置各步反应的副产物实现整个聚碳酸酯生产过程污染物的"近零排放"？

参考答案：（1）从聚碳酸酯的结构来看，是双酚A与碳酸二苯酯缩合的产物，因此必须首先合成双酚A和碳酸二苯酯。

① 工业上双酚A是由苯酚与丙酮制备的，苯酚是本企业已有原料，那么就要合成丙酮。本企业有甲醇经MTP工艺生产的丙烯，故用工业上的"瓦克法"，即丙烯直接氧化制丙酮，然后与苯酚反应制备双酚A：

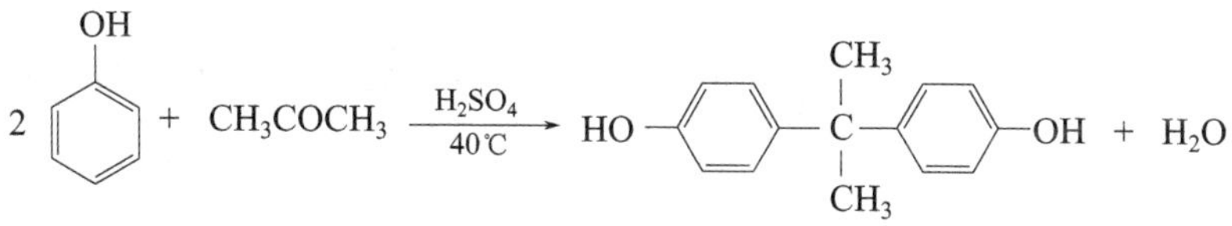

② 依题意，碳酸二苯酯是中间体，而碳酸是不能直接与苯酚制备碳酸二苯酯的，只能通过碳酸的衍生物转换来制备。分析已有原料，本企业生产碳酸二甲酯，那么可以通过酯交换来制备：

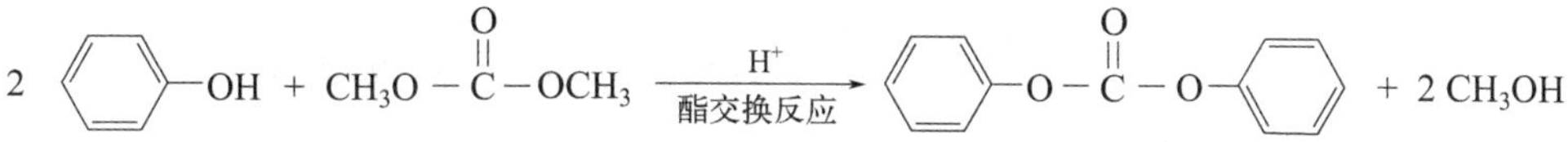

③ 碳酸二苯酯与双酚A通过酯交换反应缩合制备聚碳酸酯：

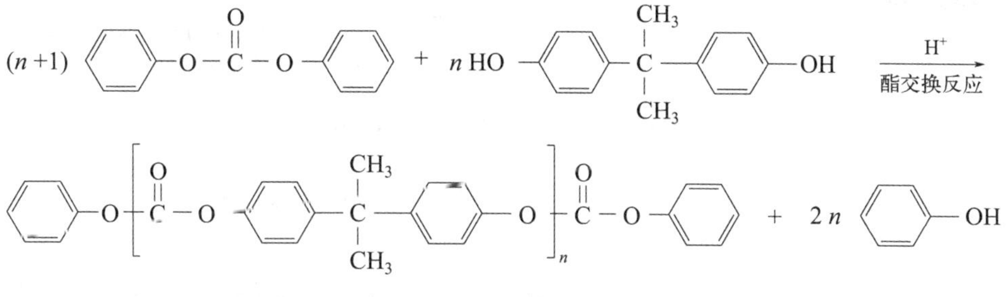

（2）根据上述三个步骤，在过程①丙酮和双酚A的生产中，只副产水，而水是无毒无害的物质；在过程②中只副产甲醇，分离提纯后可以用于本企业的甲醇制烯烃，或用于酯交换法制备碳酸二甲酯；在过程③产生的副产物苯酚，经过分离提纯，可循环用于过程②碳酸二苯酯的制备。这样整个聚碳酸酯的制备过程，副产物只有无毒无害的水。所以，可以说整个制备过程的污染物接近"零排放"。

▶▶ 第十四章

含氮有机化合物

一、本章概要

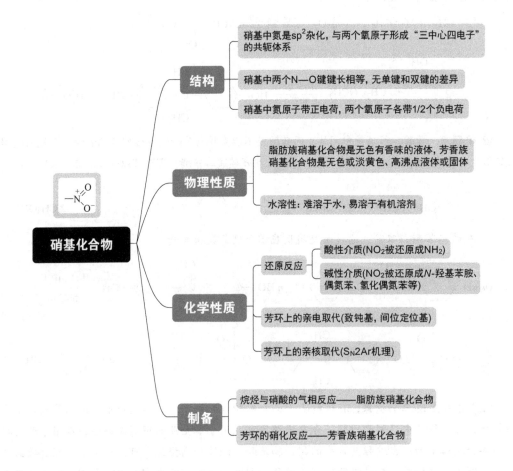

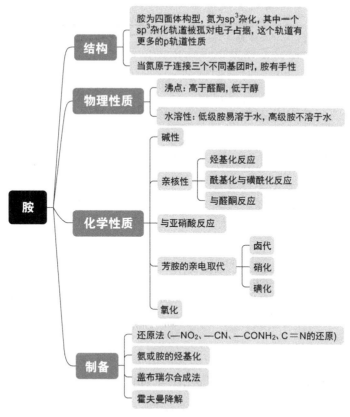

二、结构与化学性质

　　硝基是强吸电子基,具有吸电子诱导效应和吸电子共轭效应。脂肪族硝基化合物的 α-H酸性较强,芳香族硝基化合物中硝基对苯环有明显的钝化作用,且是间位定位基。硝基容易被还原成氨基,芳环上当硝基处于卤素的邻、对位时,易发生芳香亲核取代反应(卤原子被亲核试剂取代)。

　　氨和胺中的N均有一对未共用电子对,且N电负性比O小,其碱性更强,亲核性更大。氨基与卤代烃、醇、酰卤或磺酰氯等发生亲核取代反应;与亚硝酸发生重氮化反应;芳胺受氨基给电子作用影响,芳环电子密度升高,更易发生亲电取代反应。

三、重要反应一览

	反应	反应要点
硝基化合物	α-H的酸性: $CH_3 - \overset{+}{\underset{O^-}{N}}{=}O \rightleftharpoons CH_2 = \overset{+}{\underset{O^-}{N}}{-}OH \xrightarrow[H^+]{NaOH}$ 硝基式(主要)　　　　　酸式 $\left[CH_2 = \overset{+}{\underset{O^-}{N}}{\diagdown}{\underset{O^-}{}} \right] Na^+$	✓ 伯、仲硝基化合物溶于氢氧化钠,叔硝基化合物不溶; ✓ 生成的碳负离子可以发生类羟醛缩合反应。

		反应	反应要点
硝基化合物		还原反应： 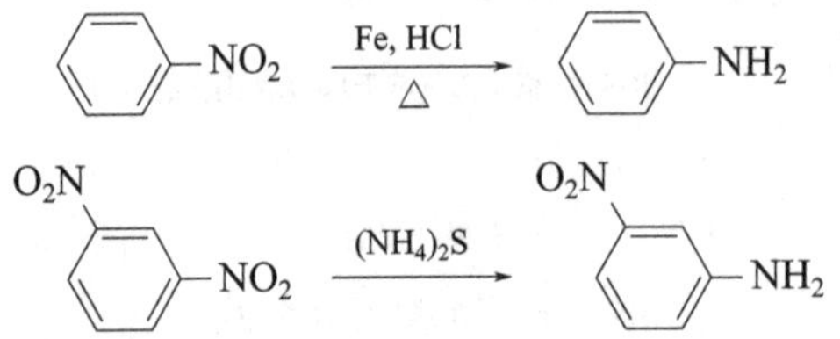	✓ 金属在不同pH条件下还原产物不同； ✓ $(NH_4)_2S$等硫化物可选择性还原一个硝基。
		芳香亲核取代反应： 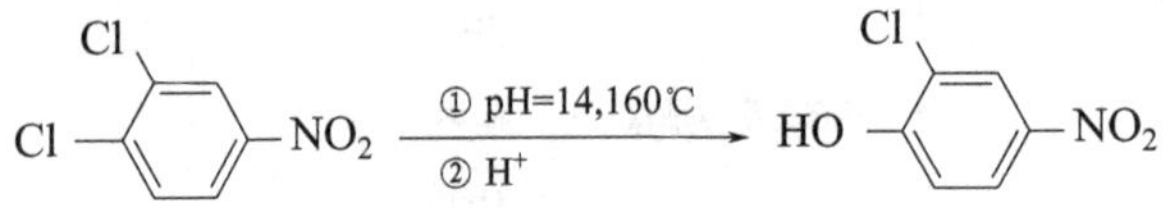 	✓ S_N2Ar机理； ✓ 先加成，后消除的过程； ✓ 处于硝基邻位或对位的离去基团易被取代。
胺类化合物	碱性	$RNH_2 + H_2O \rightleftharpoons RNH_3^+ + OH^-$ $RNH_2 + HCl \rightleftharpoons RNH_3^+Cl^-$ $RNH_3^+Cl^- + NaOH \rightleftharpoons RNH_2 + H_2O + NaCl$	✓ 胺与酸成盐，共轭酸的稳定性决定了胺的碱性强弱； ✓ 胺的碱性受电子效应、位阻效应、溶剂化效应的影响； ✓ 碱性顺序：季铵碱>脂肪胺>氨>吡啶>苯胺>吡咯。
	烷基化反应	$RNH_2 \xrightarrow[② NH_3]{① RBr} R_2NH \xrightarrow[② NH_3]{① RBr} R_3N \xrightarrow{RBr} R_4N^+Br$ 伯胺　　　　仲胺　　　　叔胺　　　　季铵盐 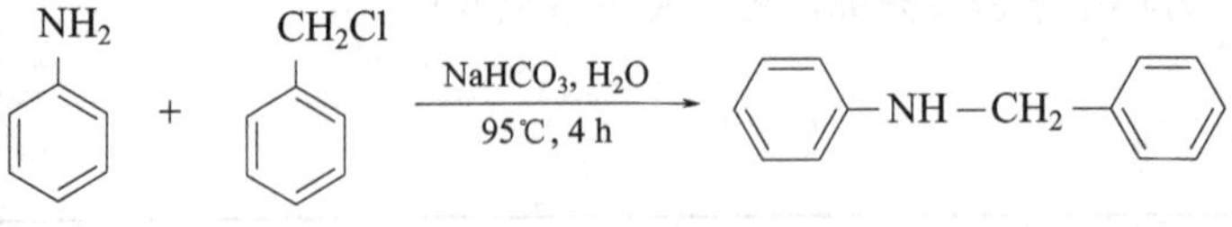 	✓ 反应本质为亲核取代，脂肪胺产物多为混合物； ✓ 芳香胺亲核性较差，产物位阻大，可得到一取代产物。
	酰基化反应	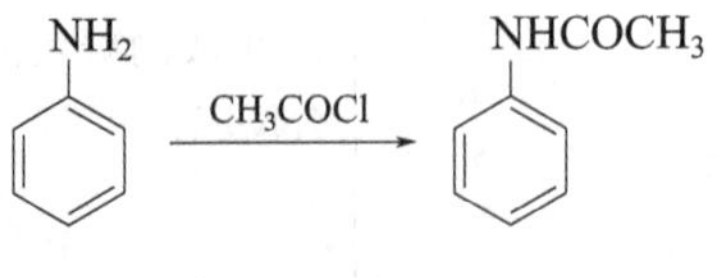	✓ 氨基保护的一种策略； ✓ $-NHCOCH_3$仍然是邻、对位定位基，但致活能力下降； ✓ 在酸或碱条件下水解成胺。

反应		反应要点
磺酰化反应	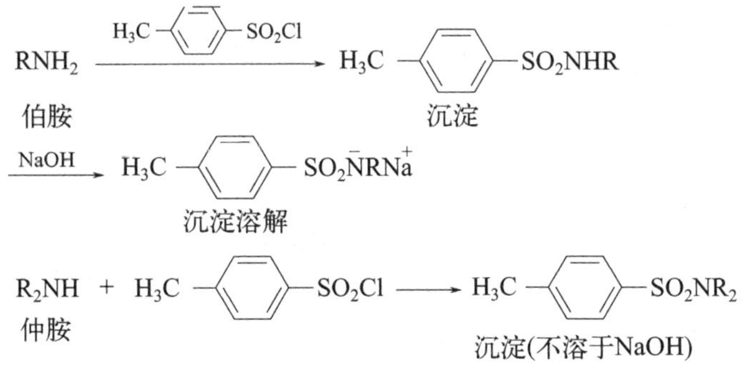	✓ 兴斯堡反应； ✓ 可鉴定不同类型的胺； ✓ 叔胺不反应。
胺类化合物 与醛酮反应	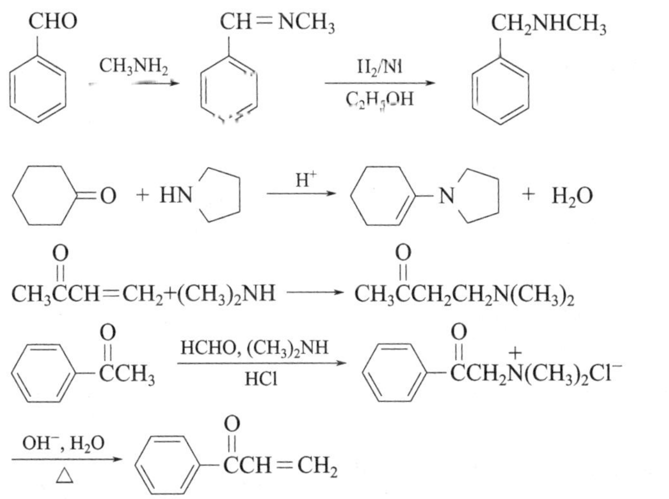	✓ 醛酮与伯胺生成亚胺，还原后可制备仲胺； ✓ 有α-H的醛、酮与仲胺反应制备烯胺； ✓ 伯、仲胺与α,β-不饱和醛、酮发生迈克尔加成反应； ✓ 曼尼希反应可制备α,β-不饱和醛、酮。
与亚硝酸反应	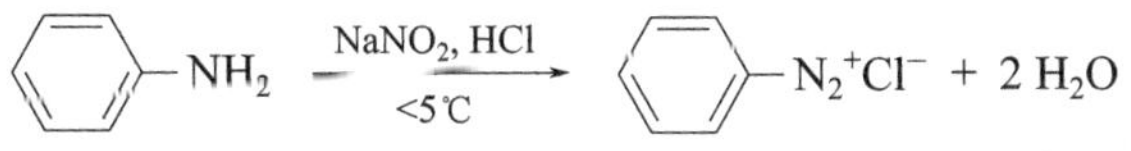	✓ 胺类与亚硝酸的反应也可以鉴定不同类型的胺； ✓ 伯胺与亚硝酸反应生成重氮盐，脂肪族重氮盐不稳定，释放氮气，产生碳正离子，碳正离子或者与亲核试剂结合，或者脱去质子，或者发生重排，产生混合物，无制备意义；

		反应	反应要点
胺类化合物	与亚硝酸反应	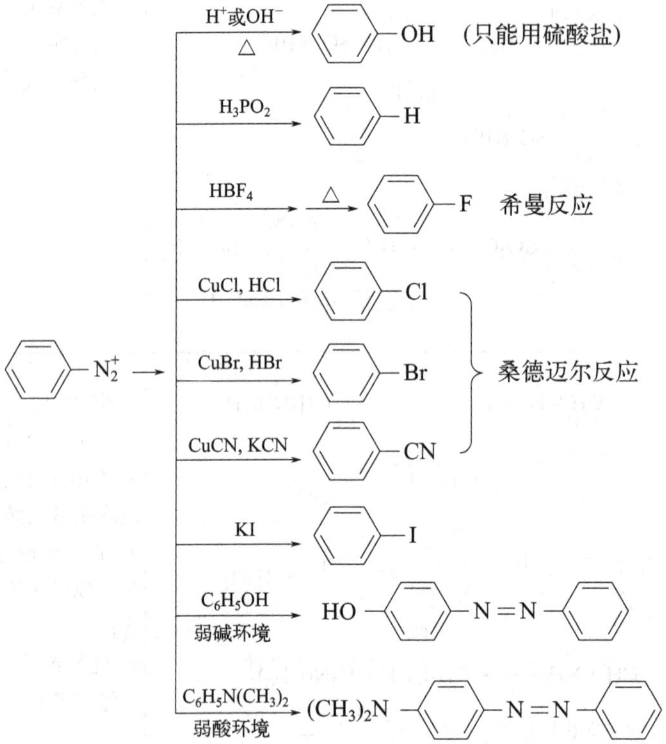	✓ 芳香重氮盐在0~5℃较稳定，可以发生各类取代反应，制备各类取代苯，是间接引入—X（卤原子）、—OH、—CN的重要策略； ✓ 芳香重氮盐作为亲电试剂，进攻另一个"富电子"芳环，发生偶联反应，可以制备偶氮化合物。
	芳香胺的亲电取代	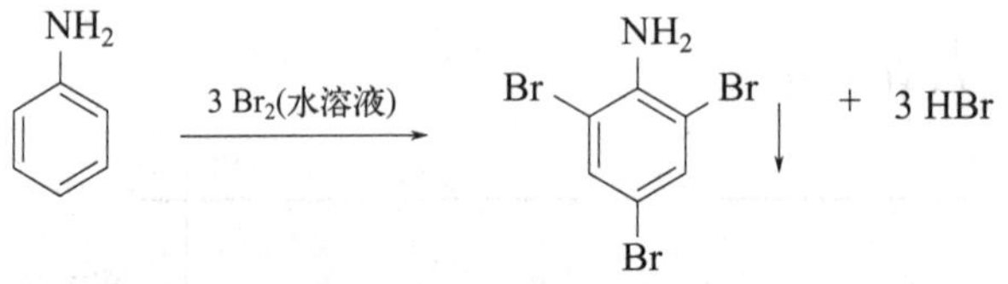 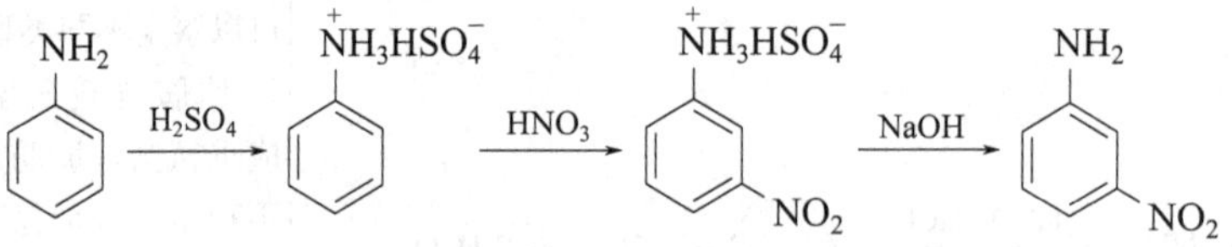 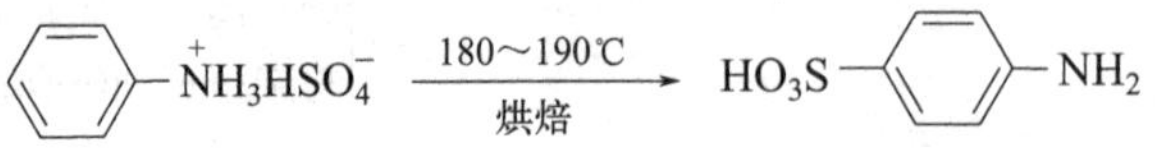	✓ 溴代反应可以鉴定苯胺； ✓ 硝化时先用硫酸成盐，再进行硝化，硝基进入间位； ✓ 制备邻、对位硝基化合物，需先将氨基保护起来； ✓ 磺化通过苯胺硫酸盐加热制备。
	异腈反应	$RNH_2 + CHCl_3 + 3\ KOH \xrightarrow{\triangle} RNC + 3\ KCl + 3\ H_2O$	✓ 只有伯胺能制备异腈； ✓ 可用于鉴别伯胺。

	反应	反应要点
	胺的制备	
还原法	(结构式) NH₂ ← Fe/HCl ← NO₂ → H₂/Cu或Ni → NH₂ O（环戊酮）+ NaCN/HCN → 环戊烷-OH,CN → ① LiAlH₄ ② H₃O⁺ → 环戊烷-OH,CH₂NH₂ $CH_3(CH_2)_{10}C-NHCH_3$ → ① LiAlH₄,△ ② H₂O → $CH_3(CH_2)_{10}CH_2NHCH_3$	✓ 硝基、氰基、酰胺、亚胺等均可被还原，制备胺； ✓ 不同基团还原的难易程度不同，硝基、亚胺易被还原，氰基、酰胺相对难被还原； ✓ 引入并还原氰基，可制备多一个碳的伯胺； ✓ 酰胺还原得到胺，注意与其它羧酸衍生物还原的区别。
盖布瑞尔合成法	(邻苯二甲酰亚胺) NH → ① KOH ② RCH₂Br → N—CH₂R → OH⁻ → RCH₂NH₂	✓ 可制备纯净的伯胺； ✓ 伯胺中的氨基来自于酰亚胺的水解。
霍夫曼降解	(结构式)—CONH₂ → Br₂/OH⁻ → (结构式)—NH₂	✓ 可制备比原料少一个碳原子的伯胺； ✓ 如果酰胺直接相连的碳有手性，反应前后立体中心构型不变。
交叉偶联	Pd催化的cross-coupling反应： (异丙基苯)—Br → NH₃, 1.4 MPa, 90℃ / Pd催化剂, PR₃ → (异丙基苯)—NH₂	✓ C—N键的偶联，Buchwald-Hartwig反应； ✓ 体系中需要加入强碱； ✓ 在芳环上引入氨基的一种方法。
霍夫曼消除	[$CH_3CH_2\overset{\beta}{C}H\overset{\beta}{C}H_3$ 上 ⁺N(CH₃)₃] OH⁻ → 150℃ → CH₃CH₂CH=CH₂ + CH₃CH=CHCH₃ 95%　　　　　5% [(苯基)—$\overset{\beta}{C}H_2CH_2$—N⁺(CH₃)₂—$\overset{\beta}{C}H_2CH_3$] OH⁻ → △ → (苯基)—CH=CH₂ + CH₂=CH₂ 94%　　　　6%	✓ β-H消除反应； ✓ 同时脱下叔胺小分子； ✓ 生成取代少的烯烃（霍夫曼规则），与查依采夫规则相反； ✓ β-碳原子上连有芳基、乙烯基、羰基、氰基等基团时，倾向于从此β-碳脱氢，生成更加稳定的共轭烯烃。

四、重点与难点

重点1：胺的碱性和亲核性

N上的孤电子对使胺具有碱性和亲核性，碱性和亲核性都与氮的电子密度密切相关，电子密度越高，碱性和亲核性越大。一般来说，给电子基团使碱性增强，吸电子基团使碱性减弱，其它如共轭等降低氮原子电子密度的因素均使碱性降低，如碱性：脂肪胺＞氨＞芳香胺。除此之外，碱性也与共轭酸的溶剂化能力相关，溶剂化能力越大，共轭酸越稳定，相应的胺碱性越强。因此在溶液中，碱性：仲胺＞伯胺＞叔胺。碱性还与孤电子对所在轨道相关，轨道的s成分越高，轨道对孤电子对的束缚越大，越不容易给出电子对与质子共享，因此碱性越弱，如：

$$-\overset{|}{N}: \quad > \quad \overset{}{N}= \quad > \quad \equiv N:$$

$$sp^3\text{杂化轨道} \quad sp^2\text{杂化轨道} \quad sp\text{杂化轨道}$$

氨（胺）都是作为亲核试剂与卤代烃或醇发生烷基化反应，与酰氯或酸酐发生酰基化反应。

重点2：胺的鉴定

胺可以通过与对甲苯磺酰氯（兴斯堡反应）或亚硝酸反应进行鉴定。

伯胺与仲胺都与对甲苯磺酰氯反应生成芳磺酰胺，加入氢氧化钠溶液后，伯胺的产物溶解，而仲胺产物不溶解，叔胺不与对甲苯磺酰氯反应。

脂肪族伯胺和芳香族伯胺与亚硝酸发生重氮化反应，脂肪族重氮盐在低温即分解放出氮气，芳香族重氮盐在低温下较为稳定；脂肪族仲胺和芳香族仲胺与亚硝酸反应生成黄色中性油状液体；芳香族叔胺与亚硝酸反应在芳环上氨基对位引入—NO，随介质、结构的不同颜色各异，脂肪族叔胺仅与亚硝酸发生酸碱反应，产物易分解为原来的叔胺。

难点1：重氮化反应在合成中的应用

芳香伯胺在亚硝酸作用下生成芳基重氮盐，在合成上很有意义。

芳基重氮盐可以转化为各类取代苯，在芳环上间接引入—X（包括F、Cl、Br、I）、—CN、—OH、—H等基团。重氮基（—N_2^+）由氨基转化而来，氨基又由硝基还原得到。氨基（邻对位定位基）与硝基（间位定位基）是不同的定位基，可以利用它们的定位性能，在不同阶段引导不同的基团进入相应的位置，氨基或硝基再转化为其它基团或还原为氢，尤其当芳环上的定位基定位效应矛盾时，这是常用的策略。

芳基重氮盐还可以与活泼的苯胺或苯酚发生芳香亲电取代反应（重氮基保留），生成偶氮类化合物，偶联通常在苯胺或苯酚的对位发生，若对位被占据，则在邻位进行。

难点2：霍夫曼消除反应中的区域选择性与立体选择性

季铵碱的烃基上有β-H时，加热分解生成叔胺和烯烃，称为霍夫曼消除反应；当有几

种不同的 β-H 时，OH$^-$ 进攻位阻小、酸性强的 β-H，消除反应的主产物是双键上取代基较少的烯烃，称为霍夫曼规则。β-碳原子上若连有芳基、乙烯基、羰基、氰基等基团时，则从此 β-碳脱氢，生成更加稳定的共轭烯烃。消除时一般经历 E2 消除机理，遵循反式共面原则。

五、例题解析

1. 比较下列化合物的碱性 （2020、2021年真题组合）

（1）A：　B：　C：　D：　E：

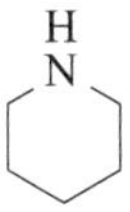

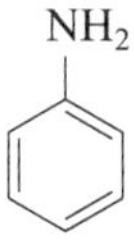

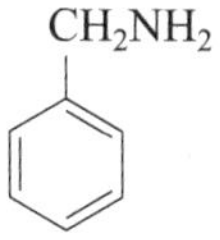

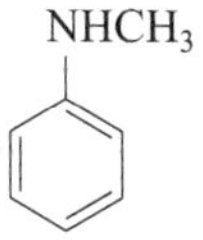

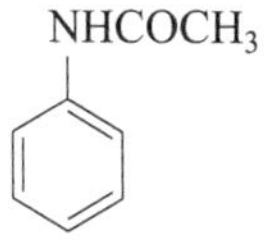

分析： 胺的碱性体现在给出电子对结合质子的能力，因此胺的碱性与氮上的电子密度相关，氮原子电子密度越高，胺碱性越强。A是脂肪仲胺，碱性最强；C是脂肪伯胺，碱性次之；D是芳香仲胺，B是芳香伯胺，由于氮原子与芳环的 p-π 共轭，碱性减弱；E是酰胺，由于羰基的吸电子性以及氨基孤对电子向苯环的离域，碱性最弱。

碱性强弱顺序为：A＞C＞D＞B＞E。

（2）A：　B：　C：　D：　（2022年真题）

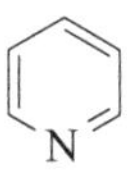

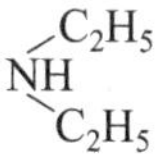

分析： A、D均为脂肪族仲胺，碱性最强，由于A为环状仲胺，成环的原因使N上的电子对凸出在外，更易于结合质子，碱性略强于D；B为吡咯，N上孤对电子参与 6π 芳香体系的形成，无法结合质子，碱性极弱；C为吡啶，sp^2 杂化轨道上有一对孤对电子，不参与芳香体系的形成，可以结合质子，但因孤对电子在 sp^2 杂化轨道上，轨道的 s 成分越高，对电子对的束缚越强，因此吡啶碱性弱于脂肪胺。

碱性强弱顺序为：A＞D＞C＞B。

2. 完成下列反应式

（1） 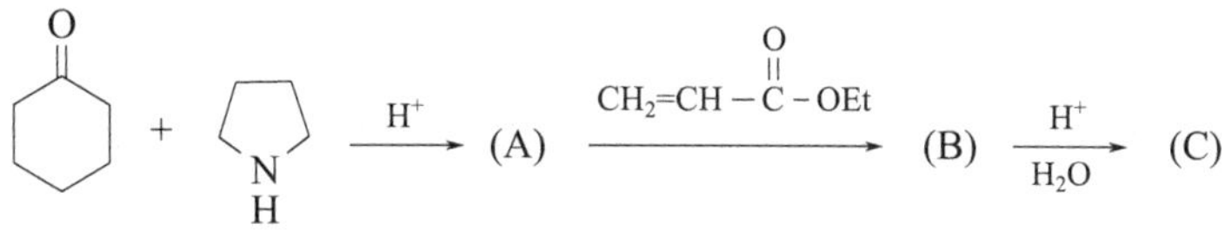　（2022年真题）

分析： 第一步是酮与仲胺在酸性条件下经历加成-消除生成烯胺，如果是不对称酮，则生成双键碳上取代少的烯胺；烯胺等同于烯醇负离子，与丙烯酸乙酯发生迈克尔加成；水解后得到酮。

答案为：（A） 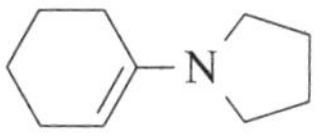　（B） 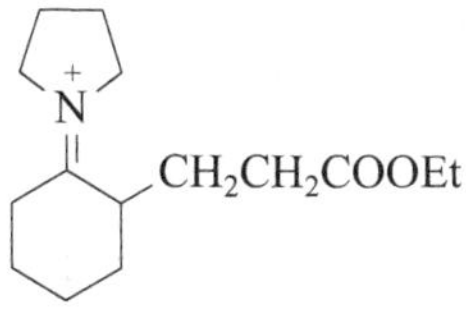　（C）

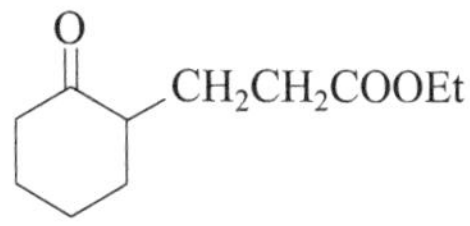

（2） 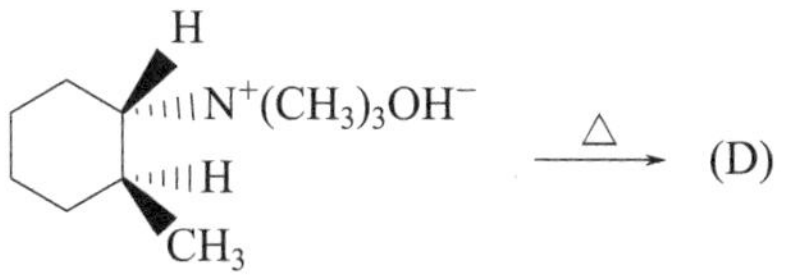　（2020年真题）

分析：季铵碱受热发生霍夫曼消除，霍夫曼消除属于反式消除，遵循反式共平面原则，脱氢时如果有多种选择，倾向于从含氢少的 β-碳脱氢，生成取代少的烯烃。此例中与 $N(CH_3)_3$ 反式共面的 β-H 只有一个，消除时只生成D。

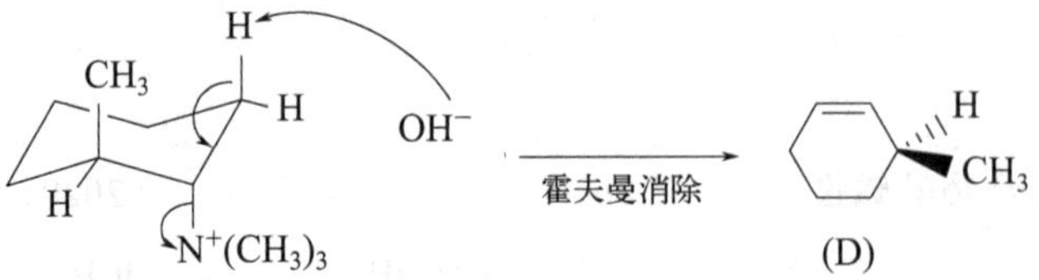

（3）$CH_3-\overset{O}{\overset{\|}{C}}-CH_2CH_2N^+(CH_2CH_3)_3OH^- \xrightarrow{\triangle}$ (E)　　（2019年真题）

分析：霍夫曼消除在碱性条件下进行，酸性较大的 β-氢优先消去，故产物为：

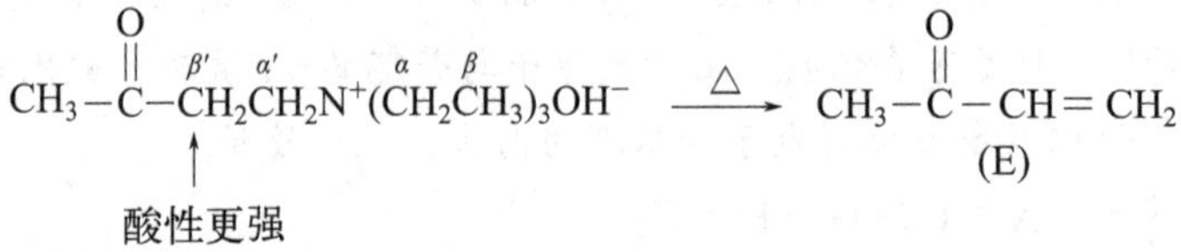

（4） $\xrightarrow[NaOH]{Zn}$ (F) $\xrightarrow{H^+}$ (G)　　（2020年真题）

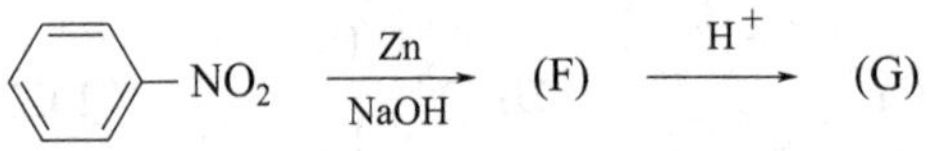

分析：硝基苯在不同条件下发生还原反应得到的产物不同，在酸性条件下得到苯胺，在碱性条件下生成氢化偶氮苯，氢化偶氮苯在酸性条件下发生联苯胺重排。

产物为：(F) 　　(G)

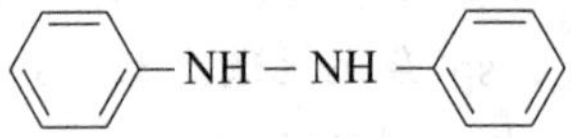

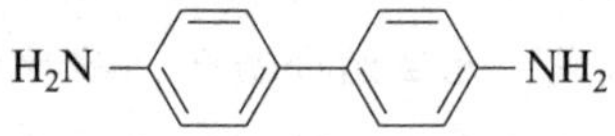

（5）$H_3C-$$-\overset{O}{\overset{\|}{C}}-Cl \xrightarrow[\text{② } Ag_2O, H_2O]{\text{① } CH_2N_2}$ (H)　　（2020年真题）

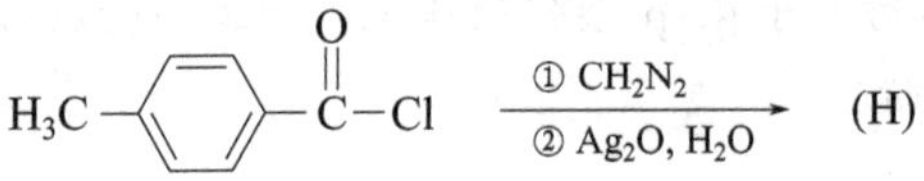

分析：酰氯与重氮甲烷反应生成重氮酮，随后在氧化银催化下发生沃尔夫重排，生成烯酮，烯酮水解生成羧酸：

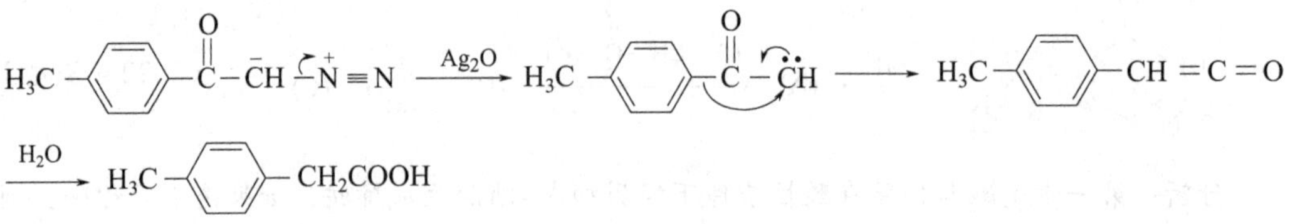

（6） $\xrightarrow[\text{② } \underset{Ph}{\diagdown}Br]{\text{① } KOH}$ (I) $\xrightarrow[\triangle]{NH_2NH_2}$ (J) ＋ (K)　　（2022年真题）

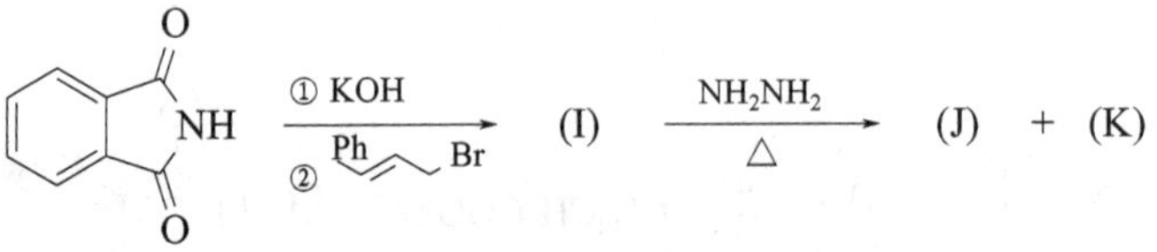

分析：邻苯二甲酰亚胺氮原子受两个羰基的吸电子作用，N—H 具有一定的酸性，与 KOH 反应可形成 N⁻，与烯丙基溴发生亲核取代，在肼（亲核试剂）作用下酰胺氨解，生成伯胺，该反应称为盖布瑞尔合成法。

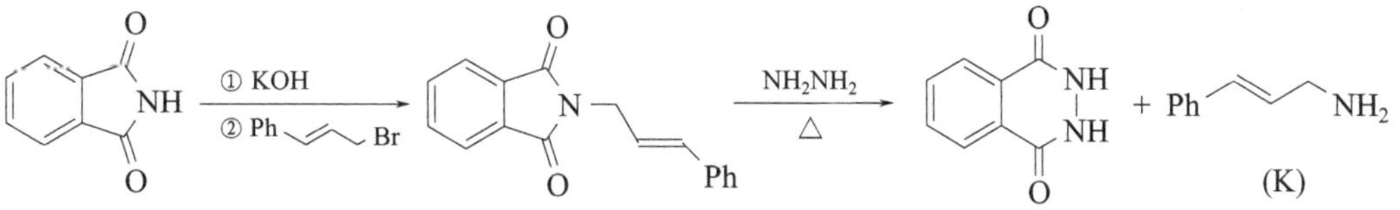

3. 推测下列反应机理并写出产物

（1） 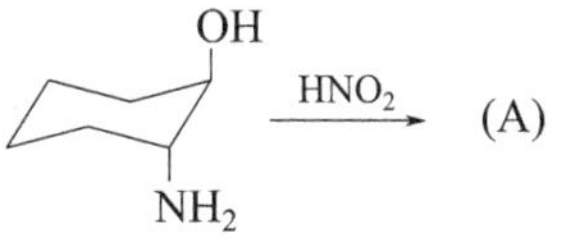 （2018年真题）

（2） 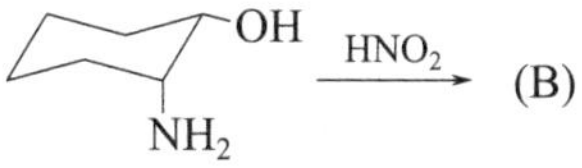 （2020年真题）

（3） 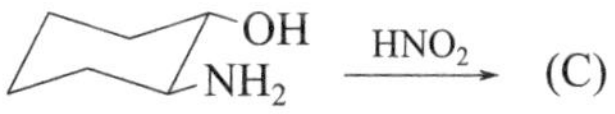 （2021年真题）

分析：三道例题均为脂肪族伯胺与亚硝酸反应生成重氮盐，重氮盐不稳定，易释放 N_2 产生碳正离子。但氨基所处的键不同，生成的终产物不同。

（1）

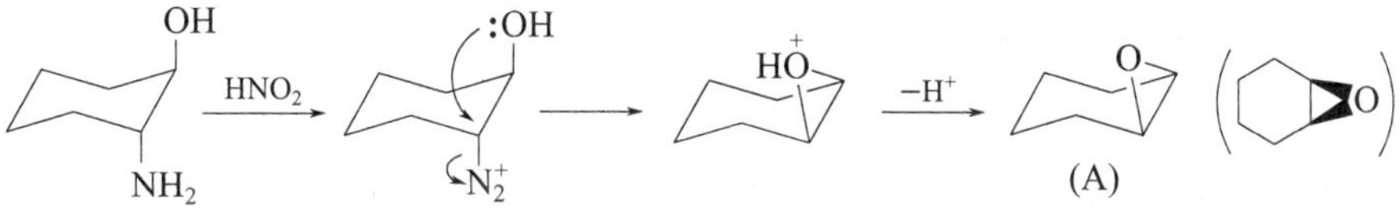

分析：—NH_2 与—OH 均处于 a 键上，反式共面。氨基与亚硝酸生成 N_2^+ 后，N_2 作为好的离去基团，—OH 从背后进攻，发生分子内 S_N2 亲核取代，生成环氧化合物。

（2）

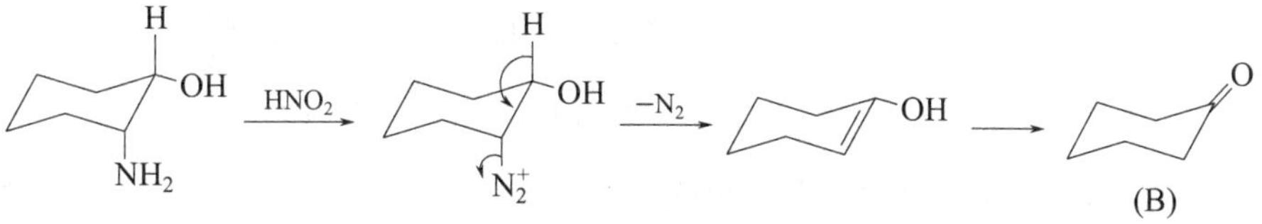

分析：本例题中与—NH_2 反式共面的是 H，—NH_2 与亚硝酸生成 N_2^+ 后，N_2 作为好的离去基团，促使反式共面的 H 脱除，发生 E2 消除，生成烯醇，互变异构成环己酮。

（3）

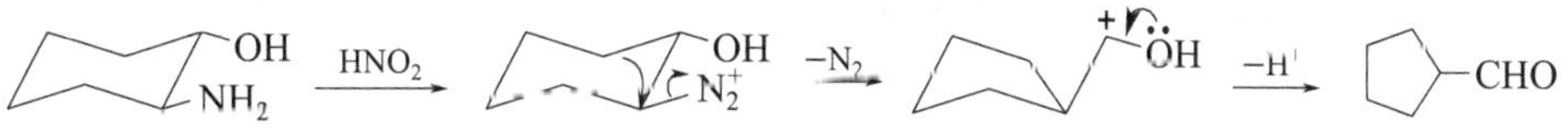

分析：本例题中—NH_2 与亚硝酸生成 N_2^+，因重氮基处于 e 键，没有反式共面的 H，因此通过 E1 机理消除，先失去 N_2，生成仲碳正离子，然后缩环重排，生成更加稳定的氧正离子（外层电子满足 8 隅体规则），脱质子生成环戊烷甲醛。

4. 机理题

（1） 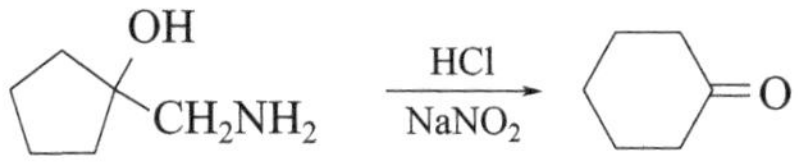 （2022年真题）

分析：本反应类似片哪醇的重排，—NH_2 与亚硝酸反应生成重氮盐后，N_2 离去，生成伯碳正离子，发生扩环重排。

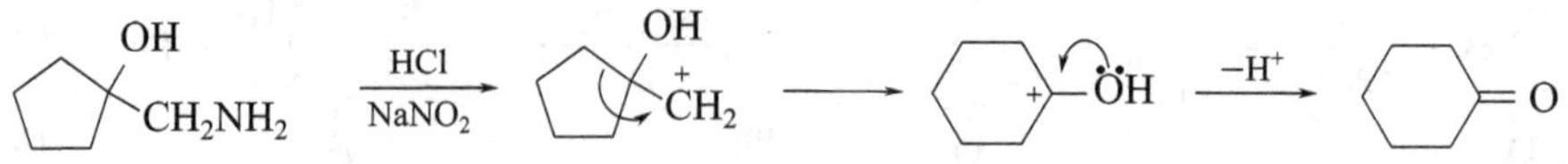

$$\text{H}_2\text{N}-\underset{\text{O}}{\text{C}}-\text{CH}_2\text{CH}_2-\underset{\text{O}}{\text{C}}-\text{NH}_2 \xrightarrow{\text{Br}_2, \text{NaOH}} \text{（巴比妥酸类）}$$

（2） 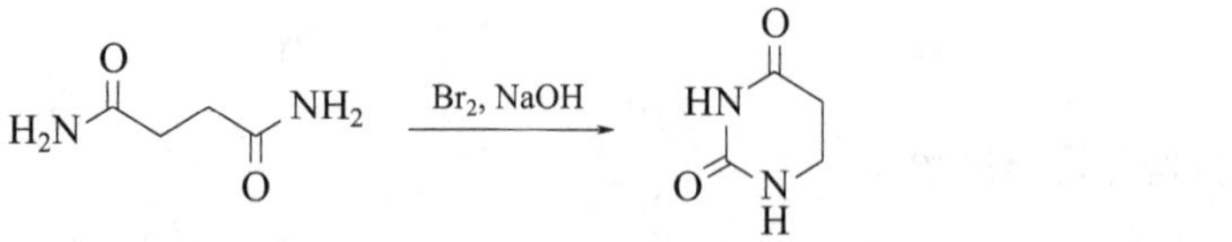　　　　　　　　　　　　　　　　　　　　　　　（2023年真题）

分析：反应物为开链的二酰胺，反应条件为 $Br_2/NaOH$，终产物成环，应是一端的酰胺发生霍夫曼降解，生成的中间体被另一端酰胺进攻，生成乙二酰脲类化合物。

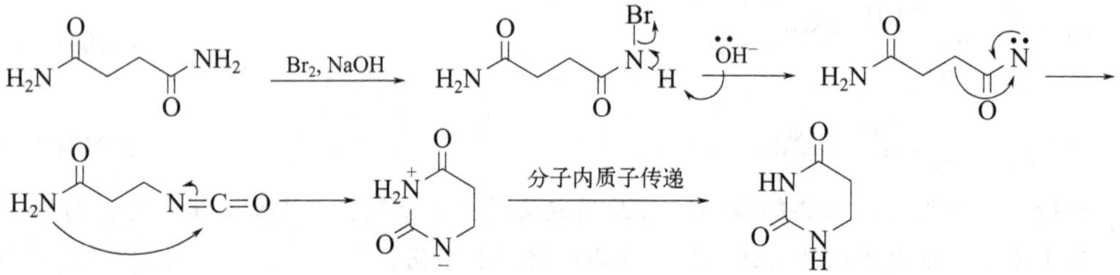

5. 以指定原料合成下列化合物

（1）以硝基苯为原料合成3-溴氯苯　　　　　　　　　　　　（2020年真题）

分析：原料为硝基苯，可以利用—NO_2的间位定位作用引入—Cl或—Br，再将—NO_2还原、重氮化、桑德迈尔反应转化为—Br或—Cl。

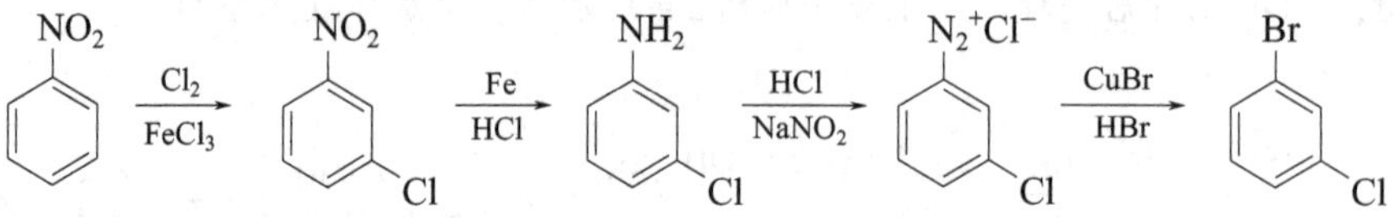

（2）以甲苯为原料合成对氰基苯甲酸　　　　　　　　　　　（2022年真题）

分析：羧基可以由甲基氧化得到，氰基由氨基重氮化引入。

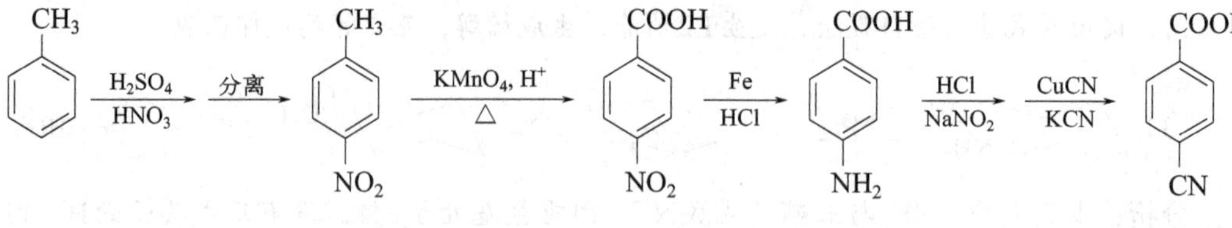

本例和上例中，目标物中取代基的相互位置与定位效应矛盾，这时往往需要以重氮盐为中间体间接合成。上例中利用硝基的定位效应，先使两个取代基互处间位，然后进行官能团转化，将—NO_2转变为—Br。本例中，也是先利用甲基的定位效应，在对位引入硝基（先确保取代基进入的位置正确），然后利用官能团转化，—CH_3转变为—COOH，NO_2转变为—CN。

（3）以苯及小于三个碳的有机物合成 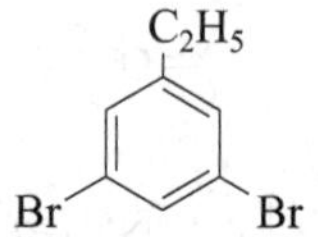　　　　　　　　　　　（2022年真题）

分析： 目标物苯环上有三个取代基：—C₂H₅和—Br，它们均为邻对位定位基，但互处间位，说明它们不是由于彼此的定位效应引入。尽管—NO₂是间位定位基，可以通过还原、重氮化、桑德迈尔反应转化成—Br，但硝基苯难发生傅-克反应引入乙基。所以可以先引入—C₂H₅，然后硝化、还原，因为—NH₂的致活作用更强，再次溴代时，溴代发生在—NH₂的两个邻位，通过重氮化、还原除去氨基。—NH₂在此合成中起"导向基"作用，指引后续基团进入正确位置后，再除去。

提示： 当目标物中取代基定位效应矛盾时，可考虑上述方法。

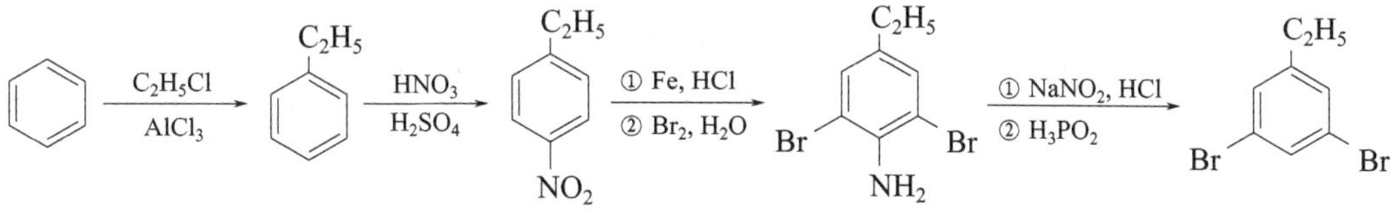

（4）以苯及小于三个碳的有机物合成 $I-\bigcirc-\bigcirc-I$ （2021年真题）

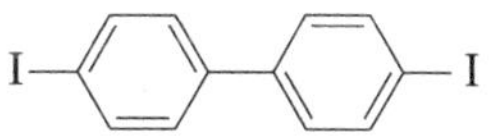

分析： 目标物中芳环连接I，I较难直接引入，可由胺经重氮化间接引入，联苯胺可由硝基苯还原重排得到。

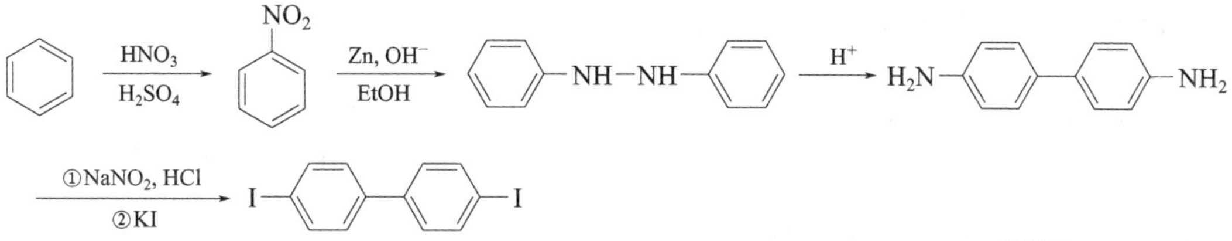

（5）以苯及水杨酸合成人工染料茜素黄R

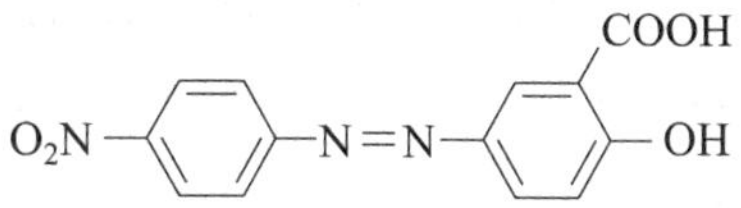

分析： 偶氮化合物由重氮组分和偶联组分（富电子）通过芳环亲电取代连接而成，因此茜素黄R可以切断为水杨酸和对硝基苯基重氮盐：

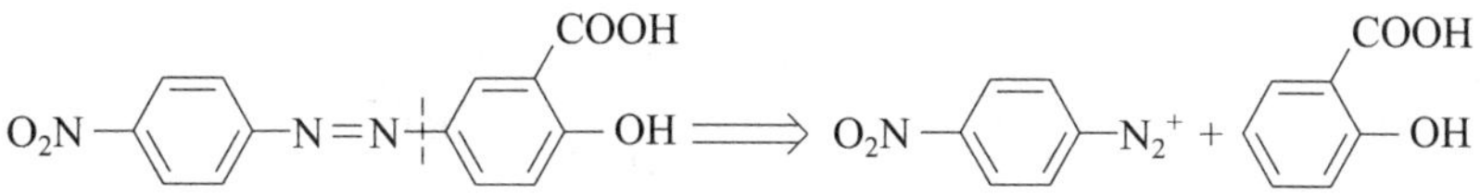

合成路线为：

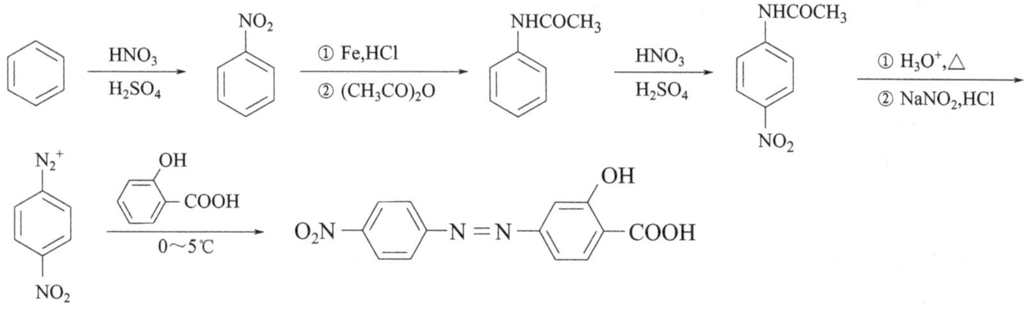

第十四章 综合练习题（参考答案）

1.命名或写出下列化合物的结构式。

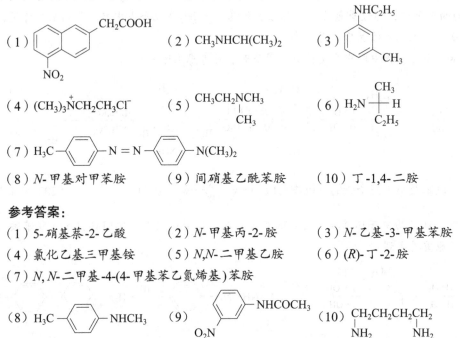

（1）   （2）$CH_3NHCH(CH_3)_2$ （3）

（4）$(CH_3)_3\overset{+}{N}CH_2CH_3Cl^-$ （5）   （6）

（7）

（8）N-甲基对甲苯胺   （9）间硝基乙酰苯胺   （10）丁-1,4-二胺

参考答案：

（1）5-硝基萘-2-乙酸   （2）N-甲基丙-2-胺   （3）N-乙基-3-甲基苯胺

（4）氯化乙基三甲基铵   （5）N,N-二甲基乙胺   （6）(R)-丁-2-胺

（7）N,N-二甲基-4-(4-甲基苯乙氮烯基)苯胺

（8）   （9）   （10）

2.用简单的化学方法区别下列各组化合物。

（1）丙醇、丙醛、丙酸和丙胺   （2）N,N-二甲基苯胺、N-甲基苯胺和乙酰苯胺

参考答案：

3.下列化合物可以发生傅-克反应的有（   ）。

（A）苯甲醛   （B）N-甲基-N-苯基乙酰胺   （C）苯甲腈

（D）N,N-二甲基苯胺   （E）吡啶

参考答案： 可以发生傅-克反应的芳环电子密度要高于卤苯，苯甲醛、苯甲腈中苯环连接的—CHO、—CN都是强吸电子基团，而吡啶中的氮原子电负性比碳强，具有吸电子的诱导

效应，均使环上电子密度降低，故无法发生亲电取代的傅-克反应。氨基或取代氨基有强的给电子共轭效应，使芳环电子密度升高。答案选 B、D。

4.下列化合物能溶于氢氧化钠溶液的有（ ）。

（A）N-甲基苯磺酰胺 （B）2-甲基-2-硝基丙烷 （C）1-硝基丙烷 （D）对硝基甲苯

参考答案：A是伯胺与苯磺酰氯反应的产物，能溶于氢氧化钠溶液；C是具有α-H的硝基烷烃，也能溶于氢氧化钠溶液。答案选A和C。

5.吡啶和苯胺中氮原子的杂化方式是什么？哪个碱性较强，为什么？

参考答案：吡啶和苯胺中氮原子分别为sp^2和sp^3杂化。吡啶的碱性强于苯胺。

理由：吡啶中氮的孤对电子处于sp^2杂化轨道上，并不参与环的共轭体系，因此可以接受质子，表现出较强的碱性；而苯胺中氮的孤对电子与苯环有一定程度的p-π共轭，电子向苯环离域，使氮周围的电子云密度减小，因此苯胺的碱性减弱，不易接受质子。

6.苯胺在混酸中硝化时，间位产物的产率接近50%，请解释其原因。

参考答案：苯胺从混酸接受质子，形成苯铵盐，铵基是强吸电子基团，为间位定位基。

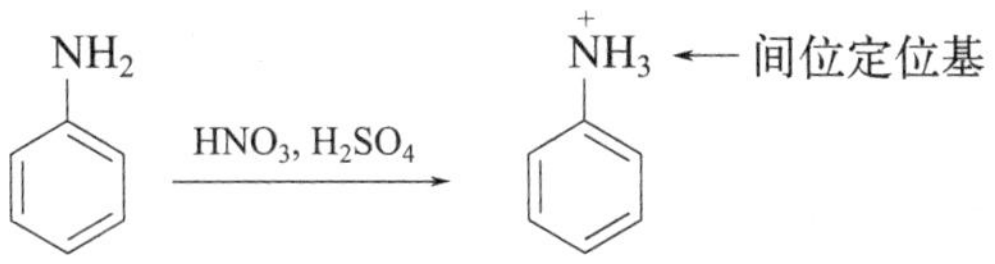

7.将下列化合物按照碱性由强到弱排序。

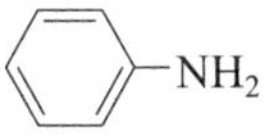

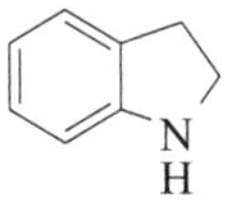

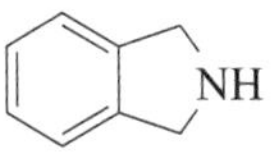

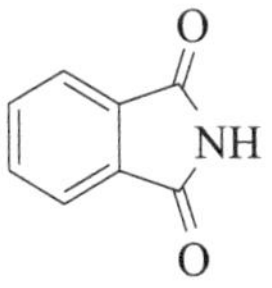

参考答案：C＞B＞A＞D。

理由：C为仲胺，碱性最强；B为芳香胺，但是连有给电子的烷基，故碱性比A强；D为酰亚胺，连有两个吸电子的羰基，碱性最弱。

8.完成下列转化，写出各步反应的主要条件或有机产物。

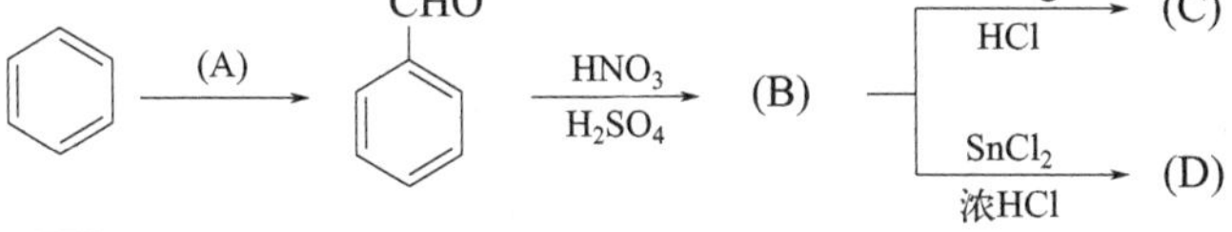

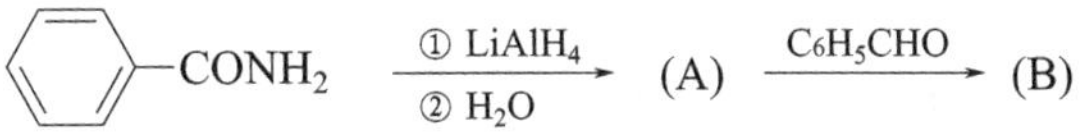

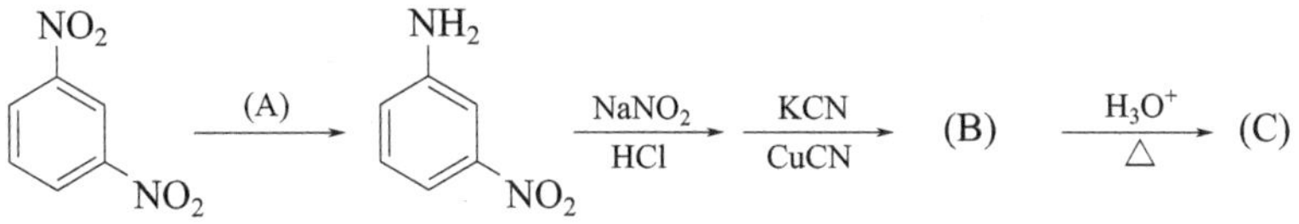

（4）

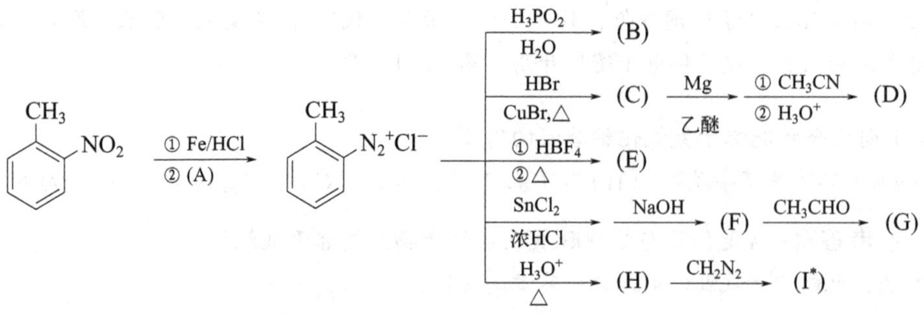

2-硝基甲苯 $\xrightarrow{\text{① Fe/HCl}}_{\text{② (A)}}$ 邻甲苯重氮盐 $(CH_3, N_2^+Cl^-)$

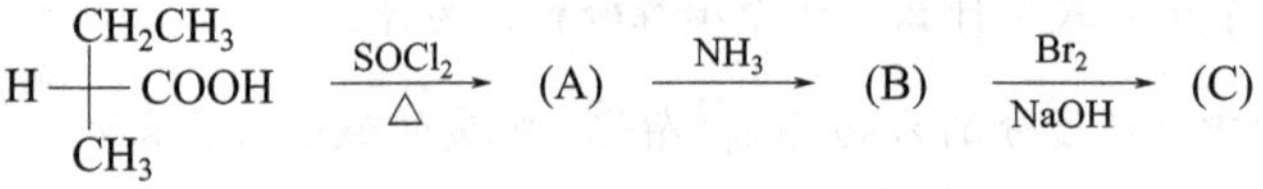

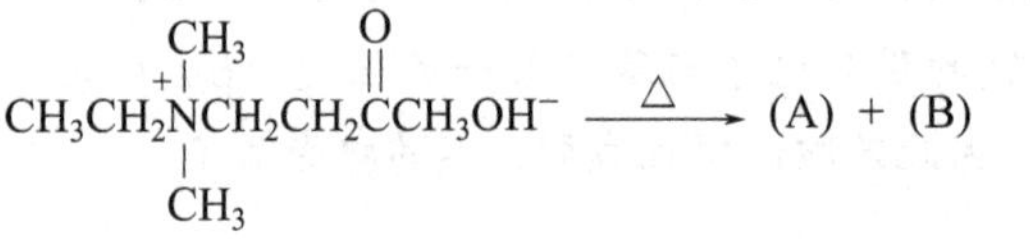

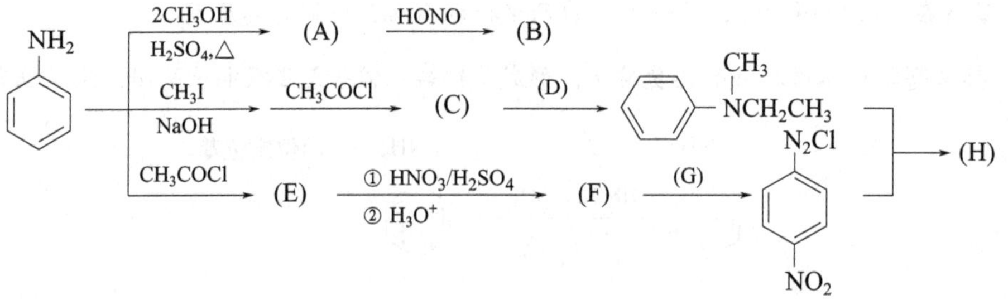

- $\xrightarrow[\text{H}_2\text{O}]{\text{H}_3\text{PO}_2}$ (B)
- $\xrightarrow[\text{CuBr},\triangle]{\text{HBr}}$ (C) $\xrightarrow[\text{乙醚}]{\text{Mg}}$ $\xrightarrow[\text{② H}_3\text{O}^+]{\text{① CH}_3\text{CN}}$ (D)
- $\xrightarrow[\text{②}\triangle]{\text{① HBF}_4}$ (E)
- $\xrightarrow[\text{浓HCl}]{\text{SnCl}_2}$ $\xrightarrow{\text{NaOH}}$ (F) $\xrightarrow{\text{CH}_3\text{CHO}}$ (G)
- $\xrightarrow[\triangle]{\text{H}_3\text{O}^+}$ (H) $\xrightarrow{\text{CH}_2\text{N}_2}$ (I*)

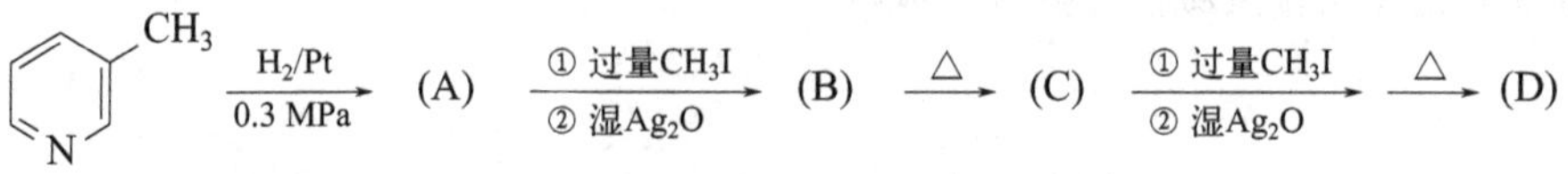

（5） $H\text{—}\underset{CH_3}{\overset{CH_2CH_3}{\underset{|}{\overset{|}{C}}}}\text{—COOH}$ $\xrightarrow[\triangle]{\text{SOCl}_2}$ (A) $\xrightarrow{\text{NH}_3}$ (B) $\xrightarrow[\text{NaOH}]{\text{Br}_2}$ (C)

（6） $CH_3CH_2\overset{+}{\underset{CH_3}{\overset{CH_3}{\underset{|}{\overset{|}{N}}}}}CH_2CH_2\overset{O}{\overset{||}{C}}CH_3OH^-$ $\xrightarrow{\triangle}$ (A) + (B)

（7） 苯胺 (NH_2)

- $\xrightarrow[\text{H}_2\text{SO}_4,\triangle]{\text{2CH}_3\text{OH}}$ (A) $\xrightarrow{\text{HONO}}$ (B)
- $\xrightarrow[\text{NaOH}]{\text{CH}_3\text{I}}$ $\xrightarrow{\text{CH}_3\text{COCl}}$ (C) $\xrightarrow{\text{(D)}}$ $(\text{苯}\underset{CH_2CH_3}{\overset{CH_3}{\overset{|}{N}}})$ 与 (N_2Cl, NO_2) $\longrightarrow$ (H)
- $\xrightarrow{\text{CH}_3\text{COCl}}$ (E) $\xrightarrow[\text{② H}_3\text{O}^+]{\text{① HNO}_3/\text{H}_2\text{SO}_4}$ (F) $\xrightarrow{\text{(G)}}$

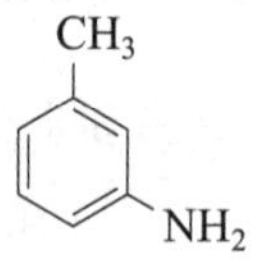

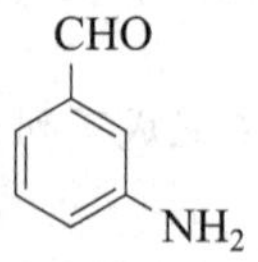

（8） 3-甲基吡啶 $\xrightarrow[\text{0.3 MPa}]{\text{H}_2/\text{Pt}}$ (A) $\xrightarrow[\text{② 湿 Ag}_2\text{O}]{\text{① 过量 CH}_3\text{I}}$ (B) $\xrightarrow{\triangle}$ (C) $\xrightarrow[\text{② 湿 Ag}_2\text{O}]{\text{① 过量 CH}_3\text{I}}$ $\xrightarrow{\triangle}$ (D)

（9） 苯乙酸 (CH_2COOH) $\xrightarrow{\text{NH}_3}_{\triangle}$ (A) $\xrightarrow{\text{P}_2\text{O}_5}_{\triangle}$ (B)

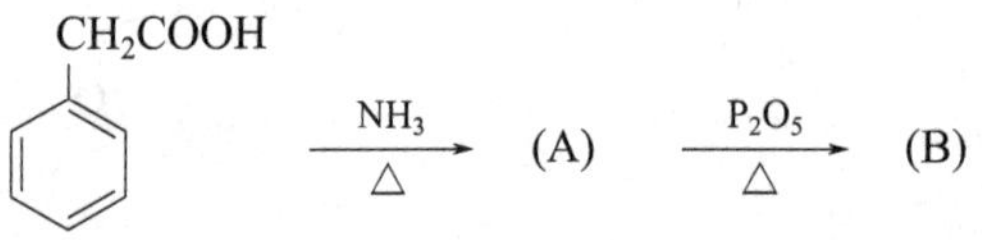

参考答案：

（1）A： CO, HCl/AlCl₃, CuCl　　B： 3-硝基苯甲醛 (CHO, NO₂)　　C： 3-氨基甲苯 (CH₃, NH₂)　　D： 3-氨基苯甲醛 (CHO, NH₂)

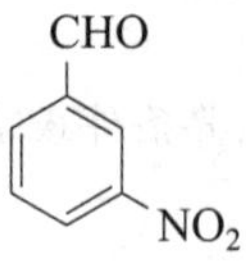

（2）A： 苄胺 (CH₂NH₂)　　B： (CH₂N=CH—苯基)

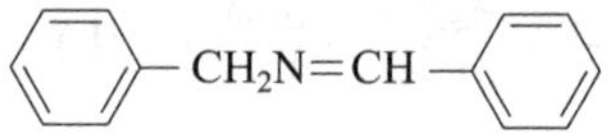

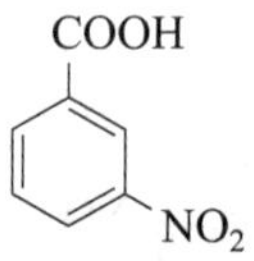

（3）A： (NH₄)₂S（或 NH₄HS, Na₂S, NaHS 均可）　　B： 3-硝基苯甲腈 (CN, NO₂)　　C： 3-硝基苯甲酸 (COOH, NO₂)

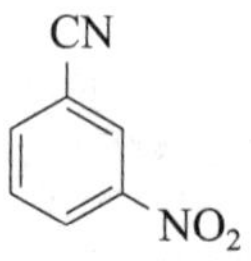

（4）A： NaNO₂, HCl/0～5℃　　B： 甲苯 (CH₃)　　C： 2-溴甲苯 (CH₃, Br)　　D： 邻甲基苯乙酮 (CH₃, COCH₃)

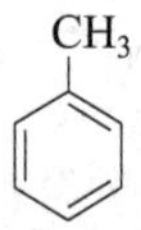

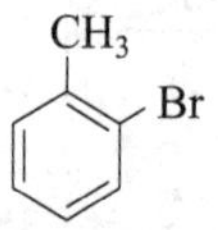

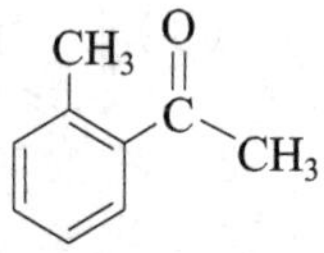

E: （邻氟甲苯，CH₃, F）

F: （CH₃, NHNH₂）

G: （CH₃, NHN=CHCH₃）

H: （CH₃, OH）

I: （CH₃, OCH₃）

（5）A:

$$H-\overset{\overset{\displaystyle CH_2CH_3}{|}}{\underset{\underset{\displaystyle CH_3}{|}}{C}}-COCl$$

B:

$$H-\overset{\overset{\displaystyle CH_2CH_3}{|}}{\underset{\underset{\displaystyle CH_3}{|}}{C}}-CONH_2$$

C:

$$H-\overset{\overset{\displaystyle CH_2CH_3}{|}}{\underset{\underset{\displaystyle CH_3}{|}}{C}}-NH_2$$

（6）A:

$$CH_2=CHCCH_3 \quad (\overset{O}{\|})$$

B: $CH_3CH_2N(CH_3)_2$

（7）A: N(CH₃)₂

B: ON— —N(CH₃)₂

C: N(COCH₃)(CH₃)

D: （1）$LiAlH_4$ （2）H_3O^+

E: —NHCOCH₃

F: O_2N— —NH_2

G: $NaNO_2$, $HCl/0\sim5℃$

H: O_2N— —N=N— —N(CH₂CH₃)(CH₃)

（8）A: （3-甲基哌啶）

B: （N,N-二甲基 OH⁻）

C:

D:

（9）A: —CH₂CONH₂

B: —CH₂CN

9. 用指定原料及不超过2个碳的有机物合成下列各化合物，催化剂、溶剂及无机试剂任选。

（1）以苯胺为主要原料合成医药中间体对氨基苯磺酰胺（磺胺）

（2）以苯胺为主要原料，分别合成邻溴苯胺和间硝基苯胺

（3）以甲苯为原料合成 O_2N— —CH₂NH— —NO_2

（4）以苯和对二甲苯为原料合成超高强度纤维对芳纶 $\left[\overset{\overset{\displaystyle O}{\|}}{C}-\text{}-CONH-\text{}-NH\right]_n$

（5）以甲苯为主要原料合成 （Br, CONHCH₂CH₃, NO₂）

（6）以苯为原料合成 1,3,5-三溴苯

（7）以苯、萘为原料合成染料

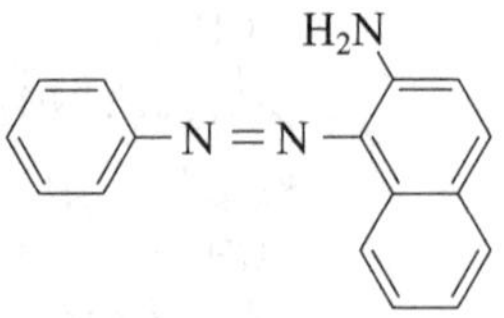

（8）以苯胺、萘为主要原料合成染料酸性橙Ⅱ（结构见本章例题）

（9）以丙烯为原料合成聚丙烯酰胺

参考答案：

（1）

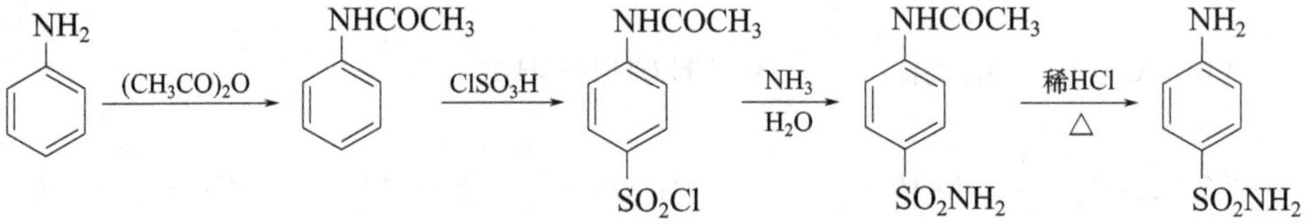

（2）

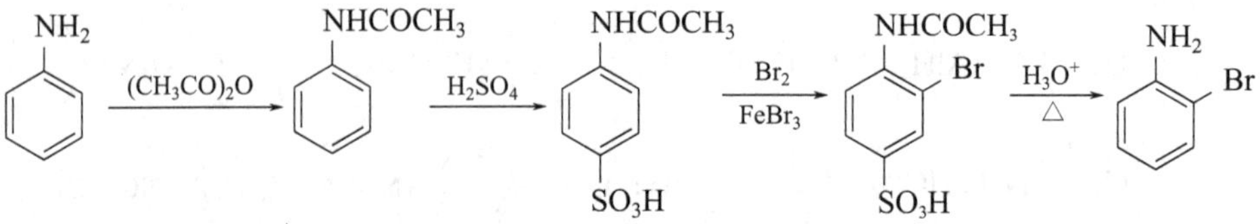

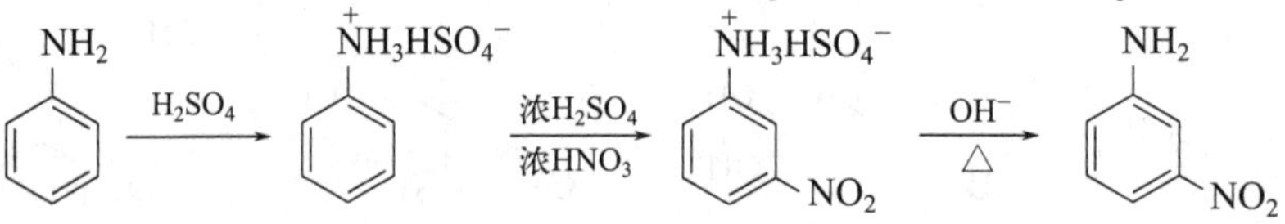

（3）

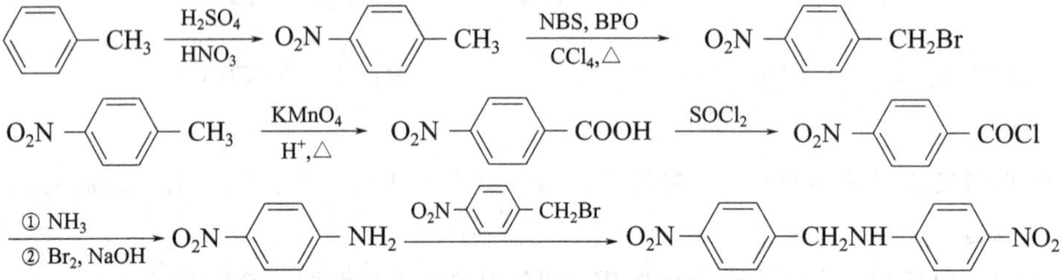

（4）

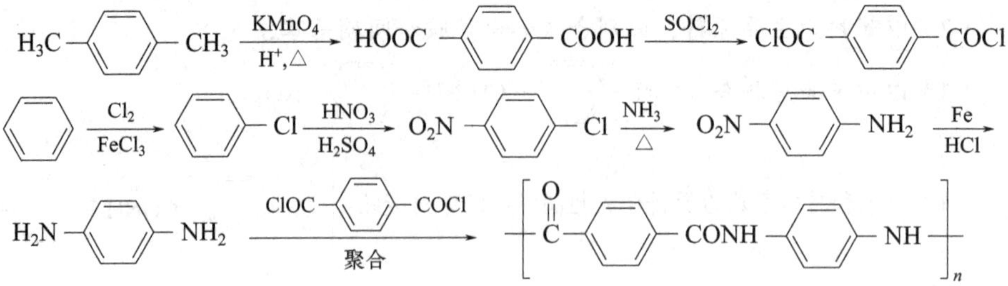

合成路线鼓励使用工业制备方法，如对苯二甲酸的工业制备方法为：

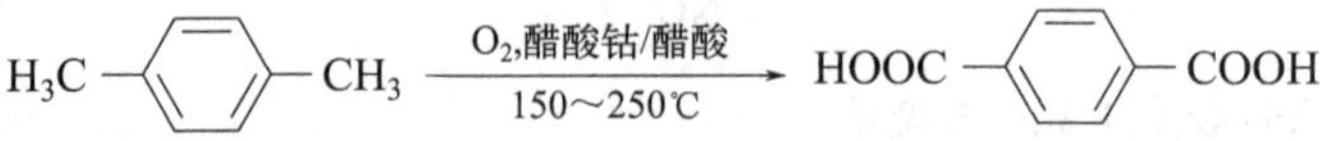

（5）

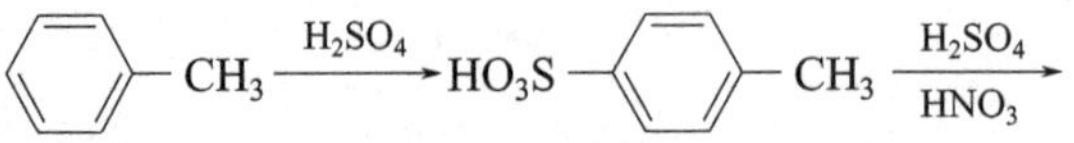

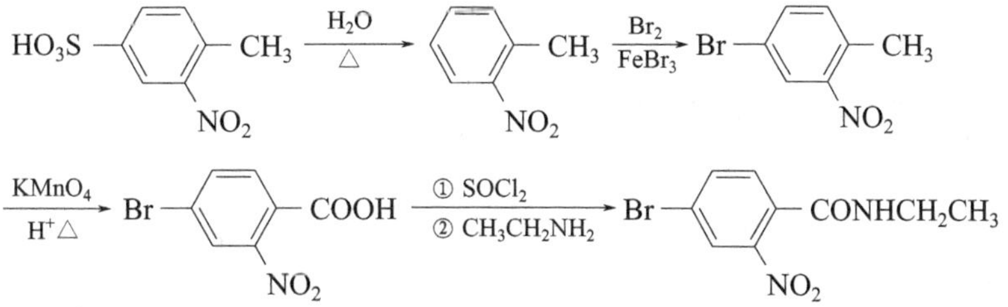

（6）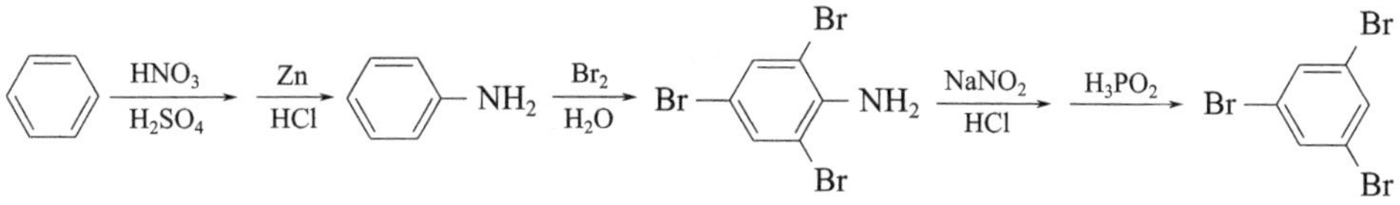

（7）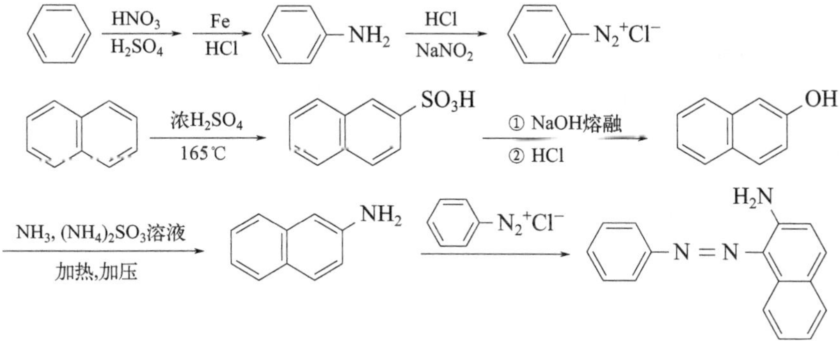

（8）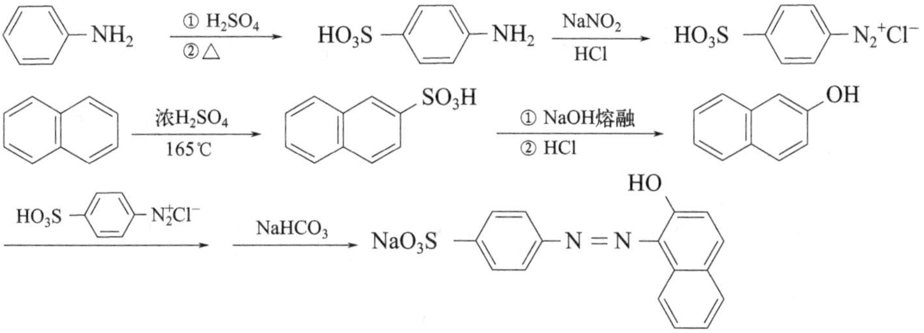

（9）$CH_2{=}CHCH_3 + NH_3 + \frac{3}{2}O_2 \xrightarrow[470\ ℃]{\text{磷钼酸铋}} CH_2{=}CHCN + 3\ H_2O$

$CH_2{=}CHCN \xrightarrow[H_2O]{\text{Cu催化剂}} CH_2{=}CH\overset{\overset{\displaystyle O}{\|}}{C}NH_2$

$n\,CH_2{=}CH\overset{\overset{\displaystyle O}{\|}}{C}NH_2 \xrightarrow{\text{偶氮二异丁腈}} \left[CH_2-\underset{\underset{\displaystyle CONH_2}{|}}{CH} \right]_n$

10. 非那西丁（CH_3CH_2O—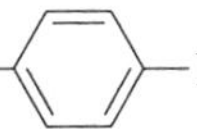—$NHCOCH_3$）是具有解热、镇痛作用的药品。请以苯酚及两个碳的有机物为原料合成非那西丁。

参考答案：

$$HO\text{—}C_6H_4 \xrightarrow[\text{(CH}_3\text{CH}_2)_2\text{SO}_4]{\text{NaOH}} CH_3CH_2O\text{—}C_6H_5 \xrightarrow[\text{H}_2\text{SO}_4]{\text{HNO}_3} CH_3CH_2O\text{—}C_6H_4\text{—}NO_2 \xrightarrow[\text{HCl}]{\text{Fe}}$$

$$CH_3CH_2O\text{—}C_6H_4\text{—}NH_2 \xrightarrow{\text{(CH}_3\text{CO)}_2\text{O}} CH_3CH_2O\text{—}C_6H_4\text{—}NHCOCH_3$$

11.一种偶氮染料，以氯化亚锡-盐酸溶液还原分解后，生成如下化合物：

$$CH_3CONH\text{—}C_6H_4\text{—}NH_2 \quad 和 \quad H_3C\text{—}C_6H_3(NH_2)(OH)$$

（1）试推断该偶氮染料的结构式；

（2）请以甲苯、苯和两个碳原子的有机物为原料合成该染料。

参考答案：

（1）$CH_3C(O)NH\text{—}C_6H_4\text{—}N=N\text{—}C_6H_3(OH)(CH_3)$

（2）

$$C_6H_5CH_3 \xrightarrow[\triangle]{\text{H}_2\text{SO}_4} HO_3S\text{—}C_6H_4\text{—}CH_3 \xrightarrow[\text{共熔}]{\text{NaOH}} \xrightarrow{\text{H}^+} HO\text{—}C_6H_4\text{—}CH_3$$

$$C_6H_6 \xrightarrow[\text{H}_2\text{SO}_4]{\text{HNO}_3} \xrightarrow[\text{HCl}]{\text{Fe}} C_6H_5\text{—}NH_2 \xrightarrow{\text{(CH}_3\text{CO}_2)\text{O}} C_6H_5\text{—}NHCOCH_3 \xrightarrow[\text{H}_2\text{SO}_4]{\text{HNO}_3}$$

$$O_2N\text{—}C_6H_4\text{—}NHCOCH_3 \xrightarrow[\text{HCl}]{\text{Fe}} H_2N\text{—}C_6H_4\text{—}NHCOCH_3 \xrightarrow[\text{NaNO}_2]{\text{HCl}}$$

$$CH_3C(O)NH\text{—}C_6H_4\text{—}N_2^+Cl^- \xrightarrow{HO\text{—}C_6H_4\text{—}CH_3} CH_3C(O)NH\text{—}C_6H_4\text{—}N=N\text{—}C_6H_3(OH)(CH_3)$$

12.苯佐卡因和普鲁卡因（结构见本章例题）均为局部麻醉药，苯佐卡因还可用于创面、溃疡面等的止痛，普鲁卡因则主要用于浸润麻醉、腰麻、封闭疗法等。

（1）请以甲苯和乙醇为原料合成苯佐卡因。

（2）以对硝基苯甲酸和乙烯为主要原料合成普鲁卡因的路线如下：

$$O_2N\text{—}C_6H_4\text{—}COOH \xrightarrow[\text{H}^+]{\text{CH}_3\text{OH}} (A)$$

$$CH_2=CH_2 \xrightarrow[\text{Ag, 250℃}]{\text{O}_2} (B) \xrightarrow{\text{HN(C}_2\text{H}_5)_2} (C)$$

$$(A) + (C) \xrightarrow{\text{H}^+} (D) \longrightarrow 普鲁卡因$$

① 请写出化合物A、B、C的结构式；

② 请以乙烯为原料合成该反应中所需的原料二乙胺；

③ 写出化合物A与C合成D的反应式；

④ 写出由化合物D制备普鲁卡因的反应式。

参考答案：

（1）〔苯环〕—CH₃ $\xrightarrow[\text{HNO}_3]{\text{H}_2\text{SO}_4}$ O₂N—〔苯环〕—CH₃ $\xrightarrow[\text{H}^+,\triangle]{\text{KMnO}_4}$ O₂N—〔苯环〕—COOH

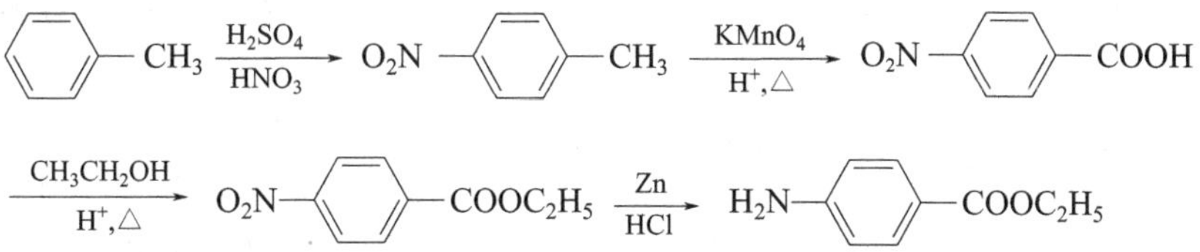

$\xrightarrow[\text{H}^+,\triangle]{\text{CH}_3\text{CH}_2\text{OH}}$ O₂N—〔苯环〕—COOC₂H₅ $\xrightarrow[\text{HCl}]{\text{Zn}}$ H₂N—〔苯环〕—COOC₂H₅

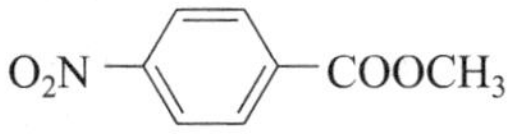

（2）① A：O₂N—〔苯环〕—COOCH₃　　B：H₂C—CH₂（环氧乙烷）　　C：(C₂H₅)₂NCH₂CH₂OH

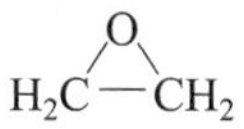

② CH₂=CH₂ $\xrightarrow[\triangle]{\text{H}_3\text{O}^+}$ C₂H₅OH　　2 C₂H₅OH $\xrightarrow[\triangle,\text{加压}]{\text{NH}_3,\text{Al}_2\text{O}_3}$ (C₂H₅)₂NH

③ O₂N—〔苯环〕—COOCH₃ + (C₂H₅)₂NCH₂CH₂OH $\xrightarrow[\text{酯交换}]{\text{H}^+,\triangle}$ O₂N—〔苯环〕—COOCH₂CH₂N(C₂H₅)₂

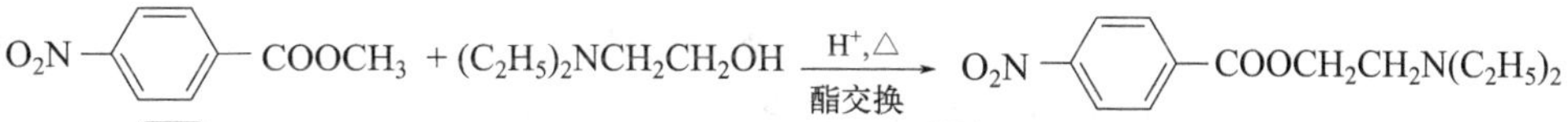

④ O₂N—〔苯环〕—COOCH₂CH₂N(C₂H₅)₂ $\xrightarrow[\text{HCl}]{\text{Fe}}$ H₂N—〔苯环〕—COOCH₂CH₂N(C₂H₅)₂

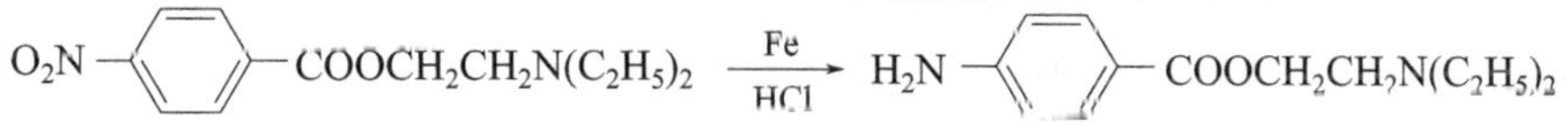

13. 曲马多是一种人工合成的镇痛药，主要用于中度和严重急慢性疼痛、骨折和多种术后疼痛的止痛，长期服用依赖性小。近期在非洲乌檀属植物中也发现了天然的曲马多。人工合成曲马多的路线如下：

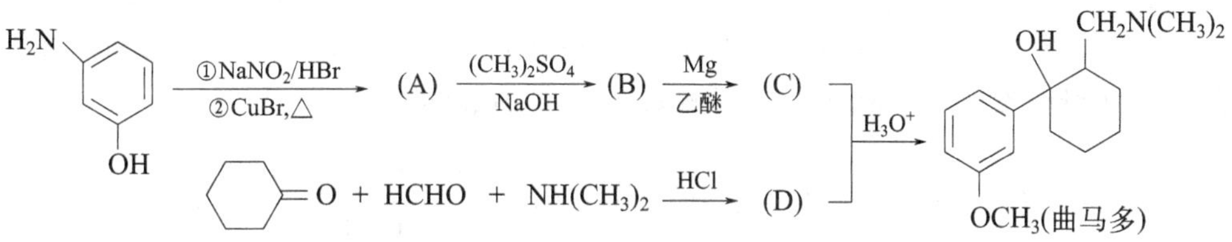

H₂N—〔间苯，OH〕 $\xrightarrow[\text{②CuBr},\triangle]{\text{①NaNO}_2/\text{HBr}}$ (A) $\xrightarrow[\text{NaOH}]{\text{(CH}_3\text{)}_2\text{SO}_4}$ (B) $\xrightarrow[\text{乙醚}]{\text{Mg}}$ (C)

〔环己酮〕=O + HCHO + NH(CH₃)₂ $\xrightarrow{\text{HCl}}$ (D)

(C) + (D) $\xrightarrow{\text{H}_3\text{O}^+}$ 〔曲马多结构：OH，CH₂N(CH₃)₂，OCH₃〕（曲马多）

（1）请写出化合物A和B的结构式；

（2）曲马多有几个光学异构体？在哪些步骤生成的化合物为外消旋体？

（3）写出化合物C与D合成曲马多的化学反应式；

（4）如何用简单的化工原料硝基苯来合成起始化合物间氨基苯酚？

参考答案：

（1）A：Br—〔苯环〕—OH　　　　　　B：Br—〔苯环〕—OCH₃

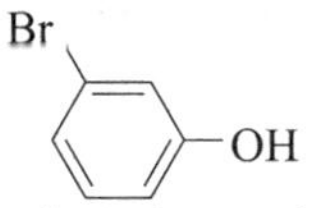

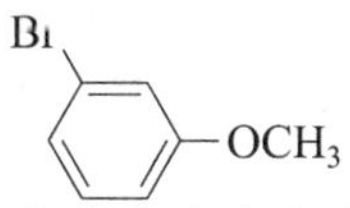

（2）两个手性碳，四个对映体。曼尼希反应产生外消旋体。

（3）BrMg—〔苯环〕—OCH₃ + 〔环己酮，CH₂N(CH₃)₂〕 $\xrightarrow[\triangle]{\text{干醚}}$ $\xrightarrow{\text{H}_3\text{O}^+}$ 〔产物：HO，CH₂N(CH₃)₂，OCH₃〕

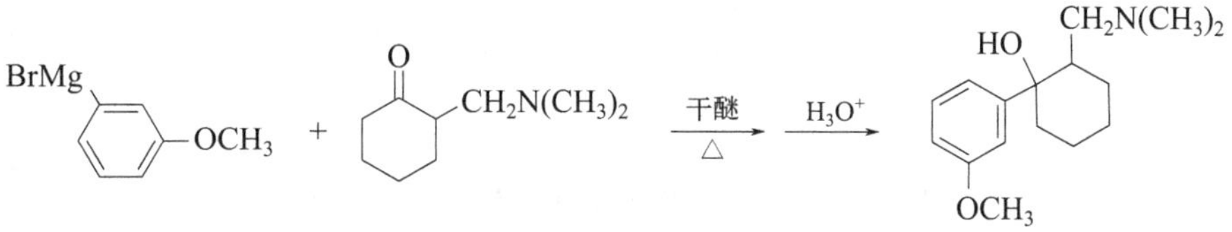

（4）

〔苯环〕—NO₂ $\xrightarrow[\triangle]{\text{发烟H}_2\text{SO}_4}$ HO₃S—〔苯环〕—NO₂ $\xrightarrow[\text{共熔}]{\text{NaOH}}$ $\xrightarrow{\text{H}^+}$ HO—〔苯环〕—NO₂ $\xrightarrow[\text{HCl}]{\text{Zn}}$ HO—〔苯环〕—NH₂

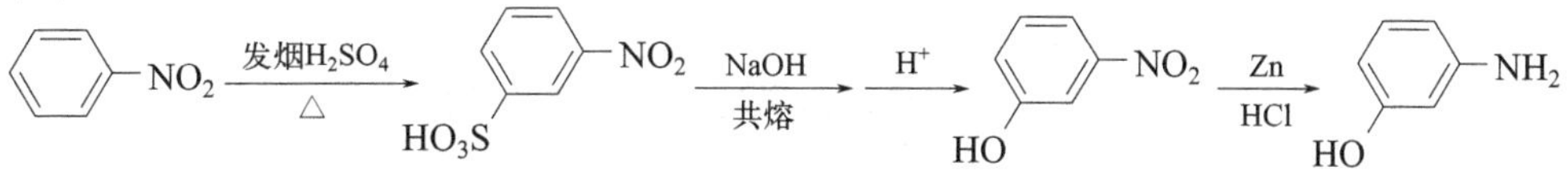

14. 尼诺尔（主要组成$C_{16}H_{33}NO_3$）是非离子表面活性剂，可配制除油脱脂清洗剂及纤维的抗静电剂；月桂酰氨基丙基甜菜碱（$C_{19}H_{38}N_2O_3$，简称LAB）为两性表面活性剂，广泛用于中高级香波、沐浴液的配制。某企业利用废油脂制备生物柴油，并通过分离提纯得到月桂酸甲酯，并以乙烯和3-二甲氨基丙腈为原料生产尼诺尔和LAB，过程如下：

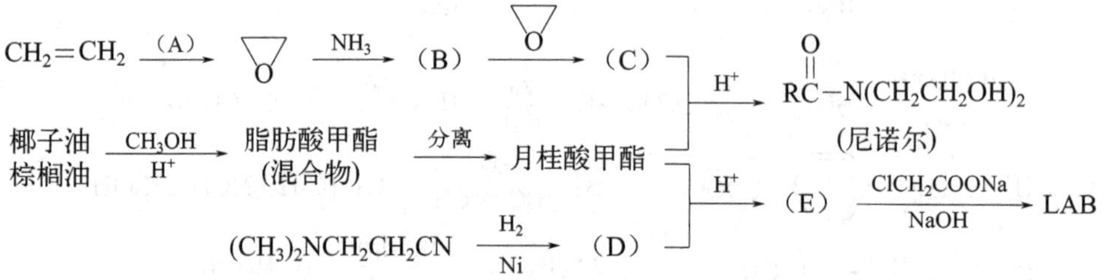

（1）补充反应条件A，并写出化合物B和D的结构式；

（2）月桂酸是一种正烷基脂肪酸，写出月桂酸的结构式；

（3）写出月桂酸甲酯与化合物C合成尼诺尔的反应式；

（4）写出化合物E合成LAB的反应式；

（5*）请以甲醇和氨、丙烯腈为原料合成3-二甲氨基丙腈。提示：可用迈克尔加成反应。

参考答案：

（1）A：CF_3CO_3H或O_2/Ag；　B：$NH_2CH_2CH_2OH$；　D：$(CH_3)_2NCH_2CH_2CH_2NH_2$

（2）从尼诺尔的主要组成分子式$C_{16}H_{33}NO_3$和尼诺尔通式（$RC_5H_{10}NO_3$），可推出R基为$C_{11}H_{23}$，因月桂酸为正烷基脂肪酸，其结构式为：$n\text{-}C_{11}H_{23}COOH$。

（3）$C_{11}H_{23}COOCH_3 + NH(CH_2CH_2OH)_2 \xrightarrow{H^+} C_{11}H_{23}\overset{O}{\overset{\|}{C}}-N(CH_2CH_2OH)_2 + CH_3OH$

（4）$C_{11}H_{23}\overset{O}{\overset{\|}{C}}NH(CH_2)_3N(CH_3)_2 + ClCH_2COONa \xrightarrow{NaOH} C_{11}H_{23}\overset{O}{\overset{\|}{C}}NH(CH_2)_3\overset{+}{N}(CH_3)_2CH_2COO^-$

（5）$CH_3OH \xrightarrow[Al_2O_3,\triangle]{NH_3} NH_2CH_3 \xrightarrow[Al_2O_3,\triangle]{CH_3OH} NH(CH_3)_2 \xrightarrow[\text{(迈克尔加成)}]{CH_2=CHCN} (CH_3)_2NCH_2CH_2CN$

15. "地西泮"是一种具有催眠、镇静和抗癫痫的药物。以苯甲酸、苯胺、乙酸及一个碳的有机物为原料合成地西泮的路线如下：

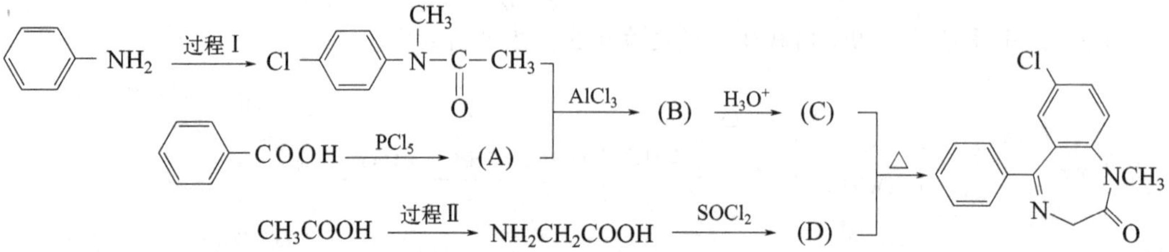

地西泮

（1）写出化合物A的结构式；

（2）过程Ⅰ、Ⅱ均为多步反应，请写出实现其转化的各步反应式；

（3）写出由化合物A合成B的反应式；

（4）写出化合物C与D合成地西泮的反应式。

参考答案：

（1） 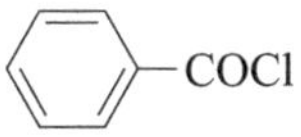 （苯甲酰氯 COCl）

（2）过程Ⅰ：

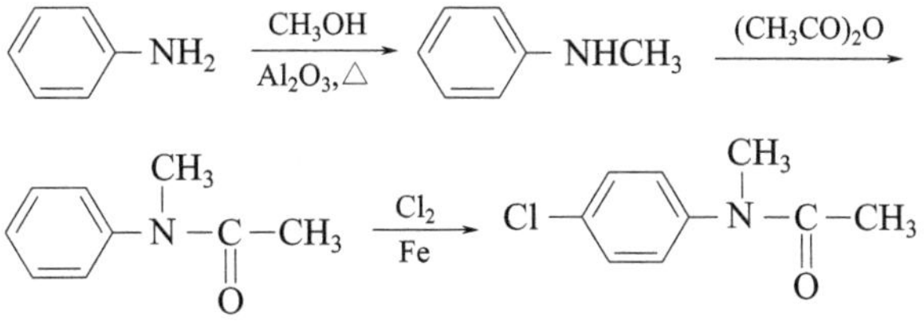

过程Ⅱ：

$$CH_3COOH \xrightarrow[P]{Cl_2} ClCH_2COOH \xrightarrow{NH_3} NH_2CH_2COOH$$

（3）

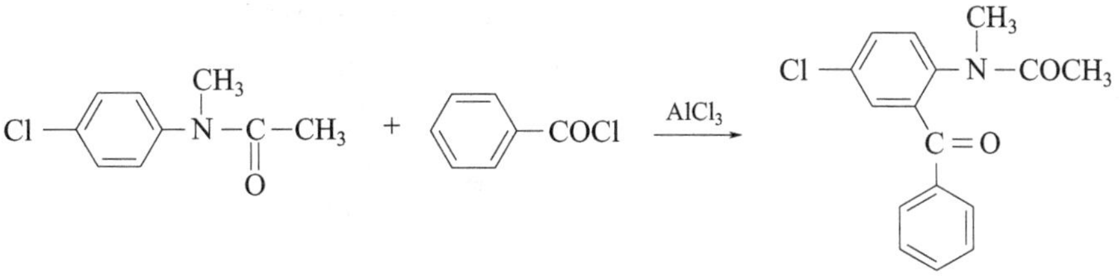

（4）

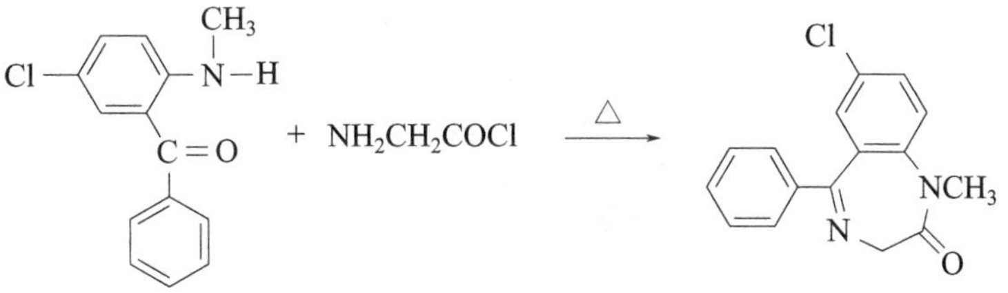

第十五章

生物分子

一、本章概要

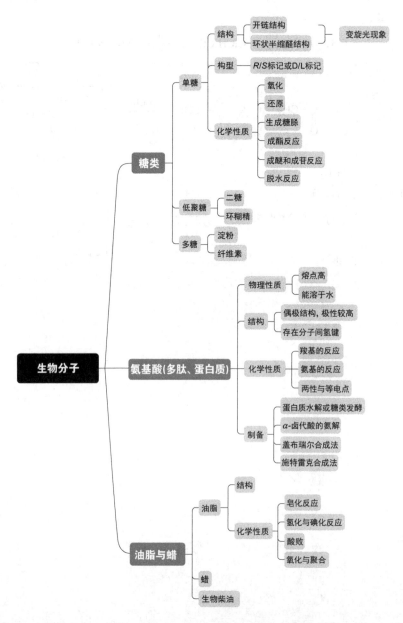

二、结构与化学性质

1. 糖类

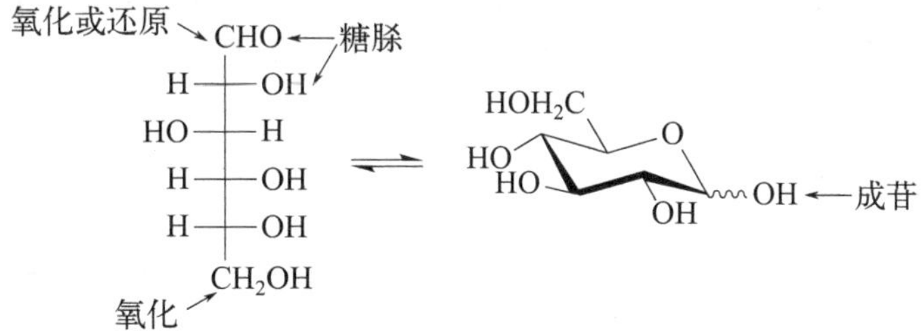

单糖是多羟基醛（酮），羟基与醛基或酮基发生分子内亲核加成，生成五元（呋喃糖）或六元（吡喃糖）环状半缩醛（酮），开链式与环状半缩醛（酮）处于动态平衡。

开链式单糖含有羟基和羰基，主要发生氧化-还原反应，如醛基被氧化成羧基或被还原成醇，链端的伯羟基在强氧化剂作用下也会被氧化成羧基；羰基还可以发生亲核加成，如与过量苯肼生成糖脎。

氧环式单糖中含有三类羟基：苷羟基（半缩醛的羟基，又称为1-羟基）、伯羟基、仲羟基。在碱性催化剂下，各类羟基均能和卤代烃成醚，和酸酐或酰氯成酯；苷羟基可以和另一分子单糖的羟基（或其它有活泼氢的化合物）脱水形成糖苷，多个单糖分子可通过糖苷键连接构成低聚糖、多糖等。

2. 氨基酸、多肽、蛋白质

$$H_2N-\underset{}{\overset{R}{\overset{|}{C}}}H-COOH \rightleftharpoons {}^{+}H_3N-\overset{R}{\overset{|}{C}}H-COO^{-}$$

氨基酸分子中同时含有羧基和氨基，羧基能发生中和、酯化、卤代、还原等反应，氨基具有亲核性，能发生烃基化、酰基化、亚硝化等反应，还能与酸、醛酮（如甲醛、水合茚三酮）等反应；羧基是酸性基团，氨基是碱性基团，羧基与氨基能发生分子内的质子转移，形成偶极离子。

一个氨基酸的氨基与另一个氨基酸的羧基分子间脱水形成肽，由两个氨基酸构成的肽称为二肽，10个以上氨基酸构成的肽称为多肽，50个以上称为蛋白质。多肽、蛋白质和氨基酸一样也有游离的氨基端和羧基端，性质类似于大的“氨基酸”。

3. 油脂和蜡

$$\begin{array}{l} CH_2-OCOR^1 \\ | \\ CH-OCOR^2 \\ | \\ CH_2-OCOR^3 \end{array}$$

天然油脂是长链脂肪酸与甘油生成的酯，长链脂肪酸多数为直链，且以偶数碳原子居多。油中R基团含不饱和碳链居多，脂中R基团多数为饱和碳链。油脂的化学性质主要体现在酯基和双键上。酯基碱性水解后生成甘油和高级脂肪酸钠（肥皂），又称为皂化反应；

不饱和键可与氢气（油脂的氢化）或卤素加成，不饱和键还可以发生氧化（油脂的酸败）、聚合反应等。

蜡是由长链脂肪酸和长链脂肪醇形成的酯，蜡按来源分为三类：植物蜡、动物蜡和矿物蜡。植物蜡和动物蜡的主要成分是含16个以上偶数碳原子的高级脂肪酸和高级一元伯醇形成的酯，矿物蜡主要是含20～30个碳原子的高级烷烃的混合物。

三、重要反应一览

反应			反应要点
单糖的反应	氧化反应	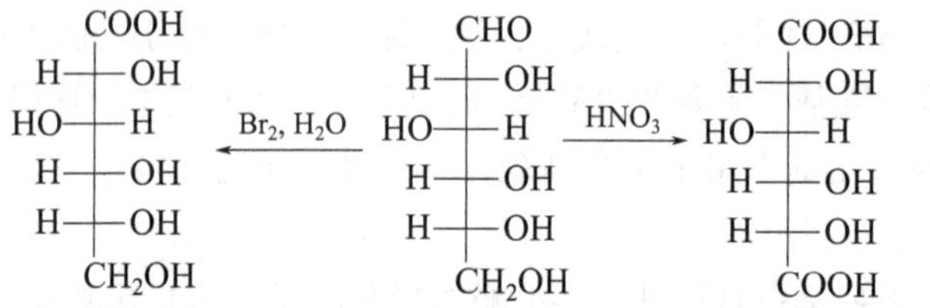 D-葡萄糖酸 ←(Br₂, H₂O) D-葡萄糖 →(HNO₃) D-葡萄糖二酸	✓ 氧化剂不同，氧化产物不同； ✓ 弱氧化剂，如托伦斯试剂、斐林试剂可氧化醛糖和部分酮糖，产生银镜和Cu_2O沉淀；Benedict试剂可用于检测糖尿病。
	还原反应	 D-葡萄糖 →(H₂, 雷尼Ni 加压,△) 山梨醇	✓ H_2或$NaBH_4$均可将醛基或酮基还原成醇； ✓ 产物为多元醇。
	生成糖脎	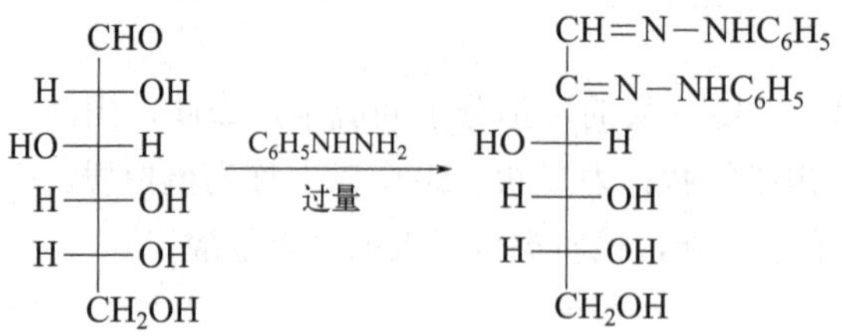 D-葡萄糖 →(C₆H₅NHNH₂ 过量) D-葡萄糖脎	✓ 成脎反应只发生在C_1和C_2上； ✓ 只有C_1和C_2不同的糖会生成相同的糖脎； ✓ 不同的糖脎结晶不同，熔点不同，可用来鉴别单糖。
	成酯反应	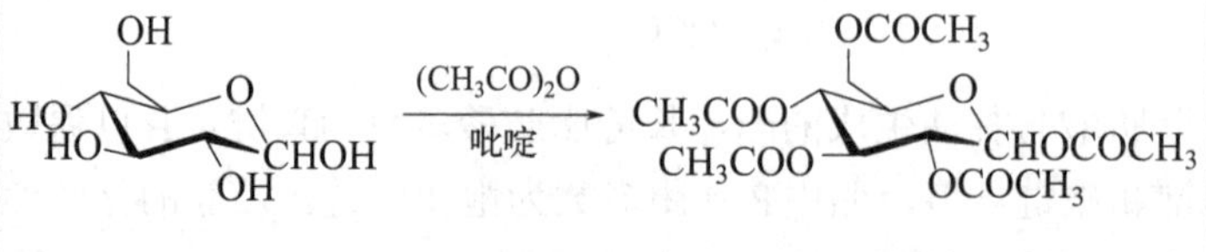 →((CH₃CO)₂O 吡啶)	✓ 单糖分子中—OH类似醇羟基； ✓ 伯羟基、仲羟基、苷羟基均可发生酯化。

续表

		反应	反应要点
单糖的反应	成苷成醚反应	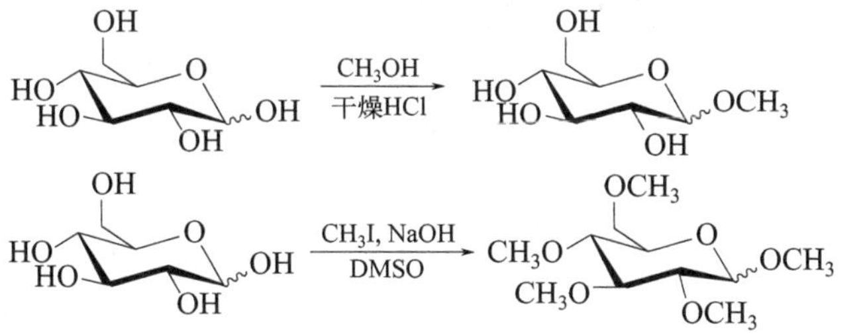	✓ 苷羟基可与含活泼氢的化合物脱水生成糖苷; ✓ 糖苷的化学本质是缩醛,较稳定,无变旋现象; ✓ 一定条件下,可以实现全部羟基醚化。
	脱水反应	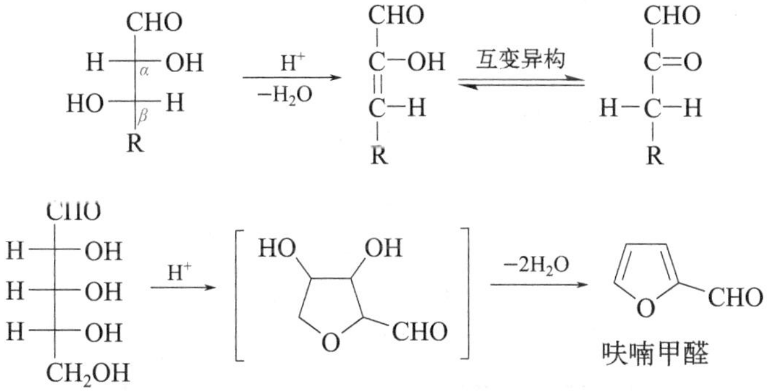	✓ 弱酸条件下,易发生 β-羟基与 α-氢的脱水反应,生成 α,β-不饱和羰基化合物; ✓ 戊醛糖和己醛糖会发生分子内脱水形成环醚,核糖脱水生成呋喃甲醛,葡萄糖脱水生成5-羟甲基呋喃甲醛。
氨基酸的反应	羧基的反应	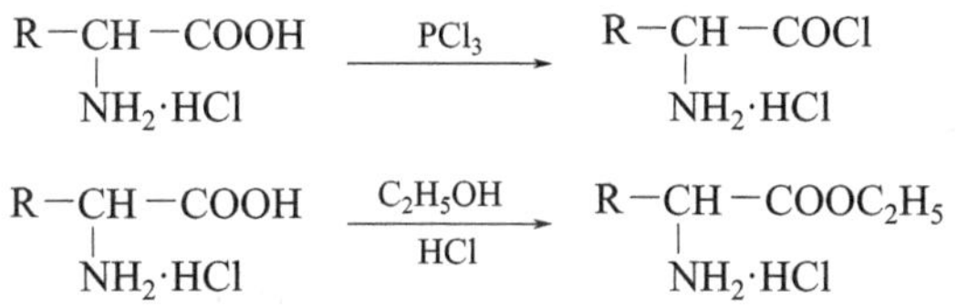	✓ 羧基能发生中和、酯化、卤代、还原等反应。
	氨基的反应	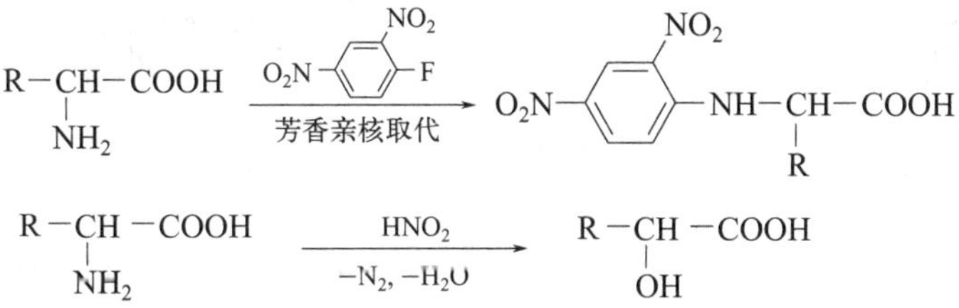	✓ 氨基具有亲核性,能发生烃基化、酰基化、亚硝化等反应; ✓ 氨基还能与酸、醛酮、过氧化氢等反应。
	酸碱性	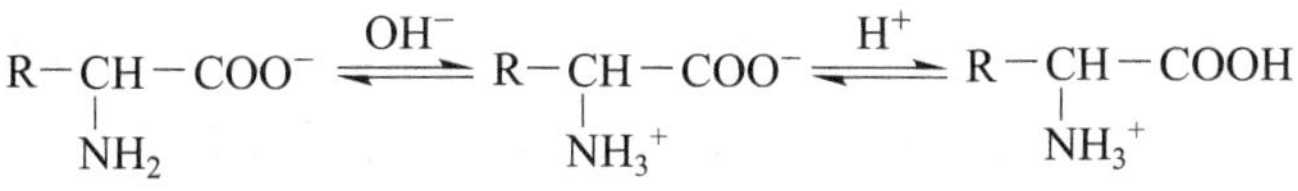	✓ 羧基与氨基发生分子内的质子传递,形成偶极离子; ✓ 碱性溶液中以负离子的形式存在,酸性溶液中以正离子的形式存在; ✓ 净电荷为零的pH称为等电点。

反应	反应要点
氨基酸的制备	
α-卤代酸的氨解： $CH_3-\underset{\underset{Br}{\|}}{CH}-COOH \xrightarrow{NH_3} CH_3-\underset{\underset{NH_2}{\|}}{CH}-COOH$	✓ 亲核取代反应； ✓ 氨过量。
盖布瑞尔合成法： 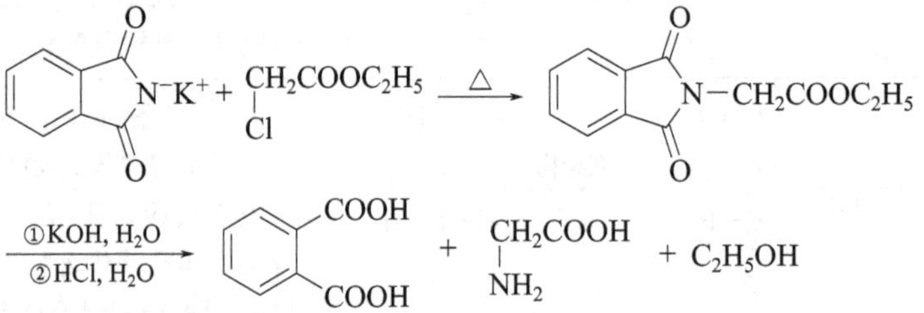	✓ 产物氨基酸的纯度高； ✓ 反应的原子经济性较差，副产物较多。
Strecker氨基酸合成法： $RCHO \xrightarrow[HCN]{NH_3} R-\underset{\underset{NH_2}{\|}}{CH}-CN \xrightarrow[②\ H^+]{①\ NaOH,\ H_2O} R-\underset{\underset{NH_2}{\|}}{CH}-COOH$	✓ 核心反应是羰基的亲核加成； ✓ 改变R基，可用于制备各种不同的氨基酸。

四、重点与难点

重点1：糖的一些重要概念

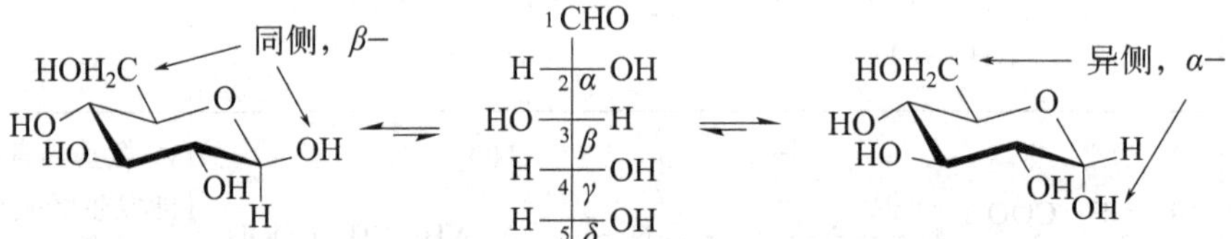

$[\alpha]_D + 18.7°$
β-D-(+)-吡喃葡萄糖(64%)

$[\alpha]_D + 112°$
α-D-(+)-吡喃葡萄糖(36%)

D/L标记法： 尽管糖中有多个手性碳，但D/L标记法仅标记编号最大的手性碳原子，葡萄糖中是C_5，羟基在右侧，H原子在左侧，与D-甘油醛一致，标记为D型，反之则为L型。(+)则表示使旋光仪的偏振光平面向右旋转。

α/β异构体： C_5的羟基进攻醛基，生成δ-氧环，与吡喃环骨架相似，又称为吡喃糖。C_1的醛基转变为半缩醛，C_1称为苷原子，连接的羟基称为苷羟基，苷羟基与C_5的"CH_2OH"处于环平面同侧叫做β型，处于异侧称为α型。α型和β型仅一个手性碳构型不同，其余手性碳构型完全相同，它们互称为差向异构体。由于α型和β型的差别是在C_1上，因此它们还互称为异头物或端基异构体。

变旋光现象： α-及β-两种环状结构的糖可通过开链式相互转变，最终达到平衡（β-型64%，α-型36%），因此比旋光度也不断变化，最终稳定在+52.7°。

糖苷的形成：氧环式的化学本质是半缩醛，半缩醛不稳定，所以开链式和氧环式可以相互转变。但苷羟基与其它含活泼氢的化合物脱水形成糖苷后，转变成较稳定的缩醛，不再发生氧环式与开链式的相互转变，因此糖苷无氧化还原性，无变旋现象，无糖脎反应。

糖苷键的标记：多糖往往由单糖通过糖苷键相连形成，糖苷键对认识糖的结构非常重要，正确标注糖苷键，需要标注单糖类型及糖苷键两侧的羟基位置，例如：

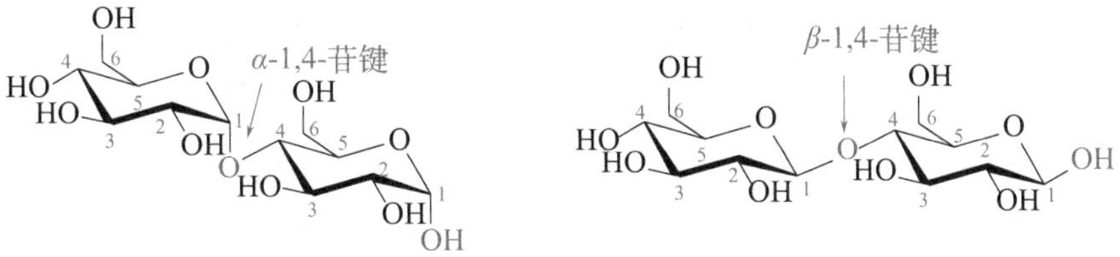

重点2：等电点

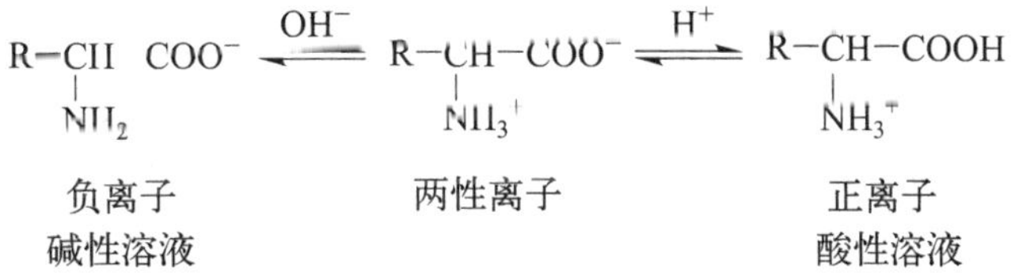

氨基酸的羧基与氨基能发生分子内质子转移，形成偶极离子。

在某一pH值时，氨基酸完全以偶极离子形式存在，净电荷为零，这一pH值称为氨基酸的等电点（pI），当pH=pI时，氨基酸在电场中不移动，且在水中溶解度最小，易结晶析出。当pH＜PI时，氨基酸主要以正离子形式存在，在电场中向负极泳动；当pH＞PI时，氨基酸主要以负离子形式存在，在电场中向正极泳动。

利用等电点可以分离不同的氨基酸。

难点1：酮糖的氧化

托伦斯试剂、斐林试剂不能氧化酮基，但可氧化部分酮糖，原因是这部分酮糖可经酮-烯醇互变异构转变为醛糖：

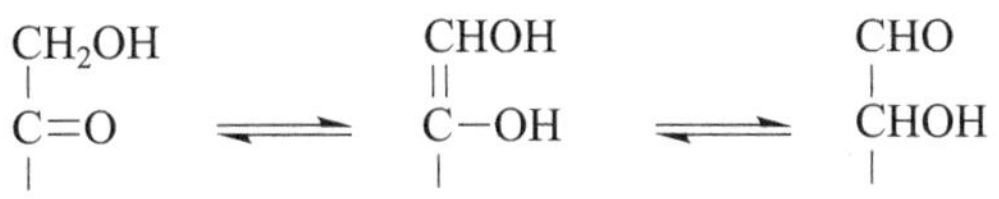

能被托伦斯试剂、斐林试剂氧化的糖称为还原糖，不能被氧化的称为非还原糖。

难点2：盖布瑞尔合成法制备氨基酸

盖布瑞尔合成法的本质是邻苯二甲酰亚胺盐对α-卤代酸酯的亲核取代，其中羧基以酯基的形式保护，避免羧基与邻苯二甲酰亚胺钾盐的酸碱反应。最后水解酰胺键释放氨基时，酯基比酰胺易水解，转变成羧基，生成氨基酸。

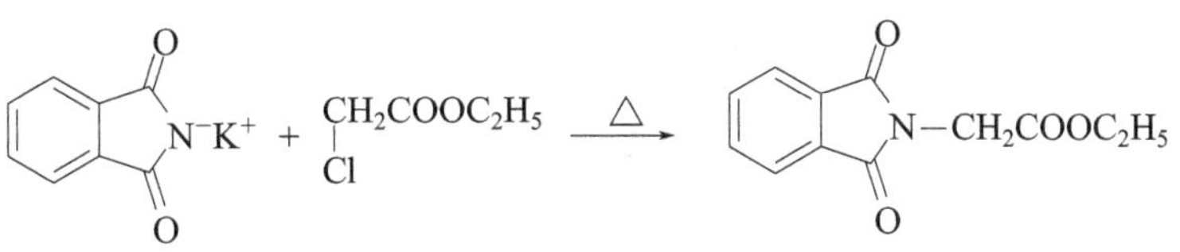

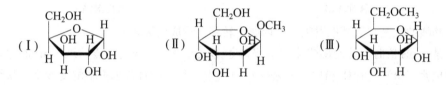

难点3：施特雷克氨基酸合成法

$$RCHO \xrightarrow[HCN]{NH_3} \underset{NH_2}{R-CH-CN} \xrightarrow[② H^+]{① NaOH, H_2O} \underset{NH_2}{R-CH-COOH}$$

改进法使用NH_4Cl和KCN，生成α-氨基腈，氰基水解，得到α-氨基酸。比较原料醛与α-氨基酸的结构差异，可根据α-氨基酸的结构选择合适的原料醛。

五、例题解析

1. 选择题

（1）下面哪个是还原糖（　　）。　　　　　　　　　　　　　　　　（2022年真题）

（Ⅰ）　　　　　　　　　（Ⅱ）　　　　　　　　　（Ⅲ）

A. Ⅰ　　　　　　　B. Ⅰ和Ⅱ　　　　　　C. Ⅰ和Ⅲ　　　　　　D. 全部

分析：三种糖中，Ⅰ和Ⅲ都有游离的苷羟基，可与开链式相互转变，而Ⅱ中苷羟基已转变为—OCH_3，不能被氧化，是非还原糖，因此答案应选C。

（2）D-葡萄糖和D-甘露糖是何种异构体（　　）？　　　　　　　　（2022年真题）

A. 对映异构体　　　B. 差向异构体　　　C. 顺反异构体　　　D. 构型异构体

分析：D-葡萄糖和D-甘露糖仅有C_2构型不同，是差向异构体，因此答案应选B。

（3）已知某氨基酸的等电点是8.5，将其放在pH=5的溶液中进行电泳实验，氨基酸的移动情况是（　　）。　　　　　　　　　　　　　　　　　　　　　（2022年真题）

A. 向阴极移动　　　B. 向阳极移动　　　C. 不动　　　　　　D. 无法判断

分析：因为溶液的pH小于等电点，氨基酸主要以正离子形式存在，向阴极移动，因此答案应选A。

（4）鉴定α-氨基酸常用的试剂是（　　）。　　　　　　　　　　（2022年真题）

A. 托伦斯试剂　　　B. 水合茚三酮　　　C. 卢卡斯试剂　　　D. 兴斯堡试剂

分析：托伦斯试剂是银氨溶液，可区分醛和酮，卢卡斯试剂是$ZnCl_2$/浓HCl，可区分伯、仲、叔醇，兴斯堡试剂是对甲苯磺酰氯/NaOH溶液，可区分伯、仲、叔胺，鉴别α-氨基酸常用的试剂是水合茚三酮，因此答案应选B。

（5）最新研究显示，抗病毒药物Molnupiravir对轻度或中度新冠肺炎患者取得积极效果，请标注手性中心2，3，4，5的绝对构型（　　　）　　　　　　（2022年真题）

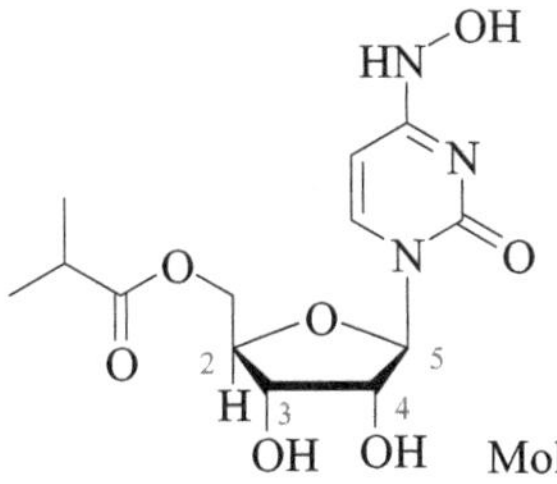

Molnupiravir

A. (2*S*, 3*S*, 4*R*, 5*R*)　　B. (2*R*, 3*S*, 4*S*, 5*R*)　　C. (2*R*, 3*S*, 4*R*, 5*S*)　　D. (2*R*, 3*S*, 4*R*, 5*R*)

分析： 环中手性碳的标注，要选择合适的观察角度，使横键位于剖面前方，竖键位于剖面后方（费歇尔投影式要求），然后比较基团优先次序，标注手性碳构型。如2号碳的构型：

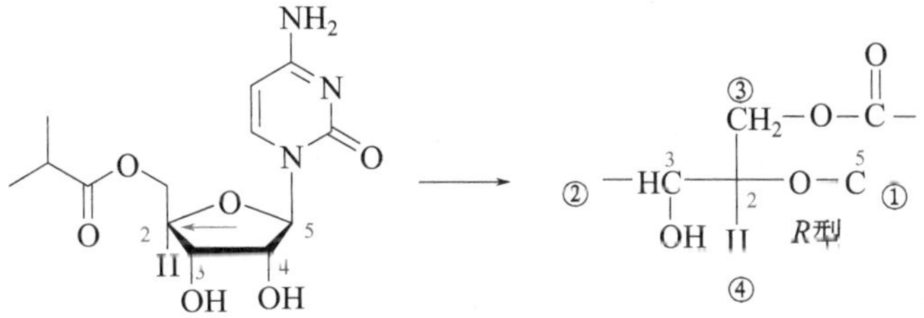

依此类推，3号碳为*S*构型，4号碳为*R*构型，5号碳为*R*构型，答案为D。

2. 分离赖氨酸和谷氨酸

分析： 赖氨酸的等电点是9.74，谷氨酸的等电点是3.22。利用两者的等电点不同，在等电点溶解度最小，依此进行分离。

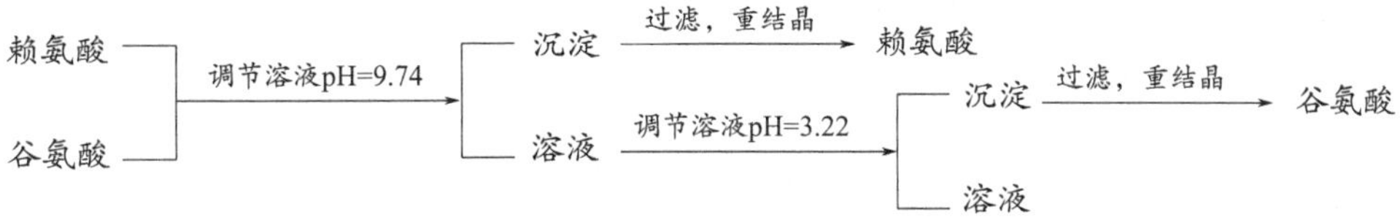

3. D-甘露糖与D-葡萄糖为 C_2 差向异构体，试写出 α-D-吡喃甘露糖和 β-D-吡喃甘露糖的Harwarth透视式及其稳定构象。

分析： 根据D-葡萄糖的结构，先写出D-甘露糖的开链式，然后将开链式"横卧"，要求写出吡喃糖的结构，因此 C_5 的—OH进攻 C_1 的醛基， C_5 逆时针旋转，—OH进攻醛基，形成环状半缩醛（吡喃糖）结构， C_1 —OH与 C_6 —CH$_2$OH同侧，则为 β-型，异侧则为 α-型，稳定构象需要将六元环改写成椅式，使尽可能多的大基团处于e键：

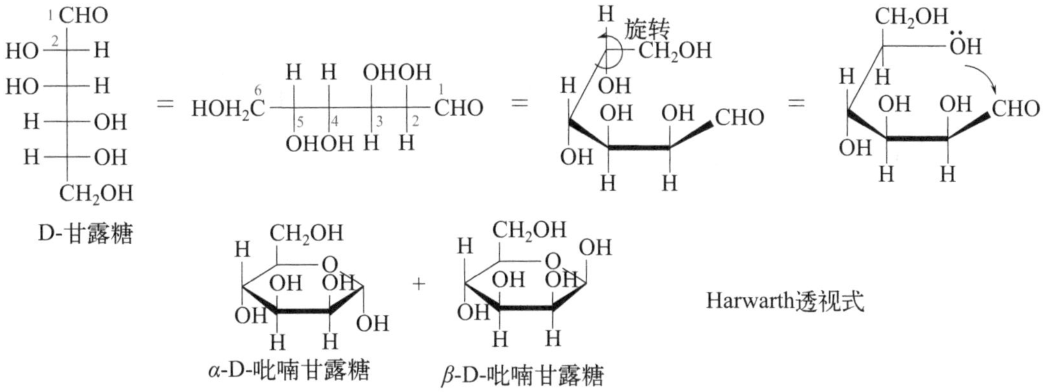

D-甘露糖

α-D-吡喃甘露糖　　β-D-吡喃甘露糖　　Harwarth透视式

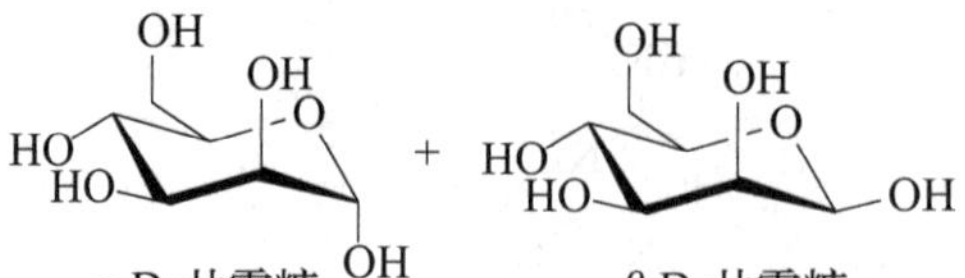

α-D-甘露糖 + β-D-甘露糖　稳定的椅式构象

4. 合成题

（1）由甲苯合成 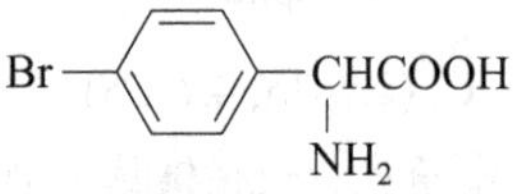 　　　　　　　　（2022 年真题）

分析：对氨基酸进行逆合成分析，氨基酸中羧基可由—CN 水解而来，氨基腈由醛的氨氰化反应（施特雷克氨基酸合成法）得到，醛由甲基的选择性氧化得到，溴则由甲基的定位效应引入。

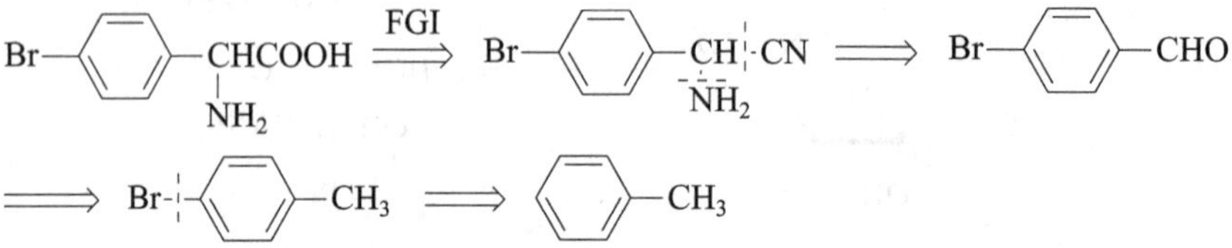

合成：

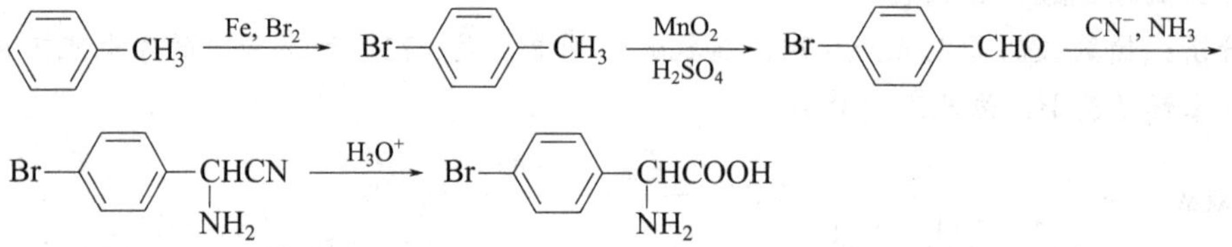

（2）以丙烯和必要的无机试剂合成 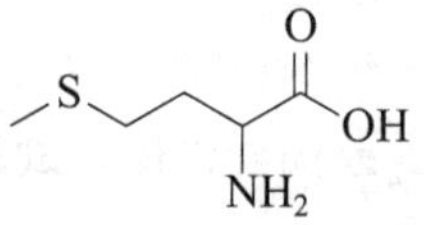 　　　　（2021 年真题）

分析：如上题，进行同样的逆合成分析，氨基腈可以由醛的氨氰化反应得到，而相应的醛可由 CH_3S^- 对丙烯醛的迈克尔加成得到，丙烯醛又可由丙烯的 α-H 氧化得到。

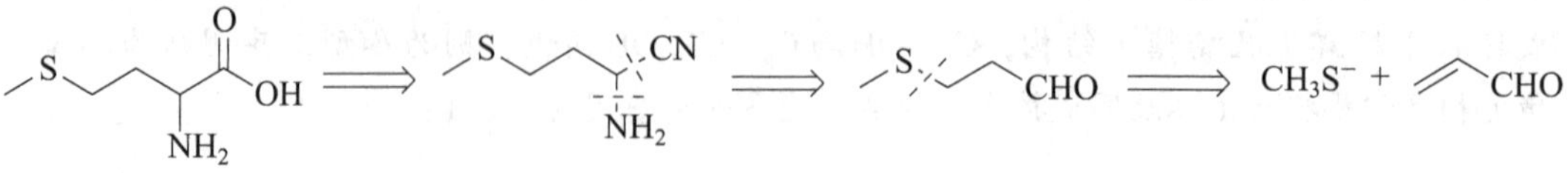

合成：

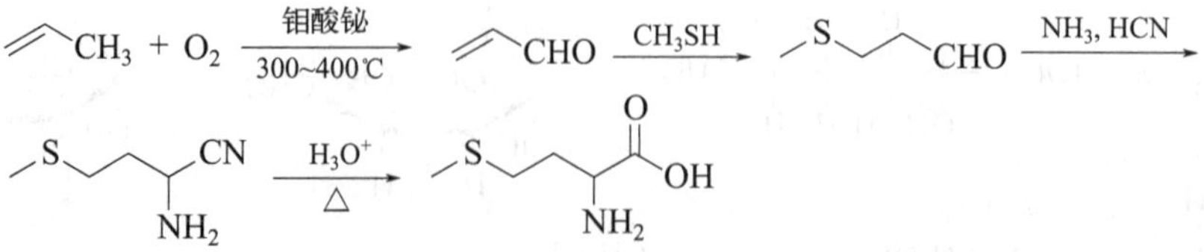

第十五章　综合练习题（参考答案）

1. 写出D-核糖（开链式）与下列试剂作用的反应式：

（1）苯肼（过量）　　（2）溴水　　（3）稀硝酸　　（4）HCN，水解

参考答案：

（1）
$$
\begin{array}{c}
\text{CHO} \\
\text{H}\!-\!\!-\!\text{OH} \\
\text{H}\!-\!\!-\!\text{OH} \\
\text{H}\!-\!\!-\!\text{OH} \\
\text{CH}_2\text{OH}
\end{array}
\xrightarrow[\text{过量}]{\text{苯肼}}
\begin{array}{c}
\text{CH}\!=\!\text{NNHC}_6\text{H}_5 \\
\text{C}\!=\!\text{NNHC}_6\text{H}_5 \\
\text{H}\!-\!\!-\!\text{OH} \\
\text{H}\!-\!\!-\!\text{OH} \\
\text{CH}_2\text{OH}
\end{array}
$$

（2）
$$
\begin{array}{c}
\text{CHO} \\
\text{H}\!-\!\!-\!\text{OH} \\
\text{H}\!-\!\!-\!\text{OH} \\
\text{H}\!-\!\!-\!\text{OH} \\
\text{CH}_2\text{OH}
\end{array}
\xrightarrow{\text{溴水}}
\begin{array}{c}
\text{COOH} \\
\text{H}\!-\!\!-\!\text{OH} \\
\text{H}\!-\!\!-\!\text{OH} \\
\text{H}\!-\!\!-\!\text{OH} \\
\text{CH}_2\text{OH}
\end{array}
$$

（3）
$$
\begin{array}{c}
\text{CHO} \\
\text{H}\!-\!\!-\!\text{OH} \\
\text{H}\!-\!\!-\!\text{OH} \\
\text{H}\!-\!\!-\!\text{OH} \\
\text{CH}_2\text{OH}
\end{array}
\xrightarrow{\text{稀硝酸}}
\begin{array}{c}
\text{COOH} \\
\text{H}\!-\!\!-\!\text{OH} \\
\text{H}\!-\!\!-\!\text{OH} \\
\text{H}\!-\!\!-\!\text{OH} \\
\text{COOH}
\end{array}
$$

（4）
$$
\begin{array}{c}
\text{CHO} \\
\text{H}\!-\!\!-\!\text{OH} \\
\text{H}\!-\!\!-\!\text{OH} \\
\text{H}\!-\!\!-\!\text{OH} \\
\text{CH}_2\text{OH}
\end{array}
\xrightarrow[\text{水解}]{\text{HCN}}
\begin{array}{c}
\text{COOH} \\
\text{HO}\!-\!\!-\!\text{H} \\
\text{H}\!-\!\!-\!\text{OH} \\
\text{H}\!-\!\!-\!\text{OH} \\
\text{H}\!-\!\!-\!\text{OH} \\
\text{CH}_2\text{OH}
\end{array}
+
\begin{array}{c}
\text{COOH} \\
\text{H}\!-\!\!-\!\text{OH} \\
\text{H}\!-\!\!-\!\text{OH} \\
\text{H}\!-\!\!-\!\text{OH} \\
\text{H}\!-\!\!-\!\text{OH} \\
\text{CH}_2\text{OH}
\end{array}
$$

2. 完成下列转化，写出主要有机产物。

（1）$(CH_3)_2CHCH_2COOH \xrightarrow[\text{P}]{Br_2} (A) \xrightarrow{\text{过量}NH_3} (B)$

（2）
$\xrightarrow[\text{NaOH}]{\text{过量}(CH_3)_2SO_4} (A)$

（3）
$\xrightarrow[\text{干燥HCl}]{CH_3OH} (A)$

$\xrightarrow[\text{足量}]{C_6H_5COCl} (B)$

（4）$H_3CO\overset{\text{O}}{\underset{\|}{C}}\text{——}CH_2CH_2CHO \xrightarrow[\text{②}H_3O^+]{\text{①}NH_4Cl,\ NaCN} (A)$

（5）$CH_3CONHCH(COOEt)_2 \xrightarrow[\text{②}Cl(CH_2)_4NHCOCH_3]{\text{①}NaOEt} \xrightarrow[\triangle]{H_3O^+} (A)$

（6）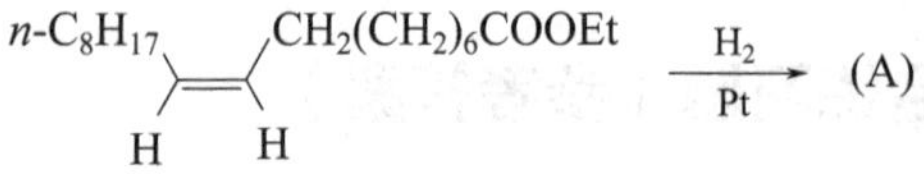

油酸乙酯

（7）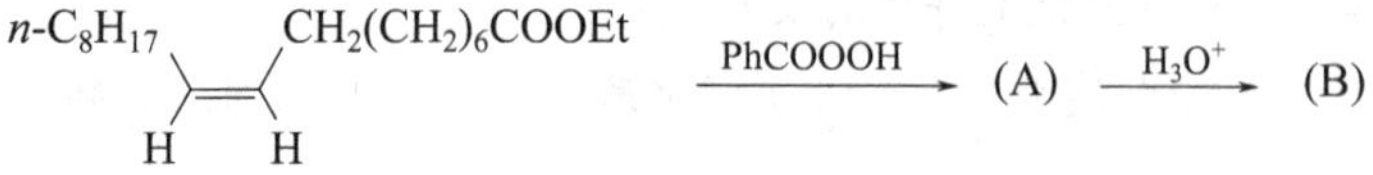

参考答案：

（1）A：$(CH_3)_2CHCH(Br)COOH$　B：$(CH_3)_2CHCH(NH_2)COOH$　（2）A：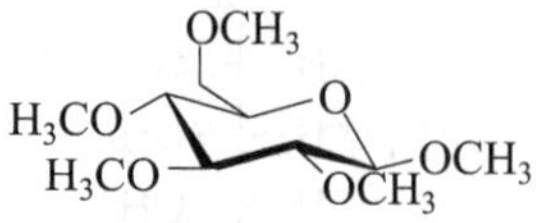

（3）A：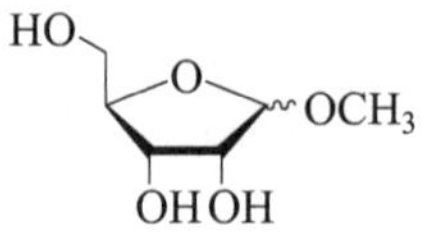　B：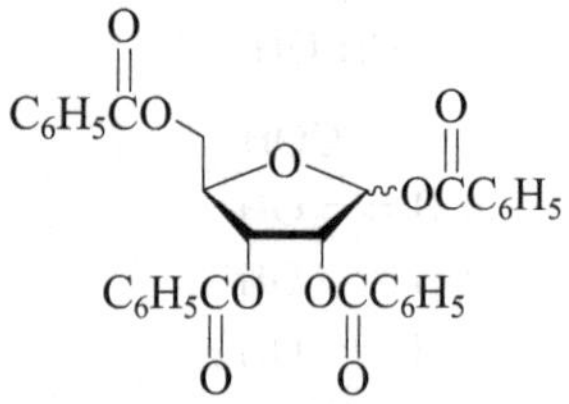　（4）A：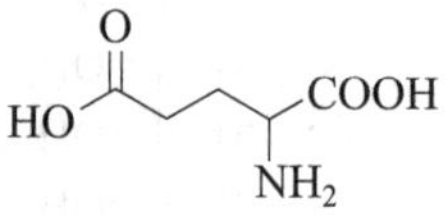

（5）A：$NH_2-CH(CH_2CH_2CH_2CH_2NH_2)-COOH$　（6）A：$n\text{-}C_8H_{17}CH_2(CH_2)_8COOEt$

（7）A：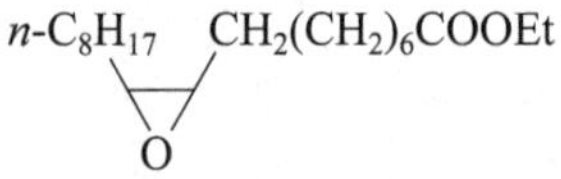

B：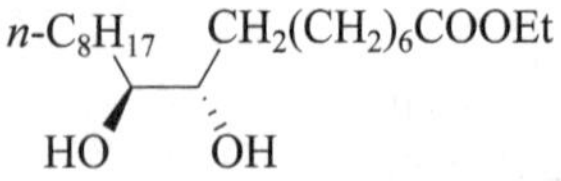　或　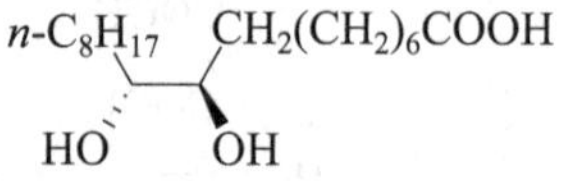

3. 以下列糖苷为例，解释糖苷在室温无变旋现象，但在酸性溶液中放置则有变旋现象。

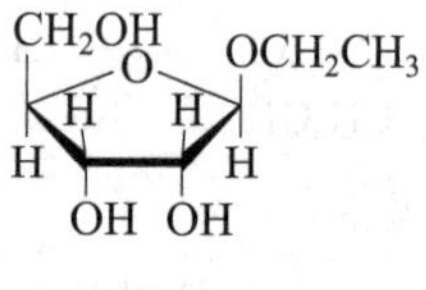

参考答案：糖苷的化学本质是缩醛，不会发生氧环式与开链式的动态平衡，因此室温无变旋现象。但在酸性溶液中糖苷易水解成原来的糖和醇。

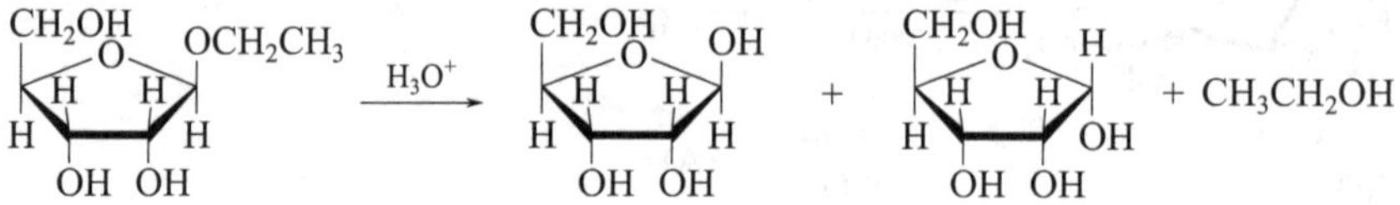

水解生成糖后，分子中又有了苷羟基，于是α-和β-端基异构体就可以通过开链式相互转变，故有变旋现象。

4. 有两个具有旋光性的丁醛糖（A）和（B），与苯肼作用生成相同的糖脎，用硝酸氧化（A）和（B）都生成含有四个碳原子的二元酸，但前者有旋光性，后者无旋光性，试推测（A）和（B）的结构。

参考答案：只有C_1和C_2不同的糖会生成相同的糖脎，因此可以判断（A）和（B）的C_3和C_4相同，两种丁醛糖的差异应在C_2；用硝酸氧化后生成糖二酸，（A）产物有旋光，（B）产物无旋光，说明形成内消旋体，因此

（A）的结构是：

```
        CHO
HO ——|—— H
 H ——|—— OH
       CH2OH
```

（B）的结构是：

```
        CHO
 H ——|—— OH
 H ——|—— OH
       CH2OH
```

5.等电点通常指两性电解质正负电荷相等时溶液的pH值，是重要的理化常数。

（1）查阅甘氨酸、赖氨酸和谷氨酸的等电点；

（2）推测上述三种氨基酸在pH约为4时，在电场中泳动的方向；

（3）设计一个分离甘氨酸、赖氨酸和谷氨酸的方法。

参考答案：等电点（PI）是净电荷为0时对应的pH值，如果pH＜PI，则氨基酸带正电荷；若pH＞PI，则氨基酸带负电荷。

（1）甘氨酸的等电点是5.97，赖氨酸的等电点是9.74，谷氨酸的等电点是3.22。

（2）在pH约为4时，甘氨酸带正电荷，向负极泳动；赖氨酸带正电荷，向负极泳动；谷氨酸带负电荷，向正极泳动。

（3）控制缓冲液pH值为6，这时甘氨酸处于等电点，正负电荷相等，净电荷为0，在电场中基本不动；而赖氨酸带正电荷，向负极泳动；谷氨酸带负电荷，向正极泳动，从而将三者分开。

6.采用相应的方法合成下列氨基酸。

（1）选择合适的卤代酸酯，应用盖布瑞尔合成法合成具有改善睡眠、降血压作用的γ-氨基丁酸；

（2）选择合适的醛为原料，应用施特雷克合成法合成异亮氨酸。

参考答案：（1）盖布瑞尔法合成γ-氨基丁酸：

（2）施特雷克合成法合成异亮氨酸：

$$CH_3-CH_2-\underset{\underset{CH_3}{|}}{CH}-CHO \xrightarrow[HCN]{NH_3} CH_3-CH_2-\underset{\underset{CH_3}{|}}{CH}-\underset{\underset{NH_2}{|}}{CH}-CN \xrightarrow[②H^+]{①NaOH, H_2O} CH_3-CH_2-\underset{\underset{CH_3}{|}}{CH}-\underset{\underset{NH_2}{|}}{CH}-COOH$$

7. 十八碳-11-烯酸是油酸的构造异构体，它可以通过下列一系列反应合成，试写出十八碳-11-烯酸和各中间产物的结构式。

$$CH_3(CH_2)_5C \equiv CH \xrightarrow[\text{液}NH_3]{NaNH_2} (A) \xrightarrow{ICH_2(CH_2)_7CH_2Cl} (B) \xrightarrow{NaCN} (C) \xrightarrow[H_2O]{KOH}$$

$$(D) \xrightarrow[H_2O]{H^+} (E) \xrightarrow[H_2]{Pd, BaSO_4} 十八碳-11-烯酸$$

参考答案：

（A）$CH_3(CH_2)_5C \equiv C^-Na^+$　　　　　　（B）$CH_3(CH_2)_5C \equiv CCH_2(CH_2)_7CH_2Cl$

（C）$CH_3(CH_2)_5C \equiv CCH_2(CH_2)_7CH_2CN$　　（D）$CH_3(CH_2)_5C \equiv CCH_2(CH_2)_7CH_2COOK$

（E）$CH_3(CH_2)_5C \equiv CCH_2(CH_2)_7CH_2COOH$

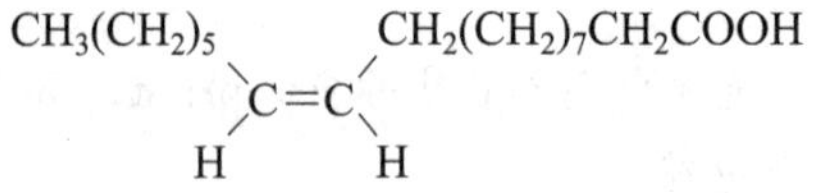

十八碳-11-烯酸

8. 下式是四糖Stachyose，主要存在于白茉莉花、大豆和扁豆中：

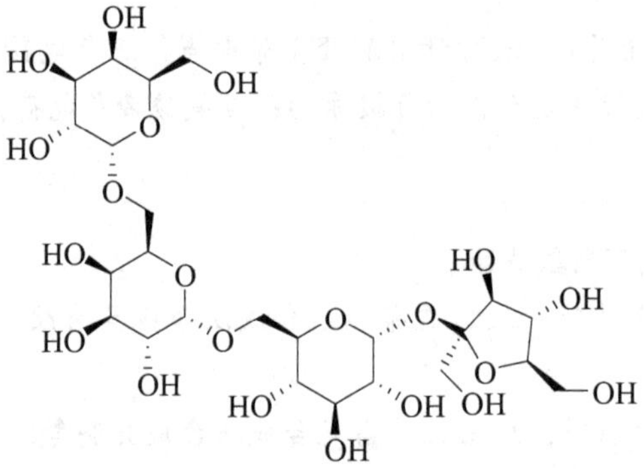

找出所有的糖苷键，用数字标记两环间的位置，并以 α 或 β 标记每个糖苷键（如 α-1,4）。

参考答案：

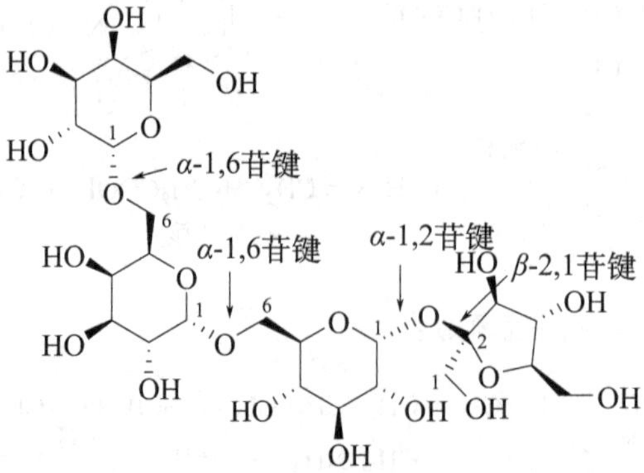

▶▶ **第十六章**

红外光谱、核磁共振氢谱

一、本章概要

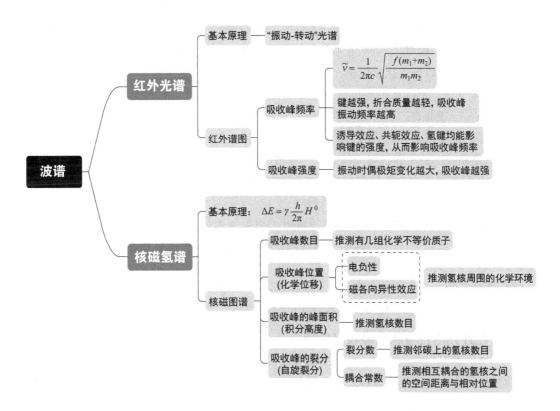

二、重点与难点

重点1：红外光谱基本原理

红外线能量较低，只能引起分子振动及转动能级的变化，当分子的振动频率与辐射的红外线频率恰好相同时，就会产生红外光谱。有机物的红外吸收位于中红外区（2.5 ～ 25 μm），因此波数范围为4000 ～ 400 cm^{-1}。

只有发生偶极矩改变的振动才能在红外光谱中出现吸收峰。4000 ~ 1350 cm^{-1}为特征频率区，由官能团的伸缩振动引起，也叫官能团区，可以用来判断化合物是否具有某种官能团。1350 ~ 650 cm^{-1}为指纹区，主要为各种单键的伸缩振动及弯曲振动吸收峰，指纹区的红外吸收非常复杂，能反映分子结构的细微变化。每一种有机物在该区红外吸收峰的位置、强度和形状均不相同，如人的指纹一样，可用于确认某种具体有机物。

重点2：核磁共振谱基本原理

原子核在外加磁场中，如果外加射频的辐射能量与核自旋的能级差相匹配，会产生共振吸收，引起核自旋能级的跃迁，称为核磁共振，即 $\Delta E = \gamma \dfrac{h}{2\pi} H^0 = h\nu$，其中 ΔE 为两个自旋能级之间的能量差，γ 为磁旋比（常数），h 为普朗克常数，H^0 为磁场强度，ν 为频率。

按照上述公式，在确定的磁场中（H^0一定），所有氢核应当吸收相同频率的电磁波发生自旋能级跃迁，即核磁氢谱中只有一个吸收峰。但实际上有机物中的氢原子并非质子，化学环境不同，氢核周围包覆的电子密度不同，电子对外加磁场有屏蔽效应，因此不同化学环境中的氢核感受到的磁场强度并不相同，进而吸收不同频率的电磁波发生跃迁，核磁图谱中出现多组吸收峰。

核磁共振谱可以提供化学位移、积分曲线、自旋裂分和耦合常数四种重要的结构信息。

① 化学位移：不同化学环境的氢核在一定磁感应强度下显示的信号位置，用 δ 表示，单位为ppm。一般而言，有几组化学不等价氢核，就会有几组化学位移不等的吸收峰。影响化学位移的主要因素有电负性和磁各向异性效应。

② 积分曲线：各个吸收峰的峰面积与其对应的氢核数成正比，以积分高度表示，积分曲线的总高度与分子中总氢核数目成正比，可以通过分子中的总氢核数，根据吸收峰面积的比例关系推导出各吸收峰对应的氢核数。

③ 自旋裂分：氢核的裂分数由相邻碳原子的氢核数目（n）决定，裂分数遵从$n+1$规律。各裂分峰强度比与二项式$(a + b)^n$展开式各项系数相同。通过自旋裂分可以推断各含氢碳原子的相互连接方式。

④ 耦合常数：自旋耦合的量度，用 J 表示，单位是Hz。J值的大小表示耦合作用的强弱，由J值大小可推测两个耦合的氢核之间的空间距离与空间位置。

难点1：红外光谱各官能团吸收峰位置

根据计算红外吸收频率的公式：$\tilde{\nu} = \dfrac{1}{2\pi c}\sqrt{\dfrac{f(m_1 + m_2)}{m_1 m_2}}$，折合质量越小，键的力常数越大，相应的红外吸收频率就越大，因此红外光谱中，最左侧的高频区为O—H、N—H、C—H键的伸缩振动吸收峰，由于键的力常数三键＞双键＞单键，因此红外光谱基本被划分为如下四个区间：

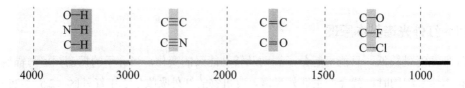

影响吸收峰位置（频率）的因素：

① 诱导效应：吸电子基团使吸收峰向高波数方向移动，给电子基团使吸收峰向低波数方向移动；

② 共轭效应：共轭效应可以使分子内部的电子平均化，降低电子密度，使得吸收向低波数方向移动；

③ 缔合的氢键使分子中的O—H键和N—H键减弱，吸收向低波数方向移动，峰形变宽。

常见官能团的具体吸收峰位置：

① $3200 \sim 3650 \ cm^{-1}$：O—H键和N—H键，缔合的低于游离的。

② $2700 \sim 3300 \ cm^{-1}$：高于 $3000 \ cm^{-1}$ 的为不饱和键的C—H键（=C—H或≡C—H），低于 $3000 \ cm^{-1}$ 的为饱和键的C—H键，$2720 \ cm^{-1}$ 为醛基的C—H键（一般是两个峰）；C—H键的弯曲振动吸收峰一般出现在 $1460 \ cm^{-1}$、$1380 \ cm^{-1}$ 和 $730 \ cm^{-1}$ 附近。

③ $2220 \sim 2260 \ cm^{-1}$ 为C≡N键伸缩振动吸收峰，$2260 \sim 2100 \ cm^{-1}$ 为C≡C键伸缩振动吸收峰。

④ $1650 \sim 1900 \ cm^{-1}$ 是C=O键的强伸缩振动吸收峰。

化合物	酰氯	酸酐	酯	醛	酮	羧酸	酰胺
v/cm^{-1}	1790	1830, 1770	1740	1730	1715	1710	1680

⑤ $1600 \sim 1680 \ cm^{-1}$ 是C=C键的伸缩振动吸收峰；$995 \ cm^{-1}$ 和 $915 \ cm^{-1}$：末端烯烃；$890 \ cm^{-1}$：1, 1-二烷基烯烃；$970 \ cm^{-1}$：反式烯烃。

⑥ $1500 \ cm^{-1}$ 和 $1600 \ cm^{-1}$：芳环骨架的伸缩振动吸收峰。$750 \ cm^{-1}$ 和 $700 \ cm^{-1}$：单取代；$740 \ cm^{-1}$：邻位二取代；$770 \ cm^{-1}$ 和 $690 \ cm^{-1}$：间位二取代；$800 \ cm^{-1}$：对位二取代。

⑦ $1050 \sim 1085 \ cm^{-1}$、$1080 \sim 1125 \ cm^{-1}$ 和 $1125 \sim 1200 \ cm^{-1}$ 为伯、仲、叔醇中C—O键；$1200 \sim 1300 \ cm^{-1}$ 和 $1020 \sim 1275 \ cm^{-1}$ 为酚和醚的C—O键伸缩振动吸收峰。

难点2：核磁氢谱中各类氢的化学位移

化学位移主要受电负性和磁各向异性两种因素影响。连接吸电子基团使氢核周围电子密度降低，屏蔽效应减弱，在低场高位移处产生吸收峰，化学位移增大，例如，RO—CH_3，δ 为 $3.5 \sim 4.0$，R_2N—CH_3，δ 为 $2.1 \sim 3.2$，而 R—CH_3，δ 为 $0.8 \sim 1.0$。氢核周围的电子密度越低，相应的化学位移越大，如—COOH的 δ 为 $10.0 \sim 12.0$，—CHO的 δ 为 $9.0 \sim 10.0$。

影响化学位移的第二个因素是磁各向异性，如果氢核处于环电子流产生的磁场的去屏蔽区（磁场方向与外加磁场相同），则在较低的频率处即可发生核磁共振，化学位移增大，例如芳环的环外氢 δ 为 $6.5 \sim 8.5$，烯键上的氢 δ 为 $4.5 \sim 6.5$。

常见质子的大致化学位移

质子类型	化学位移 δ	质子类型	化学位移 δ
RCH_3	$0.8 \sim 1.0$	RO—CH_3	$3.5 \sim 4.0$
R_2CH_2	$1.2 \sim 1.4$	Ar—OH	$4.5 \sim 7.7$

续表

质子类型	化学位移δ	质子类型	化学位移δ
R_3CH	1.4~1.7	R—CHO	9.0~10.0
$R_2C{=}CH_2$	4.6~5.0	$RCO{-}CHR_2$	2.0~2.7
$R_2C{=}CRH$	5.2~5.7	R—COOH	10.0~12.0
$R_2C{=}CR{-}CH_3$	1.7	$R_2CHCOOH$	2.0~2.6
RC≡CH	1.7~3.1	$RCOO{-}CH_3$	3.7~4.0
Ar—H	6.0~8.5	$R{-}NH_2$, $R_2{-}NH$	0.5~5.0
Ar—CH₃	2.2~3.0	$R_2N{-}CH_3$	2.1~3.2
R—OH	0.5~5.5	Ar—NH₂, Ar—NHR	2.9~6.5
RCH₂—OH	3.4~4.0	$R{-}CONH_2$	5.0~9.0

注：质子的化学位移并非定值，随化学环境的不同，在一定范围内变动。

三、例题解析

1. 选择题

（1）下列哪些气体可以用红外光谱仪进行检测（　　）。

A. N_2 　　　　　B. CO 　　　　　C. CO_2 　　　　　D. HCl

分析：只有发生偶极矩改变的振动才能在红外光谱中出现吸收峰。化学键极性越强，振动时偶极矩变化越大，吸收峰越强。对于非极性分子N_2而言，振动时的偶极变化很小，很难产生吸收峰。答案选B、C、D。

（2）下列化合物中，C＝O键伸缩振动频率最高的是（　　），最低的是（　　）。

（2020年真题）

A. 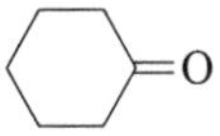 (环己酮)＝O 　　B. $CH_3COCOCH_3$ 　　C. $CH_3COCH_2CH_3$ 　　D. CH_3CNH_2

分析：当羰基旁连有吸电子基团时，羰基的电子云由氧原子移向双键，增加了羰基双键上的电子云密度，使得吸收峰向高波数方向移动。酸酐中—OCOCH₃吸电子能力强，而—NH₂是给电子基团。因此羰基伸缩振动频率最高的是B，最低的是D。

（3）乙苯有（　　）种化学不等价质子。　　　　　　　　　　　　　　（2019年真题）

A. 3 　　　　　B. 4 　　　　　C. 5 　　　　　D. 6

分析：乙基有两种，苯环上邻位、间位和对位上的质子化学环境也不同，共5种。答案选C。

（4）下列红外光谱图中，苯甲醚是（　　），苯甲醇是（　　），对甲基苯酚是（　　）。

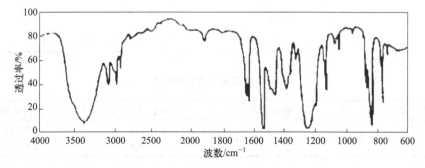

图（A）

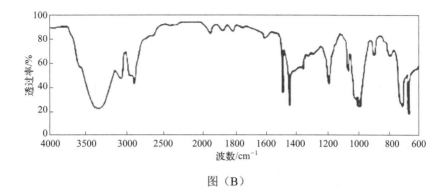

图（B）

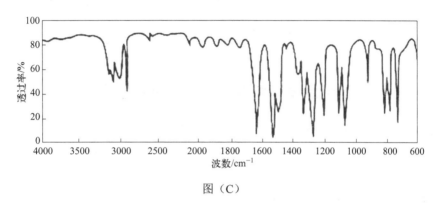

图（C）

分析： 图（A）中 $3600 \sim 3200\ cm^{-1}$ 强吸收可以判断含有羟基，而 $810\ cm^{-1}$ 强吸收可判断为对二取代苯，为对甲基苯酚；图（B）中 $3600 \sim 3200\ cm^{-1}$ 为羟基吸收峰，$700\ cm^{-1}$ 和 $740\ cm^{-1}$ 可判断为一取代苯，为苯甲醇；图（C）$3200\ cm^{-1}$ 以上没有吸收峰，说明没有羟基，化合物为苯甲醚。

2. 推断题

（1）某化合物的分子式为 C_4H_5N，其红外光谱数据如下：$2200\ cm^{-1}$，$1647\ cm^{-1}$，$1418\ cm^{-1}$，$990\ cm^{-1}$ 和 $935\ cm^{-1}$ 均为强吸收，而 $1865\ cm^{-1}$ 处为弱吸收。试推测其结构。

分析： 不饱和度 $\Omega = \dfrac{4 \times 2 + 3 - 5}{2} = 3$，且 $3200\ cm^{-1}$ 以上没有吸收，说明 N 上不含 H，$2200\ cm^{-1}$ 处的强吸收说明含三键，基本可以判断含 $C\equiv N$；$1647\ cm^{-1}$ 处为 $C=C$ 的吸收，由 $990\ cm^{-1}$ 和 $935\ cm^{-1}$ 处的吸收可以判断为末端烯烃；$1418\ cm^{-1}$ 为 CH_2 的弯曲振动吸收。因此化合物结构为 $CH_2=CHCH_2CN$。

（2）某化合物的分子式为 $C_{12}H_{14}O_4$，其红外光谱和核磁共振氢谱数据如下。IR：$1725\ cm^{-1}$，$1600\ cm^{-1}$，$1580\ cm^{-1}$ 和 $760\ cm^{-1}$ 处有强吸收。$^1H\ NMR$：$\delta\ 7.7\ (m, 4H), 4.4\ (q, 4H), 1.4\ (t, 6H)$。试推测其结构。

（2020 年真题）

分析： 不饱和度 $\Omega = \dfrac{12 \times 2 + 2 - 14}{2} = 6$，$1600\ cm^{-1}$ 和 $1580\ cm^{-1}$ 处的吸收可以判断化合物含有苯环，$760\ cm^{-1}$ 处的吸收表示苯环为邻位取代。$1725\ cm^{-1}$ 处的吸收表示有羰基。$4.4\ (q, 4H), 1.4\ (t, 6H)$ 为两个相同的乙基信号。CH_2 的信号在较低场，说明其与 O 相连。因此化合

物结构为 一COOCH₂CH₃ COOCH₂CH₃ 。

（3）某化合物的分子式为 C_3H_7NO，其红外光谱和核磁共振氢谱数据如下。IR：1660 cm^{-1} 处有强吸收。^1H NMR：δ 8.1 (s, 1H), 2.9 (s, 3H), 2.8 (s, 3H)。试推测其结构。

（2021年真题）

分析：3200 cm^{-1} 以上没有吸收，说明N上不含H。不饱和度 $\Omega = \dfrac{3\times2+3-7}{2}=1$，1660 cm^{-1} 处的吸收表示有羰基，由于其波数较低，因此可以推断为酰胺。8.1 (s, 1H) 为醛质子信号，2.9 (s, 3H) 和 2.8 (s, 3H) 为甲基信号，且甲基连于N上，化学位移不同是因为酰胺键具有部分双键性质产生顺反异构差异。因此化合物结构为 $H-\overset{O}{\underset{}{C}}-N\overset{CH_3}{\underset{CH_3}{}}$。

第十六章 综合练习题（参考答案）

1. 按照 C=O 吸收峰的振动频率递减排列下列化合物。

（A）$CH_3\overset{O}{C}CH_3$ （B）$\overset{O}{HCH}$ （C）$CH_3\overset{O}{CH}$

参考答案：B＞C＞A。

理由：当羰基旁连有给电子基团时，羰基的电子云由双键移向氧原子，羰基双键上的电子云密度减少，吸收峰向低波数方向移动。

2. 用一种红外特征峰区分下列化合物。

（A）$CH_3CH_2CH_2CH=CH_2$ 和 $CH_3CH=C\overset{CH_3}{\underset{CH_3}{}}$ （B）$CH_3\overset{O}{C}OCH_3$ 和 $CH_3\overset{O}{C}CH_3$

（C）$CH_3CH_2CH_2OH$ 和 $CH_3CH_2OCH_3$ （D）〇-CHO 和 〇-CHO

（E）H_3C-〇-CH_3 和 〇$\overset{CH_3}{\underset{CH_3}{}}$

参考答案：（A）890 cm^{-1} 附近，这是 1,1-二甲基烯烃的吸收峰。

（B）1740 cm^{-1}，酯和酮羰基的伸缩振动吸收峰分别在 1740 cm^{-1} 和 1715 cm^{-1}。

（C）3300 cm^{-1} 附近，这是醇羟基的吸收峰。

（D）1600 cm^{-1} 和 1500 cm^{-1} 附近，这是苯环骨架的伸缩振动吸收峰。

（E）800 cm^{-1} 附近是对二甲苯的吸收峰，740 cm^{-1} 附近是邻二甲苯的吸收峰。

3. 指出下列化合物在 ^1H MNR 中会出现几组吸收峰，以及各组吸收峰大致的化学位移和裂分数。哪些质子属于化学等价。

（A）CH₃CH₂CH₂CH₃　　（B）CH₃CH₂CH=CH₂　　（C）CH₃CH₂CH₂C(=O)CH₃

（D）间二甲苯 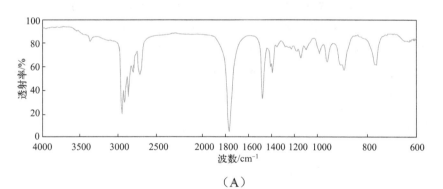　（E）苯基-CHBrCH₃　（F）环己二烯

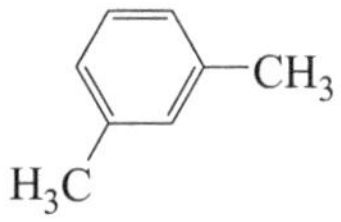

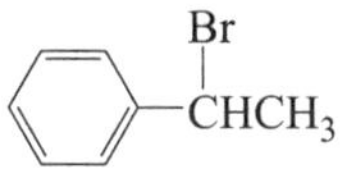

参考答案：（A）2组。CH₃是等价质子，三重峰，δ为0.9；CH₂也是等价质子，四重峰，δ为1.3。

（B）5组。CH₃是三重峰，δ为0.8；CH₂是多重峰，δ为2.0；—CH=是多重峰，δ在5.5～6.0；=CH₂上的两个H为化学不等价质子，均为二重峰，δ在4.8～5.2。

（C）四组。丙基部分的CH₃是三重峰，δ为0.9；相邻的CH₂是多重峰，δ为1.6；相邻羰基的CH₂是三重峰，δ为2.4；羰基邻位的CH₃是单峰，δ为2.1。

（D）四组。CH₃是等价质子，单峰，δ为2.3；两个甲基中间的芳香氢为单峰，甲基邻位的另外两个H是等价质子，为二重峰；甲基间位的H是三重峰。芳香氢的δ在7～8。

（E）5组。CH₃是二重峰，δ为1.8；CH是四重峰，δ为5.0；取代基邻位两个H是等价质子，为二重峰；间位两个H也是等价质子，为多重峰；对位H，为三重峰。芳香氢的δ在7～8。

（F）3组。呈镜面对称的质子都是等价质子，CH₂是二重峰，δ为2.1。四个双键氢均为多重峰，δ在5.5～6。

4. 下列化合物的红外光谱中，丁-1-醇是（　），2-甲基丁醛是（　），苯乙酮是（　），丙酰胺是（　）。

（A）

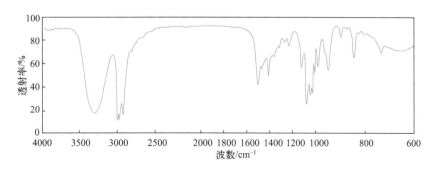

（B）

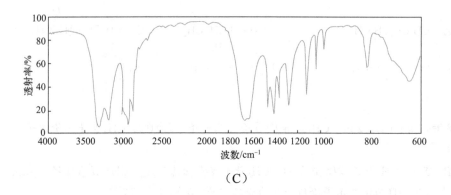

（C）

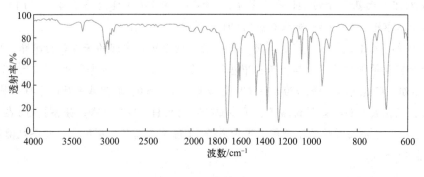

（D）

参考答案：丁-1-醇是（B）。3300 cm⁻¹是羟基的吸收峰，1070 cm⁻¹是伯醇中C—O键的伸缩振动吸收峰。2-甲基丁醛是（A）。1730 cm⁻¹是醛羰基的吸收峰，2720 cm⁻¹是醛基中C—H的吸收峰。苯乙酮是（D）。苯环在1600 ~ 1400 cm⁻¹间有2 ~ 4个吸收峰，1710 cm⁻¹附近有酮羰基的吸收峰。丙酰胺是（C）。1640 cm⁻¹和1600 cm⁻¹有N—H特征弯曲振动吸收（中间包含酰胺基的C＝O吸收），3350 ~ 3200 cm⁻¹的双峰是N—H的伸缩振动吸收峰，3000 cm⁻¹附近是烷基的C—H伸缩振动吸收峰。

5. 下列¹H NMR谱图中，属于乙醛的是（　　），属于乙酸的是（　　）。

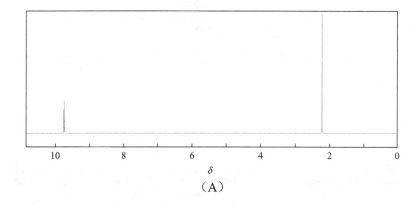

（A）

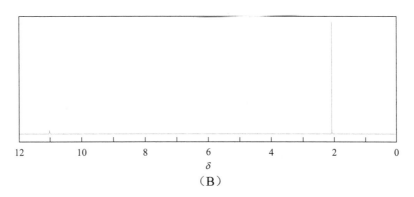

（B）

参考答案： 乙醛为（A），醛基H（δ为9～10）被甲基H裂分为四重峰，受到磁各向异性的影响，出现在低场，甲基H（δ为2.1左右）。

乙酸为（B）羧基H没有裂分，为单峰，受到磁各向异性和氧原子诱导效应的影响，出现在更低场（δ为11～12）。

6. 下图是丁酸异丙酯的 ^{1}H NMR 谱图，请们属各类质子的吸收峰。

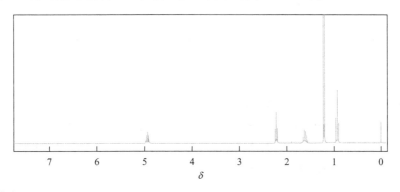

参考答案：

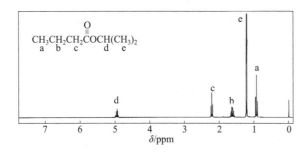

7. 根据下列 ^{1}H NMR 图谱，推测化合物的结构。

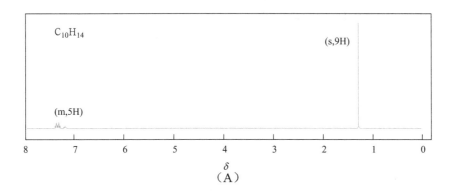

（A）

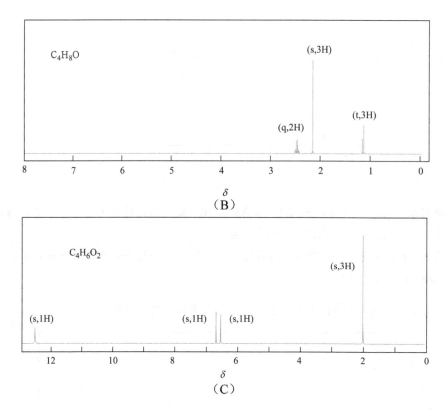

参考答案：（A）叔丁基苯。叔丁基上的九个甲基H为等价质子。

（B）丁酮。三重峰和四重峰的信号对应乙基，单峰对应羰基邻位甲基。

（C）2-甲基丙烯酸。=CH$_2$的两个质子化学不等价，$\delta \approx 6.5 \sim 7$，羧基H的$\delta \approx 12 \sim 13$，CH$_3$与烯键相连，向低场位移，$\delta \approx 2.0$。

8. 化合物A、B、C的分子式均为C$_4$H$_8$O$_2$，在1730 cm^{-1}附近均有红外吸收，^{1}H NMR图谱分别为，A：δ 8.1 (s, 1H)，4.2 (t, 2H)，1.7 (m, 2H)，1.0 (t, 3H)；B：δ 3.8 (s, 3H)，2.3 (q, 2H)，1.2 (t, 3H)；C：δ 4.1 (q, 2H)，2.03 (s, 3H)，1.3 (t, 3H)。试推导A、B、C的结构。

参考答案：（A）甲酸丙酯。1.0 (t, 3H)为CH$_3$，1.7 (m, 2H)为中间的CH$_2$。4.2 (t, 2H)是与O相连的CH$_2$，8.1 (s, 1H)为醛基H。

（B）丙酸甲酯。1.2 (t, 3H)为CH$_3$，2.3 (q, 2H)为CH$_2$，两者相邻构成乙基，且与羰基相连；3.8 (s, 3H)为与O相连的CH$_3$。

（C）乙酸乙酯。1.3 (t, 3H)为CH$_3$，4.1 (q, 2H)为与O相连的CH$_2$，两者相邻构成与O相邻的乙基，2.03 (s, 3H)为CH$_3$，且与羰基相连。

《有机化学》期中模拟试卷

一、命名或写出下列结构式（每题2分，共10分）

1.

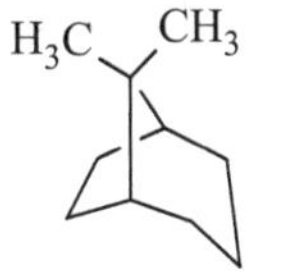

2.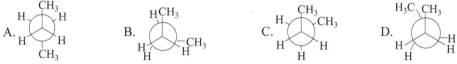

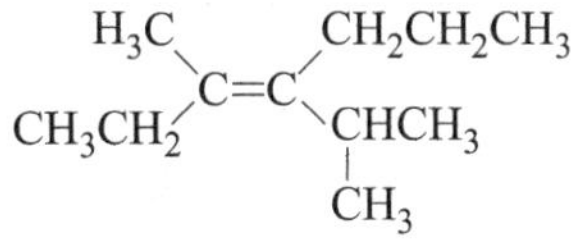

3.

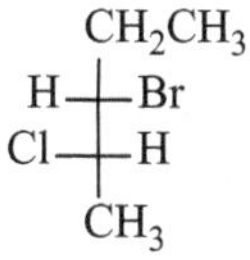

4. 5-硝基萘-2-磺酸

5. 9,10-菲醌

二、单项选择题（每题2分，共20分）

1. 下列化合物中碳原子杂化轨道为sp²的是（　　　）。

A. CH_3CH_3　　　　B. $CH_2=CH_2$　　　　C. 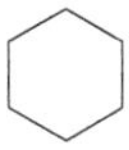 　　　　D. $HC≡CH$

2. 下列丁烷的构象能量最低的是（　　　）。

A. 　　　B. 　　　C. 　　　D.

3. 与Cl_2在光照条件下的一氯取代物有几种（含立体异构）（　　　　）。

A. 3　　　　　B. 4　　　　　C. 5　　　　　D. 6

4. 下列碳正离子最稳定的是（　　　）。

A. 　　　B. 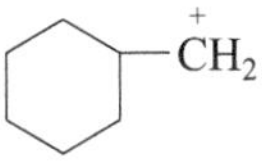 　　　C.

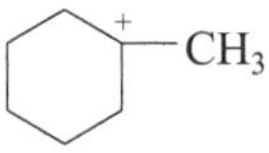

5. 烯烃双键上的取代基越多，烯烃就越稳定，原因是（　　　）。

A.σ, π-超共轭效应　　B. σ, p-超共轭效应　　　C. p, π-共轭效应　　　D. π, π-共轭效应

6. 下列化合物最易与丁-1,3-二烯进行Diels-Alder反应的是（　　　）。

A. 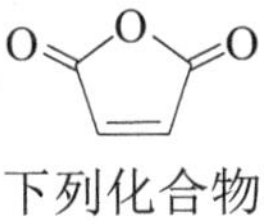　　　　　B. 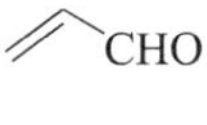 CHO　　　　　C. 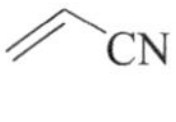 CN　　　　　D. 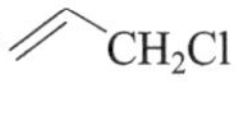 CH_2Cl

7. 下列化合物不具有芳香性的是（　　　）。

A. 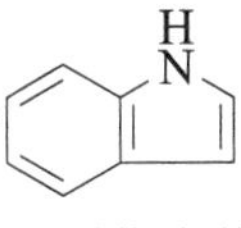 NH　　　B.　　　C.　　　D.

8. 下列化合物在同等条件下最容易进行硝化反应的是（　　　）。

A. 苯磺酸　　　　B. 苯　　　　　C. 甲苯　　　　　D. 溴苯

9. 下列化合物能发生傅-克烷基化反应的是（　　　）

A. 苯甲醛　　　　　B. 苯甲酸　　　　　　C. 甲苯　　　　　D. 硝基苯

10. 2-羟基-3-氯丁二酸的四种立体异构体的部分物理性质如下：

序号	构型	熔点/℃	$[\alpha]$ / $[\,(°\cdot cm^2)/g\,]$
Ⅰ	$(2R,3R)$ -(−)	173	—
Ⅱ	$(2S,3S)$ -(+)	—	+31.3（乙酸乙酯）
Ⅲ	$(2R,3S)$ -(−)	—	−9.4（水）
Ⅳ	—	167	+9.4（水）

下列说法不正确的是（　　）。

A. Ⅱ和Ⅲ的熔点分别为173℃和167℃　　　B. Ⅰ和Ⅱ等量混合为外消旋体

C. Ⅰ的$[\alpha]$=−31.3$(°\cdot cm^2)$/g（乙酸乙酯）　　D. Ⅳ的构型为$(2R,3S)$ -(+)

三、完成下列化学反应（每空2分，共30分）

1. $H_3C-\underset{\underset{CH_3}{|}}{\overset{\overset{CH_3}{|}}{CH}}$ + Br_2 $\xrightarrow{hv}$ (A)

2. △（二甲基环丙烷） + HBr ⟶ (B)

3. $CF_3CH=CH_2$ + HCl ⟶ (C)

4. $CH_2=CHCH_3$ $\xrightarrow[MoO_3,400℃]{O_2}$ (D)　　$\xrightarrow[磷钼酸铋，470℃]{NH_3,O_2}$ (E)

5. $\overset{}{\underset{CH_3}{环戊烯}}$ $\xrightarrow[②\ OH^-,H_2O_2]{①\ BH_3}$ (F)

6. 丁二烯 $\xrightarrow{CH_2=CHCN}$ (G) $\xrightarrow{H_2/\ Ni}$ (H)

7. $CH_3-C\equiv CH$ $\xrightarrow[②\ CH_3I]{①\ NaNH_2}$ (I) $\xrightarrow[HgSO_4,H_2SO_4]{H_2O}$ (J)

8. 甲苯 $\xrightarrow{Fe,Br_2}$ (K) $\xrightarrow{HNO_3,H_2SO_4}$ (L)

9. 萘 $\xrightarrow[165℃]{浓H_2SO_4}$ (M) $\xrightarrow{Fe,Br_2}$ (N)

10. 苯-$CH_2CH_2\overset{\overset{O}{\|}}{C}Cl$ $\xrightarrow{AlCl_3}$ (O)

四、简答题（每题5分，共10分）

1. 用简单的化学方法区别丁-1-炔、丁-1-烯、丁烷和甲基环丙烷。

2. 用反应机理解释以下反应：

$$CH_3CH_2CH = CH_2 + Cl_2 \xrightarrow{hv} CH_3CHCH = CH_2 + CH_3CH = CHCH_2$$
$$\qquad\qquad\qquad\qquad\qquad\qquad\qquad |\qquad\qquad\qquad\qquad\qquad\qquad\quad |$$
$$\qquad\qquad\qquad\qquad\qquad\qquad\qquad Cl\qquad\qquad\qquad\qquad\qquad\qquad\quad Cl$$

五、合成题（每题5分，4题共20分）

1. 以环戊烷为主要原料合成

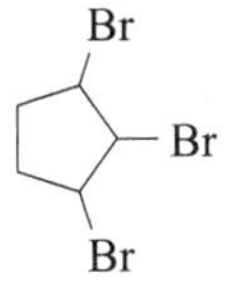

2. 以乙炔为主要原料合成

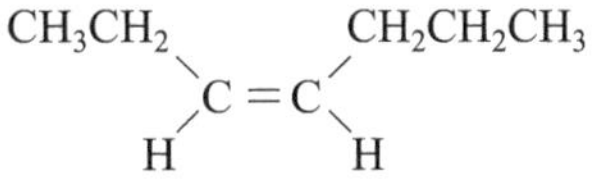

3. 以环戊二烯和丙烯合成

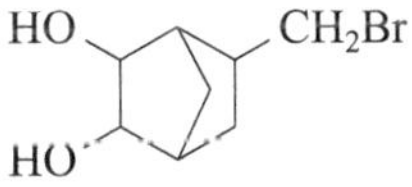

4. 由苯或甲苯为原料合成

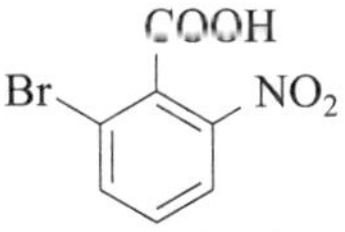

六、推断题（10分）

化合物A的分子式为C_5H_8，在液氨中与金属钠作用后，可直接与1-溴丙烷反应生成分子式为C_8H_{14}的化合物B。用高锰酸钾氧化B得到化合物C和D，分子式都是$C_4H_8O_2$。化合物A在硫酸汞的催化作用下与稀硫酸作用，得到化合物E是一种酮，分子式为$C_5H_{10}O$。

（1）试推断化合物A、B、C、D、E的结构简式；

（2）写出在硫酸汞的作用下，A与稀硫酸反应生成E的反应式。

《有机化学》期中模拟试卷参考答案

一、命名或写出下列结构式（每题2分，共10分）

1. 8,8-二甲基二环[3.2.1]辛烷
2. (Z)-4-异丙基-3-甲基-庚-3-烯
3. (2S,3S)-3-溴-2-氯戊烷

4.

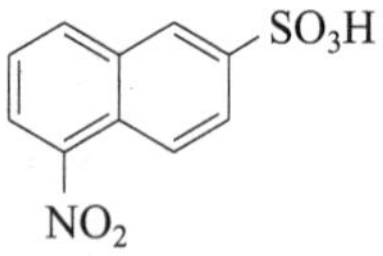

5.

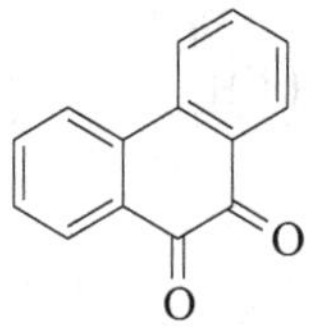

二、单项选择题（每题2分，共20分）

1. B 2. A 3. D 4. C 5. A 6. A 7. D 8. C 9. C 10. D

三、完成下列化学反应（每空2分，共30分）

A: B: C: $CF_3CH_2CH_2Cl$ D: $CH_2=CHCHO$

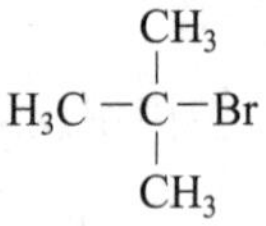

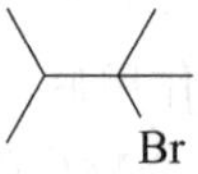

E: $CH_2=CHCN$ F: G: H:

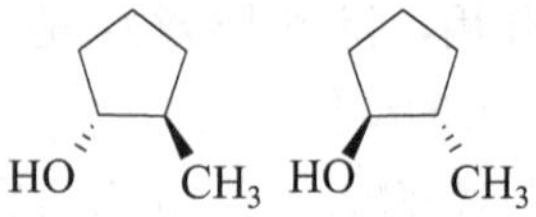

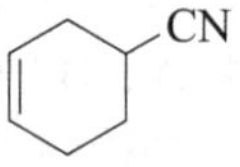

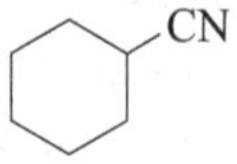

I: $CH_3-C\equiv C-CH_3$ J: 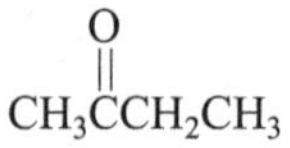 K: L:

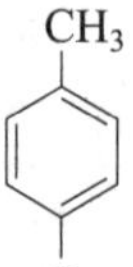

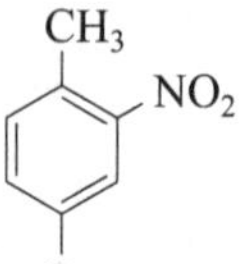

M: 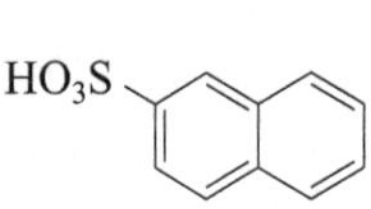 N: 和 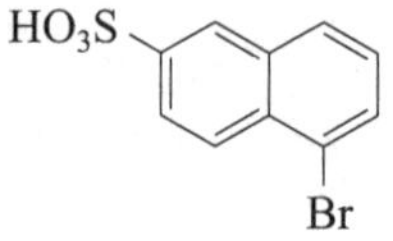   O:

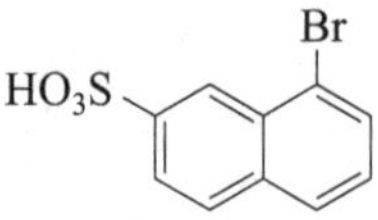

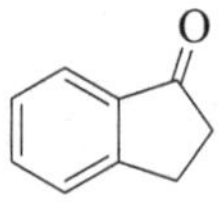

四、简答题（每题5分，共10分）

1. 加入银氨溶液，丁-1-炔产生白色沉淀；加入 Br_2/CCl_4，不能褪色的是丁烷，能褪色的是丁-1-烯和甲基环丙烷；这两种试剂加入 $KMnO_4$ 溶液，能褪色的是丁-1-烯，不能褪色的是甲基环丙烷。

2. $Cl_2 \xrightarrow{h\nu} 2\,Cl\cdot$

$CH_3CH_2CH=CH_2 + 2\,Cl\cdot \longrightarrow CH_3\dot{C}HCH=CH_2 + HCl$

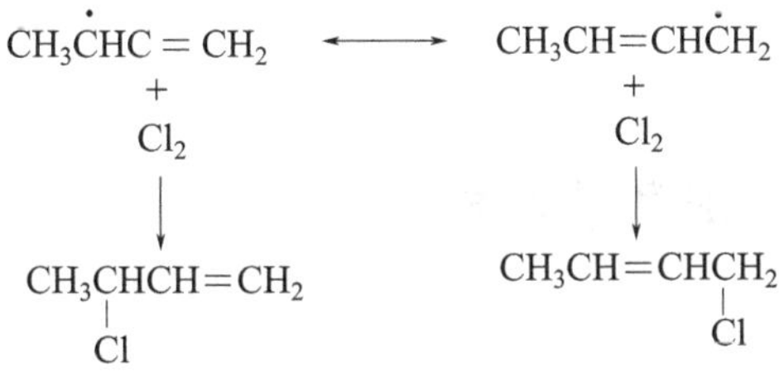

$$CH_3\overset{\cdot}{C}HC=CH_2 \longleftrightarrow CH_3CH=\overset{\cdot}{C}HCH_2$$

$$+ \qquad +$$

$$Cl_2 \qquad Cl_2$$

$$\downarrow \qquad \downarrow$$

$$CH_3\underset{\underset{Cl}{|}}{C}HCH=CH_2 \qquad CH_3CH=CH\underset{\underset{Cl}{|}}{C}H_2$$

五、合成题（每题5分，4题共20分）

1.

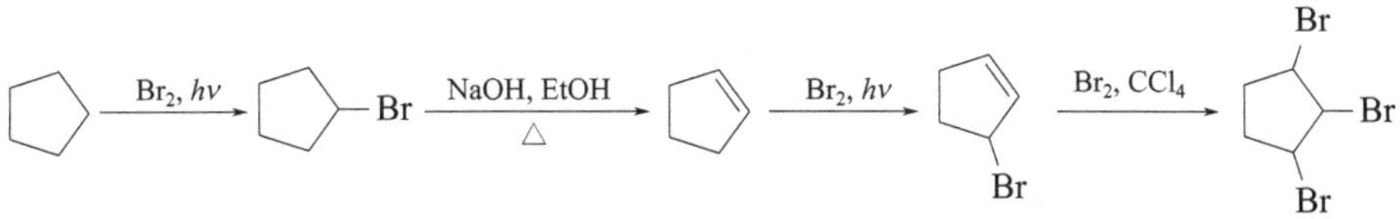

2.

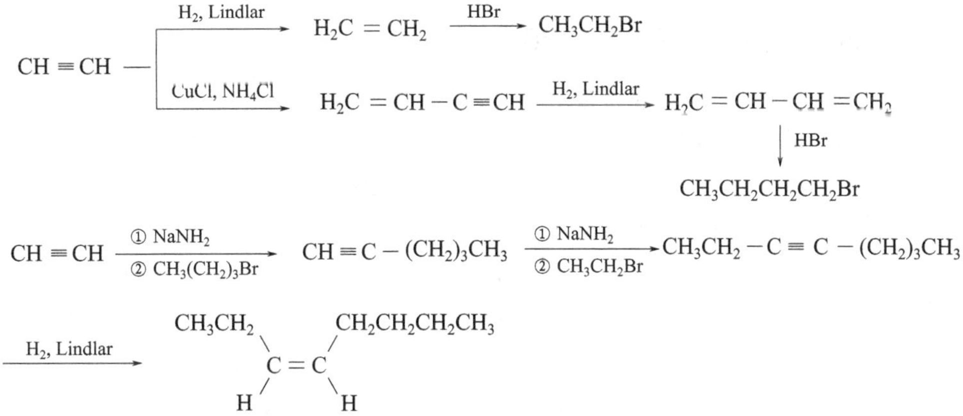

3. $H_2C=CH-CH_3 \xrightarrow[400\sim500℃]{O_2,\ 钼酸铵} H_2C=CH-CHO$

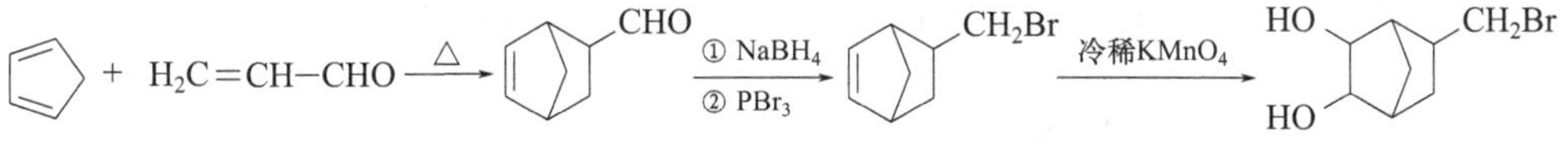

4.

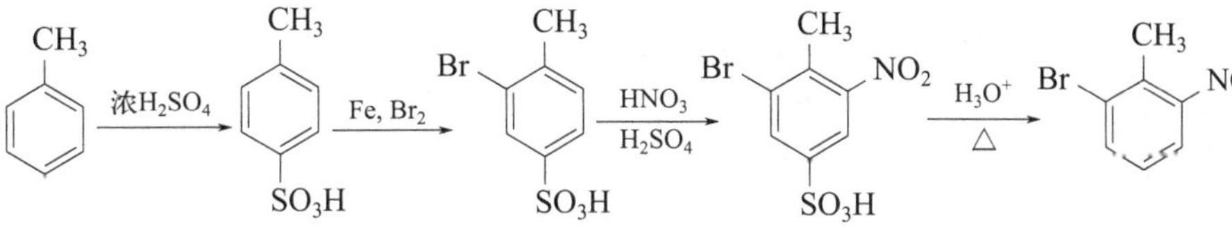

六、综合题（10分）

（1）A：$(CH_3)_2CHC\equiv CH$　　B：$(CH_3)_2CHC\equiv CCH_2CH_2CH_3$　　C：$(CH_3)_2CHCOOH$、

D：$CH_3CH_2CH_2COOH$　E：$(CH_3)_2CHCOCH_3$

（2）$\underset{\underset{CH_3}{|}}{C}H_2CHC\equiv CH \xrightarrow[Hg^{2+},H_2SO_4]{H_2O} \underset{\underset{CH_3}{|}}{C}H_2CHCOCH_3$

备注：推断出 A～E，A、B 每个2分，C～E 每个1分，（2）为3分，共10分。

《有机化学》期末模拟试卷

一、命名或写出下列结构式（每题2分，共10分）

1.

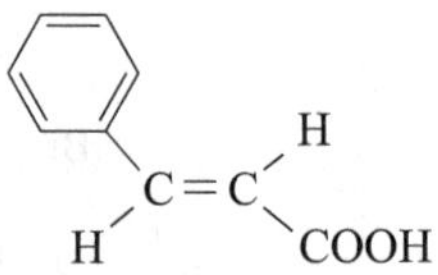

2.

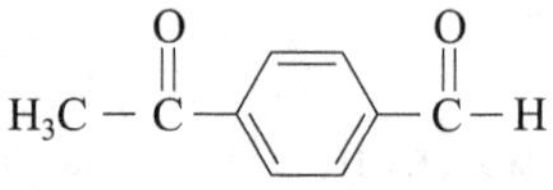

3.

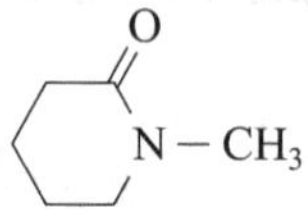

4. 8-羟基喹啉

5. 氯化四苄基铵

二、单项选择题（每题2分，共20分）

1. 下列化合物在氢氧化钠水溶液中水解活性最高的是（　　　）。

A. $C_6H_5CH_2CH=CHBr$　　　　　　　　B. $C_6H_5CH=CHCH_2Br$

C. $C_6H_5CHBrCH=CH_2$　　　　　　　　D. $C_6H_5CH_2CHBrCH_3$

2. 下列化合物消去HBr的难易次序是（　　　）。

a. 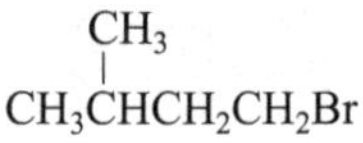 $CH_3CHCH_2CH_2Br$（带 CH_3 支链）　　b. 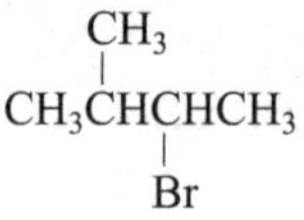 $CH_3CHCHCH_3$（带 CH_3、Br 支链）　　c. 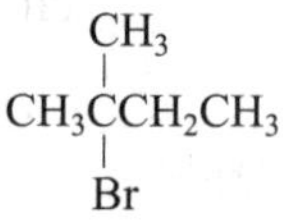 $CH_3CHCH_2CH_3$（带 CH_3、Br 支链）

A. a＞b＞c　　　　B. b＞c＞a　　　　C. c＞b＞a　　　　D. c＞a＞b

3. 下列负离子亲核性最强的是（　　　）。

A. 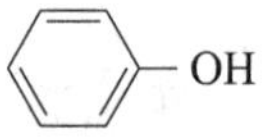 　　B. 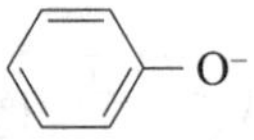 　　C. 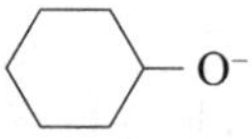 　　D.

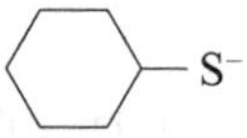

4. 下列化合物酸性最弱的是（　　　）。

A. 对甲氧基苯酚　　B. 间甲氧基苯酚　　C. 对硝基苯酚　　D. 间硝基苯酚

5. 下列化合物最容易发生亲核加成反应的是（　　　）。

A. 苯甲醛　　B. 对硝基苯甲醛　　C. 对甲基苯甲醛　　D. 对溴苯甲醛

6. 下列化合物不能发生卤仿反应的是（　　　）。

A. 戊-2-醇　　B. 丁-1-醇　　C. 苯乙酮　　D. 乙醛

7. 合成尼龙-6时使用的单体是（　　　）。

A. 己二酸　　B. 己二酸二乙酯　　C. 己内酰胺　　D. 己二胺

8. 下列化合物中属于非还原性糖的是（　　　）。

A. 葡萄糖　　B. 果糖　　C. 蔗糖　　D. 麦芽糖

9. 化合物 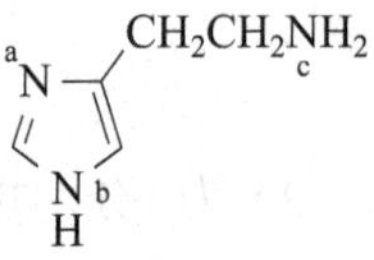 中三个氮原子，碱性大小排序（　　　）。

A. a＞b＞c　　　　B. a＞c＞b　　　　C. c＞b＞a　　　　D. c＞a＞b

10. 关于红外光谱，下列说法不正确的是 （　　　）。

A. 并不是所有的分子振动都会产生红外吸收光谱

B. 对某一分子来说，它只吸收某些特定频率的辐射

C. 红外光谱主要用于定量分析

D. 一对对映体具有相同的红外吸收光谱

三、完成下列化学反应（每空2分，共30分）

1. 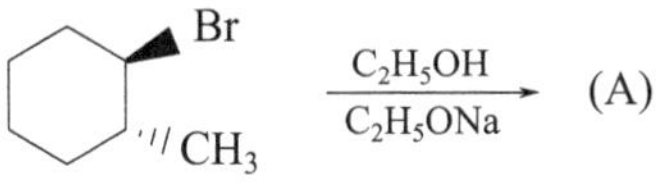 $\xrightarrow[C_2H_5ONa]{C_2H_5OH}$ （A）

2. 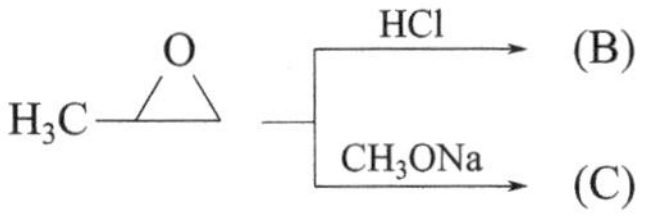 H_3C— $\xrightarrow{HCl}$ （B）
$\xrightarrow{CH_3ONa}$ （C）

3. 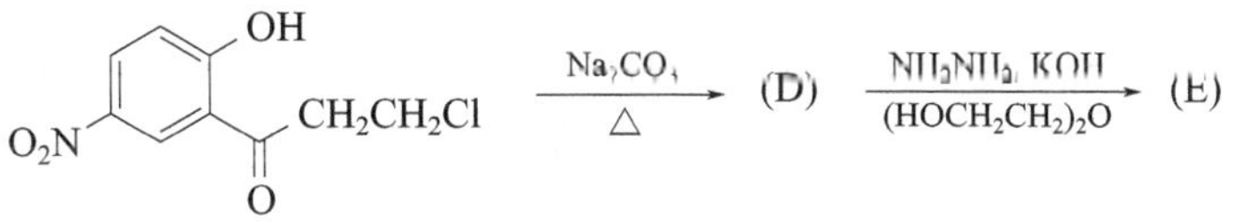 $\xrightarrow[\triangle]{Na_2CO_3}$ （D） $\xrightarrow[(HOCH_2CH_2)_2O]{NH_2NH_2, KOH}$ （E）

4. 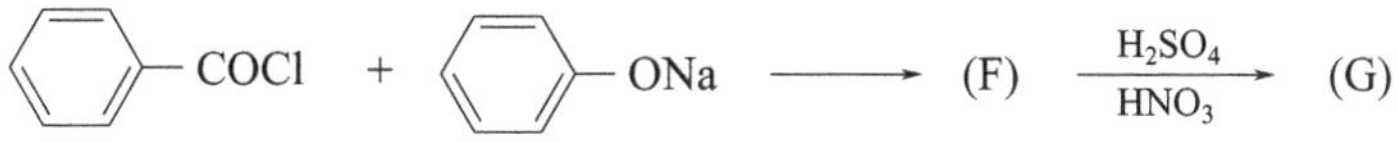 —COCl + —ONa —— （F） $\xrightarrow[HNO_3]{H_2SO_4}$ （G）

5. 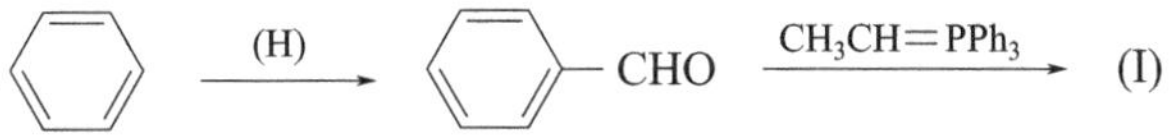 $\xrightarrow{(H)}$ —CHO $\xrightarrow{CH_3CH=PPh_3}$ （I）

6. $CH_3CO_2CH_2CH_3$ $\xrightarrow[C_2H_5ONa]{C_2H_5OH}$ （J） $\xrightarrow[Et_3N]{CH_2=CHCN}$ （K）

7. 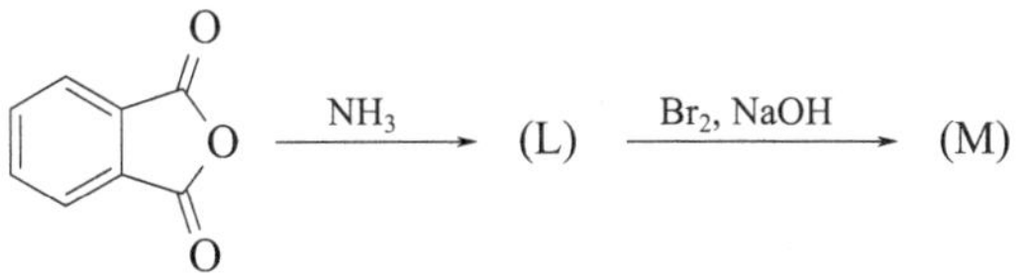 $\xrightarrow{NH_3}$ （L） $\xrightarrow{Br_2, NaOH}$ （M）

8. 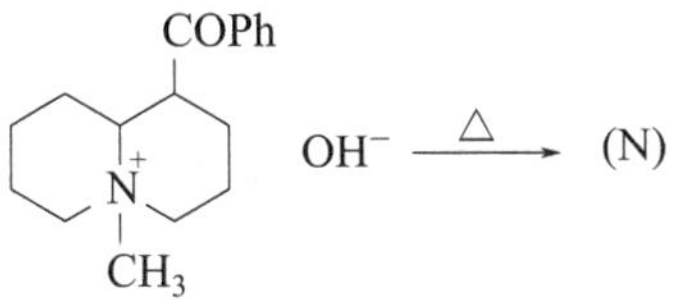 $\xrightarrow[\triangle]{OH^-}$ （N）

9. 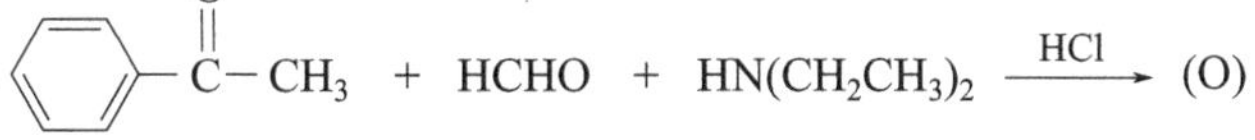 $\overset{O}{\overset{\|}{C}}$—$CH_3$ + HCHO + $HN(CH_2CH_3)_2$ $\xrightarrow{HCl}$ （O）

四、简答题（每题5分，共10分）

1. 用简单的化学方法区别苄氯、苄醇、苯甲醛和苄胺。

2. 用反应机理解释以下反应： $\xrightarrow{HBr}$ 。

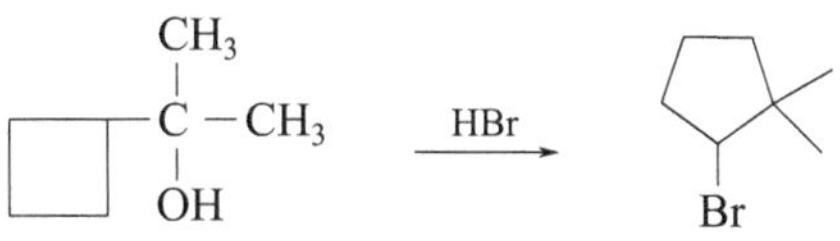

五、合成题（每题5分，4题共20分）

1. 以 [环己基]—Br 为主要原料合成 [环戊基]—CHO

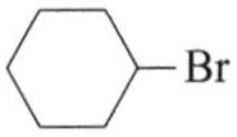

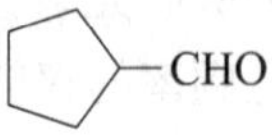

2. 以苯和 C_3 及以下的有机原料合成 [苯基]—$CH_2CH_2C(CH_3)(OH)$[苯基]

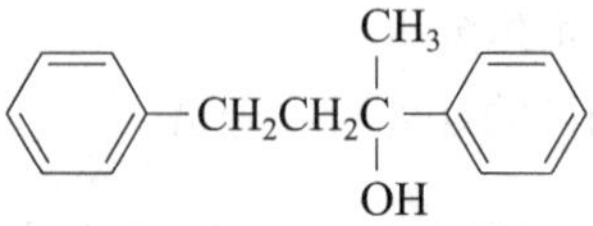

3. 以丙二酸酯合成 [γ-戊内酯结构] H_3C—环状内酯—O

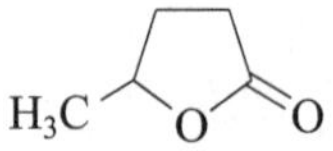

4. 由苯、萘为原料合成苏丹红 I [苯基]—N=N—[萘基，邻位HO]

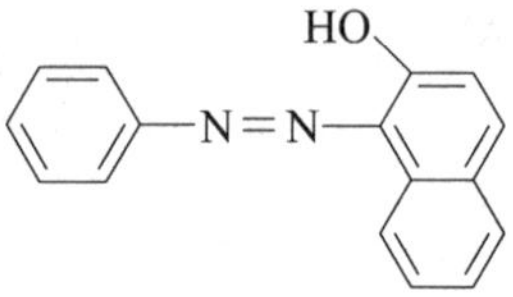

六、综合题（10分）

EVOH是一种新型阻隔材料，它的阻氧性是同类常用产品聚乙烯的一万倍。某能源集团建有一条甲醇制烯烃装置（MTO工艺），为开发其下游产品，拟建设一条EVOH生产线，合成路线如下：

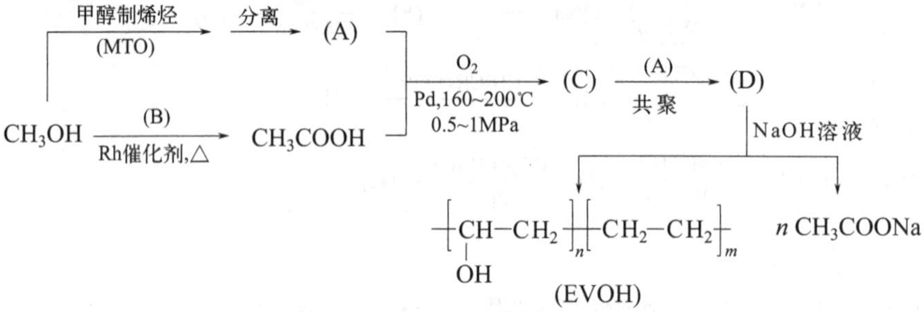

（1）该企业甲醇制烯烃装置生产的主要产品是什么？（2分）

（2）写出由甲醇制备乙酸的反应式；（2分）

（3）写出由化合物C与A共聚生产聚合物D的反应式；（2分）

（4）若该企业后期拟建一条聚丙烯腈（"人造羊毛"）生产线，请以本企业现有原料为基础，设计一条合理的合成路线，并写出相关反应式。（4分）

《有机化学》期末模拟试卷参考答案

一、命名或写出下列结构式（每题2分，共10分）

1. 反-3-苯基丙烯酸　　　2. 4-乙酰基苯甲醛　　　3. N-甲基-戊-1,5-内酰胺

4. 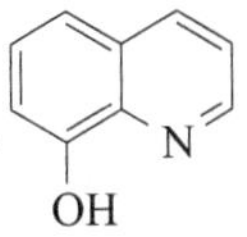 　　　5. $(C_6H_5CH_2)_4N^+Cl^-$

二、单项选择题（每题2分，共20分）

1. C　　2. C　　3. D　　4. A　　5. B　　6. B　　7. C　　8. C　　9. D　　10. C

三、完成下列化学反应（每空2分，共30分）

A: （环己烯基-CH₃结构图）

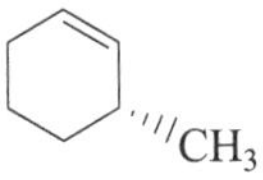

B: CH_3CHCH_2OH（Cl在中间碳上）

C: $CH_3CHCH_2OCH_3$（OH在中间碳上）

D: （苯并吡喃酮，O₂N-取代，羰基结构图）

E: （苯并吡喃，O₂N-取代结构图）

F: （苯甲酸苯酯结构图）

G: （苯甲酸对硝基苯酯结构图）

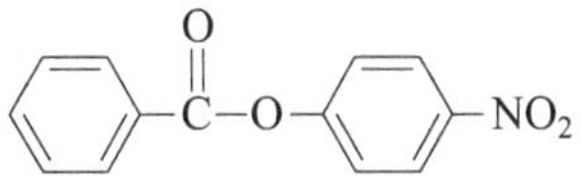

H: $CO, HCl, AlCl_3, CuCl$

I: （苯-CH=CHCH₃结构图）

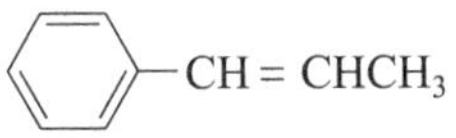

J: $CH_3CCH_2CCOC_2H_5$（二羰基结构图）

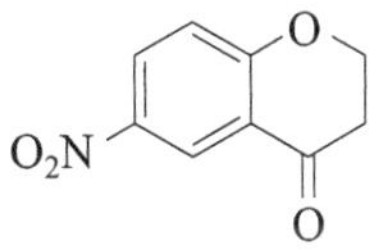

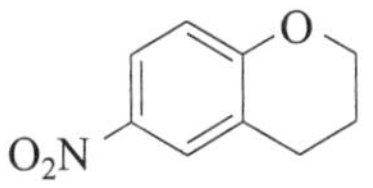

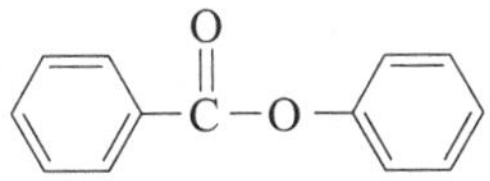

K: $CH_3CCHCOC_2H_5$（CH₂CH₂CN支链结构图）

L: （邻苯二甲酰亚胺结构图）

M: （邻氨基苯甲酸根结构图，NH₂ 和 COO⁻）

N: （含COPh、N-CH₃的双环结构图）

O: （苯-C(=O)-CH₂CH₂N(CH₂CH₃)₂结构图）

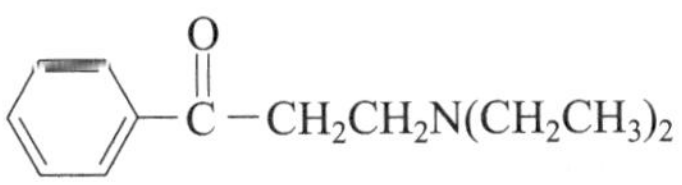

四、简答题（每题5分，共10分）

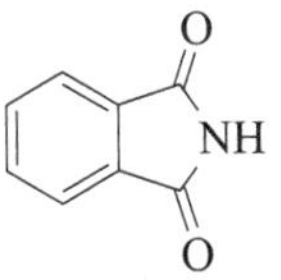

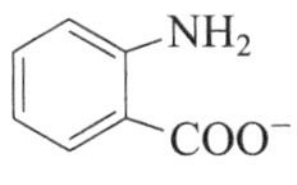

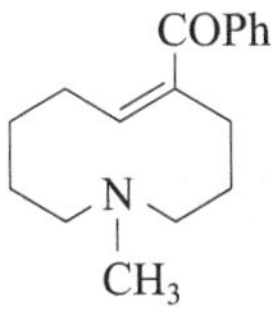

1. 加入 $AgNO_3$-醇溶液，苄氯产生白色沉淀；加入金属钠，苄醇出现小气泡；加入 Tollens 试剂，苯甲醛出现银镜反应；剩下的是苄胺。

2. 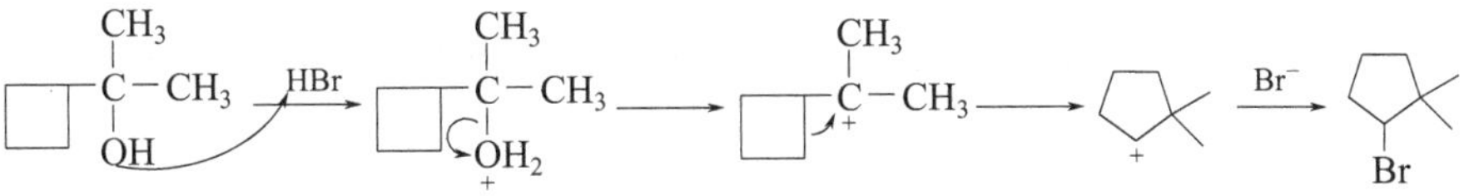 （环丁基叔醇经HBr质子化、失水生成碳正离子、扩环重排为环戊基碳正离子，最后被 Br^- 进攻生成1,1-二甲基-2-溴环戊烷的反应机理图）

五、合成题（每题5分，4题共20分）

1.

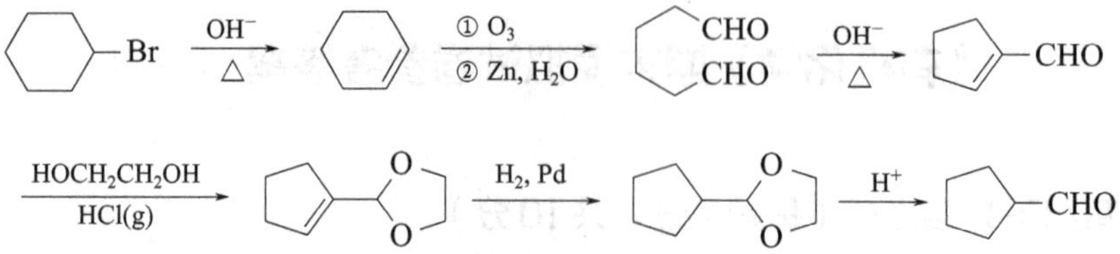

2.

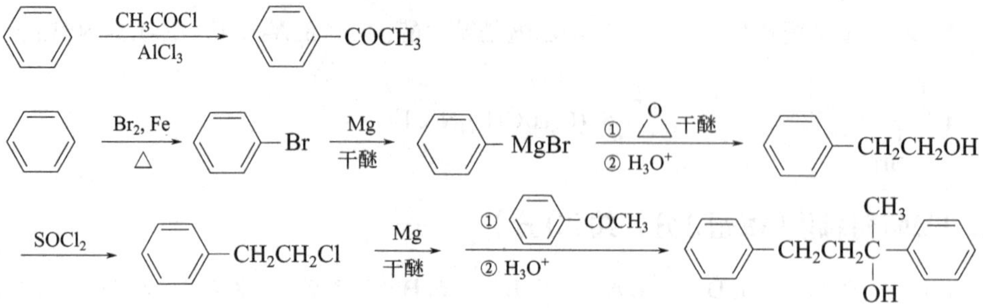

3.

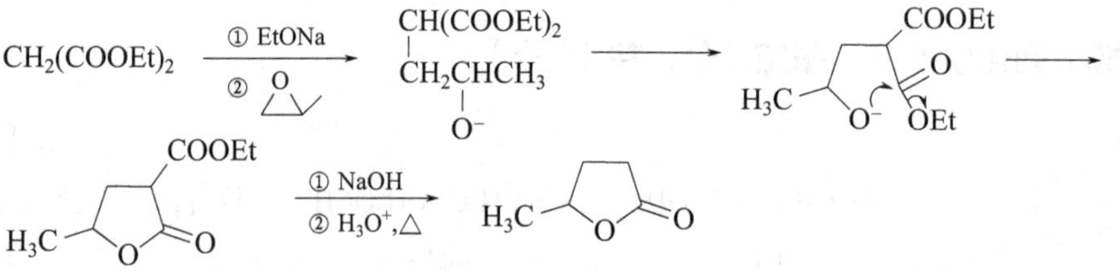

4.

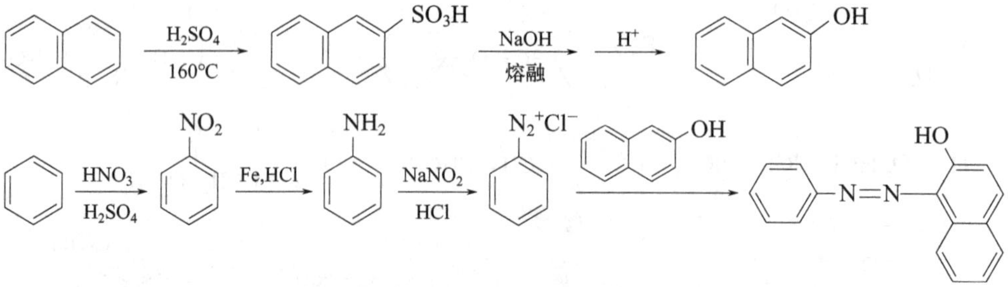

六、综合题（10分）

（1）该企业甲醇制烯烃装置生产的主要产品是乙烯和丙烯。（2分）

（2）甲醇制备乙酸的反应式：（2分）

$$CH_3OH + CO \xrightarrow{Rh} CH_3COOH$$

（3）化合物C与A共聚生产聚合物D的反应式：（2分）

$$n\ CH_3\overset{O}{\overset{\|}{C}}OCH=CH_2 + m\ CH_2=CH_2 \xrightarrow{\text{共聚}} \left[CH-CH_2\right]_n\left[CH-CH_2\right]_m$$
$$\qquad\qquad OCOCH_3$$

（4）以MTO分离得到的丙烯为原料，设计的合成路线相关反应式：（4分）

$$CH_2=CHCH_3 + NH_3 + \frac{3}{2}O_2 \xrightarrow[470℃]{\text{磷钼酸铋}} CH_2=CHCN + 3H_2O$$

$$n\ CH_2=CHCN \xrightarrow{\text{引发剂}} \left[CH_2-CH\right]_n$$
$$\qquad\qquad\qquad\qquad CN$$